电网防雷技术

樊灵孟　主编

中国电力出版社
CHINA ELECTRIC POWER PRESS

内 容 提 要

本书对近十年来电网防雷领域的技术和研究进行了系统总结，回顾了雷电放电过程及物理特征、雷电活动规律及其对电网的影响、人工引雷试验技术等基础研究成果，并在此基础上详细介绍了电网雷电定位和观测及预警预报技术、架空输电线路雷击闪络原理与分析方法、架空输电线路防雷措施和防雷设计、同塔多回线路雷击同跳防治技术、输电线路地线（OPGW）防断线技术、输电线路雷击故障分析与处理、架空配电线路防雷技术及应用、变电站的雷电侵入波防护、变电站的直击雷防护、电网防雷数字化技术、电网防雷新材料及装置等内容。本书融合了理论、仿真、试验和工程实践，提供了大量电网实际防雷数据、图片及案例，内容全面翔实，深入浅出，实用性强。

本书是电网防雷领域重要的专业参考书，可供从事电网规划、设计、施工、运行、检修、试验、研究、培训及管理等工作的相关技术人员使用，也可用于高校高电压与绝缘、输变电及供配电等专业作为教材。

图书在版编目（CIP）数据

电网防雷技术 / 樊灵孟主编. -- 北京：中国电力
出版社，2025. 3. -- ISBN 978-7-5198-9293-7

Ⅰ. TM774

中国国家版本馆 CIP 数据核字第 20245HP473 号

审图号：GS 京（2024）0561 号

出版发行：中国电力出版社
地　　址：北京市东城区北京站西街 19 号（邮政编码 100005）
网　　址：http://www.cepp.sgcc.com.cn
责任编辑：岳　璐（010-63412339）　贾丹丹
责任校对：黄　蓓　朱丽芳　马　宁
装帧设计：赵丽媛
责任印制：石　雷

印　　刷：三河市万龙印装有限公司
版　　次：2025 年 3 月第一版
印　　次：2025 年 3 月北京第一次印刷
开　　本：787 毫米 ×1092 毫米　16 开本
印　　张：29.5
字　　数：626 千字
印　　数：0001—1000 册
定　　价：139.00 元

《电网防雷技术》编委会

主　　编：樊灵孟

副 主 编：贾　磊　廖民传　喇　元　蔡汉生　雷一勇

编写人员：刘　刚　屈　路　陈怀飞　胡上茂　钟华赞

黄志都　邬蓉蓉　彭向阳　韩永霞　安韵竹

王　羽　邓冶强　冯瑞发　阳　浩　黄　维

祁沁晗　陈喜鹏　胡元潮　刘斌禺　张　炜

李艳飞　尹立群　胡泰山　刘　鹏　冯玉斌

李　珊　崔志美　王　乐　严碧武　俸　波

　　电力系统是世界上最庞大、最复杂的人造系统，数百万公里的输配电线路翻越崇山峻岭为千家万户输送电能，也承受着各种自然灾害的侵袭，其中雷击是最为频繁的灾害。电网设备大部分处于户外且含有多类金属构筑物，自身就是引雷体，因此防雷一直是电网安全运行的难点和重点。多年来，电网防雷技术不断革新升级，从上方的避雷线和避雷针，到中间的绝缘子和避雷器，再到下方的接地装置和降阻材料等各种措施，电力部门一直致力于打造一整套完备的防雷体系，不断降低电网雷击跳闸率。数据显示，我国中部、东部和南部雷电活动频繁，但许多大中城市的年均停电时间已控制在 1h 以内，例如粤港澳大湾区更是处于雷害严重的强雷区，供电可靠性仍能跻身世界级湾区先进水平，这些与我国电网在防雷领域付出的努力密不可分。

　　电网防雷技术是高电压工程领域的一个重要分支，基础理论相对成熟，传统方法和措施比较丰富和有效。而今，新型电力系统持续蓬勃发展，高比例可再生能源的大规模接入导致电网运行中出现了新现象和新问题，如 2019 年英国伦敦的大停电就是雷击引起风电连接线路停运及后续诱发的一系列故障所造成的，引起各国电网公司高度警惕。近年来全球极端气象频发，强雷暴下多重雷击、多接地点雷击等引起输变电设备出现新的故障形态，给电网带来新的压力和挑战。为此电网公司积极联合高校、科研、制造等单位，综合气象学科技术、数字化技术、新材料技术等，进一步深入研究雷电参数和机理、完善防雷方法和模型、提升防雷措施和手段等，推动电网防雷技术的持续升级。与此同时，电网工作者的防雷意识和知识储备也与时俱进，有了新观点和新思路。正是基于这样一个背景，撰写一本综合性的电网防雷技术专业图书，分享科学的防雷知识和理论，探讨有效的防雷技术和方法，发展更优、更强的防雷手段和装备，对提升电网设备的防雷安全水平和工作人员的防雷管理水平具有重要的现实意义。

在电网经典防雷理论的基础上，本书总结了南方电网公司防雷技术团队及合作单位近十年来的潜心研究成果，并涵盖了国内外防雷研究的一些最新进展。全书从雷电放电过程及基本特征入手，介绍了雷电波形参数、活动规律及一些特殊雷击现象，进而通过雷电观测、人工引雷、冲击试验、仿真分析揭示了输电线路雷击闪络机理，系统阐述了输电、变电、配电设备的防雷设计标准、雷电防护分析方法、主要防护措施、故障定位以及应急抢修手段等，其中涵盖当前关注度较高的雷击同跳、OPGW防断线技术、配网架空地线防雷技术、变电站防多重雷击侵入波、基于点云的数字化防雷建模分析及防雷新材料、新装置等内容。此外，本书还特别介绍了近十年来电网防雷实际运行数据、案例及标准化举措，内容丰富多彩，实用性很强。

本书是系统讲解电网雷电防护基础理论、设计方法、关键技术、运维措施及典型案例等全要素的重要文献，对电网设计、建设、运维等人员具有重要价值，也可为雷电放电机理、防雷措施及防雷装备开发等领域的科研人员提供参考，更好地促进电网防雷事业的发展。

李立浧

2024年5月29日

近年来，随着大容量、远距离的超特高压电网不断发展，电力系统规模越来越庞大，安全稳定性要求也越来越高。我国电网覆盖地域广阔，具有站点多、线路长、分布广等特点，电力传输通道长度可达数百甚至数千公里，沿线地形气候条件多变，输配电线路及变电站通常暴露于自然环境中，极易遭受自然雷击而引发电网跳闸或设备受损。电力系统多年实际运行数据表明，雷击是造成电网故障的一项重要原因，输电线路雷击跳闸占总跳闸的 50% ～ 70%，雷电防护一直是电网领域的重要工作之一。

在雷电防护领域，经过各国学者的不断深入研究与科学技术的迭代发展，电网防雷技术取得了长足的进展。防雷技术已逐渐从传统常规防雷向区域差异化防雷发展，从被动防雷向主动防雷发展，不断扩充了电网防雷技术和策略，并逐步满足了新型电力系统对智能化数字化防雷技术的要求。目前电网防雷技术已成为涉及气象工程技术、电气工程技术、观测与试验技术、电磁场仿真技术、数字化建模技术、材料工程技术等学科相关的交叉学科，通过各技术的融合发展及应用，使得电网防雷成为一门发展已久而又不断革新的科学技术。

与此同时，由于近年来全球气候的急剧变化，更强烈的雷电放电现象导致现代电网防雷工作面临着诸多新的挑战，如雷击断线、雷击多回同时跳闸、多重雷击或多接地点雷击（俗称分叉雷）造成设备故障等，这些雷害现象的出现对传统防雷装备的通流性能及保护动作性能均提出了新的要求。如现有线路防雷计算涉及的闪络判据多以 1.2/50μs 标准雷电冲击下的 50% 放电电压为依据，与实际输电线路运行中，绝缘子发生闪络时两端所承受电压波短尾波并不一致；如现有线路 OPGW 光缆采用的耐受雷电库仑量指标虽然能通过实验室冲击考核，却未能承受自然界的雷击而断线；如按照现有标准制造的避雷器在遭受连续多重雷击时出现热崩溃等问题。因此，如何在技术经济性最优的情况下，提高防雷措施的有效性、针对性和技术水平，并最大限度保障大电网的安全运行，是当今电网设计、建设和运维的一项迫切且重要的任务。

《电网防雷技术》一书系统地总结了近年来电网防雷技术成果，本书共十六章，从雷电科学的建立与发展谈起，对传统内容进行了精选，保证了必需的工程基础知识，并添加了防雷领域前沿的新兴技术。在体系安排上，第一章从雷电科学的建立到现代防雷技术进行了整体概述，第二章以后的每个章节分别从雷电放电现象与机理到目前的现代防雷技术进行了介绍，涵盖了雷电活动规律、雷电定位系统、雷电防护分析方法、通用防雷措施和标准、防雷新技术及新材料等内容，并在书中适当地配置了典型案例分析。特别地，对近年来大家关心的雷击多回同时跳闸防治、雷击断线处理、多重雷击故障分析、全线逐塔防雷评估和优化、配网架空地线应用、数字化建模、防雷新材料及新技术等进行了分析和讲解，以期能够抛砖引玉、相互交流探讨和共同提升。

作者及其团队从事输、变、配电专业工作二十余年，具有丰富的电网防雷经验，工作涉及电网设备运行和管理、防雷技术标准体系建设、自然雷电观测与分析、雷电预警预报技术开发、同塔多回线路雷击防多回同时跳闸技术、电网防雷数字化技术及电网防雷新装备等多个方面，这些工作为本书编写提供了良好的基础和丰富的素材。本书在编写过程中借鉴了许多近年来国内外公开的防雷技术研究成果和专著论文等资料，并在正文和参考文献中一一列举以表敬意，同时融合了中国南方电网有限责任公司近年来在电网防雷方面的科研成果，希望本书能对电力行业的防雷工作带来一定的推动及帮助作用。

本书承中国南方电网有限责任公司李立涅院士的指导，提出了宝贵的修改意见，谨致以衷心的谢意。书稿在撰写过程中得到了国家电网有限公司陈家宏教高、清华大学张波教授、武汉大学周文俊教授、华中科技大学何俊佳教授、香港理工大学杜亚平教授、广西大学王巨丰教授、南方电网电力科技股份有限公司肖磊石专家等人的帮助。全书由中国南方电网有限责任公司输配电部牵头，在南网科研院和南网各省（级）电网公司的通力合作下共同完成，期间清华大学、武汉大学、华中科技大学、华南理工大学、山东理工大学、国网电力科学研究院武汉南瑞有限责任公司、中国气象局雷电野外科学试验基地等单位对本书的撰写给予了大力支持。此外，本书出版受到广西电网公司科技项目资助（项目编号：GXKJXM20220065）和南网科研院科技项目（编号：SEPRI-K22A104）的资助。在此，一并表示感谢！

限于作者水平，书中难免存在疏漏和不妥之处，敬请广大读者批评指正，并诚挚希望与有意向的读者朋友进行防雷科研或防雷工程项目的交流及合作。

樊灵孟

2024 年 5 月　于广州

目　录

第一章

概　述

第一节　雷电科学的建立和发展

一、中国古代对雷电的认识

公元前 1500 年殷商甲骨文中就有"雷"字，稍晚的西周青铜器上也有"电"字，该"电"指的是闪电。东汉哲学家王充最早在《论衡》中记载了"雷者火也。以人中雷而死，即殉其身，中火则须发烧燋。"的雷电科学观测。公元 490 年《南齐书》中描述"雷震会稽山阴恒山保林寺，刹上四破，电火烧塔下佛面，而窗户不弄也。"北宋科学家沈括（1031～1095 年）在《梦溪笔谈》中记载了更加详细的雷电科学观测，这些记录都指出雷击会造成人身伤亡及火灾等事故。

在中国古代，人们普遍将雷电信奉为惩恶的神灵，但历史中的暴君与百姓中的恶人并未畏之而改恶从善。我国历史也有少数进步学者勇敢地反对以神鬼说明雷电及其灾害，如王充、沈括、柳宗元、朱熹等。元末明初的刘基（刘伯温）（1311～1375 年）在《刘文正公文集》中描述了"雷何物也？曰雷者，大气之郁而激发也，阴气团于阳，必迫，迫极而迸，迸而声为雷，光为电。"这明确地指出雷电放电过程存在空气迸裂并产生声与光的物理现象。

中国史书主要记录观察到的现象和实践经验，没有发展出实验研究的科学方法，没有运用实验进行定量研究以形成严密的系统理论。虽然在三国时已有了一些避雷室，但没有形成科学理论来支持和宣传这种经验，以致普遍都失传了。正如林清凉所说的："大量现存的古建筑中，人们未发现屋脊龙吻上的那根铁条直通地下。"

二、国外对雷电的认识

16 世纪，现代科学先驱英国弗兰西斯·培根、法国勒内·笛卡尔、意大利伽利略等人在反对宗教封建神学和经验哲学斗争的潮流中，倡导宣传了科学思想方法，把科学实验提到了很重要的地位，对科学研究理念的建立具有重要影响。1706 年，伦敦皇家学会馆长 F. Hauksbee 观察摩擦起电过程不仅产生放电且产生类似雷鸣的声音，认为这与雷电类似，这也是第一次将实验室人工产生的电与闪电联系起来。后来，美国科学家富兰克林证明二者在 12 个方面相似，并进行了著名的风筝试验。圣彼得堡科学院院士 G.W. Richman（1711～1753 年）因观察雷电而身亡。在 18 世纪中叶，欧美国家的学者对电的本质建立了科学认识，通过科学实验揭示雷电本质也为电，并初步建立了雷电科学。

富兰克林对闪电的认识解决了雷电的定性问题。此后整整一百多年，人们对雷电的认识没有明显进展。英国开尔文男爵 W.Thomson（1824～1907 年）开创了定量研究闪电物理的先河，他建议用气球携带仪器探测高空不同高度的电场，研究大气的导电性及雨的起电机理，还将照相记录作为一种研究方法。从 20 世纪初开始，大气科学开始获得长足发展，沃尔特（Walter）等一些科学家用移动照相机实现了开尔文的设想，拍出了显示闪电发展过程及其特征的照片。此后，各国科学家逐渐加快了对雷电放电过程的观测研究，观测手段和水平也不断丰富和提高。二次世界大战期间发展起来的无线电遥控技术、飞行器制造技术，为大气探测创造了条件。云内探测与地基探测数据的日益丰富，极大地提高了人们对雷雨云的电结构、闪电发展物理过程和雷电起电机制的认识，这为后续研究雷电防护奠定了科学基础。

第二节　雷电及其电网危害

全球雷雨统计数据显示，世界各地每天发生约 5 万次雷雨，每秒钟至少会发生 100 次落雷。1995 年 4 月以来，美国国家航天局（NASA）成功在 Microlab-1 和 TRMM 两个卫星上装载了近红外雷电探测系统，分别为光学瞬态探测仪（OTD）和雷电成像仪（LIS），可以全天候探测全球大部分地区所发生的云闪和地闪。图 1-1 给出了基于 18 年（1995 年 5 月～2012 年 2 月）LIS/OTD（雷电成像仪 / 光学瞬态探测器）资料得到的全球雷电活动分布。可以看到，陆地雷电密度远大于海洋，是全球雷电活动的主要组成部分。雷电密度在热带地区最大，随纬度增加而减小；近海海域平均雷电密度小于陆地，大于远海海域，大陆西部近海海域雷电活动和大陆东部有显著差异。2012 年，朱润鹏等统计分析 11 年 LIS/OTD 雷电观测资料时发现，全球雷电频数约为 46.2 fl/s，大部分雷电集中在热带和亚热带地区，30°S～30°N 之间的雷电数量占到了全球雷电总数的 78%，并且在空间上表现出巨大的海陆差异，陆地和海洋的雷电密度之比约为 9.6：1。2003 年，Christian 等利用 5 年的 OTD 资料得到的全球雷电频数平均为（44±5）fl/s，陆地和海洋的雷电密度之比约为 10：1。

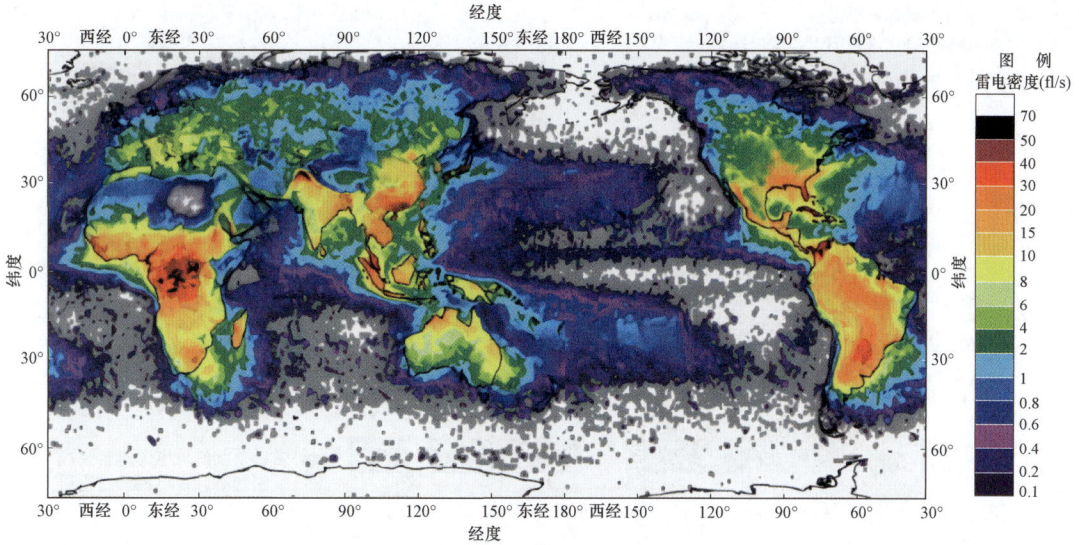

图 1-1 基于 18 年 LIS/OTD 资料的全球雷电活动分布（1995 年 5 月～2012 年 2 月）

表 1-1 进一步给出了雷电活动在不同区域的分布特征。可以看出，近海海域面积占海洋面积的 26.6%，却贡献了 68.8% 的海洋雷电；近海海域与远海海域雷电密度比为 6.08：1。海洋、近海海域、远海海域和陆地雷电密度之比为 1：2.6：0.4：9.6。全球、陆地、海洋、近海海域和远海海域雷电频数分别为 46.2、36.6、9.6、6.6 fl/s 和 3.0 fl/s。

表 1-1 全球雷电活动分布

区域	面积（km²）	占全球面积比例（%）	雷电密度 [fl/(a·km²)]	雷电总数（fl/a）	雷电占全球比例（%）	雷电频数（fl/s）
全球	4.93×10^8	100	2.96	1.46×10^9	100	46.2
陆地	1.39×10^8	28.2	8.29	1.15×10^9	78.8	36.6
海洋	3.54×10^8	71.8	0.86	3.04×10^8	20.8	9.6
近海	9.42×10^7	19.1	2.22	2.09×10^8	14.3	6.6
远海	2.59×10^8	52.5	0.37	9.46×10^7	6.5	3.0

雷电是自然大气中的超大尺度的强放电过程，能产生强烈的发光和发声现象，通常伴随着强对流天气过程而发生。雷电因其强大的电流、炙热的高温、猛烈的冲击波以及强烈的电磁辐射等物理效应而能够在瞬间产生巨大的破坏作用，常常导致人员伤亡，击毁建筑物、供配电系统、通信设备，引起森林火灾，造成计算机信息系统中断、仓储、炼油厂、油田等燃烧甚至爆炸，危害人民财产和人身安全，也会严重威胁航空航天等运载工具的安全。雷电灾害是"联合国国际减灾十年"公布的影响人类活动的严重灾害之一，被国际电工委员会称为"电子时代的一大公害"。我国电力系统多年运行数据显示，雷击是造成输配电线路跳闸的主要原因之一。地闪放电过程会引起直击雷、雷电感应过电压及侵入波过电压，如图 1-2 所示。

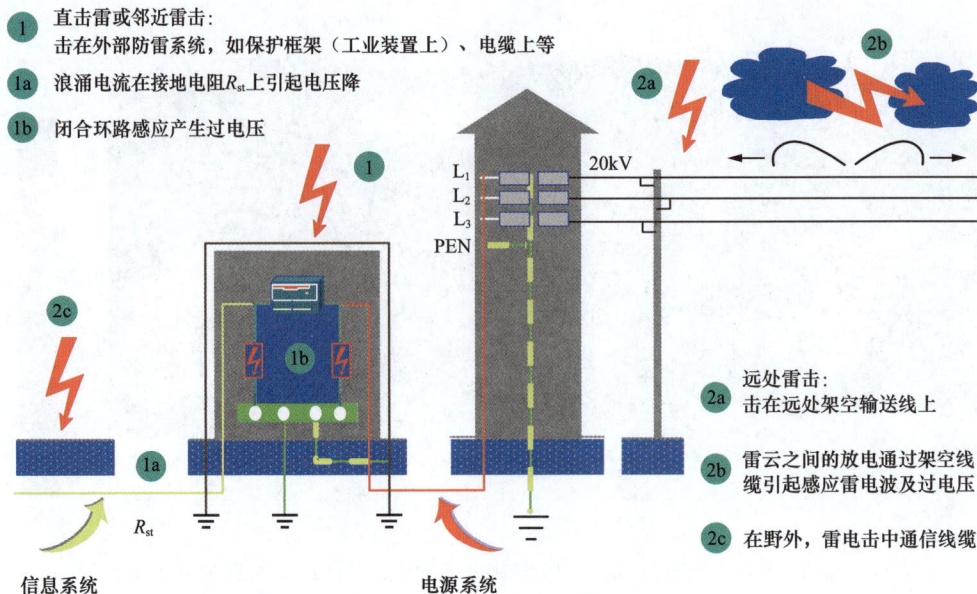

① 直击雷或邻近雷击：
   击在外部防雷系统，如保护框架（工业装置上）、电缆上等
1a 浪涌电流在接地电阻 R_{st} 上引起电压降
1b 闭合环路感应产生过电压

20kV

远处雷击：
2a 击在远处架空输送线上
2b 雷云之间的放电通过架空线缆引起感应雷电波及过电压
2c 在野外，雷电击中通信线缆

信息系统   电源系统

图 1-2   雷电引起直击雷、雷电感应过电压及侵入波过电压

（1）直击雷指雷云直接通过生物、建筑物或设备等对地产生电击的现象，产生的高温可达到物体的燃点或熔点，强大的冲击波可使建筑物或设备毁坏。

（2）雷电感应过电压可分为静电感应和电磁感应。静电感应是由于雷云接近地面，在地面凸出物顶部感应出大量异性电荷所致。在雷云与其他部位放电后，凸出物顶部的电荷失去束缚，以雷电波形式沿凸出物极快传播。电磁感应是由于雷击后，巨大雷电流在周围空间产生迅速变化的强大磁场所致。这种磁场能在附近的金属导体上感应出很高的电压，造成对人体的二次放电或损坏电气设备。

（3）侵入波过电压指雷电通过直击或感应的方式引起的过电压沿着导线或金属管道从远处雷区侵入，造成设备击穿损坏。这种损坏占相当大的比重，是防雷的重点。

（4）电磁脉冲辐射指雷击放电时，脉冲电流向外辐射电磁波，致使对瞬态电磁脉冲极其敏感的某些现代电子设备失效。辐射电磁波强度与距离成反比。

（5）雷电反击指接闪装置受雷击时，接地引下线上电位骤升到很高，使引下线与附近设备之间产生放电，造成雷击事故。

第三节   现代防雷技术及应用

在全球气候变化的背景下，强对流天气频发，雷电活动频繁，雷电形式更加多样，特别是随着新型电力系统的快速建设与发展，高比例新能源系统接入，电网结构更加复杂，

雷电对电网的威胁也越来越大。随着电子技术、计算机技术、材料科学等发展，雷电观测技术、雷电定位技术、雷电预警技术、数字化防雷技术等先进防雷系统及防雷新材料被推广应用至电网防雷中，不断推动电网雷电防护技术的发展。

为降低雷电对电网安全运行的威胁，我国在电网防雷方面投入大量的人力、财力进行攻关研究、治理改造和能力提升等工作，主要包括：全面收集电网雷击故障情况，系统深入地研究故障特征规律；研发高精度雷电探测技术，升级换代电网雷电监测技术；提升雷击风险评估技术，规范化推进差异化防雷工作；绘制电网雷区分布图，定量指导电网防雷设计和改造；完善多种防雷技术措施，实现电网雷击故障风险的针对性预防；研究雷击风险预警技术，奠定输电线路主动防护基础。通过持续的努力，我国电网防雷工作取得了明显进展。

雷电定位系统是一套高度自动化，拥有广域监测能力并且定位信息精确的实时雷电监测系统。该系统利用探测器和通信系统实现远程监测，可以计算雷击的时间、地理位置、落雷峰值电流等各类参数，通过雷电信息系统在显示屏上可视化呈现给用户。许多国家将雷电定位技术应用到电力系统的防雷监测中，帮助维修人员快速定位雷击故障点、鉴别雷击事故，同时可以提供雷电短时预警信息。

雷电观测是气象观测的重要组成部分，是对地球表面大气层内发生的雷电现象进行连续的测定，为天气预报和气象服务提供重要依据。观测内容包括雷云起电、雷云放电的发展过程和雷云放电的参数。目前，国内外学者利用高速摄像系统研究雷电和电网相互作用机理，如中国科学院大气物理研究所、南方电网科学研究院、国网电力科学研究院武汉南瑞公司等建立的自然雷击放电综合观测系统已取得显著成果。

雷电预警技术可以通过事前发出雷电预警信息，使相关人员有充分的时间采取各种措施减小因雷电造成的停电损失和人员伤害，从而提高电网雷害主动防御水平，保障电网安全稳定运行。雷电预警技术为雷暴发生期间电网调度、运行、维护、检修、应急等方面提供技术支撑，促使雷电防护由被动式转变为"事前精确预警-事中高效处理-事后合理检修"的主动性动态防护方式。

此外，数字电网的建设对线路防雷的自动化和智能化提出了更高要求。现有的防雷分析程序均为单机软件，需要人工输入大量线路和防雷计算数据，对运维人员的工作量和技术要求高，推广难度较大，亟须开发基于数字电网平台（激光点云）的智能化防雷分析系统，提升防雷分析效率和技术水平。

除上述现代防雷技术外，电网最基础、最重要的部分是电网综合防雷系统，其主要包括外部防护、内部防护两部分。针对雷电可能侵入系统的途径，综合采用不同防雷措施及防护系统，以降低电网的雷电损害，如图1-4所示。外部防护是指防止雷电直接击在建筑物、设备和人身上，损坏或烧毁建筑物、设备并对人体造成伤害。外部防护措施主要通过合理设计接闪器、引下线和接地体，构成一条供雷电流迅速泄放入地的电气通道。内部防护是指防止雷电通过电磁感应及雷电波沿着电源线、信号线、天馈线等金属线路和金属管道进入室内，烧坏或烧毁设备，乃至伤害人体。内部防护措施主要有等电位连接、接地、屏蔽、过电压保护和合理布线等。某电网激光点云输电线路典型示意如图 1-3 所示。

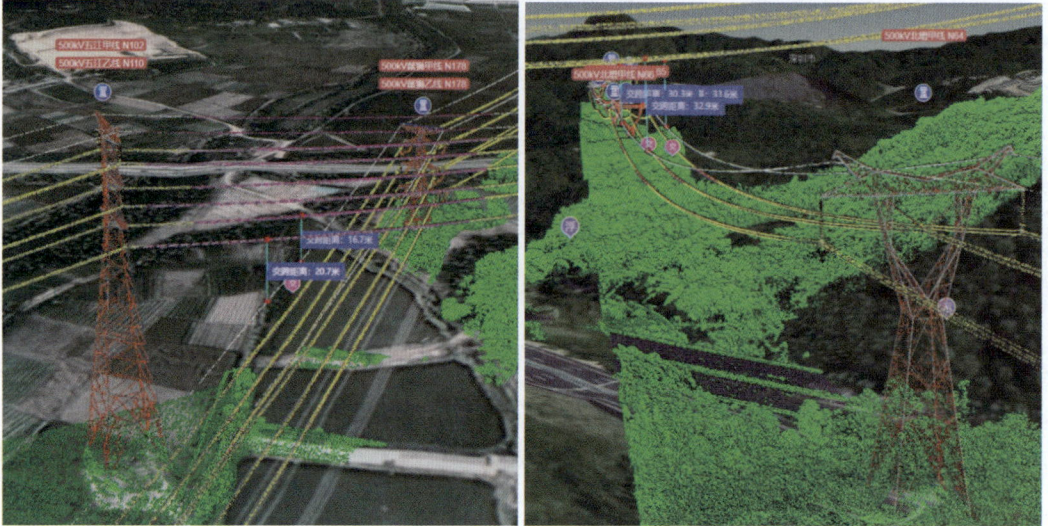

图 1-3　某电网激光点云输电线路典型示意图

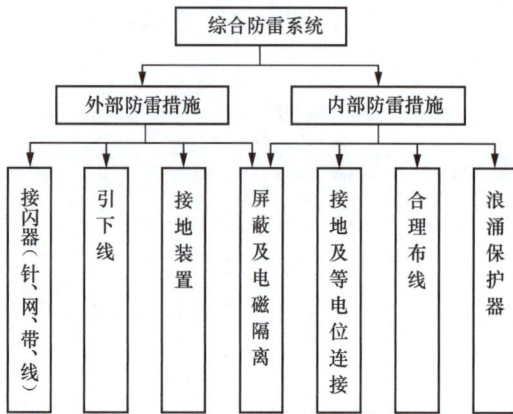

图 1-4　主要防雷措施及方法

　　目前，我国的防雷技术措施日益增多，但即使将不同防雷措施综合起来应用，仍不能保证电网防雷万无一失。因此，改善电网防雷性能仍是人们长期关注的问题之一。目前主要从改善原有防雷技术，发展新型防雷技术及应用防雷新材料及装备方面开展相关研究。防雷新材料如新型接地材料、新型避雷器电阻片材料等。新型装备包括大通流避雷器、防雷绝缘子、复合绝缘横担等。随着新型电力系统不断发展，电网防雷水平的要求进一步提高，发展防雷新技术能够极大提升线路防雷运行与维护水平，成为现代电网防雷研究的新方向。

第四节　电网防雷技术面临的新问题

一、防雷新问题与发展方向

新型电力系统的发展，高比例可再生能源的接入，对电网和输电通道安全提出了更高要求。2019年8月9日，英国包括伦敦在内的多个城市大范围停电，影响人口超100万。该停电事故的根本原因是海上风电的陆上送电线路因雷击引起停运，诱发了一系列故障，造成低频减载，进而引起大规模停电❶。英国电网呈现新能源接入比例高和电力电子设备比例高的"双高"特点，系统惯量和抗扰动能力较低，因此在部分关键联络线路雷击跳闸紧急停运时出现了频率失稳和负荷骤降的重大风险。近年来，我国风电、光伏发电等新能源发电占比持续快速上升，在部分省区逐步成为主力电源，同时含电力电子设备的直流输变电工程日趋增多，一些交直流线路输送功率大，局部断面紧张时有出现，部分区域性电网可能存在一些安全隐患。特别是在雷电活动频繁地区，电网遭受雷害严重，输电线路雷击跳闸占到所有跳闸的一半及以上，对电网冲击风险很大。面对这种情况，英国大停电暴露出来的问题非常值得我国电网借鉴，国内不少专家和学者对该事件进行了详细的分析探讨，并给出了很多有益的建议。基于我国电网工程实际情况，研究提升线路防雷能力和安全水平，对守好电网安全第一道防线具有重要意义。

多年来，雷害一直是我国电网面临的主要危害之一，电力部门始终致力于打造一套完善的防雷体系，并取得了一定的成果，我国电网的雷击跳闸率连续多年呈下降趋势，为保障电网安全运行发挥了重要作用。但是近年来，全球气候变化带来的强雷暴天气对电网造成了更大的冲击，同时社会发展对供电可靠性及电能质量提出了更高的要求，因此电网防范雷击等跳闸故障的压力进一步增大。从总体上来看，当前电网防雷工作遇到了一些难点，暴露出一些新问题，同时也蕴藏一些有待深入研究的新方向，主要见表1-2，值得各研究机构和学者予以重视。

表 1-2　　　　　　　　当前电网防雷遇到的主要问题及发展方向

序号	电网防雷难点及新问题描述	问题类型
1	雷电先导在空中的发展规律、雷电跃迁的临近条件及雷电击距的准确计算等尚缺少成熟可靠的理论和复现方法，电网防雷遇到多接地点雷（或称分叉雷）造成相间故障等问题时，分析存在困难，影响制定针对有效的防护措施	机理

---

❶ 2019年，孙华东、许涛等在《英国"8.9"大停电事故分析及对中国电网的启示》进行了深入研究分析。

续表

序号	电网防雷难点及新问题描述	问题类型
2	雷电流真实参数认知仍存在一定局限性,对自然界中长持续性雷电流和多重回击等雷电流形态缺少足够的观测样本和精确的测量手段,电网遇到极端雷击导致设备受损、直流线路闭锁、交流线路重合闸失败等问题时分析困难	机理
3	线路绝缘子实际承受的雷电冲击闪络电压波形可能与现行标准推荐的绝缘子闪络判据采用波形不同,高低海拔绝缘子的雷击闪络判据仍需完善,传统的耐雷性能评估模型精确性值得进一步提升	机理
4	海上风电大规模发展,然而目前海上风机遭受雷击并损坏事故频繁,由于缺乏对海上雷电特征参数获取的手段,复杂海洋环境下雷击风机的过程及机理缺乏研究	机理
5	线路杆塔接地装置和变电站接地网在雷电冲击下的暂态特性及火花效应等缺少准确的描述模型,难以高准确度地仿真计算或测量出接地网雷电冲击接地阻抗情况	方法
6	地形复杂导致雷击跳闸概率增加、极端地形条件下出现线路雷击跳闸异常增多、密集输电通道存在雷击多回或多相同时跳闸(本书中简称为同跳)故障风险问题	方法
7	受端交流线路雷击跳闸易引起直流线路换向失败,局部区域电网雷击跳闸后电压暂降对敏感负荷产生影响,当前超/特高压线路雷击跳闸以绕击为主,如何进一步经济有效地降低绕击跳闸率难度较大	方法
8	现有防雷技术手段大多为事后措施,针对电网的雷电预警和雷电灾害预报技术研究还处于研究和试点阶段,准确性和时效性还有待提高,以期支撑电网的事前防御措施	方法
9	近年来强对流天气增多,遭受多重雷击时线路避雷器与变电站进线避雷器由于氧化锌电阻片通流能力偏小、承受短时注入能量的容量不足而发生击穿或爆裂问题	设备
10	电网缺少抗腐蚀性强、接地电阻优、使用寿命长、经济适用且便于施工运维的通用性接地材料,制约了电网接地水平的进一步提升	设备
11	地线及OPGW雷击断线或断股时有发生,仅靠增大线径和截面的方式既不经济也难以在已建线路上实施,改进地线及OPGW材料、优化结构以提升耐雷击性能难度大,对断股的及时发现、准确定位、提前预防难度需求较为迫切	设备
12	电网二次系统的防雷设计和措施较为薄弱,目前主要依靠浪涌保护器等防雷装置,二次系统的防雷缺乏体系化的防雷方案及配套装置	设备
13	电网防雷对故障巡检的时效性和准确性要求越来越高,雷电定位系统在提升雷电流幅值反演、雷击点位置探测的精确度方面有待进一步研究开发	设备

二、部分防雷新问题的探讨

雷电先导通道发展过程随机性强、分支较多,放电速度不确定,主、分支先导通道电荷分布存在差异性。为了模拟雷电先导发展过程,国内外学者开展过大量自然雷电观测,并提出了雷电先导放电过程数值模型。Golde、Berger、Eriksson、Dellera、Cooray 等根据大量自然雷电放电观测数据及雷电下行先导垂直向下发展并忽略先导分支影响的假设,提出了雷电先导通道电荷分布模型。然而,选取不同时刻的回击电流,会得到不同的雷电先导电荷与回击电流幅值之间的关系式。而实际中雷电先导存在大量随机分支、雷电先导发展方向也并非垂直向下,上述假设条件,会引起地面静电场的计算产生偏差。为此,Dellera 认为距离主通道最近接闪电的雷电分支对地面电场有影响,而忽略其他分支,也

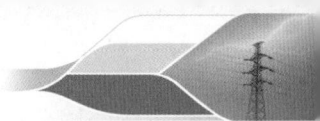

有学者提出雷电分支通道与主放电通道电荷密度呈比例关系。**Kruszewski** 在雷电主放电通道上增加分支通道，**Vargas** 则在 **Hill** 等人的雷电观测结果上提出了反映先导分支发展过程的数值模型。这些模型考虑了雷电分支的几何特征，但未考虑分支的物理意义。为了模拟雷电放电的随机性，学者们将分形理论引入模拟雷电下行发展随机树枝状特征。目前考虑雷电先导通道分形特征的模型已见诸不少文献中，但应用于输电线路的防雷屏蔽设计尚存在一定的困难。如何通过气象手段、电磁场理论、雷电观测等技术深化雷电放电发展过程研究，探索雷电先导通道形态、先导通道电荷分布、各部分发展速度及参数是一项有待长期研究的课题。

绝缘子雷击闪络判据是耐雷性能分析中的关键模型。传统闪络判据以 $1.2/50\mu s$ 标准雷电冲击下的 50% 放电电压、伏秒特性、先导发展模型等确定判据。而实际输电线路运行中，绝缘子发生闪络时，其两端所承受电压波形往往并非标准雷电电压波形（$1.2/50\mu s$），而是波尾时间较短的非标准波。这主要是由于雷电电压波在塔身复杂结构及相邻杆塔之间的折反射过程之后，电压波形衰减造成的。目前，对于短尾波冲击下的绝缘子闪络特性研究尚不完善，关于真型塔绝缘子闪络试验和仿真研究较少。因此，非标准波下绝缘子闪络判据的准确建立、海拔校正和结果验证也有待深入研究，以明确绝缘子的雷击闪络机理，支持电网防雷技术的不断改进。

除了陆上雷击活动外，海上环境及雷击特征具有明显差异，也对海上风电运行及送出产生较大的影响，主要包括：一是海上风电机组所处环境同陆地相比更为空旷，由于其塔架更高，风机叶片长度更长，上行雷电更易发展，导致遭受雷击的概率大大增加；二是海上雷暴云电荷中心高度，电荷结构和空间电场分布等与陆地存在明显差异，导致其地闪频次、地闪强度、雷电波形、回击次数等特征与陆地不同；三是海上雷暴活动时存在大风速、高湿度、浓盐雾的气候环境，使得风机上行雷电诱发机制更加复杂。初步研究发现，高风速会导致强电场下叶尖附近空间电晕放电电荷快速迁移，电场恢复，使得上行先导更易起始，更容易遭受雷击。高湿度会影响空间带电粒子运动微观过程，导致放电起始和发展过程更加复杂。此外，高盐雾会使得大量的盐雾积聚在风机叶片表面，盐雾附着区域电导率大，影响表面电荷与空间电场的分布，使得放电起始位置发生改变，降低接闪器的拦截概率。综上所述，相比于目前陆地雷电探测及定位技术，海上雷电探测技术十分不完善，导致目前无法准确实时掌握远海岸风电场区域雷电活动规律。此外，大风速、高湿度、浓盐雾等复杂海上环境如何改变上行雷电先导的起始和发展过程也仅停留在定性分析和推测阶段，有待进一步深入研究。

避雷器是输、变、配电设备上大规模采用的一种防雷装置。避雷器安装数量多、分布范围广，其寿命评估、试验方法、运维方案一直是国内外电力系统运维、状态评价和资产管理面临的未解难题。近年来，我国电网曾发生过多起多重雷击造成的安全运行事件。一方面由于避雷器的雷电通流能力设计主要考虑计算分析结果、经济性、安装运维便利性，针对避雷器雷电流通流容量主要采用标称放电电流、4/10μs 大电流耐受和 2ms 方波冲击耐受三个试验指标以及避雷器吸收能量的计算指标（近年来逐步引入重复转移电荷试验），缺少能够反映自然界长持续时间雷击和多重雷击工况的考核方法，导致避雷器的多重雷电流耐受特性研究尚不完善。实际上，国内外雷电观测表明，50%～70% 以上的雷击为多重雷击，其连续脉冲次数在 2～20 次以上（平均 3～5 次），时间间隔为 15～150ms（平均为 30～40ms）。一般情况下，后续回击电流的幅值虽比首次回击电流小，但电流上升的最大陡度却比首次雷击电流大得多，会在感性被击物上造成较高的过电压。另一方面由于避雷器的氧化锌电阻材料配方、烧结工艺、粉体制备等技术限制，影响了氧化锌电阻电位梯度、通流容量、使用寿命。避雷器常年暴露在自然环境中，在实际运行中避雷器存在受潮、过热、炸裂等风险，严重威胁电力系统的安全稳定性。需进一步研究避雷器材料和工艺水平，改进避雷器多重雷击耐受水平评估方法，并提升通流能力和安全可靠性。

雷电定位系统在电网雷击事前预警、事中分析、事后评估等方面发挥重要作用。新型电力系统的发展，对于雷电定位系统提出了更高的要求。运行经验表明，目前雷电定位系统定位误差普遍在 1km 左右，雷电流幅值误差在 20% 左右，对于山地以及偏远地区其误差可能更大。因此部分山区输配电线路、新能源集电线路雷击故障频繁，雷电定位系统的应用效果不佳。对于雷电定位子站数量、位置和测量设备的优化，以及雷击点定位和雷电流幅值反演算法的修正有待开展，以提升局部电网的雷电监测能力。近年来电网存在多重雷等导致设备损坏以及直流闭锁事件，这也对自然雷电流全波形精确反演提出了新的需求。目前雷电定位系统中无法给出雷电波形参数，试验和仿真中仍普遍采用标准三角波或双指数波形作为激励，无法模拟真实的雷击情况。随着电磁场测量和光学影像等雷电观测手段不断发展，基于广域雷电探测数据的波形反演技术得到了一定的发展。此外，目前输电线路分布式行波故障定位系统积累了大量雷击暂态电压电流数据，也为线路雷击电流波形反演提供了一种思路。

电网实际运行经验表明，超/特高压输电线路雷击跳闸主要由绕击引起。绕击跳闸绝大部分能够自动重合闸成功，但仍存在重合闸失败的风险，从而会对近区电网造成一定的冲击，如交直流混合系统受端的配套交流线路发生雷击故障时，可能造成直流线路换相失败，直流雷击跳闸可能导致闭锁。统计发现，一般 110kV 线路雷击跳闸不会造成直流线路换相失败，直流受端地区个别 220kV 线路雷击两相或多相同跳可能会造成直流线路换相失败，部分关键重点交流 500kV 线路跳闸往往会造成近区直流线路换相失败，其比例接近 20%。直流 ±500kV 和 ±800kV 线路跳闸本身通常会造成对应换流站换相失败，少部分直流线路雷击故障甚至可能造成直流线路闭锁。此外，超/特高压输电线路雷击跳闸往往会引起近区电网的电压波动，尤其重合失败时会造成临近变电站的电压暂降，在长三角、珠三角等负荷密集区域，部分重要敏感用户对电能质量要求极高，当传导至负荷侧的电压跌落大于 20%、持续时间达到数百微秒及以上时，就可能出现敏感用户设备自动停机和负荷损失的情况。因此，加强超 / 特高压输电线路防绕击性能仍然是电网建设和运行的一项重要工作。由于输电线路及杆塔数量多，逐塔安装避雷器和减小地线保护角的措施投资较大或实施难度较大，需要研究技术经济性更优的防雷电绕击措施。

雷电冲击下杆塔地网和变电站地网的响应特性一直是电力系统防雷领域长期关注的问题之一。由于雷电流频率高、冲击电流幅值较大，接地网存在明显的电感效应，当地网土壤中场强高于土壤电离场强时，还存在火花放电效应。由于雷电流波形、火花放电过程及土壤条件的地区差异性大，雷电流冲击下地网的冲击响应往往难以准确分析。目前接地网冲击响应的相关研究多基于数值计算、实验室模拟试验及真型试验。真型试验被认为是能够反映真实地网雷电冲击响应的有效手段，但由于冲击电流发生器容量及试验场地等的限制，真型试验存在冲击电流的幅值偏小、波前时间偏大且分散性大、测量参数单一等问题。对于杆塔地网等简单型式地网，最大冲击电流可达千安级，但对于变电站等的大尺寸地网，一般采用小电流试验方法，注入的冲击电流仅几十安，难以表征高幅值冲击电流下的大地网冲击特性。此外，冲击电流的波前时间偏大且具有较大的分散性，试验结果之间缺乏可比性。因此接地网在雷电冲击下的响应特性、冲击阻抗与工频阻抗关系系数、导体电位分布、电流分布等仍有待进一步深入研究。

电力设备接地网的腐蚀防护一直是电网领域长期关注的问题之一。由于土质条件难以改变，目前主要通过提高接地材料耐蚀性来提高接地网的运行寿命，常见措施包括镀锌钢接地、铜（铜覆钢）接地、石墨接地、导电水泥、阴极保护、增大接地面积、涂覆导电防腐涂料等。镀锌钢表面的锌材料虽然可以起到保护内部碳钢的作用，延长了接地网使用寿命，但是镀锌层厚度有限，且锌在土壤中更易发生电化学腐蚀，从而失去对接地网的保护作用。铜与钢电极电位相差较大，易造成电偶腐蚀，从而加速钢材腐蚀。铜腐蚀后产生的铜离子属于重金属离子，渗透到土壤和河流中，会造成重金属污染。石墨接地是将石墨制成接地极，石墨接地极区别于金属，具有导电性好、化学性质稳定、耐腐蚀性能优异、受环境影响小等优点，但石墨与金属引下线连接时会加速引下线腐蚀。导电水泥是将导电材料添加到普通水泥中，形成导电通路，使其具有导电性能，化学性能稳定，不易被冲刷流失，但为满足接地网对导电性能的要求，需要添加大量导电填料，填料含量过大又会影响接地极的强度和寿命。牺牲阳极法是将接地极与电极电位更低的金属连接，通过优先腐蚀保护金属达到保护目的，该方法需消耗大量阳极材料，会增加建设成本。导电防腐涂料的研究主要集中在提高涂料的导电性，由于树脂本身绝缘，为达到接地网导电性能要求，需添加大量导电填料，这就严重影响涂料的防腐性能。因此目前各种不同的防腐蚀技术均存在一定的优缺点，需要对不同的技术进行整合或者研发性能更优的接地网防腐蚀材料。

目前随着数字化技术和人工智能技术的发展，电网领域也掀起了"数字化转型"和"智能化发展"的重大革新，输变配电设备逐步走向数字化建设和智能运行维护等模式，以不断提升电网的安全稳定水平和服务质量。在电网防雷领域，传统的防雷建模和分析方法需要人工收集大量数据进行处理，工作效率低，出错概率大。因此近年来，基于输变电设备点云数据的自动化建模技术快速发展，通过人工智能算法和大数据训练，逐步实现输电线路和变电站的参数提取和分析，进而提升防雷建模计算效率及准确性。但是目前存在的难点是用于训练的数据质量参差不齐，一定程度上影响到智能算法的学习效果。此外由于输变电设备种类繁多，特别是输电线路杆塔型式多样，实现自动化的建模和仿真难度极大，现有人工智能算法和机器学习方法尚难以满足精确建模的需求，所以电网防雷的数字化技术目前仍存在一些需克服的难题，为支撑电网的高质量发展仍有许多研究工作要做。

第二章

雷电放电过程及物理特征

第一节 雷云的形成及起电机制

一、雷云形成的物理过程

（一）雷云的形成

当地面含水蒸气的空气受到炽热的地面烘烤受热而上升，或者较温暖的潮湿空气与冷空气相遇而被抬高都会产生向上的气流。这些含大量水蒸气的空气上升时温度逐渐下降形成雨滴、冰雹（称为水成物），这些水成物受大气电场、重力、对流以及温差、碰撞感应、破碎等效应的同时作用，正负电荷分别在云的不同部位积聚，就形成了积雨云，即雷雨云，如图 2-1 所示。

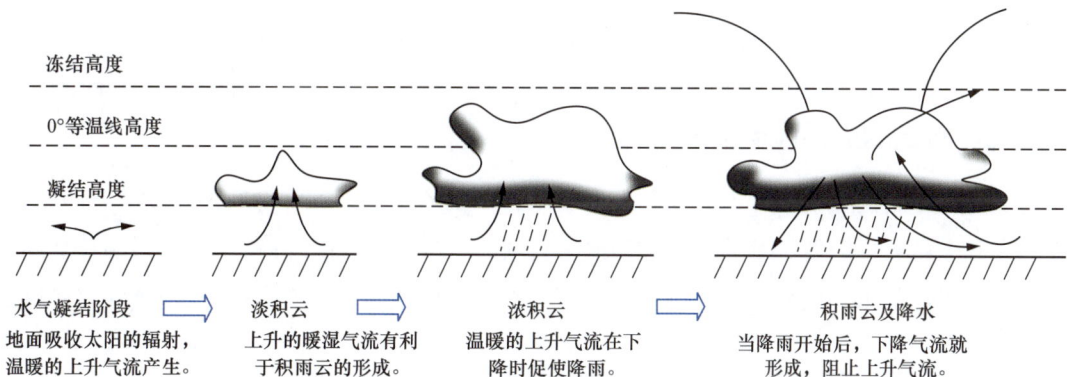

冻结高度

0°等温线高度

凝结高度

水气凝结阶段	淡积云	浓积云	积雨云及降水
地面吸收太阳的辐射，温暖的上升气流产生。	上升的暖湿气流有利于积雨云的形成。	温暖的上升气流在下降时促使降雨。	当降雨开始后，下降气流就形成，阻止上升气流。

图 2-1 雷雨云的形成及气流结构示意图

积雨云是在强烈垂直对流过程中形成的云。因为地面吸收太阳辐射热量远大于空气层，所以白天地面温度升高得更高，近地面大气温度也随之升高，气体膨胀、密度减小、压强降低导致上升气流。同时，上方空气层密度较大，产生下沉现象。热气流上升时，与高空低温空气进行热交换，水汽凝结形成雾滴，形成积雨云。在强对流过程中，云中的雾滴进一步降温，变成过冷水滴、冰晶或雪花，并随高度增加逐渐增多。在冻结高度（对应

温度 -10℃），过冷水凝固释放潜热，导致云顶突然向上发展，这一趋势在达到对流层顶附近后转而向水平方向铺展，形成云砧。

（二）雷云的结构

大部分雷暴电荷存于水凝滴中，也仍有一些以自由离子的形式存在，其中的电荷分布与运动关系很复杂，会随着雷暴云的形成发生持续变化。目前得到较为广泛认可的模型是雷云三极性点电荷结构，其云电荷基本结构包括顶部净正电荷、中间净负电荷与底部少量净正电荷。需注意，虽然按照上述模型划分，某一区域净电荷只存在一种极性，但实际上云中所有区域中两种极性的电荷都同时存在。如图 2-2 所示为雷云点电荷结构分布示意图，其正电荷在顶部，负电荷在中部，少量正电荷在底部，位于导体大地的上方，通常称上面两个大小相等的电荷为主电荷。底部正电荷并不总是存在。

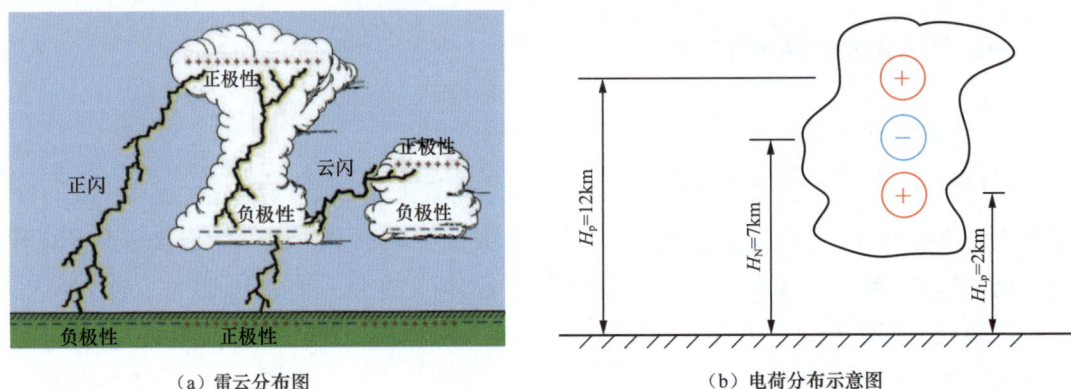

（a）雷云分布图   （b）电荷分布示意图

图 2-2   雷云结构示意图

H_p—顶部正电荷区高度；H_N—中部负电荷区高度；H_{Lp}—底部正电荷区高度

二、雷云的主要起电机制

云内起电机制较为复杂，至今科学界都未有明确的定论。大气物理领域的学者们先后提出了几十种云内起电机制的理论，但没有任何一种理论能完善地解释所有雷云荷电的实际观测结果，故本书仅针对目前接受度较高的几种积雨云起电学说进行简要介绍，感兴趣的读者可自行深入了解。

（一）雷云碰撞感应起电机制

当云中有固态或液态水滴时，感应起电是很重要的成因。图 2-3 为碰撞感应起电机制的示意图。假定降水粒子（雨滴）和云粒子（云滴）在受到外电场的作用后会发生极化现象，此时由于雨滴远大于云滴，雨滴向下运动，云滴向上运动。当它们相遇发生碰撞时部分异性电荷会中和。若电场方向垂直向下，则粒子上半部极化为负极性，下半部极化为正极性。当发生碰撞接触时，雨滴正电荷与云滴负电荷相中和，最后导致雨滴带负电，云滴带正电，通过重力分离机制，带正电荷的云滴向云的上部运动，带负电荷的雨滴向云的下部运动，从而形成云中上部为正极性，下部为负极性的电荷中心。

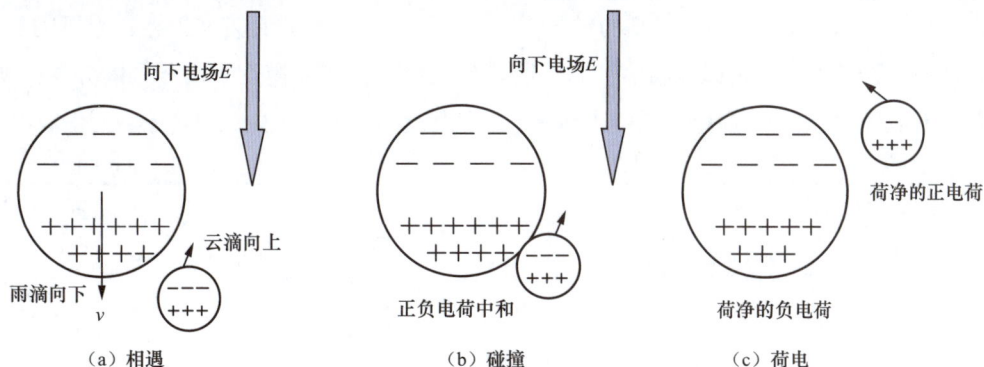

图 2-3　雷云碰撞感应起电机制示意图

E—电场；v—速度

（二）雷云破碎起电机制

雷云的破碎起电机制示意如图 2-4 所示，该理论模型认为雷暴云底处集中有一定数量的水滴，当水滴出现在上升气流较强的地方，且当其半径超过毫米级时，水滴即在强上升气流的作用下破碎，其过程可以描述为初始阶段水滴受力变得扁平，然后其下表面在上升气流作用下凹陷，形成一个水泡或口袋，最后达到承受阈值破裂为小水滴。在此过程中，如果外电场指向是自上向下的，则水滴上半部破碎成带负电的小水滴，下半部形成带正电的大水滴。然后，带负电的小水滴随上升气流到达云的上部，而带正电的较大水滴则因重力沉降而聚集于 0℃ 层以下的云底附近，使云底荷正电。破碎起电机制可以较好地解释部分雷暴云云底带少量正电荷的原因。

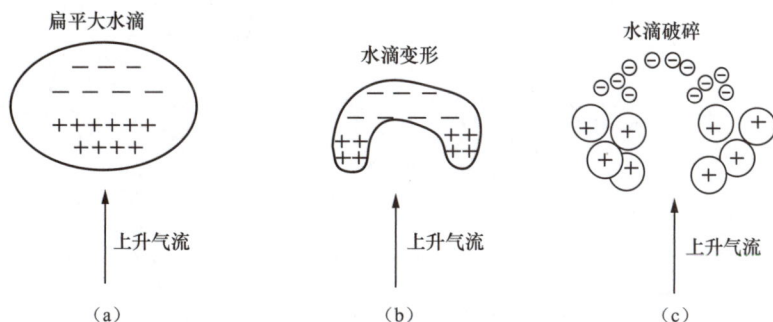

图 2-4　雷云破碎起电机制示意图

（三）雷云温差起电机制

雷云温差起电机制示意如图 2-5 所示。左端温度较高，离子活动更活跃，正离子 H^+ 和负离子 OH^- 均向右扩散，同时由于该扩散速度与离子大小相关，H^+ 的扩散速度更快，所以先到达右端，导致右端带正电。随之出现的内部静电场方向向左，这一电场的负反馈阻止 H^+ 继续扩散，最后达到动态平衡。在宏观上显示为整个系统为一电偶极化带电，它与两边的温度差成正比，这就是温差起电机制的机理。对于雷云，因为其垂直方向上存在温度的变化，云顶部分温度较低，云底部分温度较高，所以带电粒子会在云内上下部分之间分离，从而形成一个强烈的静电场，当电场强度达到空气击穿强度时，就会发生放电现象，产生闪电。

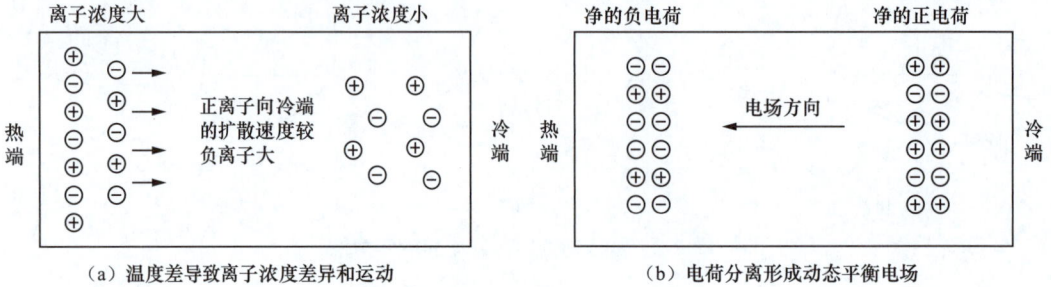

（a）温度差导致离子浓度差异和运动   （b）电荷分离形成动态平衡电场

图 2-5　雷云温差起电机制示意图

（四）雷云对流起电机制

雷云对流起电机制是一种基于非降雨假设的雷云起电理论，其理论基础是雷云内部强大的上升气流和下沉气流对大气离子的垂直运输作用，如图 2-6 所示。该理论认为，地面尖端放电产生的正离子进入云层，随上升气流向云中运动，最终形成正电荷区。高空传导电流使大量负离子来到云的上表面并附在云滴或冰晶上，在强烈的下沉气流带动下向下运动，形成不均匀电荷分布，最终导致闪电发生。

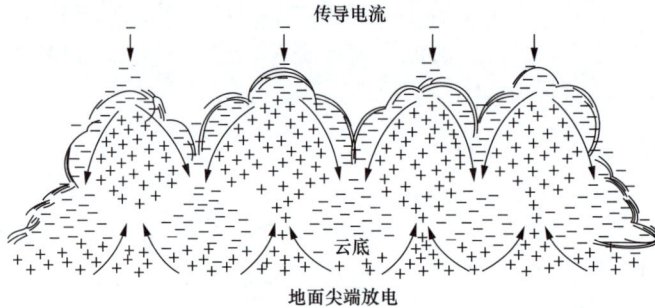

图 2-6　雷云对流起电机制示意图

第二节　雷　电　的　分　类

雷电是由云层内部或云层和地面之间的电荷分布不均匀引起的一种自然现象。根据雷电的各项参数和性质的不同，可以对其进行分类。本书仅从雷电路径、雷电极性、雷电方向、雷电形状等进行分类介绍。

一、雷电路径

根据雷电放电路径不同可将其分为云闪、地闪两种类型，如图2-7所示。

云闪是一种在雷暴云中或正负电荷区之间发生的放电现象，与地面物体无关。根据放电发生地点的不同，云闪可分为云内闪电、云际闪电和云空闪电。其中，云内闪电是由雷暴云内部带电极性相反的电荷积累而产生的放电现

图2-7　根据雷电路径不同划分的闪电种类

象，云际闪电是由不同积雨云之间带有相反极性的电荷积累所引发的放电现象，而云空闪电则是由积雨云电荷中心与云外周围环境大气中异性电荷聚集区之间电场强度的增大而引发的放电现象。云闪在自然界中广泛存在，自然界有2/3以上的闪电都是云闪，云闪是最容易发生和观测到的闪电类型，其持续时间一般在1s左右，放电通道的空间尺度一般为5～10km，但也有一些空间尺度小、持续周期仅几十毫秒的云闪。

地闪是指闪电通道击中地面或地面上的物体而产生的放电过程。统计显示地闪约占自然界中闪电发生总数的1/3。由于地闪是发生在积雨云与地球表面间的放电过程，其明亮的闪电通道不易受到云体等外物遮挡，因而利用光学设备可较容易观测记录到地闪的发光通道。相比云闪，地闪对电网运行安全具有更大的威胁性。

二、雷电极性

根据雷电电流极性，可将雷电极性划分为正地闪和负地闪。

（1）正地闪：闪电电流为正（向下）；通常云底荷正电荷，地面为负电荷。

（2）负地闪：闪电电流为负（向上）；通常云底荷负电荷，地面为正电荷。

三、雷电方向

根据先导方向，可将雷电方向划分为向下先导和向上先导。

（1）向下先导：由云向下地面发展的先导。如果先导带负电，称向下负先导；如果先导带正电，称向下正先导。

（2）向上先导：由地面向云中发展的先导。如果先导带负电，称向上负先导；如果先导带正电，称向上正先导。

基于前面的分类组合，可将雷电分为四类，如图2-8所示。

第一类地闪具有向下负先导和向上回击，云中负荷电中心与大地和地物间的放电过程，具有负闪电电流，因此简称为向下负先导负地闪；若负先导不着地，则无回击，此时只有图2-8（a）中1a所示过程，云空放电。若负先导着地，则产生回击，将云中的部分

电荷泄放到大地，若该过程只出现一次，则为单闪击闪电，如图 2-8（a）中 1b 所示，若重复多次，则为多闪击闪电。

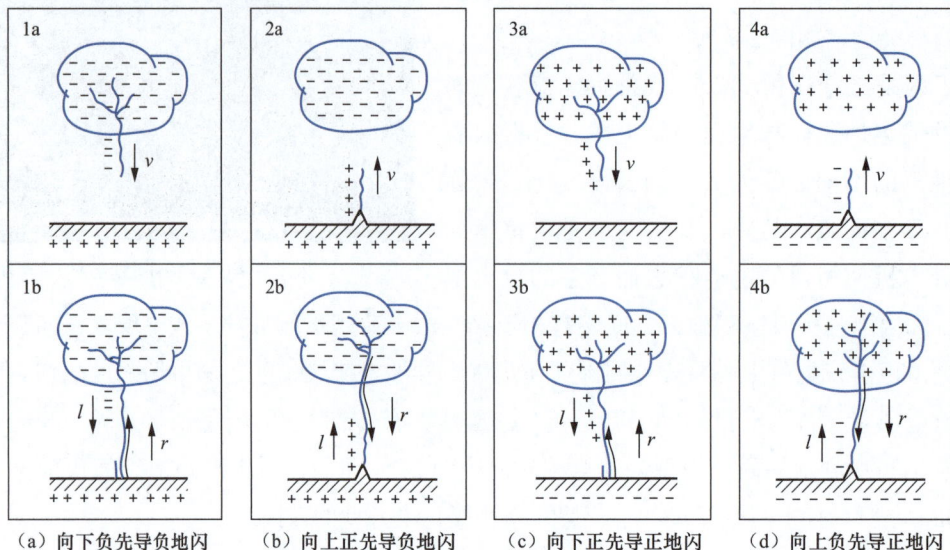

（a）向下负先导负地闪 （b）向上正先导负地闪 （c）向下正先导正地闪 （d）向上负先导正地闪

图 2-8　地闪分类

l—先导；*r*—回击；*v*—发展方向

第二类地闪具有向上正先导的云中负荷电中心与大地和地物间的放电过程，具有负闪电电流。它又分以下两种情况。如图 2-8（b）中 2a 所示，先导带正电向上，放电一般始于高耸的接地体（塔尖或山顶），具有向上正先导而无回击，简称为向上正先导连续负放电。若对于图 2-8（b）中 2b 所示情况，先导带正电向上和向下回击，称之为向上正先导负地闪，如果其后有随后闪击，称之向上正先导多闪击负地闪。

第三类地闪的云中荷正电，具有向下正先导和向上回击，云中正电荷中心与大地和地物间放电过程具有正闪电电流，简称为向下正先导正地闪。如图 2-8（c）中 3a 所示，向下正先导不着地，于是产生云空放电过程。如图 2-8（c）中 3b 所示，向下正先导着地，引起向上正回击，泄放云中的正电荷到大地。

第四类地闪的云中荷正电，具有向上负先导的云中正电荷中心与大地和地物间的放电过程，具有正闪电电流。如图 2-8（d）中 4a 所示，向上先导始于高耸的高层建筑的尖顶，这类地闪可根据有无回击而细分为 A 型和 B 型。A 型地闪具有向上先导而无回击的放电过程，只是在先导后出现持续时间约几百毫秒，持续电流为几百安的放电过程，简称为向上负先导正地闪。B 型地闪具有向上先导和向下回击的放电过程，简称向上负先导连续正电流闪电。向上正地闪多为单闪击地闪。

四、雷电形状

由于闪电本身具有很强的随机性，其形状也多种多样，根据其形状特点对其进行分类，可归于以下六种类型。

（1）线状闪电。线状闪电最为常见，包括线状云闪和线状地闪。线状闪电的形状蜿蜒曲折，具有丰富的分叉，类似树枝状，所以也称枝状闪电。线状闪电具有若干次放电，其中每次放电过程称之为一次闪击，其图片如图2-9（a）所示。

（2）片状闪电。片状闪电多为云间放电，由于云间线状闪电被云体遮住，闪电的光照亮了上部的云，闪电呈现出片状的亮光，其图片如图2-9（b）所示。

（3）带状闪电。带状闪电是宽度达十几米的一类闪电，比线状闪电要宽几百倍，看上去像一条亮带，所以称为带状闪电，其图片如图2-9（c）所示。

（4）联珠状闪电。联珠状闪电多出现在强雷暴期间，并且常紧接着在一次线状闪电之后出现在原通道上，联珠状闪电的亮斑为一串发光球体，从远处看上去像悬挂在空中的一长串珍珠，有时则为许多长达几十米的发光段，这些亮斑一般较暗淡。联珠状闪电的持续时间较线状闪电长得多，熄灭过程也较缓慢，其图片如图2-9（d）所示。

（5）球状闪电。球状闪电是一种很特殊的闪电现象，常出现在强雷暴期间，与强烈的地闪同时出现，其形状多为球形，也有环状或放射出火花球状的情况出现。球状闪电发出的光并不特别明亮，但即使在白天也清晰可见，其亮度较为稳定，而颜色则大多呈橙色和红色，也少量观测到黄色、蓝色和绿色的情况出现。球状闪电出现后一般以每秒几米的速度做水平运动，但移动路径较为复杂，有时停滞不前，有时从空中直接向下降落，在接近地面突然改变方向，其图片展示如图2-9（e）所示。

（6）蛛状闪电。蛛状闪电指在雷暴云的消散阶段或层状降雨阶段观测到的发生于云底附近具有大范围水平发展、多分叉放电通道的壮观放电现象，其图片如图2-9（f）所示。

（a）线状闪电

（b）片状闪电

（c）带状闪电

（d）联珠状闪电

图2-9　根据雷电形状不同划分出的闪电种类（一）

（e）球状闪电　　　　　　　　　　　（f）蛛状闪电

图 2-9　根据雷电形状不同划分出的闪电种类（二）❶

第三节　地闪放电特征

地闪是云与大地之间的一种放电过程，直接威胁地面建筑物、电信和电力设备、人类活动的安全，具有较大的危害性。

一、地闪发展过程

地闪的发展过程可以较为笼统地概括为梯式先导、回击、箭式先导过程。此外，地闪发展过程中还可能会出现多接地点落雷（分叉雷）现象。本书将从上述几个方面对地闪进行介绍。

（一）梯式先导

从云内电荷的不断积累到引发梯级先导向下发展中存在着闪电预击穿阶段，如图 2-10（a）所示。通常发生在闪电发展的初期，由于积雨云中电荷的复杂分布，随着积雨云电荷的不断积累，云体中下部负电荷与云体底部正电荷间电势差逐级增大，由于极性相反电荷的积累，使得反极性电荷层之间的大气电场可达 10^4V/cm 左右，此时积雨云体内部开始发生微小击穿，巨大的负电荷击穿空气，迅速中和积雨云体底部的正电荷，此时该云体将全部转化为同种电荷。

梯级先导的形成源自积雨云电荷的不断积累，地球表面将积累同量的相反极性电荷，使得大气电场进一步加强，进入梯级先导初始阶段，当云地之间电场足以击穿空气时，积雨云中电子向下发展并与周围空气分子发生剧烈碰撞，导致轻度电离，从而呈现出负先导逐级不断向下伸展的流光。伴随着电场强度的增大，空气分子不断电离，大气空间出现一道像梯级一样逐渐向地面发展的亮光，这称为梯级（式）先导，如图 2-10（c）所示。在梯级先导向下发展过程中，每向前伸展一个梯级其头部都会发出明亮的光。梯级先导在向

---

❶　不同雷电形状划分详见参考文献［24］。

下伸展过程中，由于空气分子的均匀分布，使得电离通道除主通道之外产生很多分支。由于梯级先导主通道周围存在若干个梯级先导分支，梯级先导在向下伸展过程中平均传播速度约为 10^5m/s 量级。单个梯级先导（无分支或分支较少）的传播速度则快得多，其放电通道长度和通道直径都要大于带有分支的闪电先导。

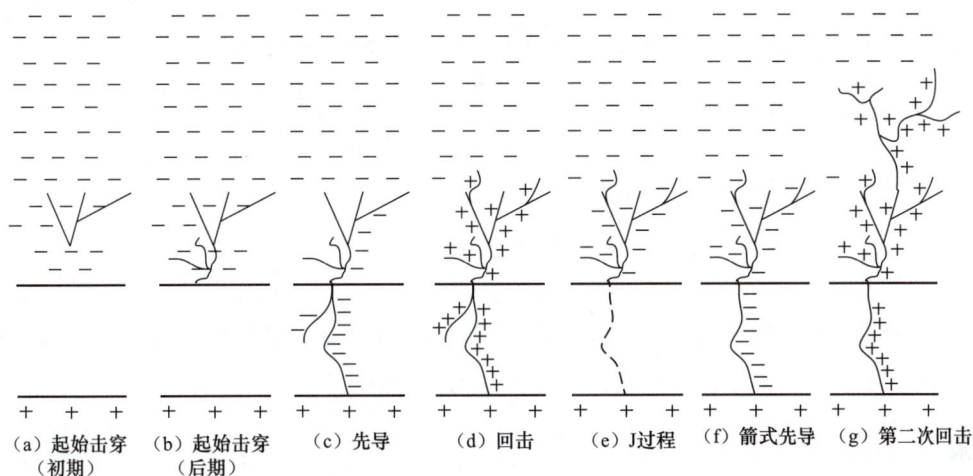

（a）起始击穿（初期）　（b）起始击穿（后期）　（c）先导　（d）回击　（e）J过程　（f）箭式先导　（g）第二次回击

图 2-10　闪电发生时电荷活动❶

梯级先导其实是一个不断向下伸展的电离过程，由于云地之间强电场的存在，负电荷与空气分子相互碰撞，使得空气分子不断发生电离，产生大量成对反极性电荷离子，其通道中的正离子主要存在于梯级先导的头部，随后与积雨云中不断向下发展的负电荷中和，从而导致放电主通道中充满了负电荷（负地闪），这样的放电通道就称为闪电电离通道。如图 2-11 所示，展示了典型闪电放电通道的结构，在闪电发生时，放电主通道起着不可忽视的作用，该通道正是肉眼可见的明亮光柱。

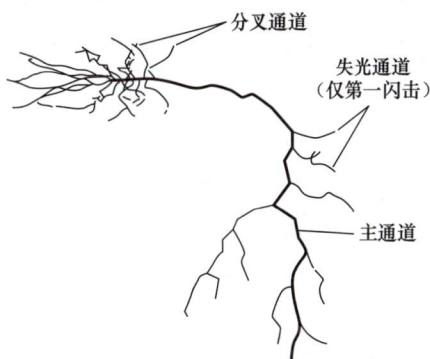

图 2-11　电离通道的结构

（二）回击

梯级先导与连接先导会合，形成一股明亮的光柱，沿着梯式先导所形成的电离通道由地面高速冲向云中，称为回击。回击比先导亮得多，回击的传播速度也比梯式先导的速度快得多，平均为 $5×10^7$m/s，变化范围为 $2×10^7 \sim 2×10^8$m/s。回击通道的直径平均为几厘米，其变化范围为 0.1～23cm。回击具有较强的放电电流，峰值电流强度可达 10^4A 量级，因而发出耀眼的光亮。地闪所中和的云中的负电荷，绝大部分已在先导放电时贮存在先导主通道及其分支中，回击过程中便不断中和贮存在先导主通道和分支中的负电荷。

由梯式先导到回击这一完整的放电过程称为第一闪击。从地面向上发展起来的反向放

---

❶　闪电发生时电荷活动分析详见参考文献［24］。

电，不仅具有电晕放电，还具有强的正流光，它与向下先导会合，其会合点称连接点，有时称之连接先导的向上流光，又若其在向下先导到达放电距离同一瞬间开始发展，则连接先导高度约为放电距离一半。

（三）箭式先导

紧接着第一闪击之后，约经过几十毫秒的时间间隔，形成第二闪击。这时又有一条平均长为 50m 的暗淡光柱，沿着第一闪击的路径由云中直奔地面，这种流光称箭式先导。箭式先导沿着预先电离的路径发展，没有梯式先导的梯级特征。箭式先导的平均传播速度大于梯式先导，平均值为 2×10^6m/s，变化范围为 $1 \times 10^6 \sim 2.1 \times 10^7$m/s。箭式通道直径的变化范围为 $1 \sim 10$m。当箭式先导到达地面附近时，又产生向上发展的流光由地面与其会合，随即产生向上回击，以一股明亮的光柱沿着箭式先导的路径由地面高速驰向云中。由箭式先导到回击这一完整的放电过程称为第二闪击，第二闪击的基本特征与第一闪击是相同的，而以后各次闪击的情况与第二闪击的情况基本相同。

（四）多接地点落雷

负地闪首次回击通常有多个下行分支，其中一些分支会在很短时间内依次到达地面，形成多接地点回击（multiple grounding point flashover，MGPF）。分叉雷这类具有多接地点的雷电并不是罕见现象，郄秀书、张其林等学者统计了我国部分地区所观测记录的分叉雷占比，见表 2-1。当分叉雷的某一支先导通道先接地后，地面零电位波以接近光速的速度向上传输，如果零电位没有赶上另一支分叉通道的向下发展，则可能形成多接地先导。在一次回击过程中具有多个接地点的闪电仅从电场变化难以确定，闪电的光学图像则可以直观地给出闪电通道的形状，并判断闪电分支的接地情况。如图 2-12 所示为我国青海地区某次多接地点雷击现象记录，其对应的电场变化情况如图 2-13 所示，R_a、R_b、R_c、R_d 分别为该次分叉雷的四个接地点。

表 2-1 我国部分地区多接地点现象占比记录

年份	地区	地闪次数	分叉雷次数	最大接地点数
2002	广东	17	2	2
2002	青海	10	2	4
2006	山东	23	4	2
2007	山东	9	1	2

不同于一般的雷电现象，在电网运行过程中，多接地点地闪可能会由于分叉雷末端分别击中杆塔导线和附近地面，从而导致导线与地面之间形成放电通道，进一步导致跳闸故障。图 2-14 为某 1000kV 线路受分叉雷影响导致 B 相发生跳闸故障的示意图❶。为验证分

---

❶ 2022 年，赵俊杰等人对多接地点落雷展开了分析，详见参考文献 [25]。

叉雷的存在，根据该次分叉雷放电路径在山体侧的接地位置，采用无人机进行探查，发现山体侧一棵树存在雷电烧伤痕迹，如图 2-15 所示。由于雷电流较小，仅部分树枝被烧伤，与雷电定位系统所监测到的雷电流幅值相符。

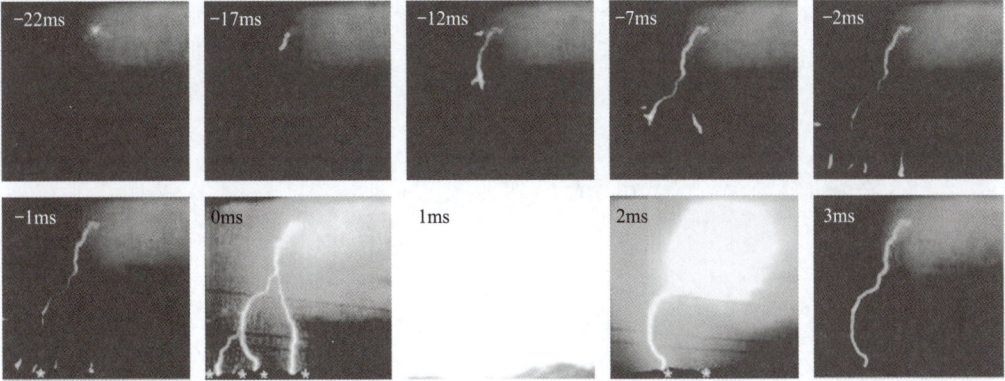

图 2-12　我国青海地区某次多接地点雷击现象 ❶

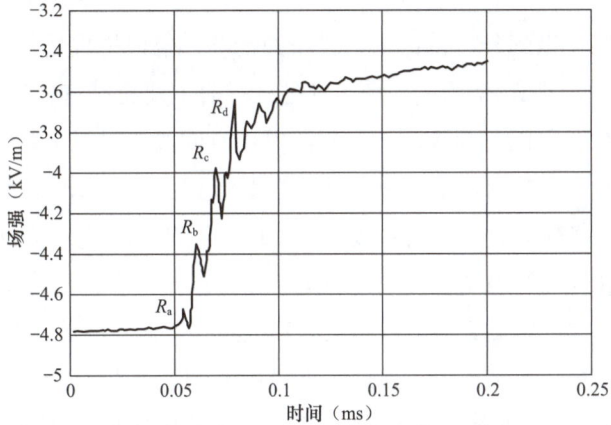

图 2-13　某次多接地点雷击场强变化

图 2-14　某线路因分叉雷导致故障

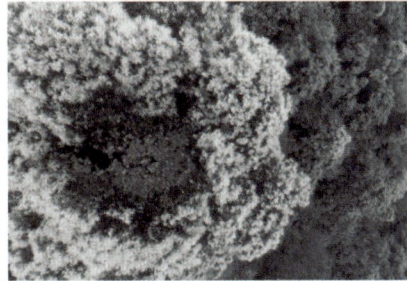

图 2-15　分叉雷导致某线路附近树木烧伤

结合雷电特点，根据线路跳闸故障情况、雷电定位信息、现场视频图像等情况分析，可判定该次雷击故障为特殊的闪电在线路附近分叉，形成倒"Y"字形的分叉雷，两分叉末端分别击中杆塔和山体，这两个分支之间形成了导线对地的放电通道。此过程在该线路

---

❶　2007 年，XZ.Kong 等人所拍摄分叉雷光学图像，详见参考文献［23］。

B 相导线上形成短时放电脉冲，进而引起保护动作跳闸。

某 500kV 电压等级 WJ 甲线曾发生分叉雷导致的 A、B 相间短路雷击跳闸故障，其典型特征是 A 相和 B 相的故障短路电流波形幅值基本相同、方向刚好相反，同时零序电流很小（A、B 相短路电流幅值有所差别主要原因为两相空间位置不一样产生的耦合差别，另外地线感应入地电流导致零序电流分量无法避免），故障录波如图 2-16 所示。

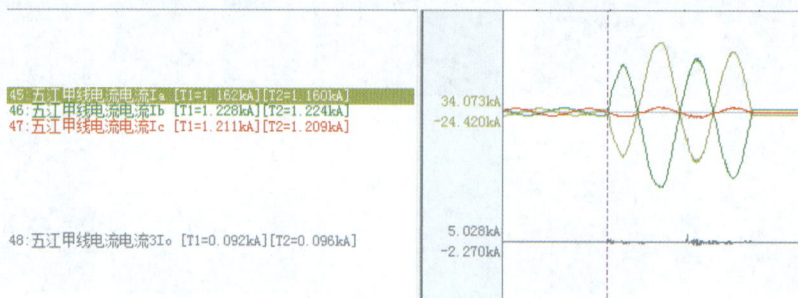

图 2-16　WJ 甲线故障三相电流和零序电流录波图

实际运行中极难拍摄到分叉雷击输电线路的情况，但根据现场排查、雷电定位系统、故障录波等综合分析，判断出现分叉雷击线路故障的主要特征有：①线路发生了两相相间故障，且大多绝缘子无闪络痕迹。②在故障发生时间段未见过火痕迹，排除山火故障。③对现场故障段落通道内排查，未发现危及线路安全运行的植物，导线对地安全距离符合规程规范要求，排除风偏对边坡和树竹放电。④现场检查发现绝缘子表面干净，未发现污秽物，排除污闪可能性。⑤现场检查未发现漂浮物或漂浮物烧蚀残留物，排除漂浮物引起跳闸可能性。⑥根据雷电定位系统、故障录波和分布式监测设备记录故障时刻和雷击时间为同一毫秒，雷电流幅值不是很大，现场排查的故障塔位和雷电定位位置也很接近，因此分叉雷击的可能性最大。按照此原则统计，某电网公司自 2017 年至 2023 年期间共发生疑似分叉雷造成 500kV 线路两相同时跳闸共 6 起，见表 2-2。

表 2-2　　某电网 2017 年至 2023 年期间已查明分叉雷击相间故障汇总

序号	线路名称	故障时间	故障塔号	故障相位	雷电流幅值（kA）	杆塔形式	故障杆塔所在雷区
1	500kV WJ 甲线	2017 年 7 月 2 日	78～79 号	A 相、B 相	−7.3	500kV 同塔双回路	多雷区
2	500kV SG 甲线	2018 年 8 月 19 日	29～30 号	B 相、C 相	−60.9	500kV/220kV 混压四回路	强雷区
3	500kV JF 甲线	2020 年 5 月 18 日	N352～N353	A 相、B 相	−11.1	500kV 同塔双回路	强雷区
4	500kV LY 甲线	2022 年 4 月 26 日	N45～N46	A 相、B 相	−24.5	500kV 同塔双回路	强雷区
5	500kV FY 乙线	2022 年 6 月 1 日	86～87 号	A 相、C 相	−24.7	500kV 同塔双回路	强雷区

序号	线路名称	故障时间	故障塔号	故障相位	雷电流幅值（kA）	杆塔形式	故障杆塔所在雷区
6	500kV SH 甲线	2023 年 7 月 16 日	62～63 号	B 相、C 相	−20.4	500kV/220kV 混压四回路	强雷区

根据某电网公司统计，分叉雷一般发生在档中，不经过绝缘装置，属于小概率事件，占 500kV 雷击跳闸的比例仅为约 0.8%（2017 年至 2023 年期间该电网 500kV 线路雷击共跳闸 728 次，疑似分叉雷击相间故障 6 次）。国内外尚无防范输电线路分叉雷击的标准和针对性措施，因此目前仍然按照常态化防雷要求开展线路日常巡视、接地电阻测量等工作。针对分叉雷的防治措施，亟须开展进一步深入研究。

分叉雷击输电线路虽然概率较小，但中国南方电网有限责任公司利用强雷区布置的视频监控也捕捉到了分叉雷击两相导线的实际情况。2024 年 8 月，某 500kV 电压等级 CJ 乙线 B 相、C 相发生跳闸，重合闸未动作。故障时现场为雷雨天气，查询雷电定位系统发现线路附近有一次 −16.8kA 的落雷记录，落雷时间与跳闸为同一毫秒。当地供电局调取视频监控发现，故障点处遭受了多接地点雷击，如图 2-17 所示（因视频监控帧速有限，前期接闪过程未完整拍到，主要拍到分叉雷接闪后的发展过程）。现场检查发现该处杆塔 C 相（中相）防振锤、B 相（下相）防振锤均有明显雷击放电痕迹，如图 2-18 所示，其他未发现异常。

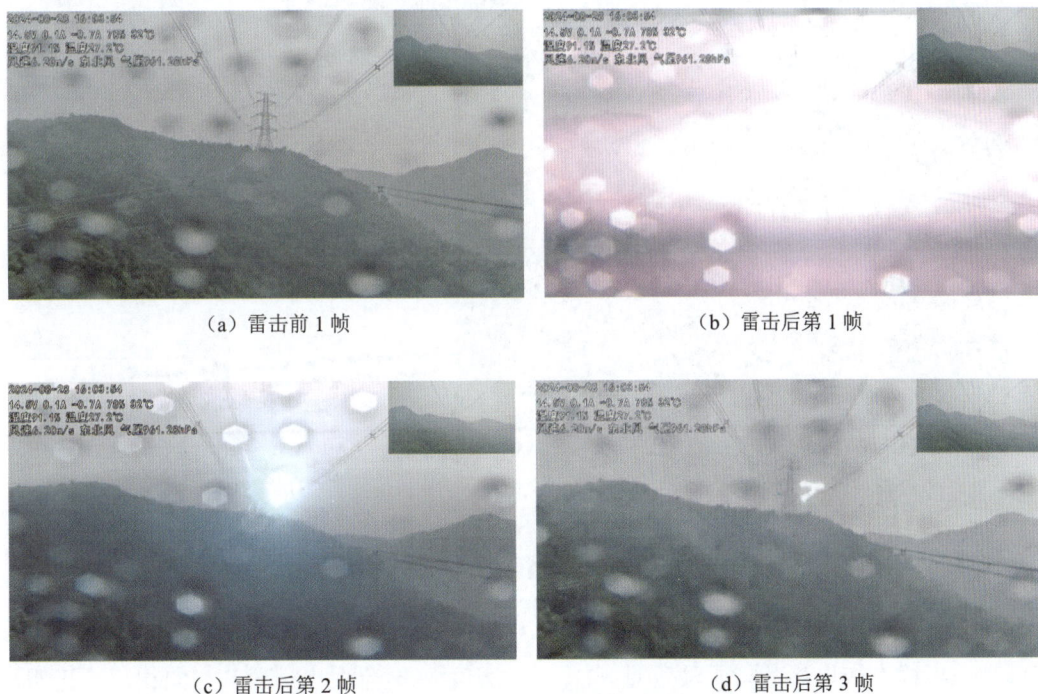

（a）雷击前 1 帧

（b）雷击后第 1 帧

（c）雷击后第 2 帧

（d）雷击后第 3 帧

图 2-17 分叉雷击输电线路两相视频监控画面（一）

（e）雷击后第 5 帧　　　　　　　　（f）雷击后第 7 帧

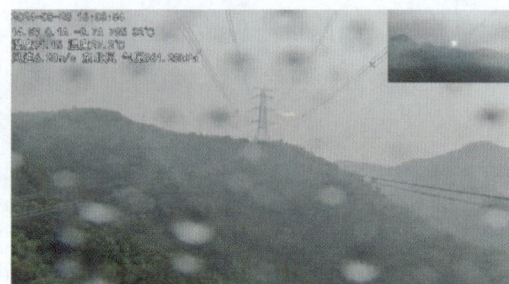

（g）雷击后第 9 帧　　　　　　　　（h）雷击后第 10 帧

图 2-17　分叉雷击输电线路两相视频监控画面（二）

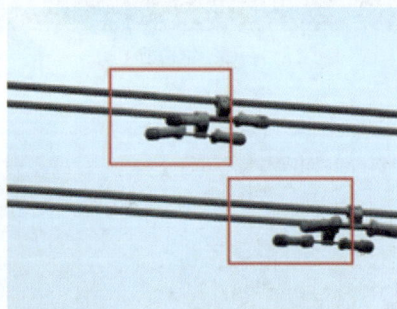

图 2-18　雷击杆塔及防振锤现场巡视图片

　　进一步检查变电站故障录波可见，B、C 两相故障电流大小一致、方向相反，无明显工频零序电流，说明为相间短路不接地故障。分布式行波测量数据显示，首次脉冲波头很陡为 2 ～ 3μs，波尾（脉冲波长的一半）为 20 ～ 30μs，符合雷电波形特征。C 相波形启动时无反向小尖峰，说明雷电绕击 C 相（此时 A、B 两相感应出反向小尖峰）；约 50μs 后，B 相出现陡波电流脉冲且无反向小尖峰，说明 B 相紧接着被绕击。上述特征表明两个雷电分支先后击中了 C 相和 B 相，时差约 50μs，属于典型的多接地点雷击。

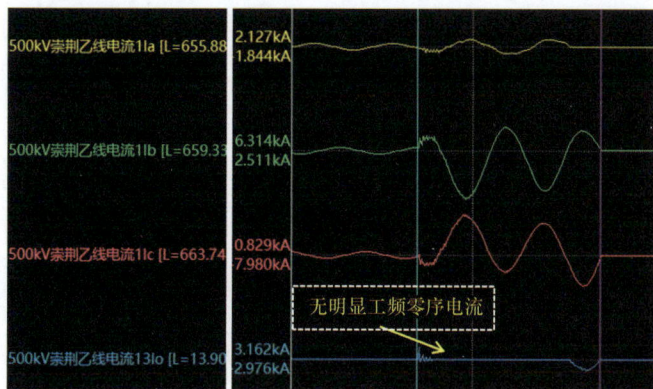

图 2-19　变电站故障录波（由上到下依次是 A 相、B 相、C 相和零序电流）

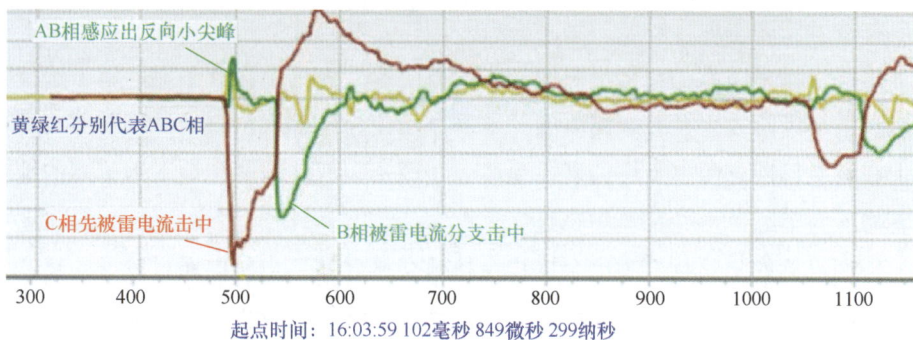

起点时间: 16:03:59 102毫秒 849微秒 299纳秒

图 2-20　输电线路分布式故障行波测量波形

结合线路参数仿真计算发现该杆塔绝缘子串绕击耐雷水平 18.6kA，高于雷电流幅值（16.8kA）。此次雷击不足以造成线路绝缘子闪络，无法形成接地故障，仅引发相间短路故障。

目前超特高压输电线路偶有雷电绕击多相导线跳闸故障，发生概率与常规认知存在一定偏差，初步分析认为发生此类事件的原因主要有两种：①输电线路不同杆塔（由于多个先导间有屏蔽作用，一般相距 1km 以上）多相导线上产生的先导，同时与相距较大的两个下行雷电发生接闪，并几乎同时造成线路闪络，形成多接地点故障。②输电线路同一位置，从某导线上产生的上行先导先接闪下行先导，形成回击通道，且未发生绝缘子闪络。在两相电压的作用下，导致另外相导线上行先导通道与回击通道间间隙发生击穿，进而形成相间短路故障（500kV 电压等级 CJ 乙线就是属于这种情况）。由于观测到的样本较少，缺失有效的数值分析方法，以上理论仍处于猜测，仍需进一步开展雷电自然观测、实验室模拟实验、接闪全过程仿真模拟以及线路电磁暂态数值分析，厘清"分叉雷"导致线路故障的机制，为特殊雷电形式的监测和防护提供理论支撑。此外，国内外尚无防范输电线路分叉雷击的标准和针对性措施，因此目前仍然按照常态化防雷要求开展线路日常巡视、安装线路避雷器等工作。针对分叉雷的防治措施，也有待开展进一步深入研究。

二、雷击选择性

雷云在地面上空形成并对地放电，但在地面同一区域内遭受雷击的概率并不相同，这种落雷分布不均匀的现象，被称为雷电放电的选择性。雷击具有选择性的原因主要有：①有利于雷雨云与大地建立良好放电通道的地方易于遭受雷击；②相对电场越强的地方，即电荷越密集的地方越易于遭受雷击。雷击选择性因素主要表现如下：

（1）土壤电阻率较小的地区。电阻率较小的地区易受雷击放电，电阻率较大的多岩石土壤被击中的机会很小。因为在雷电先驱放电阶段中，地中的电导电流主要沿着电阻率较小的路径流通，使地面电阻率较小的区域被感应而积累了大量与雷云电场相反的异性电荷，雷电自然就朝这些地区发展。

（2）不同土壤电阻率的地势交界面。土壤电阻率较大的山区和平原，雷击选择性比较明显。因为雷击经常发生在有金属矿床的地区、河床、地下水出口处，以及山坡与稻田接壤的地上和具有不同电阻率土壤的交界地段。在湖沼、低洼地区和地下水位高的地方也容易遭受雷击。

（3）地面高耸的建筑物、尖的金属物及接地金属导体。当放电通道发展的离地面不远的高空时，电场受地面物体影响而发生变化，易向高耸的建筑物、尖的金属物体及金属导体放电（如避雷针、避雷线等）。

（4）烟囱。烟囱及热气柱常含有大量导电微粒和游离分子气团，它们易导电，等于加高了烟囱的高度。

虽然雷击点有一定的规律性，但由于雷电流的路径具有极大的随机性，以及地面状况的不同，雷击点的选择也具有较大随机性。根据电网运行经验，雷电流的极性对雷击附着点也有一定的影响。以某 ±500kV 直流线路为例，通过对该线路 2007～2023 年发生的 103 次雷击故障数据分析来看，雷击正极故障为 83 次，占 80.6%；在雷击负极故障为 20 次，占 19.4%，如图 2-21 所示。这是由于自然界中负极性雷较多，一般超过 80% 为负极性雷，因此正极导线更容易被负极性雷电击中。

输电线路导地线相对位置对雷击点具有一定的影响。绝大部分情况下雷电一般主要击中地线，尤其对于超特高压线路，地线保护角较小，导线几乎完全在地线下方，雷电绕过地线击中导线的概率较小，如某 ±500kV 直流线路近 16 年来发生的 103 次雷击故障中 99 次为绕击，占比达 96.1%，仅 4 次为反击，占比仅 3.9%，如图 2-22 所示。

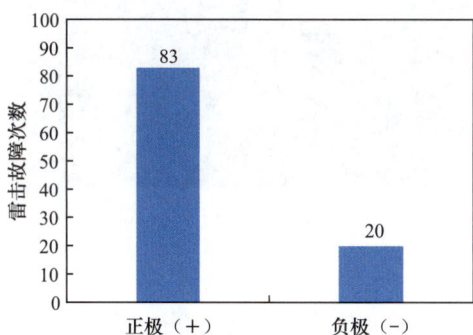

图 2-21 典型 ±500kV 线路雷击极性分布

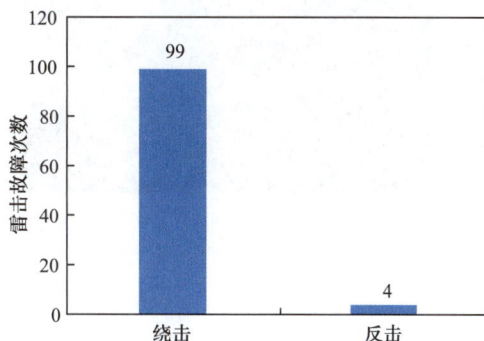

图 2-22 典型 ±500kV 线路雷电绕击和反击分布

此外，统计发现雷击输电线路不同杆塔也存在一定的规律，一方面线路直流杆塔数量多于耐张杆塔（直线塔占比 60%～70%），另一方面由于直线塔比耐张塔平均高度往往更高，且多用于跨越较高地物，因此实际统计发现直线杆塔遭受雷击故障所占的比例明显高于耐张杆塔，可达 70%～80%（某电网 500kV 及以上线路 2022 年和 2023 年直线塔发生雷击跳闸的占比分别是 93/131=71.0%、88/119=73.9%），而耐张塔遭受雷击故障的比例占 20%～30%，耐张塔的故障点多发生在绝缘薄弱的跳线位置，因此实际运行中应加强高跨直线杆塔及跳线绝缘薄弱耐张塔的雷电防护工作。

除了上述规律外，对于交流输电线路，雷击点的位置还与各相导线的瞬时运行电压有关，尤其是 500kV 及以上线路，因导线运行电压高，对空间电场影响大，雷电先导头部与导线之间的电压梯度越高，越容易被雷电击中。中国南方电网有限责任公司曾观测到某 500kV 线路遭受雷电绕击并发生绝缘子串闪络全过程（雷电定位系统探测的对应雷电流幅值为 -26.9kA），如图 2-23 所示。被绕击的 500kV 杆塔现场如图 2-24 所示。该雷电流先导头部绕过了地线发展至垂直排列的三相导线附近，虽然先导头部与下相 A 相导线距离最近，但雷电最终击中了中相 C 相导线。分析雷击选相机理，查询绕击时刻 B 相（上）、C 相（中）、A 相（下）分别为 -299.6、426.5、-129.2kV，考虑到雷电流与导线电压极性相反时，电压梯度更高，击距更大，按照 GB/T 50064—2014《交流电气装置的过电压保护和绝缘配合设计规范》计算地线和 B、C、A 相击距分别为 84.89、84.2、86.3、84.7m，根据电气几何模型分析（见图 2-25），可知 -26.9kA 雷电流一旦绕过地线，该运行电压下 C 相击距和暴露弧最大，遭受雷电绕击概率最大。

•29

图 2-23 雷电绕击某 500kV 线路并闪络图片

图 2-24 被绕击的 500kV 杆塔现场图

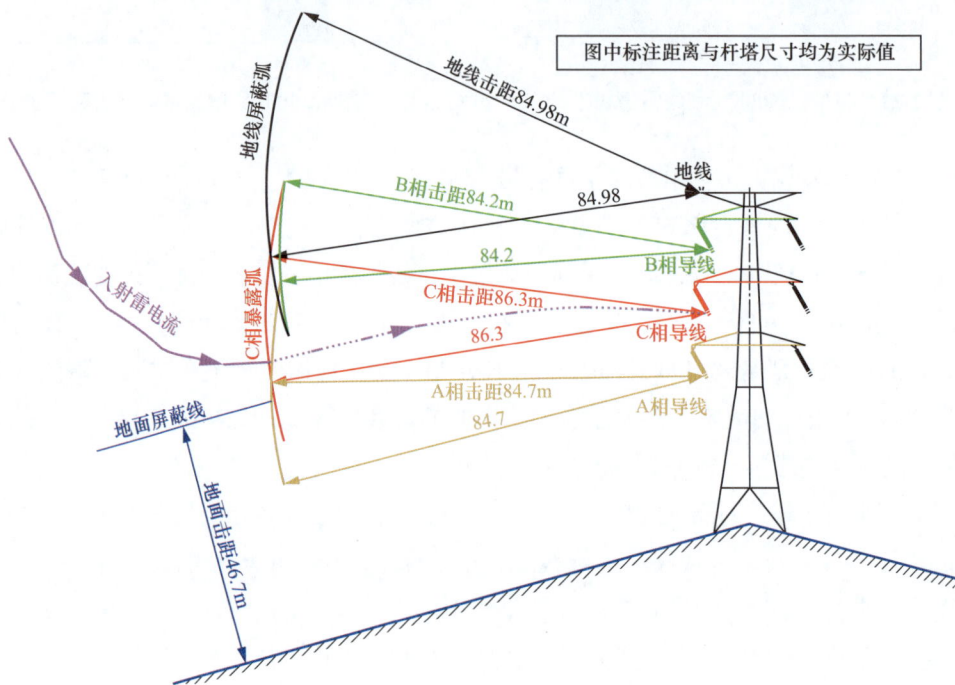

图 2-25 500kV 输电塔被绕击电气几何模型分析图（雷电流为 −26.9kA）

第四节 雷电电磁脉冲

雷电除了放电电流外，还伴随着不断向外辐射的电磁波，称为雷电电磁脉冲（LEMP）。因为雷电电磁脉冲能量大，频谱宽且覆盖范围广，因此电磁脉冲能量能够通过各种耦合途径进入暴露在雷电电磁场环境中的电子、电力系统。耦合方式包括辐射耦合和传导耦合两种类型，具体分类如图 2-26 所示。辐射耦合的主要方式有电磁脉冲对电缆等长导体的耦合以及对天线的耦合等。雷电电磁波通过传输线的耦合效应施加在线路终端的感应过电压可高达几十甚至上百千伏，这将严重影响电气设备的正常工作，甚至对电子元器件产生不可逆的损伤。

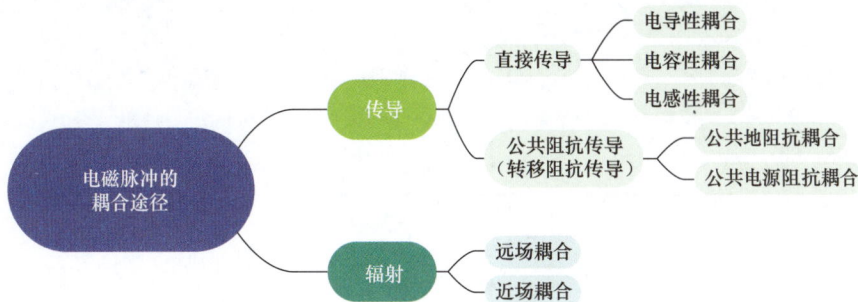

图 2-26　雷电电磁脉冲的耦合方式

一、雷电电磁脉冲的成因

（一）静电感应脉冲

大气电离层带正电荷，与大地构成球形电容器，令地面电位为零，则电离层电位平均约为 +300kV。当有积雨云形成时，局部电场强度会显著大于大气平均电场。地面物体表面将感应出大量的异性电荷，电场强度以地面的尖凸物附近为甚。落雷瞬间，大气静电场急剧减小，地面物体表面因感应生成的大量自由电荷失去束缚，将沿最低电阻通路流向大地，形成瞬时的大电流、高电压，即静电感应脉冲，如图 2-27 所示。对于接地良好的导体，静电感应脉冲极小，但若物体的接地电阻较大，其放电时间常数将大于雷电持续时间，则静电感应脉冲的危害更加严重。

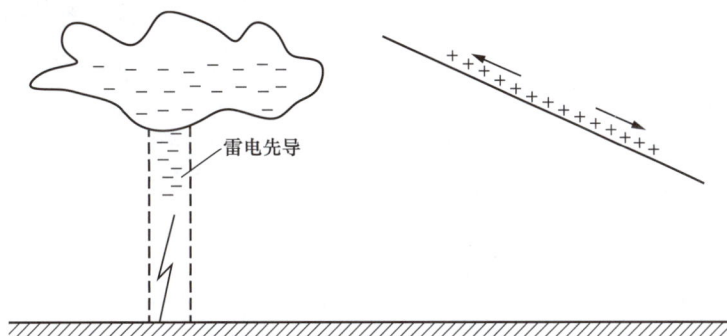

图 2-27　静电感应脉冲的形成

（二）地电流脉冲

地电流脉冲是由落雷点附近区域的地面电荷中和过程形成的。以负极性雷为例，在图 2-28 中，主放电通道建立后产生回击电流，积雨云中的负电荷流向大地，同时地面的感应正电荷也流向落雷点与负电荷中和，形成地电流脉冲。地电流流过之处出现瞬态高电位；不同位置间会有瞬态高电压，即跨步电压，见图 2-28 中 A、B 两点。

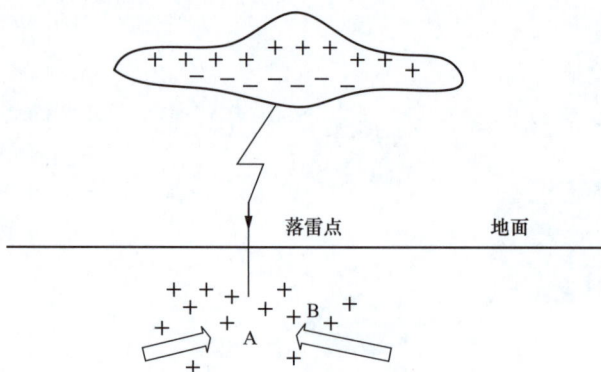

图 2-28　地电流脉冲的形成

（三）电磁脉冲辐射

主放电通道形成后，云层电荷迅速与大地或云层异性感应电荷中和，回击电流急剧上升，受电荷电量、电位和通道阻抗的影响，其上升的速率最大值可以达 500kA/μs。此时，放电通道构成等效天线，产生强烈的电磁脉冲辐射。无论是闪电在空间的先导通道或回击通道中产生瞬变电磁场，还是闪电电流流入建筑物的避雷系统以后由引下线产生瞬变电磁场，都会在一定范围内对各种信息电子设备产生干扰和破坏作用。

二、雷电电磁脉冲的电磁场计算

准确计算雷电发生周围的电磁场，对分析雷电辐射场作用具有重要意义。目前，对有耗大地上雷击周围电磁场进行计算的主流方法是应用 C-R（Cooray-Rubinstein）公式，其核心思想是将雷击通道电流分解成多个电流元（见图 2-29），应用镜像原理和偶极子辐射理论，得出不同属性大地雷电辐射场分布特性。本书将对该方法进行简要介绍。

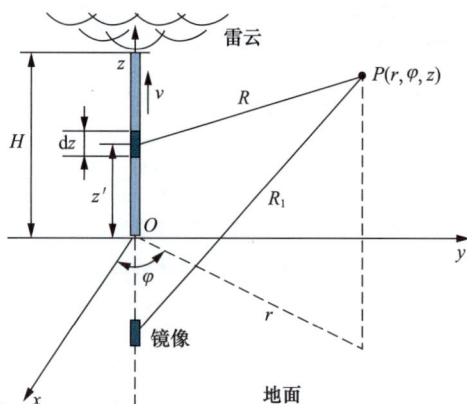

图 2-29　雷电回击通道模型 ❶

---

❶　2005 年，Kannu P. D. 等人应用 C-R 公式建立雷电回击通道模型进行了分析，详见参考资料［26］。

在理想大地平面上，由于雷击通道位于大地表面，其辐射场受到地面反射效应的影响。因此，应用镜像原理，将地面对雷电流辐射场的反射作用由镜像雷电电流元产生的辐射场替代，并与实际雷电电流元的辐射场相叠加，之后沿着雷击通道方向对 z' 进行积分，得到地面上空间任意一点的雷电辐射场，表达式为

$$H_\varphi(r,\varphi,z,t)=\frac{1}{4\pi}\int_0^H\left[\frac{r}{R^3}i(z',t-R/c)+\frac{r}{cR^2}\frac{\partial i(z',t-R/c)}{\partial t}\right]\mathrm{d}z'$$
$$+\frac{1}{4\pi}\int_0^H\left[\frac{r}{R_1^3}i(z',t-R_1/c)+\frac{r}{cR_1^2}\frac{\partial i(z',t-R_1/c)}{\partial t}\right]\mathrm{d}z' \tag{2-1}$$

$$E_r(r,\varphi,z,t)=\frac{1}{4\pi\varepsilon_0}\int_0^H\left[\frac{3r(z-z')}{R^5}\int_0^t i(z',\tau-R/c)\mathrm{d}\tau+\frac{3r(z-z')}{cR^4}i(z',t-R/c)\right.$$
$$\left.+\frac{r(z-z')}{c^2R^3}\frac{\partial i(z',t-R/c)}{\partial t}\right]\mathrm{d}z'+\frac{1}{4\pi\varepsilon_0}\int_0^H\left[\frac{3r(z+z')}{R_1^5}\int_0^t i(z',\tau-R_1/c)\mathrm{d}\tau\right. \tag{2-2}$$
$$\left.+\frac{3r(z+z')}{cR_1^4}i(z',t-R_1/c)+\frac{r(z+z')}{c^2R_1^3}\frac{\partial i(z',t-R_1/c)}{\partial t}\right]\mathrm{d}z'$$

$$E_z(r,\varphi,z,t)=\frac{1}{4\pi\varepsilon_0}\int_0^H\left[\frac{2(z-z')^2-r^2}{R^5}\int_0^t i(z',\tau-R/c)\mathrm{d}\tau+\frac{2(z-z')^2-r^2}{cR^4}i(z',t-R/c)\right.$$
$$\left.-\frac{r^2}{c^2R^3}\frac{\partial i(z',t-R/c)}{\partial t}\right]\mathrm{d}z'+\frac{1}{4\pi\varepsilon_0}\int_0^H\left[\frac{2(z+z')^2-r^2}{R_1^5}\int_0^t i(z',\tau-R_1/c)\mathrm{d}\tau\right. \tag{2-3}$$
$$\left.+\frac{2(z+z')^2-r^2}{cR_1^4}i(z',t-R_1/c)-\frac{r^2}{c^2R_1^3}\frac{\partial i(z',t-R_1/c)}{\partial t}\right]\mathrm{d}z'$$

式（2-1）～式（2-3）中，r 为场点到雷击通道电流元的径向距离；φ 为方向角；z' 为雷电流元距地高度；ε_0 为真空介电常数；$R=\sqrt{r^2+(z-z')^2}$ 为场点到电流元的距离；$R_1=\sqrt{r^2+(z+z')^2}$ 为场点到镜像电流元的距离；H 为雷击通道的高度。

式（2-1）～式（2-3）只适用于理想大地上雷击通道周围电磁场的计算，而无法应用于有耗大地上雷击通道辐射场的求解。因此，国外学者 Cooray 首先考虑了地球表面阻抗的影响，提出了雷击通道水平电场的计算方法，Rubinstein 等人补充了 Cooray 的研究成果，完善了雷击通道近距离、中距离和长距离的水平电场计算方法，提出了著名的 C-R 公式。根据边界上电场切向分量连续的电磁场理论，雷电水平电场将透过地表面土壤向下传播并不断衰减，因此雷电产生的水平电场分量受大地电导率影响显著，如式（2-4）所示。

$$E_{rg}(r,\varphi,z,\omega) = E_r(r,\varphi,z,\omega) - H_\varphi(r,\varphi,z,\omega)\frac{c\mu_0}{\sqrt{\varepsilon_{rg} + \sigma_g / \mathrm{j}\omega\varepsilon_0}} \tag{2-4}$$

式（2-4）中，ε_{rg} 为大地相对介电常数；σ_g 为大地电导率；$E_r(r,\varphi,z,\omega)$ 为理想大地上高度 z 处的径向电场；$H_\varphi(r,\varphi,z,\omega)$ 为理想大地上高度 z 处的磁场；$E_{rg}(r,\varphi,z,\omega)$ 为有耗大地上高度 z 处的径向电场。

第三章

雷电活动规律及其对电网的影响

第一节 雷电放电基本参数

　　雷击是造成电力线路跳闸的主要原因。输电线路雷电防护设计时，需要考虑不同地区气象条件和雷电活动特性的差异性。因此，在选用防雷技术措施前必须确定能有效指导电力防雷设计的主要雷电特性参数，以此设计具有针对性的防雷保护措施，才能实现技术经济最优化。

　　雷电放电与海拔、气象和地质等许多自然因素有关，在很大程度上具有随机性，如图 3-1 所示。各国在典型地区对雷电进行了长期的观测，积累了丰富的测量资料，并获取了雷电参数的统计数据，主要包括雷暴日和雷暴小时、地面落雷密度、雷电极性、雷电流幅值、雷电流波形等特征参数。

图 3-1　自然界中雷电放电现象 ❶

一、雷暴日和雷暴小时

　　（1）雷暴日和雷暴小时的定义。为了定量描述不同地区雷电活动的频繁程度，通常以每年平均"雷暴日"为计算单位。在一天内听到雷声（一次或一次以上）就算一个"雷暴

---

❶　图片来源于 cma.gov.cn、bing.com。

日"，这种计算方式依赖于人的听觉能力，普通人只能够接收 20～30km 内的雷声，且该计算方式下不考虑该天内雷暴发生的次数和雷电活动的持续时间。为了区分不同地区每个雷暴日内雷电活动的持续时间，部分地区采用"雷暴小时"作为计算单位，即在 1h 内只要听到雷声（一次或一次以上）就算一个"雷暴小时"。我国大部分地区一个雷暴日大约为 3 个雷电小时。

（2）依据"雷暴日"进行雷电放电区域的划分。我国近海地区海岸线总长度 3.26 万 km，且南北横跨总共 22 个纬度带，而各地年平均"雷暴日"的大小与当地所处的纬度以及距海洋的远近有关。我国不同地区年平均"雷暴日"的分布，如图 3-2 所示。根据年雷暴日分布情况，将我国雷电活动区域划分为少雷区、中雷区、多雷区、强雷区四类。不超过 15 天的地区称作少雷区，一般集中在西北地区；超过 15 天小于 40 天的地区称作中雷区，大致集中在长江以北大部分地区；超过 40 天的地区称作多雷区，大多集中在长江以南地区；超过 90 天的地区称作强雷区，集中分布在广东雷州半岛地区及海南省。综合来看，我国幅员辽阔，地域条件复杂，各地气候差异大，相对于其他国家雷电活动较为频繁。

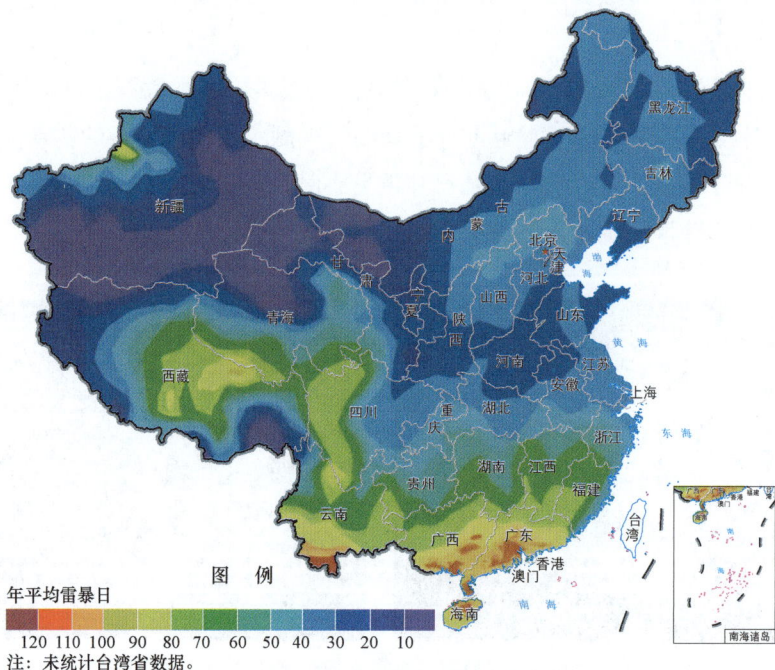

图 3-2　近 50 年来全国平均雷暴日数分布图❶

二、地面落雷密度

雷电放电通常产生于对流发展的积雨云中，一般积雨云上部以正电荷为主，电势高，

---

❶　图片来源于 www.gov.cn。

下部以负电荷为主，电势低。当电势差达到一定程度后，会产生放电现象。同理，受雷云电荷影响，地面感应出大量异性电荷后，云对地电势差升高到一定程度也会发生放电现象（见图3-3）。统计数据表明，云间的放电次数多于云对地放电次数，而上述雷暴日或雷暴小时对于这一事实没有加以区分。在防雷设计中，人们更为关注的是云对地放电。雷云对地放电的密集程度，用地面落雷密度 γ 来表示，其定义是每个雷暴日每平方公里上的平均落雷次数。目前地面落雷密度主要通过公式法和统计法进行计算。

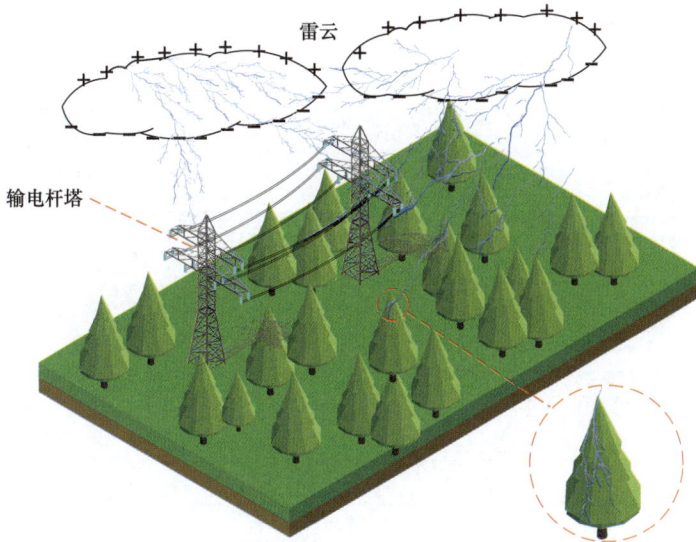

图 3-3　雷云对云、云对地放电示意图

（1）公式法。我国过电压保护规程取地面落雷密度 γ = 0.015 次 /(km² · d)。我国部分地区的雷电定位数据表明，在大多数情况下，γ 的数值为 0.09～0.1 次 /(km² · d)。实际上 γ 值与年平均雷暴日数 T_d 有关。通常，当 T_d 增大时，γ 也随之增大，由于我国幅员辽阔，T_d 的变化很大，很难取统一值。DL/T 2209—2021《架空输电线路雷电防护导则》中，推荐采用式（3-1）计算地闪密度。

$$N_g = 0.023 \cdot T_d^{1.3} \tag{3-1}$$

式中：N_g 为每平方公里地面落雷次数，即地闪密度。

地闪密度较为精确地反映了危害较严重地区地闪活动的频数。

（2）统计法。随着我国广域雷电地闪监测系统的发展，地闪密度还可根据广域雷电地闪监测数据，采用统计方法获得特定区域的地闪密度。

1）区域地闪密度统计。区域地闪密度统计一般采用网格法，具体统计方法见第四章内容。

表 3-1　　　　　　　　　　区域地闪密度统计网格面积推荐值

统计范围	网格面积
国家电网有限公司和中国南方电网公司管辖范围	0.2°×0.2°（约 20km×20km）
国家电网有限公司各分部管辖范围	0.05°×0.05°（约 5km×5km）
省级电力公司管辖范围	0.02°×0.02°（约 2km×2km）
地市级电力公司管辖范围	0.01°×0.01°（约 1km×1km）

按上述方法对 2005～2015 年全国各省级区域地闪密度统计平均值，见表 3-2❶。

表 3-2　　　　　　　　2005～2015 年全国各省级区域地闪密度统计均值

区域	省份	地闪密度平均值 [次 /(km²•a)]	区域	省份	地闪密度平均值 [次 /(km²•a)]
华北	冀北	2.347	华中	湖北	2.685
	河北	2.450		江西	4.595
	北京	2.744		河南	2.231
	天津	2.909		湖南	2.537
	山西	2.215	东北	蒙东	0.462
	山东	2.403		辽宁	1.608
华东	上海	6.929		吉林	0.798
	浙江	6.599		黑龙江	0.413
	江苏	5.204	西南	四川	2.314
	安徽	4.800		重庆	3.254
	福建	4.707		西藏	0.097
西北	陕西	1.135	南网	广东	6.597
	甘肃	0.204		广西	4.622
	宁夏	0.257		云南	2.037
	青海	0.174		贵州	3.731
	新疆	0.024		海南	7.365

2）线路走廊地闪密度统计。线路走廊地闪密度统计通常采用网格法，以所有杆塔中心桩处的水平连线为中心线，在其两侧各取一条与中心线等距、至中心线距离为 r 的包络线，r 为表 3-3 推荐的网格宽度的一半，在中心线首尾杆塔处用半径为 r 的圆弧包络线与以上两条包络线相交，包络线内区域设定为线路走廊地闪统计区域。从中心线首端的圆弧中点 M 开始，沿中心线每隔 2r 划分一段，形成一个统计网格，最后一段长度若不足 2r，仍独立划分为一个网格，如图 3-4 所示。可按照表 3-3 推荐的网格面积进行地闪密度统计。各网格地闪密度与全线地闪密度平均值分别按式（3-2）、式（3-3）计算。

❶ 数据来源 DL/T 2209—2021《架空输电线路雷电防护导则》。

$$N_{gk} = \frac{N_k}{TS_k} \qquad (3\text{-}2)$$

式中：N_{gk} 表示第 k 个网格地闪密度，次 /(km²·a)；T 为统计时间，年；S_k 为第 k 个网格的面积，km²；N_k 为统计时间 T 内的第 k 个网络地闪次数。

$$N_{gav} = \frac{N_a}{TS_a} \qquad (3\text{-}3)$$

式中：N_{gav} 为区域平均地闪密度，次 /(km²·a)；S_a 为统计区域的面积；N_a 为统计时间 T 内的区域内发生的地闪次数。

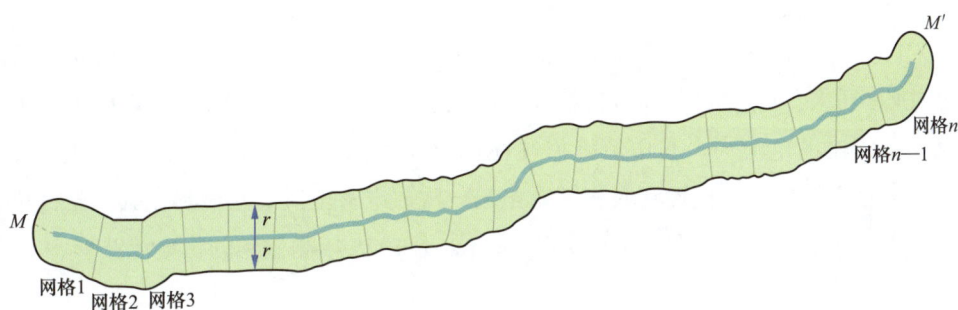

图 3-4　线路走廊网格法划分示意图

表 3-3　　　　　　　　　线路走廊地闪密度统计网格面积推荐值

统计范围	网格面积	网格宽度
直流线路	0.06°×0.06°（约 6km×6km）	约 6km
500kV 及以上交流线路	0.06°×0.06°（约 6km×6km）	约 6km
220～330kV 交流线路	0.04°×0.04°（约 4km×4km）	约 4km
110kV 及以下交流线路	0.02°×0.02°（约 2km×2km）	约 2km

3）地闪密度等级划分原则。基于地闪密度（N_g）值，我国目前防雷相关标准中将雷电活动频率从弱到强分为 5 个等级，8 个层级：A 级、B1 级、B2 级、C1 级、C2 级、D1 级、D2 级和 E 级，对应等级划分范围见表 3-4。

表 3-4　　　　　　　　　雷电活动频率等级

雷区	级别	对应地闪密度 N_g[次 /(km²·a)]
少雷区	A 级	$N_g < 0.78$
中雷区	B1 级	$0.78 \leq N_g < 2.00$
	B2 级	$2.00 \leq N_g < 2.78$
多雷区	C1 级	$2.78 \leq N_g < 5.00$
	C2 级	$5.00 \leq N_g < 7.98$

续表

雷区	级别	对应地闪密度 N_g [次 /(km²·a)]
强雷区	D1 级	$7.98 \leqslant N_g < 11.00$
强雷区	D2 级	$11.00 \leqslant N_g < 15.50$
超强雷区	E 级	$N_g \geqslant 15.50$

三、雷电流波形

根据自然雷击过程、小火箭引雷放电过程资料，证实雷电先导、继后回击（除了首次闪击以后的所有闪击都叫作继后回击）是一个间断性的雷电放电过程。继后回击是否能够发生，取决于放电通道温度、电场强度梯度及气体分子的游离状态。

（1）自然雷电流波形。雷电流是非周期单极性脉冲波，其极性多为负极性，电流峰值以 20～50kA 居多。通常一次雷电包括 3～4 次放电，一般第一次放电电流最大，正闪击的电流比负闪击的电流大，其电流峰值往往在 100kA 乃至数百千安以上。图 3-5（a）和图 3-5（b）分别给出了正极性和负极性雷电第一次放电雷电流实测波形，其纵坐标是以电流最大值作为基值的比值。图 3-5（b）为 Berger 于 1975 年测量到的雷电流波形。

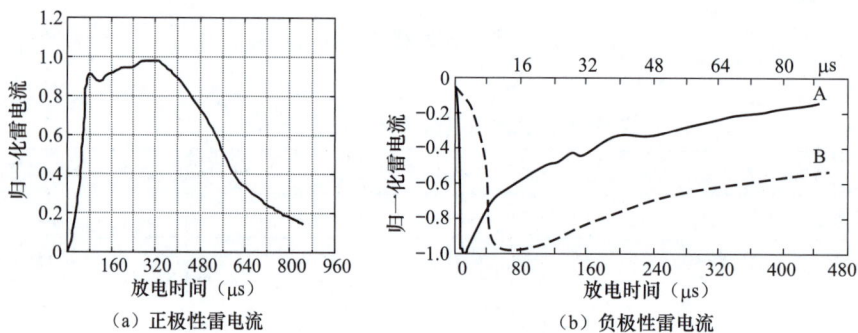

（a）正极性雷电流　　　　（b）负极性雷电流

图 3-5　雷电流实测波形

2013 年 8 月 16 日 16 时 17 分 42 秒，使用 T30-A1 雷电流波形记录仪（采样速率 100MHz、双通道、记录时长 1000ms）和罗氏线圈传感器，在南京浦口电视塔（山高 610m，塔高 100m）塔顶接闪器上获得了一组自然雷电流实测数据，波形如图 3-6 所示。

继后回击实质是雷电流电弧熄灭、重燃的过程。雷电流电弧熄灭、重燃实质是中和带电粒子、电场重新分布的过程。雷电电弧在衰减震荡中熄灭：因回击通道长，雷电回击之后，电场强度迅速下降，雷电电弧不具备持续条件而熄灭；通道有 M 分量（闪电通道瞬时过程中有连续电流发生时称为 M 分量，可以看作是一种在连续电流上的脉冲过程）维持温度和气体游离，云电荷迅速聚集而重燃，形成下一个继后回击。继后回击伴随着振荡，这个振荡具有电磁破坏能力（振荡频率和通道长度有关，通道长度呈现电感特性，对地呈现电容特性，具备振荡条件），振荡时间变化率在纳秒级。雷电流幅值高、波头上升

陡，能在所流过的路径周围产生很强的瞬时脉冲磁场。根据电磁感应定律，这种迅速变化的脉冲磁场穿过导体回路时，能在回路中感应出电动势，产生过电压和过电流。

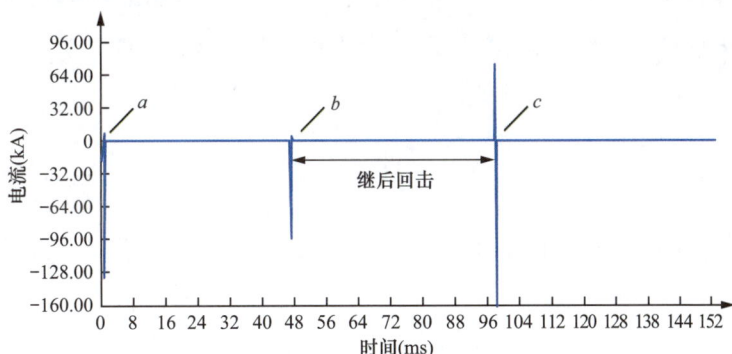

图 3-6　自然雷击波形 ❶

如图 3-6 所示，a 处为首次雷击的回击电流，继后回击分别出现在 b 处和 c 处。在 $t=1.33$ms 时，图 3-6 中 a 处出现首次雷击负极性回击电流（-137.64kA）；在 $t=46.4$ms 时，图 3-6 中 b 处出现第一次负极性继后回击雷电流（-94.44kA）；在 $t=98.8$ms 时，图 3-6 中 c 处出现第二次负极性继后回击雷电流为 -164.4kA。首次雷击到第 1 次继后回击时间间隔为 45.07ms；第 1 次继后回击到第 2 次继后回击时间间隔为 52.4ms。自然界中正极性或负极性雷闪都可能出现多重雷击，尤以负极性下行雷为甚。多重雷中连续雷击频次 2～6 次的占绝大部分，连续雷击频次 6 次以上的多重雷较少，最多连续雷击频次可超过 10 次。继后回击电流后常伴随着幅值几十至几百安培的连续电流，持续时间达几百毫秒。时间超过 40ms 的连续电流通常称为长连续电流。30%～50% 的负地闪中包含长连续电流，连续电流来源于云闪电荷，而不是沿先导通道分布的电荷，后者的电荷会形成地面观察到的回击电流起始部分。连续电流通常呈现为一系列浪涌的叠加，几百微秒内先上升至峰值，然后回落至背景电流水平，电流峰值通常为几百安培，有时也会达到数千安培。

（2）雷电流等值模拟波形。

1）短时首次雷电流波形。由于雷电活动随机性强，雷电流的幅值、波前时间、陡度及波长差异较大，但首次雷电流波形均为非周期性脉冲波。结合实际观测统计数据和运行经验，在防雷计算中通常采用简化等效波形进行防雷分析。

a．斜三角波模型。防雷计算中常用等值斜角波来等效简化雷电流波形，该波形函数简单、易计算，其波形如图 3-7 所示。其波头陡度 α 由给定雷电流幅值 I_m 和波头时间决定，$\alpha=I_m/\tau_f$。其波尾部分可以是无限长（图

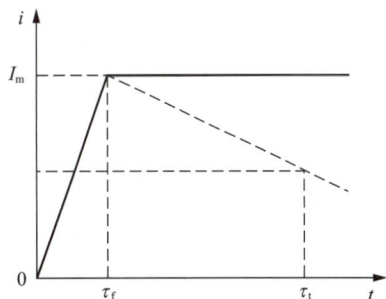

图 3-7　雷电流的等值斜角波

---
❶　该图来源于文献［42］。

中实线），此时又称为斜角平顶波；若有一定波长（图中点划线），又称为三角波。斜三角波的数学表达式简单，用以分析雷电流所引起的波过程比较方便。

b. 双指数函数模型。分析大量的观测数据统计结果后，Bruce 和 Golde 在 1941 年提出了雷电流双指数波形函数，雷电流随时间变化趋势近似以指数规律上升至峰值，然后又近似以指数规律下降，通过大量数据拟合后得到其表达式，即

$$i(t) = \frac{I_0}{\eta}(e^{-\alpha t} - e^{-\beta t}) \tag{3-4}$$

式中：I_0 为电流幅值；α、β 为时间常数；η 为峰值修正系数。

η 可以由式（3-5）进行表示，即

$$\eta = e^{-\alpha t_p} - e^{-\beta t_p} \tag{3-5}$$

$$t_p = \frac{\ln(\beta / \alpha)}{\beta - \alpha} \tag{3-6}$$

电流峰值 I_m 表示为

$$I_m = \frac{I_0}{\eta}\left[\exp(-\frac{\alpha}{\beta - \alpha}\ln\frac{\beta}{\alpha}) - \exp(-\frac{\beta}{\beta - \alpha}\ln\frac{\beta}{\alpha})\right] \tag{3-7}$$

用 t_h 表示半峰值时间，则有

$$\frac{I_m}{2} = \frac{I_0}{\eta}(e^{-\alpha t_h} - e^{-\beta t_h}) \tag{3-8}$$

一般实验中应用不同波形的雷电流，可根据表 3-5 中 α、β、η 代入参数值。

表 3-5　　　　　　　　　　　标准波形对应的参数值

雷电波形	α	β	η
8/20 μs	7.713×10^4	2.484×10^5	0.431
10/200 μs	3.913×10^3	2.301×10^5	0.917
10/350 μs	2.125×10^3	2.456×10^5	0.952
1.2/50 μs	1.471×10^4	2.074×10^6	0.962
0.25/100 μs	6.984×10^3	1.081×10^7	0.990

图 3-8 给出的是运用双指数函数模型计算的波头时间为 10μs，半值时间为 350μs，电流幅值为 100kA 的雷电流波形。

图 3-9 给出的是运用双指数函数模型计算的波头时间为 2.6μs，半值时间为 50μs，电流幅值为 100 kA 的雷电流波形。

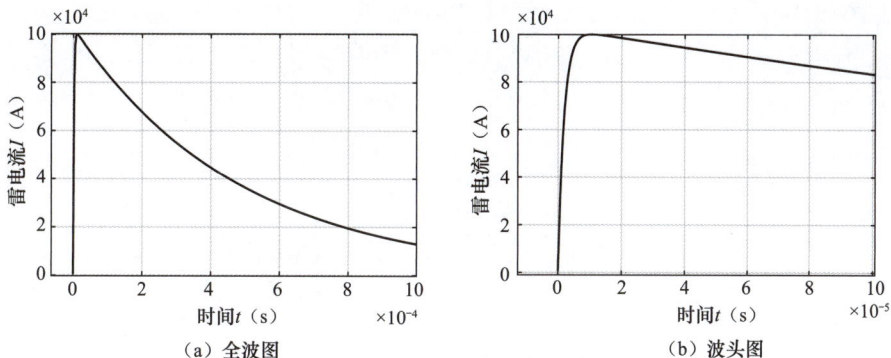

（a）全波图　　　　　　　　　　（b）波头图

图 3-8　双指数函数模型（10/350μs）

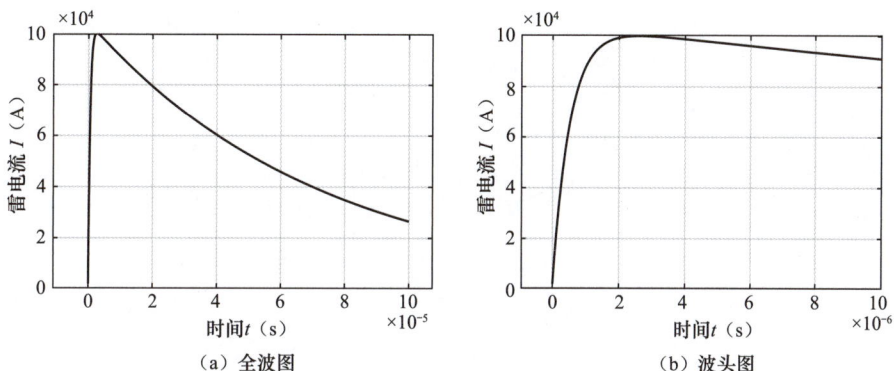

（a）全波图　　　　　　　　　　（b）波头图

图 3-9　双指数函数模型（2.6/50μs）

c. Heidler 模型。Heidler 函数是 1995 年国际电工委员会在其发表的标准 IEC 61312-1 文件中推荐的雷电流波形，函数如式（3-9）所示，即

$$i(t) = \frac{I_0}{\eta} \frac{(t/\tau_1)^n}{1 + (t/\tau_2)^n} e^{-t/\tau_2} \qquad (3-9)$$

式中：τ_1、τ_2 为时间常数；η 为峰值修正系数（$n \gg 1$，$\tau_2/\tau_1 \gg 1$ 时，$\eta \approx 1$）；n 为电流陡度因子。

Heidler 函数可以通过调节参数改变雷电流波形特征参数，如电流峰值、半峰值时间、电流陡度等，缺点是 Heidler 函数是不可积函数，通常取 $n=5$ 或 $n=10$，适用于首次雷击（10/350μs）和后续雷击（0.25/100μs）。运用 Heidler 函数模型计算的波头时间为 10μs，半值时间为 350μs，电流幅值为 100kA 的雷电流波形的全波与波头曲线如图 3-10 所示。

运用 Heidler 函数模型计算的波头时间为 2.6μs，半值时间为 50μs，电流幅值为 100 kA 的雷电流波形的全波与波头曲线，如图 3-11 所示。

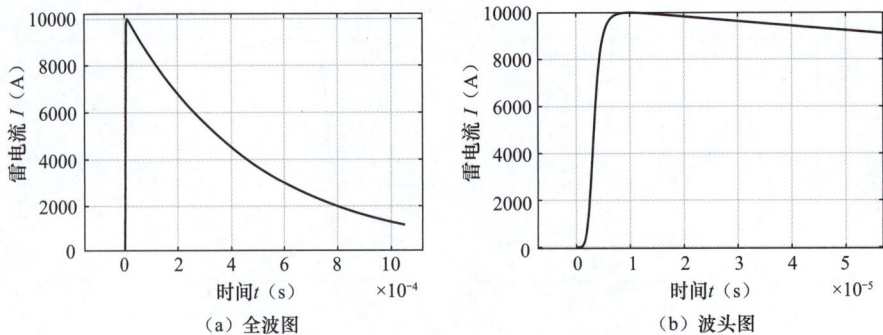

(a) 全波图　　　　　　　　　　　　(b) 波头图

图 3-10　Heidler 函数模型（10/350μs）

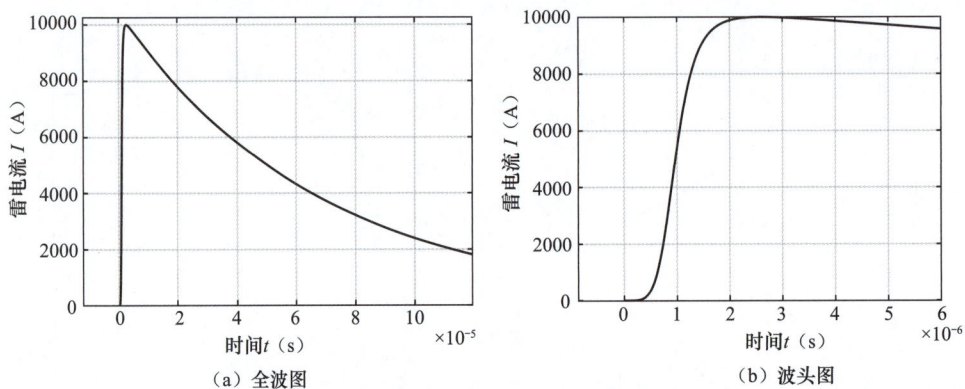

(a) 全波图　　　　　　　　　　　　(b) 波头图

图 3-11　Heidler 函数模型（2.6/50μs）

通过运用各种雷电等效模型对不同雷电波形进行计算所得波形曲线如图 3-12 所示。

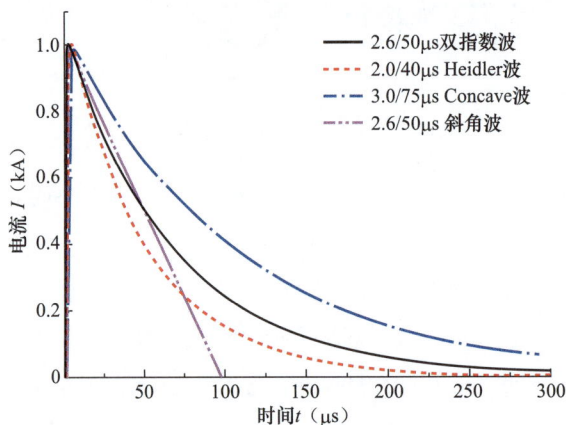

图 3-12　不同雷电流波形对比

各国观测资料结果表明，一次雷击过程可能包含多个雷电流脉冲，数量一般为 2～3 次，最高观测记录次数达 42 次，其中大部分是单极性的重复脉冲，绝地大部分（85% 左右）雷电流波头时间为 1～5μs，波头平均时间为 2.6μs。雷电流全波长为 20～350μs。DL/

T 620—1997《交流电气装置的过电压保护和绝缘配合》中在计算杆塔反击耐雷水平时采用雷电流波形为 2.6/50μs。但杆塔反击时沿导线侵入变电站的雷电波形，在闪络点导线上雷电波头近似直角波，与直击雷雷电流波头时间关系不大，主要是闪络截波，波尾较长，这样仅波头受沿导线传时电晕衰减影响，波幅值不受影响。在考核避雷器残压时，用陡波头（0.9～1.1μs）。综上，在实际工程计算时应根据情况采用指数波、余弦波、斜角、Heidler 函数等。

2）长时间雷电流标准及模拟波形。在自然雷电放电及人工引雷试验中，雷击首次回击放电后可能存在多次回击以及长时间连续电流放电现象。根据 GB 50057《建筑物防雷设计规范》，雷电流波形包括短时首次回击电流、首次以后短时雷击电流及长时间雷击电流，如图 3-13 所示。长时间雷击电流持续时间长，其危害不容忽视，针对一类、二类、三类建筑物，长时间雷击电流参数见表 3-6。

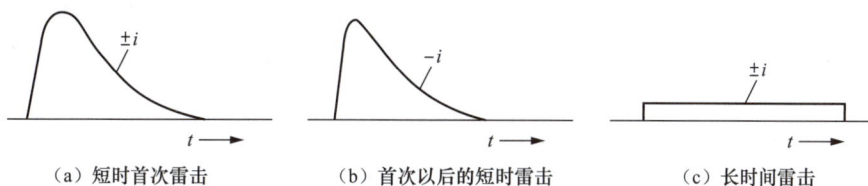

图 3-13 雷击放电电流典型波形

（a）短时首次雷击 （b）首次以后的短时雷击 （c）长时间雷击

i—电流；t—时间

表 3-6 长时间雷击的电流参量

雷电参数	防雷建筑物类别		
	一类	二类	三类
电荷量 Q_s（C）	200	150	100
时间 T（s）	0.5	0.5	0.5

另外，在飞机雷电防护标准中，给出了雷电流分量 A、B、C、D 四种波形，如图 3-14 所示。

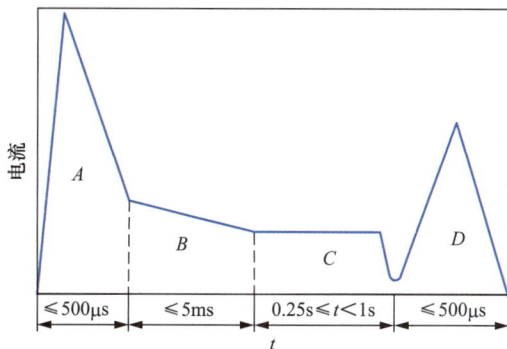

图 3-14 标准模拟电流波形

其中，A 分量为先导电流，B 分量为中间电流，C 分量为连续电流，D 分量为再冲击

电流。其中 A、B 和 D 波均可以表示成双指数形式，即

$$I = I_0[\exp(-\alpha t) - \exp(-\beta t)] \tag{3-10}$$

式中：I 为雷电流；I_0、α 和 β 均为波形参数；t 为时间。

由于雷电流 C 分量持续时间长、转移电荷量大、破坏性很高，电网运行经验表明，导线截面积较小时，连续电流阶段转移大量电荷，导线热稳定性难以承受，可能导致断线断股等故障，在电网防雷中应予以重视。

当雷云中某一电荷聚集处的电场强度达到空气击穿场强时，会产生强烈的放电现象，并形成先导放电通道，此通道与大地相连通时产生电荷中和过程，出现数十到数百千安的雷电流，这是雷电的主放电（也称"回击"或者"首次回击"），主放电存在时间为 50～100μs。主放电即将结束时，雷云中的残存电荷继续经主放电通道入地，形成约为 1kA 的电流，持续时间约为 1ms，称为中间电流。中间电流之后，放电通道内可能会有约 100A 的电流流过，即为"连续电流"。完整连续的雷电波形近似等效波形，如图 3-15 所示。

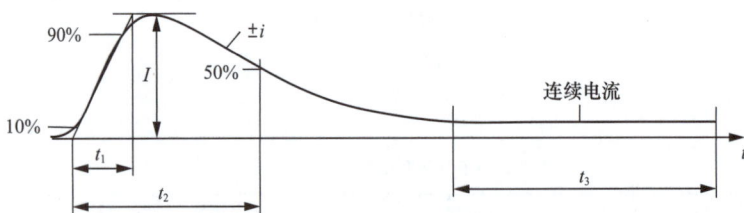

图 3-15　连续雷电波近似等效波形

I—峰值电流（幅值）；t_1—波头时间；t_2—半值时间；t_3—连续电流时间

根据观测数据，长时间连续电流幅值几十安培至上百安培。雷电放电过程中，转移电荷量对避雷器等设备影响较大。为了分析长时间雷电流中电荷量的变化特征，作如下假设：短时雷击脉冲波形为双指数波形，雷电冲击幅值分别为 30、100kA，持续时间为 0～2ms；长时间连续电流幅值为 100A，持续时间为 2ms～1s。不同双指数短时雷电波形下，带长时间连续电流的雷电放电过程的电荷量，见表 3-7。

表 3-7　　　　　　　　　　　　不同标准雷电波的电荷量

短时雷电冲击幅值（kA）	电荷量（C）	8/20 μs	10/200 μs	10/350 μs	1.2/50 μs	0.25/100 μs
30	短时雷击	1	8	14	2	4
	长时间雷击	100	108	114	102	104
100	短时雷击	2	27	48	7	14
	长时间雷击	103	127	148	107	114

四、雷电流幅值概率

雷击现象的发生具有随机性，涉及诸多因素，例如地区近海距离、纬度、气象、地形条件等因素。目前主要通过以下两种方法获得雷电流幅值累积分布概率函数。

（1）基于磁钢棒测量统计数据的拟合概率分布。通过分析我国几十年来的雷击磁钢棒直接测量的雷电流幅值数据，GB/T 50064—2014《交流电气装置的过电压保护和绝缘配合设计规范》规定了我国一般地区雷暴日超过 20 日且雷电流幅值超过 I 的概率（即雷电流幅值累积概率）可按式（3-11）求得

$$\log p = -\frac{I}{88} \tag{3-11}$$

式中：p 为雷电流幅值超过 I 的概率；I 为雷电流幅值，kA。

陕南以外的西北地区、内蒙古自治区的部分地区（平均年雷暴日数一般在 20 天及以下）存在雷电流幅值、分布概率相对较小等问题，可由式（3-12）求得

$$\log p = -\frac{I}{44} \tag{3-12}$$

目前我国工程上计算雷击跳闸率时，都是基于上述概率分布模型开展。

（2）基于广域雷电地闪监测统计数据的拟合概率分布。

1）区域雷电流幅值分布统计。IEEE Std 1243-1997《Guide for Improving the Lightning Performance of Transmission Lines》、DL/T 2209—2021《架空输电线路雷电防护导则》和 Q/CSG 1107002—2018《架空输电线路防雷技术导则》等标准中均推荐雷电流幅值累积概率分布函数采用式（3-13）计算，其中的参数应根据广域雷电地闪监测系统测量得到的雷电地闪数据反演计算获得，式（3-14）为根据式（3-13）求导得到的雷电流幅值分布概率密度函数，即

$$P(i \geqslant I) = \frac{1}{1+(I/a)^b} \tag{3-13}$$

$$f(I) = \frac{bI^{b-1}}{a^b[1+(I/a)^b]^2} \tag{3-14}$$

式中：$P(i \geqslant I)$ 为雷电幅值大于 I 的雷电流幅值概率值；$f(I)$ 为雷电流幅值分布概率密度函数；i 为雷电流幅值，kA；I 为给定的雷电流幅值，kA；a 为中值电流参数，表征超过该幅值的雷电流出现概率为 50%；b 为雷电流幅值分布的集中程度参数。

其中，IEEE 推荐 a=31、b=2.6。图 3-16 和图 3-17 分别给出 IEEE 公式和规程公式对应的雷电流幅值分布概率与分布密度比较。

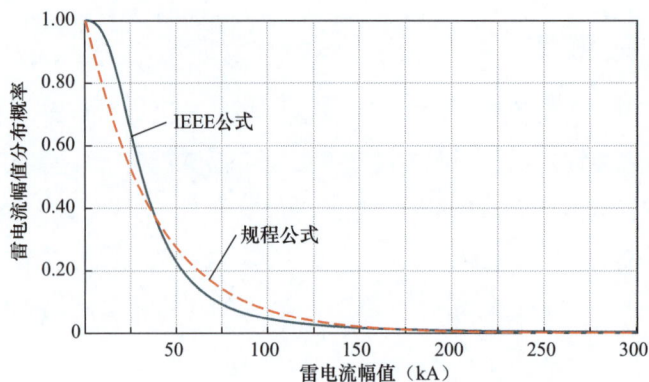

图 3-16　IEEE 与规程法对应的雷电流幅值分布概率比较

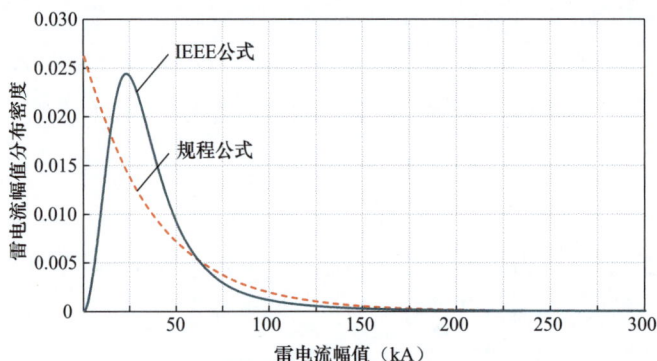

图 3-17　IEEE 与规程法对应的雷电流幅值分布密度比较

　　按上述方法对 2005～2015 年各省级区域雷电流幅值雷击概率公式中的 *a*、*b* 参数值取值，见表 3-8。

表 3-8　　　　　　　　　近年各省区雷电流幅值累积概率分布函数 *a*、*b* 值

区域	省级电网	*a*	*b*	区域	省级电网	*a*	*b*
华北	冀北	32.699	2.839	华东	江苏	23.928	2.045
	河北	35.796	2.792		安徽	25.528	2.145
	北京	30.5	2.471		福建	23.975	2.381
	天津	35.032	2.853	西北	陕西	34.442	2.869
	山西	32.745	3.122		甘肃	33.25	2.701
	山东	35.276	2.728		宁夏	32.25	2.691
华东	上海	19.148	1.789		青海	25.163	2.358
	浙江	19.644	1.916		新疆	31.287	2.506

续表

区域	省级电网	*a*	*b*	区域	省级电网	*a*	*b*
华中	湖北	36.006	2.925	西南	四川	34.196	2.255
	江西	32.038	2.756		重庆	36.914	2.608
	河南	34.718	2.696		西藏	26.912	2.123
	湖南	33.696	2.705	华南	广东	28.96	3.4
东北	蒙东	34.131	2.921		广西	27.73	3.72
	辽宁	29.013	2.481		云南	34.82	3.8
	吉林	30.249	2.639		贵州	34.22	4.23
	黑龙江	36.075	2.754		海南	28.02	3.4

2）线路走廊雷电流幅值分布统计。雷电流幅值分布随线路走廊所经区域呈现差异性，可采用沿线路走廊分段统计拟合。但其分布规律的准确提取依赖于雷电地闪监测数据量，因此应根据雷电地闪监测数据量合理划分统计区段，其中每个区段包含多个网格（网格统计法与区域地闪密度网格统计法相同）。线路走廊的雷电流幅值分布按下述方法统计：

a. 从未遍历的首个网格开始，按网格编号升序依次遍历网格，计算已遍历网格内地闪次数之和 N_L，直至 $N_L \geq 2000$ 时，将已遍历网格作为一个统计区段；

b. 对线路余下部分，重复 a. 依次划分得出余下的各统计区段，如遍历至最大编号网格仍不满足 $N_L \geq 2000$ 时，则将本统计区段与上一统计区段合并为一个统计区段，区段划分结束；

c. 统计拟合得出各统计区段内雷电流幅值累积概率分布，方法与区域的统计拟合方法相同；

d. 如全线路所有网格内地闪次数之和 $N_L < 2000$，则以线路走廊所经各地级市区域的雷电流幅值累积概率分布作为线路走廊的分布。

以 ±500kV 葛洲坝—上海南桥高压直流输电线路为例，线路走廊按照地理位置分为 3 个统计区段，各区段 2005～2010 年的雷电流幅值累计概率分布公式中 *a*、*b* 值见表3-9[1]。

表3-9　2005～2010 年葛洲坝—上海南桥直流线路各统计区段的雷电流幅值概率分布公式中 *a*、*b* 值

统计区段编号	*a*	*b*
1	35.8	2.9
2	24.2	2.2
3	17.2	1.8

---

[1]　数据来源 DL/T 2209—2021《架空输电线路雷电防护导则》。

第二节　雷电活动基本分布规律

一、雷电活动的地域分布规律

我国幅员辽阔，不同地理位置气候差别很大，雷暴活动差异也较为明显。根据各地域具体雷电日数及初、终期可将全国大致分成如图 3-18 所示的四个分区：

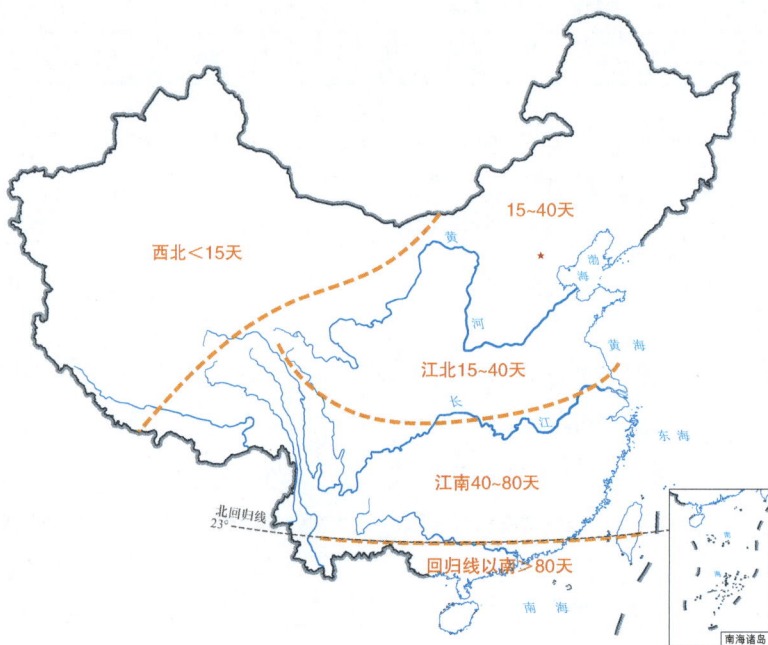

西北＜15天

15~40天

江北15~40天

江南40~80天

北回归线
23°

回归线以南＞80天

南海诸岛

图 3-18　雷电日的地理分布

（1）第一区是长江以北、105°E 以东：这一区域范围较大，各地的年雷电日有所不同，但随纬度的变化不大，平均年雷电日为 20~50d；其中：内蒙古东北部、黑龙江、吉林、辽宁等地平均年雷电日为 20~40d；内蒙古南部、河北西北部、山西北部地区雷电日偏高；河北东南部、河南大部地区平均年雷电日偏低；秦岭以北陕西和甘肃的渭河流域一带年平均雷电日偏低；地势低洼的四川盆地，平均年雷电日低于同纬度地区值。

（2）第二区是长江以南、105°E 以东：长江两岸地区平均年雷电日偏低，多为 40~50d，两广南部地区平均年雷电日偏高，为 70~120d，海南岛中部的琼中和儋县，高达 124d，是我国年雷电日最高的地区。东南沿海地区的年平均雷电日普遍低于同纬度离海岸较远的地区，而小岛屿的平均年雷电日又低于同纬度沿海地区，纬度较高时，平均年雷电日的偏差较小，纬度较低时，平均年雷电日的偏差增大。南方丘陵地区地形复杂，夏

季热对流频繁，平均年雷电日较同纬度的平原地区要高。

（3）第三区是 36°N 以北、105°E 以西：这一地区除新疆西北地区外，主要为沙漠、盆地等组成的干旱地区，水汽很少，产生雷暴的基本条件差，所以平均年雷电日很小，一般不到 20d，有的地方甚至不到 10d。

（4）第四区是 105°E 以西：这一区域多为高原和山脉，地形起伏较大，平均年雷电日高于同纬度的地区，一般为 50~80d。青藏高原的北缘地带以及云贵高原地势较高的西部山区东缘地带，主要包括青海柴达木盆地与昆仑山脉和祁连山脉交界处，甘肃和内蒙古巴丹吉林沙漠和腾格里沙漠与祁连山脉交界的地方，以及四川盆地与其西部山区交界的地方，地形、地貌变化很大，平均年雷电日的距离变化很大，即平均年雷暴日的等值线分布十分密集，200~300km 范围内，平均雷暴日可变化 30~40d。在四川的西部和西南角，云南北部以及西藏东北角等地区，地势高且起伏大，平均年雷电日明显高于周围地区，偏高 20~40d。西藏东南角雅鲁藏布江流域广大地区，地势相对低而平坦，平均年雷电日普遍偏低。

二、雷电活动的季节分布规律

雷电活动除了受地域气候限制以外，随着时间的变换，全国各地区气候变化程度也较为明显，因此本书将全年中每个季节作为一个时间长度，将不同地区雷电活动全年变化情况分为四个时间区间：

（1）春季平均季雷电日。第一区春季平均季暴日为 2~6d，平均季雷暴日随纬度的变化不显著。第二区平均雷电日随纬度的增加而明显减小。第三区除新疆西北角之外的大部分地区的春节平均季雷暴日偏低，一般小于 2d。第四区的东部平均季雷电日较高，大部分为 10~12d。

（2）夏季平均季雷电日。夏季平均季雷电日在第一区可达 20~35d；平均季雷电日随纬度变化不大。第二区夏季平均季雷电日随纬度增加而明显减小。第三区除新疆西北角之外的大部分地区的夏季平均季雷电日偏低，一般小于或等于 5d。第四区的东部地区平均季雷电日较低，大部分为 20~50d，中南地区平均季雷电日偏高，一般不低于 50d。

（3）秋季平均季雷电日。秋季第一区平均季雷电日可达 3~7d，平均季雷电日随纬度变化不显著。第二区平均季雷电日随纬度增加而明显减小，长江两岸的平均季雷电日为 3~5d，两广地区为 15~20d。第三区除新疆西北角之外的大部分地区平均季雷电日偏低，一般小于或等于 2d。第四区东部和中部地区平均季雷电日为 10~20d。

（4）冬季平均季雷电日。我国冬季大部分地区无雷电活动，只有第一区的东南角，第二区的大部和第四区的东部地区有弱雷暴活动，平均季雷电日为 0.1~3d。

三、区域电网雷电活动分布规律

（1）总体规律。我国南部地区部分省份属于热带和亚热带季风气候，每年春末到夏季至秋初都是雷电频繁活动期，从图 3-19 可以看出南方五省是全国雷害比较严重的地区。

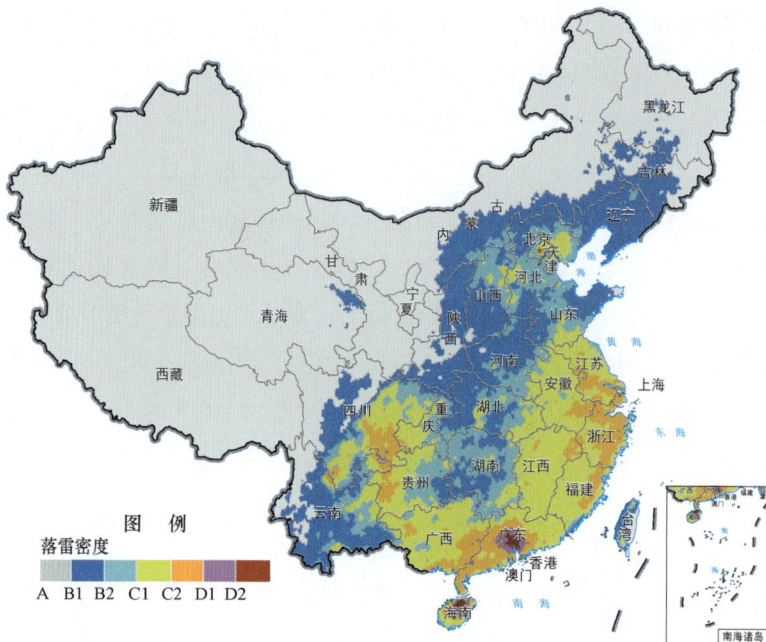

图 3-19 全国 2005～2015 年平均地闪密度分布图

利用雷电定位系统，对南方地区近几年总体落雷情况进行统计，如表 3-10、表 3-11 和图 3-20 所示。从年份上来看，2012、2013、2014、2016 年落雷较多，2018、2021 年和 2022 年落雷相对较少。从地域上来看，广东、广西和海南雷电活动剧烈，广东平均地闪密度达到 8.48 次 /(km²•a)、广西达到 6.72 次 /(km²•a)、海南接近 5 次 /(km²•a)，因此这三省应该尤其加强输电线路防雷工作。从地市来看，广东的中部、西部、北部地市，广西的东部和南部地市以及海南的中部和东南部地市尤为严重。

表 3-10　　　　　　2012～2022 年南方五省总体正负极性落雷统计情况

年份	正极性落雷		负极性落雷	
	总数	平均电流（kA）	总数	平均电流（kA）
2012	417920	37.95	4244266	29.67
2013	488789	41.34	5088848	30.81
2014	651524	33.94	5171571	29.37
2015	548616	30.36	3613750	26.96
2016	717164	31.64	4600721	28.94
2017	412208	30.66	2675354	30.03
2018	706911	23.93	2884004	27.44
2019	748755	25.95	3826693	25.36

续表

年份	正极性落雷		负极性落雷	
	总数	平均电流（kA）	总数	平均电流（kA）
2020	774825	25.53	3041864	24.92
2021	689763	25.79	2958242	25.49
2022	668679	24.32	2066409	26.77

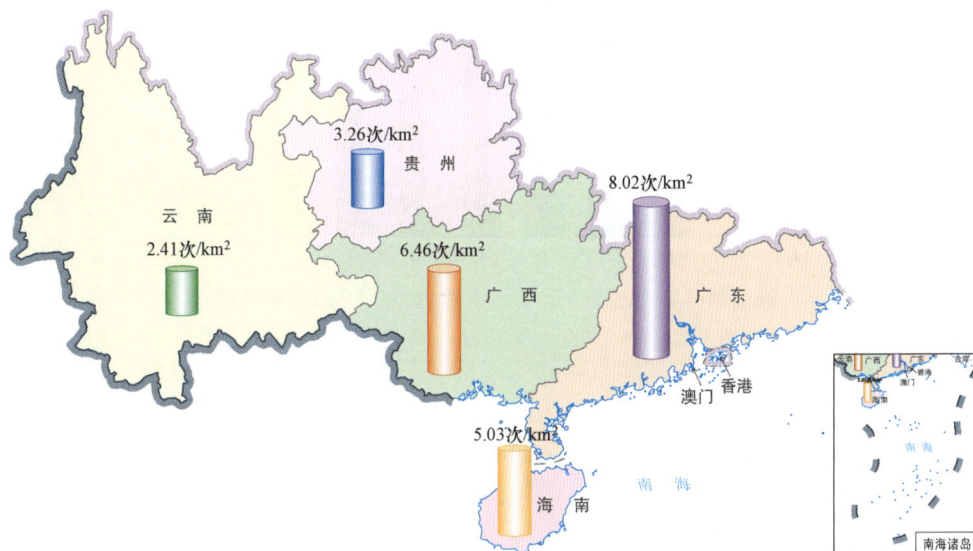

图 3-20　南方五省近 10 年平均落雷地闪密度分布情况

表 3-11　　　　　2012～2022 年南方五省范围内地闪密度平均值　　　　单位：次 /(km²•a)

年份	南方五省	广东	广西	云南	贵州	海南
2012	4.84	7.45	6.78	2.48	5.11	5.46
2013	5.25	8.8	6.52	3.27	5.21	5.69
2014	5.84	11.55	8.44	2.45	4.59	6.51
2015	4.13	7.48	6.31	1.79	3.17	6.5
2016	5.01	9.24	7.42	2.19	3.75	4.5
2017	3.08	6.36	4.87	1.81	3.04	4.06
2018	3.57	7.65	4.51	2.19	2.05	5.23
2019	4.55	8.64	8.56	2.76	2.01	4.34
2020	3.79	7.82	6.34	3.02	2.18	4.76
2021	3.62	7.09	6.41	2.51	2.21	4.37
2022	3.12	6.16	4.9	2.01	2.54	3.9

近六年雷电定位数据月度分布统计（见图 3-21）表明，该地区每年 90% 以上的雷电

发生在 4 月～9 月，其中绝大部分发生在 5 月～8 月。5 月雷电次数最多，其次是 6 月、8 月、7 月，因此在开展输电线路防雷工作时应注意不同月份雷电活动的差异，对于雷电活动高发月份应加强防雷运维工作。

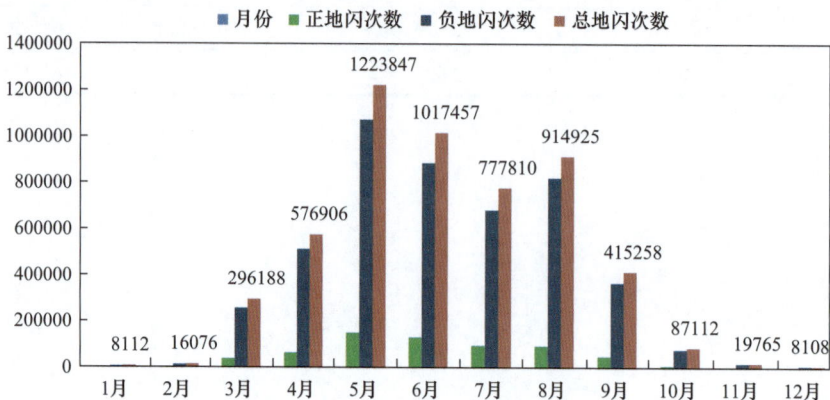

图 3-21　南方五省近十年每月平均雷电地闪次数分布图

近六年雷电定位数据逐小时分布统计（见图 3-22）表明，发现每天 13 时～20 时是雷电活动最多的时段，其次是晚上至凌晨 3 时雷电活动也较为频繁，一般上午时间雷电活动相对较少。

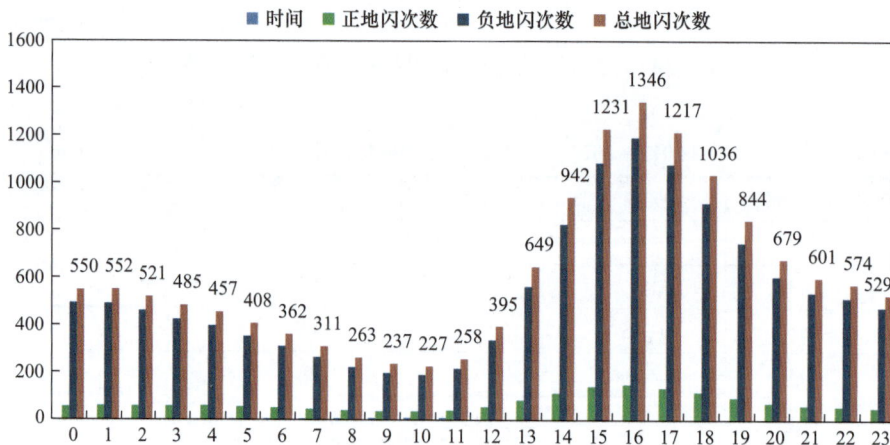

图 3-22　南方五省夏季每小时平均雷电地闪次数分布图

（2）局部特点。运行数据表明各种线路雷击跳闸中，有较大比例的故障杆塔处于多雷区或强雷区临近湖泊、江河或迎风坡的微气象地形，这是典型雷击高风险杆塔的特征环境要素。近年来，多次雷击引起的电力安全事件均与线路跨越或临近江河、湖泊相关，仅 2018 年 7 月～10 月就有 4 起：一是 2018 年 7 月 2 日，某 110kV 双回线路遭受雷击同跳造成两个 110kV 变电站失压，故障杆塔距离三级河道约 600m，属于丘陵地形；二是 2018 年 10 月 20 日，某 220kV 双回线路遭受雷击同跳造成 220kV 牵引站失压，故障杆塔距离

中型水库约 1.5km，属于平地地形；三是 2018 年 9 月 5 日，某 500kV 线路雷击跳闸造成断路器本体受损，故障杆塔距离大型水库约 1.8km，属于山区地形；四是 2018 年 8 月 28 日，某 ±500kV 直流线路遭受雷击单极闭锁（减送功率 2650MW），故障区段跨越中型水库，故障塔距水库约 700m，属于山区地形，如图 3-23 所示。基于上述统计分析，建议多雷区和强雷区的 110kV 及以上重要线路、单电源或单通道供电线路及运行方式要求重点管控线路，如跨越或临近湖泊、中型及以上水库、三级及以上江河，且距离 2km 范围以内，可开展雷击风险评估，对雷击风险等级Ⅲ级及以上的杆塔应采取差异化防雷加强措施。

图 3-23　一次或多次雷击跳闸故障典型杆塔现场地形地貌

第三节　雷电活动对电力设备的影响规律

一、典型电网输电设备规模发展趋势

以某电网公司为例，截至 2023 年底 35kV 及以上架空输电线路共计 22236 条，其中直流 ±800kV 线路 4 条、直流 ±500kV 线路 7 条、交流 500kV 线路 746 条、220kV 线路 3916 条、110kV 线路 9943 条、35kV 线路 7620 条。2012～2023 年 35kV 及以上架空线路规模见表 3-12。2023 年 110～±800kV 架空线路为 14616 条，279534.743km，同比

2012 年长度增长了 68.84%，其中 ±800kV 直流线路长度同比增长 350.99%，±500kV 线路长度同比增长了 147.52%，500kV 交流线路长度同比增长了 65.04%，220kV 线路增长了 66.45%，110kV 线路增长了 63.74%。该电网公司架空线路长度每年都在平稳增加，图 3-24 为 2012～2023 年某电网 35～±800kV 架空线路总长度逐年增长情况。

表 3-12　　　　　　　　2012～2022 年某电网 35kV 及以上架空线路总规模　　　　　　单位：km

年份	35kV	110kV	220kV	500kV	±500kV	±800kV
2012	55321.67	73314.51	56700.79	31124.64	3049.73	1373.66
2013	59135.01	80502.27	58810.31	33498.88	5492.64	2786.61
2014	62517.08	84411.74	62845.14	34671.17	5492.64	2786.61
2015	64901.83	87833.14	66964.11	35975.28	5492.64	2786.61
2016	67614.25	94097.10	70508.02	37523.64	7152.50	2786.61
2017	68290.50	92340.28	71428.02	38233.48	7152.50	2786.61
2018	70349.70	96259.24	74443.37	40388.62	7152.50	4710.74
2019	71397.49	99058.64	77995.84	41029.53	7152.50	4710.74
2020	75121.11	106275.84	82858.80	44566.20	7551.61	6220.56
2021	86476.91	114953.06	84538.83	45616.57	7551.61	6220.56
2022	88130.10	118243.30	88087.03	49646.72	7551.61	6220.56
2023	91373.120	120044.313	94380.014	51366.694	7548.605	6195.117

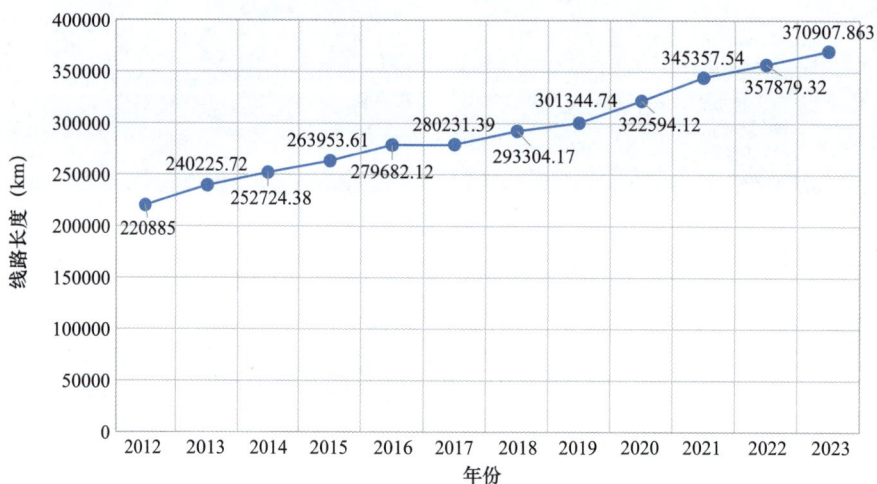

图 3-24　某电网 2012～2023 年 35～±800kV 架空线路逐年总长度变化

　　某电网范围内，不同分子公司管辖的线路长度有较大差别，截至 2023 年线路规模最大的是 YN 电网架空线路总长 98052.489km，占比 26.44%；GD 电网架空线路总长 96962.172 km，占比 26.14%；GX 电网架空线路总长 74405.235 km，占比 20.06%；GZ 电网架空线路总长 57339.666 km，占比 15.46%；CGY 公司架空线路总长 26835.365 km，

占比 7.23%；HN 电网架空线路总长 12509.569 km，占比 3.37%；SZ 电网架空线路总长 4803.366 km，占比 1.30%。

二、地闪活动对电网雷击跳闸影响的趋势

（1）自然界中雷电流幅值范围可以从几千安到数百千安，而线路工程考虑技术经济性，防雷措施具有一定限度，因此需要制定一个合理可接受的线路耐雷水平和雷击跳闸率阈值，以该阈值为导向开展工程设计、建设、改造及运行维护，可保证线路运行总体安全、技术可行、经济性较优。

我国南方五省所辖范围雷电活动频繁，近 12 年该地区年地闪密度平均值约为 4.10 次 /(km²•a)，折算至平均年雷暴日数为 54d，明显高于国家及行业标准推荐的年 40 天雷暴日数 [地闪密度为 2.78 次 /(km²•a)]。该地区各省近 12 年雷电地闪密度具体数值如表 3-13 和图 3-25 所示。从落雷密度统计情况来看，南方五个省份范围内大部分地区落雷密度较大，特别是广东、广西、海南三省，几乎全部为多雷区或强雷区；贵州大部分为多雷区且主要靠近西部和中部；云南雷区分布差异较大，大部分为中雷区，多雷区主要分布云南东部和南部及北部少数地带。从雷电流幅值统计情况来看，不同省份因气象、地形等原因雷电流幅值分布有所不同，其中广东和广西两省的雷电幅值平均值一般为 22～28kA，云南、贵州和海南的雷电流幅值平均值绝大部分在 30kA 以上。一般雷电流幅值越大，击中线路造成闪络跳闸的概率就越高。

表 3-13　　　　　　　　2012～2023 年南方五省雷电地闪密度　　　　单位：次 /(km•年)

年份	南方五省	广东	广西	云南	贵州	海南
2012	4.775	7.327	6.671	2.237	5.073	5.389
2013	5.177	8.640	6.425	2.864	5.161	4.639
2014	5.759	11.331	8.319	2.279	4.547	4.470
2015	4.130	7.491	6.319	1.547	3.172	5.508
2016	5.033	9.307	7.457	2.193	3.766	4.528
2017	3.083	6.353	4.869	1.058	1.817	3.038
2018	3.567	6.648	4.507	2.049	2.192	5.233
2019	4.545	8.646	8.564	1.013	2.760	4.338
2020	3.791	6.821	6.338	1.180	3.017	3.763
2021	3.622	6.086	6.409	1.211	2.507	4.373
2022	2.629	4.057	3.690	1.511	1.970	3.861
2023	3.071	6.036	3.874	1.357	2.675	3.456

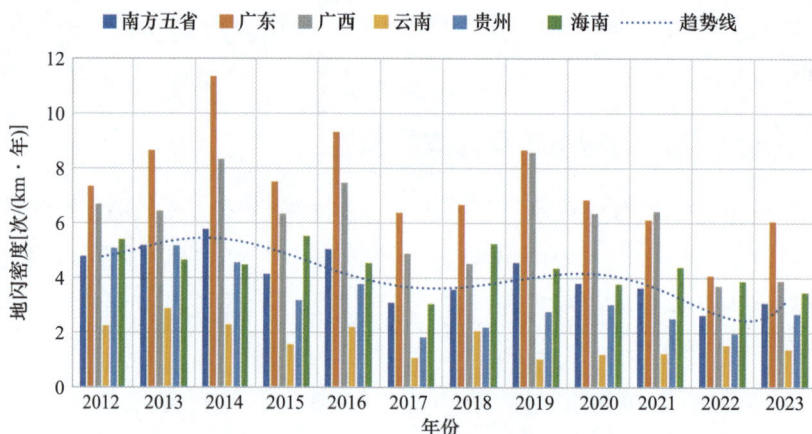

图 3-25　南方五省 2012～2023 年雷电地闪密度变化情况

（2）2012～2023 年某电网架空输电线路雷击跳闸总体呈下降趋势，近一两年有所回弹。雷电对于线路跳闸的影响比重较大，一般在直流线路上雷击所引起的线路跳闸次数占全年线路总跳闸次数比重最大。2012～2023 年，该电网 110kV 及以上交直流电压等级线路雷击跳闸共 21135 次，交流 110、220kV 和 500kV 电压等级线路雷击所引起跳闸次数分别为 14660、4759 次和 1492 次，直流 ±500kV 和 ±800kV 电压等级线路跳闸总次数分别为 195 次和 29 次。2012～2023 年不同电压等级下的雷击跳闸次数统计见表 3-14。

表 3-14　　　　　　某电网 2012～2023 年不同电压等级雷击跳闸次数

年份	110kV	220kV	500kV	±500kV	±800kV	合计
2012	1315	451	116	12	0	1894
2013	1517	478	170	10	1	2176
2014	1526	486	154	20	2	2188
2015	1244	395	121	20	3	1783
2016	1473	460	159	14	0	2106
2017	1210	380	127	16	1	1734
2018	1053	389	90	14	3	1549
2019	1293	391	140	20	3	1847
2020	1020	344	107	17	6	1494
2021	898	326	100	20	1	1345
2022	895	307	111	16	3	1332
2023	1216	352	97	16	6	1687
合计	14660	4759	1492	195	29	21135

由上可知，110kV 电压等级线路的跳闸次数最多，占全部交直流电压等级雷击跳闸次数的一半以上。随着电压等级的升高，因雷击造成的跳闸次数逐渐减少。这是由于电

压等级越高，线路绝缘裕度越大，耐受雷电冲击电压的能力越强。每年交流 500、220kV 和 110kV 线路雷击总跳闸次数远高于直流 ±500kV 和 ±800kV 线路的雷击总跳闸次数。近年来，500、220kV 和 110kV 等级下雷击总跳闸次数有一定的下降趋势。统计某电网 2012～2023 年不同电压等级雷击跳闸率，区分未折算值和折算到年 40 雷暴日的值，分别见表 3-15 和表 3-16，变化趋势如图 3-26 和图 3-27 所示。

表 3-15　　　　2012～2023 年某电网不同电压等级雷击跳闸率实际值　　单位：次/(百公里·年)

年份	110kV	220kV	500kV	±500kV	±800kV	110kV 及以上总雷击跳闸率
2012	1.794	0.795	0.373	0.393	0.000	1.144
2013	1.884	0.813	0.507	0.182	0.036	1.202
2014	1.808	0.773	0.444	0.364	0.072	1.150
2015	1.416	0.590	0.336	0.364	0.108	0.896
2016	1.565	0.652	0.424	0.196	0.000	0.993
2017	1.310	0.532	0.332	0.224	0.036	0.818
2018	1.094	0.523	0.223	0.196	0.064	0.695
2019	1.305	0.501	0.341	0.280	0.064	0.803
2020	0.960	0.415	0.240	0.225	0.096	0.604
2021	0.781	0.386	0.219	0.265	0.016	0.520
2022	0.757	0.349	0.224	0.212	0.048	0.494
2023	1.794	0.795	0.373	0.393	0.000	1.144

表 3-16　　　　2012～2023 年某电网不同电压等级雷击跳闸率折算值　　单位：次/(百公里·年 40 雷暴日)

年份	110kV	220kV	500kV	±500kV	±800kV	110kV 及以上总雷击跳闸率
2012	1.04	0.46	0.22	0.23	0.00	0.67
2013	1.01	0.44	0.27	0.10	0.02	0.65
2014	0.87	0.37	0.21	0.18	0.03	0.56
2015	0.95	0.40	0.23	0.25	0.07	0.60
2016	0.86	0.36	0.23	0.11	0.00	0.55
2017	1.18	0.48	0.30	0.20	0.03	0.74
2018	0.85	0.41	0.17	0.15	0.05	0.54
2019	0.80	0.31	0.21	0.17	0.04	0.49
2020	0.70	0.30	0.18	0.17	0.07	0.44
2021	0.60	0.30	0.17	0.20	0.01	0.40
2022	0.80	0.37	0.24	0.22	0.05	0.52
2023	0.92	0.34	0.17	0.19	0.09	0.55

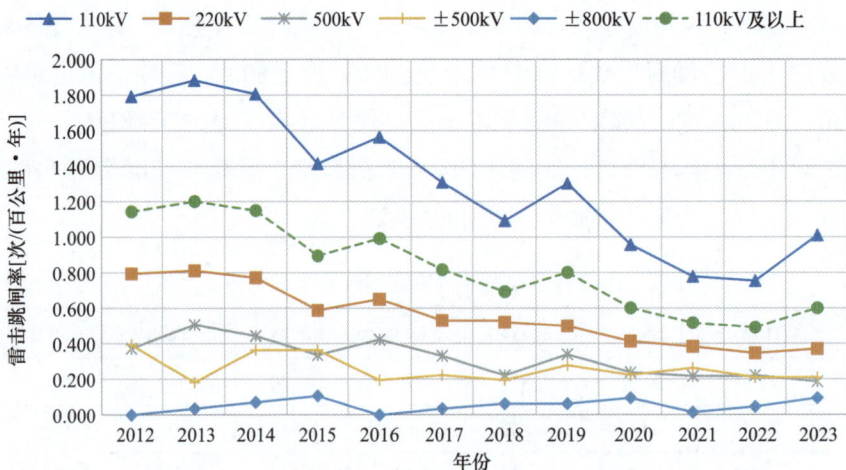

图 3-26　某电网 2012～2023 年不同电压等级线路雷击跳闸率未折算值变化趋势

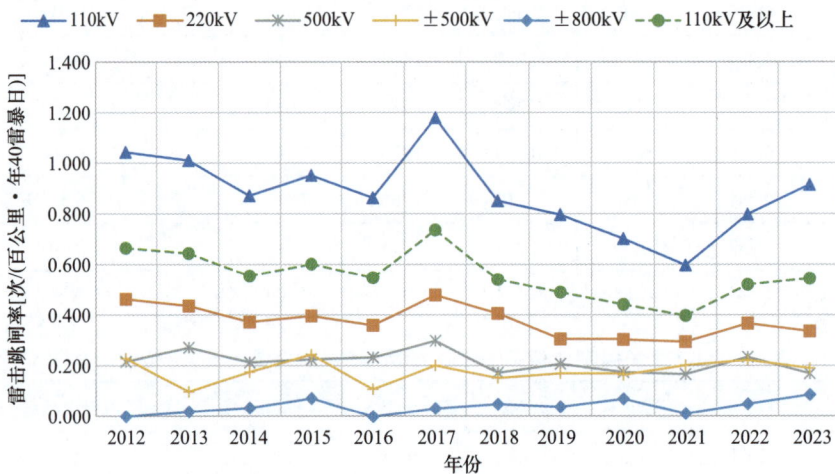

图 3-27　某电网 2012～2023 年不同电压等级线路雷击跳闸率折算值变化趋势

三、±500kV 和 ±800kV 直流线路雷电绕反击规律

超特高压直流线路绝缘水平高，雷击跳闸次数较少，因此主要分析超特高压直流线路雷击跳闸的类型。2017～2023 年，某电网 ±500kV 和 ±800kV 直流线路雷电绕击和反击次数及比例如表 3-17 和图 3-28 所示。2012～2023 年，±800kV 线路雷击跳闸都是由绕击引起的，占比 100%。±800kV 直流线路的反击耐雷水平较高，一般雷电击中避雷线或杆塔时在线路上产生的反击电压很难造成线路跳闸，但是当雷电绕过地线击中导线时有可能引起线路跳闸。对于直流 ±500kV 线路而言，耐雷水平稍低，反击有时会造成线路发生跳闸的现象，±500kV 线路反击跳闸占比不超过 10%。

表 3-17　某电网 2012～2023 年 ±500kV 和 ±800kV 直流线路雷电绕反击次数与比例

年份	次数				比例				雷击总次数
	±500kV		±800kV		±500kV		±800kV		
	绕击	反击	绕击	反击	绕击	反击	绕击	反击	
2012	11	1	0	0	91.67%	8.33%	—	—	12
2013	10	0	1	0	100%	0%	100%	0%	11
2014	19	1	2	0	95.00%	5.00%	100%	0%	22
2015	18	2	3	0	90.00%	10.00%	100%	0%	23
2016	13	1	0	0	92.86%	7.14%	—	—	14
2017	15	1	1	0	93.75%	6.25%	100%	0%	17
2018	13	1	3	0	92.86%	7.14%	100%	0%	17
2019	19	1	3	0	95.00%	5.00%	100%	0%	23
2020	16	1	6	0	94.12%	5.88%	100%	0%	23
2021	19	1	1	0	95.00%	5.00%	100%	0%	21
2022	15	1	3	0	93.75%	6.25%	100%	0%	19
2023	15	1	6	0	93.75%	6.25%	100%	0%	21

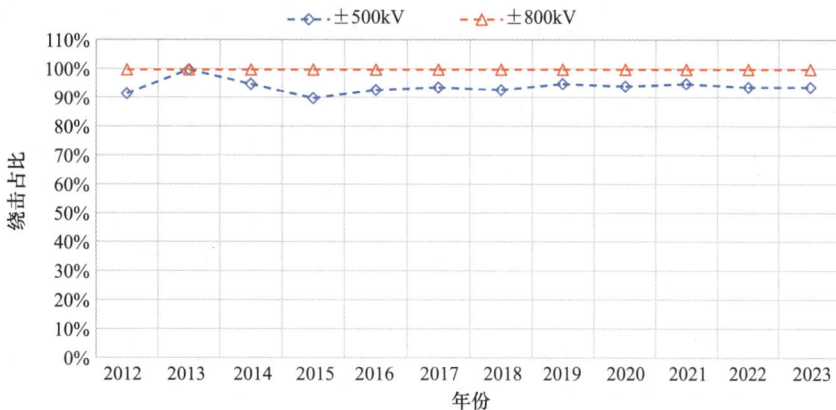

图 3-28　某电网 2012～2023 年 ±500、±800kV 线路雷电绕击比例

四、35～500kV 交流线路雷电绕反击规律

　　某电网 2012～2023 年交流 110～500kV 线路的绕击与反击跳闸占雷击跳闸比值如表 3-18 和图 3-29 所示。交流线路电压等级越高，其受绕击跳闸的比重越大，500kV 交流电压等级线路的绕击跳闸率均在 90% 之上。对于 110kV 交流电压等级线路而言，由绕击所引起的跳闸比重仅在 30%～40%，更多情况下是由反击造成的线路跳闸。可见，110kV 线路雷击跳闸以反击为主；220～500kV 线路雷击跳闸以绕击为主。由于 35kV 线路没有

地线，这里不做绕击与反击统计。

表 3-18   2012～2023 年某电网 110～500kV 交流线路雷电绕反击比例

年份	110kV		220kV		500kV	
	绕击	反击	绕击	反击	绕击	反击
2012	29.20%	70.80%	66.30%	33.70%	88.79%	11.21%
2013	30.65%	69.35%	69.67%	30.33%	95.29%	4.71%
2014	32.04%	67.96%	63.99%	36.01%	90.91%	9.09%
2015	37.54%	62.46%	68.61%	31.39%	92.56%	7.44%
2016	36.18%	63.82%	65.43%	34.57%	91.19%	8.81%
2017	38.10%	61.90%	72.63%	27.37%	91.34%	8.66%
2018	33.71%	66.29%	71.98%	28.02%	93.33%	6.67%
2019	39.21%	60.79%	66.75%	33.25%	91.43%	8.57%
2020	35.10%	64.90%	71.80%	28.20%	90.65%	9.35%
2021	29.84%	70.16%	70.25%	29.75%	92.00%	8.00%
2022	31.84%	68.16%	73.62%	26.38%	92.79%	7.21%
2023	37.58%	62.42%	70.17%	29.83%	93.81%	6.19%

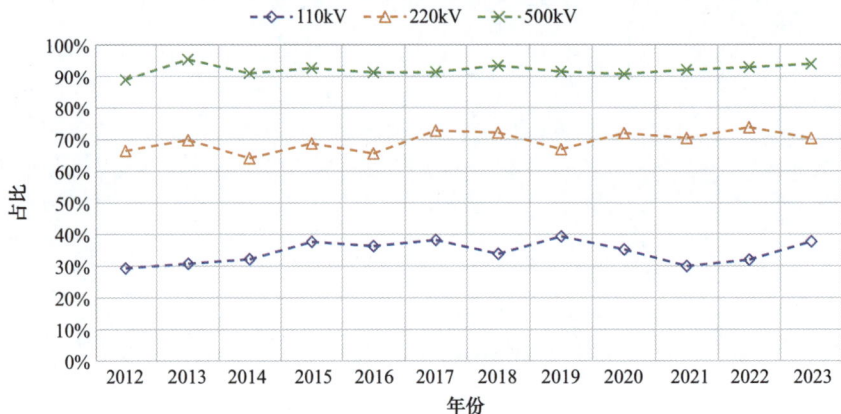

图 3-29   某电网 2012～2023 年 35～500kV 交流线路雷电绕击比例

五、220kV 及以上交流同塔双回线路雷击同跳规律

某电网 2012～2023 年 220kV 及以上同塔双回线路雷击同跳次数总体呈下降趋势，并趋于稳定，具体如表 3-19 与图 3-30 所示。近十年来，该电网 220kV 线路雷击同跳次数在 21～24 次之间，500kV 线路雷击同跳次数在 0～4 次之间。考虑到电网规模和输电线路长度逐年增加，所以实际上线路雷击同时跳闸率也总体呈下降趋势，具体如图 3-31 所示。

表 3-19　　　　2012～2023 年某电网 220kV 及以上同塔双回线路雷击同跳情况　　　　单位：次

电压	2012年	2013年	2014年	2015年	2016年	2017年	2018年	2019年	2020年	2021年	2022年	2023年	平均
220kV	30	21	23	21	20	18	22	22	22	22	19	18	21.5
500kV	2	0	1	0	4	3	1	0	2	1	2	3	1.6
合计	32	21	24	21	24	21	23	22	24	23	21	21	23.1

图 3-30　某电网 2012～2023 年 220kV 及以上同塔双回雷击同跳线路数量

图 3-31　某电网 2012～2023 年 220kV 及以上同塔双回线路雷击同时跳闸率

六、110kV 及以上线路雷击停运规律、原因及应对措施

输电线路雷击跳闸后重合闸（重启）不成功会造成暂时停运，雷击线路停运可能影响电力供应和电网安全稳定，因此更应该引起电网公司的高度关注和防范。某电网 2012～2023 年 110kV 及以上线路雷击停运率年平均值为 0.063 次/(百公里·年)，总体呈下降趋势，如图 3-32 所示，其中 ±800、±500、500、220、110kV 年平均值分别是 0.006、0.021、0.027、0.079、0.071 次/(百公里·年)，折算至年 40 雷雷暴日的年平均值分别是 0.004、0.014、0.018、0.053、0.047 次/(百公里·年 40 雷暴日)。

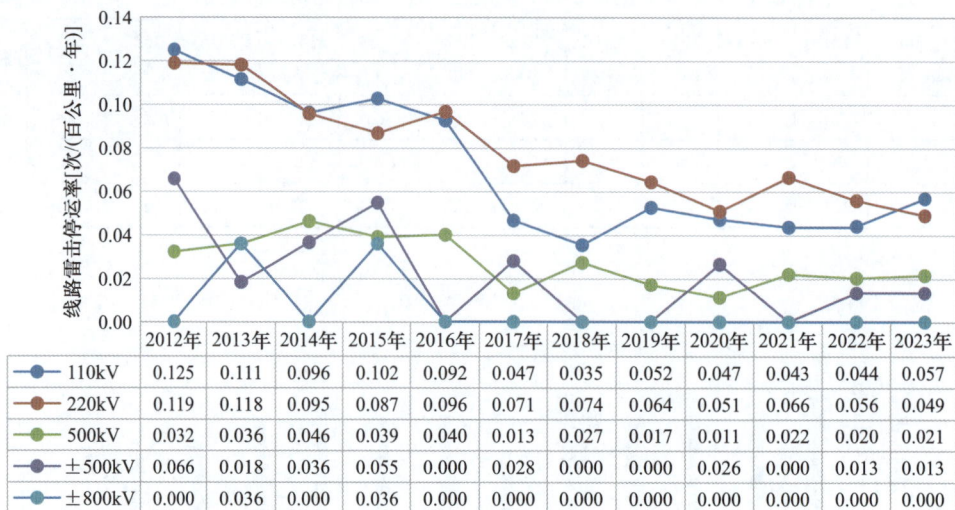

图 3-32 某电网 2012～2023 年各电压等级线路未折算的雷击停运率情况

	2012年	2013年	2014年	2015年	2016年	2017年	2018年	2019年	2020年	2021年	2022年	2023年
110kV	0.125	0.111	0.096	0.102	0.092	0.047	0.035	0.052	0.047	0.043	0.044	0.057
220kV	0.119	0.118	0.095	0.087	0.096	0.071	0.074	0.064	0.051	0.066	0.056	0.049
500kV	0.032	0.036	0.046	0.039	0.040	0.013	0.027	0.017	0.011	0.022	0.020	0.021
±500kV	0.066	0.018	0.036	0.055	0.000	0.028	0.000	0.000	0.026	0.000	0.013	0.013
±800kV	0.000	0.036	0.000	0.036	0.000	0.000	0.000	0.000	0.000	0.000	0.000	0.000

该电网 2012～2023 年 110kV 及以上线路雷击停运次数占雷击跳闸总次数的 7.3%，造成线路雷击停运的主要原因有雷击造成线路多相同时故障、多重雷及连续电流造成绝缘未恢复、雷击断线掉串等设备本体受损等（占比情况详见表 3-20 和图 3-33）。该电网线路雷击停运率下降的主要原因是防雷改造和技术优化，如直流线路延长重启动去游离时间有利于提升重启成功率，交流线路采取安装避雷器、降低接地电阻，有利于减少反击多相故障引起的线路停运等。另一方面，不同电压等级的重合闸策略对雷击停运率造成影响。近 12 年来，该电网线路雷击停运次数占雷击跳闸次数比值 110kV 最低为 5.2%，500kV 次之为 8.6%，220kV 最高为 14.1%，原因是 110kV 线路采用三相重合闸，可有效避免雷击多相故障导致的停运；500kV 和 220kV 线路采用单相重合闸方式，雷击多相故障将导致线路停运；此外，220kV 耐雷水平低于 500kV 线路，导致 220kV 线路雷击停运次数占比高于 500kV 线路。

表 3-20 某电网 2012 ～ 2023 年雷击引起 110kV 及以上线路停运影响分类

雷击影响分类	雷击重合（重启）成功	雷击线路停运（合计占 7.3%）			
		雷击造成线路多相同时故障	多重雷及连续电流造成绝缘未恢复	雷击断线掉串等设备本体故障	其他原因
占比	92.7%	3.9%	1.7%	1.1%	0.6%

建议各电网公司在建设和运行中，关注雷击跳闸率的同时更加注重降低线路雷击停运率。值得参考的防雷策略如坚持差异化防雷理念，根据线路重要度、地闪密度、电压等级等情况，按照"一个目标"（保障电网安全运行及电力可靠供应）、"两个降低"（降低线路雷击跳闸率和停运率）、"四个举措"（一是提升新建线路防雷设防水平、二是加强存量线路差异化防雷改造、三是强化防雷技术支撑推进存量、四是强化线路全生命周期管理）思

路，综合提升电网防雷工作水平。

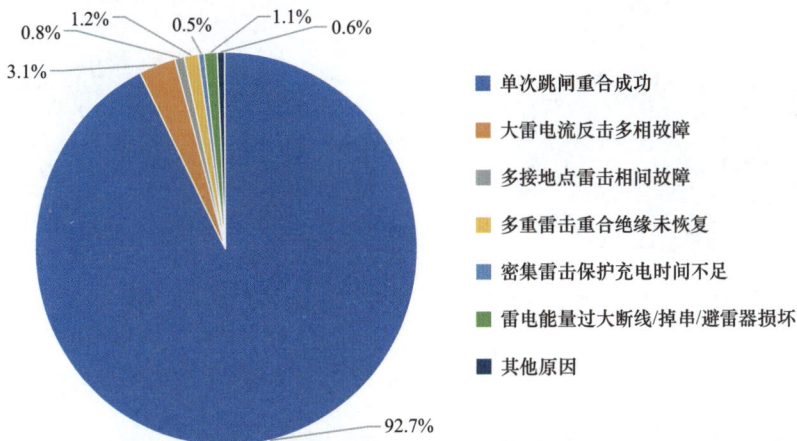

图 3-33　某电网 2012～2023 年 110kV 及以上线路雷击重合成功和停运分类详情

七、雷电活动对风电设备的影响特点

风电场通常位于空旷的平原、丘陵、山地或者近海区域，相比于周围环境，风力发电机（简称风机）通常高耸突出，雷暴天气下，极易成为雷击目标。随着大型风电场的规模化建设，风机雷击受损问题越来越突出。图 3-34 和图 3-35 为实际运行风机叶片损坏分布统计图。目前风电场雷击故障危害主要归纳为以下几点：

（1）雷击风机造成风机叶片本体损坏。由于大容量风机结构高耸，且多位于山顶山脊等地形，具有较大的雷击风险，而叶片是雷击风险最大的部位。为防止雷击风机叶片本体造成损坏，叶片雷电接闪系统是重要的雷电防护措施，其主要作用为拦截闪电。当下行先导靠近风机时，上行先导将从接闪器位置起始并发展，进而与下行先导连接，保证雷击点附着于接闪器位置，避免对叶片其他位置的损伤。

（2）雷击风机造成机舱测控设备和电缆接头等损坏。接闪器接闪雷电后雷电流经引下线、塔筒和接地装置入地，一方面强雷电流产生的电磁干扰会对机舱内测控设备等弱电设备造成电磁干扰；另一方面若风电场接地电阻较大，雷电流入地形成的地电位反击，可能会对风机本体、电缆终端的绝缘造成危害。

（3）雷击风电场造成集电系统跳闸及设备损坏。风电场集电系统多为 10、35kV 电压等级线路，绝缘水平较低，且山区地形复杂，土壤电阻率高，导致集电线路雷击跳闸率和升压站设备雷击故障率高。因此，《防止电力生产事故的二十五项重点要求（2023 版）》中要求地闪密度大于等于 0.78 次 /(km^2·a) 的新能源场站，35kV 架空集电线路应架设双避雷线。

（4）雷击风电场设备造成发电侧输出功率不稳。随着新型电力系统的建设，风电等新能源将大范围地推广和应用，风电能源输出功率稳定性是面临的巨大挑战。强雷暴天气下风机集群遭受雷击可能导致多台风机停机脱网，集电线路跳闸导致大范围风机功率输出无法上网，将严重影响电网的稳定性。

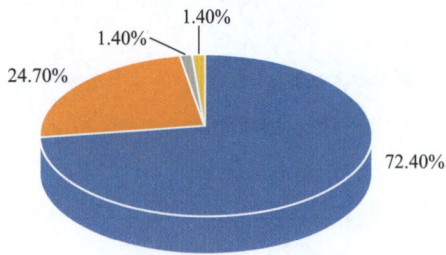

图 3-34 叶片损坏形式统计

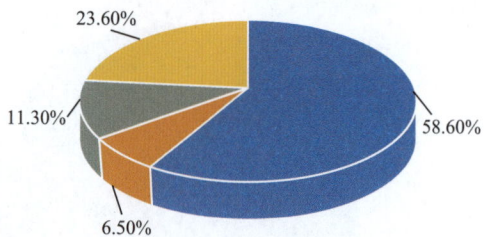

■ 叶片脱层	■ 叶片弯曲
■ 外壳断裂	■ 叶片断裂

图 3-35 叶片受损位置统计

■ 叶尖	■ 叶尖前缘
■ 叶片后缘	■ 接闪器附近层合板

叶片是风电机组中位置最高的部件，也是雷电附着概率最高的位置。叶片防雷系统由在叶片表面安装的接闪器和在叶片内部敷设的引下线组成。该系统能发挥作用的先决条件是接闪器有效接闪雷电。若接闪器接闪失效，叶片蒙皮部分便成为遭受雷击的主要部分。风机叶片材料雷击损伤主要表现在两方面：一是雷电弧冲击热效应，当风机叶片遭受雷击时，雷电流对叶片复合材料灼烧的温度可达 1200℃，会造成表面损伤、分层、裂纹、基体分解和纤维断裂、升华等叶片损伤甚至毁坏的情况；二是雷击引起叶片内部气体热膨胀造成材料机械损伤。当雷击桨叶时会产生很高的热量，在短时间内很难散发，导致叶片温度急剧上升，叶片材料分解出的气体将迅速膨胀，在叶片内腔产生破坏性的爆炸力，使得叶片开裂。图 3-36 是叶片损伤典型方式。

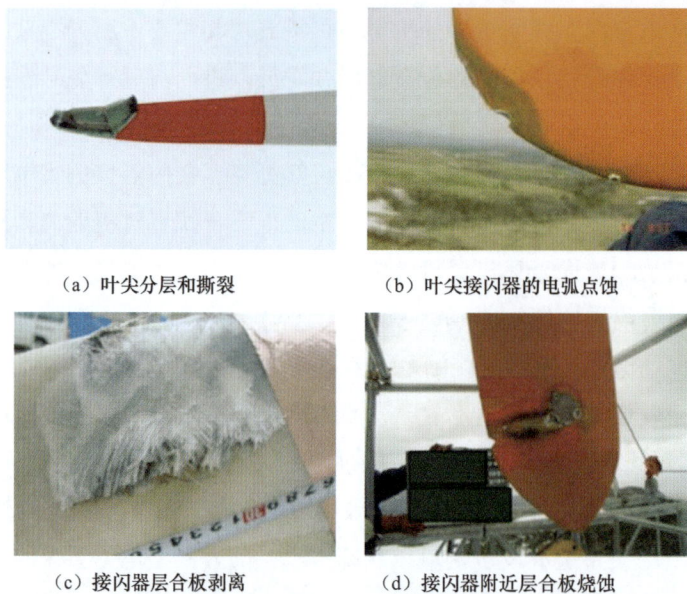

（a）叶尖分层和撕裂　（b）叶尖接闪器的电弧点蚀　（c）接闪器层合板剥离　（d）接闪器附近层合板烧蚀

图 3-36 叶片雷击损坏典型方式

第四章

雷电定位、观测及预警预报

第一节 雷电定位技术

一、雷电定位原理

雷电放电过程辐射出频率范围从甚低频（very low frequency，VLF）到特高频（ultra high frequency，UHF）的宽频电磁波，其中回击过程产生的辐射主要在 VLF/LF（low frequency）频段。闪电电磁脉冲辐射场探测是实现地基闪电定位的首要基础。雷电定位研究中，甚低频段探测系统一般采用磁定向法（magnetic direction finder，MDF）、时差法（time of arrival，TOA）以及磁定向和时间差联合法；超高频段探测系统一般采用窄带干涉仪定位法（interferometer，ITF）或者时差法。从探测站点布设方式上可分为单站定位和多站联合定位，如图 4-1 所示为雷电定位方法的划分。

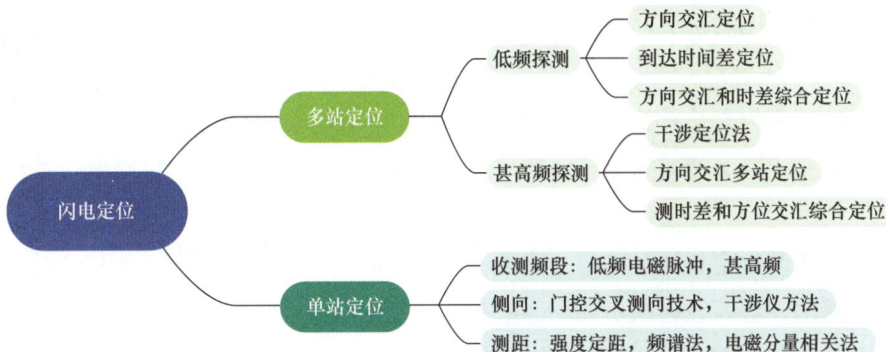

图 4-1　雷电定位方法

（1）单站定位法。单站定位系统是利用闪电电磁场相位差和闪电天、地波到达时间差的原理而制作的。可以测量 250km 范围内地闪的方位、距离、强度和极性。采用单站测量只能确定闪电的方向，如要确定雷电的位置，则必须由多个测站完成。

（2）多站定位法。利用两个或多个测站确定雷电位置的方法。在单个测站上利用两个相同的垂直环形天线，分别指向南北和东西的定向仪，接收闪电发出的信号。

在已划分的单、多站定位法基础上，本书对几种常用的雷电定位方法原理进行介绍。

（1）磁定向法（MDF）。VLF/LF 频段的 MDF 定位技术采用一对南北方向和东西方向垂直放置的正交环形磁场天线测量闪电发生的方位角，并与水平放置的电场天线组合鉴别地闪波形特征。利用两个或两个以上探测子站测量的闪电方位角进行交汇（见图 4-2），来确定闪电发生点的平面位置。

（2）时差法（TOA）。TOA 定位技术采用闪电电磁脉冲到达不同测站的时间差进行闪电定位。其定位原理如图 4-3 所示，两个以上设置于不同位置的探测子站通过探测闪电电磁脉冲到达本站的时间，则每两个测站之间的时间差构成一条双曲线，双曲线的交点就是闪电电磁脉冲发生的位置。

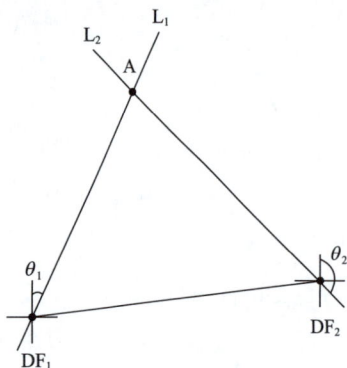

图 4-2　磁定向法定位原理

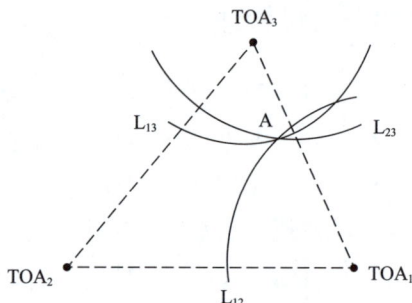

图 4-3　时差法定位原理

（3）磁定向和时间差联合法。为提高定位精度，将 MDF 和 TOA 两种技术结合在一起发展成了联合闪电定位法，形成了第二代的现代地闪定位系统。采用这种综合探测技术的闪电定位系统的每个探测站既探测回击发生的方位角，又测定回击电磁脉冲到达的精确时间。中心站将根据每个闪电探测子站的方位和时间差数据，进行不同组合的联合定位。这类闪电定位系统在不增加探测子站数目的前提下，保证了较高的定位精度，是比较实用的闪电定位技术。

（4）窄带干涉仪定位法（ITF）。窄带干涉仪采用光学干涉的原理，最基本的干涉仪由相距一定距离的一对天线构成，如图 4-4 所示，天线 1、2 相距为 d，一束平面波电磁波信号由于到达两天线的时间不同而存在相位差，设信号在天线 1、2 上引起的电压输出分别为

$$U_1 = A\cos(\omega t)$$
$$U_2 = A\cos(\omega t + \phi)$$

（4-1）

式中：A 为信号的振幅；ϕ 为两天线由于基线长度不同和平面波的传播方位不同而产生的相位差。

这两信号经乘法器后的输出经低通滤波后为

$$U_{\text{out}} = \frac{A^2}{2} \cos\phi \qquad (4-2)$$

式（4-2）表明，输出电压是随相位差 ϕ 余弦变化的信号，相位差 ϕ 的值由到达信号与水平面方向的夹角 θ 决定，由图 4-4 所示几何关系可以得到

$$\phi = 2\pi\left(\frac{d\cos\theta}{\lambda}\right) \qquad (4-3)$$

式中：λ 为一确定的入射平面电磁波的波长。

因此，测得 ϕ 值就可以确定闪电发生的方位角，进而得到辐射源的位置，即闪电发生位置。

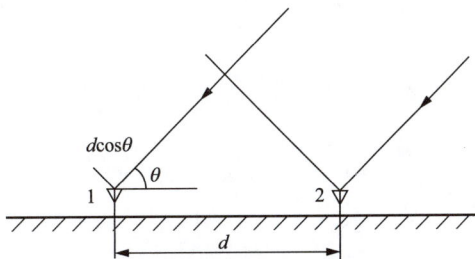

图 4-4 干涉仪定位法的原理

二、雷电定位数据应用

（1）地闪密度统计方法。根据 GB/T 50064—2014《交流电气装置的过电压保护和绝缘配合设计规范》，区域地闪密度统计一般采用网格法。首先，将被统计区域划分为 n 个大小相等的网格，如图 4-5 所示。

各网格面积记为 S_1、S_2、S_3、$\cdots$、S_n，网格总面积 $S_a = S_1 + S_2 + \cdots + S_n$，相应各网格内的地闪次数分别记为 N_1、N_2、$\cdots$、N_n，网格内总地闪次数 $N_a = N_1 + N_2 + \cdots + N_n$。

第 k $(k=1、2、\cdots、n)$ 个网格内地闪密度值 N_{gk} 可按式（4-4）计算，即

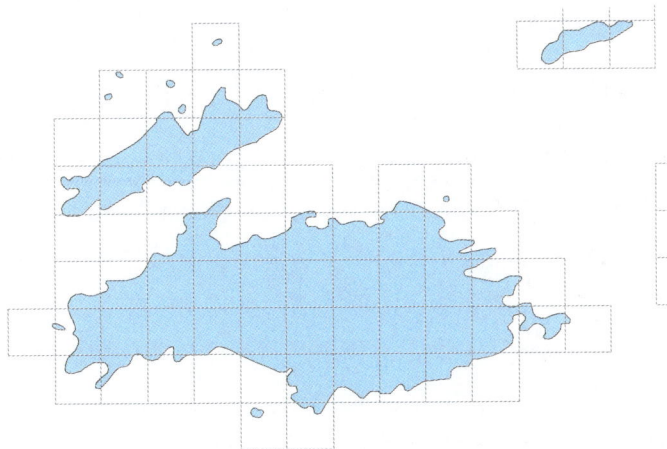

图 4-5 区域网格划分示意图

$$N_{gk} = \frac{N_k}{TS_k} \tag{4-4}$$

区域的地闪密度的平均值 N_{gav} 可按式 (4-5) 计算，即

$$N_{gav} = \frac{N_a}{TS_a} \tag{4-5}$$

式中：N_{gk} 为第 k 个网格地闪密度，次 /（$km^2 \cdot a$）；N_{gav} 为区域平均地闪密度，次 /（$km^2 \cdot a$）；T 为统计时间，年；S_k 为第 k 个网格面积，km^2；N_k 为统计时间 T 内第 k 个网格中发生的地闪次数，次；S_a 为统计区域的面积，km^2；N_a 为统计时间 T 内统计区域中发生的地闪次数，次。

（2）雷电流幅值概率分布统计方法。IEEE 推荐的雷电流幅值累积概率分布公式为

$$P(> I) = \frac{1}{1 + (\frac{I}{a})^b} \tag{4-6}$$

式中：I 为雷电流幅值，kA；$P(>I)$ 为雷电流幅值超过 I 的概率；a、b 为待定参数，IEEE 推荐值为 $a=31$，$b=2.6$。

IEEE 推荐参数是综合全球雷电流幅值的平均结果，实际雷电活动随时间空间变化的差异性很大。实际应用中往往根据某个时间段内某个特定地区或线路走廊的雷电地闪监测数据拟合得到 I 的分布曲线。理论上雷电流幅值范围是（0，∞），但自然雷电地闪中 200kA 以上的雷电流已属罕见，因此雷电流幅值累积概率公式的拟合，本质是利用一个区间如［0，150］或［0，200］的观测统计散点近似代表（0，∞）上的分布曲线。

对一个地区雷电流概率分布公式的 a、b 值进行计算时，可以借助雷电定位系统的统计参数，对该区域的所有离散雷击数据按照式（4-6）进行参数拟合，即可求得适用于该地区的雷电流幅值概率分布函数。

三、雷电定位系统

（1）雷电定位系统介绍。雷电定位系统（lightning location system，LLS）基于当代雷电物理研究成果，采用卫星同步对时技术（global positioning system，GPS）、地理信息系统（geographic information system，GIS）和雷电遥测、波形传播延时处理以及超量程计算技术，结合"时间到达＋定向"综合定位算法，实时计算显示云对地雷击的发生时间、位置、幅值和极性、回击次数等参数，并以雷击点的分时彩色图清晰地显示雷电的运动轨迹。

雷电定位系统主要由探测站、数据处理及系统控制中心（即中心站）、用户工作站、雷电信息系统 4 部分构成，如图 4-6 所示。除此之外，通信系统是组成雷电定位系统的重

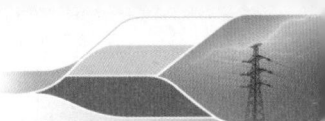

要支撑环节，目前广泛采用了光纤、微波、卫星、网络及电信 ADSL 和移动 GPRS 等多种通信手段。

探测站是雷电定位系统的核心元件，它的数量和运行质量决定了一个系统的规模、效率和精度。其主要功能是探测云对地雷电的电磁辐射信号，测定雷电波到达的时间、方位、强度、极性等参数，并将这些数据实时地传送到中心站位置分析仪，同时采用 GPS 天线和高稳晶振为系统测量和计算提供精准时基。雷电定位系统中心站是系统的枢纽中心，主要设备有前置机、分析仪、雷电服务器，它们担负 3 个重任：①雷电定位系统前置数据处理、系统控制和联网；②雷电定位系统数据分析与计算；③雷电数据存储与管理。用户工作站是雷电信息系统的重要组成部分，其将雷电信息与电网、地理信息融为一体。

雷电定位系统主要应用于雷击故障点快速定位、雷电实时活动查询、雷电参数统计及雷害风险评估等方面。

1）雷击故障点快速定位。雷击故障点快速定位是雷电定位系统最基本的应用，雷电定位系统在秒级时间内就能定位雷击故障杆塔或雷击点，极大提高了巡线工作效率。

2）雷电实时活动查询。通过雷电监测系统中的实时雷电查询功能，有助于相关工作人员了解线路附近雷电活动，从而对有可能发生雷击事故的线路采取有效的预防措施，减少雷击跳闸次数。

3）雷电参数统计。雷电监测系统的雷电统计模块能够提供雷电日、地闪密度、雷电流幅值概率曲线等雷电参数统计数据。

4）雷害风险评估。应用 LLS 的资料能对任意区域、线路走廊实施全自动、大面积、高精度的实时雷电监测，并能统计分析雷电活动密度、强度，可方便实现对防雷设备或措施的效果评估。根据线路沿线走廊的地闪密度和雷电流幅值的统计结果，可找出输电线路易受雷击并发生闪络的薄弱区段，即"易闪段"，供工程设计和运行参考。

（2）电网雷电定位系统。当前，雷电定位系统已成为我国电网防雷减灾的基础技术平台。许多网、省公司调度及运行部门将雷电定位监测技术作为雷击故障点快速定位、雷击事故鉴别、雷电短时预警的主要技术手段。雷电定位监测技术在电网中的广泛应用，提高了电网的雷击预警与应急处理能力，保障了电网的安全运行。

以某电网公司为例，雷电定位系统于 2010 年建成，是基于网络技术、数据库技术和地理信息系统（geographic information system，GIS）等技术构造的，以客户 / 服务器（C/S）结构为主框架，具有 IE 浏览和下插式浏览功能的多层次用户系统结构。该系统是一整套全自动、大面积、高精度、高效率、高可靠性、跨平台的实时雷电监测系统。

通过联网共享各省市原始雷电探测数据，并与相邻省份的电网探测站实现雷电监测数据的共享，形成了覆盖整个电网的雷电定位系统，并且雷电定位系统与调度 OMS 系统、防灾减灾监测预警系统、分布式故障定位系统等业务系统互联互通，形成全网雷电实时监测、雷电快速查询、雷电参数统计分析、线路雷击故障诊断和设备雷害风险评估的信息化技术平台，为电力系统的运行、维护和调度提供可靠的科学依据。

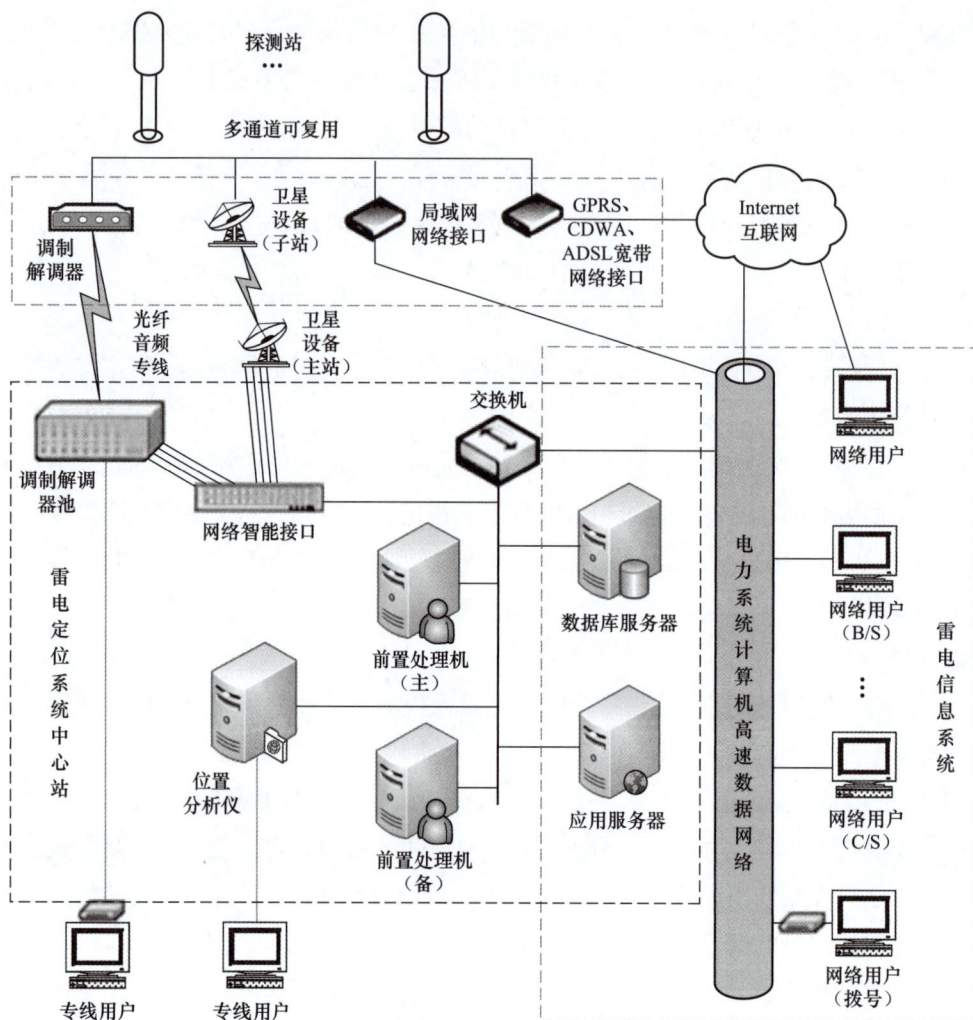

图 4-6　雷电定位系统构成示意图

雷电定位系统由雷电探测站、省级二级中心站和网级一级中心站组成，如图4-7所示。其中，雷电探测站作为雷电监测系统中最为基础的一环，直接为省级主站和网级主站提供雷电活动的实时监测数据，决定着整个雷电定位系统的准确性和有效性。

依托于雷电定位系统，电网公司主要开展了以下几项业务。

1）支持运行人员开展输电线路跳闸故障排查。雷电监测为电网工作人员判断线路周围雷电活动情况提供了定性分析，为判断线路跳闸原因提供了有力且及时的参考信息，大大提升了相关工作人员处理雷击灾害的工作效率。如图4-8所示。

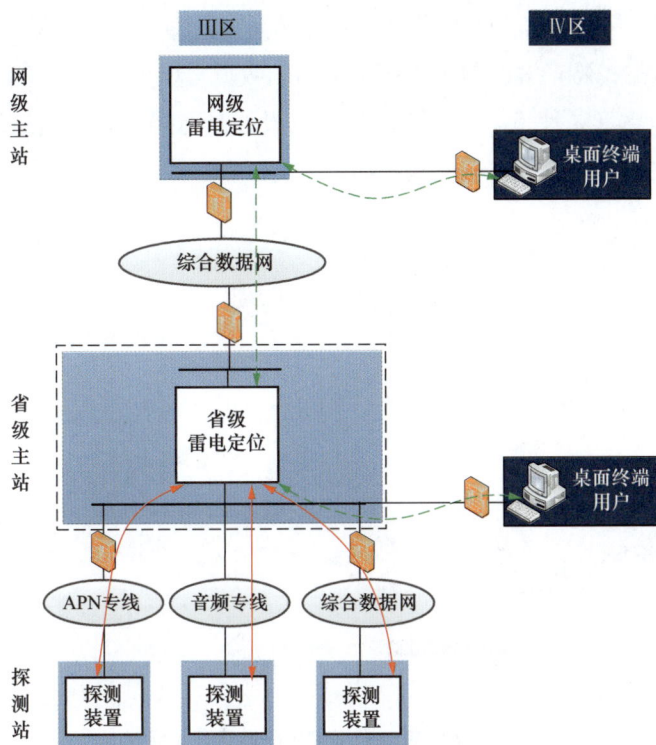

图 4-7　典型电网公司雷电定位系统

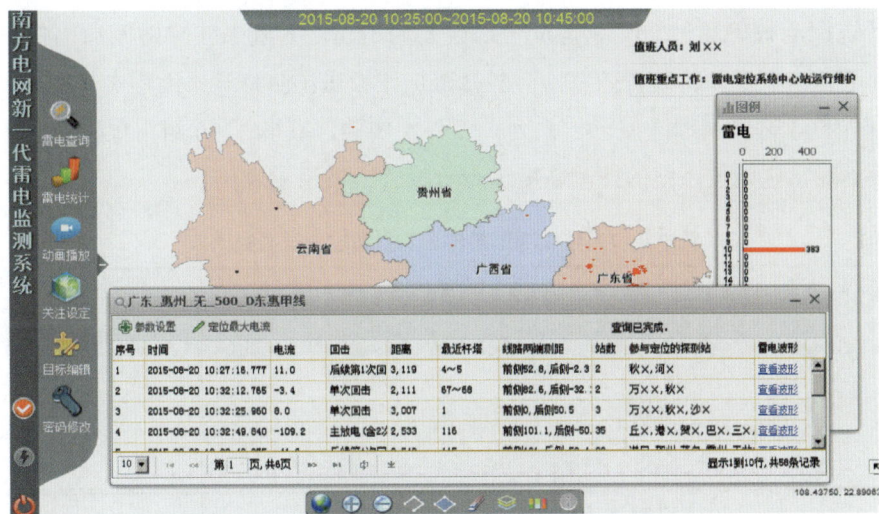

图 4-8　某电网公司输电线路走廊查询结果显示窗口

2）支撑技术人员开展雷电广域监测和雷击事故分析。雷雨季监测线路雷击跳闸情况，发送故障查询结果，增加重合闸判断信息，协助开展线路跳闸原因分析。编制雷电综合分析月报和年报，协助编制雷击事故分析报告和开展高跳闸率的线路区段雷电活动特性分析。

3）开展电网雷电大数据分析和雷害风险评估研究。对雷电定位系统积累的海量历史落雷数据进行大数据挖掘，开展输电走廊雷电活动数据与微地形关联关系及雷击跳闸率修正系数研究，为微地形条件下的线路差异化防雷设计改造提供科学的指导意见。如图4-9所示为将雷电定位数据应用于雷害风险评估环节的展示。

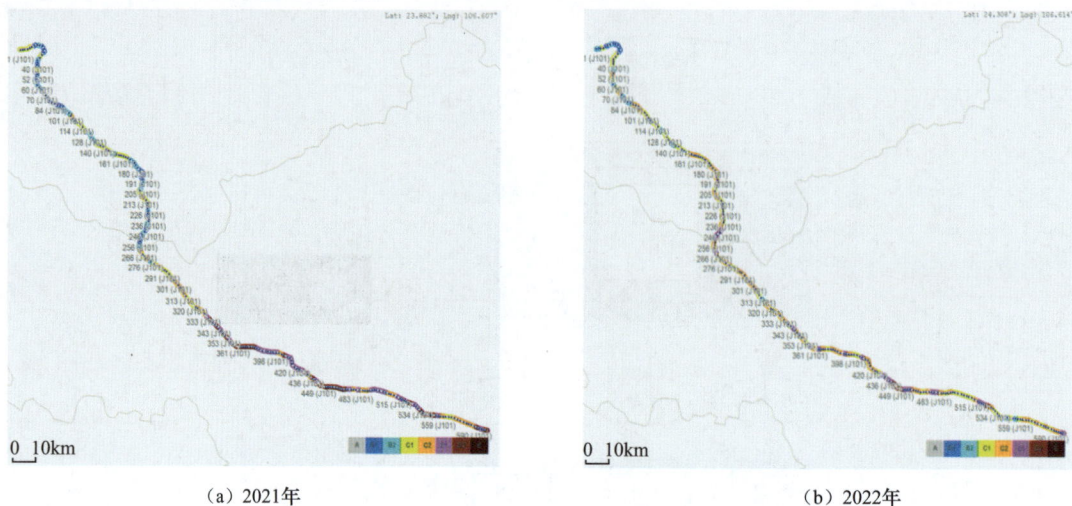

（a）2021年　　　　　　　　　　　　　（b）2022年

图4-9　雷电定位数据应用于雷害风险评估

（3）雷电定位系统误差。以某电网公司为例，其雷电定位系统2010年实现全网联网运行，系统探测效率超过90%，定位平均误差为1km，为判断线路跳闸原因提供有力支撑，提升了雷击灾害分析处置效率。一些科研工作者在昆明特高压工程实验室和中国气象局雷电野外科学试验基地开展了一系列人工引雷实验，获取了20组雷电流实测数据，基于实测数据对雷电定位系统的探测精度进行了校验，结果见表4-1。

表4-1　　　　　　　雷电定位系统探测结果与人工引领实测结果对比表

序号	雷电流实测结果	雷电定位系统反演结果	精度对比
	幅值（kA）	幅值（kA）	幅值相对误差
1	-9.8	-10.0	-2.0%
2	-10.5	-10.8	-2.8%
3	-10.5	-12.6	-16.7%
4	-10.5	-14.5	-27.6%
5	-13.5	-17.4	-22.4%
6	-16.8	-13.0	-22.8%
7	-16.4	-12.8	-21.7%
8	-17.9	-18.2	-1.6%
9	-19.0	-18.7	1.6%
10	-18.6	-20.3	-8.4%

续表

序号	雷电流实测结果	雷电定位系统反演结果	精度对比
	幅值（kA）	幅值（kA）	幅值相对误差
11	−24.4	−20.3	20.2%
12	−21.7	−21.5	0.9%
13	−26.6	−23.1	15.2%
14	−21.7	−26.7	−18.7%
15	−29.4	−24.4	20.5%
16	−29.7	−24.2	22.7%
17	−29.4	−27.5	6.9%
18	−32.2	−26.9	19.7%
19	−31.1	−31.8	−2.2%
20	−42.4	−34.9	−17.7%

将人工引雷实测结果与雷电定位系统的反演结果进行对比分析，幅值相对误差为 −27.6%～22.7%（绝对误差平均值为 13.6%）。

根据南瑞集团谷山强、香港理工大学陈明理等人的研究，雷电流幅值的计算公式可以表示为式（4-7），其分别代表了以磁场和电场为基础进行的雷电流计算方法，后文中以电场反演方法为例进行介绍。

$$I_{\mathrm{p}}(t) = \frac{2\pi c D}{\mu_0 v} B_{\mathrm{p}}\left(t + \frac{D}{c}\right)$$

$$I_{\mathrm{p}}(t) = \frac{2\pi D \varepsilon_0 c^2}{v} E_{\mathrm{p}}\left(t + \frac{D}{c}\right) \qquad (4\text{-}7)$$

式中：I_{p} 为回击电流峰值，kA；B_{p} 为磁感应强度峰值；c 为光速；t 为时间；D 为回击点与观测点之间的水平距离；v 为回击速度；μ_0 为真空磁导率；E_{p} 为垂直电场峰值，V/m；ε_0 为真空介电常数。

式（4-7）表明，雷电定位系统反演雷电流幅值存在误差的原因主要受地形、回击速度等因素影响。下面对各因素的具体影响逐一展开分析。

雷电回击电磁波沿地表传播，地形的起伏会直接影响观测距离和到达时间测量结果的准确性。陈明理团队评估了地形因素对我国西南部地区某一雷电探测站测量结果的影响，结果如图 4-10 所示。图中不同颜色代表各位置处产生雷击后，电磁波在考虑地形参数时的实际观测距离、到达时间测量值与理论值的差值。图 4-10（a）的颜色柱单位为 km；图 4-10（b）的颜色柱单位为 μs。

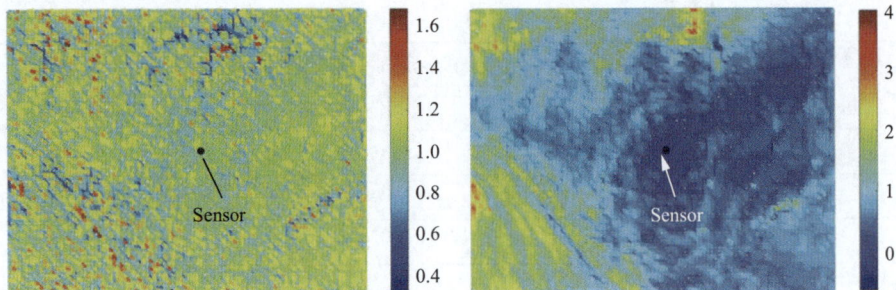

（a）地形对观测距离的影响	（b）地形对到达时间的影响

图 4-10　复杂地形影响示意图 ❶

地形因素的另一个影响是导致电场波形的畸变。在地形起伏剧烈的山区，电场波形的畸变效应非常显著，如果雷电定位系统直接采用平原地区的计算模型反演雷电流强度，得到的电流峰值将显著偏离真实值。下面以瑞士 Säntis 塔为例开展具体分析。

该塔高 124m，坐落于瑞士东北部海拔约 2500m 的 Säntis 山顶，如图 4-11 所示。2010 年 5 月，科研工作者在塔上及附近安装了雷电放电测量仪器，并持续开展雷电观测研究。

基于数字高程数据，分析了该地区的地形分布，如图 4-12（a）所示。当 Säntis 塔遭受雷击时，电磁波沿着山体表面传播到达探测站，所经过的路径存在较大的海拔变化，如图 4-12（b）所示。

图 4-11　瑞士 Säntis 塔图片

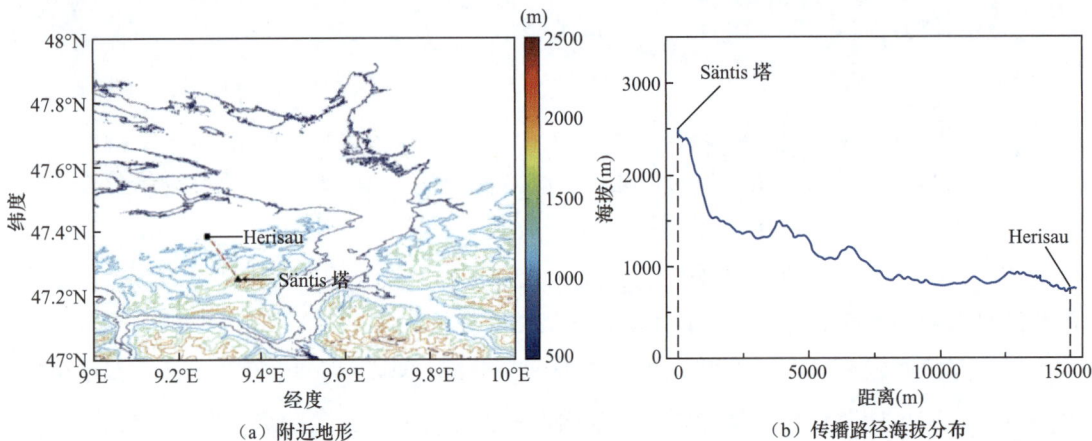

（a）附近地形	（b）传播路径海拔分布

图 4-12　Säntis 塔附近地形与电磁波传播路径海拔分析

利用 FDTD 仿真技术，学者们对该塔遭受的三次回击过程产生的垂直电场的实测数据进行了复现，结果如图 4-13 所示。可以看出，在考虑到 Säntis 塔和现场测量站之间的真

---

❶　2016 年，Tao Lu、Mingli Chen 等人开展了地形对于雷电定位影响的研究，详见参考文献［234］。

实地形时（蓝色虚线），模拟电场的波形和振幅都与测量波形（黑色实线）非常一致。如果将实际地形简化为平坦地面（红色虚线），则会导致对峰值电场的显著低估。这意味着，山区地形会导致辐射电磁场峰值显著升高。采用平原地区的反演模型时，雷电定位系统将会高估山区雷电放电强度。

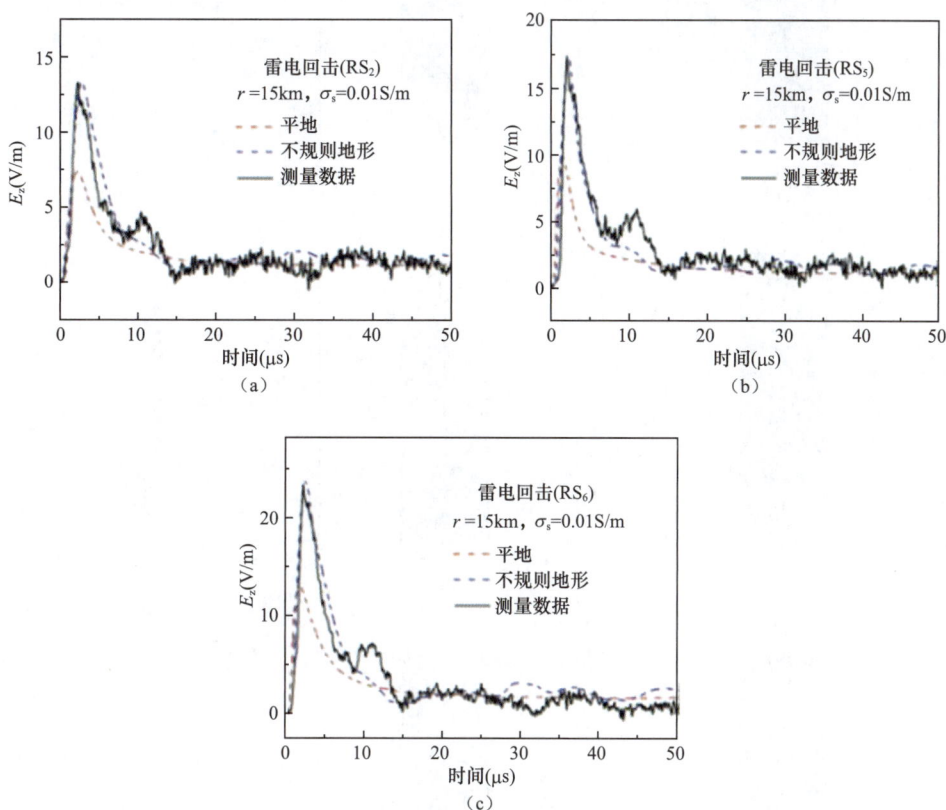

图 4-13　地形对垂直电场峰值的影响评估 ❶

南瑞集团以我国川藏某地区的雷电探测网为例开展了类似分析。假设某一位置发生雷击，雷击点与 8 个雷电探测站之间电磁波传播路径及地形高度剖面如图 4-14 所示。

根据仿真结果，平坦地形与真实地形条件下对比，电场峰值差异可达 1 倍以上，峰值点位置也存在微秒量级偏移，该偏移时间会影响雷电定位精度，如图 4-15 所示。

对于回击速度，目前我国雷电定位系统中一般采取设置一个在 $1\times10^8\sim2\times10^8$m/s 区间范围内的固定值作为回击速度。实际上，自然雷电中，回击速度与放电强度等因素存在关联性，且动态范围明显超出上述取值范围，如图 4-16 所示。考虑到在式（4-7）中，回击速度参数位于分母，这意味着对于负地闪首次回击可能会导致雷电流幅值在 25kA 以下时被低估（此时真实回击速度小于 1×10^8m/s），在 160kA 以上被高估的问题（此时真实回击速度大于 2×10^8m/s）。

---

❶ 2016 年，Dongshuai Li 等人开展了地形对雷电电磁波畸变效应的影响研究，详见参考文献 [236]。

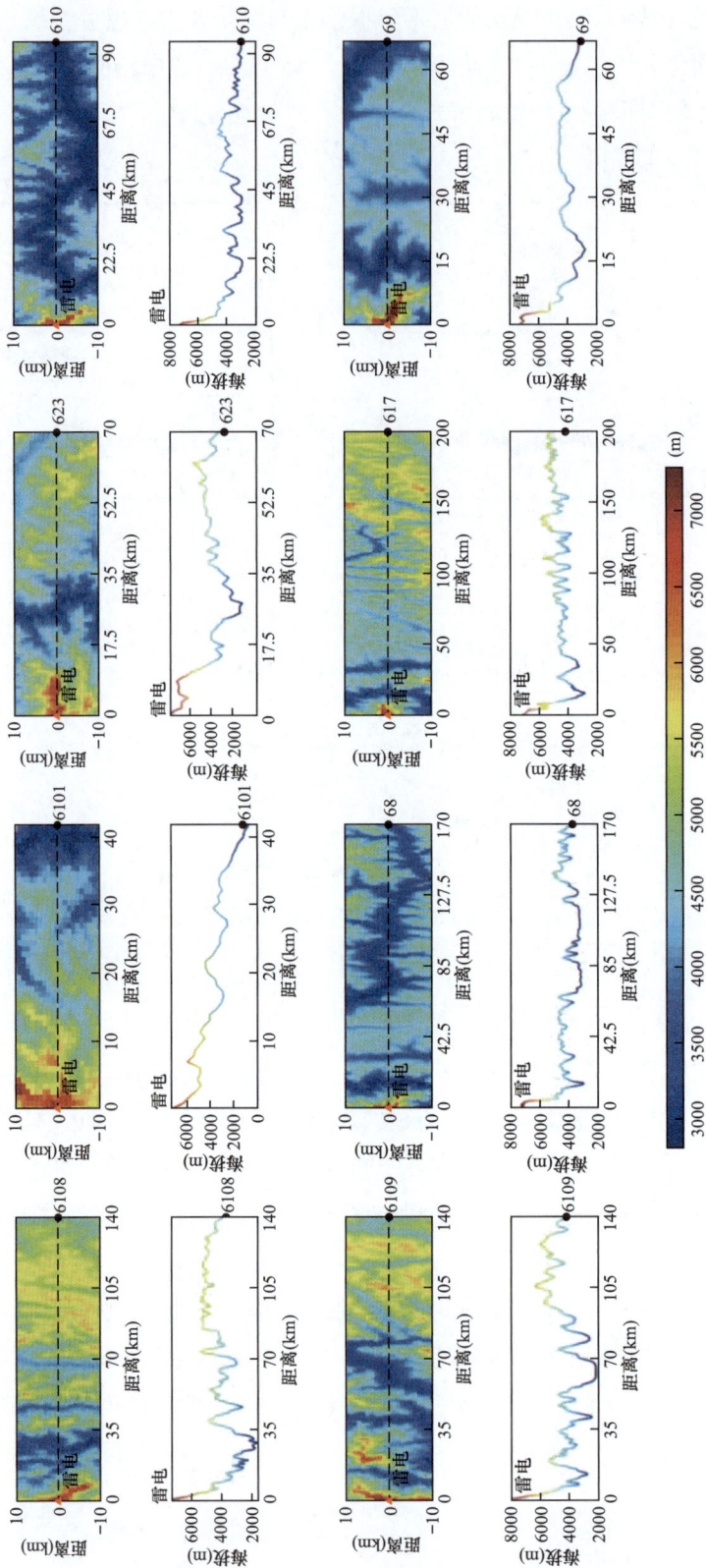

图 4-14　雷电传播路径地形变化

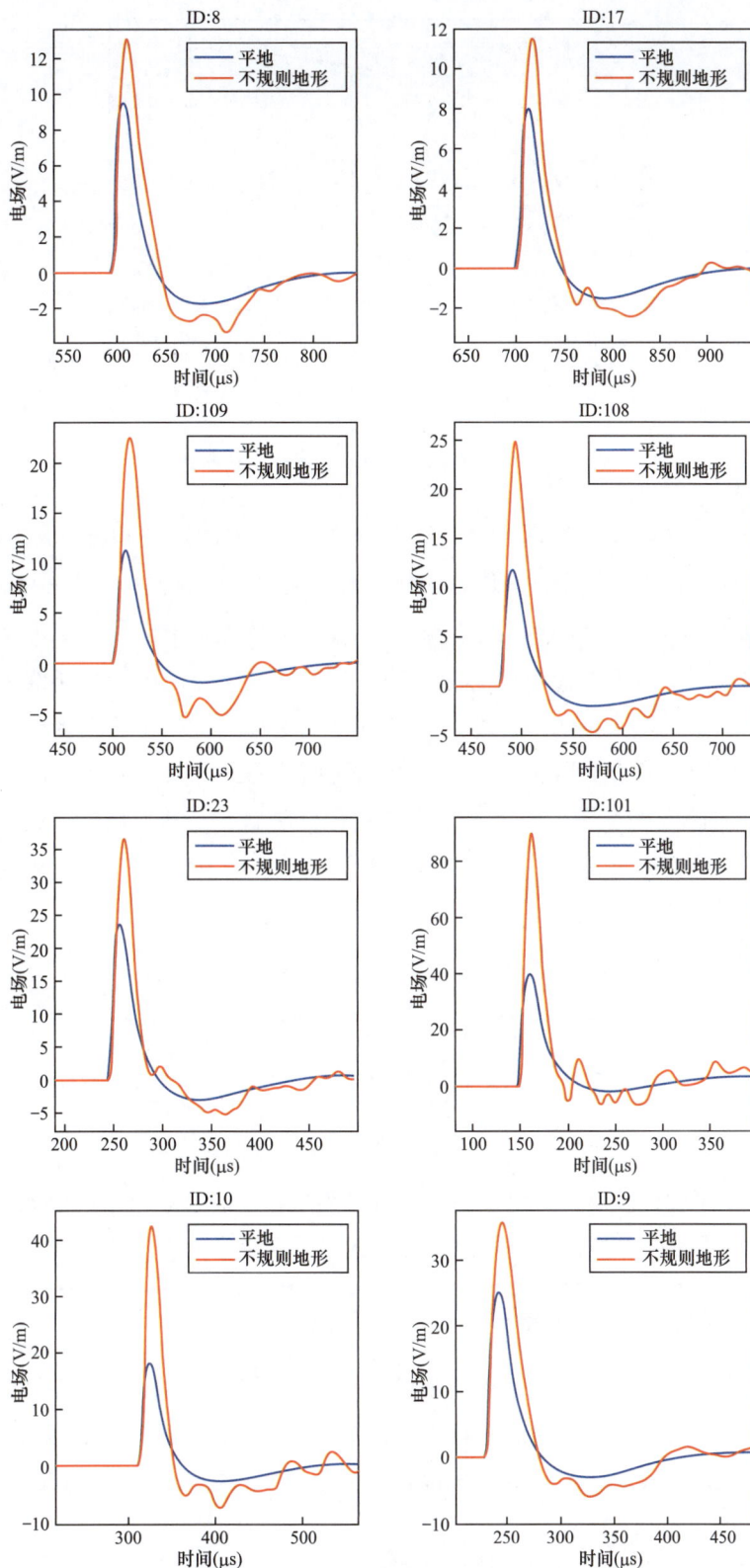

图 4-15　不同地形下电场峰值差异

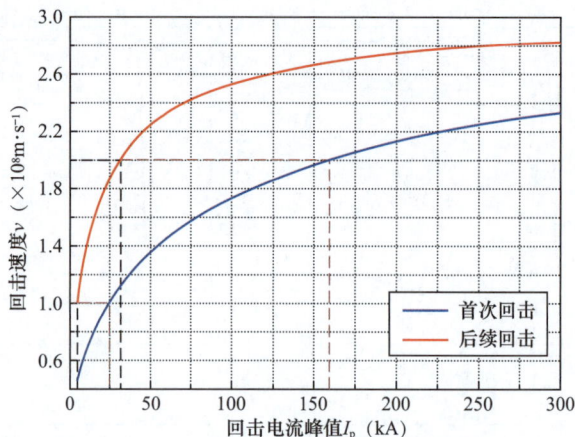

图 4-16　雷电流峰值和回击速度之间的关系 ❶

应用式（4-7）反演雷电流强度时，忽略的另一个重要因素是非理想大地的传播效应。在假设大地为理想导体的前提下，边界条件要求地面水平电场为 0。但在有限地面电导率的情况下，地面、地面上方、地面下方都存在水平电场。水平电场的电流流动与土壤损耗有关。研究表明，由于地面电导率的影响，雷电放电电磁波中的高频成分将会快速衰减，时域脉冲波形是上升沿时间增加，峰值减小。例如，Master 等人曾观察到传播路径为陆地的正地闪回击峰值电场为 6.2V/m，而沿海面传播时峰值则为 8.6V/m（均归一化到 100km）。上升沿时间的畸变可能导致回击点定位偏差增大，波形峰值衰减则会导致雷电流幅值反演结果偏低。陈明理、Rachidi 等人针对非理想大地条件下雷电电磁场的畸变效应开展了深入的建模分析 ❷。

第二节　雷电观测技术

自然雷电放电过程涉及光、电、磁、声等多物理量。本节介绍了雷电观测技术的实现原理、雷电观测系统（自然雷击放电过程综合同步观测平台）以及典型观测案例。

一、雷电观测技术实现原理

（1）雷电光学观测原理。雷电光学观测技术是基于高速摄像机设备发展的。数字化高速摄像机可在二维尺度上对闪电的先导 - 回击过程进行观测，其拥有较高的时间、空间分辨率和较长的记录时间。如广州粤电大厦建立的观测平台中采用的 FASTCAM-X2 高速摄

---

❶　2021 年，王宇等人研究了雷电流幅值和回击速度之间的关系，详见参考文献 [233]。
❷　陈明理、Rachidi F 等人研究了非理想大地条件下雷电电磁波的畸变效应，详见参考文献 [236, 237]。

像系统，其最快帧速达 1080 千帧 /s，最大分辨率达 1024pixels×1024pixels，在 40 千帧 /s 采样率下的分辨率可达 896pixels×386pixels，记录时长达 0.44s，完全有足够的冗余度来对雷电放电过程进行全面的观测记录。

（2）雷电电磁观测。雷电电磁观测一般借助绕在磁芯上的环形磁场天线进行。根据法拉第电磁感应定律，当环形天线置于角频率为 ω 的均匀交变磁场中，绕组的轴线与磁场强度 H 相平行时，环形天线在其两端产生的电压如式（4-8）所示，即

$$U = -n\frac{\mathrm{d}\phi}{\mathrm{d}t} = -n \cdot A \cdot \frac{\mathrm{d}B}{\mathrm{d}t} = \mu_0 \cdot n \cdot A \frac{\mathrm{d}H}{\mathrm{d}t} \tag{4-8}$$

在频域中假设

$$B(t) = B_0 \cdot \mathrm{e}^{\mathrm{j}2\pi ft} \tag{4-9}$$

则有

$$U = -\mathrm{j} \cdot n \cdot A \cdot \omega \cdot B_0 \cdot \mathrm{e}^{\mathrm{j}\omega t} \tag{4-10}$$

$$E_\mathrm{e} = \mu_0\mu_\mathrm{r}\omega HAn \tag{4-11}$$

基于上述分析，将天线等效为一个由电动势 E 与 ωL 组成的信号源。天线最终输出的信号由天线耦合到的信号和由天线自身引起损耗共同决定，其中天线的损耗主要是绕组损耗、磁芯损耗和辐射损耗。与绕组损耗、磁芯损耗相比，在实际应用中，铁氧体天线的辐射损耗较小，基本上可以忽略不计。如果将前面的损耗等效为与电感并联的电阻 R_p，同时初级绕组的负载电阻为 R'_b，天线的恒流源等效电路如图 4-17 所示。

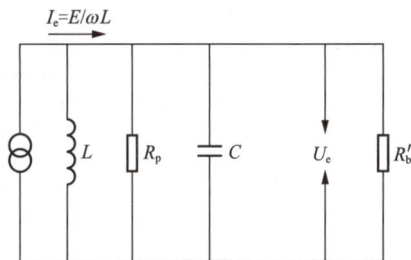

图 4-17　磁场天线等效电路

计算可得，负载电阻为 R'_b 上的信号电压为

$$U_\mathrm{e} = I_\mathrm{e} \cdot \frac{R_\mathrm{p}R'_\mathrm{b}}{R_\mathrm{p} + R'_\mathrm{b}} = \frac{E_\mathrm{e}}{\omega L} \cdot \frac{1}{\sqrt{\left(\dfrac{R_\mathrm{p} + R'_\mathrm{b}}{R_\mathrm{p}R'_\mathrm{b}}\right)^2 + \left(\omega C - \dfrac{1}{\omega L}\right)^2}} \tag{4-12}$$

将铁氧体天线的 E_e 代入后，其形式变为

$$U_\mathrm{e} = \frac{\mu_0\mu_\mathrm{r}HAn}{L} \cdot \frac{1}{\sqrt{\left(\dfrac{R_\mathrm{p} + R'_\mathrm{b}}{R_\mathrm{p}R'_\mathrm{b}}\right)^2 + \left(\omega C - \dfrac{1}{\omega L}\right)^2}} \tag{4-13}$$

（3）雷电声学观测。声音传感器阵列是指由一定的几何结构排列而成的若干个声音传感器组成的阵列，它具有很强的空间选择性，且不需要移动声音传感器即可获取声源信

号，同时还可在一定范围内实现声源的自适应检测、定位及跟踪，这使得它被广泛应用于诸多领域。一般设置声学观测系统可按照如图 4-18 所示。

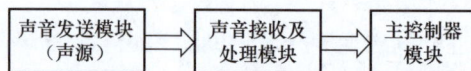

图 4-18　声学观测系统构成模块

声源空间定位示意如图 4-19 所示。由于不能测出信号到达的精确时间，故可以利用时间差计算声源的位置。通过计算声音到达各接收器的时间差 t_1、t_2、t_3，如式（4-14）所示，可以确定出声源的空间位置。

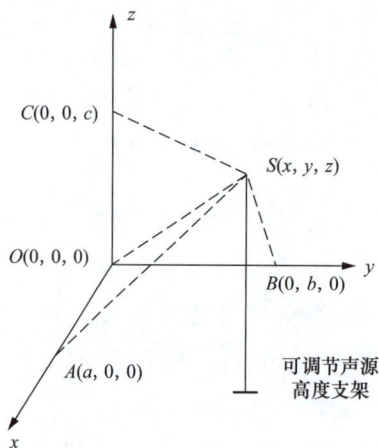

图 4-19　声源空间定位示意图

$$
\begin{aligned}
\sqrt{(x-a)^2 + y^2 + z^2} - \sqrt{x^2 + y^2 + z^2} &= \Delta t_1 \cdot v \\
\sqrt{x_2 + (y-b)^2 + z^2} - \sqrt{x^2 + y^2 + z^2} &= \Delta t_2 \cdot v \\
\sqrt{x^2 + y^2 + (z-c)^2} - \sqrt{x^2 + y^2 + z^2} &= \Delta t_3 \cdot v
\end{aligned}
\tag{4-14}
$$

二、自然雷电放电过程综合同步观测平台

南方电网科学研究院于 2016 年建立了高速摄像系统、大气电场仪、电磁场天线相结合的自然雷击放电过程综合同步观测平台。平台位于广州市越秀区粤电大厦东塔 36 楼平台，高度大约为 100m。

图 4-20 为观测平台的室内部分，包括高速摄像系统及服务器。为了保证观测数据质量，需要将相机观测视野、拍摄速度和单帧照片曝光率等参数调整到合适的数值。拍摄速度过快则单张照片曝光不充分，导致不能记录上行先导初始阶段及其与下行负先导连接过程中亮度较弱的放电过程。实际观测中还需要适当减少背景噪声模板的灰度值，一般采取

增大光圈值的方法，同时考虑到始发先导微弱发展过程的捕捉，对同一个高速摄像系统来说，曝光时间、感光器件的感光度等参数不变，其光圈值也不宜过大。高速摄像系统主要技术参数见表 4-2。

表 4-2　　　　　　　　　　　　　高速摄像系统的主要技术参数

高速摄像系统	最高分辨率	最快帧速	满幅拍摄帧率	曝光时间	ISO 感光度	感光面元尺寸	镜头
FASTCAM SA-X2	1024×1024	1000kfps	12.5kfps	—	25000 单色	20μm×20μm	24～85mm; f/2.8

图 4-20　自然雷击放电过程观测平台的高速摄像系统 FASTCAM SA-X2 和服务器

图 4-21 为观测平台的室外部分，包括大气电场仪、电场快天线、电场慢天线及磁场天线。暂态快电场变化仪的积分时间常数选为 2ms，动态范围为 ±12V，频带宽度为100Hz～3.8MHz，时间分辨率为 0.1μs，动态范围为 ±12V；暂态慢电场变化仪的积分时间常数选为 6s，动态范围为 ±12V，频带宽度为 1Hz～3.2MHz，时间分辨率为 0.1μs，动态范围为 ±12V。暂态磁场测量仪的测量范围为 10km，动态范围为 ±12V，测量宽度为1MHz，时间分辨率为 0.1μs，动态范围为 ±12V。此外，19 个高精度声音传感器构成雷声检测仪。

广域雷电监测与定点雷击放电综合观测系统的原理示意如图 4-22 所示，在定点雷击观测平台附近将要发生雷击时，综合控制系统通过对大气电场及电晕电流变化特征进行综合判断，当其超过设置的判断阈值之后，系统电源接通，声光电磁观测模块启动待命观测状态，当观测平台观测范围内发生雷击事件时、同步触发模块发出记录信号给数据记录服务器及 GPS 模块，数据记录服务器开始获取雷击放电发展过程各种物理参量观测数据并记录下该时刻的高精度 GPS 时间，同时广域的雷电监测网也对该雷击的相关参量进行监测记录。

图 4-21 自然雷击放电过程观测平台的大气电场仪及电磁场天线

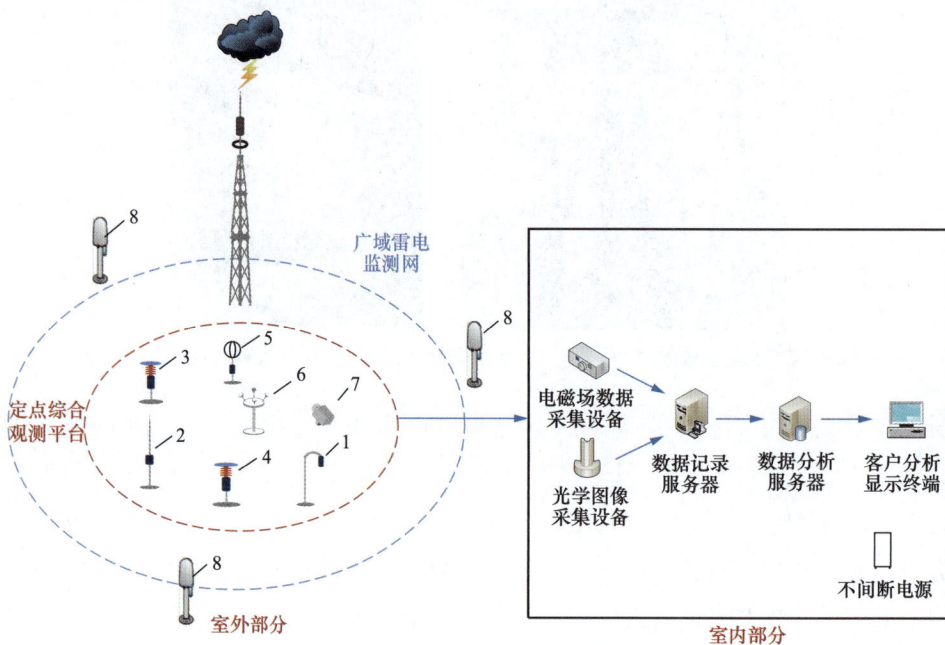

图 4-22 雷击放电发展过程综合同步观测原理示意图

1—大气电场测量模块；2—强电场地面电晕电流测量模块；3—暂态快电场测量模块；

4—暂态慢电场测量模块；5—暂态磁场测量模块；6—雷声监测模块；

7—高速摄像模块；8—雷电定位探测站（现有探测站提供数据支持）

三、雷电观测实际案例

广州市城区的高建筑物高且集中，4 月～9 月雷电活动频繁，非常适合自然雷电放电过程的观测。南方电网科学研究院建立的自然雷电放电综合观测平台位于越秀区粤电大厦 36 楼楼顶。图 4-23 给出的是高速摄像系统视野范围内的主要建筑物群，高度超过 300m

的建筑物共有 7 个，其中包括高度为 600m 的广州塔。

图 4-23　高速相机视野内高建筑物群

1. 光学观测案例

图 4-24 为拍摄到的某一次负地闪及四次后续回击过程，雷击过程发生于 2018 年 5 月 27 日 16 点 1 分 48 秒，经雷电定位系统查询为负极性雷，雷击点为高度 600m 的广州塔上方，距离观测点粤电大厦为 3.3km。高速摄像拍摄速度为 12500 帧 /s，每帧照片时间间隔为 80μs，照片分辨率为 1024pixels×1024pixels。雷击第二、第三、第四、第五次后续回击箭式先导的发展过程时间间隔为 36.72、75.76、20.64ms 和 25.76ms。从先导发展的光学图像和后续回击的强度来看，后续第二次与第三次回击前先导的发展特性非常相似。对比后续第一、第二次和第四次回击前箭式先导发展可见，随着后续回击次数的增加，先导发展速度越来越快，回击亮度也越来越强，先导通道整体亮度明显增强，随着其向地面发展，通道尾部光强依然保持着较高的亮度。

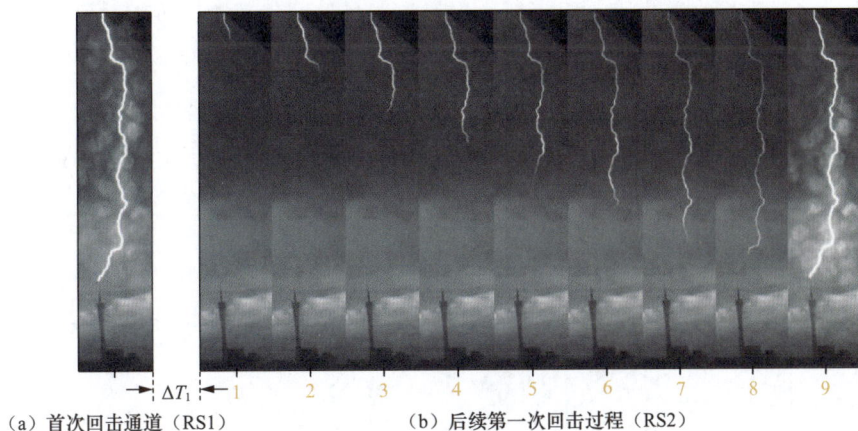

（a）首次回击通道（RS1）　　　（b）后续第一次回击过程（RS2）

图 4-24　箭式先导空间发展的光学图像（一）

（c）后续第二次回击过程（RS3）

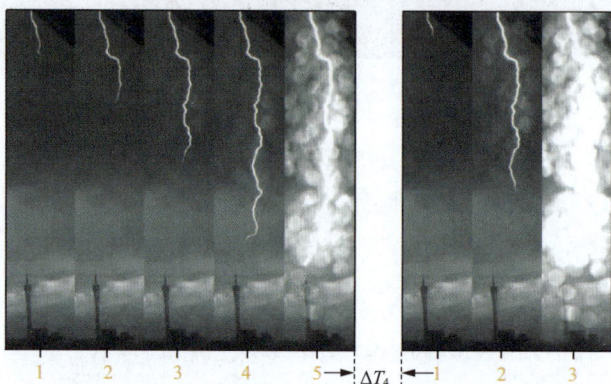

（d）后续第三次回击过程（RS4）　　　（e）后续第四次回击过程（RS5）

图 4-24　箭式先导空间发展的光学图像（二）

ΔT_1—首次回击与后续第一次回击的时间间隔；ΔT_4—后续第三次回击与后续第四次回击的时间间隔

2. 电磁学观测案例

2018 年某次负地闪过程的快电场、慢电场、南北向磁场和东西向磁场的波形展示如图 4-25 所示（横坐标为采样点，纵坐标为电场和磁场的同步观测结果相对值），触发信号脉宽为 500ms，总记录时间为 1s。总体来说，快慢电场变化、两路电磁场波形与该次地闪所示的光学触发信号保持了较好的同步性。图 4-25（b）所示慢电场波形图中标记为 1 的较大脉冲可认为是首次回击过程，标记为 2 到 5 的脉冲为后续回击过程。

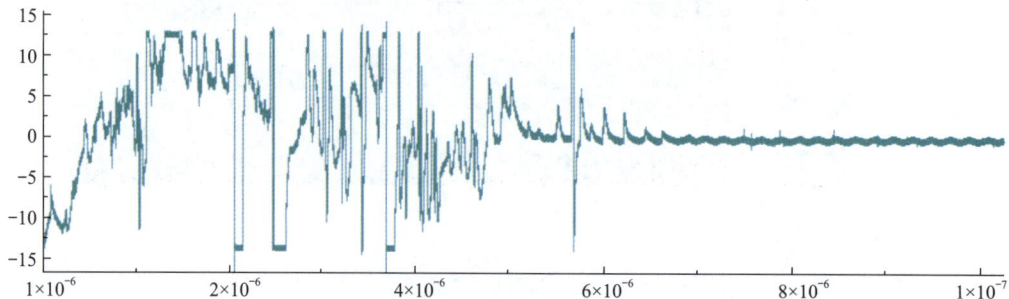

（a）快电场波形图

图 4-25　2018 年某次负地闪过程的波形展示图（一）

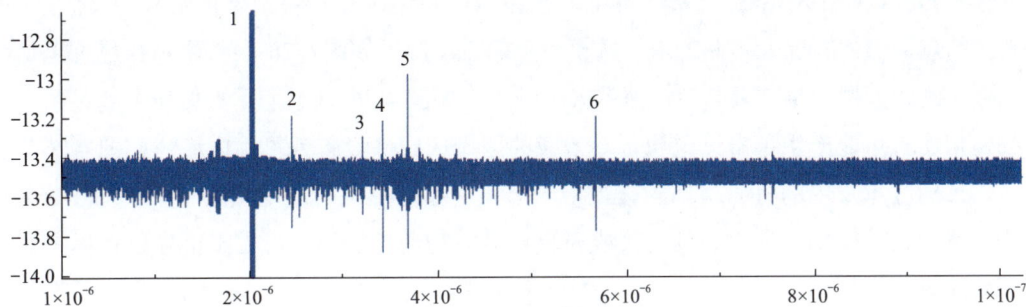

（b）慢电场波形图

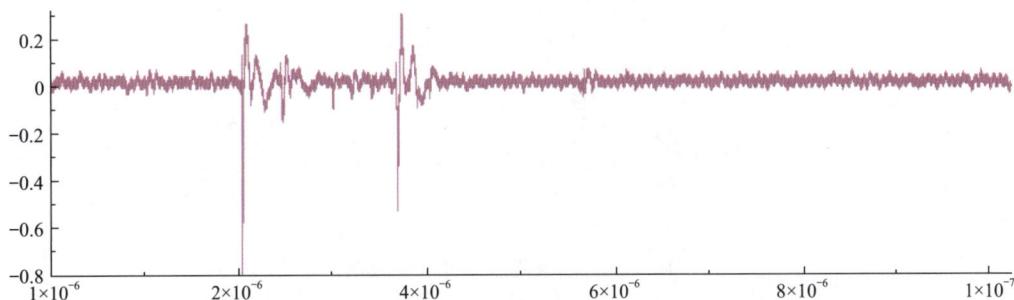

（c）南北向磁场波形图

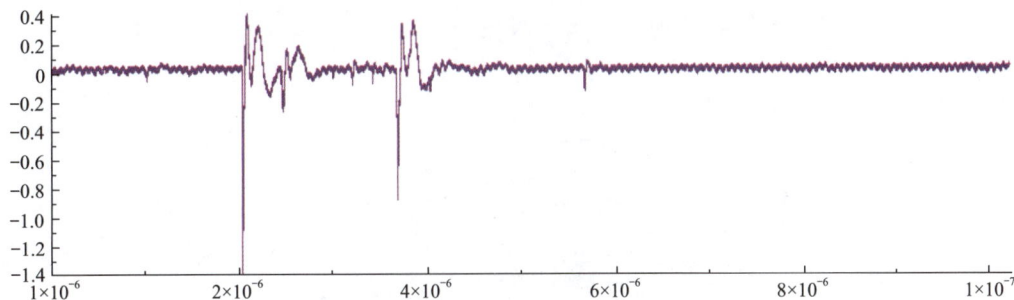

（d）东西向磁场波形

图 4-25　2018 年某次负地闪过程的波形展示图（二）

第三节　雷电预警预报技术

一、基于雷电定位系统的雷电预警

1. 雷电定位系统预警参数

根据目标对象防雷需求确定雷电临近预警参数，应包括目标区域、缓冲区域、预警阈值、预警数据源、时间窗口以及预警信息更新周期。

根据 GB/T 40619—2021《基于雷电定位系统的雷电临近预警技术规范》，目标区域可为单一的点，例如有工人作业的塔、规模有限的工厂等，如图 4-26（a）所示；也可以是特定区域，例如大型建筑、风电场、高尔夫球场等，如图 4-26（b）所示。但安全起见，与目标物理相连且可能产生雷击过电压传导效应的区域应一并设置为目标区域，如图 4-26（c）所示，目标区域发生的每一次地闪被视为一个可引起过电压的雷电相关事件。图 4-26 中，黑色区域代表目标物本身，外延连接线表示与目标物连接的因自身雷击可导致目标物致灾的关联部分。

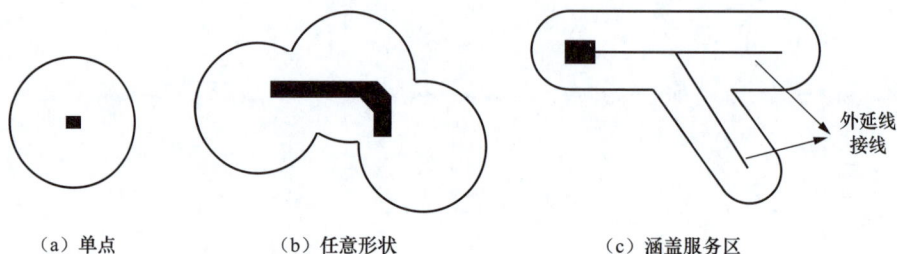

（a）单点　　　　　　　（b）任意形状　　　　　　（c）涵盖服务区

图 4-26　不同形状目标区域示例

缓冲区域应根据目标区域的地理环境、雷击特性、防雷需求预先设定。通常宜设置成三层级缓冲区域，如图 4-27 所示。每一级缓冲区域的宽度 d 应不小于定位偏差中位数的 2 倍。

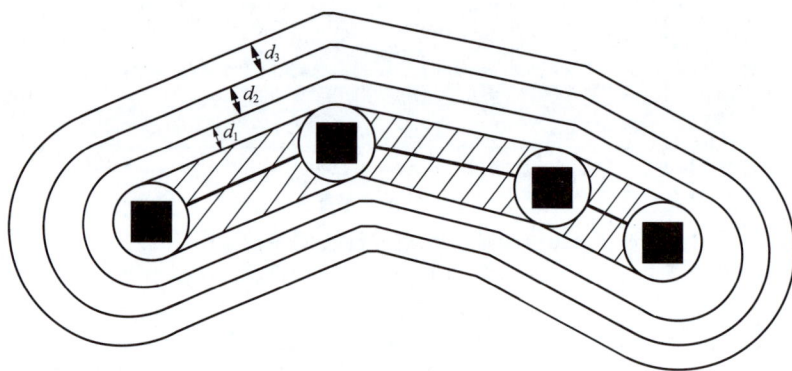

图 4-27　缓冲区域示例

预警阈值指预警启动或预警等级更新时缓冲区内地闪个数需要达到的数值，预警启动时预警阈值宜设置为 1。从启动（或更新）预警时刻往回截取雷电预警数据源的时间段宜不超过 30min。预警信息更新的时间间隔可依据预警实时性需求设置，宜不超过 10min。

2. 基于雷电定位系统的雷电外推

预警数据源可采用实际监测的地闪数据或外推后的地闪数据，基于外推的预警数据源

生成方法如下：

（1）确立外推区域，一般为方便计算可划一个比缓冲区域更大的矩形框区域，矩形框区域任意边界至少距离最大缓冲区域边界 10km 范围。

（2）获取过去一段时间外推区域内全部雷电地闪，将该数据集合采用可滑动的时间窗进行切分，时间窗采用 30min，滑动时间间隔取值为预警信息更新周期。数据集被分为 S_1，S_2，S_3，…，S_N，N 宜不大于 5。

（3）对 S_1 采用密度聚类算法进行分类划分，得到 K 个分类，并分别求出每个分类的聚类质心点 c_{11}，c_{12}，…，c_{1K}。设第 i 个分类中有 M 个雷电地闪，第 j 个雷电地闪的坐标为（x_{ij}，y_{ij}），则第 i 个分类的质心点 c_{1i} 的坐标（x_i，y_i）按式 (4-15) 计算，即

$$\begin{cases} x_i = \dfrac{1}{M}\sum_{j=1}^{M} x_{ij} \\ y_i = \dfrac{1}{M}\sum_{j=1}^{M} y_{ij} \end{cases}, \quad i \in [1, 2, \cdots, K] \qquad (4\text{-}15)$$

（4）采用质心点 c_{11}，c_{12}，…，c_{1K} 为初始点，对 S_2 采用同样的密度聚类算法进行分类划分，得到 K 个分类，并计算出每个分类质心点 c_{21}，c_{22}，…，c_{2K}。

（5）循环步骤（4）至处理完成所有的集合，之后求得所用集合的质心坐标，采用线性回归的方法，对质心的运动轨迹进行拟合，并预测未来的质心位置和质心移动路径。

（6）对所有雷击点依照步骤（5）求得的移动路径进行外推偏移，得到下一时刻得到雷电预测位置。

3. 雷电预警流程

雷电临近预警流程应包含启动预警、持续预警和结束预警 3 个阶段，具体流程设置如图 4-28 所示。启动预警后，应进入持续预警阶段。依据预警信息更新周期，滚动开展预警等级计算。预警等级的计算应综合考虑地闪个数以及所处缓冲区域的层级，宜分为 3 个等级，由高到低依次为 I 级、II 级、III 级，见表 4-3。

表 4-3　　　　　　　　　　雷电预警等级划分

地闪数量	雷电临近预警等级		
	三级缓冲区	二级缓冲区	一级缓冲区或目标区域
地闪个数＝预警阈值	III 级	II 级	I 级
地闪个数＞预警阈值	II 级	I 级	I 级

预警阈值宜设置为 1。

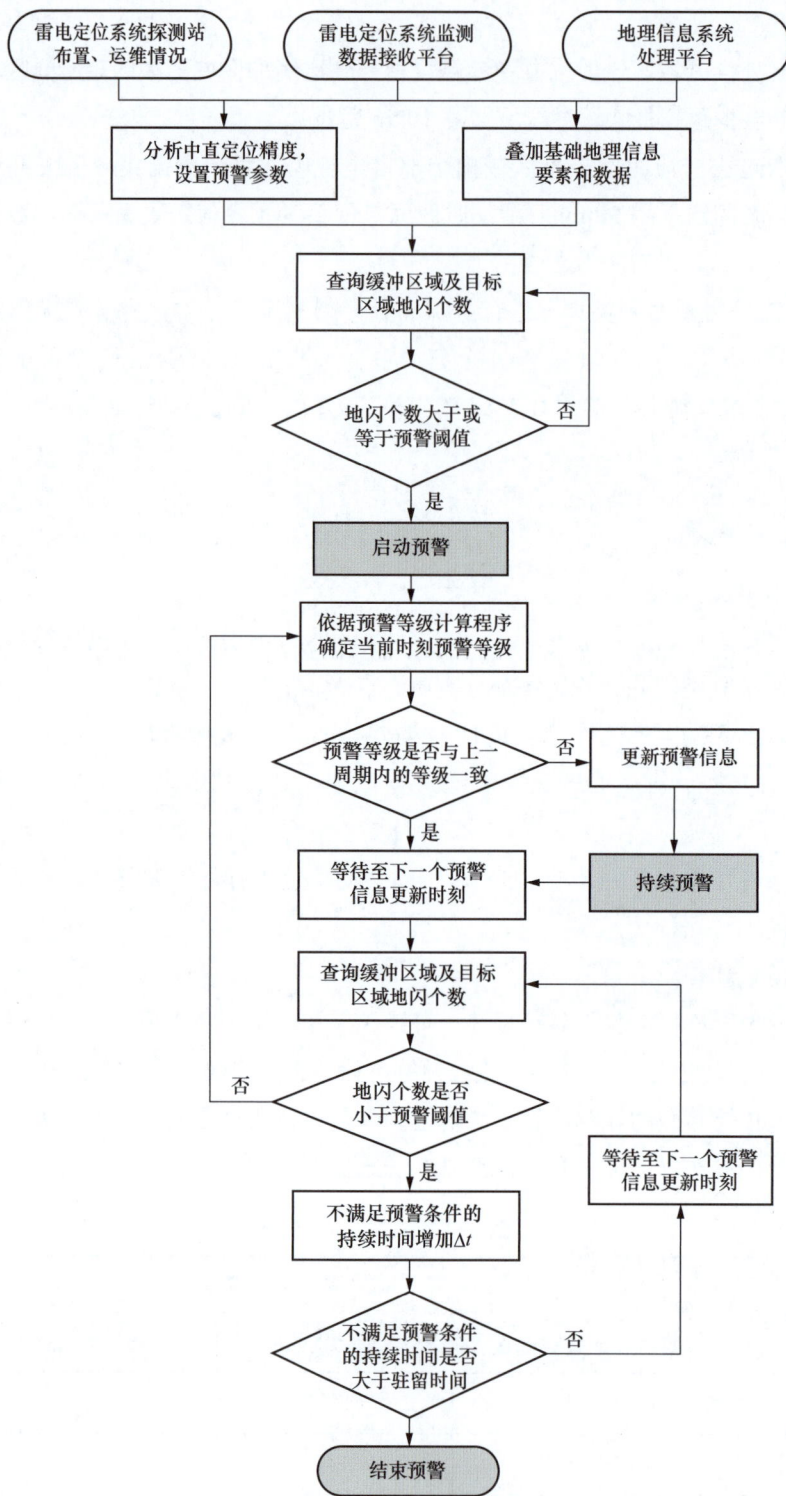

图 4-28　雷电预警流程 ❶

---

❶　2021 年，谷山强等人提出了基于雷电定位数据的预警流程，详见参考文献［55、58］。

二、基于遥感卫星的雷电预警

卫星资料在雷电监测中应用较少，原因是其时空分辨率较低，而雷电是一个短时的天气现象，所以使用卫星资料可能会遗漏掉其中许多过程，但在对于中尺度的对流天气监测方面，卫星能很好发挥其探测范围大、观测高度高的优势，尤其是在红外通道的图像上可以清楚地看到对流云的发展状况，使用卫星资料不仅可以看到天气系统的发展演变，而且可以获得雷暴云生成和发展的信息，在广域雷电预警方面有着特有的优势。

1. FY-4 卫星参数

风云四号卫星（FY-4）是由中国航天科技集团公司第八研究院（上海航天技术研究院）总研制的第二代地球静止轨道（GEO）定量遥感气象卫星，采用三轴稳定控制方案，将接替自旋稳定的风云二号（FY-2）卫星，其连续、稳定运行将大幅提升我国静止轨道气象卫星探测水平。

作为新一代静止轨道定量遥感气象卫星，FY-4 卫星的功能和性能实现了跨越式发展。卫星的辐射成像通道由 FY-2 卫星的 5 个增加为 14 个，覆盖了可见光、短波红外、中波红外和长波红外等波段，接近欧美第三代静止轨道气象卫星的 16 个通道。星上辐射定标精度 0.5K、灵敏度 0.2K、可见光空间分辨率 0.5km，与欧美第三代静止轨道气象卫星水平相当。同时，FY-4 卫星还配置有 912 个光谱探测通道的干涉式大气垂直探测仪，光谱分辨率为 0.8~1cm，可在垂直方向上对大气结构实现高精度定量探测，这是欧美第三代静止轨道单颗气象卫星不具备的。表 4-4 为 FY-4 卫星的扫描方案。图 4-29 为 FY-4 卫星的扫描范围。

表 4-4　　　　　多通道扫描成像辐射计 AGRI 24h 扫描方案

多通道扫描成像辐射计观测时间表

时次	5	10	15	20	25	30	35	40	45	50	55	60
00	全圆盘			全圆盘			区域	区域	区域	区域	区域	区域
01	全圆盘			区域	区域	区域	区域	区域	区域	区域	区域	区域
02	全圆盘			区域	区域	区域	区域	区域	全圆盘			
03	全圆盘			全圆盘			区域	区域	区域	区域	区域	区域
04	全圆盘			区域	区域	区域	区域	区域	区域	区域	区域	区域
05	全圆盘			区域	区域	区域	区域	区域	全圆盘			
06	全圆盘			全圆盘			区域	区域	区域	区域	区域	区域
07	全圆盘			区域	区域	区域	区域	区域	区域	区域	区域	区域

多通道扫描成像辐射计观测时间表

时次	5	10	15	20	25	30	35	40	45	50	55	60
08	全圆盘			区域	区域	区域	区域	区域	区域	全圆盘		
09	全圆盘			全圆盘			区域	区域	区域	区域	区域	区域
10	全圆盘			区域	区域	区域	区域	区域	区域	区域	区域	区域
11	全圆盘			区域	区域	区域	区域	区域	区域	全圆盘		
12	全圆盘			全圆盘			区域	区域	区域	区域	区域	区域
13	全圆盘			区域	区域	区域	区域	区域	区域	区域	区域	区域
14	全圆盘			区域	区域	区域	区域	区域	区域	全圆盘		
15	全圆盘			全圆盘			区域	区域	区域	区域	区域	区域
16	全圆盘			区域	区域	区域	区域	区域	区域	区域	区域	区域
17	全圆盘			不观测			区域	区域	区域	全圆盘		
18	全圆盘			全圆盘			区域	区域	区域	区域	区域	区域
19	全圆盘			区域	区域	区域	区域	区域	区域	区域	区域	区域
20	全圆盘			区域	区域	区域	区域	区域	区域	全圆盘		
21	全圆盘			全圆盘			区域	区域	区域	区域	区域	区域
22	全圆盘			区域	区域	区域	区域	区域	区域	区域	区域	区域
23	全圆盘			区域	区域	区域	区域	区域	区域	全圆盘		

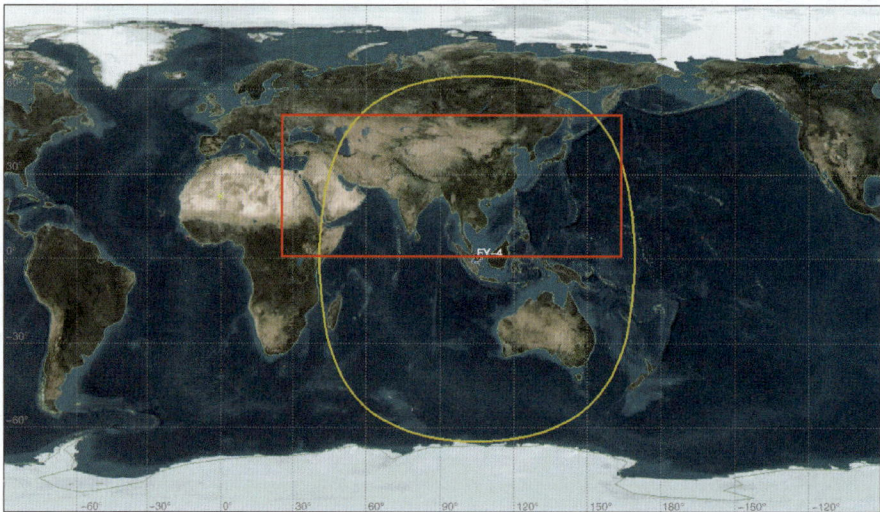

图 4-29　FY4A 全圆盘扫描（黄框）和中国区域（红框）扫描范围

风云四号静止气象卫星 A 星（FY-4A）是我国第二代静止气象卫星的首发星，采用三轴定向稳定技术，定点于东经 105°，设计寿命为 7 年。FY-4A 卫星搭载了先进的静止轨道辐射成像仪（AGRI）、干涉式红外探测仪（GIIRS）、闪电成像仪（LMI）和空间天气监测仪等对地观测仪器。FY-4A 不仅具备全圆盘扫描能力（扫描时间间隔缩短至 15min），还可以根据观测需要实现区域扫描。其搭载传感器精度同美日气象卫星的对比见表 4-5。

表 4-5　　　　　　　　　　　　FY-4 同国外卫星的参数对比

对象		风云四号（FY-4）（中国）	GOES-R（美国）	Himawari-8（日本）
成像观测	空间分辨率	可见光 / 近红外：0.5～1km。红外：2～4km	可见光 / 近红外：0.5～1km。红外：2km	可见光 / 近红外：0.5～1km。红外：2km
	时间分辨率	15min	5min	10min
	波段数量	14	16	16
	探测精度	0.2K（实测优于 0.1K）	0.1K	0.1K
垂直探测	光谱范围	长波：700～1130cm^{-1}（8.85～14.29μm）。中波：1650～2250cm^{-1}（4.44～6.06μm）	无	无
	通道数量	1650（实测）		
	光谱分辨率	0.625cm^{-1}（实测）		
	空间分辨率	16km		
闪电探测		中心波长：777.4nm。时间分辨率：2ms	中心波长：777.4nm。时间分辨率：2ms	无
空间探测		粒子 / 磁场 /X 射线	粒子 / 磁场 / 对日成像	无

2. 基于卫星资料的雷电识别

闪电过程总与雷暴云相伴。从卫星观测资料中提取雷暴云以及相关参数，探讨雷暴云与闪电的关系，可为雷电预警提供基本信息，也是预警闪电的一种有效途径。因此，对于雷暴云的识别和描述雷暴云的参数提取非常重要。研究表明，由强空气对流形成的雷暴云云顶高度高、亮度大、云顶温度低，云区边界突峭，温度梯度大，比较容易从除卷云外的其他云类识别分离出来。识别和预警雷暴云的难点在于和卷云的准确区分。

借助卫星资料中的 T1b、T2b、T3b 及 g1、g2、g3 值（T1b、T2b、T3b 分别为红外 1、2 和水汽通道的云顶亮温值，g1、g2、g3 分别为红外 1、2 和水汽通道的灰度值）及其组合参数，可以区分雷暴云和卷云，对可能发生的雷电进行预警。其实现过程可以分为以下几步：

（1）用单通道亮温阈值初判雷暴云（其中包含部分卷云）。可以选取 T2b ≤ -32℃ 作为阈值。

（2）用红外 1 和红外 2 通道的亮温差剔除非雷暴云（部分卷云）。

（3）用红外 1 与红外 3 的灰度比值 (g1/g3)，进一步对非雷暴云进行剔除。

（4）用多通道的参数灰度方差及亮温梯度分布特征最终识别出雷暴云。

三、基于气象雷达的雷电预警

新一代多普勒天气雷达以其高时空分辨率、及时准确的遥感探测能力成为雷暴天气监测预警等方面极为有效的工具，其为雷暴天气的监测和短时临近预报服务提供了有效的信息，同时雷达技术可以与其他监测手段相结合，具有广阔的应用前景。

1. 气象雷达参数

气象雷达技术已经发展的较为成熟，能提供的气象数据产品种类也十分丰富，依据国内外学者的研究分析，其产品中与雷电预警相关的主要参数如下：

（1）雷达回波强度。雷达回波强度是基本反射率所对应的雷达产品，一般情况下用 dBZ 来表示回波强度的大小，因为雷达回波强度是与云中的粒子大小相对应的，所以通过分析雷达回波强度的大小，可以对强回波中心的产生、发展，以及移动的方向和速度进行观测与分析，在此基础上实现强对流单体的预报和追踪。因为闪电的发生往往伴随着强对流天气，闪电的触发也是由云中粒子的碰撞和摩擦导致的，所以雷达回波强度对研究闪电的触发机制也至关重要。

（2）基本径向速度。在多普勒速度图上，冷色调区域代表风向指向雷达的负速度的面积，暖色调区域代表风向离开雷达的正速度的面积。从多普勒速度图上可以根据风场的结构分析风的辐合区，在风的辐合区有利于强对流的发生和发展，进而来判断雷达回波是加强还是减弱。

（3）回波顶高。回波顶高（ET）是在大于 18dBZ 的反射率因子被探测到时，以最高仰角为基础的回波顶高度，其是以平均海平面为参考的。此产品可通过对最高顶定位来识别较有意义的风暴。一般回波顶高上升越高，代表对流发展越为旺盛。

（4）垂直液态含水量。垂直液态含水量表示由反射率因子数据转换成的液态水参数，其基于以下假设：所有反射率因子返回都是由液态水滴引起的经验导出关系。在雷达的 230km 半径内，对于每个仰角，在每个格点上求液态水混合比的导出值，然后再垂直累加。

2. 基于气象雷达的雷电外推

利用多普勒雷达实时监测对流天气系统的活动特征，其主要工作原理是通过发射高频电磁波，当空中有云时，其发射的高频电磁波遇到云粒子后被部分反射回来，云粒子密度分布越大，反射的信号越强。反射信号越强，则回波强度越大。同时，由于云粒子是移动的，反射回来的信号频率发生变化，即多普勒效应。因此，利用多普勒雷达可以实时监测各种对流天气系统的发展变化，同时可以利用 TITAN（thunderstorm identification tracking analysis and nowcasting）算法，实现对强对流天气系统的外推。

在 TITAN 算法中，首先需要定义"区域"，这里所说的"区域"主要是指可能发生闪电或是已经发生闪电的区域，比如雷达回波强度、回波顶高达到某个阈值条件的区域。TITAN 算法根据雷达资料给出的两个阈值条件一般为：①该区域的反射率都应该高于一个给定的阈值；②该区域的体积也超过一个给定的阈值。只要符合这两个阈值条件，便可以认为该区域是一个雷暴。如图 4-30 所示为对某一雷暴区域的识别。

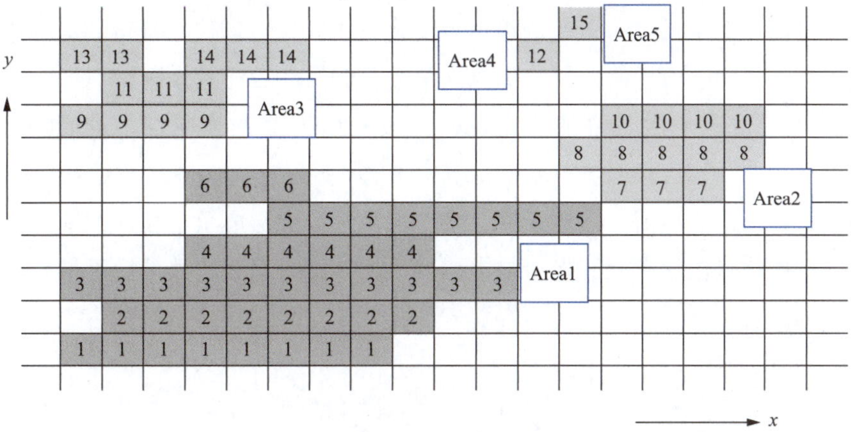

图 4-30　雷暴区域的识别

在识别出具体雷暴后，可以采用 TREC 方法对其进行外推和预警。TREC 方法首先计算回波移动矢量场。其过程为取两张相同仰角、具有一定时间间隔的平面反射率因子扫描数据（如 PPI 等，PPI 是指在雷达扫描过程中，选择一个比较低的仰角进行扫描，得到的水平面上的体扫数据），分析时先将 t_1 时刻的数据分成一系列大小相同的二维像素阵列，阵列中心间隔一定距离。然后将每个阵列与 t_2 时刻扫描数据中相同大小的所有阵列求相关，找到与之最匹配的阵列，即确定具有最大相关系数的阵列对。阵列对中 t_1 时刻初始阵列的中心即为回波移动矢量的起点，t_2 时刻与初始阵列具有最大相关的阵列中心即为回波移动矢量的终点。对 t_1 时刻的所有初始阵列都求出其对应的移动矢量，将得到的矢量场除以时间间隔 t，就得到了 TREC 速度矢量场。假设回波的空间分布在 t_1 到 t_2 时段内近似不变，则 TREC 矢量场可以作为回波在 t_1 到 t_2 时段内平均运动速度场的估测。基于所得到的雷暴起始位置和雷暴平均运动速度场，即可对雷暴进行合理外推和预警。

四、基于大气电场的雷电预警

地面大气电场强度是大气电学的基本参数，在晴天电学、雷暴电学以及闪电监测等研究中具有重要意义。大气电场受多种因子的影响，包括地面气象条件，如温度、湿度、压强、风速等参数。对一个地区大气电场特征的研究，有助于分析各种相关的天气过程，支撑对该地区雷暴云起电放电、电荷结构以及气候特征开展分析，同时也具有重要的科学意义和工程应用价值。大多数研究工作将地面大气电场数据运用于分析不同天气下的电学特性、气象特征。近年来，地面大气电场在国内很多地区被观测记录，成为一个新的雷电预警的手段。

1. 电场参数

雷电发生的过程中常伴有较强的闪电电流，会引起电场和磁场的变化，测量雷电发生时的电磁变化可为雷电预警提高数据支撑。地面总电场随时间的变化如下

$$E(t) = E_s(t) + E_i(t) + E_r(t) \tag{4-16}$$

式中：$E_s(t)$ 为闪电通道内电荷引起的静电场变化，由大气电场仪测量得到；$E_i(t)$ 为由于闪电电流变化而产生的感应场的分量；$E_r(t)$ 为闪电发射的电磁辐射分量。

大气电场仪可测量大气中的静电场，一般利用导体在静电场中的感应原理实现，如图 4-31 所示。为了获得稳定的电流信号，将金属感应片周期性地暴露在电场中。当暴露在电场中时，产生正电流；被屏蔽时，负电荷流经运放形成负电流，故周而复始，形成了稳定的交变电流。由于感应的电荷与电场成正比，经一系列的处理后可得到与电场成正比的输出信号。

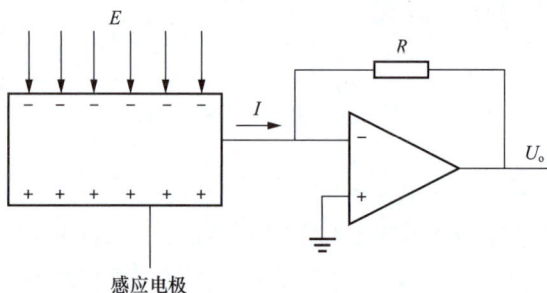

图 4-31 静电感应的原理

2. 雷电预警方法

雷云放电现象表明雷暴将发生，这种微弱放电可由大气电场仪监测。云中强放电过程比弱闪电放电晚 15～30min。当大气电场仪探测到雷云的弱放电时，可以得知闪电即将发生。由于雷电的发生总是与大气电场有关，通过分析电场曲线的变化特征，可以设置不同的电场强度阈值或电场强度变化率阈值，实现雷电预警。

对于电场强度阈值，由于初步产生、发展和发生的雷暴过程通常需要 30min 左右，因此设置雷电警报的四级阈值。雷暴发生前 30min 的电场值为 1 级，雷暴发生前 15min 为 2 级，雷暴发生前 5min 为 3 级，雷暴发生时为 4 级。对应四级雷电警报的具体描述如下。

（1）1 级：电场强度阈值为 1.5kV/m，电场出现抖动，应密切关注电场的变化。

（2）2 级：电场强度阈值为 3.0kV/m，表现为雷暴接近仪器或局部地层雷暴。

（3）3 级：电场强度阈值为 5.0kV/m，表示雷暴正在接近，在电场仪附近发生闪电，或雷暴中心已临近。

（4）4 级：电场强度阈值为 8.0kV/m，表示已发生雷暴，表明监测区域将出现较高的雷击概率。

对于电场强度变化率阈值，如果闪电导致电场发生突变，则电场变化的斜率比较陡峭。这种情况在地面表现为脉冲式变化，雷暴起电过程中地面大气电场呈指数增长。因此，除了可以采用电场强度作为判别依据以外，还可以采用电场强度变化率作为判断依据。对应的具体描述如下。

（1）1级：电场强度变化率阈值为 0.5kV/(m·s)，对应雷电发生前 30min。

（2）2级：电场强度变化率阈值为 1.5kV/(m·s)，对应雷电发生前 15min。

（3）3级：电场强度变化率阈值为 2.0kV/(m·s)，对应雷电发生前 5min。

（4）4级：电场强度变化率阈值为 3.0kV/(m·s)，对应雷电正在发生。

依据上述基于电场强度或电场强度变化率的预警阈值设置，可以借助电场测量数据进行雷电预警预报。

五、雷电预警系统

1. 雷电预警系统构成

雷电预警是指利用闪电监测资料、气象雷达资料、地面大气电场仪资料以及卫星遥感资料等实时观测资料，对雷电未来的发展趋势及移动路径做出判断。雷电预警系统在雷电的研究、探测和防护中处于重要的位置。首先，雷电监测预警系统能提供长期的、大范围的、准确的闪电位置、闪电强度等参量，这些闪电参量可用于进一步研究闪电的放电过程和闪电活动的气候规律，从而增加人们对雷电的认识，促进雷电科学的发展。其次，雷电预警系统通过实时监测雷暴的发展情况，判断出雷暴的移动方向及速度并发出预警，可以应用于常规气象业务预报，或对一些需要重点防雷的区域进行监测预警，减小雷电所带来的损失。

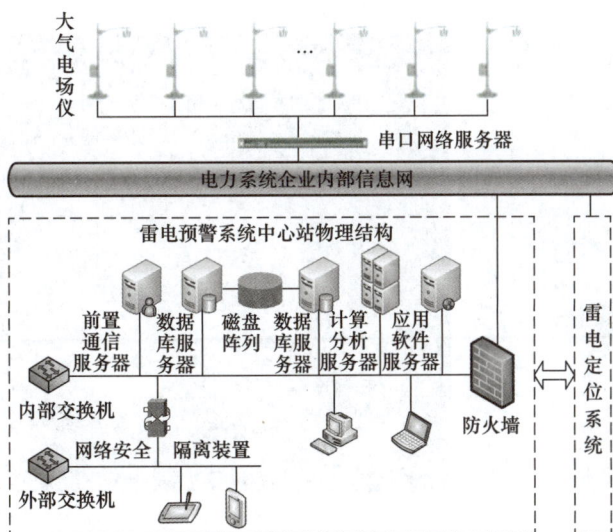

图 4-32　雷电预警系统结构图 ❶

---

❶　2016 年，陶汉涛等人提出了输电线路雷电预警系统中心站的结构，详见参考文献［58］。

2. 雷电预警系统数据来源

雷电预警系统依托于雷电监测系统，并结合大气电场、卫星云图和气象雷达等气象环境监测数据，构建基于多数据融合的综合预警模型，预测雷电活动发生概率及趋势，实现广域雷暴天气预报和对特定保护对象的雷电灾害风险预警，其结构示意如图 4-32 所示。其典型数据来源主要有以下几种类型。

（1）大气电场仪。雷电预警装置是测量大气静电场变化、无定向方式预警雷电发生的专用精密设备，主要用于探测大气中带电物质所引发的地面电场变化，对局部地区潜在雷暴活动及静电事故发出警报。其示意图及大气电场波形如图 4-33 所示。

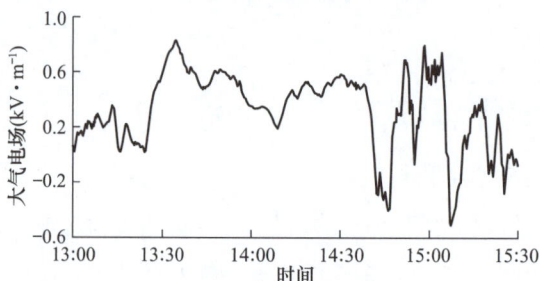

（a）大气电场仪　　　　　　　　　（b）典型监测波形

图 4-33　大气电场仪及典型监测波形 [1]

（2）气象卫星。气象卫星可以获取云顶亮温、黑体亮温等数据。在中尺度的对流天气监测方面，卫星能很好发挥其探测范围大、观测高度高的优势，如图 4-34 所示为卫星接收装置及分布。

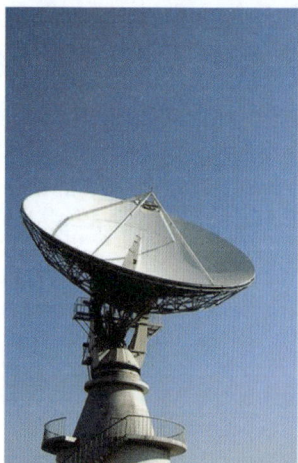

（a）卫星信号接收装置　　　　　　　　　（b）卫星轨道分布

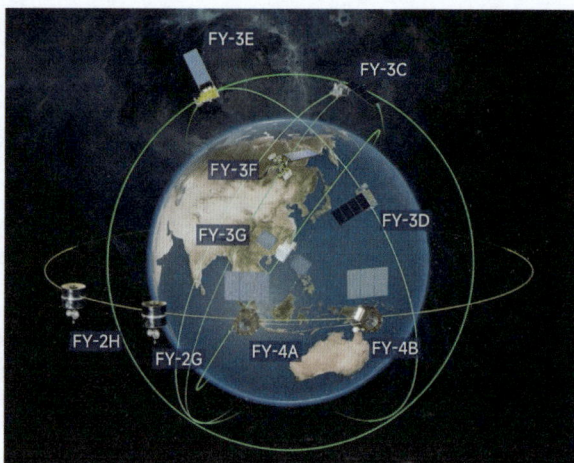

图 4-34　卫星信号接收装置及分布

---

[1]　2020 年，徐伟等人记录并分析某次雷暴大气电场波形，详见参考文献 [58]。

（3）气象雷达。气象雷达具备分辨雷暴云的能力，能为雷电的预警预报提供空间结构上相对完整、时间上足够密集的数据。气象雷达的基础数据是雷达回波，可以依据气象标准与算法，给出雷电、降雨、降雪、大风等气象监测预报产品，如图 4-35 所示。

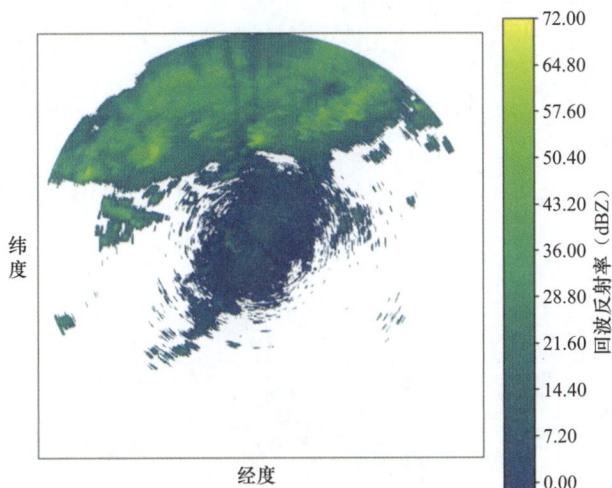

图 4-35　气象雷达数据

（4）雷电定位系统。雷电定位系统可以反演雷电流的幅值、极性、发生位置和发生时间等参数。国家电网和南方电网在我国建立了完善的雷电定位系统，可以提供雷电预警所需要的参数。

（5）雷声定位装置。雷声定位装置可实时采集雷电声音信号，定位 15km 范围内雷电活动发生位置，为近距离雷电预警提供辅助决策资料，如图 4-36 所示为可用于雷声定位的传声器阵列。

图 4-36　雷声定位装置

3. 雷电预警系统应用实例

我国在雷电预警预测方面开展了大量工作，已初步建成雷电预警预测系统，并已在"三大直流"通道沿线和山西、陕西、北京等地区部署雷电预警传感站 106 套和雷达站 6 套，如图 4-37 所示，该系统已逐步投入运行，并于近年开展雷电预警预报工作❶。

同时，某电网公司也建立了雷电短临预警和短时预报一体化系统，如图 4-38 所示。利用外场观测数据，研究雷暴结构和多维度闪电活动特征及其时空配置关系与量化关系，

---

❶　2018 年，我国所建立雷电预警预测系统已取得一定成效，详见参考文献［59］。

研究复杂气象下雷电活动与云顶温度、雷达回波强度、大气电场仪的跟踪匹配关系。建立观测数据驱动的雷电临近预警模型和方法，构建雷电多维度特征与气象多要素之间的多重关联模型，发展雷电短时预报方法。

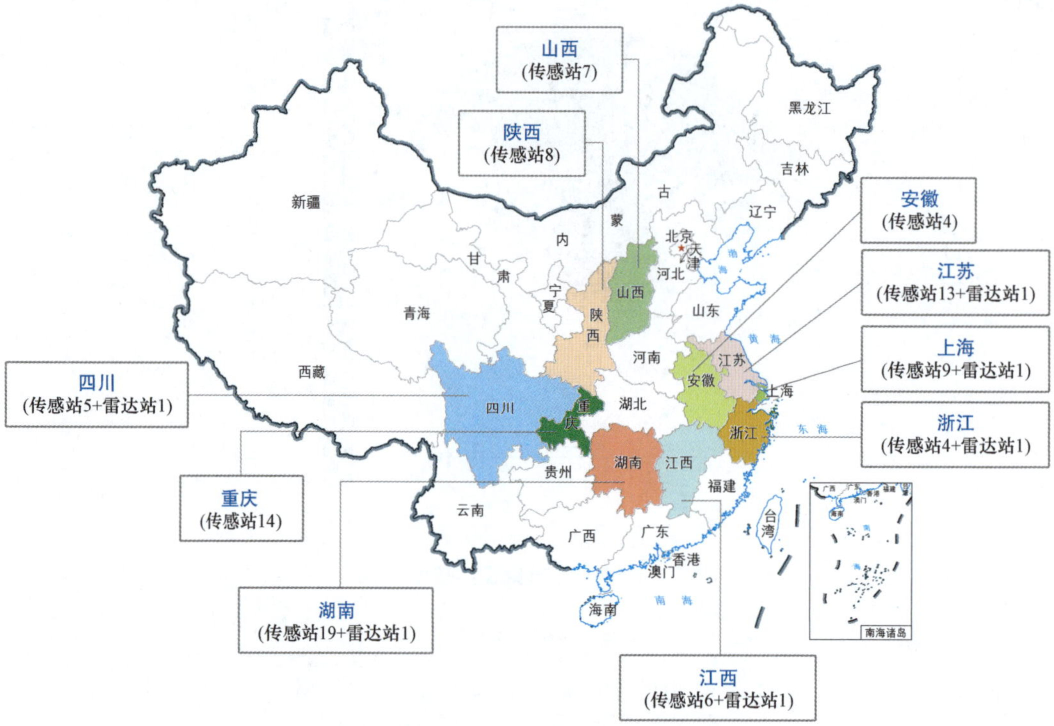

图 4-37　某电网公司雷电预警传感站分布图

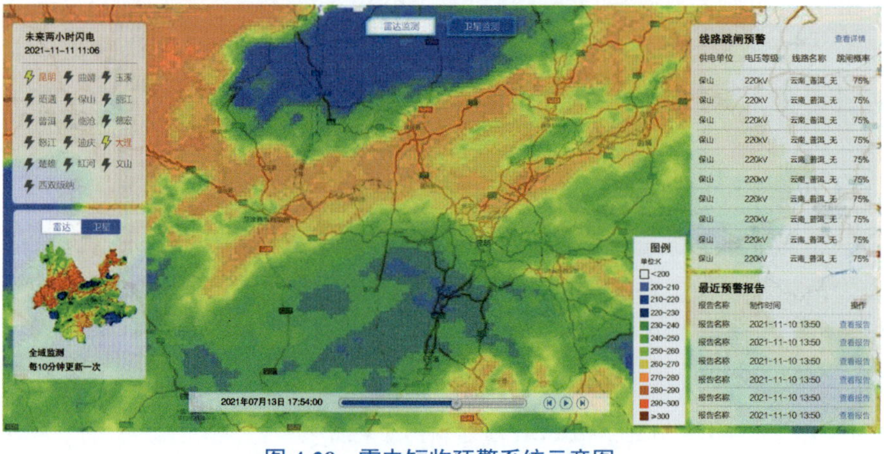

图 4-38　雷电短临预警系统示意图

第五章

人工引雷试验技术

第一节 人工引雷技术简介

一、火箭引雷的基本原理

人工引雷指在雷暴环境下利用一定的装置和设施，人为地在某一指定地点触发闪电。目前人工引雷主要是利用火箭 - 导线装置来实现，即向起电的雷暴云体发射拖带金属导线的专用引雷火箭以引发雷电，因此人工引雷技术常被称为火箭 - 拖线型人工引雷技术。在合适的雷暴电场条件下，当火箭达到几百米的高度时即可引雷成功。大部分人工引雷都是在负环境电场条件下成功的，即人工引发雷电将云中的负电荷输送到了地面，为负极性放电。人工引发雷电可以在时间和空间可控状态下进行，为雷电放电电流和近距离电磁场的测量提供了条件。

火箭通常被置于小型火箭发射架上，采用光 - 电点火系统对火箭进行点火发射，火箭在引雷过程中主要起到快速牵引或伸长导线的作用。用于人工引雷的导线则需要具备以下条件：①导线要具有足够的抗拉强度；②导线细且质量轻，从而可以减轻引雷火箭的负荷；③导线表面光滑，从而减小飞行时的阻力。在实际的人工引雷过程中，火箭导线通常选用直径 0.2mm 的细铜丝或细钢丝。导线的长度约为几百米，一般被绕在线轴上，线轴则被固定在火箭上，如图 5-1 所示。

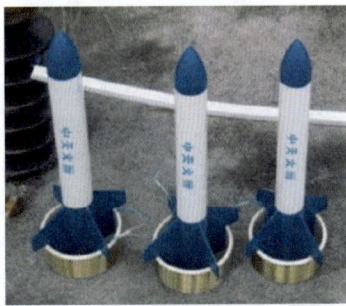

图5-1 人工引雷火箭（包含导线及线轴）

根据所采用的触发技术的不同，人工引雷可分为传统触发（classical triggering）和空中触发（altitude triggering）。传统的人工引发雷电是通过向起电的雷暴云体发射拖带接地金属导线的小火箭来实施，即引雷导线的一端接地，另一端连接在引雷小火箭上，如图 5-2 所示。在负环境电场情况下，当火箭以 100～200m/s 的速度升空时，引雷钢丝同时也被拉出。当火箭上升到一百多米的高度时，由于尖端放电效应，在导线上端引发上行正先导。上行正先导以 $10^4 \sim 10^5$ m/s 的速度发展，随着正先导的发展，导线上的电流达到一定的强度，导线由于被不断加热而熔断，从先导始发到导线熔断一般约为几毫秒的时间。随后经过约几百微秒，放电通道再次被导通，并促进上行正先导的进一步发展进入云体。随后发生类似于自然雷电箭式先导 - 继后回击的放电过程，即引雷成功。一般从上行正先导始发到下行箭式先导 / 回击过程开始之前的这段时间称为初始阶段（initial stage，IS）。

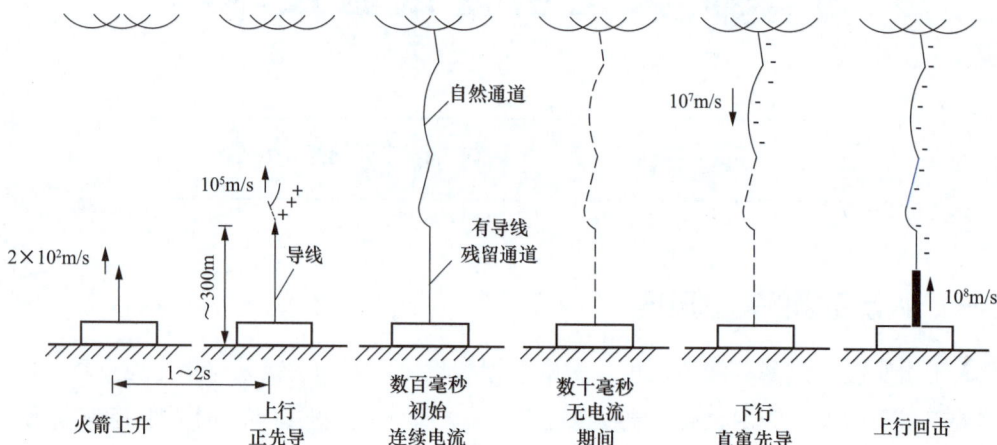

图 5-2　经典负极性人工引雷的发展过程

　　传统人工引发雷电中的箭式先导 / 回击过程与自然雷电负地闪继后回击过程类似，但初始阶段却存在明显差异。为了再现自然雷电初始阶段中的梯级先导 - 首次回击过程，又进一步发展了空中引发雷电方式，即火箭拖带的细金属导线与大地之间通过一定长度的绝缘尼龙线相连接，如图 5-3 所示。上升的火箭首先释放出一段几十米长的绝缘尼龙线，然后是金属导线。当释放的金属导线达到一定长度后，在导线的两端将引发双向先导过程，即在导线的上、下两端，将分别产生向上传输的正先导和向下传输的负先导。当下行的负先导接近地面时，一个上行的连接正先导将从地面目标物上激发，一旦两个先导连接，将在目标物与导线下端之间产生所谓的双向先导 - 小回击过程，随后发生的放电过程与传统引雷方式类似。

二、火箭引雷技术的发展

　　20 世纪 60 年代初，美国 Newman 等通过发射拖带接地金属丝的小火箭在海上首次人工引发雷电成功。陆地上首次成功的人工引发雷电于 1975 年在法国实现。在以后的几十年里中国、日本和巴西都进行了人工引发雷电试验。中国自 1989 年首次利用专用火箭引雷成功以来，中国科学院寒区旱区环境与工程研究所曾先后在甘肃永登、北京康庄、上海南汇、江西南昌、广州从化、甘肃平凉、山东滨州等多个地区成功进行了人工引发雷电试验。近年来，中国科学院大气物理研究所和中国气象局雷电野外科学试验基地分别在山东滨州和广州从化开展人工引发雷电试验。山东人工引发雷电试验简称为 SHATLE。升级和更新的观测设备不断应用于 SHATLE 人工引发雷电试验中，得到了宝贵的雷电电流、近距离电磁场和高速摄像等同步观测资料。

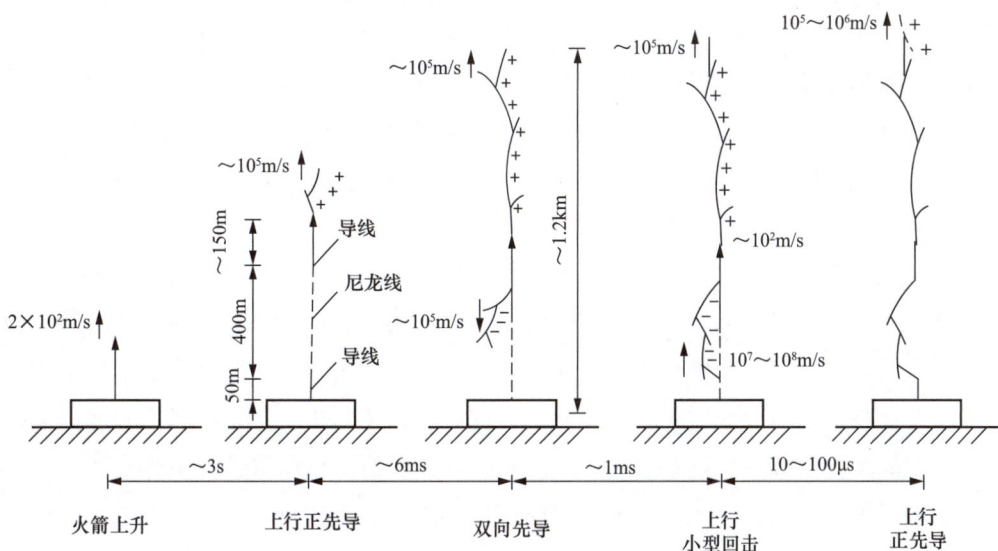

图 5-3　空中引发雷电放电过程示意图

鉴于我国原有引雷火箭所用的金属材料壳体重，落地时速度快，危险性相对较大等不足，2008 年中国科学院大气物理研究所与中国航天总公司陕西中天火箭技术有限责任公司合作研制开发了新型人工引发雷电专用火箭，并在 2009 年的山东滨州人工引雷试验中引雷成功。新型人工引雷专用火箭由箭体（包括头锥和发动机）、回收装置（降落伞和伞仓）、尾翼、钢丝线轴及金属导线（直径为 0.2mm）五部分构成。

第二节　雷云放电监测和人工引雷条件

一、雷云放电监测

雷云的放电过程会产生强大的脉冲电流，形成电场、磁场、光辐射以及冲击波和雷声等多种物理效应，为雷电的监测提供了有效信息。根据雷电发生时所发出的电磁波信号，可以对雷电进行多站和单站定位，这对于雷电活动情况的判断具有重要作用。另外，根据雷电的定位结果，还可探测雷暴云中的电荷结构特征。

雷电放电产生的电磁辐射在无线电频段很强烈，较大空间尺度的放电过程会产生甚低频（VLF，频率范围 3～30 kHz）和低频（LF，频率范围 30～300kHz）的电磁辐射，一些小空间尺度的击穿放电过程会产生甚高频（VHF，频率范围 30～300 MHz）的电磁辐射。为此，可用不同的手段对雷电进行定位。根据雷电的 VHF 辐射，可探测云闪、地闪与击穿等过程；根据雷电的 VLF 辐射和 LF 辐射，可探测对地面物体危害较大的地闪回击过程。

雷电的监测设备主要有雷电定位探测设备和大气电场探测设备。雷电定位方法一般采用时间差法（根据雷电电磁辐射脉冲到达探测网络内不同测站之间的时间差），可以提供地闪放电的发生时间、经纬度位置以及地闪回击的电磁场强度、电流强度、电流波形的上升和衰减时间等各种雷电特征信息。雷电定位系统对于尚未发生闪电的云没有任何响应，无法探测闪电形成前云中的起电过程。大气电场仪的优势在于可以监测对流云中的起电过程，既能记录闪电发生前雷暴中的电活动，又可记录雷暴中发生的闪电，包括云闪和地闪。大气电场仪不仅可以单独使用记录局地雷电情况，还可以联网监测空中雷电结构，尤其对近距离雷暴过顶时的大气电场很敏感，可同时连续监测雷暴在地面产生的静电场以及云闪和地闪的发生情况，可直观看出监测区域电场强度的分布及雷暴的移动路径。

通过电场仪监测的脉冲信号及电场变化可以跟踪雷电发生过程。但是大气电场仪也有一定的缺点，它对局地雷暴引起的电场变化非常敏感。如果单独使用大气电场仪对闪电进行预报和预警，经常会造成较多的虚警。对于雷电的临近预报，最好的办法是将地面电场仪和闪电定位系统组合起来使用，扬长避短，当雷暴云靠近时，大气电场仪开始出现观测记录，可开始对雷暴云进行监测，之后随着雷暴云的发展，起电过程逐渐增强，局部达到击穿产生闪电，此时雷电定位系统可对闪电发生的位置进行定位。综合两套系统可以对雷电来临进行预判，指导人工引雷试验的开展。

尽管地面电场仪和闪电定位系统的组网观测能够探测雷暴云起电、放电的过程，提供准确丰富的闪电信息，有条件时还可以结合雷达、探空、卫星云图资料等其他气象观测手段和中尺度电耦合数值模式，实现更为准确的雷云和雷电临近预判，提高人工引雷的成功率。

二、人工引雷条件

基于火箭 - 导线技术的人工引雷试验对于火箭的运动参量以及雷暴的电状况都有一定的要求。这些要求就构成人工引雷的触发条件。

（1）对火箭运动参量的要求。导线顶端处电场足够大才能产生强击穿，才能产生持续向上的先导通道，这就要求火箭的速度足够大，否则导线顶端电晕放电产生的小离子在电场作用下随火箭一起运动，在导线顶端处形成一电荷屏蔽层，抑制电场增强。根据这一要求，1982 年，Moore 等人指出：为了能有效地人工引雷，需要导线顶端的速度大于 150m/s，火箭的运行高度不低于 1000m。不过他们的考虑太定性，过于简化，从某种程度上讲也是很

片面的。1989 年，Wang 与 Guo 经过分析认为，先导的发展取决于导线顶端附近的局部强电场。这个强电场的大小不仅与导线上的诱导电荷有关，还与火箭上升时所形成的一电荷柱有关。他们认为导线尖端电晕放电产生的带电粒子，一部分随着导线一起运动，另一部分将会堆积于火箭路径上形成这一电荷柱。他们的计算结果表明：火箭的最大速度不能低于 75m/s，而且为能有效地人工引雷，火箭在一定高度、一定时间范围内其速度并不是越大越好。他们认为火箭速度在一段时间内维持在 100m/s 左右比较适宜。至于火箭飞行高度，人工引雷的大量试验表明，人工引雷成功时火箭到达的高度（触发高度）的最大值为 600m 左右，所以火箭升高能达到 1km 左右是适宜的。但对于日本的冬季雷暴，因为云底高度较低，所以日本采用最大高度仅能升至 300m 的火箭也能很有效地人工引雷（Horii，1982）。

（2）对雷暴云状况的要求。目前，进行人工引雷试验时，决定是否发射火箭，主要是根据地面电场或地面尖端电晕电流的大小情况。在海上进行人工引雷试验时，1967 年，Newman 等人取电场为 15～20kV/m。在 New Mexico 及法国的 St Privat d'Allier 进行试验时取电场为 10kV/m 左右（Hubert 等，1984）。在 Florida 地区进行试验时取电场为 5kV/m 左右（Uman 等，1997）。对于日本冬季雷暴人工引雷试验取电场为 5～10kV/m（Horii，1982）。在我国西北高原地区，一般取电场为 4～10kV/m，而在北京及南昌地区一般取电场为 5kV/m 左右（Liu 和 Zhang，1998；Qie 和 Liu，1998）。造成这些差别的主要原因是受近地面空间电荷层的影响，在不同区域地面至几百米高度处的电场环境可以大不一样。Florida 及我国南方地区，树木及杂草较多，因而由此产生的电晕电荷也较多，这些电荷在距地面几百米范围内形成一电荷层，可以大大减小地面处的电场。而在海面，因为没有太多的电晕电荷，地面电场与高空处的电场差别不太大。所以在实际人工引雷试验时不仅要看地面电场值，同时也要考虑到云的强度和高度、地面电场变化趋势及闪电频数等。从点火到火箭升到几百米的高度一般需要几秒钟的时间，若闪电太频繁，火箭升空过程中，很可能有自然雷发生、电场就会变小，人工引雷失败的可能性较大。不过，目前只能凭经验考虑以上这些因素。

根据以上的判据，现在人工引雷的成功率一般可达到 60% 以上。人工引雷发生时所对应的火箭高度即触发高度一般为 100～600m，但不同地区该值可能差异较大。在日本、法国、New Mexico 及 Florida 进行的人工引雷试验所得到的平均触发高度依次是 142、210、216m 和 380m。在我国西北地区平均触发高度可达 470m，而在南方地区平均触发高度与法国等地的结果非常相似只有 200m（Liu 和 Zhang，1998）。

从理论上讲，同一地方发射火箭时地面电场越大，对应的触发高度越低，反之亦然。Hubert 等人（1984）确实发现在 New Mexico 的人工引雷试验中，地面电场 E 与触发高度 H 有很好的相关性。通过拟合，可得到

$$H = 3900E^{-1.33}$$

（5-1）

式中，触发高度 H 单位为 m，电场 E 单位为 kV/m。可是在日本（Horii and Nakano, 1995）和我国（Liu and Zhang，1998），地面电场 E 与触发高度 H 之间没有发现相关性。前面谈到因为受近地面空间电荷层的影响，地面电场不能反映几百米高度处的电场，所以找不到地面电场 E 与触发高度 H 之间的相关性不足为奇。

为了正确地求出人工引雷所需要的电场条件，必须减少空间电荷层的影响。一个比较好的办法是直接测量触发高度处的电场。Willett 等人通过火箭测量到人工引雷时触发高度处的电场，测量结果如图 5-4 所示。尽管他们的数据较少，但可以看到触发高度与电场还是有一定的反比例关系；同时，人工引雷发生时，触发高度处的电场一般只有每米十几千伏，最小的电场只有 13 kV/m。在我国，Qie 等人根据人工引雷时的地面电场及触发高度，通过特定模型计算得到在南方地区触发高度处的电场在 15～20 kV/m，在西北高原地区触发高度处的电场在 60～70kV/m。在我国南方地区触发的闪电都是负极性，而在西北高原地区触发的闪电都是正极性。他们的结果表明：与触发负极性闪电相比，触发正极性闪电需要更大的环境电场。

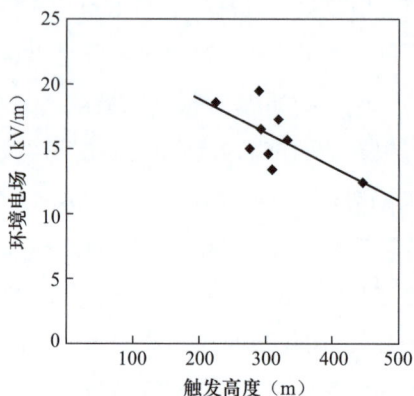

图 5-4　闪电触发高度与该处电场的关系 ❶

第三节　人工引雷的电流波形参数

一、试验回路及观测平台

在人工引雷试验中，通常将连着细导线的小火箭发射到地面和雷暴云之间的高空中，诱导雷电产生并打到引流杆上，如图 5-5 所示。

在实际引雷中，导线一般采用直径为 0.2mm 的细钢丝或铜丝。为了增加铜丝的机械强度及其耐火强度，在铜丝外面一般包上一层类似于尼龙的 kelvar。导线的长度大约为几百米，一般被绕在一线轴上。在人工引雷初期，线轴被安装在地上。火箭起飞时，导线也要随之一起运动，受惯性作用，导线需承受较大的张力。为了减少这一张力，常在导线与火箭之间连接一根松紧带。尽管这样，有时还是出现导线断线问题。后来经改进，线轴被固定到火箭上，这样导线被拖出线轴时，导线本身并不高速运动，也就不存在惯性问题，基本上解决了导线断线问题。

---

❶　1999 年，J.C Willett 等在佛罗里达进行人工引雷试验得到的闪电触发高度与电场的关系，详见参考文献［65］。

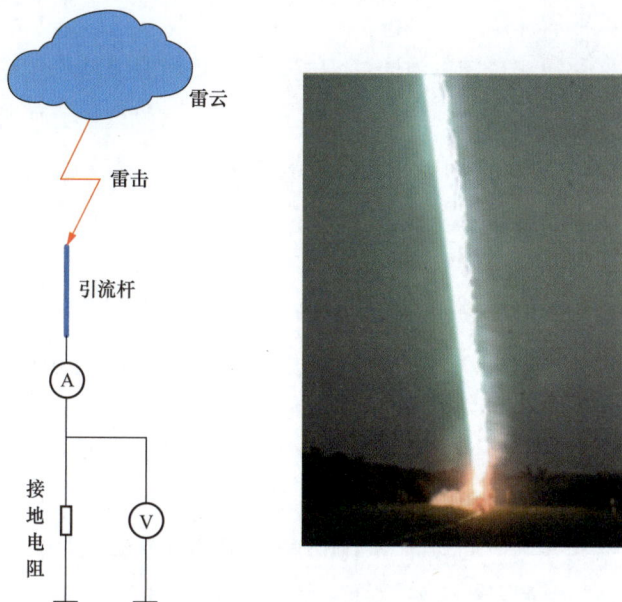

图 5-5　人工引雷试验原理图及现场图片

标注：雷云、雷击、引流杆、接地电阻、A、V

人工引雷所用的火箭一般尺寸较小。法国用的火箭是一种消雹用火箭，它的外壳是用塑料制成的，长度约为 80cm，半径约为 10cm，升到一定高度后可以自爆。这种火箭的上升高度可超过 1km，起飞 2s 后，最大上升速度可超过 200m/s。日本所用的火箭是船上用来发射救生线的火箭，它的长度只有 20cm，半径只有 5cm，上升高度只有 300m 左右，最大速度也只有 100m/s。我国所用的火箭是专门为人工引雷所开发的，金属壳带有降落伞，可升到 1km 高度，升空到几百米高度处，最大速度可达 150m/s 左右。美国也专门为人工引雷开发了一种火箭，它的外壳是由塑料制成的，长约 1m，半径为 5cm，带有降落伞。它的最大特点是只要换上火箭发动机（即药柱）可反复使用。这种火箭的高度也可达 1km，最大上升速度约 200m/s。

人工引雷试验主要是用于研究闪电的各种放电过程，例如预放电过程、先导过程、回击过程以及闪击间的一些放电过程，其中包括连续电流、J 过程和 M 过程等。为了在闪电的触发过程中同步测量这些过程的光、电、磁特征，需要利用各种监测和测量设备。

常见监测仪设备主要有以下几种：

（1）雷暴警报器。可以测出几十公里远的雷暴云在 5min 内闪电频数的变化情况。

（2）DF- 闪电定位仪。可以测出几百公里远的闪电强度、闪电方位及移动方向。这两种仪器的监测可以决定试验人员是否需要进入人工引雷试验的准备状态。

（3）大气电场仪。可以测出 10km 范围以内雷暴云的地面电场强度、极性及其变化情况，以决定是否进入发射状态。当然如果条件许可，最好配备雷达设备，这样雷暴云的各种参数如云的高度、厚度、方位、强度、移动方向、移动速度等均可了如指掌，是指挥人工引雷试验的最好监测仪器。

测量仪器主要有以下几种：

（1）同轴分流器。这是测量闪电电流的主要设备，放置在引流杆的下端，人工引雷击中引流杆后通过同轴分流器到地。中国科学院兰州高原大气物理研究所现用的分流器电阻为 5.47mΩ，可以测量高达 100kA 的电流，闪电电流经过 E/O 变换通过光纤传输到发控室，再经过 O/E 变换进入波形存储设备。

（2）电场变化仪。可以测出闪电放电过程的细节。

（3）磁天线。可以测出闪电的磁场变化，并可反演出触发闪电的放电特征。

（4）闪电电流磁带记录器。可以测出闪电的峰值电流。高速大容量数据采集系统及高速大容量智能化闪电波形存储器等现代化的设备，可以记录人工闪电的大量电流、电场、磁场等各种数据及其波形，以便对人工引雷放电物理过程开展深入分析和研究。

光学测量设备主要有以下几种：

（1）数字化高速摄像系统。可以拍摄 1000 幅 /s 或 10000 幅 /s 的闪电数字图像，这对研究闪电的细微结构及闪电的发生、发展过程是必不可少的设备。

（2）普通摄像机和普通照相机。可以拍摄人工引雷的宏观图像和照片，以便分析人工引雷的光学特征。在试验中可以根据不同的研究内容配备不同的测量仪器。例如，在试验中还使用过自制的干涉仪等设备。

二、雷电流幅值概率及波形参数统计

Fisher 等人在 1990 年和 1991 年运用传统引发雷电的人工引雷技术，在美国进行人工引雷试验得到 43 组雷电回击数据，统计得到回击平均峰值电流为 12kA，平均波头时间为 0.47μs，平均半峰值宽度为 18μs，并且比较了经典人工触发闪电的回击电流和 Berger 等人观测得到的自然雷电流波形，发现经典人工触发闪电与自然地闪相比没有首次回击过程，其雷电回击波形与自然地闪后续回击波形较为相似，且回击峰值电流波头陡度与电流峰值具有较强相关性。Schoene 等人在 1999～2004 年间，在美国运用人工引发雷电技术触发了 46 个闪电，其中包含 206 次回击，统计得到回击平均峰值电流为 12.2kA，平均波头时间为 1.13μs，平均半峰值宽度为 19μs，并且对比分析了人工触发闪电击打到导线和直接打到地面的雷电参数区别，发现人工触发闪电的雷电流峰值几乎不受被击打物体的影响，而雷电流陡度受被击打物体的影响较大。目前也有大量国内学者运用人工引雷法进行雷电观测。中国科学院大气物理研究所在山东滨州每年持续进行人工引雷试验，其分析了 2005～2011 年间共 36 次回击数据，统计得到回击平均峰值电流为 14.3kA，平均波头时间为 2.5μs，平均半峰值宽度为 23.7μs。中国气象局在广州从化建立了野外雷电试验基地，每年持续进行人工引雷试验，其分析了 2008～2014 年间 39 个触发闪电共 106 次回击数据，统计得到回击平均峰值电流为 16.11kA，平均波头时间为 0.53μs，平均半峰值宽度为 18.94μs。

现给出美国 Florida、中国山东、中国广东（2008～2014 年）人工触发闪电回击电流及加拿大 CN 塔的统计结果，见表 5-1。

表 5-1　　　　　　　　　　　　　　人工引雷试验结果对比

资料来源	闪电类型	样本数	最小值 (kA)	最大值 (kA)	中值 (kA)	算数平均 (kA)	几何平均 (kA)
加拿大 CN 塔 (1992～2001 年)	上行负地闪 (高塔触发)	387	0.69	41.72	5.06	6.38	—
美国 Florida (1999～2004 年)	人工触发 闪电	165	2.8	42.3	—	13.9	12.2
中国山东 (2005～2009 年)	人工触发 闪电	48	5.8	45.7	—	16.3	14.1
中国广东 (2008～2014 年)	人工触发 闪电	106	3.00	41.65	16.74	17.92	16.11

人工引雷试验中，可分析的典型雷电特征参数包括回击间隔、回击电流持续时间、10%～90% 上升时间、半峰值宽度、1ms 转移电荷量、1ms 作用积分、平均电流变化率、最大电流变化率等。上述参数的定义如下所示：

（1）回击间隔。连续两次回击电流波形峰值之间的时间间隔。

（2）回击电流持续时间。回击电流从开始变化到电流下降到背景值的时间间隔。

（3）回击电流峰值。回击电流波形上的最大值。

（4）10%～90% 上升时间。回击电流波形中电流上升至 10% 峰值幅值到上升至 90% 峰值幅值的时间间隔。

（5）半峰值宽度。回击电流波形中电流上升至 50% 峰值幅值到下降至 50% 峰值幅值的时间间隔。

（6）1ms 转移电荷量。回击开始后 1ms 内转移的电荷量。

（7）1ms 作用积分。根据公式 $\int i^2 \mathrm{d}t$ 对电流积分得到，积分的时间尺度为回击电流开始后 1ms。

（8）平均电流变化率。回击电流波形中电流上升的平均速率。

（9）最大电流变化率。回击电流波形中电流上升的最大速率。

中国气象局雷电野外科学试验基地的人工引雷试验数据表明[1]，回击间隔的最大值为 387.0ms，最小值为 2.4ms，回击间隔的算术平均值为 63.4ms，几何平均值为 42.2ms。对于回击电流和后续的连续电流的持续时间，范围从 0.8～184.7ms，算术平均值为 13.2ms，几何平均值为 4.9ms，可知回击及随后的连续电流的持续时间比初始阶段过程的持续时间小很多。

电流 10%～90% 的上升时间小于 0.8μs 的回击数占总样本数的 92.9%，电流 10%～90% 上升时间的算术平均值和几何平均值都是 0.6μs。此外，半峰值宽度小于 20μs 的回击数占样本总数的 81.4%，算术平均值和几何平均值分别为 12.0μs 和 6.8μs。1ms 内的电荷转移

---

[1]　2016 年，中国气象局雷电野外科学试验基地在广东统计了人工触发雷电特征，详见参考文献［84］。

量范围为 0.2～9.2C，1ms 内的电荷转移量的算数平均值和几何平均值分别为 1.4C 和 1.1C。小于 2C 的 1ms 内的电荷转移量占总样本的 80%。1ms 内的作用积分的算数平均值和几何平均值分别为 $7.8×10^3A^2s$ 和 $3.5×10^3A^2s$。在 70 个样本中，总共有 45 个样本的 1ms 内的作用积分小于 $6×10^3A^2s$。电流平均变化率的算数平均值和几何平均值分别为 32.9kA/μs 和 28.0kA/μs。对于最大电流变化率，其算数平均值和几何平均值分别为 62.3kA/μs 和 55.3kA/μs。

Gamerote 等人建议使用式（5-2）所示函数来构造第一次回击电流和随后的回击电流波形，这些波形与平均统计雷电电流较为相似。

$$I(0,t) = \frac{I_0}{\eta} e^{-t/\tau} \frac{(t/\tau_i)^\eta}{1+(t/\tau_i)} \tag{5-2}$$

修正系数为

$$\eta = e^{-\tau_1/\tau_2 \left[n(\tau_2/\tau_1)^{1/n} \right]} \tag{5-3}$$

式中，时间取 $t>0$，脉冲幅度为 I_0，τ_1 和 τ_2 分别为前沿时间和衰减系数。

实际人工引雷试验还发现在首次放电和回击后，往往还存在较长时间的连续电流波形，如图 5-6 所示。地闪的连续电流是雷暴云中局部荷电中心在闪击之后沿闪电通道的持续放电过程，它可以引起慢而大幅度的地面电场变化和云下通道的持续发光。

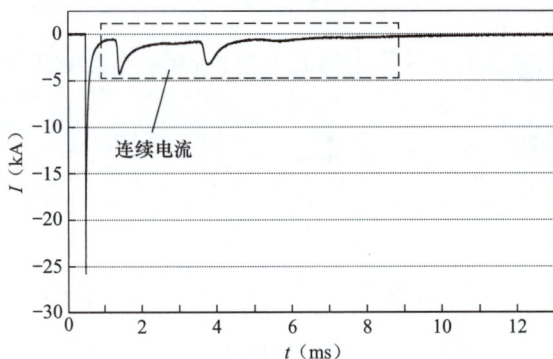

图 5-6　人工引雷实测的连续电流波形图

三、人工引雷与自然雷的电流参数对比分析

开展人工引雷试验的目的，主要有两个：一是利用可以对它进行各种严密测量的优越性，从而研究雷电的各种机理等；二是利用它来模拟自然雷电而进行各种试验。总之，不管是为了哪一个目的，都需要对人工引雷及自然闪电进行一个系统比较，分析人工引雷能在多大程度上代表自然雷电。

从发生环境上，人工引雷与自然雷电存在一定的差别。首先，人工引雷是在自然闪电之

前或者是在自然闪电根本不可能发生的雷暴环境下产生的。因而有人指出人工引雷发生时的电场比自然雷电发生时的电场要弱，因而强度也可能较弱。不过要注意的是，因为人工触发因子与自然触发因子是两个完全独立的因子，仅凭以上的理由说人工引雷较弱可能并不科学。其次，在用火箭导线技术触发闪电时，因为从决定发射火箭到真正触发闪电之间存在至少几秒钟的时间差，为了避免火箭在初始上升阶段出现自然雷电，一般的人工引雷试验都是在雷暴电场处于稳定期，特别是在雷暴末期进行。这时云中的电荷分布应该与雷云活跃期时的电荷分布存在一定的差别。另外，在人工引雷中，尽管继后回击发生时，引雷用的导线已被汽化，但通道中仍存在着金属成分的残渣，这些残渣可能也会有一定的影响。

从发生过程上讲，一般自然闪电以下行梯级先导开始，因而存在所谓的首次回击；而人工引雷以上行先导开始，其后是连续电流过程，没有自然闪电中的首次回击。人工引雷和自然闪电都有继后回击及继后回击之后的连续电流过程。从发生过程上讲，人工引雷与从高建筑物上发生的上行自然雷完全一样。下面将测量到的人工引雷的各种参数进行分析，并比较与自然闪电的差别。

Hubert 等人（1984 年）在法国及 New Mexico 得到的人工引雷的持续时间的平均值分别为 350ms 和 470ms，而在 New Mexico 带有连续电流的自然闪电的持续时间为 550ms，不带连续电流的持续时间为 370 ms。Fisher 等（1993 年）对 17 次人工引发雷电中的 69 个回击的电流参数进行了研究，与 Berger 等（1975 年）所得的自然雷电回击参数进行了对比，发现人工引发雷电回击与自然雷电继后回击接近。Schoene 等（2009 年）对比分析了不同接地方式的人工引发雷电回击电流参数。通过大量的对比分析，发现传统人工引发雷电的回击电流峰值与自然雷电继后回击类似，进一步发现二者的电场变化波形也具有相似性。表 5-2 给出了 SHATLE 得到的人工引发雷电和自然雷电相关参数的详细对比分析。

表 5-2　　　　　　　山东人工引发雷电与自然雷电回击电流特征参数对比

参数	山东人工引发雷电（2005～2012 年）				自然地闪首次回击				自然地闪继后回击			
	样本	95%	50%	5%	样本	95%	50%	5%	样本	95%	50%	5%
峰值电流（kA）	36	7.7	13.3	41.6	135	7	32	90	135	4.6	12	30
t_{-10}（μs）	36	1	2.3	8.4	118	1.8	5.5	18	118	0.22	1.1	4.5
t_{-30}（μs）	36	0.3	2.1	7.8	114*	1.5*	3.8*	10*	114*	0.2*	0.67*	3.0*
s_{-30}（kA/μs）	36	1	5	91	114*	2.6*	7.2*	20*	114*	4.1*	20.1*	99*
转移电荷（C）	36	0.9	1.2	4.2	117	1.1	4.5	20	117	0.22	0.95	4.0
半峰值宽度（μs）	36	2	31	68	115	30	75	200	115	6.5	32	140
作用积分（$A^2s×10^3$）	36	1.7	6.7	73.7	88	6	55	550	88	0.55	6.0	52

注　表中自然地闪首次回击和继后回击参数引自 TC81（1993 年），Lighting Protection；带 * 数字引自 Berger 等（1975 年），Anderson 和 Eriksson（1980 年）❶。

---

❶　2013 年，郄秀书等将中国山东人工引雷数据与其他数据进行对比分析，详见参考文献 [3]。

可以看出，人工引发雷电的回击峰值电流中值为 13.3kA，自然雷电首次回击和继后回击电流峰值分别为 32kA 和 12kA，自然雷电首次回击电流强度明显大于人工引发雷电，而继后回击电流峰值与人工引发雷电非常接近，且人工引雷与自然地闪后继回击的半峰值宽度与作用积分在 50% 时也非常接近。从数据上证明了人工引雷过程确实与自然雷的后续回击过程相似。

四、人工引雷中电压、电流沿线传播规律试验研究

1. 雷击配电线路模拟段

2018 年和 2019 年，某电网公司与武汉大学合作，结合人工引雷技术，系统性研究了 10kV 配电线路雷电形成机理、雷电过电压的波形特征及有效防治措施。

根据配网雷电过电压的类型，利用火箭引雷技术开展感应过电压观测和直击雷过电压观测试验，在观测期间研究不同防雷配置情况下的过电压波形特征，主要包括全线无避雷器但架设避雷线工况、全线无避雷器且无避雷线工况、逐基安装避雷器且无避雷线工况、隔一基安装避雷器且无避雷线工况、隔两基安装避雷器且无避雷线工况、隔三基安装避雷器且无避雷线工况、逐基安装避雷器且架设避雷线工况、隔一基安装避雷器且架设避雷线工况、隔两基安装避雷器且架设避雷线工况、隔三基安装避雷器且架设避雷线工况。

配电线路雷电感应过电压试验中配电线路与火箭发射点最小垂直距离为 40m，试验布置如图 5-7 所示。试验研究了不同防雷配置情况下，近距离雷电感应过电压的波形特征及参数特性。

人工引雷直击配网试验得出结论如下：

（1）11 次配电线路火箭引雷过程，回击电流最大值为 32.8kA，回击电流最小值为 3.3kA，回击电流平均值为 15.2 kA，最大回击次数多达 17 次，回击电流的平均持续时间为 136μs，上升时间为 0.7μs，半峰宽度为 5μs。

（2）雷电直击配电线路导线时，回击之前的连续电流部分，由于电流幅度较小，在导线上产生的过电压幅度较小。回击电流幅度较大，其产生的过电压是导致配电线路闪络的主要原

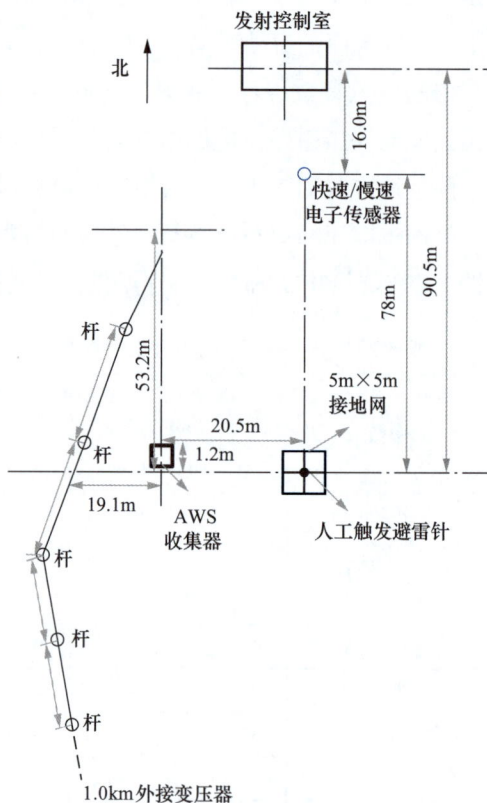

图 5-7 试验布置图 ❶

---

❶ 2018～2019 年，武汉大学与电网公司合作，在广州从化进行 10kV 配电线路人工引雷试验，详见参考文献［85］。

因。雷击相过电压极性与非雷击相过电压极性相同，雷击相过电压沿着雷击点向线路两端传播幅值逐渐衰减，距离雷击相较近的相导线耦合产生的过电压幅值略大，但仅为雷击相的三分之一。

（3）实测结果显示雷击相和非雷击相与雷击点距离越远，电压幅值越低，但测量得到的直击雷过电压波形差别较大，实测直击雷过电压波形尾部呈振荡衰减，同时反向发射波现象不明显，非雷击相直击过电压波形主要是以雷击相闪络前耦合的同极性波形为主，可明显看到案例中的非雷击相波形由三部分组成：一是雷击相闪络前耦合的同极性上升波形；二是雷击相闪络后极性反转第一个类似梯形斜边波形；三是梯形斜边波出现后的反向电压升高波形。

（4）三相过电压测量波形特征基本一致，都表现为负极性快速增长到峰值后衰减振荡到 0 电平，在时间间隔和幅值关系上，过电压波形与雷电流波形有很好的一致性，直击相与非直击相的波形基本一致，且无极性相反的现象。同一次过电压记录中的不同过电压波形特征也极为相似，与雷电流有相似的规律。

（5）直击相的过电压幅值要远远大于非直击相，两非直击相之间的过电压相差则不大。各观测站之间的过电压幅值从线路最靠近引雷点的位置向两端逐渐减小。安装避雷器后，过电压的波形中能看到避雷器的残压波形，避雷器对线路保护作用明显。

（6）相比于不安装避雷器和隔两基安装避雷器，隔三基安装避雷器的过电压波形更接近于不安装避雷器的情况，且避雷器对于过电压的影响很小，保护作用不大。

人工引雷配电线路雷电感应过电压试验结论如下：

（1）雷电感应过电压具有相同的波形特征，都表现为电压从 0 开始负极性缓慢上升，经过几十微秒后到达负峰，随后在几微秒内发生快速正极性上升到正峰值，随后出现双极性衰减振荡，并最终回归到 0 电平附近。

（2）感应电压初始极性与雷电流极性相同。三相导线上感应电压幅度和波形无太大差别，雷电流越大，相应感应电压幅值越大，几乎呈线性关系。

（3）传统认为雷电感应过电压是导致配网雷击跳闸的主要原因，但根据雷电感应过电压分析结果，可以看出雷击配电线路附近时，配电线路感应电压幅值不高不足以导致配电线路闪络，以一次 28kA 幅度雷电流雷击配电线路 40m 附近地面为例，配电线路感应电压幅度最大幅度仅为几十千伏左右，按经验公式类推，当雷电流为 100kA 时，配电线路上感应电压幅度为 200kV 左右。

2. 雷击架空线路模拟段

2021 年某电网公司与华南理工大学合作，依托位于广州市从化区的中国气象局雷电野外科学试验基地的人工引雷试验平台，开展了以下研究工作：

（1）测量人工触发地闪过程的后续回击的雷电流参数；

（2）通过将雷电流引入到模拟架空线路，分析雷电侵入波线路中传播过程的电压和电流分布特性。

试验方案布置图如图 5-8（a）所示，为完整模拟后续回击波头时间内行波特性，模拟试验线路长度至少大于 150/2=75m，考虑到试验场地空间不足，选择在靠近场地边缘地带布置环绕型模拟试验线路，总长度约 120m，模拟试验线路经过试验场时，在试验场合适的位置建设引雷塔，在引雷塔附近架设 5～6 枚火箭发射架，火箭尾部细金属丝挂在引雷塔处的雷电注入点，实现人工引雷直接击于线路或引雷塔。

2021 年整个雷雨季节，在从化引雷基地共计发射引雷火箭 13 枚，成功触发闪电 5 次，全部为负极性地闪，成功率 38%。电气参数测量系统完整记录了这五次雷电的雷电流数据和模拟线路导线上雷电流及雷电过电压数据，光学观测平台完整记录了这五次人工引雷发展过程。某一次人工引雷至引流杆如图 5-8（b）所示。

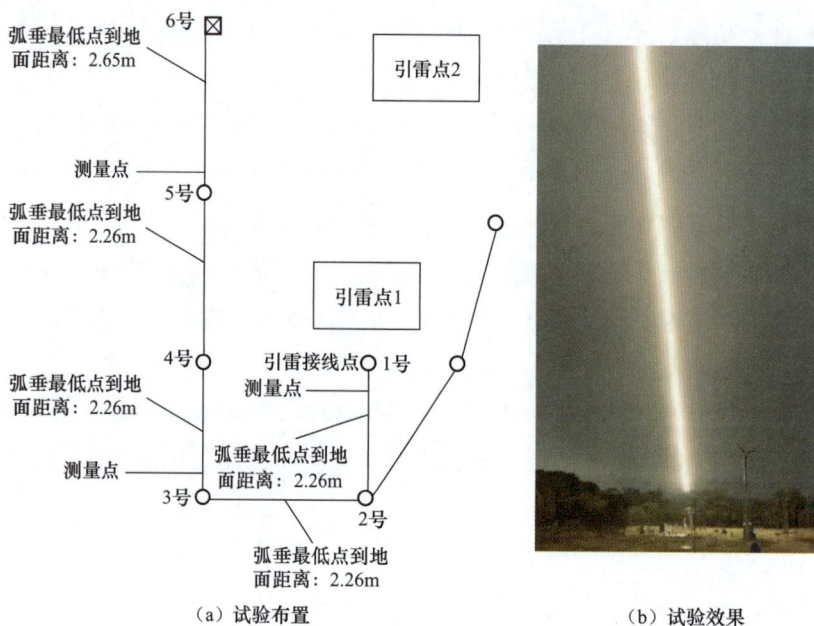

（a）试验布置　　　　　　　　　　　（b）试验效果

图 5-8　试验布置示意图 ❶

通过引流杆测得的五次引雷的雷电流数据见表 5-3，第三次雷电流波形如图 5-9 所示，其中，平均值和中位数计算未计及第五次引雷的回击数据，原因是电流幅值和波前时间与前 4 次引雷数据以及气象局以往引雷历史数据偏差较大，判断为异常无效数据，得出人工引雷的后续回击雷电流参数：

（1）电流幅值范围为 -10.67～-33.50kA，平均值为 -19.80kA，中位数为 -15.80kA；

（2）波前时间为 0.20～0.68μs，平均值为 0.37μs，中位数为 0.36μs；

---

❶　2021 年，某电网公司与华南理工大学合作在中国气象局雷电野外科学试验基地进行人工引雷试验，详见参考文献［54］。

（3）半峰值时间为 4.73～42.60μs，平均值为 19.89μs，中位数为 18.13μs；

（4）时间间隔为 8.02～149.61ms，平均值为 81.76ms，中位数为 78.75ms。

表 5-3　　　　　　　　　　　　　　引流杆雷电流特征参数表

日期	回击序号	雷电流幅值（kA）	雷电流波形（μs）	时间间隔（ms）
2021/5/29	R11	−33.50	0.44/42.60	60.82
	R12	−28.08	0.42/23.62	65.70
	R13	−21.63	0.37/26.20	102.96
	R14	−25.75	0.41/26.58	149.61
	R15	−15.75	0.34/4.73	—
2021/5/31	R21	−29.25	0.68/42.22	
2021/6/14	R31	−15.08	0.40/14.02	8.02
	R32	−14.46	0.28/26.45	92.79
	R33	−13.79	0.41/9.81	114.92
	R34	−21.63	0.35/7.04	144.94
	R35	−28.67	0.28/20.75	—
2021/7/3	R41	−13.00	0.43/21.09	54.71
	R42	−10.67	0.36/18.13	78.75
	R43	−24.00	0.34/17.73	28.71
	R44	−12.13	0.20/14.30	126.77
	R45	−13.33	0.34/14.04	34.22
	R46	−15.80	0.30/8.78	—
2021/8/6	R51	−66.08	6.16/23.52	15.77
	R52	−37.83	7.60/34.77	—

以第三次人工引雷数据为例，由图 5-9 可知，在每次负极性回击的初始阶段，导线电流存在一定的振荡过程，为排除振荡过程对电流峰值统计的干扰，对导线电流数据进行了一定的平滑处理，见表 5-4。

（1）导线电流幅值范围为 -2.92kA（第 3 次回击）～-6.94kA（第 5 次回击），算术平均值为 -4.17kA；

（2）导线电流上升沿时间为 5.16～8.39μs，算术平均值为 6.76μs，比引流杆总电流平均上升沿时间（0.32μs）大得多，说明导线分流时把雷电流的波前时间拉长了，平均陡度也减小；

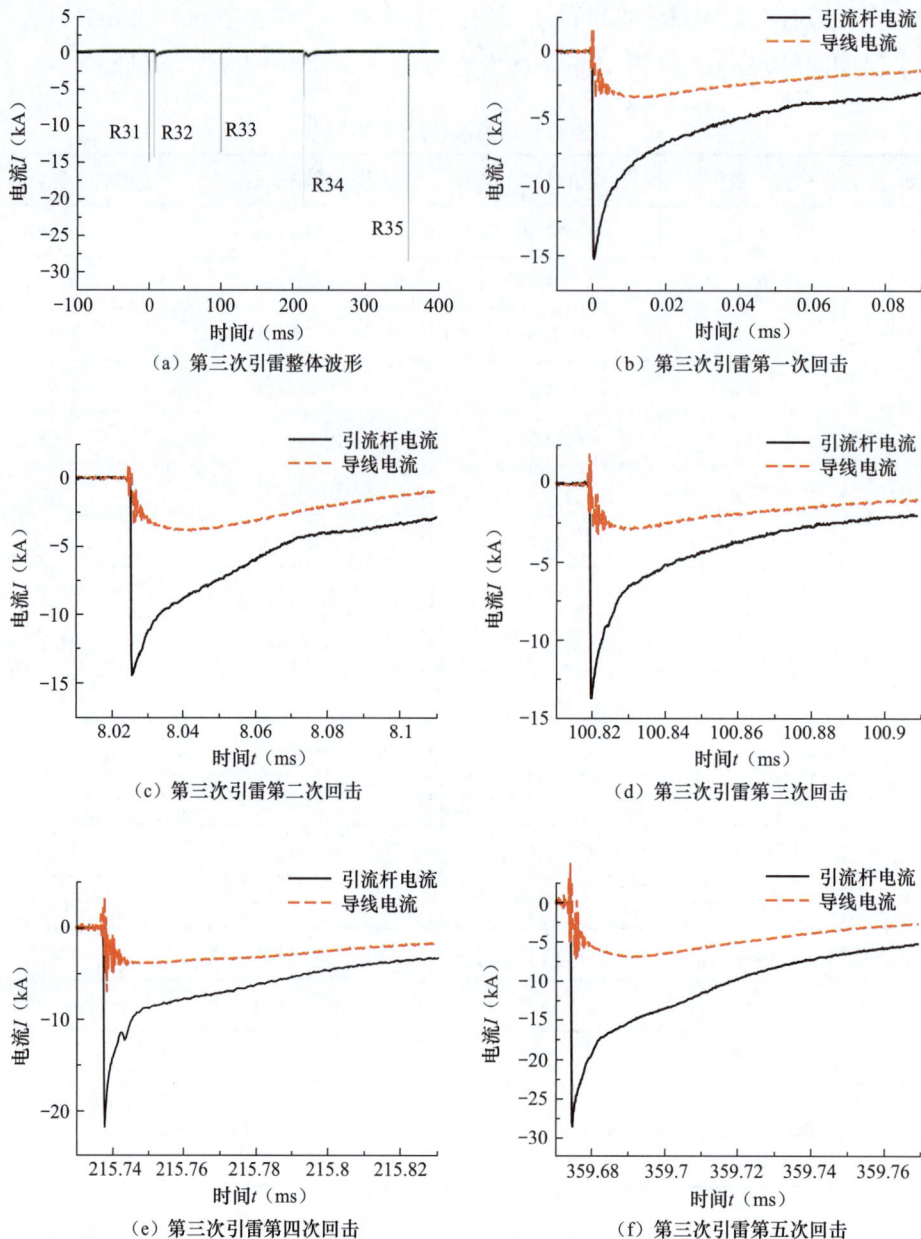

（a）第三次引雷整体波形

（b）第三次引雷第一次回击

（c）第三次引雷第二次回击

（d）第三次引雷第三次回击

（e）第三次引雷第四次回击

（f）第三次引雷第五次回击

图 5-9　第三次引雷波形

（3）导线电流半峰宽度为 $61.85\sim87.54\mu s$，算术平均值为 $76.33\mu s$，比引流杆电流半峰宽度（$15.21\mu s$）大得多，说明导线分流时把雷电流的波尾时间也拉长了。这是由于雷电流传输过程中经历多段波阻抗，行波在线路上来回折反射并衰减，从而将雷电流波形拉长；

（4）导线分流系数，是指导线电流幅值与引流杆电流幅值的比值，由于引出导线与引流杆下方的接地扁钢并联，因此导线分流系数由引出导线阻抗和接地扁钢阻抗共同决定，在本次人工引雷试验中导线分流系数为 $17.78\%\sim26.38\%$，算术平均值为 22.33%。

表 5-4　　　　　　　　　　　　　　　　导线雷电流特征参数

编号	电流峰值（kA）	上升沿时间（μs）	半峰宽度（μs）	平均陡度（kA·μs⁻¹）	导线分流系数（%）
R31	-3.34	5.47	85.06	0.49	22.13
R32	-3.81	9.47	61.85	0.32	26.38
R33	-2.92	5.29	70.66	0.44	21.18
R34	-3.85	5.16	87.54	0.60	17.78
R35	-6.94	8.39	76.53	0.66	24.19
平均值	-4.17	6.76	76.33	0.50	22.33

仍以有代表性的第三次人工引雷数据为例，雷电流在引流杆上经模拟架空线路导线和深井桩泄放入大地，5 次回击的雷电过电压参数见表 5-5，可以看出：

（1）由于线路末端经深井桩接地，沿线电压呈现下降趋势，其中导线首端电压幅值为 233.79～473.33kV，算术平均值为 309.11kV；导线中间电压幅值为 206.67～402.50kV，算术平均值为 260.67kV；导线末端电压幅值为 89.00～177.00kV，算术平均值为 120.53kV。

（2）首端电压上升时间为 0.44～0.56μs，平均值为 0.50μs；中间电压上升时间为 0.46～0.61μs，平均值为 0.54μs；末端电压上升时间为 0.20～0.41μs，平均值为 0.35μs。

（3）因安全考虑，模拟线路末端经深井桩接地，雷电行波传播到末端时，产生一个极性相反的反射行波，在线路的电压行波上形成叠加效应，导致电压波形在峰值电压后出现一个快速下降的过程，这个过程后电压反向形成一个次峰，然后缓慢下降到零。分析发现，电压峰值到次峰下降幅度较大，首端电压平均下降幅度为 73.66%，中间电压平均下降幅度为 67.73%，末端电压平均下降幅度为 55.92%，越靠近导线末端，电压峰值到次峰下降幅度越小。

雷击架空线路模拟段试验中，对比试验线路对总雷电流波形测量结果的影响，发现接入试验线路与否对总雷电流波形测量影响较小，可忽略不计。

表 5-5　　　　　　　　　　　　　　　　导线雷电过电压特征参数表

编号	位置	峰值（kV）	次峰值（kV）	上升沿时（μs）	上升沿平均陡度（kV·μs⁻¹）
R31	首	-248.76	-65.64	0.44	567.98
	中	-214.17	-70.00	0.57	378.05
	末	-95.00	-44.67	0.39	244.67
R32	首	-244.15	-73.71	0.56	438.94
	中	-214.17	-70.00	0.54	397.8
	末	-89.00	-45.00	0.20	453.33

续表

编号	位置	峰值（kV）	次峰值（kV）	上升沿时（μs）	上升沿平均陡度（kV·μs⁻¹）
R33	首	−233.79	−58.73	0.46	505.67
	中	−206.67	−62.50	0.61	341.11
	末	−95.00	−37.33	0.37	257.57
R34	首	−345.50	−76.01	0.52	667.55
	中	−265.83	−88.33	0.46	573.82
	末	−146.67	−57.33	0.40	368.07
R35	首	−473.33	−132.44	0.54	871.19
	中	−402.50	−130.83	0.54	740.82
	末	−177.00	−78.67	0.41	432.50

第六章

架空输电线路雷击闪络原理与分析方法

第一节　架空输电线路的雷击形式与防雷原则

一、架空输电线路的雷击形式

雷击架空输电线路有 4 种形式，如图 6-1 所示，包含雷击塔顶及塔顶附近避雷线（以下称雷击塔顶）、雷击导线（有避雷线时，雷绕过避雷线而击于导线）、雷击档距中央的避雷线（以下称雷击避雷线）和雷击线路附近地面。

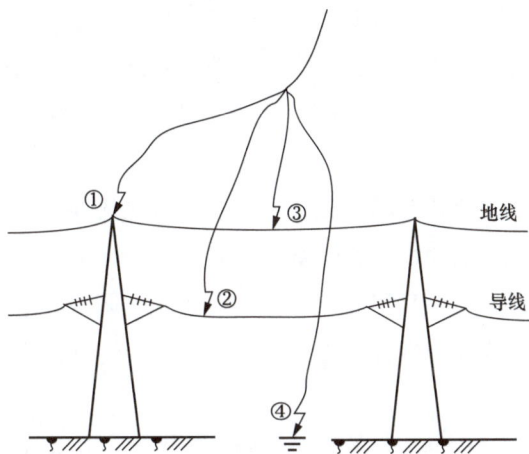

图 6-1　雷击输电线路部位示意图

上述不同雷击形式下输电线路上出现的雷电过电压主要有两种，即直击雷过电压和雷电感应过电压。前者由雷击线路或杆塔引起，后者由雷击线路附近地面时产生的电磁感应引起。

图 6-1 中，雷击形式①指雷击塔顶或塔顶避雷线，雷电流经杆塔和避雷线分流，塔顶电位抬升，如果雷电流幅值较高使得绝缘子两端电压差足够大就会引起绝缘子闪络，称为线路遭受了雷电反击。雷电反击对架空配电线路和输电线路跳闸都有较大影响，需要开展反击过电压的详细计算分析，并采取合适的雷电反击防护措施。

雷击形式②指当避雷线的屏蔽保护失效时，雷电可能绕过避雷线直击于导线，雷电流经雷击点注入导线，沿导线向两侧传播，即使较小的雷电流在导线上都会形成较高的雷电过电压，当绝缘子两端电压差高于其闪络电压时，会导致绝缘子发生闪络甚至引起线路跳闸，称为雷电绕击。雷电绕击是各电压等级都需要重点防护的雷击形式。

雷击避雷线档距中央，即形式③中，需要考虑雷击点的避雷线和导线间空气是否被击穿，一般按照规程设计该间隙不会发生此类雷击事故，因此110kV及以上架空输电线路雷电防护不考虑该种雷击形式。

此外，雷击形式④会在导线上形成雷电感应过电压，主要由雷击地面时的电磁感应引起。雷电感应过电压一般在300～400kV，因此对于110kV及以上线路绝缘没有威胁，但是会引起35kV及以下的线路绝缘闪络。因此，110kV及以上架空输电线路雷电防护一般也不考虑雷击附近地面的雷电感应过电压及其防护。

综上，110kV及以上架空输电线路的防雷重点是雷电反击和雷电绕击的防护，即针对上述雷击形式①和②，开展过电压形成机理、计算方法和防护措施的研究。

二、架空输电线路防雷目标及原则

线路雷害事故的形成通常要经历下述阶段：雷电过电压作用下，线路绝缘子发生闪络，然后从冲击闪络转化为稳定的电弧，引起交流线路跳闸或直流线路停运，如果在停运后不能迅速恢复绝缘，则发生停电事故。

输电线路防雷的任务是采用技术上与经济上的合理措施，使系统雷害降低到运行部门能够接受的程度，保证系统安全可靠运行。一般采取下列措施，分属于输电线路防雷的"四道防线"：

（1）防止雷直击导线，措施是沿线架设避雷线，有时还要装避雷针与其配合。在某些情况下可改用电缆线路，使输电线路免受直击雷击。

（2）防止雷击塔顶或避雷线后引起绝缘闪络。措施是降低杆塔的接地电阻、增大耦合系数、适当加强线路绝缘或在个别杆塔上采用避雷器等。这是提高线路耐雷水平，防止绝缘闪络的有效措施。

（3）防止雷击闪络后转化为稳定的工频电弧。当绝缘子串发生闪络后，应尽量使它不转化为稳定的工频电弧，如果工频电弧无法建立，则线路不会跳闸。由冲击闪络转化为稳定工频电弧的概率虽与电源容量及去游离条件等因素有关，但主要的影响因素是作用于电弧路径的平均电位梯度。

（4）防止线路中断供电可采用自动重合闸或双回路、环网供电等措施，即使线路跳闸，也能不中断供电。

上述4条原则，应用时应根据具体情况实施，例如线路的电压等级、重要程度、当地雷电活动强弱、已有线路的运行经验等，再由技术与经济比较的结果，设计因地制宜的保护措施。

输电线路的防雷性能在工程计算中用耐雷水平和雷击跳闸率来衡量。雷击线路不致引起绝缘闪络的最大雷电流幅值，称为线路的耐雷水平，线路的耐雷水平越高，其绝缘发生闪络的机会就越小。雷击跳闸率是指折算至统一的条件下，因雷击而引起的线路跳闸的次数，此统一条件规定为每年 40 个雷暴日和 100km 的线路长度，因此雷击跳闸率的单位是次 /（百公里·年）。需要结合上述防雷原则及具体措施，合理设计线路的耐雷水平和雷击跳闸率，达到技术性和经济性等综合最优的目标。

第二节　雷电反击时线路耐雷水平计算方法

一、反击过电压及耐雷水平理论计算方法

1. 无避雷线

对于无避雷线的线路，雷击塔顶时的电流流向及等效电路如图 6-2 所示，即当雷击线路杆塔顶端时，幅值为 I 的雷电流 i 将经杆塔及其接地电阻 R_{ch} 流入大地。设杆塔的电感为 L_{gt}，雷电流为斜角平顶波，且工程计算取波头为 2.6μs，则陡度 $\alpha=I/2.6$。

根据图 6-2 等效电路求出塔顶电位幅值 U_{gt} 为

$$U_{gt} = IR_{ch} + L_{gt}\frac{di}{dt} = I\left(R_{ch} + \frac{L_{gt}}{2.6}\right) \quad (6\text{-}1)$$

式中：R_{ch} 为杆塔的冲击电阻，Ω；L_{gt} 为杆塔的等效电感，μH。

且当雷击塔顶时，导线上的感应过电压 U' 为

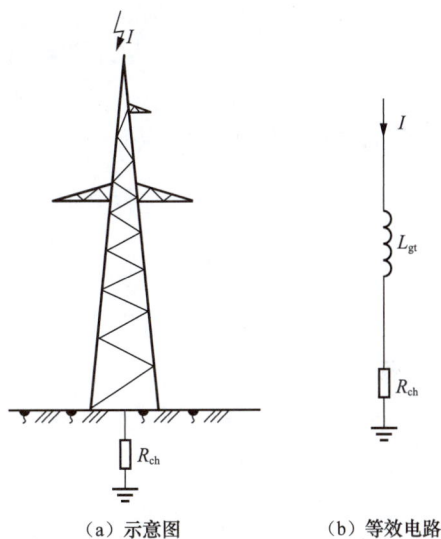

（a）示意图　　　（b）等效电路

图 6-2　雷击塔顶时的过电压示意图

$$U' = \alpha h_d = \frac{I}{2.6}h_d \tag{6-2}$$

式中：h_d 为导线平均高度，m。

由于感应过电压的极性与塔顶电位的极性相反，因此作用于绝缘子串上的电压为

$$U_j = U_{gt} - \left(-U'\right) = I\left(R_{ch} + \frac{L_{gt}}{2.6}\right) + \frac{Ih_d}{2.6} = I\left(R_{ch} + \frac{L_{gt}}{2.6} + \frac{h_d}{2.6}\right) \tag{6-3}$$

由式（6-3）可知，过电压与雷电流的大小、陡度、导线与杆塔的高度及杆塔的接地

电阻有关。

当反击时绝缘子两端电压值等于或大于绝缘子串的 50% 雷电冲击放电电压 $U_{50\%}$ 时，绝缘子发生闪络，则当不考虑线路间的耦合作用时，令式（6-3）中的 $U_{\mathrm{j}}=U_{50\%}$，此时线路的耐雷水平 I 为

$$I = \frac{U_{50\%}}{R_{\mathrm{ch}} + \dfrac{L_{\mathrm{gt}}}{2.6} + \dfrac{h_{\mathrm{d}}}{2.6}} \tag{6-4}$$

2. 有避雷线

有避雷线时雷击塔顶等效电路如图 6-3 所示，则塔顶电位瞬时值 u_{gt} 为

$$u_{\mathrm{gt}} = R_{\mathrm{ch}}i_{\mathrm{gt}} + L_{\mathrm{gt}}\frac{\mathrm{d}i_{\mathrm{gt}}}{\mathrm{d}t} = \beta\left(R_{\mathrm{ch}}i + L_{\mathrm{gt}}\frac{\mathrm{d}i}{\mathrm{d}t}\right) \tag{6-5}$$

u_{gt} 的幅值 U_{gt} 可写为

$$U_{\mathrm{gt}} = \beta I\left(R_{\mathrm{ch}} + \frac{L_{\mathrm{gt}}}{2.6}\right) \tag{6-6}$$

式中，分流系数 β 为经杆塔入地的雷电流 i_{gt} 和全部雷电流 i 的比值。

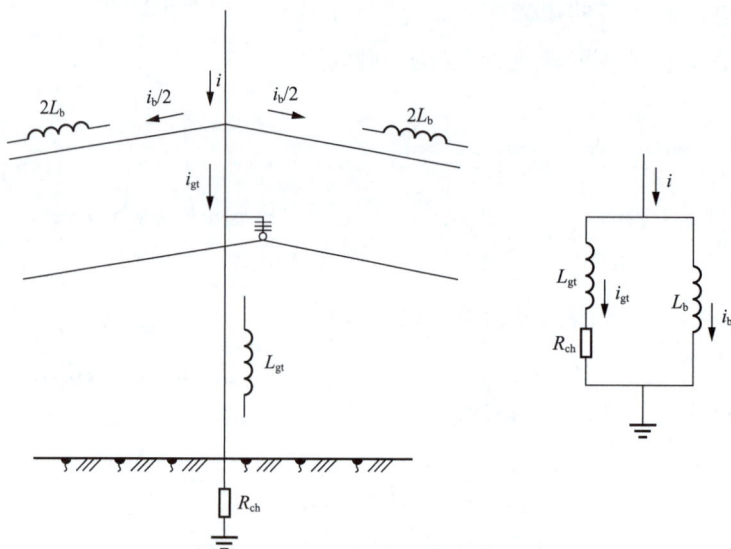

图 6-3 计算塔顶电位的等效电路

当塔顶电位为 u_{gt} 时，考虑避雷线与导线间的耦合作用，取耦合系数为 k，则导线将具有电位 ku_{gt}。此外，导线还将有感应过电压，其幅值为 $\alpha h_{\mathrm{d}}(1-k)$，与雷电流极性相反。所以导线电位的幅值 U_{d} 可写成

$$U_d = kU_{gt} - \alpha h_d (1-k) \tag{6-7}$$

因为此时避雷线的电位很高，会出现强烈电晕，所以耦合系数 k 会变大，应将由导、地线几何尺寸算得的耦合系数 k_0 再乘以电晕修正系数 k_1，即应取 $k=k_0 k_1$，其中 k_1 的值见表 6-1。

表 6-1　　　　　　　　　　　耦合系数的电晕修正系数 k_1

系统标称电压 (kV)	20～35	60～110	154～330
双避雷线	1.1	1.2	1.25
单避雷线	1.15	1.25	1.3

线路绝缘子两端电压等于塔顶电位减去导线电位。其幅值 U_j 为

$$U_j = U_{gt} - \left[kU_{gt} - \alpha h_d (1-k)\right] = \left(U_{gt} + \frac{I}{2.6}h_d\right)(1-k) = I\left(\beta R_{ch} + \beta \frac{L_{gt}}{2.6} + \frac{h_d}{2.6}\right)(1-k) \tag{6-8}$$

对于有避雷线的架空输电线路，令式（6-8）中的绝缘子两端电压等于绝缘子雷电冲击的 $U_{50\%}$，即可求得雷击杆塔时的反击耐雷水平 I_{fj} 为

$$I_{fj} = \frac{U_{50\%}}{(1-k)\beta\left[\left(R_{ch} + \dfrac{L_{gt}}{2.6}\right) + \dfrac{h_d}{2.6}\right]} \tag{6-9}$$

由式（6-9）可知，k 越小耐雷水平越低。因此，计算时应取离避雷线最远的导线为准。

此外，我国现行的行业标准和工程一直采用比较绝缘子串两端出现的过电压与绝缘子串或空气间隙 50% 放电电压（$U_{50\%}$）方法作为判据，而国外的运行经验表明该方法将导致同杆双回线路跳闸率明显偏高，因此需要研究更加精确的绝缘子雷击闪络判据。

二、反击过电压及耐雷水平的仿真计算方法

上述理论计算方法可以很直观地给出反击过电压形成过程及简化计算方法，有助于清晰理解概念并进行简单的估算。但是因不能精确体现雷电流电压在线路中的波过程，随着电压等级的提高，计算结果误差会增加。因此需要开展电磁暂态仿真，分析线路的反击过电压及耐雷水平。仿真需要建立雷电流源、杆塔、线路与绝缘子雷击闪络判据等模型。

1. 雷电流幅值概率分布

雷电流幅值累积概率分布函数可采用式（6-10）计算，其中的参数应根据广域雷电地闪监测系统记录的雷电地闪数据拟合获得，式（6-11）为根据式（6-10）求导得到的雷电流幅值分布概率密度函数。

$$P(i \geq I) = \frac{1}{1 + (I/a)^b} \tag{6-10}$$

$$f(I) = \frac{bI^{b-1}}{a^b \left[1 + (I/a)^b\right]^2} \quad (6-11)$$

式中：$P(i{\geqslant}I)$ 为雷电流幅值大于 I 的概率值；$f(I)$ 为雷电流幅值分布概率密度函数；i 为雷电流幅值的变量（kA）；I 为给定的雷电流幅值（kA）；a 为中值电流参数（kA），表征超过该幅值的雷电流出现概率为 50%；b 为雷电流幅值分布的集中程度参数。

对区域内雷电地闪，统计计算得到总次数 N_T，按照雷电流幅值以 ΔI 为间隔统计 $(0, \Delta I]$、$(\Delta I, 2\Delta I]$、$\cdots$、$(I_m{-}\Delta I, I_m]$、(I_m, ∞)（I_m 可选择为 ΔI 的整数倍）各区间的地闪次数 N_0、N_1、$\cdots$、N_{n-1}、N_n，按式（6-12）计算出雷电流幅值 I 取 0、ΔI、$\cdots$、$I_m{-}\Delta I$、I_m 时 $P(i{>}I)$ 的值，得到离散点 $(0, P(i{>}0))$、$(\Delta I, P(i{>}\Delta I))$、$\cdots$、$(I_m{-}\Delta I, P(i{>}I_m{-}\Delta I))$、$(I_m, P(i{>}I_m))$，以式（6-10）为原型对离散点进行曲线拟合，得出参数 a、b 的拟合值，拟合表达式即为该区域的雷电流幅值累积概率分布公式。N_T 越大、I_m 取值越大、ΔI 取值越小，拟合出的曲线误差越小，越能反映雷电流幅值分布的实际情况，I_m 取值可根据该区域出现的最大雷电流幅值确定，一般可选择 $I_m{=}600$、$\Delta I{=}2$。

$$P(i{\geqslant}I) = \frac{\sum_{k=I/\Delta I}^{n} N_k}{N_T} \quad (6-12)$$

式中：ΔI 为雷电流幅值统计间隔，kA；N_k 为统计的雷电地闪中，雷电流幅值处于上述相应区间的地闪次数，次；N_T 为统计的雷电地闪总次数，次。

此外，雷电流是单极性的脉冲波，对一般地区 GB/T 50064—2014《交流电气装置的过电压保护和绝缘配合设计规范》推荐雷电流幅值分布的概率如下：

$$\lg P = -\frac{I}{88} \quad (6-13)$$

式中：I 为雷电流幅值，kA；P 为雷电流幅值大于 I 的概率。

2. 雷电流模型

雷电流可采用波形为 2.6/50μs 的斜三角波模型或 Heidler 模型，详见第三章。

3. 雷电通道波阻抗模型

雷电通道波阻抗 Z_0 随雷电流幅值变化的规律可按照图 6-4 确定[❶]。一般反击耐雷水平较高，220kV 及以上在 100kA 以上，雷电通道波阻抗一般取 300~400Ω，绕击耐雷水平较小，雷电通道波阻抗一般取 800~1000Ω。

4. 杆塔模型

我国规程上计算杆塔塔顶电位时，把杆塔等效为一个集中参数的电感，同时也推荐了

---

❶ 2014 年，GB/T 50064—2014《交流电气装置的过电压保护和绝缘配合设计规范》给出了雷电流通道波阻抗和雷电流幅值的关系，详见参考文献［48］。

杆塔的波阻抗参考值，如铁塔为 150Ω。但此法存在以下问题，如超高压输电杆塔的高度随电压等级变化差异较大，将杆塔的波阻抗视为某一固定值有所不妥；只用一个集中电感模拟杆塔时，就忽略了杆塔对地电容的影响，计算结果误差较大。

输电线路杆塔应采用分段波阻抗模型，按照杆塔实际尺寸进行建模，典型杆塔的等值多波阻抗模型如图 6-5 所示。

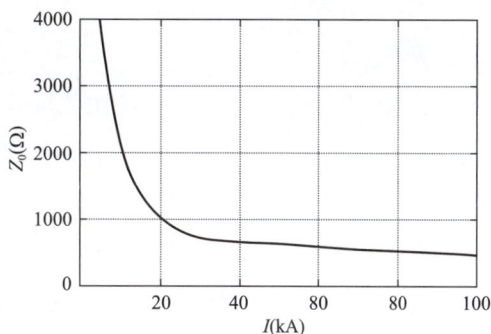

图 6-4　雷电通道波阻抗与雷电流幅值的关系

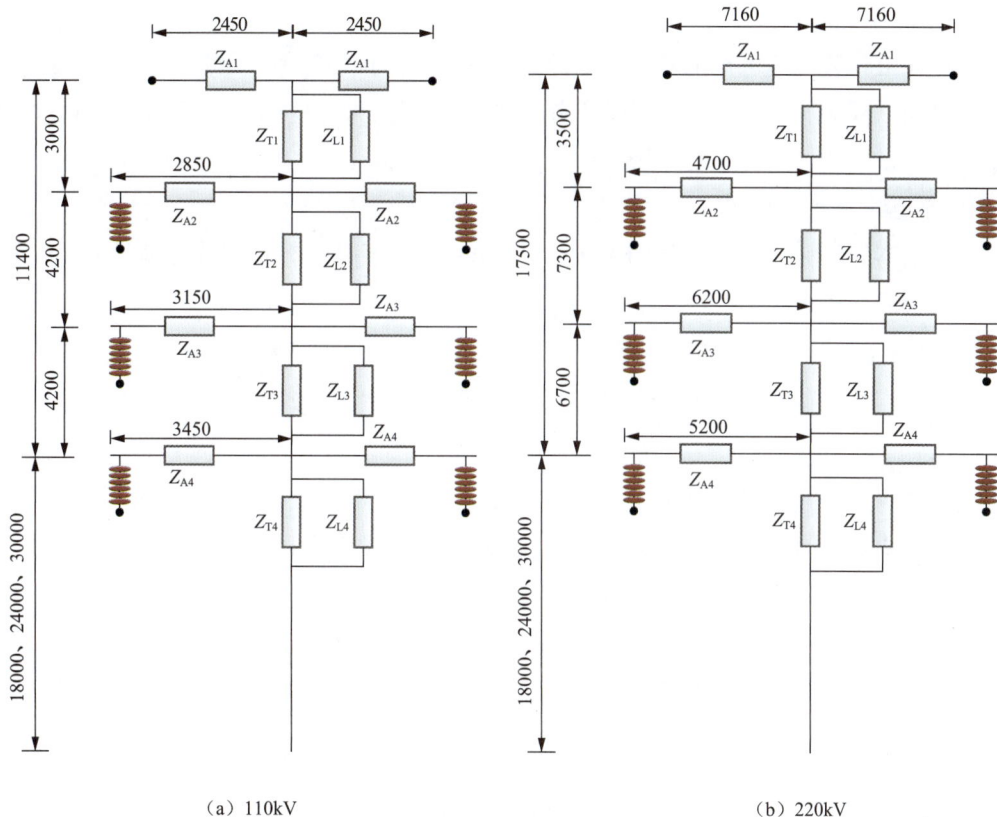

（a）110kV

（b）220kV

图 6-5　同杆双回杆塔等值多阻抗模型

图 6-5 中，主架部分每部分的波阻抗 Z_{Tk}（$k = 1$、2、3、4）计算公式见式（6-14），即

$$Z_{Tk} = 60\left(\ln \frac{2^{3/2} h_k}{r_{ek}} - 2\right) \qquad (6\text{-}14)$$

其中，h_k 和 r_{ek} 分别为第 k 个横担对地高度及其等效半径，r_{ek} 由式（6-15）计算

$$r_{ek} = 2^{1/8} \left(r_{Tk}^{1/3} r_B^{2/3} \right)^{1/4} \left(R_{Tk}^{1/3} R_B^{2/3} \right)^{3/4} \tag{6-15}$$

实际测量结果表明，从测量结果可看出，增加了支架之后，多导体系统的波阻抗减小了10%左右，那么支架每部分的波阻抗 Z_{Lk}（$k = 1$、2、3、4）由式（6-16）计算，即

$$Z_{Lk} = 9Z_{Tk} \tag{6-16}$$

同时，波在通过含有支架的多导体系统时需要更多的时间，因此支架部分的长度是主架对应部分的1.5倍。杆塔横担也用分布参数线段来模拟，其波阻抗为 Z_{Ak}（$k = 1$、2、3、4），且左右对称，图6-5仅标出了右边部分的波阻抗。其计算公式如式（6-17），即

$$Z_{Ak} = 60\ln\frac{2h_k}{r_{Ak}} \tag{6-17}$$

式中：r_{Ak} 为杆塔第 k 个横担的等值半径。

经过以上计算，就可得出杆塔主架部分、支架、横担的等值波阻抗 Z_{Tk}、Z_{Lk}、Z_{Ak}。上述分析可知，杆塔的多波阻抗模型能够考虑杆塔的高度、杆塔各部分的具体长度以及杆塔的形状，所以模型是比较贴近实际的。

5. 导地线模型

输电线路导线和地线应采用 J.Mart 模型或者频率相关模型，按照导、地线的实际参数和空间布置进行建模。

6. 绝缘子串和空气间隙闪络模型

架空输电线路绝缘子串和空气间隙的闪络模型可采用 $U_{50\%}$ 判据法、伏秒特性相交法或先导法。

$U_{50\%}$ 判据法是根据绝缘子串或空气间隙雷电冲击50%放电电压作为绝缘闪络判据，当绝缘子串或空气间隙两端电压超过其 $U_{50\%}$，即判定绝缘闪络。

伏秒特性相交法通过比较绝缘间隙两端电压波形和绝缘间隙的雷电冲击伏秒特性曲线来判断闪络是否发生，如电压波形与伏秒特性曲线直接相交或电压波形峰值的水平延长线与伏秒特性曲线相交，均认为发生闪络。绝缘间隙的伏秒特性曲线可通过实测获得，当无实测数据时可根据式（6-18）绘制。

$$U_{s\text{-}t} = 400d + 710\frac{d}{t^{0.75}} \tag{6-18}$$

式中：d 为绝缘间隙距离，mm；$U_{s\text{-}t}$ 为放电电压，kV；t 为放电时间，μs。

先导法是通过绝缘间隙中先导发展长度来判断绝缘是否发生闪络，如先导贯穿间隙，即先导长度大于等于间隙长度时，即认为发生闪络，先导发展速度计算可用式（6-19）描述，即

$$\frac{dl}{dt} = ku(t)\left[\frac{u(t)}{d-l} - E_0\right] \tag{6-19}$$

式中：l 为先导已发展长度，m；$u(t)$ 为绝缘间隙承受的电压，kV；d 为绝缘间隙长度，m；

E_0 为先导起始场强，一般可取 500kV/m；k 为经验系数，$m^2/(s \cdot kV^2)$，在 E_0 取值为 500kV/m 时，k 可取为 1.1×10^{-6}。

E_0 和 k 也可按 CIGRE 推荐取值，见表 6-2。

表 6-2　　　　　　　　雷电冲击闪络先导发展模型的推荐取值

项目	极性	$k\left[m^2/(s \cdot kV^2)\right]$	$E_0(kV/m)$
空气间隙、柱状绝缘子、长棒复合绝缘子	正极性	0.8×10^{-6}	600
	负极性	1.0×10^{-6}	670
瓷或玻璃的盘形绝缘子串	正极性	1.2×10^{-6}	520
	负极性	1.3×10^{-6}	600

通过上述建模方法进行仿真计算，即可得到反击耐雷水平的仿真计算结果。

7. 感应电压分量数值解计算

对于雷击塔顶时导线上的感应过电压，当其感应电压分量考虑数值解时，GB/T 50064—2014《交流电气装置的过电压保护和绝缘配合设计规范》给出了更精确的数值计算形式，即感应电压分量 u_i 可按式（6-20）计算，即

$$u_i = \frac{60ah_{c.t}}{k_\beta c}\left[\ln \frac{h_T + d_R + k_\beta ct}{\left(1+k_\beta\right)\left(h_T + d_R\right)}\right]\left(1 - \frac{h_{t.av}}{h_{c.av}}k_0\right)$$

$$k_\beta = \sqrt{i\left(500 + i\right)}$$

$$（6\text{-}20）$$

$$d_R = 5i^{0.65}$$

式中：u_i 为反击时的感应电压分量，kV；i 为雷电流瞬时值，kA；a 为雷电流陡度，kA/μs；k_β 为主放电速度与光速 c 的比值；$h_{c.t}$ 为导线在杆塔处的悬挂高度，m；$h_{c.av}$ 为导线对地平均高度，m；$h_{t.av}$ 为地线对地平均高度，m；d_R 为地线对地平均高度，m；k_0 为地线和导线间的耦合系数。由于各电流波形在此公式下差异较大，建议在雷电流模型为 Heidler 波时进行使用。

第三节　雷电绕击时线路耐雷水平计算方法

一、绕击过电压及耐雷水平的理论计算方法

雷电直接击到导线时，如果不考虑线路的运行电压，此时雷电流在导线上产生的电位就等于绝缘子两端电压差，等效电路如图 6-6 所示，导线的电位幅值 U_d 可按式（6-21）求得。

$$U_d = I\frac{Z_0 Z_c}{2Z_0 + Z_c} \tag{6-21}$$

式中：Z_0 为雷电通道波阻抗；Z_c 为导线波阻抗；I 为雷电流幅值。

即使对绝缘裕度较高的 330～550kV 线路来说，不难算出在 10～20kA 的雷电流下也将发生闪络，而雷电流幅值超过绕击耐雷水平的概率是很大的（77%～59%）。

应当指出，如果计及导线的工作电压 U_{ph}，雷电直击导线的等效电路将变为图 6-7 所示。

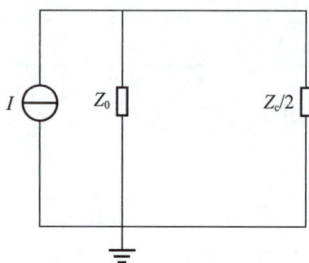

图 6-6　绕击导线时的等值电路　　　　图 6-7　雷击导线的等效电路

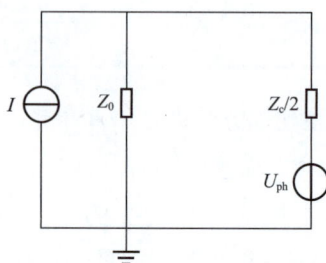

此时雷电流的注入在导线上产生的电位等于绝缘子两端电压差与导线相电压在闪电通道上波阻抗压降之差，导线的电位 U_d 可按式（6-22）求得

$$U_d = -\frac{Z_0 Z_c}{2Z_0 + Z_c}I + \frac{2Z_0}{2Z_0 + Z_c}U_{ph} \tag{6-22}$$

由式（6-22）可知，负极性雷击时 U_d 最严重的情况出现在 U_{ph} 为负峰值时，此时线路耐雷水平最低。此外，负极性雷击下导线电位相对横担为负，需要采用绝缘子的负极性雷电冲击下的 50% 放电电压 $U_{50\%}$ 为导线电位 U_d 的绝对值。GB/T 50064—2014《交流电气装置的过电压保护和绝缘配合设计规范》中给出了绕击时线路耐雷水平 I_{min} 的计算公式，即绕击耐雷水平可按式（6-23）计算，即

$$I_{min} = \left(U_{-50\%} + \frac{2Z_0}{2Z_0 + Z_c}U_{ph}\right)\frac{2Z_0 + Z_c}{Z_0 Z_c} \tag{6-23}$$

式中：I_{min} 为绕击耐雷水平，kA；$U_{-50\%}$ 为绝缘子负极性 50% 闪络电压绝对值，kV。

二、绕击过电压及耐雷水平的仿真计算方法

绕击雷电过电压及耐雷水平仿真计算方法，与上述反击雷电过电压及耐雷水平的仿真建模方法基本一样，只是雷击点、雷电流通道波阻抗存在差异。如绕击耐雷水平一般在 30kA 以内，其雷电通道等效波阻抗一般取 800～1000Ω。

其次，在绕击耐雷水平仿真计算中，绝缘子雷击闪络判据的极性与反击刚好相反，雷

电冲击闪络先导发展模型的系数可参考表 6-2 选取。此外，反击和绕击下避雷器两端绝缘子电压波形存在差异。

第四节　绝缘子短尾波冲击下的闪络判据研究

一、短尾波的产生机理

第三节中提到计算线路耐雷水平中需要用到的绝缘子雷击闪络判据。其中 $U_{50\%}$ 法、伏秒特性相交法均基于间隙或绝缘子在标准雷电冲击 1.2/50μs 下的实验结果。而实际线路遭受雷电反击时，绝缘子两端电压为短尾波 ❶，如图 6-8 所示，图中为 ±800kV 特高压直流线路 PSCAD 模型在雷电流幅值为 200kA 时采用不同雷电流模型仿真得到的绝缘子两端电压。这主要是因为雷电流注入塔顶以后会在杆塔底部、避雷线及临近杆塔等发生电压负反射，迅速叠加在上升中的过电压上，造成绝缘子两端电压变成图中的振荡短尾波。一般短尾波的波前时间在 1μs 左右，波尾时间一般为 10～30μs。

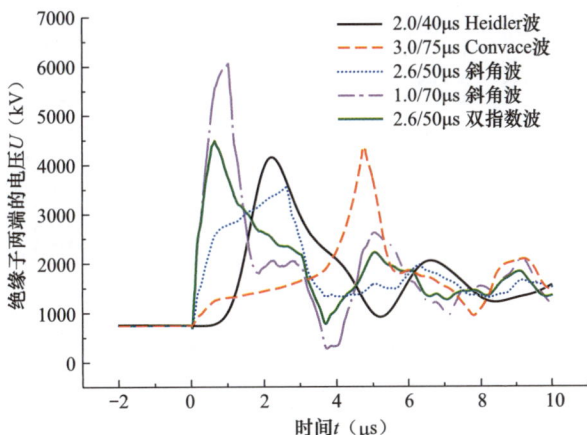

图 6-8　雷电流波形对绝缘子两端电压的影响（**200kA-800kV 线路模型**）

二、绝缘子串短尾波冲击下的闪络判据

近年来，国内学者对于短尾波冲击下的空气间隙和绝缘子串放电特性开展了试验研究工作，主要包含不同海拔、不同绝缘子材质和空气间隙的短尾波冲击下的放电特性及闪络判据。

1. 50% 放电电压（$U_{50\%}$）

针对短尾波冲击下的 $U_{50\%}$ 判据，清华大学对 0.5～1.4m 棒 - 板空气间隙和 220kV 输电

---

❶ 2015 年，华南理工大学开展了雷电流建模方法及其对架空线路耐雷性能分析影响的研究，详见参考文献 [88]。

线路复合绝缘子及瓷绝缘子开展了短尾波作用下闪络特性研究，试验数据分析表明短尾波放电电压显著高于标准雷电波的放电电压，并且正极性的差异更高，较相同条件下标准波高 15%～30%。武汉高压研究所考虑了真型塔的影响，对 500kV 同塔双回输电线路真型塔开展了绝缘子与铁塔间隙的短尾波冲击放电试验研究，结果表明短尾波作用下 500 kV 线路绝缘子冲击耐受水平较标准波大约高 10%；华东电网有限公司在对 500kV 同塔四回输电线路真型塔开展铁塔间隙的短尾波冲击放电试验研究中，对上层外侧导线施加了不同波尾的短尾波，其 50% 放电电压从 30μs 的 2294kV 增加到 20μs 的 2330kV；华南理工大学同时考虑了海拔和真型塔的影响，进行了高海拔真型塔 110kV 和 220kV 绝缘子标准波和短尾波冲击试验，获取了不同冲击电压波形及不同绝缘子 $U_{50\%}$，得出了高海拔短尾波冲击下 $U_{50\%}$ 比标准雷电冲击 $U_{50\%}$ 大 200～300kV（20%～40%）；绝缘子材质对于 $U_{50\%}$ 差异的影响较小，二者相差在 3% 以内。经统计，国内相关文献中 500kV 及以下绝缘子在不同波形雷电冲击下放电试验的 $U_{50\%}$ 见表 6-3。

表 6-3　　　　　　　　　各研究机构绝缘子 $U_{50\%}$ 试验结果

机构	海拔	材质	长度 (m)	冲击电压波形	$U_{50\%}$（kV）
武汉高压研究所 [1]	平原	复合	5.07	2.6/50（+）	2684
				2.0/20（+）	2876
重庆大学 [2]	2100m	复合	4.172	2.6/50（-）	2145
				1.6/50（-）	2406
中国电科院高压所 [3]	平原	玻璃（真型塔）	5	2.1/30（+）	2527
				1.7/20（+）	2662
清华大学 [4]	平原	复合	2.02	1.1/15.7（+）	1500
				1.1/15.7（-）	1520
武汉大学 [5]	平原	复合	1.10	1.2/50（+）	694
				1.2/50（-）	737

国网电科院根据 500 kV 真型塔玻璃绝缘子雷电冲击放电试验数据拟合短尾波闪络电压与波前时间压的关系如式（6-24）所示，即

$$K = 0.901 + \frac{2.26}{T_t^{0.8}} \qquad (6-24)$$

如果定义试验中短尾波 $U_{50\%}$ 与标准波 $U_{50\%}$ 的实际比值为 K'，则对应各短尾波试验的 K 与 K' 值见表 6-4。

[1]　2002 年，武汉高压研究所超高压开展高压线路绝缘子标准波和短尾波绝缘特性试验，详见参考文献 [89]。
[2]　2004 年，重庆大学开展棒形合成绝缘子的雷电冲击放电特性，详见参考文献 [90]。
[3]　1990 年，中国电科院开展 500kV 线路在雷电冲击短尾波下的防雷性能研究，详见参考文献 [91]。
[4]　2014 年，清华大学开展 2m 级复合绝缘子的短尾波冲击闪络特性研究，详见参考文献 [94]。
[5]　2008 年，武汉大学开展 110kV 复合绝缘子的标准雷电冲击闪络特性研究，详见参考文献 [92]。

表 6-4　　　　　　　　　　　　　　　K 与 K' 对比

机构	冲击电压	K	K'
武汉高压研究所	2.0/20（+）	1.11	1.07
中国电科院高压所	2.1/30（+）	1.05	1.05
	1.7/20（+）	1.11	1.11
清华大学	1.1/15.7（+）	1.15	1.26
	1.1/15.7（−）	1.15	1.26
华南理工大学	1.0/10.0（+）	1.26	1.23~1.42
	1.0/10.0（−）	1.26	1.24~1.39

表 6-4 中经验公式与试验数据均表明，雷电冲击电压波尾越短，短尾波 $U_{50\%}$ 与标准雷电波 $U_{50\%}$ 之比越大。

2. 伏秒特性

伏秒特性相对于 $U_{50\%}$ 考虑到了电压施加时间的作用，对比分析标准波和短尾波冲击下的绝缘子的伏秒特性差异[❶]，如图 6-9 所示。

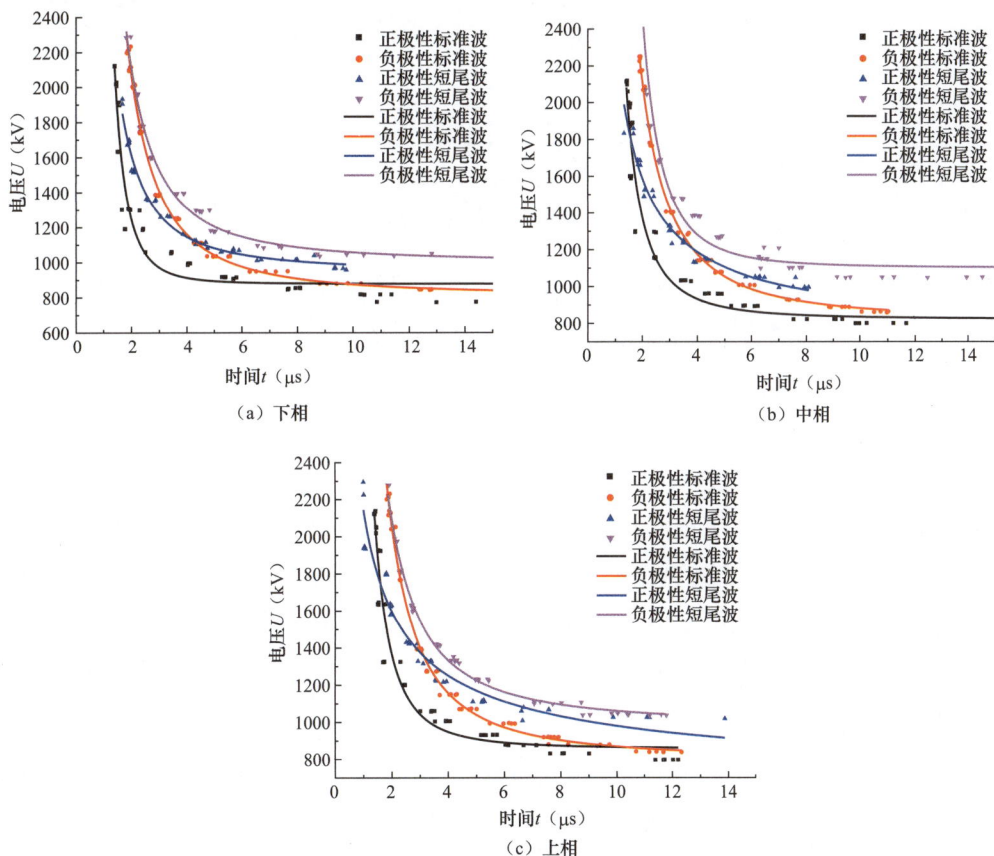

图 6-9　不同冲击波形下伞形塔中 110kV 复合绝缘子伏秒特性散点校正后数据

---

❶　2018 年，华南理工大学经过试验对比分析不同波形冲击下的绝缘子伏秒特性差异，详见参考文献［93］。

图 6-9 对比可知，击穿时间在 2μs 以前时，短尾波下与标准波下击穿散点差异不大；击穿时间在 2μs 以后时，相同电压下短尾波所需击穿时间明显比标准波长，且随着电压峰值下降，二者击穿时间差异逐渐增大，直至达到各自的 $U_{50\%}$。原因是短尾波电压在波尾部分下降快，不利于维持放电的持续快速发展。

无论是正极性还是负极性，在标准雷电冲击下伏秒特性曲线在 0~3μs 的斜率比短尾波冲击下伏秒特性曲线相同时间段的斜率大；波尾处（6μs 以后），短尾波伏秒特性高于标准波伏秒特性为 100~300kV。

结合 IEEE 推荐的伏秒特性曲线进行真型塔绝缘子、单只绝缘子的伏秒特性对比，如图 6-10 所示。

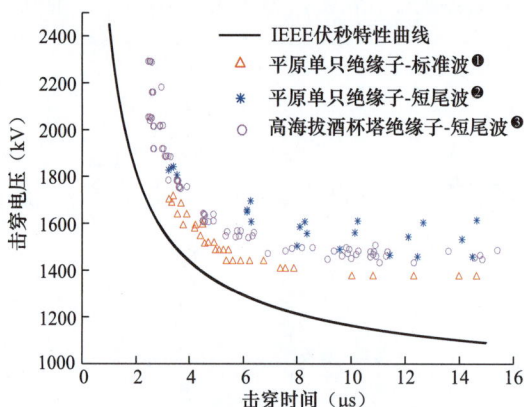

图 6-10　真型塔绝缘子、单只绝缘子和间隙的伏秒特性对比图 ❶❷❸

可以看出短尾波冲击下的绝缘子伏秒特性散点与标准雷电冲击存在较大差异，因此，如果采用 IEEE 推荐的雷电冲击下伏秒特性曲线表达式，计算结果会比实际线路耐雷水平低。

3. 先导发展模型

当前工程中使用较广的先导发展模型为 CIGRE 推荐的先导发展速度计算公式，见式（6-19），将绝缘子在高海拔标准波和短尾波冲击下的试验结果与 CIGRE 和清华大学推荐先导发展模型及参数计算出来的伏秒特性曲线对比，如图 6-11 所示。可以看出，华南理工大学给出的高海拔 110kV 玻璃绝缘子试验结果与清华大学先导模型、CIGRE 推荐的先导发展模型拟合的伏秒特性曲线均存在较大差异，可见绝缘子雷击闪络的高海拔先导发展模型需要重新校核。

为了获取更精确的绝缘子闪络判据，针对高海拔的影响，华南理工大学提出了高海拔地区的先导发展模型，考虑高海拔及先导通道的压降对先导头部电压的影响，采用先导速

---

❶　2008 年，武汉大学在平原地区对单只复合绝缘子开展正极性标准波冲击试验，详见参考文献［92］。

❷　2014 年，清华大学在平原地区对单只复合绝缘子开展正极性短尾波冲击试验，详见参考文献［94］。

❸　2019 年，华南理工大学开展高海拔酒杯塔绝缘子短尾波冲击下的伏秒特性试验，详见参考文献［106］。

度发展公式如式（6-25）所示，即

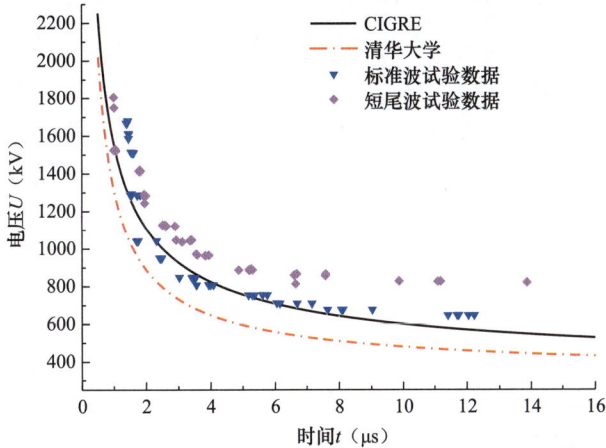

图 6-11 雷击闪络试验数据与 CIGRE 先导发展模型伏秒特性曲线对比

$$\frac{\mathrm{d}l}{\mathrm{d}t} = k \cdot \left[u(t) - E_l \cdot l \right] \cdot \left[\frac{u(t) - E_l \cdot l}{d - l} - \delta E_0 \right] \qquad (6\text{-}25)$$

式中：k 为先导发展速度系数，$\mathrm{m^2 \cdot V^2 \cdot s^{-1}}$；$u(t)$ 为施加在绝缘子两端的瞬时电压；E_1 为先导通道平均场强，kV/m；d 为间隙长度，m；l 为先导已发展长度，m；E_0 为临界先导起始场强，与间隙的结构有关，kV/m；δ 表示海拔修正系数。

表 6-5　　　　　　　　　部分典型先导发展速度公式对比

提出时间	模型	先导速度发展公式	击穿判据
20 世纪 60 年代	Wagner 等[1]	$\frac{\mathrm{d}l}{\mathrm{d}t} = k \cdot d \cdot \left[\frac{U(t)}{d-l} - E_0 \right]$	$t \geq d$
20 世纪 80 年代	Shindo and Suzuki[2]	$\frac{\mathrm{d}l}{\mathrm{d}t} = k_1 \cdot \frac{U^2(t)}{d \cdot l} + \frac{k_2 \cdot C_1 \cdot U^2(t) \cdot v \cdot l}{d \cdot (d-l)}$	$t \geq d$
		$\frac{\mathrm{d}l}{\mathrm{d}t} = k_1 \cdot \frac{U^2(t)}{d-2l} + \frac{k_2 \cdot C_1 \cdot U^2(t) \cdot v \cdot l}{d \cdot (d-2l)}$	$2t \geq d$
20 世纪 90 年代	CIGRE[3]	$\frac{\mathrm{d}l}{\mathrm{d}t} = k \cdot d \cdot \left[\frac{U(t)}{d-l} - E_0 \right]$	$t \geq d$
20 世纪 90 年代	Pigini 等[4]	$\frac{\mathrm{d}l}{\mathrm{d}t} = 170 \cdot d \cdot \left[\frac{U(t)}{d-l} - E_0 \right] \cdot e^{\frac{0.0015U(t)}{d}}$	$t \geq d$

[1] 1961 年，Wagner 等人基于正极性长空气间隙提出先导发展模型，详见参考文献［95］。

[2] 2010 年，Shindo 考虑了先导单位长度的等效电容，详见参考文献［96］。

[3] 1991 年，CIGRE 将先导发展法闪络判据载入规程，详见参考文献［172］。

[4] 1989 年，Pigini 等人建立了适用于非标准雷电波的冲击闪络判据，详见参考文献［97］。

提出时间	模型	先导速度发展公式	击穿判据
20 世纪 90 年代	Motoyama [1]	$\dfrac{\mathrm{d}l}{\mathrm{d}t}=k_1 \cdot d \cdot \left[\dfrac{U(t)}{d-2l}-E_0\right],\quad 0\leqslant 2l\leqslant\dfrac{d}{2}$ $\dfrac{\mathrm{d}l}{\mathrm{d}t}=k_2 \cdot d \cdot \left[\dfrac{U(t)}{d-2l}-E'\right]+v',\quad \dfrac{d}{2}\leqslant 2l\leqslant d$	$2l\geqslant d$
2008 年	清华大学 [2]	$\dfrac{\mathrm{d}l}{\mathrm{d}t}=k \cdot \left[\dfrac{U(t)}{d-l}-E_0\right]$	$l\geqslant d$(瓷绝缘子)、 $2l\geqslant d$(复合绝缘子)
2009 年	华中科技大学 [3]	$\dfrac{\mathrm{d}l}{\mathrm{d}t}=k \cdot U(t)\cdot\left[\dfrac{U(t)-E_l \cdot l}{d-l}-E_0\right]$	$l\geqslant d-h_{\mathrm f}$
2011 年	华南理工大学	$\dfrac{\mathrm{d}l}{\mathrm{d}t}=k \cdot [U(t)-E_l \cdot l]\cdot\left[\dfrac{U(t)-E_l \cdot l}{d-l}-\delta E_0\right]$	$l\geqslant 2/3d$

表 6-5 中，l 为先导长度，m；d 为间隙长度，m；v 为先导发展速度，m/s；C_1 为先导单位长度等效电容，F/m；E_0 为流注发展的最低场强，kV/m；E' 为先导长度为 $d/4$ 时 $U(t)/(d-2l)$ 的值，kV/m；v' 为先导长度为 $d/4$ 时的速度；E_1 为先导通道压降，kV/m；δ 为相对空气密度；$h_{\mathrm f}$ 为 Rizk 提出的末跃长度。

通过调整模型参数使得计算的伏秒特性曲线与试验伏秒特性数据拟合度更高，可求出最优先导发展模型参数 k 和 E_0。其中，计算模型参数时，一般在模型中加入的波形为最初设计波形。但在真实试验中，冲击电压发生器产生的试验波形与理论波形有较大区别，而在 PSCAD 中仿真得到的绝缘子端电压波形与试验和理论波形均有一定差异，如图 6-12 所示。其中图 6-12（a）为标准波对比，图 6-12（b）为短尾波对比，可见理论波形为光滑曲线，试验波形存在过冲及小的振荡，而 PSCAD 仿真短尾波振荡更明显。

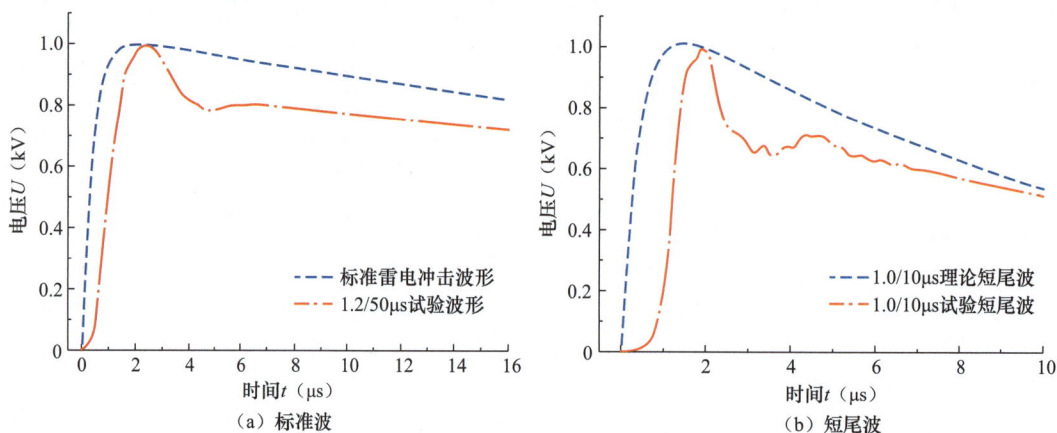

图 6-12　试验与理论冲击波形对比

[1] 1996 年，Motoyama 等人以间隙的一半为边界将放电过程分为两个阶段，详见参考文献 [98]。
[2] 2008 年，清华大学根据绝缘子材质将末跃长度进行区分，详见参考文献 [103，94]。
[3] 2009 年，华中科技大学考虑了先导通道的压降 E_1，详见参考文献 [99]。

为了更接近试验实际工况，应该采用试验波形进行参数计算，基于伏秒特性试验结果和先导发展模型公式，加入施加在绝缘子上的试验电压波形，从而求取模型中最优参数 k、E_0 以及 E_1，使得先导发展模型得到的伏秒特性与试验伏秒特性散点之间拟合度最优。经统计，各研究机构提出的先导发展速度公式中，经验参数的选择见表 6-6。

表 6-6　　　　　　　　各工况下先导发展模型参数 [1]

模型	间隙类型	间隙长度 (m)	冲击波形 (μs)	参数
Wagner 等	棒 - 棒（+）	1~3	1.5/40	$k=880.2\text{m}/(\text{kV}\cdot\text{s})$
				$E_0=576\text{kV/m}$
				$k=880.2\text{m}/(\text{kV}\cdot\text{s})$
				$E_0=576\text{kV/m}$
Shindo 等	棒 - 棒（+）	1~3	1.2/50	$k_1=0.1\text{m}^2/(\text{kV}^2\cdot\text{s})$
				$k_2=2.5\text{m}^2/(\text{kV}^2\cdot\text{A}\cdot\text{s})$
				$E_0=450\text{kV/m}$
	棒 - 棒（−）		2.4/9.6	$k_1=0.05\text{m}^2/(\text{kV}^2\cdot\text{s})$
				$k_2=5\text{m}^2/(\text{kV}^2\cdot\text{A}\cdot\text{s})$
				$E_0=450\text{kV/m}$
	棒 - 板（+）	1~7.5	2.5/53	$k_1=0.2\text{m}^2/(\text{kV}^2\cdot\text{s})$
				$k_2=3\text{m}^2/(\text{kV}^2\cdot\text{A}\cdot\text{s})$
				$E_0=400\text{kV/m}$
CIGRE	棒 - 棒（+）	—	1.2/50	$k=0.8\text{m}^2/(\text{kV}^2\cdot\text{s})$
	棒 - 板（+）			$E_0=600\text{kV/m}$
	复合绝缘子（+）			
	棒 - 棒（−）			$k=1\text{m}^2/(\text{kV}^2\cdot\text{s})$
	棒 - 板（−）			$E_0=670\text{kV/m}$
	复合绝缘子（−）			
	瓷绝缘子（+）			$k=1.2\text{m}^2/(\text{kV}^2\cdot\text{s})$
				$E_0=520\text{kV/m}$
	瓷绝缘子（−）			$k=1.3\text{m}^2/(\text{kV}^2\cdot\text{s})$
				$E_0=600\text{kV/m}$
Pigini 等	棒 - 板（±）	1~4	1.6/50	E_0
			1.6/18	
	棒 - 棒（±）	2~4	0.7/25	
			0.5/50	

---

[1] 1961~2015 年，研究团队及所做工作在表 6-5 中已做标注，详见相关文献。

续表

模型	间隙类型	间隙长度 (m)	冲击波形 (μs)	参数
Motoyama	棒 - 棒（+） 棒 - 棒（-）	1～3	(1.2～1.4)/ (3.2～3.7) 1.2/50	$k_1=2500\text{m}^2/(\text{kV}\cdot\text{s})$
				$k_2=420\text{m}^2/(\text{kV}\cdot\text{s})$
				$E_0=750\text{kV/m}$
	瓷绝缘子（+）	—	—	$k_0=2900\text{m}^2/(\text{kV}\cdot\text{s})$
				$E_0=580\text{kV/m}$
清华大学	瓷绝缘子（-）	0.95～4.15	(1.1～1.45)/ (6.5～15.7)	$k_0=2500\text{m}^2/(\text{kV}\cdot\text{s})$
				$E_0=640\text{kV/m}$
	复合绝缘子（+）			$k_0=1500\text{m}^2/(\text{kV}\cdot\text{s})$
				$E_0=620\text{kV/m}$
华中科技大学	绝缘子（+）	5	—	$k=0.7875/(\text{kV}\cdot\text{s})$
				$E_1=100\text{kV/m}$
				$E_0=500\text{kV/m}$
		12		$k=0.7875\text{m}/(\text{kV}\cdot\text{s})$
				$E_1=80\text{kV/m}$
				$E_0=500\text{kV/m}$
华南理工大学	I 串绝缘子（+）	7.1	1.2/50	$k=0.73\text{m}^2/(\text{kV}^2\cdot\text{s})$
				$E_1=50\text{kV/m}$
				$E_0=495\text{kV/m}$
	I 串绝缘子（-）			$k=0.53\text{m}^2/(\text{kV}^2\cdot\text{s})$
				$E_1=50\text{kV/m}$
				$E_0=440\text{kV/m}$
	V 串绝缘子（+）	最小放电距 离 7.1m		$k=0.70\text{m}^2/(\text{kV}^2\cdot\text{s})$
				$E_1=50\text{kV/m}$
				$E_0=580\text{kV/m}$
	V 串绝缘子（+）			$k=0.64\text{m}^2/(\text{kV}^2\cdot\text{s})$
				$E_1=50\text{kV/m}$
				$E_0=585\text{kV/m}$

三、基于数据驱动的绝缘子雷击闪络判据研究

由于不同型号绝缘子参数和结构等差异较大，逐一开展高压试验会耗费大量的人力、物力，不具备可行性，导致试验获取的闪络判据不可能适用所有工况。因此，根据计算高电压工程学思想，可进一步采用数据驱动的方法开展绝缘子闪络判据的智能计算。首先，整理过往的大量试验数据，利用数据库技术实现试验大数据的管理。基于已建立的绝缘子

高压试验数据库，开展绝缘子闪络判据的机器学习，搭建学习能力强、能处理多特征量与闪络判据之间非线性关系的智能计算模型。

华南理工大学已经初步建立绝缘子高压试验数据库，包含不同塔型、不同材质以及不同长度绝缘子在不同冲击电压波形下的试验数据，且基于该数据库开展了 110kV 绝缘子 $U_{50\%}$ 及伏秒特性智能预测研究，如图 6-13 所示。采用随机森林算法对高海拔 110kV 绝缘子伏秒特性进行预测模型搭建，均方根误差仅为 0.45，结果表明采用机器学习算法可实现相对误差较小的预测，验证了智能预测模型的有效性。未来在实现数据库公开之后，可以整合所有研究机构的公开数据，开展更多电压等级以及新试验工况的智能计算，可供提高后续绝缘子闪络判据智能计算模型的准确度研究提供数据基础。

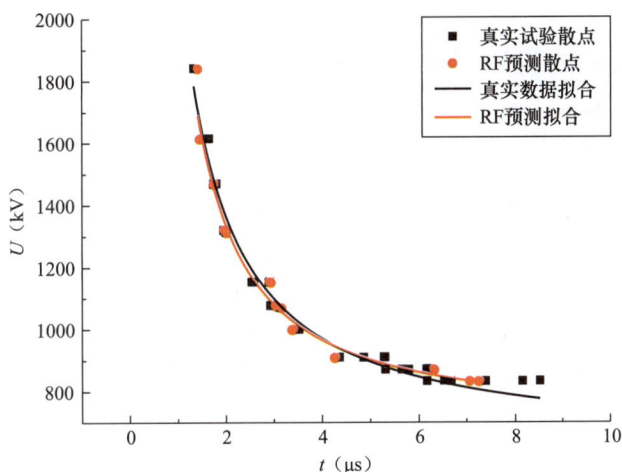

图 6-13 随机森林算法预测高海拔伏秒特性 ❶

第五节 线路反击和绕击耐雷水平及跳闸率的计算方法

一、反击跳闸率计算方法

计算输电线路反击跳闸率 R_f 应采用 GB/T 50064—2014《交流电气装置的过电压保护和绝缘配合设计规范》中的推荐方法，如式（6-26）所示，即

$$R_f = N_L \eta g P_1 \qquad (6-26)$$

$$N_L = 0.1 N_g \left(28 h_T^{0.6} + b\right) \qquad (6-27)$$

---

❶ 2022 年，华南理工大学何少敏等人构建数据库并用于预测伏秒特性，详见参考文献［102］。

$$N_g = 0.026T_d^{1.3} \tag{6-28}$$

式中：R_f 为反击跳闸率，次 /（百公里·年）；N_L 为线路落雷次数，次 /（百公里·年），对无准确统计值的情况可根据年雷暴日数按式（6-27）计算，对年平均雷暴日数为 40 的地区取 2.78 次 /（百公里·年）；g 为击杆率，双地线时平原为 1/6、山区为 1/4，单地线时平原为 1/4、山区为 1/3；P_1 为超过雷击塔顶时反击耐雷水平 I 的雷电流概率；η 为建弧率，即绝缘子和空气间隙在雷电流冲击之后，转变为稳定的工频电弧的概率，根据行业标准，建弧率 η 按式（6-29）计算。h_T 为杆塔高度，m；b 为两根地线之间的距离，m；N_g 为地闪密度，次 /(km²·a)；T_d 为年雷暴日数，天。

$$\eta = \left(4.5E^{0.75} - 14\right) \times 10^{-2} \tag{6-29}$$

式中：E 为绝缘子串的平均运行电压梯度的有效值，kV/m。

对于有效接地系统 E 可按式（6-30）计算，对于中性点绝缘、消弧线圈接地系统 E 可按式（6-31）计算。当 E 不大于 6kV/m 时，建弧率接近于 0。

$$E = U_n / \sqrt{3}l_i \tag{6-30}$$

$$E = U_n / \left(2l_i + 2l_m\right) \tag{6-31}$$

式中：l_i 为绝缘子串的放电距离，m；l_m 为木横担线路的线间距离，m，对铁横担和钢筋混凝土横担线路 l_m 取 0m。

二、绕击率及绕击跳闸率计算方法

雷电绕击是造成架空输电线路跳闸的重要因素之一，因而从 1960 年代开始，世界各国就对雷电绕击问题开展了分析研究。线路的雷电绕击研究主要以雷电绕击概率和闪络概率为研究目标，最终以雷电绕击跳闸率作为线路绕击防雷保护性能的基本指标。

各国学者开展了多种线路雷电绕击实验，并建立了不同的理论计算模型。当前较为成熟和公认的研究输电线路雷电绕击性能的方法和模型主要有以下几种：规程法、经典电气几何模型、改进电气几何模型、雷电绕击的先导发展模型、输电线路绕击概率模型。GB/T 50064—2014《交流电气装置的过电压保护和绝缘配合设计规范》采用改进电气几何模型进行绕击跳闸率计算。

改进电气几何模型在经典电气几何模型的基础上，充分考虑复杂地形和复杂的杆塔结构建立 EGM 整体分析模型。绕击跳闸率的计算方法采用暴露距离法和暴露投影法，基本参数的选取依据国内外的研究成果提供各种可能的情况，供用户选择和对比分析。

（1）击距公式。击距是指雷云向地面发展的先导放电通道头部到达被击物体的临界击穿距离，击距的大小与先导头部的电位有关，因而也与先导通道的电荷密度有关。而电荷

密度又决定了雷电流幅值，根据理论研究和实验，击距与雷电流幅值有如下关系：

$$r_{s} = s \cdot I^{c} \tag{6-32}$$

式中：s 和 c 均为常数，但是 s 和 c 不是任意取值，GB/T 50064—2014《交流电气装置的过电压保护和绝缘配合设计规范》推荐值为（10，0.65）。对于特高压线路，相导线工作电压对击距有一定的影响，考虑工作电压时击距公式为

$$r_{c} = 1.63(5.015I^{0.578} - 0.001U_{ph})^{1.125} \tag{6-33}$$

$$r_{g} = \begin{cases} \left[3.6 + 1.7\ln\left(43 - h_{c.av}\right)\right]I^{0.65} & (h_{c.av} < 40\text{m}) \\ 5.5I^{0.65} & (h_{c.av} \geq 40\text{m}) \end{cases} \tag{6-34}$$

式中：r_{s} 为雷电对地线的击距，m；I 为雷电流幅值，m；r_{c} 为雷电对导线的击距，m；U_{ph} 为导线上工作电压瞬时值，kV；r_{g} 为雷电对大地的击距，m；$h_{c.av}$ 为导线对地平均高度，m。

（2）击距系数。击距系数是雷电先导对地击距与对导线击距的比值，反映了地面物体对线形物（导线或地线）的引雷能力的大小，击距系数越大，说明地面物体引雷能力越强，对导线的屏蔽作用越明显，反之亦然，如图 6-14 所示。图 6-14 中，r_{e} 为对地击距，r_{g} 为对地线击距，r_{c} 为对导线击距。

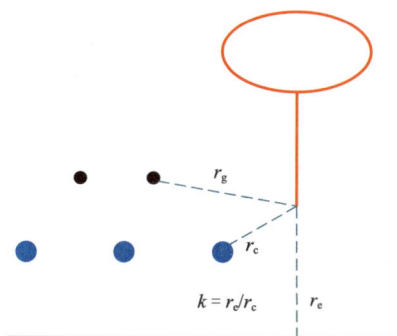

图 6-14　击距系数分析

各国对击距系数 k 的取值也不完全相同，分两种情况，供用户选择。第一种与导线平均高度无关，取值范围 0.5～1.0，精确到 0.05，默认值 0.8；第二种与导线平均高度有关，日本学者推荐的击距系数公式如下所示，即

$$k = \begin{cases} 0.8(h < 40\text{m}) \\ 0.7(h \geq 40\text{m}) \end{cases} \tag{6-35}$$

式中：h 为导线平均高度。

IEEE 委员会推荐的击距系数公式如下所示，即

$$k = \begin{cases} 0.36 + 0.17\ln(43 - h) & (h < 40\text{m}) \\ 0.55 & (h \geqslant 40\text{m}) \end{cases} \quad (6\text{-}36)$$

研究表明，IEEE 会员推荐的击距公式在导线平均高度大于 40m 时结果偏大，击距系数对计算结果的影响较大。

（3）入射角分布。对于较高杆塔，先导入射角的概率分布密度函数 $P_g(\psi)$ 可按式（6-37）计算，即

$$P_g(\psi) = 0.75\cos^3\psi \quad (6\text{-}37)$$

式中：ψ 为雷电先导入射角，$^\circ$。

（4）绕击率计算。架空输电线路雷电绕击计算应考虑导、地线沿线弧垂的影响。当输电线路经过山区时，雷电绕击的计算应计及地形的影响。地线对多层导线保护时应考虑层间相互屏蔽效应。随着雷电流增加，击距逐渐增大，地线屏蔽弧、导线暴露弧、地面屏蔽线逐渐外推。当雷电流大到一定程度，地线屏蔽弧和地面屏蔽线将最终将导线暴露弧全部包住，即实现对导线的保护，因此基于杆塔尺寸、地形参数和 EGM 方法可以计算得到线路的最大绕击雷电流 $I_{\max,n}$。

雷电流幅值为 I 时，第 n 相绕击率应由不同入射角下的绕击概率积分得到，可按式（6-38）计算。

$$\chi_n(I) = \int_{-\pi/2}^{\pi/2} \frac{D_n\left[r_c(I), \varphi\right]}{D_s\left[r_s(I), \varphi\right] + \sum D_n\left[r_c(I), \varphi\right]} \rho(\varphi)\mathrm{d}\varphi \quad (6\text{-}38)$$

式中：$\chi_n(I)$ 为雷电流幅值为 I 时第 n 相导线绕击率；$D_s\left[r_s(I), \varphi\right]$ 为雷电流幅值为 I、入射角为 φ 时的地线屏蔽弧投影长；$D_n\left[r_c(I), \varphi\right]$ 为雷电流幅值为 I、入射角为 φ 时的第 n 相导线暴露弧投影长。

对于有多相导线的输电线路单基杆塔发生绕击闪络的概率按式（6-39）和式（6-40）计算，即

$$R_r = \sum_{n=1}^{m} R_{rn} \quad (6\text{-}39)$$

$$R_{rn} = \eta_n N_L P_{sf} = \eta_n N_L \int_{I_{\min,rn}}^{I_{\max,rn}} \frac{D_n\left[r_c(I), \varphi\right]}{D_s\left[r_s(I), \varphi\right] + \sum D_n\left[r_c(I), \varphi\right]} \rho(\varphi)\mathrm{d}\varphi \quad (6\text{-}40)$$

式中：R_r 为单基杆塔及对应水平档距折算至每百公里每年的总绕击跳闸率，次/（百公里·年）；R_{rn} 为单基杆塔对应水平档距折算至每百公里每年的第 n 相绕击跳闸率，次/（百公里·年）；η_n 为第 n 相绝缘子串建弧率，按式（6-29）计算；$I_{\min,rn}$ 为第 n 相绕击耐雷水平，kA，按式（6-23）计算获得；$I_{\max,rn}$ 为第 n 相最大绕击雷电流，kA，由 EGM 方法计算获得；P_{sf}

为线路的绕击闪络概率，应按区间组合统计法计算雷击时刻运行电压瞬时值；N_L 为线路落雷次数，次 /（百公里·年），按式（6-27）计算；$f(I)$ 为雷电流幅值分布密度函数，按式（6-11）求导计算。

三、线路雷击跳闸率计算方法

线路雷击跳闸率的计算分为以下两步：

（1）按照式（6-41）计算一基杆塔的雷击跳闸率，即

$$N_i = N_{Li}\eta\left(g_i P_{1i} + P_{sf}\right) \tag{6-41}$$

式中：N_i 为第 i 基杆塔的雷击跳闸率，次 /（百公里·年）。计算一基杆塔雷击跳闸率时线路长度取该基杆塔的水平档距。N_{Li} 为第 i 基杆塔每年遭受雷击的次数，次 /（百公里·年），计算方法见式（6-35）。η 为建弧率，对交流线路 η 的计算方法见式（6-29），对直流线路 η 取 1。g_i 为第 i 基杆塔的击杆率，平原取 1/6，山区取 1/4。P_{1i} 为第 i 基杆塔超过雷击杆塔顶部和地线时反击耐雷水平 I_1 的雷电流概率，I_1 的计算方法按照式（6-9）执行，采用区间组合统计方法计算得到加权平均值。P_{sf} 为线路的绕击闪络概率，应按区间组合统计法计算雷击时刻运行电压瞬时值。

$$N_{Li} = 0.1 N_g \left(28 h_t^{0.6} + b\right) \tag{6-42}$$

式中：h_t 为杆塔高度，m；b 为两根地线之间的距离，m；N_g 为地闪密度，次 /(km²·a)，对年平均雷暴日数为 40d 的地区暂取 2.78 次 /(km²·a)。

（2）按照式（6-37）采用加权统计法计算整条线路雷击跳闸率，即

$$N = \sum_{i=1}^{i=n} N_i L_i \Big/ \sum_{i=1}^{i=n} L_i \tag{6-43}$$

式中：N 为全线的雷击跳闸率的加权统计值，次 /（百公里·年）；L_i 为第 i 基杆塔的水平档距，km。对于同塔双回线，单回线路的反击跳闸率等于总的反击跳闸率的一半，绕击跳闸率分别计算。

第七章

架空输电线路防雷措施

第一节 接 地 装 置

一、概述

接地就是将电气设备的某些部位、电力系统的某点与大地相连，提供故障电流及雷电流的泄流通道，稳定电位，提供零电位参考点，以确保电力系统、电气设备安全运行，同时确保电力系统运行人员及其他人员的人身安全。接地功能是通过接地装置或接地系统来实现的。电力系统的接地装置一般分为两类：一类为输电线路杆塔或微波塔所配置的简单接地装置，如水平接地体、垂直接地体、环形接地体等；另一类为发变电站配置的复杂接地网。

接地装置是包括引线在内埋设在地中的一个或一组金属体（包括金属水平埋设或垂直埋设的接地极、金属构件、金属管道、钢筋混凝土构件物基础、金属设备等），或由金属导体组成的金属网，其功能是用来泄放故障电流、雷电流或其他冲击电流，稳定电位。接地系统则是指包括发变电站接地装置、电气设备及电缆接地、架空地线及中性点接地、低压及二次系统接地在内的系统。

接地电阻是表征接地装置电气性能的参数。接地电阻的数值等于接地装置相对于无穷远处零电位点的电压与通过接地装置流入地中电流的比值。如果通过的电流为工频电流，对应的接地电阻为工频接地电阻；如果通过的电流为冲击电流，对应的接地电阻为冲击接地电阻。冲击接地电阻具有时变暂态特性，一般用接地装置的冲击电压幅值与通过其流入地中的冲击电流的幅值的比值作为接地装置的冲击接地电阻。接地电阻反映了接地装置散流能力、稳定电位能力及保护性能。接地电阻越小，保护性能就越好。

二、输电线路杆塔接地电阻的基本要求

输电线路杆塔接地装置通过杆塔或引下线（见图 7-1）与避雷线相连，其主要作用是

将直击于输电线路的雷电流引入大地，以减小雷击引起的停电和人身事故。此外，还应确保继电保护装置能够可靠地动作。降低杆塔接地装置的接地电阻无疑是提高线路耐雷水平的一项重要的措施。浙江电力试验研究所统计了新杭 220kV 线路 21 年雷击跳闸率变化趋势，结果表明："降低接地电阻是最有效的防雷改进措施"。

图 7-1　杆塔引下线

输电线路杆塔接地装置的冲击阻抗与输电线路的跳闸率直接相关。在防雷设计中，除了采用架空地线降低雷电直击导线概率外，同时还要限制塔顶电位，降低塔顶与导线之间的电位差，以防止反击。当雷击输电线路杆塔时，雷电流经杆塔和接地装置流入地下，铁塔电位升高主要是因为杆塔和接地装置的综合效应。雷击塔顶时，塔顶电位为

$$V_{t} = (1-\beta)\left(R_{1}i + L\frac{di}{dt}\right) \qquad (7-1)$$

式中：R_1 为杆塔接地装置的冲击接地电阻；L 为杆塔的电感，一般与其高度成正比；β 为避雷线对雷电流的分流系数。

当塔顶电位 V_t 与输电线路相导线上由于感应和耦合的电位之差超过了绝缘子串的击穿电压时，绝缘子串发生闪络，可能会导致线路的停电事故，影响电力系统的正常运行。从式（7-1）可以看出，塔顶电位与杆塔接地装置冲击接地电阻密切相关。因此，接地装置的优化设计对提高输电线路运行的可靠性具有重要意义。

由式（7-1）可知，冲击接地电阻值越低，雷击时加在绝缘子串上的电压就越低，发生反击闪络的概率就越小。在冲击电流作用下，接地装置的冲击接地电阻一般低于工频接地电阻，但是冲击接地电阻因土壤性质、冲击电流峰值及接地装置的几何形状不同而相差很大。因此在实际的接地装置设计中，仍以工频电阻值作为校核的依据，同时考虑一定的降低裕度。在输电线路设计中，如果工频接地电阻能达到 10～15Ω，设计上即被认为优良。在超高压输电线路中，多以 10Ω 作为接地电阻的要求值。

在 GB/T 50065—2011《交流电气装置的接地设计规范》中，对不同土壤电阻率地区线路杆塔接地电阻值应达到的相应标准作出了规定。对有避雷线的架空线路杆塔工频接地电阻的要求见表 7-1。输电线路杆塔接地装置的接地电阻指在工频电流作用时，拆开避雷线所测量得到的电阻值，一般指夏季测量得到的数值。应当说明的是，表 7-1 中所列数值也能满足继电保护可靠动作的需要。

表 7-1　　　　　带避雷线架空线路杆塔的工频接地电阻要求

土壤电阻率（Ω·m）	工频接地电阻 R（Ω）
100 及以下	10
100～500	15
500～1000	20
1000～2000	25
2000 以上	30；或敷设 6～8 根射线（总长度不超过 500m），或连续伸长接地，阻值不作规定

然而，按照线路继电保护灵敏度的要求，当短路发生在杆塔上或有避雷线参与作用时，计及避雷线影响的接地电阻不应大于 50～70Ω。如果按照单相自动重合闸有效性的要求，当单相接地发生在杆塔上或有避雷线参与作用时，其接地装置的电阻不应大于 20～80Ω。此外接地装置的接地电阻还应按杆塔高度来规定，如果高度超过 35m，其接地电阻应取表 7-1 所列数值的一半。

三、输电线路杆塔接地装置基本结构

输电线路杆塔基础一般以钢筋混凝土为主，基础本身就构成了有效的接地极。近年来采用的大型铁塔的基础尺寸相当大，在低电阻率地区，仅靠基础就可以满足所要求的接地电阻值。但是在高土壤电阻率地区，仅靠基础则不能满足接地电阻的要求。这时需要另外设置接地极与杆塔相连，与混凝土基础共同构成杆塔接地装置。

在进行线路杆塔接地装置设计时，应该考虑三个方面的因素：一是可以考虑将杆塔的钢筋混凝土基础作为自然接地极；二是增设人工接地极，人工接地装置可做成单个接地极，并布置在杆塔各塔脚附近；三是对于土壤电阻率较高的地段，若深层土壤电阻较低，可采用深埋式或垂直接地极。

在线路接地装置中通常采用的接地装置的结构包括环形水平接地极、水平带形接地极、深埋式接地极。对于在复杂地质条件、较高的土壤电阻率以及不同的线路杆塔桩基形状下，以上三种接地装置并不局限于使用一种，必要时可将这几种接地装置进行组合，优化接地装置的散流特性，以达到降低接地电阻的效果。

我国输电线路常见的几种接地装置结构见表 7-2。

表 7-2　　　　　我国输电线路常见的几种接地装置结构图

接地装置名称	接地装置形状	实际接地极尺寸说明（m）
铁塔接地装置		a:4。 S:8～10。 l:0～50
钢筋混凝土杆环形接地装置		d:2.5。 l:0～14。 l 不为 0 时，l_2=0。 l=0 时：l_2:7
钢筋混凝土杆放射型接地装置		a:1.5。 d:10。 l:5～53

四、输电线路杆塔自然接地形式

目前，输电线路铁塔的基础一般由装配式钢筋混凝土基础构件现场装配而成，可大大减少建设时间。最常用的是由阶梯式钢筋混凝土底座或桩柱组成的基础，起着自然接地的作用。因此将它称为自然接地极，其接地电阻称为自然接地电阻。钢筋混凝土基础的钢骨架是由钢筋组成的网格结构，各钢筋互相焊接在一起，外面由混凝土层覆盖。当混凝土层的厚度达 30mm 以上时，在非腐蚀性土壤中的底座可不用沥青涂层。国内外输电线路建设和运行的经验表明，利用钢筋混凝土基础作为自然接地极，不仅在技术上是可行的，而且具有较好的经济效益。因此设计人员在进行线路接地装置设计时应充分利用杆塔的钢筋混凝土作为自然接地极。杆塔与基础之间要有良好的电气连接。

输电线路杆塔基础设计需要结合具体地形和地质条件。当前，我国现阶段输电线路杆塔设计中，较为常见的基础类型有以下几类：

（1）掏挖桩基础。目前掏挖桩基础在地下水位较低的平地、垄岗、丘陵和风化程度较高的山地都得到了较好的应用，是输电线路工程中最为常见的基础型式。

（2）大开挖桩基础。常见的大开挖桩基础类型有阶型基础、板式基础和联合基础。大开挖桩基础的应用主要是为了提升其承载力效果，改善原有结构的不稳定性，在诸如地下水位较高、地基承载力较低或者因前者条件且工程造价一定的特殊区域，采用大开挖桩基础也是必不可少的一种处理手段。

（3）岩石桩基础。对于覆盖层较浅或无覆盖层的中风化、微风化岩石地基，采用上述扩展基础存在开挖难度大、经济性差等问题。常见的岩石基础主要有嵌固基础和岩石锚杆基础。这两种基础具有环境友好、减小土石方量、节约工程材料、缩短工期、降低造价的特点，具有较强的抗拔承载能力。

（4）钻孔灌注桩基础。钻孔灌注桩基础是一种深桩基础，能承受很大倾覆荷载、上拔及下压荷载，比较适合于荷载大、地基土承载力低、地下水位高的塔位基础。该基础的特点是占地小，混凝土方量较多，钢材耗量较多，施工工艺较复杂，对于对场地要求严格的城区输电线路尤为适用。

钢筋混凝土自然接地具有如下几方面的优点：①混凝土的电阻率比较均匀，有良好的导电条件。一般混凝土基础呈碱性，具有吸湿性能，满足了电解质导电的两个基本条件，即湿度和离子浓度。②吸湿后的混凝土近似等效于增大金属电极直径，能使电极长期保持较低的接地电阻，电气性能稳定。混凝土能从土壤中吸收水分来保持本身的高含水量，且组织稠密，可长期保持低电阻率。③在土壤电阻率高的地区，由于混凝土的吸湿作用，导致混凝土的电阻率比周围土壤的电阻率低，从而降低了接地电阻。④钢筋混凝土自然接地的寿命比较长，因为金属电极处于外部包裹的混凝土介质的保护下，腐蚀速度变慢，延长了电极的使用寿命。美国应用实例表明，应用 22 年的钢筋混凝土自然接地极仍然良好。

五、杆塔工频接地电阻值的计算

对于输电线路杆塔，当接地装置的总长度相等时，直线形接地装置具有最小的工频接地电阻，其他各种形状的水平接地装置均会受到不同程度的屏蔽。因此，包括放射形接地装置在内的各种水平接地装置的工频接地电阻可以在直线形接地装置的基础上用一屏蔽系数 A_t 来进行修正。参照 GB/T 50065—2011《交流电气装置的接地设计规范》附录 F，铁塔接地装置（水平型）的工频接地电阻可参考下式计算，即

$$R = \frac{\rho}{8\pi(L_1 + L_2)}\left\{\ln\frac{\left[4(L_1 + L_2)\right]^2}{hd} + A_t\right\} \tag{7-2}$$

式中：R 为铁塔接地装置的工频接地电阻，Ω；ρ 为土壤电阻率，$\Omega \cdot m$；L_1 为铁塔接地装置框的边长，m；L_2 为铁塔接地装置射线的长度，m；h 为水平铁塔接地装置的埋深，m；d 为水平铁塔接地装置的等值半径，m；A_t 为框加射线接地装置的屏蔽系数，详见 GB/T 50065—2011《交流电气装置的接地设计规范》附录 F。

六、输电线路杆塔接地装置的冲击系数

冲击系数是反映输电线路杆塔接地装置冲击特性的一个重要参数。利用冲击系数与工

频接地电阻可估算接地装置的冲击接地电阻，可解决冲击接地电阻现场测量困难的问题。

冲击接地电阻 R_1 与工频接地电阻 R 之比定义为冲击系数，即

$$\alpha = \frac{R_1}{R} \tag{7-3}$$

根据式（7-3）可知，冲击接地电阻的阻值可以用冲击系数乘以工频接地电阻得到。国内外的真型试验表明，输电线路杆塔接地装置的冲击接地电阻和冲击系数主要与冲击电流幅值、接地装置的几何尺寸及土壤电阻率有关。A.Geri 等人[1]对简单的水平和垂直接地极开展了冲击放电试验，对接地极冲击接地电阻与冲击电流幅值的变化关系进行了研究。A.Haddad 等人[2]对冲击电流作用下不同长度的水平接地极与接地网进行了试验，研究了水平接地极的有效长度。夏长征等人[3]研究了单位长度伸长接地极的真型试验方法。

由于真型试验能比较真实地反映冲击电流作用下接地极的接地性能，开展真型试验对研究接地极冲击特性十分必要。浙江省电力试验研究院曾针对垂直接地极、水平接地极、十字形接地极，这三种接地体的冲击特性进行了试验，其试验场地长 80m，宽 30m。土壤类型是黏土，具有密度高、含水量大的特点。三种接地体具体参数见表 7-3[4]。

表 7-3　　　　　　　　　　试验所用的三种接地体参数

接地体类型	材料	长度（m）	直径（mm）	埋深（m）	电流注入位置
十字形接地极	圆钢	10（两根）	18	0.8	中点 / 端点
水平接地极	圆钢	2	18	0.8	端点
垂直接地极	圆钢	2.5	18	0.8	上端点

试验测得的三种接地体冲击特性的冲击系数见表 7-4。

表 7-4　　　　　　　　　三种接地体冲击特性的冲击系数

接地体类型	注入点	工频接地电阻（Ω）	冲击电流幅值（kA）	冲击接地电阻（Ω）	冲击系数
十字形接地极	端点	1.07	6.30	1.55	1.45
十字形接地极	中点	1.07	6.38	1.39	1.30
水平接地极	端点	5.61	5.5	5.56	0.99
垂直接地极	端点	5.33	5.66	5.41	1.02

由表 7-4 可知，水平 2m 接地极和垂直接地极的工频接地电阻都约为 5.5Ω，因为导体

---

[1] Geri A .Behaviour of grounding systems excited by high impulse currents: the model and its validation [J] .IEEE Transactions on Power Delivery, 1999, 14（3）:1008-1017.

[2] Harid N , Ahmeda M , Griffiths H ,et al.Experimental investigation of the impulse characteristics of practical ground electrode systems [J] . 高电压技术 , 2011, 37（011）:2721-2726.

[3] 夏长征，陈慈萱 . 单位长度伸长接地体冲击特性的真型试验 [J] . 高电压技术 , 2001, 27（3）:2.

[4] 张波，余绍峰，孔维政等 . 接地装置雷电冲击特性的大电流试验分析 [J] . 高电压技术 ,2011, 37（03）:548-554.

长度短，火花放电区域大，冲击系数相对十字形接地极较小，由于十字形接地极尺寸大，工频接地电阻低，但同时在冲击电流作用下电感效应大，火花放电效应弱，因此冲击系数大于1.3；而注入相同电流时，中点注入的电压要低于端点注入时的电压，因此在相同结构尺寸的接地极下，接地引线应尽可能从中点引出。

华中科技大学对110～500kV实际输电线路杆塔接地装置开展了大电流冲击特性试验❶。现场试验所用的接地极参数见表7-5。6种不同情况下的杆塔接地极的冲击系数随冲击电流幅值变化的拟合曲线如图7-2所示。

表7-5　　　　　　　　　　　　现场试验的接地极参数

序号	电压等级（kV）	类型	土壤电阻率（Ω·m）	方框边长（m）	射线长度（m）	半径（mm）	埋深（m）	材料
1	500	水平	200	10	35	6	0.8	圆钢
2	220	水平	300	10	60	6	0.8	圆钢
3	220	水平	100	10	5	6	0.8	圆钢
4	110	水平	240	6	35	6	0.8	圆钢
5	110	水平	150	6	35	6	0.8	圆钢
6	110	垂直	60	4	3	6	0.8	圆钢

试验结果表明，冲击系数与冲击电流幅值之间的关系可以用指数函数拟合，其参数与土壤电阻率和接地极尺寸有关。对于尺寸较大的接地极，当冲击电流幅值较小时，电感效应占主导，冲击系数大于1，随着冲击电流幅值的增加，火花效应开始占主导，冲击系数开始小于1；对于尺寸较小的接地极，电感效应不显著，一般火花效应占主导，冲击系数小于1。

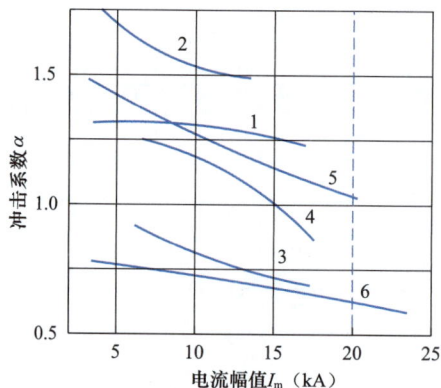

图7-2　杆塔接地极的冲击系数随冲击电流幅值变化的曲线

---

❶　时维经. 实际杆塔接地极冲击特性的大电流试验研究与仿真分析［D］. 华中科技大学，2017.

第二节　架空地线

一、概述

（一）基本概念

架空输电线路一般由基础、杆塔、金具、绝缘子、导线、地线（含 OPGW 光缆）、接地设施等部分组成，如图 7-3 所示。在架空输电线路导线上方，为尽量避免输电线路导线直接遭受雷击而架设的电力线，即为架空地线（简称地线），又称为避雷线。架空地线除具有防雷作用以外还具有短路电流分流的重要作用。安装架空地线可以减少雷害事故，提高线路运行的安全性。

图 7-3　架空地线在杆塔上的位置

（二）架空地线作用

1. 防止雷击导线

架空地线的存在减少了雷电直击导线的机会，降低了线路绝缘承受的雷电过电压幅值。当雷击于塔顶或地线上时，塔身电位很高，加在绝缘子串上的电压等于塔身电位与导线电位之差，该电压一般远比雷电直接击中导线时绝缘子串上的电压低，不会导致闪络放电。但是，如果接地电阻很大，则塔身电位将会很高，这时就会发生逆闪络，也就是通常说的"反击"。雷击塔顶或地线反击说明示意如图7-4所示。

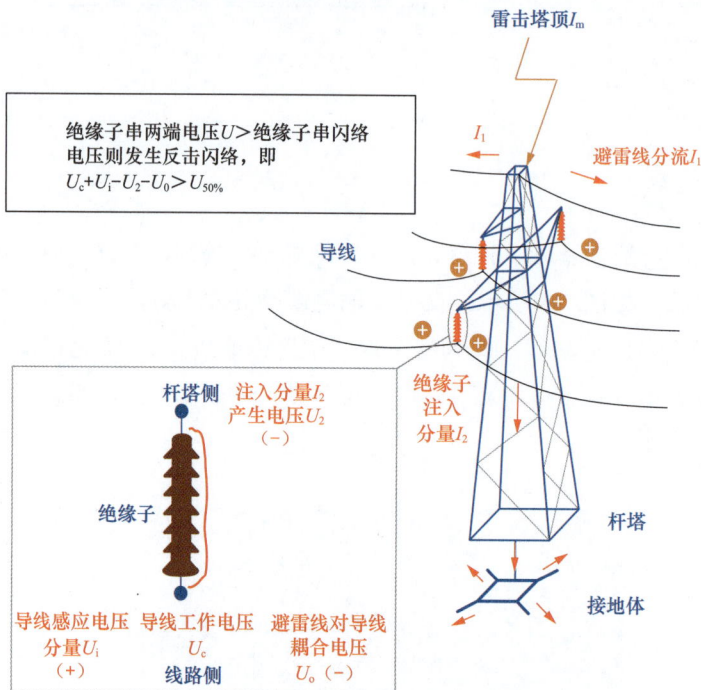

图 7-4　雷击塔顶或地线反击说明示意图

2. 雷电流分流作用

当雷击塔顶时，架空地线对雷电流有分流的作用（典型雷击塔顶地线分流情况如图7-5所示），减少流入杆塔的雷电流，使杆塔塔顶电位降低。

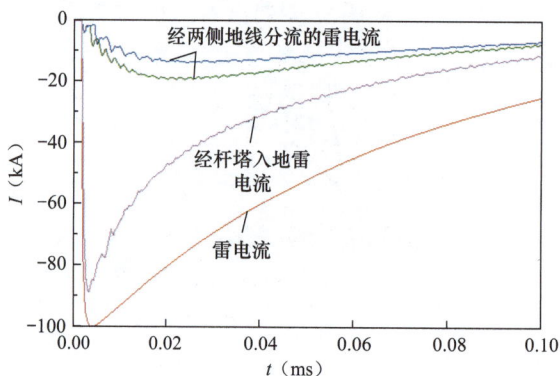

图 7-5　雷击架空地线时经杆塔和地线分流的电流波形分布情况

3. 对导线有耦合作用

当雷击塔顶或地线时，因为存在耦合作用，导线电位将抬高，所以耦合作用可使绝缘

子串上的电压降低。因此，为了减少"反击"，在接地电阻很难降低时，可以利用架空地线的分流、耦合性质，在导线下面再增加一条耦合地线。

4. 对导线有屏蔽作用

架空地线接地，可以起到屏蔽雷电感应过电压对导线影响的作用，降低雷电感应过电压幅值。

5. 具备通信功能

常规的架空地线经过适当改装，把光纤集成到以铝包钢线绞制成的架空地线中，称为光纤复合架空地线（OPGW），它具有避雷、通信等多种功能。

（三）架空地线使用原则

输电线路是否架设地线，应根据线路电压等级、负荷性质和系统运行方式，并结合当地已有线路的运行经验、地区雷电活动的强弱、地形地貌特点及土壤电阻率高低等决定。在计算耐雷水平后，通过技术经济性比较，采用合理的防雷方式。

110kV 输电线路应沿全线架设地线，在年平均雷暴日数不超过 15 日或运行经验证明雷电活动强度轻微的地区，可不架设地线；无地线的输电线路，应在变电站或发电厂的进线段架设 1~2km 的地线；220~330kV 输电线路应沿全线架设地线；在年平均雷暴日数超过 15 日的地区或运行经验证明雷电活动强度轻微的地区，可架设单地线；山区应采用双地线；500kV 及以上电压等级的输电线路，应沿着全线架设双地线。

使用减小地线保护角技术时应注意：

（1）将地线外移，通过减小地线和导线之间的水平距离来减小保护角时，应注意地线不能外移太多，应保证杆塔上两根地线之间的距离不应超过地线与导线间垂直距离的 5 倍。地线外移后，杆件的应力增大，杆塔的重量和基础应力都随之增加，线路的投资成本有所增加。

（2）使用将导线内移的方法来减小保护角，可以避免杆塔重量增加和基础应力增大的问题，还可以建造更紧凑的输电线路，减小输电走廊，造价会更低，但应保证导线与塔身的间隙距离满足绝缘配合要求。

（3）若用增加绝缘子片数，降低导线挂线点高度来减小保护角，杆塔的重量和应力都随之增加，线路的投资成本增加。

（4）若用增加地线高度来减小保护角，需要增加杆塔投资费用。

（5）在选择改造保护角的方案时要综合考虑减小保护角的防雷效果、运行规范要求和改造费用等因素，并进行机械负荷方面的校核，确定最优改造方案。

二、架空地线保护范围

保护范围是指被保护物在此空间内遭受雷击的概率在可接受范围之内。各种文献规定的保护范围不同，是指允许遭受雷击的概率不同。GB/T 50064《交流电气装置的过电压保护和绝缘配合设计规范》中规定，避雷线保护范围内遭受雷击概率为 0.1%，即保护范围可靠率达 99.9%。美国推荐性标准 IEEE Std142—1991 规定避雷针击距或球半径为 30m 时，保护范围内遭受雷击概率大约为 0.1%；击距（或球半径）采用 45m 时，雷击概率大约为 0.5%。在一些情况下，使用避雷线比使用避雷针更方便和经济。

　　架空输电线路地线的保护范围应考虑导、地线沿线弧垂的影响。当输电线路经过山区时，雷电绕击的计算应计及地形的影响。地线对多层导线保护时应考虑层间相互屏蔽效应。地线对下方单相导线保护的 EGM 模型示意如图 7-6 所示，地线对下方三相导线保护的 EGM 模型示意如图 7-7 所示，复杂混压同塔多回输电线路地线对导线保护的 EGM 模型示意如图 7-8 所示。

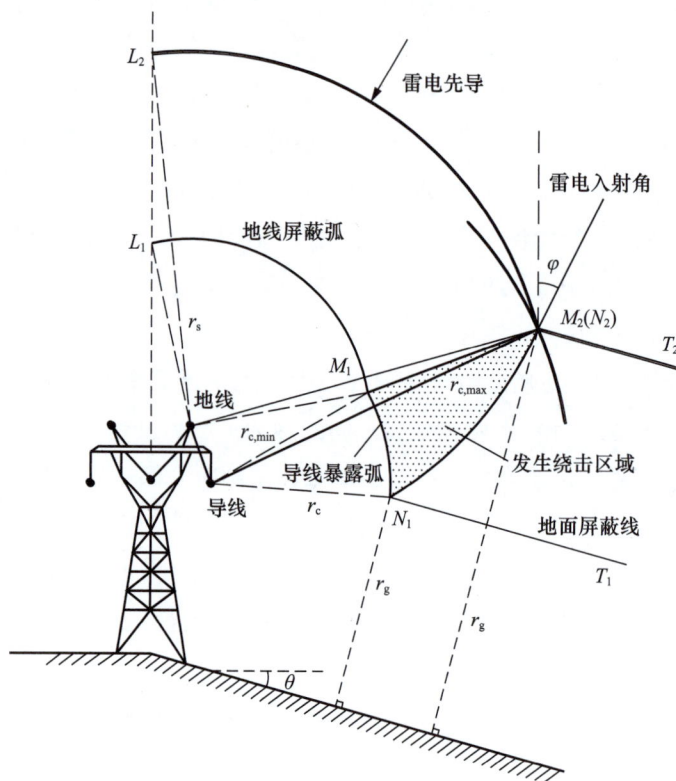

图 7-6　单回路地线保护 EGM 示意图

　　随着雷电流增加，击距逐渐增大，地线屏蔽弧、导线暴露弧、地面屏蔽线逐渐外推。当绕击雷电流增大到一定的程度，地线屏蔽弧和地面屏蔽线对导线实现全保护，导线暴露弧长为零，雷电流只能击中地线或者地面，不再发生绕击导线，此时的雷电流称为终止绕击雷电流。

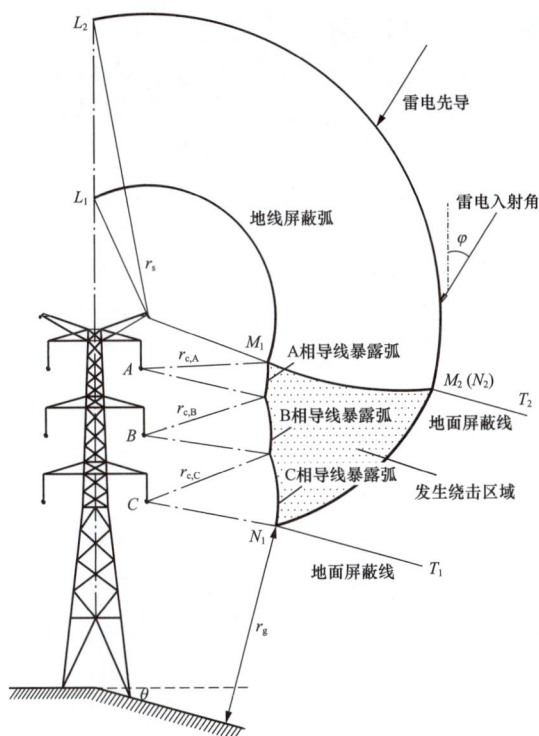

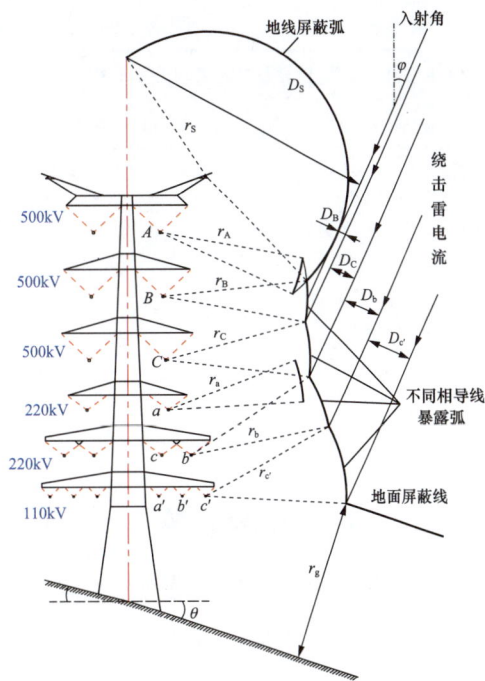

图 7-7　双回路地线保护 EGM 示意图　图 7-8　复杂混压同塔多回输电线路地线保护 EGM 示意图

早期的 EGM 模型只考虑一根地线和地面对一相导线的屏蔽，且认为雷电流相同时，导线击距和地线击距均相同，几何关系较简单，不难推导出最大击距的计算公式及其相应雷电流，如式（7-4）所示。

$$r_{\max} = \left\{ \left[\beta\left(h_t + h_c\right) + \sin(\theta + \alpha)\sqrt{\left(h_t + h_c\right)^2 - G} \right] / 2F \right\} \cos\theta \qquad （7\text{-}4）$$

其中　　　　　　$F = \beta^2 - \sin^2(\theta + \alpha) \qquad G = F\left[\left(h_t - h_c\right) / \cos(\theta + \alpha)\right]^2$

式中：$r_{\max}$ 为最大绕击击距，m；β 为击距系数；θ 为地面倾角，°；α 为地线保护角，°；h_t 为地线高，m；h_c 为导线高，m。

对于同塔双回及多回输电线路，往往是地线和导线自上而下分多层排列，根据击距理论并参考图 7-7 和图 7-8，雷电下行先导总是率先和最接近的导线或地线上行先导相会，因此中间层导线有可能部分或全部被其上下层导线（或地线）屏蔽，即垂直排列的多层相导线之间存在一定的相互屏蔽作用。所以为更准确地描述雷电流对同塔多回路的绕击机理，有必要对 EGM 模型进行改进以综合考虑地线与多层相导线在发生绕击时的相互关系。利用计算机数值方法进行求解的具体算法流程见表 7-6，最终基于杆塔尺寸、地形参数和 EGM 方法可以计算得到线路的最大绕击雷电流。

表 7-6 同塔双回和多回路各相最大击距计算流程说明

Step 1	初始计算雷电流 I_c 设为所有相耐雷水平的最小值 $I_c=\min\{I_{k,min}\}$，雷电入射角 φ 设为 90°，转入 Step 2
Step 2	根据 I_c 求出当前各相击距，并建立当前各相绕击电气几何关系，转入 Step 3
Step 3	根据当前电气几何关系，求出各相导线暴露弧投影长度 D_k，转入 Step 4
Step 4	逐相判断 D_k 是否不大于 0，如果第 k 相 D_k 首次不大于 0（说明该相导线被地线和其他相导线或地面屏蔽），则保存当前 I_c 为该相导线最大绕击雷电流 $I_{k,max}$，转入 Step 5
Step 5	如果所有相导线暴露弧投影长度全部不大于 0，即 $\max\{D_k\}$ 不大于 0（说明所有相导线被地线和地面屏蔽），则当前 I_c 即为所有相最大绕击雷电流 I_{max}，然后进入 Step 6；否则，增加当前雷电流幅值 $I_c=I_c+dI$，然后转入 Step 2
Step 6	结束

三、架空地线保护角

架空地线保护角指的是通过地线的垂直平面与通过地线和被保护受雷击的导线的平面之间的夹角，记为保护角 α，如图 7-9 所示。

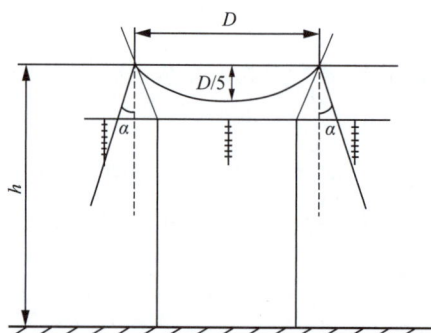

图 7-9 双架空地线保护角示意图

在一定范围内，保护角越小，避雷线就越可靠地保护线路。双架空地线的保护范围大于单架空地线，在设计中可以采用地线外移的方法，减小架空地线的保护角，增强地线保护的可靠性。实际经验和设计规程表明，只要双架空地线之间的距离不大于架空地线与中间导线高度差的 5 倍，中间导线便能够可靠保护，同时一般档距中央，导线与地线的距离 S 与档距 L 的关系应满足式（7-5）的要求，以避免档中地线反击导线。

$$S \geqslant 0.012L+1 \qquad\qquad (7-5)$$

架空地线保护角主要影响线路的雷电绕击性能，当地线保护角越小时，则需要杆塔地线支架越长，即地线横担向外延伸，此时地线对雷电屏蔽的效果越好，但杆塔地线支架及塔身重量随之增大，造价也随保护角越小而越高。反之当地线保护角越大，则杆塔地线支架的长度可以越短，地线对导线的屏蔽效果越弱，而杆塔重量及造价也随之越低。因此，如何在地线保护角的取值和杆塔造价之间选择一个平衡点，对于线路防雷和造价控制具有

重要的意义。对无冰区典型 110～500kV 单回及同塔双回线路在不同地线保护角下的绕击跳闸率和地线支架投资进行测算，主要结果见表 7-7～表 7-9。典型 110、220kV 和 500kV 单回路和同塔双回路不同地线保护角绕击跳闸率和造价变化趋势分别如图 7-10～图 7-12 所示。可见，对 110kV 和 220kV 单回路地线保护角控制在 5°～10° 的范围内，防范绕击效果相对较差，同时地线造价增加幅度不至于太高；对 110kV 和 220kV 同塔双回路地线保护角在降低至 0°～5° 范围或以下，防绕击效果较为理想，经济代价不至于太高；对于 500kV 单回路，地线保护角控制在 0°～5° 范围，综合技术经济性较好；对于 500kV 同塔双回路，地线保护角宜降低至 -5°～0° 范围，防雷效果较好，经济代价不算太高。

表 7-7　　　典型 110kV 单回路和同塔双回路不同地线保护角技术经济指标对比

单回路（1C1W2-ZM2-24）			双回路（1D2W8-Z3-24）		
地线保护角（°）	绕击跳闸率[次/（百公里·年）]	增加造价（万元/基）	地线保护角（°）	绕击跳闸率[次/（百公里·年）]	增加造价（万元/基）
-10	0.0271	3.78	-10	0.0187	5.83
-7.5	0.0382	3.11	-7.5	0.0346	4.62
-5	0.0544	2.52	-5	0.0725	3.62
-2.5	0.0721	2.02	-2.5	0.122	2.79
0	0.1028	1.58	0	0.1879	2.12
2.5	0.1536	1.22	2.5	0.2709	1.58
5	0.208	0.90	5	0.3908	1.14
7.5	0.2937	0.63	7.5	0.5611	0.79
10	0.4416	0.40	10	0.8394	0.50
12.5	0.6325	0.19	12.5	1.2081	0.24
15	0.955	0.00	15	1.7958	0.00

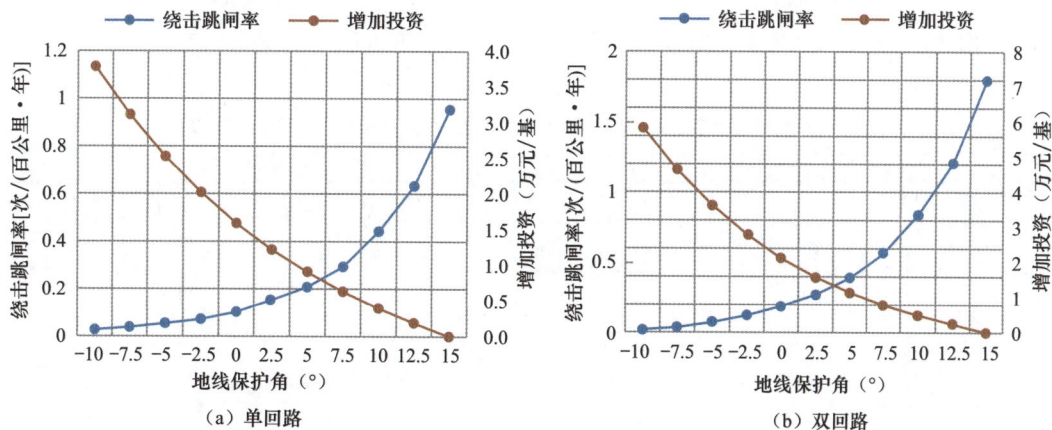

（a）单回路　　　　　　　　　（b）双回路

图 7-10　典型 110kV 单回路和同塔双回路不同地线保护角绕击跳闸率和造价变化趋势图

表 7-8 典型 220kV 单回路和同塔双回路不同地线保护角技术经济指标对比

单回路（2D1W2-Z3-30）			双回路（2D2W2-Z2-30）		
地线保护角（°）	绕击跳闸率[次/（百公里·年）]	增加造价（万元/基）	地线保护角（°）	绕击跳闸率[次/（百公里·年）]	增加造价（万元/基）
−10	0.0164	8.51	−10	0.0146	10.30
−7.5	0.0235	6.89	−7.5	0.0290	8.33
−5	0.0340	5.51	−5	0.0428	6.65
−2.5	0.0496	4.35	−2.5	0.0702	5.23
0	0.0728	3.38	0	0.1030	4.03
2.5	0.1002	2.57	2.5	0.1612	3.03
5	0.1383	1.89	5	0.2573	2.19
7.5	0.2120	1.32	7.5	0.3818	1.53
10	0.3067	0.84	10	0.5968	0.98
12.5	0.4513	0.41	12.5	0.9149	0.50
15	0.6733	0.00	15	1.3265	0.00

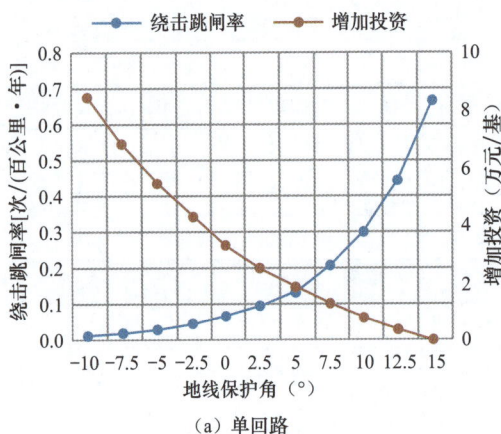

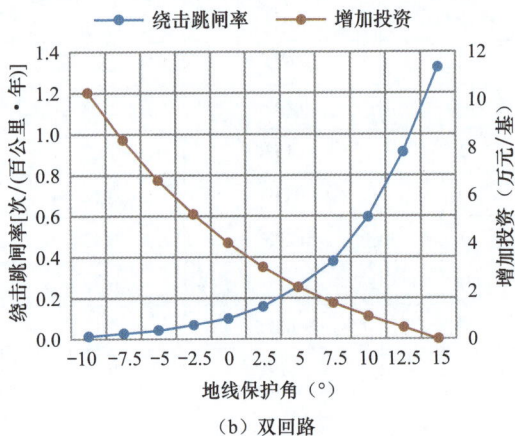

(a) 单回路 　　　　(b) 双回路

图 7-11 典型 220kV 单回路和同塔双回路不同地线保护角绕击跳闸率和造价变化趋势图

表 7-9 典型 500kV 单回路和同塔双回路不同地线保护角技术经济指标对比

单回路（5D1W2-ZH3-42）			双回路（5D2W2-Z2-42）		
地线保护角（°）	绕击跳闸率[次/（百公里·年）]	增加造价（万元/基）	地线保护角（°）	绕击跳闸率[次/（百公里·年）]	增加造价（万元/基）
−15	0.0083	15.03	−15	0.0102	17.97
−12.5	0.0110	12.39	−12.5	0.0239	14.30
−10	0.0167	10.12	−10	0.0386	11.24
−7.5	0.0232	8.16	−7.5	0.0653	8.74
−5	0.0359	6.48	−5	0.0977	6.65

续表

单回路（5D1W2-ZH3-42）			双回路（5D2W2-Z2-42）		
地线保护角（°）	绕击跳闸率［次／（百公里·年）］	增加造价（万元／基）	地线保护角（°）	绕击跳闸率［次／（百公里·年）］	增加造价（万元／基）
-2.5	0.0556	5.04	-2.5	0.1381	5.03
0	0.0759	3.80	0	0.2095	3.65
2.5	0.1119	2.71	2.5	0.3083	2.50
5	0.1692	1.75	5	0.4474	1.60
7.5	0.2635	0.86	7.5	0.6154	0.81
10	0.2668	0.00	10	0.8712	0.00

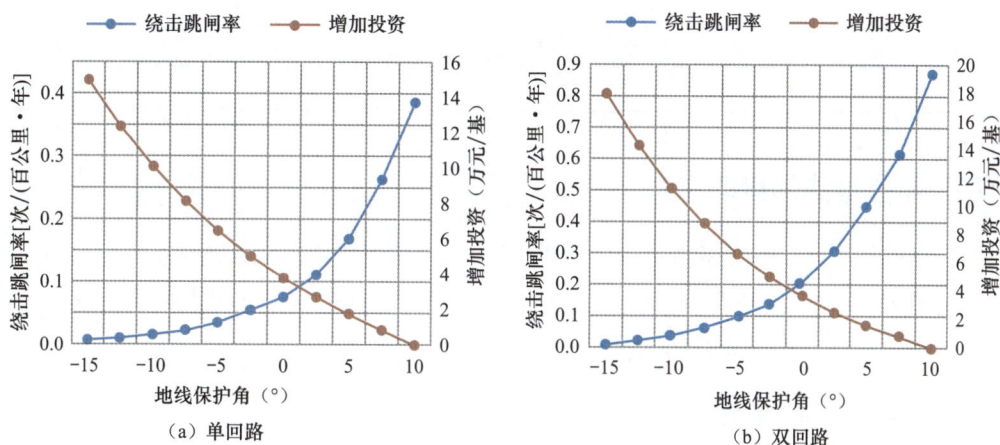

图 7-12　典型 500kV 单回路和同塔双回路不同地线保护角绕击跳闸率和造价变化趋势图

需注意的是，对在运线路杆塔地线保护角改造，减小地线保护角需加长地线支架使其外移，使得地线对塔身的力矩增大，因此一般需对塔身同步进行改造，当地线支架加长距离较长时，杆塔往往需对塔头拆除重建，投资较大、停电时间长、施工安全隐患多，因此优先考虑在新建阶段优化地线保护角。

综合考虑地线的防雷效果和技术经济性，DL/T 2209—2021《架空输电线路雷电防护导则》及相关标准推荐的架空地线的保护角见表 7-10，此外重覆冰线路考虑到地线支架受力因素，地线保护角可适当加大。

表 7-10　　　　　　　　　　　输电线路杆塔地线保护角

电压等级（kV）	回路形式	地线保护角（°）
35	—	≤25
110	单回	≤10
110	同塔双（多）回	≤0
220	单回	≤10
220	同塔双（多）回	≤0

电压等级（kV）	回路形式	地线保护角（°）
500	单回	≤5
	同塔双（多）回	≤0
750	单回	≤5
	同塔双（多）回	≤0
1000	单回	≤-4
	同塔双（多）回	≤-5
±160	单回	≤5
	同塔双（多）回	≤0
±500	单回	≤5
	同塔双（多）回	≤-5
±800	—	≤-10

四、架空地线的接地方式

架空地线除融冰、经过接地极附近需绝缘外，一般用于防雷的接地方式分为逐基直接接地和分段绝缘单点接地两种形式。在正常运行时，不同的接地方式架空地线的等效电流、电压回路不同，两种接地方式的特点也不相同。

（一）逐基直接接地方式

架空地线的逐基接地方式是地线最为常见的接地方式，这种接地方式的架空地线在输电线路杆塔和变电站进线构架上均可靠接地。架空地线与输电线路的杆塔直接相连有以下两种形式：

（1）架空地线通过耐张金具与输电线路杆塔直接相连接，如图7-13所示。在这种方式下，架空地线两侧均通过耐张金具受力，直接与杆塔相连接地。

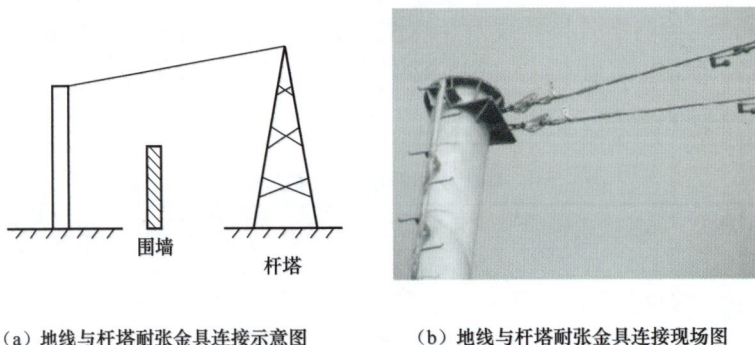

（a）地线与杆塔耐张金具连接示意图　　　（b）地线与杆塔耐张金具连接现场图

图7-13　逐基直接接地方式一

（2）架空地线通过带放电间隙的绝缘子与输电杆塔相连，并通过专用接地跳线连接到

输电杆塔或变电站进线构架上接地，如图 7-14 所示。这种接地方式下，架空地线两侧的带放电间隙绝缘子受力，架空地线通过接地跳线接地，地线与输电线路杆塔和变电站构架的接地连接点不受力的作用。

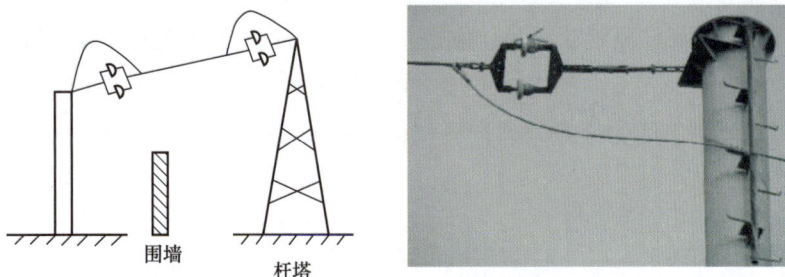

（a）地线经放电间隙绝缘子与杆塔连接示意图　　（b）地线经放电间隙绝缘子与杆塔连接现场图

图 7-14　逐基直接接地方式二

架空地线与输电导线之间的静电感应和电磁耦合，使架空地线在正常运行时会产生感应电压，采用直接接地方式的架空地线两侧均接地，通过两点接地与大地构成了电流回路，等效电路图如图 7-15 所示。图中，E 为架空地线上的感应电压；Z_{r1}、Z_{r2} 为杆塔或变电站接地网的接地电阻；Z_d 为架空地线的自阻抗；Z_0 为大地回路的自阻抗。

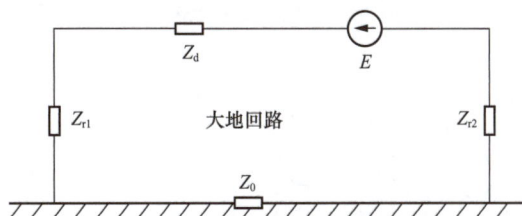

图 7-15　逐基接地等效电流回路图

逐基接地的架空地线具有良好的防雷效果，原因在于这种接地方式一方面可以提高输电线路重合闸的成功率，另一方面逐基接地架空线路有很好的分流效果，可以降低变电站内变压器中性点流过的故障入地电流，减小了跨步电压，保护人身安全。但是逐基接地的架空地线在正常运行时构成了电流回路，架空地线上的感应电压会在地线中产生大地环流，增加了电能的损耗，并且架空地线的连接金具也会因老化、锈蚀等原因造成接触电阻增大，使金具发热量有所增加。

（二）分段绝缘单点接地

20 世纪 80 年代，一些国家和国内某些地区开始出现采用带放电间隙的地线绝缘子绝缘与杆塔绝缘的架空地线接地方式，用以开通高频信号的传输通道。

电力线路载波通信的主要缺点是易受电力线强磁场干扰，杂音电平高，传输性能受输电线路结构的影响，输电线路换位、线路故障等都会使通道损耗剧增，且载波通信容量小（我国规定其频率使用范围为 40～500kHz），音频范围窄，输电线路发生故障时或停电检修时，载波通信必须陪同中断。若采用架空地线传输载波电话、远动信号、作为高频保护通道等，则可以大大提高电力系统通信通道的可靠性，不存在受电力故障或停电检修等因素的影响。实际工程中，一般采用分段绝缘单点接地的方式，即架空地线的一侧采用带放电间隙的绝缘子与杆塔绝缘，另一侧直接与输电线路杆塔相连接地。普通地线的分段绝缘单点接地较为简单，不再赘述，而光纤复合架空地线（OPGW）的分段绝缘单点接地涉及光缆接续盒及引下线的绝缘处理，典型的 OPGW 分段绝缘单点接地接线形式如图 7-16 所示。

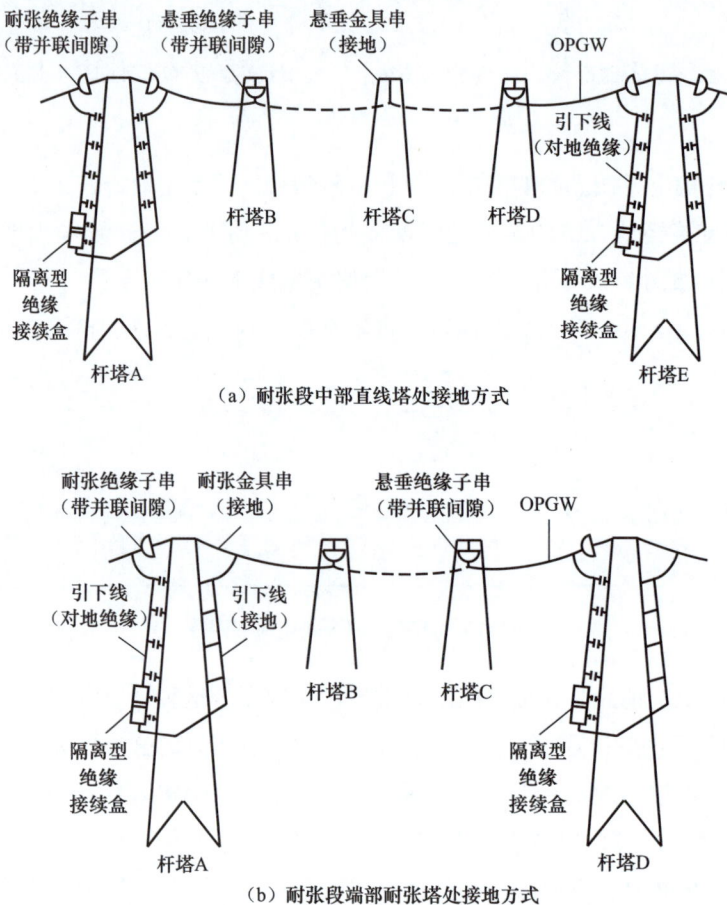

图 7-16 典型光纤复合架空地线（OPGW）分段绝缘单点接地接线示意图

采用分段绝缘单点接地的架空地线，正常运行时由于架空地线与输电导线之间的静电感应和电磁耦合，使架空地线在正常运行时会产生感应电压，但由于架空地线采用单点接地，其中一侧与大地绝缘，因此不能构成电流回路。分段绝缘单点接地方式的架空地线，正常运行时的等效回路如图 7-17 所示。

架空地线的分段绝缘单点接地方式在正常运行时，架空地线中不能形成电流回路，不

会产生电能损耗，因此可以大大提高架空地线的经济性和节能性。与此同时，单点接地处电位为零，而非接端存在一定的电磁感应电动势。《电力工程高压送电线路设计手册》（第二版）中给出了单回线路三相平衡时架空地线电磁感应电动势计算公式，以此类推，若双回路及多回路的各回路三相平衡

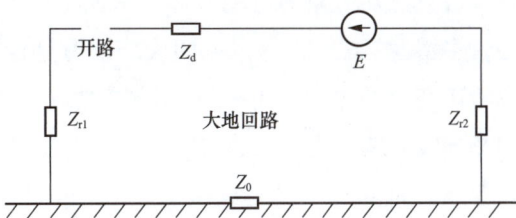

图 7-17　分段绝缘单点接地等效回路图

时，不考虑导、地线换位的地线电磁感应电动势可按式（7-6）计算，即

$$\vec{E}_{b} = j0.1447 \cdot \sum_{k=1}^{n} \left[\vec{I}_{k,A} \cdot \left(\alpha \cdot \lg \frac{d_{k,A}}{d_{k,B}} + \alpha^2 \cdot \lg \frac{d_{k,A}}{d_{k,C}} \right) \right] \qquad (7\text{-}6)$$

式中：$\vec{E}_{b}$ 为三相平衡时地线每千米电磁感应电动势，V/km；n 为线路总回路数；k 为回路序号；$\vec{I}_{k,A}$ 为第 k 回 A 相导线电流，A；$d_{k,A}$ 为地线与第 k 回 A 相导线几何中心间的距离，m；$d_{k,B}$ 为地线与第 k 回 B 相导线几何中心间的距离，m；$d_{k,C}$ 为地线与第 k 回 C 相导线几何中心间的距离，m；α 为旋转因子，$\alpha = e^{j120°}$。

　　此外，分段绝缘单点接地方式增加了一定的运行复杂性，如放电间隙距离存在难以配合或易受影响等问题，具体来讲，这是因为架空地线绝缘的带放电间隙绝缘子属于可调整式（板 - 板或棒 - 棒）放电间隙，间隙跨接在绝缘子之外，暴露在大气中容易受大气环境、污染等的影响。例如，冰雹的撞击和线路运行中产生的振动会使其放电间隙距离发生变化；灰尘杂物、冰凌积雪、鸟类、昆虫等也会改变放电间隙的距离；冬季和夏季的热胀冷缩会使放电检修距离、绝缘子的放电电压发生变化。当放电间隙变小时，可能会造成放电间隙的工频续流不能中断，对金具和架空地线造成烧损。当放电间隙变大时，绝缘子的放电间隙不能击穿，避雷线不能分流较大的短路电流，失去了对临近通信线路的屏蔽作用，也丧失了降低工频过电压和减少潜供电流的作用。

第三节　加　强　绝　缘

　　加强绝缘配置能使线路反击耐雷水平得到提高，对绕击耐雷水平也有改善，降低线路总体雷击跳闸率。

一、增加绝缘子片数

　　加强绝缘配置能直接提高输电线路的耐雷水平，降低线路总体雷击跳闸率。但是，除经济因素外，加强绝缘还会受杆塔头部绝缘间隙及导线对地（或交叉跨越）安全距离的限

制，故只能在有限的范围内适当增加绝缘子片数或复合绝缘子干弧长度来提高绝缘水平。处于多雷区（C1-C2 区域）的线路使用复合绝缘子时，干弧距离应加长 10%～15%，或综合考虑在导线侧加装 1～2 片悬式绝缘子。处于强雷区（D1-D2 区域）的线路，在满足风偏和导线对地距离要求的前提下，使用复合绝缘子时，干弧距离应加长 20%，或综合考虑在导线侧加装 3～4 片悬式绝缘子。

二、更换复合绝缘子

相比传统的瓷、玻璃绝缘材料，硅橡胶复合绝缘材料制作的伞群耐受雷击闪络后的工频续流电弧性能更好，电弧灼烧引起局部温度升高不会破坏复合绝缘伞群，雷击不易造成复合绝缘子掉串掉线或发生永久性接地故障，其重合闸成功概率高，而瓷／玻璃伞群则容易发生应力破碎。线路绝缘复合化对线路防雷保护是有益的。多雷区若使用复合绝缘子，应加长 10%～15%，并注意均压环不应大幅缩短复合绝缘子的干弧距离。对于电压等级 110kV 及以下的棒形悬式复合绝缘子，一般未安装均压环，应关注雷击闪络后工频续流电弧烧损绝缘子端部金具、护套和密封胶的问题，可能造成芯棒密封破坏，长期运行后存在芯棒脆断或端部金具锈蚀抽芯的安全隐患，应对雷区等级 C1 及以上地区的复合绝缘线路易击段加装线路避雷器或并联间隙。

第四节　线　路　避　雷　器

一、概述

避雷器是电力系统重要的过电压保护电器，对防止雷电过电压和多种操作过电压造成系统及电气设备被侵袭和破坏起着重要的保护作用。避雷器在其诞生之初的功能就是限制雷电过电压。但随着电力技术的发展，系统电压不断升高，在高压、超高压系统中出现的操作过电压可达几百千伏甚至更高，又因其持续时间长、破坏能量大，已经成为电气设备绝缘的主要威胁。为保障运行安全和降低绝缘制造成本，除在运行方式和断路器设计方面采用一定的技术措施外，避雷器还开发出能够限制一些操作过电压的功能，相应地具备吸收更大能量的能力。就其作用而言，这时它担负着限制雷电过电压和操作过电压的双重任务。

线路避雷器通常是指安装于架空输电线路上用以保护线路绝缘子免遭雷击闪络的一种电气设备。线路避雷器运行时与线路绝缘子并联，当线路遭受雷击时，能有效地防止雷电直击和绕击输电线路所引起的故障。线路避雷器从间隙特征上讲，大体上分为无间隙和有间隙避雷器两大类，有间隙避雷器又有外串间隙和内间隙之分。由于产品制造和运行方面的综合原因，内间隙避雷器几乎不在线路上使用，因此有间隙线路避雷器通常是指外串联间隙避雷器。作为主流的线路避雷器，有间隙线路避雷器又有两种主要形式，即纯空气间隙避雷器和绝缘子支撑间隙避雷器。避雷器示意图如图 7-18 所示。

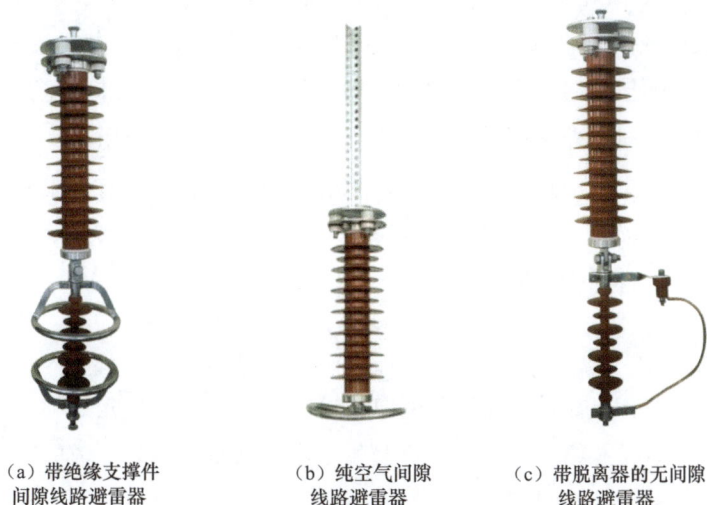

（a）带绝缘支撑件　　　　（b）纯空气间隙　　　　（c）带脱离器的无间隙
　　间隙线路避雷器　　　　　　线路避雷器　　　　　　　线路避雷器

图 7-18　不同类别线路避雷器示意图

二、线路避雷器基本原理

据统计，GD 电网 110kV 线路避雷器年均动作 0.15 次，220kV 线路避雷器年均动作 0.06 次，500kV 线路避雷器年均动作 0.02 次。根据避雷器计数器动作情况测算，某电网全网所安装的线路避雷器将雷击跳闸次数降低了约 59.8%。

避雷器产品按照非线性电阻片种类来分，可分为碳化硅避雷器和氧化锌避雷器两大类。氧化锌避雷器在很大的程度上提高了系统运行的可靠性，同时，由于其优良的保护性能，使被保护设备的绝缘结构得以优化，在电力系统的建设和高压电器制造中取得了显著的经济效果。此外，还由于氧化锌避雷器电阻固有的电容特性，避雷器抗污秽性能强；优异的非线性电阻还使避雷器具有较强的工频耐受能力，适宜限制多种操作过电压。目前电力系统已基本上不再选用碳化硅避雷器，我国已停止生产碳化硅避雷器。但是鉴于它在避雷器发展中的重要作用以及以它为参照，对阐述和分析氧化锌避雷器的技术性能和产品结果有较好的辅助作用，因此也对碳化硅避雷器进行简要的叙述。

（一）碳化硅避雷器

碳化硅避雷器中的非线性电阻片主要是由碳化硅（SiC 晶体）制作。由于碳化硅电阻片的形状为扁圆柱体，它在雷电高压作用时呈现低电阻，对高幅值的雷电冲击电流和线路电压而言形成通道，而在这一冲击电流泄放之后电阻片则自动呈现高阻值，限制了工频续流的幅值并配合串联火花间隙将之熄灭。电阻片呈现了"阀门"的功能，所以习惯上将其称为阀片，避雷器又称为阀型避雷器。按照配方和工艺的不同，阀片分为低温阀片和高温阀片。低温阀片是采用方解石粉（主要成分是 $CaCO_3$）和水玻璃（$Na_2O \cdot nSiO_2$）作结合剂将 SiC 结晶黏结、压制成型后在 320～340℃焙烧而成；用瓷土做黏结剂的 SiC 结晶在氢气炉内约 1320℃焙烧而成的电阻片则称为高温阀片，通流能力较低温阀片显著增强。低温阀片与平板火花间隙串联构成的阀型避雷器，仅能限制中、高压系统的雷电过电压。高温阀片和利用电弧自身磁场产生的电动力对电弧有吹动、拉伸和挤压作用的所谓限流型火花间隙串联构成的避雷器称磁吹阀型避雷器，习惯上称磁吹避雷器。这种结构显著增大了熄弧能力并可吸收更多的过电压能量，所以性能更加优越，能有效限制切、合空长线等操作过电压，给高压、超高压线路和设备提供了可靠的保护。为与之区分，前述低温阀片组成的避雷器又称为普通阀型避雷器。

（二）氧化锌避雷器

20 世纪 70 年代中、后期，金属氧化物非线性电阻材料的研究有了极大突破，继而对避雷器各项性能的改善和结构设计概念都产生了巨大影响，用它制成的新型避雷器使高压和超高压系统运行的可靠性得到了进一步提高。

日本首先制成以氧化锌（ZnO）为基体的压敏电阻，称为浪涌吸收器，用于低压回路的过压保护。不久，其他各国陆续也加大了研究投入，在 ZnO 基体中添加少量 Co_2O_3、Sb_2O_3、Bi_2O_3、MnO_2 等金属氧化物作为"掺杂剂"，在高温约 1250℃空气中经特定工艺焙烧成功制成通流能力比碳化硅阀片大数倍、各项电气参数也均远比它更加优越的氧化锌电阻片，国外命名为 Varistor。用氧化锌电阻片构成的避雷器无需与火花间隙组合，依靠优异的非线性电阻特性，在释放过电压能量后随即将电源经由避雷器通路的电流阻断到零，由此出现了无间隙避雷器。这种新型的避雷器称金属氧化物避雷器，通常，习惯上称为氧化锌避雷器。就产品而言，无间隙结构占绝大多数，带串联间隙或并联间隙的结构仅用于一些特殊场合，所以，一般无特指时，氧化锌避雷器即指无间隙氧化锌避雷器。从 1980 年至 21 世纪初，各国继续加强包括半导体基础理论与电阻片的微观结构、工艺配方与性能分析、试验技术、有机合成绝缘材料的选用等在内的多方面研究工作，同时更新了产品设计理念，陆续开发用于超高压、中压和高压 GIS、直流输电等多种用途的避雷器，避雷器的发展进入到一个空前的新阶段。

三、线路避雷器主要参数

金属氧化物避雷器又称金属氧化锌避雷器，它是 20 世纪 70 年代初期出现的新型避雷器。迄今为止，金属氧化物避雷器在我国电网中已广泛应用。它与普通阀型避雷器的主要区别在于阀片材料不同，普通阀型避雷器的阀片材料是碳化硅（金刚砂），而金属氧化物避雷器的阀片材料是由半导体氧化锌和其他金属氧化物（如氧化钴、氧化锰等），在高温

（1000℃以上）下烧结而成。

氧化锌阀片又称压敏电阻，具有比碳化硅更优良和更理想的非线性电阻特性。在系统运行电压下，它的电阻很大，通过的电流很小，仅为 1mA 左右，这样小的电流不会烧坏阀片，因而可以不用串联间隙来隔离工频运行电压；当电压升高时，它的电阻变得很小，可以通过大电流。残压也很低，使设备受到保护，而过电压消失之后，它又恢复原状。

（一）氧化锌与碳化硅避雷器伏安曲线对比

两种避雷器特性曲线如图 7-19 所示，可以看出，由于金属氧化物避雷器内部氧化锌阀片具有优异的非线性特性，所以它可以不用串联间隙。与碳化硅避雷器相比，有如下优点：

（1）保护特性优异。没有放电时延，伏 - 秒特性比较平坦，残压较低。

（2）运行性能良好。阀片性能稳定，耐冲击能力强，通流容量大，耐污秽性能较好。

（3）实用性好。结构简单，高度低，安装维护方便。

因此，金属氧化物避雷器自问世以来，发展十分迅速，被认为是过电压防护技术的重大进展，并被世人公认为其将逐步取代传统碳化硅避雷器的产品。目前，它在我国各级电压系统中已被广泛采用。

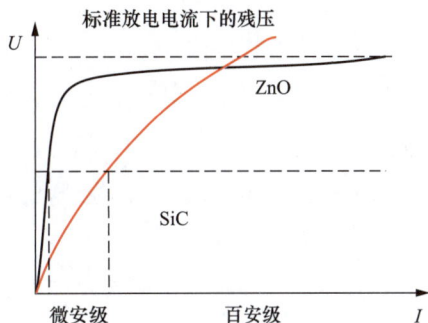

图 7-19 氧化锌与碳化硅避雷器伏安曲线对比

（二）金属氧化物电阻片的特性

（1）良好的非线性伏安特性。金属氧化物电阻片伏安特性由不同电流下的残压点的连线所构成，典型的 MOA 伏安特性如图 7-20 所示。从 MOA 的伏安特性可以看，直流 1mA 下的电压梯度越高，则意味着组装一定电压等级 MOA 所需的 ZnO 电阻片的片数越少，MOA 的制造成本越低，其中的电压比这一参数直接与 MOA 的保护特性有关。

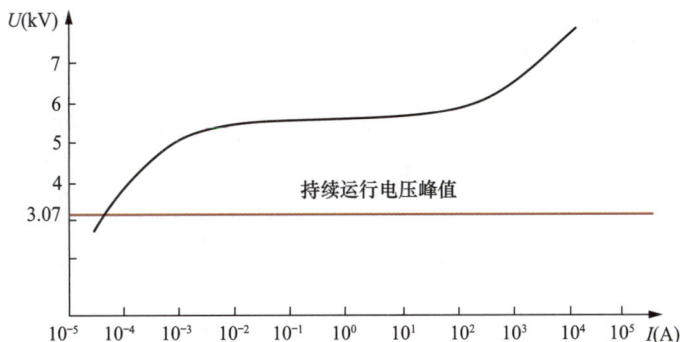

图 7-20 氧化锌电阻片典型伏安特性

（2）通流容量大。由于 MOA 没有间隙，MOA 的能量吸收能力除与 MOA 的散热特性有关外，在很大程度上取决于 ZnO 电阻片的通流容量。

（3）使用寿命更长。如果 MOA 的发热超过散逸能力时，就会发生热崩溃，导致 MOA 的损坏，故寿命特性是 MOA 的一项很重要的性能。

（三）常用线路氧化锌避雷器参数

线路氧化锌避雷器的主要技术参数如下：

（1）持续运行电压。持续运行电压指允许长期工作电压。它应等于或大于系统的最高相电压。

（2）额定电压。额定电压指允许短时最大工频电压（灭弧电压）。避雷器能在此工频电压下动作放电并熄弧，但不能在此电压下长期运行。它是避雷器特性和结构的基本参数，也是设计的依据。

（3）工频耐受伏秒特性。工频耐受伏秒特性表征氧化锌避雷器在规定条件下，耐受过电压的能力。

（4）标称放电电流。标称放电电流用于划分避雷器等级的放电电流峰值。220kV 及以下系统不应超过 5kA。

（5）残压。残压是指避雷器在冲击电流作用下，避雷器两端所产生的电压，也可以理解为避雷器两端所能承受的最高电压值。

（6）耐重复转移电荷能力。重复转移电荷能力是指避雷器的电阻片能耐受 20 次冲击电流，而没有引起电阻片的损坏或者不可接受的电气性能劣化。一次冲击电流流过代表实际系统发生一次转移电荷事件。典型避雷器的额定重复转移电荷量见表 7-11。

表 7-11　　典型线路避雷器操作冲击电流、额定重复转移电荷

标准放电电流（kA）	避雷器额定电压（有效值，kV）	操作冲击电流值（峰值，A）	Q_{rs}（C）
20	420～468	2000	3.6
10	54	500	0.6
	96	500	1.0
	108～114	500	1.2
	216	500	1.2
	312～324	1000	2.0
	444～468	2000	3.2
5	17～34	250	0.2
	51～54	250	0.6
	96	500	1.0
	108	500	1.2

（四）线路金属氧化物避雷器主要型号参数

常见金属氧化物避雷器型号参数见表 7-12。

表 7-12　　　　　　　　　　　　常见金属氧化物避雷器型号参数

序号	电压等级	产品类型	电阻片规格	2ms 方波	典型产品型号
1	35kV	交流复合外套无间隙	DZP45B65AD400-24	400A	YH5WX-51/134
2	35kV	交流复合外套绝缘子间隙	DZP45B65AD400-24	400A	YH5CX-51/134
3	110kV	交流复合外套无间隙	DZP45B100AD600-36	600A	YH10WX-108/281
4	110kV	交流复合外套绝缘子间隙	DZP45B100AD600-36	600A	YH10CX-102/296
5	110kV	交流复合外套空气间隙	DZP45B100AD600-36	600A	YH10CX-102/296
6	220kV	交流复合外套无间隙	DZP52B100AD600-36	600A	YH10WX-216/562
7	220kV	交流复合外套绝缘子间隙	DZP52B100AD600-36	600A	YH10CX-204/592
8	200kV	交流复合外套空气间隙	DZP52B100AD600-36	600A	YH10CX-204/592
9	330kV	交流复合外套绝缘子间隙	DZP71B100AD800-22.5	800A	YH10CX5-312/760
10	500kV	交流复合外套绝缘子间隙	DZP71B100AD1200-22.5	1200A	YH20CX-396/1050
11	500kV	交流复合外套空气间隙	DZP71B100AD1200-22.5	1200A	YH20CX-396/1050
12	±500kV	直流复合外套空隙间隙	DZP71B100AD1200-22.5	1200A	YH20CXL-571/1200

（五）不同电压等级金属氧化物避雷器产品实物图

不同电压等级下避雷器实物如图 7-21 所示。

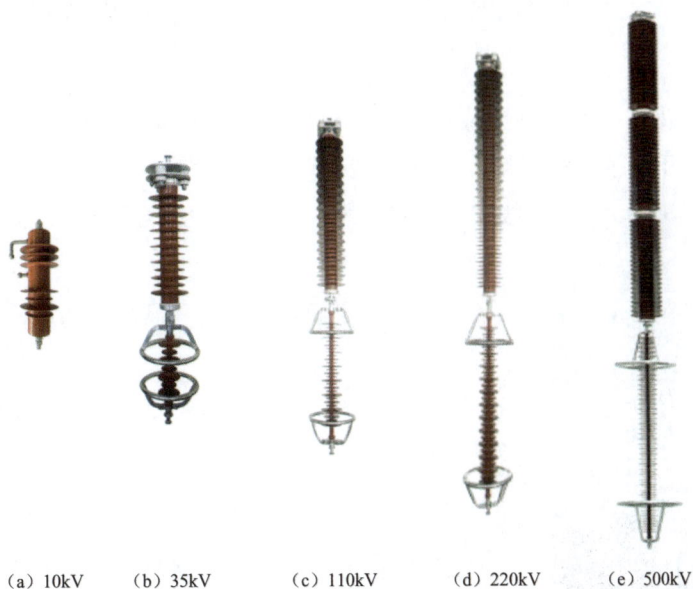

(a) 10kV　　(b) 35kV　　(c) 110kV　　(d) 220kV　　(e) 500kV

图 7-21　不同电压等级下避雷器实物图

四、线路避雷器典型安装方式

（一）纯空气间隙线路避雷器的安装方式

超高压输电线路塔形种类较少，建议采用纯空气间隙线路避雷器。一般 110、220kV 直线塔、直线耐张塔、转角 20° 及以下的转角耐张塔安装纯空气间隙线路避雷器较为方便。对于 500kV 的直线塔，大跨越档、垭口地形、风口两侧可安装纯空气间隙线路避雷器。

纯空气间隙线路避雷器一般采用悬挂安装。避雷器本体固定安装在横担端部或伸出横担的构架上，避雷器本体高压端的电极与导线端电极（安装在导线上或者在导线上护线条）构成放电间隙。图 7-22 给出了典型 500kV 直线塔线路避雷器安装示意图。

图 7-22　纯空气间隙线路避雷器在直线塔处的典型悬挂式安装

对于 500kV 及以上的超高压线路，随着电压等级的升高，线路避雷器的安装难度越来越大。为此，开发了一种采用支柱式安装的避雷器。图 7-23 给出了座式安装的 500kV 线路避雷器安装示意图。纯空气间隙避雷器安装时应重点注意以下几点：

（1）上下电极之间的距离满足型式试验和作业指导书的要求；

（2）线路避雷器本体到与塔身或绝缘子的距离满足作业指导书的要求；

（3）线路避雷器本体固定在杆塔横担或伸出的构架上。

（二）带支撑件间隙线路避雷器的安装方式

带支撑件间隙线路避雷器适用于各个电压等级、各种塔型。杆塔为耐张塔时避雷器多选择安装在跳线上方。通常需

图 7-23　纯空气间隙线路避雷器在直线塔处的典型座式安装

要了解转角度数、外角相、内角相以及由此引起的安装尺寸的变化。

　　带支撑件间隙线路避雷器一般悬挂安装在杆塔横担端部、伸出的构架上或悬挂在导线上，避雷器本体与构架、避雷器本体与支撑件、支撑件与导线都可采用柔性方式连接。图 7-24 给出了典型带支撑件间隙线路避雷器在耐张塔上的安装示意图，对于直线塔，其安装方法也大多类似。与纯空气间隙线路避雷器相同，绝缘子间隙线路避雷器本体到与之并联的绝缘子的距离应满足作业指导书的要求。

图 7-24　带支撑件间线路避雷器在耐张塔处的典型安装方式

（三）监测器（放电计数器）的安装

　　监测器（放电计数器）应紧靠避雷器安装，过长的引下线产生的电感压降可能导致线路避雷器的绝缘底座闪络，也会影响线路避雷器的保护水平。引流线应采用带绝缘外套的软铜线，铜线截面积应不小于 30mm^2。引流线与避雷器和监测器（放电计数器）之间的固定螺栓应连接可靠，并采用防松螺栓紧固。

第五节　并　联　间　隙

一、概述

　　绝缘子并联间隙是一种不同于传统防雷措施的"疏导型"保护方式，其思想是允许线路有一定的雷击跳闸率，但通过并联间隙与绝缘子间的绝缘配合，达到利用间隙接引闪络通道的作用，从而避免绝缘子故障损坏、提高重合闸成功率，避免永久性故障的发生；同时还可通过并联间隙达到均匀工频电场，实现差绝缘配置等方面的作用。

　　并联间隙可以有效避免短路电弧产生高温烧伤绝缘子、短路电弧引起的零值绝缘子炸裂、断串,从而大大减少绝缘子受损、断串的概率,提升线路重合成功率、减少绝缘子维护工作量。理想情况下,甚至可以延后,甚至取消线路雷击跳闸后的巡线工作,从而大大减轻现场线路运维人员工作量。

二、并联间隙工作原理

（一）并联间隙原理

　　当电力线路上出现较高幅值雷电过电压时,电力杆塔附近导线会向杆塔放电,在导线与杆塔间形成放电通道,无并联间隙一般沿绝缘子串闪络,易伤绝缘子,如图 7-25（a）所示。并联间隙装置两端电极距离小于绝缘子串的干弧距离,因此线路遭受雷击、绝缘子两端承受雷电过电压时,并联间隙一般会先于绝缘子发生放电,如图 7-25（b）所示。此时电弧发生在并联间隙两电极之间,从而保证绝缘子不与电弧发生接触,有效保护绝缘子串免于损坏。由于是瞬时性故障,空气绝缘可自恢复,保障了重合闸的可靠性。线路并联间隙实际工程应用,如图 7-25（c）所示。

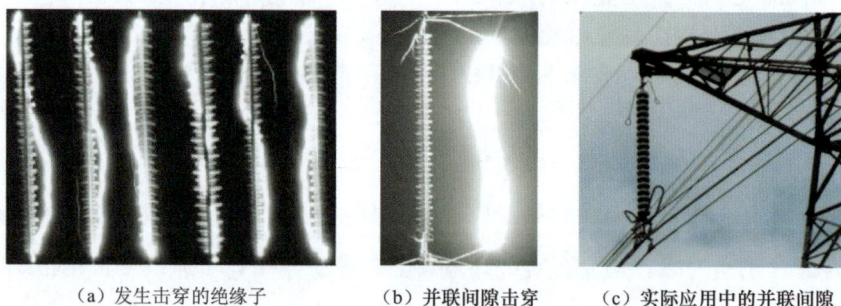

(a) 发生击穿的绝缘子　　　　(b) 并联间隙击穿　　　　(c) 实际应用中的并联间隙

图 7-25　绝缘子与并联间隙的配合使用

（二）并联间隙的伏秒特性曲线

　　工程上一般用伏秒特性来描述高压设备的耐雷水平。伏秒特性是指在冲击电压波形一致的前提下,高压设备的冲击放电电压与对应时间的关系曲线,通常是试验方法取得。当两个高压设备并联运行时,如果两个设备的伏秒特性曲线有差别,其中一个设备就可以对另一个设备提供保护。

　　在图 7-26 中,纵坐标为雷电过电压幅值,横坐标为过电压作用时间,曲线上的点表示在该

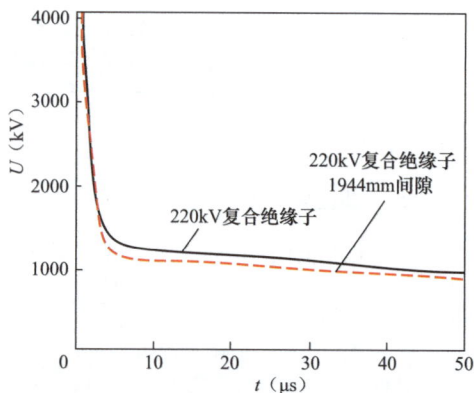

图 7-26　绝缘子与并联间隙伏秒特性

幅值过电压作用下，持续多长时间会发生放电击穿，当雷电过电压幅值不超过 1300kV 时，间隙的伏秒特性位于绝缘子下方，也即并联间隙会更早击穿，从而实现对绝缘子的保护。然而，当雷电过电压幅值高到一定程度，此时绝缘子与并联间隙的伏秒特性将非常接近，甚至会出现绝缘子伏秒特性更低的情况，此时并间隙就可能出现失效。

（三）输电线路并联间隙基本技术要求

输电线路并联间隙基本技术要求如下：

（1）并联间隙电极材料、尺寸。绝缘子并联间隙电极应采用耐灼烧的材料制造，考虑到户外防腐的需要，应采用热镀锌钢等材料，镀锌质量应符合 JB/T 8177《绝缘子金属附件热镀锌层　通用技术条件》的规定。绝缘子并联间隙电极的尺寸应符合设计图样的要求。

（2）并联间隙距离检查要求。应校验每组绝缘子并联间隙的距离尺寸，以保证并联间隙放电电压满足设计要求。

（3）并联间隙电极的可见电晕和无线电干扰强度应符合标准 GB/T 2317.2《电力金具试验方法　第 2 部分：电晕和无线电干扰试验》的要求。

（4）放电电压设计要求。应对绝缘子并联间隙进行雷电冲击 50% 放电电压和工频耐受电压试验，确定并联间隙距离，其数值应与线路绝缘水平相配合，以保证并联间隙在雷电过电压下先于绝缘子放电，而在工频及操作过电压（不包括谐振过电压）下不放电。

（5）雷电冲击伏秒特性。并联间隙雷电冲击（波头时间在 2～10μs）伏秒特性比被保护绝缘子（串）的雷击伏秒特性至少低 10%。

（6）工频电弧燃弧特性。并联间隙应能保证工频续流形成的电弧离开绝缘子、沿着并联间隙电极向外发展转移到并联间隙电极的端部上，从而保护绝缘子（串）不被电弧灼烧损伤。工频电弧燃弧特性试验是验证并联间隙是否能使工频续流形成的电弧离开绝缘子、沿着并联间隙电极向外发展，从而保护绝缘子（串）。短路试验电流一般为 20kA（有效值），持续时间不低于 100ms，试验次数为 2，或用户和制造单位确定试验电流、持续时间和试验次数。

（7）短路电流通流能力。绝缘子并联间隙电极与绝缘子连接处、并联间隙电极焊接处需满足短路电流通流能力，一般试验电流应为 20kA（有效值），持续时间为 0.2s；对于短路电流大的系统，试验电流应为 40kA（有效值），持续时间为 0.2s；特殊情况下，由用户确定短路电流和持续时间。

三、并联间隙结构形式

并联间隙结构是在绝缘子串两端并联一对金属电极（又称招弧角/引弧角），其距离小于绝缘子串的干弧距离。按照电极结构，并联间隙可分为棒形结构、球形结构等，其中棒形结构可分为单边、双边结构。

1. 棒形结构

如图 7-27 所示，用两个相同直径的圆钢制造的棒形电极相对，其间保持一定距离构成放电间隙。这种招弧角的缺点是每次间隙闪络放电时，都会烧伤电极，因此这种间隙一般用在 66kV 电压等级的线路上。

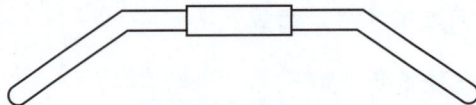

图 7-27　棒形间隙

2. 球形结构

如图 7-28 所示，球形结构与棒形结构相类似，主要是将两个金属球安装在棒形电极两头，以便构成球形放电间隙，这种结构可以一定程度上减少工频续流形成时两端电极被烧坏的程度，但是仍然不能确保完全杜绝烧伤可能性，一般用于 220kV 及以下的输电线路上。

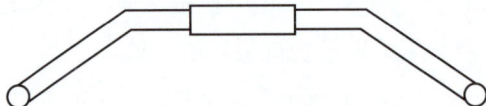

图 7-28　球形间隙

3. 羊角形

如图 7-29 所示，这种形式的招弧角根据电极形状的不同分别称为单羊角形电极或双羊角形电极。当雷电冲击闪络放电时，在电极距离最短的部位形成电弧，并在羊角形间隙靠近顶部被快速拉长，这样一来能够有利于快速熄灭电弧，同时在电弧向上拉伸的过程中使得电弧燃烧过程主要在间隙的顶部发生，从而保护间隙最短距离处不被烧坏。即使工频电弧不能被快速熄灭，电弧也将被拉到羊角形间隙的顶部，从而防止间隙中间部位烧伤，确保保护间隙最短距离处的安全。

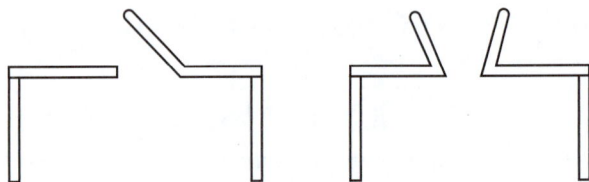

图 7-29　羊角形间隙

4. 网球拍形

如图 7-30 所示，网球拍形的并联间隙结构对长绝缘子金具串具有很好的均压效果，能够有效提升雷电冲击放电电压，因此通常用在绝缘子串片数比较多的 220～500kV 的线路上。

以上几种并联间隙的电极形状设计与适用范围不同，并且在设计使用时要考虑到适合的间隙距离下引导闪络电弧的弧根，保护绝缘

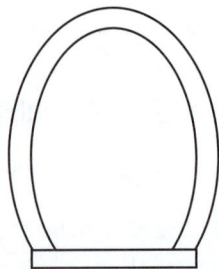

图 7-30　网球拍形

子串和线路的安全。目前国内常见并联间隙结构形式，如图 7-31 所示。

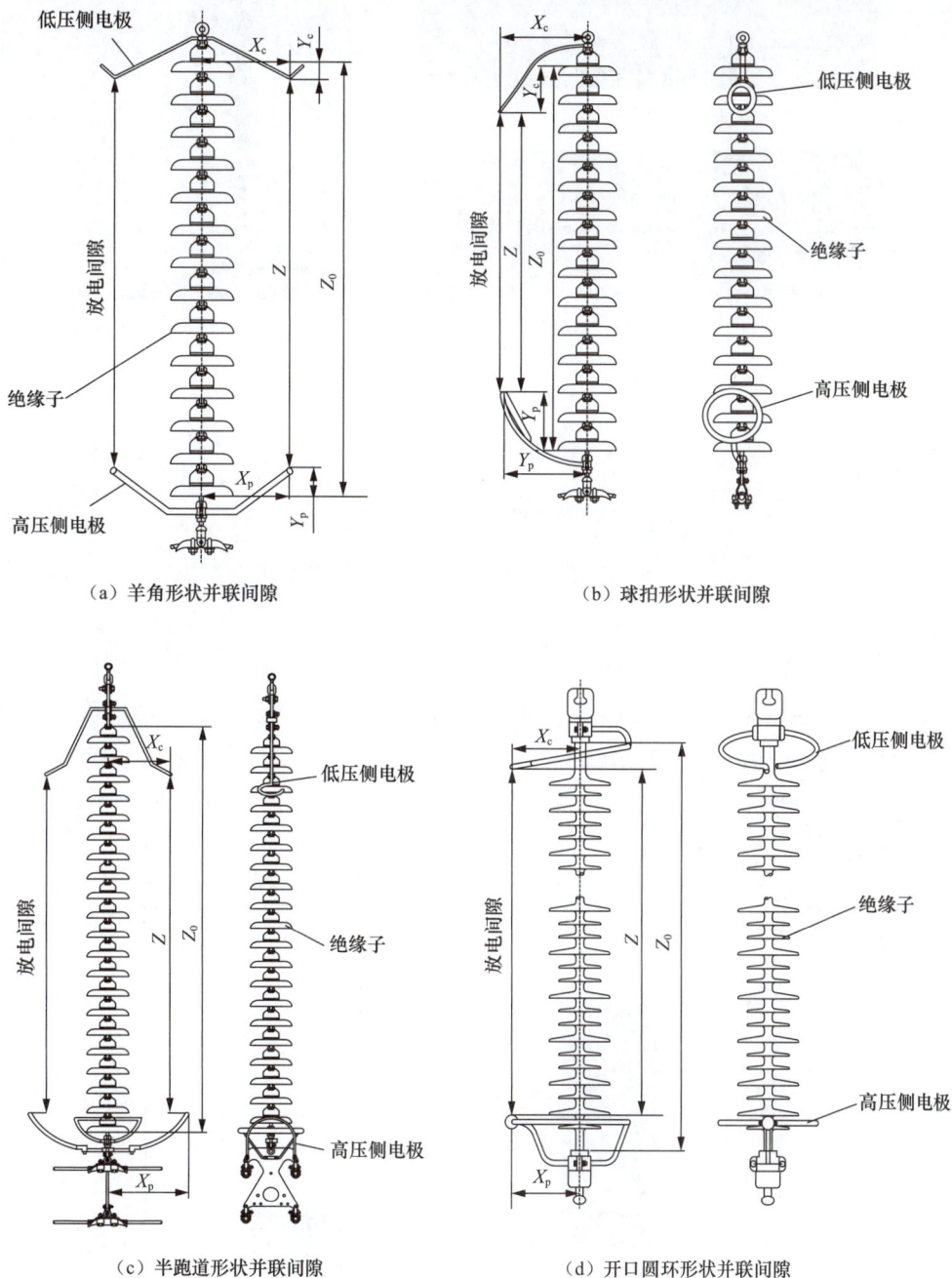

（a）羊角形状并联间隙

（b）球拍形状并联间隙

（c）半跑道形状并联间隙

（d）开口圆环形状并联间隙

图 7-31　并联间隙典型结构安装示意图

另一方面，考虑到电压分布的问题，有必要在间隙设计时通过某些手段使线路上的电压均匀分布，消除由分布电容影响引起的绝缘子串电压分布不均造成的电晕放电。在设计中，应综合考虑这两方面的问题来设计并联间隙的形状。典型绝缘子并联间隙实际图片如图 7-32 所示。

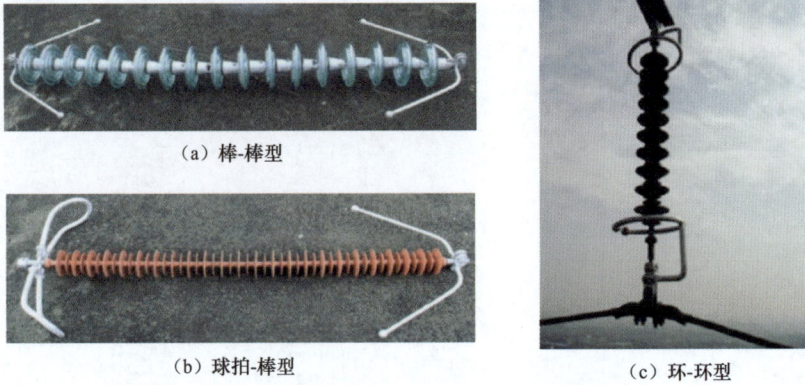

（a）棒-棒型

（b）球拍-棒型

（c）环-环型

图 7-32   不同形式并联间隙电极实物图

第六节   其他防雷措施

对于直流线路，雷击故障后的重启时间是影响线路复电成功率的重要因素。对某 ±500kV 直流线路近 16 年来的 103 次雷击故障重启情况进行统计分析发现，重启成功 89 次，重启不成功 14 次，重启成功率为 86.4%，如图 7-33 所示。对重启不成功的雷击故障，正极性雷击和负极性雷击各占 4 次，可见正极性雷击虽然出现的次数较少，但由于正极性雷电流波尾较长、能量较大等原因，造成线路重启失败的概率较高，为 4/14=28.5%，负极性雷电流造成重启失败的概率为 6.2%。

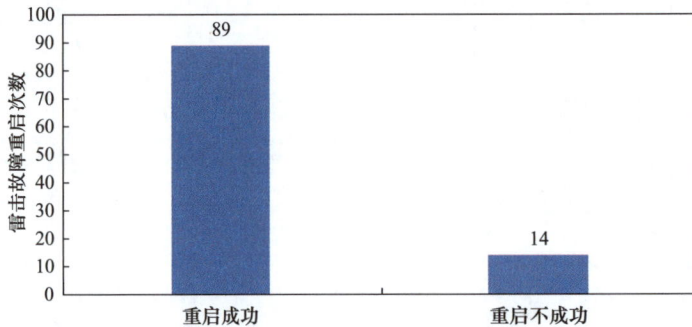

图 7-33   某 ±500kV 直流投运以来雷击故障重启成功情况

根据南方电网科学研究院在昆明特高压试验基地 1～3m 长间隙放电试验相关数据，在雷电流幅值为 5～20kA 的情况下，绝缘介质去游离至完全恢复绝缘的时间为 46.1～243.9 ms，由此推测在大雷电流冲击下，绝缘子串的绝缘介质去游离时间可能达到 250ms 以上，但超过 400ms 可能性较低。因此连续多重雷的雷击间隔时间应该足够小（一般应小于 400ms）

才能维持多重雷击经同一放电通道放电。

2017 年 5 月，经研究确定后将某 ±500kV 直流线路故障重启动去游离时间由 350ms 调整为 400ms，重启动次数由 1 次（全压）调整为 3 次（全压、80% 降压、70% 降压），该直流线路重启动参数调整前后几年内的重启成功率见表 7-13。可知，对于超高压直流线路重启动参数调整后，由于去游离时间延长、线路重启次数增加，雷击故障重启成功率明显提高。

表 7-13　　　　　某 ±500kV 直流重启动参数调整前后重启动成功率

故障类型	调整前			调整后		
	故障次数	闭锁次数	重启成功率	故障次数	闭锁次数	重启成功率
雷击	31	6	81%	8	0	100%
山火	5	1	80%	0	0	—
合计	36	7	81%	8	0	100%

注　调整前统计周期为 2012 年 1 月～2017 年 4 月，调整后统计周期为 2017 年 6 月～2019 年 4 月。

基于该直流线路的成功运行经验，某电网陆续推动了 9 条直流线路重启动参数调整工作，将重启动延时增加至 400ms 或 500ms。重启动参数调整后，TG、GZ、XA、CS、PQ 五条直流线路雷击故障重启成功率达 99.7%，平均提高 37.2%。

第八章

架空输电线路防雷设计

第一节 防雷设计指标

一、线路设计标准规定

GB 50545—2010《110kV～750kV 架空输电线路设计规范》中提出输电线路绝缘配合，应满足线路在雷电过电压等各种条件下安全可靠地运行。在海拔 1km 以下地区，雷电过电压要求的悬垂绝缘子串的绝缘子最少片数，应符合表 8-1 的规定。耐张绝缘子串的绝缘子片数应在表 8-1 的基础上增加，对 110～330kV 输电线路应增加 1 片，对 500kV 输电线路应增加 2 片，对 750kV 输电线路不需增加片数。对于全高超过 40m 有地线的杆塔，高度每增加 10m，应比表 8-1 增加 1 片相当于高度为 146mm 的绝缘子；全高超过 100m 的杆塔，绝缘子片数根据运行经验结合计算确定。高杆塔增加绝缘子片数时，雷电过电压最小间隙也应相应增大，750kV 杆塔全高超过 40m 时，可根据实际情况验算确定是否需要增加绝缘子片数和间隙。

表 8-1　　　　　　　　雷电过电压要求悬垂绝缘子串的最少绝缘子片数

标称电压（kV）	110	220	330	500	750
单片绝缘子的高度（mm）	146	146	146	155	170
绝缘子片数（片）	7	13	17	25	32

DL/T 5582—2020《架空输电线路电气设计规程》明确规定了交流 110～1000kV 电压等级线路架空地线的配置和保护角要求。少雷区 110kV 线路可不沿全线架设地线，但应装设自动重合闸装置；少雷区 220～330kV 线路应沿全线架设地线。少雷区以外的 110kV 线路应沿全线架设地线，其中山区、强雷区应架设双地线；少雷区以外的 220～330kV 线路应沿全线架设双地线。500～1000kV 一般线路应沿全线架设双地线，1000kV 线路在变电站 2km 进出线路的线路可适当加强防雷措施，交流一般线路地线对导线的保护角应满足表 8-2 的要求。

标称电压（kV）	110		220		330		500		750		1000	
地形	平丘	山区	平丘	山区	平丘	山区	平丘	山区	平丘	山区	平丘	山区
单回路（°）	15		15		15		10		10		6	−4
双回路（°）	10		0		0		0		0		−3	−5

表 8-2 交流线路杆塔上地线对导线的保护角

注　单地线线路地线保护角不宜大于 25°。

对于 220～500kV 紧凑型线路应全线架设双地线，地线对边导线的保护角可采用负保护角。交流大跨越线路应全线架设双地线，110～750kV 大跨越线路的保护角应满足表 8-2 的要求，1000kV 大跨越线路跨越塔上的保护角可采用负保护角，并根据实际工程条件确定。

为了避免雷击导线时发生对地线放电的情况，750kV 及以下交流线路杆塔上两根地线之间的距离，不应超过地线与导线间垂直距离的 5 倍。在一般档距的中央，导线与地线之间的距离，应按式（8-1）计算，计算时气温取 15℃，无风无冰。

$$S \geqslant 0.012L+1 \tag{8-1}$$

式中：S 为导线与地线间的距离，m；L 为档距，m。

1000kV 线路杆塔上两根地线之间的距离，不应超过地线与导线间垂直距离的 5 倍。可用数值计算的方法确定档距中央导线与地线之间的距离，也可按式（8-2）计算，计算时气温取 15℃，无风无冰。

$$S \geqslant 0.015L + \sqrt{2}U_{\text{ph-e}} / 500 + 2 \tag{8-2}$$

式中：$U_{\text{ph-e}}$ 为相（极）对地最高运行电压，kV。

对发电厂、变电站进线段内的大跨越档，导线和地线之间的距离应满足式（8-3）要求，即

$$S \geqslant 0.1I \tag{8-3}$$

式中：I 为距中央的耐雷水平，kA，取值根据表 8-3 中的规定确定。

表 8-3 档距中央的耐雷水平 I

标称电压（kV）	110	220	330	500	750	1000
耐雷水平（kA）	120	120	150	175	175	200

杆塔接地状况直接影响反击耐雷性能，DL/T 5582—2020《架空输电线路电气设计规程》对输电线路的接地提出了如下要求：有地线的杆塔应接地，在雷季干燥时，一般线路每基杆塔不连地线的工频接地电阻，不应大于表 8-4 的数值；土壤电阻率较低的地区，当杆塔的自然接地电阻不大于表 8-4 所列数值时，可不装设人工接地体。

表 8-4　　　　　　　　有地线的线路杆塔不连地线的工频接地电阻

土壤电阻率（Ω·m）	≤100	100～500	500～1000	1000～2000	>2000
接地电阻（Ω）	10	15	20	25	30

注　如土壤电阻率超过2000Ω·m，接地电阻很难降到30Ω时，可采用6～8根总长不超过500m的放射形接地体或连续伸长接地体，其接地电阻不受限制。

对于大跨越杆塔，其接地电阻要求更严格，不应超过表 8-5 规定的数值。

表 8-5　　　　　　　　大跨越塔的工频接地电阻

土壤电阻率（Ω·m）	≤100	100～500	500～1000	1000～2000	>2000
接地电阻（Ω）	5.0	7.5	10.0	12.5	15

注　如土壤电阻率超过2000Ω·m，接地电阻很难降到15Ω时，接地电阻也不宜超过20Ω。

二、过电压与绝缘配合标准规定

GB/T 50064—2014《交流电气装置的过电压保护和绝缘配合设计规范》对输电线路架空地线的配置形式、架空地线保护角、导地线距离、杆塔接地电阻及不同电压等级线路反击耐雷水平等技术指标提出了相关要求。

少雷区除外的其他地区的 220～750kV 线路应沿全线架设双地线。110kV 线路可沿全线架设地线，在山区和强雷区应架设双地线。在少雷区可不沿全线架设地线，但应装设自动重合闸装置，35kV 及以下线路不需全线架设地线。

在地线保护角方面，杆塔处地线对边导线的保护角应符合下列要求：

（1）对于单回路，330kV 及以下线路的保护角不大于 15°，500～750kV 线路的保护角不大于 10°。

（2）对于同塔双回或多回线路，110kV 线路的保护角不大于 10°，220kV 及以上线路的保护角不大于 0°。

（3）单地线线路保护角不大于 25°。

（4）重覆冰线路的保护角可适当加大。

（5）多雷区和强雷区的线路可采用负保护角。

对于双地线线路，杆塔处两根地线间的距离不大于导线与地线间垂直距离的 5 倍。有地线的线路应防止雷击档距中央地线反击导线，档距中央导地线间距要符合下列要求：

对于系统最高电压在 7.2～252kV 的线路，15℃无风时档距中央导线与地线间的最小距离按式（8-1）计算。

对于系统最高电压在 252～800kV 的线路，15℃无风时档距中央导线与地线间的最小距离按式（8-4）计算，即

$$S \geqslant 0.015L + 1 \tag{8-4}$$

GB/T 50064—2014《交流电气装置的过电压保护和绝缘配合设计规范》对线路杆塔的工频接地电阻的要求与 DL/T 5582—2020《架空输电线路电气设计规程》一致，应满足表 8-4 中的规定。此外，对有地线的线路反击耐雷水平要求，见表 8-6。

表 8-6　　　　　　　　　　有地线线路的反击耐雷水平　　　　　　　　　　单位：kA

系统标称电压（kV）	35	66	110	220	330	500	750
单回线路	24～36	31～47	56～68	87～96	120～151	158～177	208～232
同塔双回线路	—	—	50～61	79～92	108～137	142～162	192～224

注　1. 反击耐雷水平的较高和较低值分别对应线路杆塔冲击接地电阻 7Ω 和 15Ω。

　　2. 雷击时刻工作电压为峰值且与雷电电流反极性。

　　3. 发电厂、变电站进线保护段杆塔耐雷水平不低于表中的较高数值。

三、线路防雷标准规定

目前电网防雷技术指标主要依照 DL/T 2209—2021《架空输电线路雷电防护导则》，该标准给出了明确的线路雷击风险等级、防雷设计原则、线路保护角、绝缘长度、接地电阻等技术指标，可供新建线路设计和在运线路改造参考。

1. 雷击风险等级

DL/T 2209—2021《架空输电线路雷电防护导则》给出了基于各电压等级架空输电线路雷击跳闸率折算至年 40 雷暴日，即地闪密度 2.78 次/（km² · a）下的基准控制值 S′ 见表 8-7。

表 8-7　　　　　　　各电压等级输电线路雷击跳闸率基准控制值

电压等级（kV）	110	220	330	500	750	1000	±500	±660	±800	±1100
基准控制值 S′ [次/（百公里 · 年）]	0.525	0.315	0.2	0.14	0.1	0.1	0.15	0.12	0.1	0.1

注　1. 表中的控制值作为运行线路雷电防护改造时的控制指标。

　　2. 对于新建特高压直流线路的雷电防护设计，本表中的控制值供参考。鉴于工程设计阶段计算采用的参数偏严计算值往往比运行值偏高，因此计算控制值可根据工程实际情况研究确定。

因线路雷击跳闸率与地闪密度呈线性关系，对于任一线路，雷击跳闸率控制值 S 可基于表 8-7 控制值，按式（8-5）进行换算，即

$$S = S' N_{gav}/2.78 \qquad (8-5)$$

式中：N_{gav} 为线路走廊平均地闪密度，次/（km² · a）。

雷击风险等级划分标准按表 8-8 执行，N 为按式（8-5）计算得到的雷击跳闸率控制值。表 8-8 中 R 代表整条线路或区段或一基杆塔雷击跳闸率，雷击风险等级为 Ⅲ、Ⅳ 的杆塔定义为雷击高风险杆塔。

表 8-8   输电线路雷击风险等级划分标准

雷击风险等级	Ⅰ	Ⅱ	Ⅲ	Ⅳ
雷击风险程度	较低	一般	较高	严重
系列Ⅰ	$R<1.0N$	$1.0N \leqslant R<1.5N$	$1.5N \leqslant R<3.0N$	$R \geqslant 3.0N$
系列Ⅱ	$R<0.5N$	$0.5N \leqslant R<1.0N$	$1.0N \leqslant R<1.5N$	$R \geqslant 1.5N$

注 由于我国南部地区的雷电活动相比其他地区更为活跃，对于广东、广西、海南、云南和贵州省的电网，按照系列Ⅰ执行；对于其他省份的电网，按照系列Ⅱ执行。

2. 防雷设计原则

标准和实际电网要求对一般线路中的特殊区段（如大跨越、密集输电通道、重要交叉跨越、架空转电缆等）和山区强雷区区段以及重要线路，进一步进行雷击风险评估，并依据设计指标要求优化部分雷电易击杆塔的雷电防护措施。

防雷设计流程上，先综合利用线路走廊雷电地闪密度分布参数和杆塔所处地形参数，评估出雷电易击杆塔，再按照杆塔雷击风险由高到低的顺序，依次确定雷电防护设计优化措施并同步核算整条线路的雷击跳闸率，不断迭代，直到线路雷击跳闸率理论计算值不大于表 8-8 规定的控制值。

3. 线路保护角

对于一般线路，保护角按表 8-9 选取；对于重要线路，保护角按表 8-10 选取。减小保护角后杆塔上两根地线之间的距离不应超过导线与地线间垂直距离的 5 倍。对于覆冰输电线路，地线保护角按 GB 50545《110kV～750kV 架空输电线路设计规范》和 DL/T 5440《重覆冰架空输电线路设计技术规程》的相关规定执行。

表 8-9   一般线路雷击风险等级为Ⅲ级和Ⅳ级的杆塔保护角

电压等级（kV）	回路形式	地线保护角（°）
110	单回	≤10
	同塔多回	≤5
220、330	单回	≤10
	同塔多回	≤0
500	单回	≤5
	同塔多回	≤0

表 8-10   重要线路雷击风险等级为Ⅲ级和Ⅳ级的杆塔保护角

电压等级（kV）	回路形式	地线保护角（°）
110～750	单回	≤5
	同塔多回	≤0
1000	单回	≤-4
	同塔双（多）回	≤-5

续表

电压等级（kV）	回路形式	地线保护角（°）
±500	单回	≤5
	同塔双回	≤0
±600	—	≤0
±800	—	≤-10
±1100	—	≤-10

4. 绝缘配置

500kV 及以下交流线路，为提高防雷水平，在满足塔头间隙、导线风偏和导线对地距离要求的前提下，绝缘子（串）的有效绝缘长度相比国家标准（行业标准）中雷电过电压要求的绝缘长度增加值可参考表 8-11。220kV 及以下同塔多回线路杆塔采用差异化绝缘设计。

表 8-11　一般线路雷击风险等级Ⅲ级和Ⅳ级的杆塔绝缘子（串）长度增加值

雷击风险等级	电压等级	回路形式	绝缘子（串）长度增加比例
Ⅲ	220kV 以上	—	加长 10%～15%
	220kV 及以下	单回	加长 10%～15%
		同塔双回	一回加长 15% 左右，另一回不变
Ⅳ	220kV 以上	—	加长 20%
	220kV 及以下	单回	加长 20%
		同塔双回	一回加长 15% 左右，另一回不变

5. 接地电阻

在杆塔接地指标方面，DL/T 5582—2020《架空输电线路电气设计规程》和 GB/T 50064—2014《交流电气装置的过电压保护和绝缘配合设计规范》的要求更高，对于反击跳闸率较高的杆塔，要求在雷雨季干燥条件下，每基杆塔不连地线的工频接地电阻，不大于表 8-12 规定的数值。若不满足要求，可采用增大水平／垂直接地体长度、增加接地体埋设深度等方式降低接地电阻。

表 8-12　输电线路杆塔工频接地电阻要求值

土壤电阻率（Ω·m）	≤100	100～500	500～1000	1000～2000	>2000
杆塔接地电阻（Ω）	7	10	15	20	25

注　1. 变电站（发电厂）进线段杆塔工频接地电阻不高于 10Ω。

　　2. 大跨越杆塔的接地电阻不宜大于 GB/T 50064—2014《交流电气装置的过电压保护和绝缘配合设计规范》中表 5.3.1-2 规定值的 50%，当电阻率大于 2000Ω·m 时，接地电阻不大于 20Ω。

　　3. 在电阻率超过 2000Ω·m 的地区，接地电阻很难降到 25Ω 以下时，可采用 6～8 根总长不超过 500m 的放射形接地体或连续伸长接地体，接地电阻可不受限制。

第二节　线路通用防雷设计要求

一、接地电阻的设计

杆塔接地电阻是影响输电线路耐雷性能的重要指标，接地电阻越小，反击耐雷水平越高。实际中受土壤电阻率及技术经济性等因素影响，杆塔接地电阻一般不会降到很低。电力行业防雷技术标准 DL/T 2209—2021《架空输电线路雷电防护导则》对不同土壤电阻率下的杆塔接地电阻设计值，见表 8-12。此外，部分电网公司对杆塔接地装置进行了标准化设计，详见本章第三节。

二、地线的设计

架空地线广泛应用于架空输电线路上，光纤复合架空地线（OPGW）除了防雷效果还具有优良的通信功能，对于不同电压等级架空输电线路，GB/T 50064—2014《交流电气装置的过电压保护和绝缘配合设计规范》及 DL/T 5582—2020《架空输电线路电气设计规程》对架空地线的配置型式及保护角设计要求，均提出了明确规定，具体见本章第一节相关内容，这里不再赘述。

架空地线常采用镀锌钢绞线或铝包钢绞线，镀锌钢绞线因为导电性能、防腐性能较差，多用于老旧线路。铝包钢绞线由于具有高机械性能、高导电性和良好的抗腐蚀性等优点，已在国内输电线路中广泛应用。某电网公司印发的《生产设备品类清单》（2022 年版）中给出的 35～500kV 交流输电线路用常用地线品类见表 8-13。

表 8-13　　　　某电网公司 2022 年版典型地线品类清单

序号	品类名称	品类描述
1	铝包钢绞线，JLB20A-50	电压等级 =35～500kV；产品型号 =JLB20A-50；总截面积 =49.48mm²；外径 =9mm；单重 =329.3kg/km
2	铝包钢绞线，JLB40-50	电压等级 =35～500kV；产品型号 =JLB40-50；总截面积 =49.48mm²；外径 =9mm；单重 =231.9kg/km
3	铝包钢绞线，JLB20A-80	电压等级 =35～500kV；产品型号 =JLB20A-80；总截面积 =79.39mm²；外径 =11.4mm；单重 =528.4kg/km
4	铝包钢绞线，JLB40-80	电压等级 =35～500kV；产品型号 =JLB40-80；总截面积 =79.39mm²；外径 =11.4mm；单重 =372.1kg/km
5	铝包钢绞线，JLB20A-100	电压等级 =110～500kV；产品型号 =JLB20A-100；总截面积 =100.88mm²；外径 =13mm；单重 =674.1kg/km
6	铝包钢绞线，JLB27-100	电压等级 =110～500kV；产品型号 =JLB27-100；总截面积 =100.88mm²；外径 =13mm；单重 =606.9kg/km

续表

序号	品类名称	品类描述
7	铝包钢绞线，JLB40-100	电压等级 =110～500kV；产品型号 =JLB40-100；总截面积 =100.88mm²；外径 =13mm；单重 =474.6kg/km
8	铝包钢绞线，JLB20A-120	电压等级 =110～500kV；产品型号 =JLB20A-120；总截面积 =121.21mm²；外径 =14.25mm；单重 =809.94kg/km
9	铝包钢绞线，JLB40-120	电压等级 =110～500kV；产品型号 =JLB40-120；总截面积 =121.21mm²；外径 =14.25mm；单重 =570.3kg/km
10	铝包钢绞线，JLB20A-150	电压等级 =110～500kV；产品型号 =JLB20A-150；总截面积 =148.07mm²；外径 =15.75mm；单重 =989.5kg/km
11	铝包钢绞线，JLB27-150	电压等级 =110～500kV；产品型号 =JLB27-150；总截面积 =148.07mm²；外径 =15.75mm；单重 =890.8kg/km
12	铝包钢绞线，JLB40-150	电压等级 =110～500kV；产品型号 =JLB40-150；总截面积 =148.07mm²；外径 =15.75mm；单重 =696.7kg/km

三、绝缘配置的设计

杆塔绝缘配置直接影响线路的耐雷性能，加强绝缘配置可同时改善反击耐雷水平和绕击耐雷水平，降低线路总体雷击跳闸率。除经济因素外，加强绝缘还会受杆塔头部绝缘间隙、导线对地（或交叉跨越）安全距离及杆塔荷载等因素的限制，一般只在允许的范围内适当增加绝缘子片数来提高绝缘水平。对于新建线路，杆塔绝缘配置水平可在表 8-1 的基础上结合实际选取，强雷区新建的 110kV 和 220kV 重要同塔多回线路和单电源供电同塔多回线路，可采取差异化绝缘设计，强雷区新建的 500kV 重要同塔多回线路，可采取平衡高绝缘设计。对于雷击风险较高的Ⅲ、Ⅳ级杆塔，加强绝缘的设计要求按表 8-11 执行，这里不再赘述。

四、避雷器的设计

线路避雷器运行时与线路绝缘子并联，当线路遭受雷击时，避雷器优先泄放雷电流，能有效防止雷击输电线路引起的闪络故障。从间隙特征上讲，线路避雷器大体上分为无间隙和有间隙避雷器两大类，有间隙线路避雷器通常是指外串联间隙避雷器。有间隙线路避雷器作为主流的线路避雷器，又有两种主要形式，即纯空气间隙避雷器和绝缘子支撑间隙避雷器。某电网公司印发的《生产设备品类清单》（2023 年版）中给出的 110～500kV 交流输电线路用避雷器品类分别见表 8-14～表 8-16。据统计，GD 电网 110kV 线路避雷器年均动作 0.15 次，220kV 线路避雷器年均动作 0.06 次，500kV 线路避雷器年均动作 0.02 次。根据避雷器计数器动作情况测算，某电网全网所安装的线路避雷器将雷击跳闸次数降低了约 59.8%。

表 8-14　　某电网公司 2023 年版线路避雷器品类清单（110kV）

序号	品类名称	品类描述
1	YH10CX-102/296（绝缘子串联间隙）	名称＝线路型避雷器；产品型号＝YH10CX-102/296（绝缘子串联间隙）；电压等级＝110kV；污秽等级≥d 级；挂点＝悬挂；用途＝架空线防雷
2	YH10CX-102/296（空气间隙）	名称＝线路型避雷器；产品型号＝YH10CX-102/296（空气间隙）；电压等级＝110kV；污秽等级≥d 级；挂点＝悬挂；用途＝架空线防雷
3	YH10CX-96/280（绝缘子串联间隙）	名称＝线路型避雷器；产品型号＝YH10CX-96/280（绝缘子串联间隙）；电压等级＝110kV；污秽等级≥d 级；挂点＝悬挂；用途＝架空线防雷
4	YH10CX-96/280（空气间隙）	名称＝线路型避雷器；产品型号＝YH10CX-96/280（空气间隙）；电压等级＝110kV；污秽等级≥d 级；挂点＝悬挂；用途＝架空线防雷
5	YH10CX-90/260（绝缘子串联间隙）	名称＝线路型避雷器；产品型号＝YH10CX-90/260（绝缘子串联间隙）；电压等级＝110kV；污秽等级≥d 级；挂点＝悬挂；用途＝架空线防雷
6	YH10CX-90/260（空气间隙）	名称＝线路型避雷器；产品型号＝YH10CX-90/260（空气间隙）；电压等级＝110kV；污秽等级≥d 级；挂点＝悬挂；用途＝架空线防雷
7	Y10W-108/281（瓷绝缘）	名称＝线路型避雷器；产品型号＝Y10W-108/281（瓷绝缘）；电压等级＝110kV；污秽等级≥d 级；挂点＝支座；用途＝电缆终端
8	YH10W-108/281（复合绝缘）	名称＝线路型避雷器；产品型号＝YH10W-108/281（复合绝缘）；电压等级＝110kV；污秽等级≥d 级；挂点＝支座／悬挂；用途＝电缆终端

表 8-15　　某电网公司 2023 年版线路避雷器品类清单（220kV）

序号	品类名称	品类描述
1	YH10CX-204/592（绝缘子串联间隙）	名称＝线路型避雷器；产品型号＝YH10CX-204/592（绝缘子串联间隙）；电压等级＝220kV；污秽等级≥d 级；挂点＝悬挂；用途＝架空线防雷
2	YH10CX-204/592（空气间隙）	名称＝线路型避雷器；产品型号＝YH10CX-204/592（空气间隙）；电压等级＝220kV；污秽等级≥d 级；挂点＝悬挂；用途＝架空线防雷
3	YH10CX-192/560（绝缘子串联间隙）	名称＝线路型避雷器；产品型号＝YH10CX-192/560（绝缘子串联间隙）；电压等级＝220kV；污秽等级≥d 级；挂点＝悬挂；用途＝架空线防雷
4	YH10CX-192/560（空气间隙）	名称＝线路型避雷器；产品型号＝YH10CX-192/560（空气间隙）；电压等级＝220kV；污秽等级≥d 级；挂点＝悬挂；用途＝架空线防雷
5	YH10CX-180/520（绝缘子串联间隙）	名称＝线路型避雷器；产品型号＝YH10CX-180/520（绝缘子串联间隙）；电压等级＝220kV；污秽等级≥d 级；挂点＝悬挂；用途＝架空线防雷

序号	品类名称	品类描述
6	YH10CX-180/520（空气间隙）	名称＝线路型避雷器；产品型号＝YH10CX-180/520（空气间隙）；电压等级＝220kV；污秽等级≥d级；挂点＝悬挂；用途＝架空线防雷
7	YH10W-216/562（复合绝缘）	名称＝线路型避雷器；产品型号＝YH10W-216/562（复合绝缘）；电压等级＝220kV；污秽等级≥d级；挂点＝支座/悬挂；用途＝电缆终端
8	Y10W-216/562（瓷绝缘）	名称＝线路型避雷器；产品型号＝Y10W-216/562（瓷绝缘）；电压等级＝220kV；污秽等级≥d级；挂点＝支座；用途＝电缆终端

表 8-16　　　　　某电网公司 2023 年版线路避雷器品类清单（500kV）

序号	品类名称	品类描述
1	YH20CX-396/1050（绝缘子串联间隙）	名称＝线路型避雷器；产品型号＝YH20CX-396/1050（绝缘子串联间隙）；电压等级＝500kV；污秽等级≥d级；挂点＝悬挂；用途＝架空线防雷
2	YH20CX-396/1050（空气间隙）	名称＝线路型避雷器；产品型号＝YH20CX-396/1050（空气间隙）；电压等级＝500kV；污秽等级≥d级；挂点＝悬挂；用途＝架空线防雷

以纯空气间隙避雷器为例，某电网公司印发的《35kV～500kV 交流输电线路导线、地线技术规范书》110～500kV 线路型避雷器（空气间隙）技术规范书要求的典型 110、220kV 及 500kV 纯空气间隙避雷器主要技术参数指标分别见表 8-17～表 8-19。

表 8-17　　　110kV 线路用 YH10CX-102/296（空气间隙）主要技术参数要求

序号	主要技术参数	参数值	序号	主要技术参数	参数值
1	系统电压（kV）	110	10	避雷器雷电冲击正极性 50％放电电压峰值（kV）	≤525
2	避雷器额定电压（kV）	102	11	4/10μs 大电流冲击电流 kA（峰值）	≥100
3	标准额定频率（Hz）	50	12	2ms 方波冲击电流（峰值，A）	≥600
4	标称放电电流（kA）	10	13	大电流（0.2s）（kA）	40
5	直流 1mA 参考电压（kV）	≥148	14	小电流（A）	800
6	0.75 倍直流 1mA 参考电压下泄漏电流（μA）	≤50	15	最小公称爬电比距（mm/kV）	≥34.7
7	工频参考电压（kV）	≥102	16	本体最大局部放电量（75% 额定电压下，pC）	≤10
8	雷电冲击电流残压（峰值，kV）	≤296	17	无线电干扰电压（1.05 倍系统最高运行电压下，μV）	≤2500
9	避雷器工频耐受电压（kV）	≥170	18	复合外套的成型工艺	整体注射成型

表 8-18　　220kV 线路用 YH10CX-192/560（空气间隙）主要技术参数要求

序号	主要技术参数	参数值	序号	主要技术参数	参数值
1	系统电压（kV）	220	10	避雷器雷电冲击正极性 50% 放电电压峰值（kV）	≤900
2	避雷器额定电压（kV）	192	11	4/10μs 大电流冲击电流（峰值，kA）	≥100
3	标准额定频率（Hz）	50	12	2ms 方波冲击电流（峰值，A）	≥600
4	标称放电电流（kA）	10	13	大电流（0.2s）（kA）	40
5	直流 1mA 参考电压（kV）	≥280	14	小电流（A）	800
6	0.75 倍直流 1mA 参考电压下泄漏电流（μA）	≤50	15	最小公称爬电比距（mm/kV）	≥34.7
7	工频参考电压（kV）	≥192	16	本体最大局部放电量（75% 额定电压下，pC）	≤10
8	雷电冲击电流残压（峰值，kV）	≤560	17	无线电干扰电压（1.05 倍系统最高运行电压下，μV）	≤2500
9	避雷器工频耐受电压（kV）	≥340	18	复合外套的成型工艺	整体注射成型

表 8-19　　500kV 线路用 YH20CX-396/1050（空气间隙）主要技术参数要求

序号	主要技术参数	参数值	序号	主要技术参数	参数值
1	系统电压（kV）	500	10	避雷器雷电冲击正极性 50％ 放电电压峰值（kV）	≤1760
2	避雷器额定电压（kV）	396	11	4/10μs 大电流冲击电流（峰值，kA）	≥100
3	标准额定频率（Hz）	50	12	2ms 方波冲击电流（峰值，A）	≥1200
4	标称放电电流（kA）	20	13	大电流（0.2s）（kA）	63
5	直流 1mA 参考电压（kV）	≥561	14	小电流（A）	800
6	0.75 倍直流 1mA 参考电压下泄漏电流（μA）	≤50	15	最小公称爬电比距（mm/kV）	≥34.7
7	工频参考电压（kV）	≥396	16	本体最大局部放电量（75% 额定电压下，pC）	≤10
8	雷电冲击电流残压（峰值，kV）	≤1050	17	无线电干扰电压（1.05 倍系统最高运行电压下，μV）	≤2500
9	避雷器工频耐受电压（kV）	≥510	18	复合外套的成型工艺	整体注射成型

实际应用时，线路避雷器应根据线路重要性、地闪密度、雷击跳闸信息、雷击风险等级等实际情况进行合理配置，配置原则应遵循安全可靠、技术经济性优、便于运行维护等要求。

（一）线路避雷器使用原则

安装线路避雷器是防止线路绝缘雷击闪络的有效措施。受制造成本限制，线路避雷器不适合大范围安装使用，应根据技术经济原则因地制宜地制定实施方案。

线路避雷器应用的主要原则如下：

（1）易击线路的变电站（发电厂）进线段或山区线路易击段，接地电阻不满足要求的杆塔，如改善接地电阻困难也不经济时，可安装线路避雷器。

（2）重要线路和单电源供电线路投运后发生过雷击闪络的杆塔，可安装线路避雷器。

（3）中雷区及以上地区全高 100m 及以上的高杆塔，经雷击风险评估为Ⅲ级及以上，可安装线路避雷器。

（4）投运后发生过两次雷击闪络故障的杆塔，应安装线路避雷器。

（5）强雷区新建重要线路的山区段，如果已采取经济合理的降低接地电阻措施，经雷击风险评估仍为Ⅲ级的杆塔可安装线路避雷器，雷击风险评估仍为Ⅳ级的杆塔安装线路避雷器。

（6）除电缆终端塔外，线路避雷器选择带串联间隙的金属氧化物避雷器。

不同电压等级的避雷器在安装配置原则上也有差异，一般遵循以下规则：

（1）对 110、220kV 单回线路，在 3 相安装；对 500kV 单回路可在两侧边相安装。

（2）对同塔多回线路，优先在重要性较高的回路安装，重要性相当的情况下优先在雷击跳闸率较高的回路安装。

（3）对 110、220kV 同塔双回线路，在一侧回路的 3 相安装；对 500kV 同塔双回线路，可在一侧回路的 1～3 相安装，优先对闪络次数较多的相安装。

（4）对 110、220kV 同压同塔三～四回线路，杆塔有五层或六层导线横担时，在上层的一回或两回安装；杆塔仅有三层导线横担时，在单侧或两侧安装；每基杆塔安装避雷器相数取 3～5 相。

（5）对 220kV/110kV 混压同塔三～四回线路，在下层 110kV 的一回 3 相安装，上层 220kV 线路优先选择闪络次数较多的相安装，每基杆塔安装避雷器相数取 3～5 相。

（6）对 500kV/220kV 混压同塔三回～四回线路，在下层 220kV 的一回 3 相安装，上层 500kV 线路安装避雷器的方式可按照 500kV 同塔双回线路的原则执行。

（7）对处于或靠近边坡位置的杆塔，线路避雷器安装在边坡外侧回路及相。

（8）直线塔的线路避雷器顺导线方向安装，耐张塔的线路避雷器应根据实际情况选择安装方式，并确保线路避雷器的电气和机械性能满足运行要求。

（二）线路避雷器安装要求

线路避雷器安装时各器件具体安装位置示意如图 8-1 所示。根据避雷器正常运行条件要求，管理及施工中需要注意以下事项：

（1）避雷器在库房存放期间应确保环境温度在 40℃以下，远离热源，并采取防水防潮措施，存放环境应无强酸碱及其他有害物质，平放储存时应避免伞裙受力。

（2）避雷器出库前应确认外包装完好，外观检查正常，铭牌清晰，参数标识完整，附件数量齐全，形式和规格符合设计要求。

（3）避雷器在搬运和转移过程中应注意小心轻放，安装过程中应避免撞击、刮损、踩踏等不规范动作对避雷器造成损坏，特别注意避免尖锐物体对避雷器复合外套造成切口。

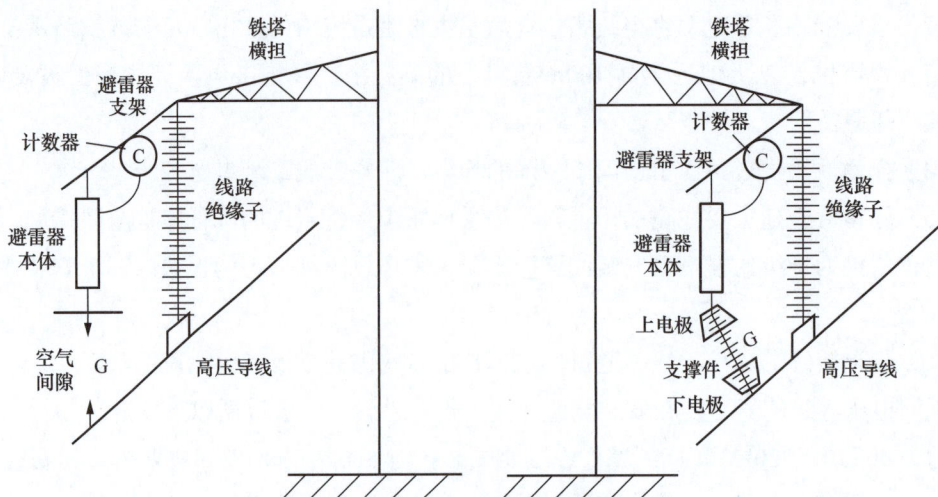

图 8-1　典型线路避雷器安装示意图

（4）上塔前应对复合外套再次进行外观检查，复合外套表面不允许有脏污、开裂、脱落、破损、切口等现象。

（5）严格控制架空线路避雷器的放电间隙距离、架空线路避雷器与线路绝缘子、塔身及横担之间的绝缘距离。

（6）避雷器本体应经过放电计数器有效接地，放电计数器面板朝向应便于读数且避免积污，应将面板朝下安装并与地面呈 45°。

（7）所有螺栓应采用单螺母加插销或双螺母加插销，使用塔身上原有螺孔时，原螺栓应更换为带插销的螺栓。

（8）纯空气间隙避雷器的放电电极应与下方导线保持垂直，导线对应放电电极的位置应采用护线条进行保护。

（9）在杆塔的荷载及安装电气距离满足设计要求的情况下，避雷器应采用独立夹具安装在横担上。

实际同塔双回及多回线路避雷器的典型安装相位如图 8-2 所示。

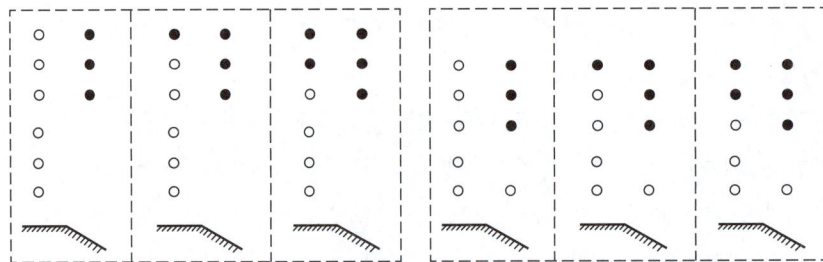

（a）110、220kV同压同塔三回路避雷器典型安装相位示意图

图 8-2　线路避雷器典型安装相位（一）

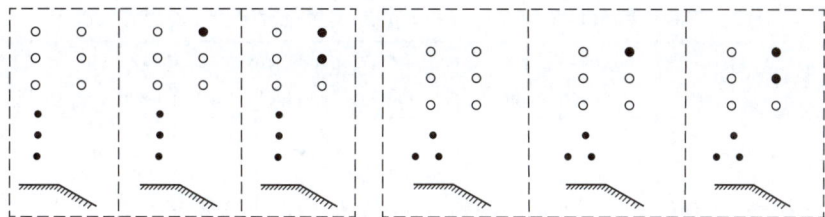

（b）220kV/110kV混压同塔三回路避雷器典型安装相位示意图

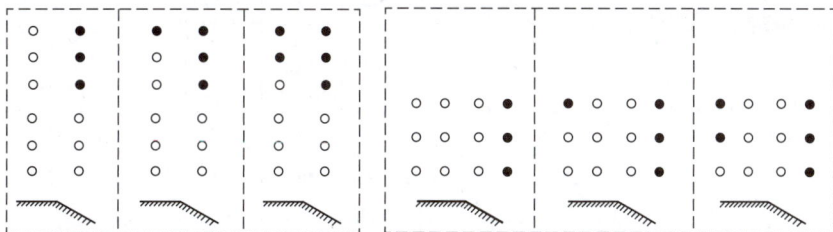

（c）110、220kV同压同塔四回路避雷器典型安装相位示意图

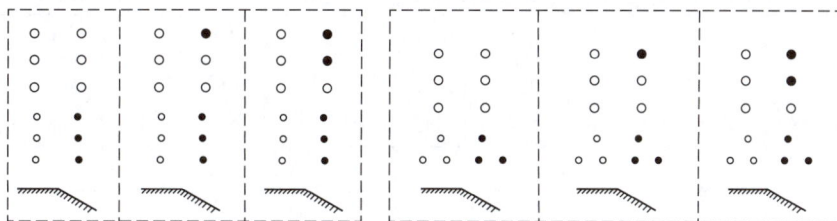

（d）220kV/110kV混压同塔四回路避雷器典型安装相位示意图

图 8-2 线路避雷器典型安装相位（二）

五、并联间隙的设计

输电线路并联间隙技术是利用在绝缘子串两端并联一对金属电极构成间隙，使雷击线路时闪络发生在该间隙处，从而保护绝缘子串免受电弧灼烧的一种防雷技术。实际应用时根据线路重要性、地闪密度、雷击跳闸指标、绝缘子受损记录等信息确定并联间隙的安装需求和安装方式。配置并联间隙并不能提高线路耐雷水平，主要用于防止雷击闪络时绝缘子受损或实现不同回路差异化绝缘配置。对 220kV 及以下交流线路用并联间隙，可按照 DL/T 1293—2013《交流架空输电线路绝缘子并联间隙使用导则》的要求选用；对 500kV 交流线路，并联间隙设计成半跑道形状或开口圆环形状，设计方法按照 DL/T 1293—2013《交流架空输电线路绝缘子并联间隙使用导则》的要求执行。

110、220kV 和 500kV 绝缘子串并联间隙电极典型几何结构及尺寸如图 7-31 和表 8-20 所示。X_c、X_p 尺寸一般为 350～600mm，为了避免因装设并联间隙而导致线路跳闸率的大幅增加，Z/Z_0 不应小于 0.75。Y_c、Y_p 应根据绝缘子串的实际片数以及预期的雷电跳闸指标，经过核算确定。Y_c、Y_p 尺寸从 0mm 开始，可按每增加 73mm（绝缘子高度的一半）为 1 档。

表8-20 110、220kV和500kV绝缘子（串）并联间隙电极典型几何尺寸列表

绝缘子（串）	Z_0 (mm)	Z (mm)	X_c (mm)	X_p (mm)	Y_c (mm)	Y_p (mm)	Z/Z_0
500kV悬垂串单联半跑道并联间隙电极	—	—	700	700	—	—	0.85 （±2.5%）
220kV悬垂串（间隙短接4片绝缘子）	146×17	146×13	490	570	292	292	0.765
220kV悬垂串（间隙短接3片绝缘子）	146×17	146×14	490	570	292	146	0.824
	146×16	146×13	490	570	292	146	0.813
220kV悬垂串（间隙短接2.5片绝缘子）	146×17	146×14.5	490	570	219	146	0.853
	146×16	146×13.5	490	570	219	146	0.844
220kV耐张串（间隙短接4片绝缘子）	146×17	146×13	490	570	292	292	0.765
220kV耐张串（间隙短接3片绝缘子）	146×17	146×14	490	570	219	219	0.824
	146×16	146×13	490	570	219	219	0.813
220kV耐张串（间隙短接2.5片绝缘子）	146×17	146×14.5	490	570	219	146	0.853
	146×16	146×13.5	490	570	219	146	0.844
110kV悬垂串（间隙短接2.5片绝缘子）	146×10	146×7.5	400	450	219	146	0.750
110kV悬垂串（间隙短接2片绝缘子）	146×10	146×8	400	450	146	146	0.800
	146×9	146×7	400	450	146	146	0.778
110kV耐张串（间隙短接2.5片绝缘子）	146×10	146×7.5	400	450	219	146	0.750
110kV耐张串（间隙短接2片绝缘子）	146×10	146×8	400	450	146	146	0.800
	146×9	146×7	400	450	146	146	0.778

注 1. 为了尽量不增加线路的雷击跳闸率，先提高绝缘水平，再安装并联间隙，提高绝缘配置和设计并联间隙形式及尺寸应满足GB 50545《110kV～750kV架空输电线路设计规范》的相关规定，并满足塔头间隙要求。
2. 用于实现不同回路差异化绝缘配置的并联间隙，并联间隙距离在允许范围内取较小值。

实际应用时，并联间隙主要遵循以下原则：

（1）并联间隙自身没有熄灭工频电弧能力，应配合变电站内重合闸装置使用。

（2）配置并联间隙前宜先提高绝缘水平再安装并联间隙，仅当绝缘配置由污秽条件控制并已达到杆塔允许条件的上限时，如需安装并联间隙可不提高绝缘水平。

（3）供电可靠性要求较高的线路不安装并联间隙。

另外，为确保安装并联间隙后，防雷效果达到预期，并联间隙应满足以下绝缘配合技术要求：

（1）并联间隙应做到雷电过电压作用下先于绝缘子放电，而工频过电压和操作过电压作用下不放电。

（2）并联间隙距离Z应取其保护的绝缘子串干弧距离Z_0的80%～85%。

（3）并联间隙的技术性能应满足雷电和工频放电电压、雷电冲击伏秒特性、工频电弧燃弧特性、短路电流通流能力等型式试验要求。

（4）并联间隙应采用耐灼烧、防腐蚀材料（如热镀锌钢），结构形式简单合理。

六、杆塔地形参数的提取

杆塔地形是防雷设计的一个重要考量参数，尤其是地面倾角对输电线路的绕击跳闸率计算分析影响极大。目前相关电网公司在防雷技术导则中给出了杆塔处地面倾角的提取方法，主要基于高程数据提取地面倾斜角的通用算法，结合雷电先导与杆塔的击距规律，提出采用等距离取样求均值的方法提取地面倾角。

杆塔所处地面的倾斜角计算方式如图 8-3 所示，为了估算海拔为 H 的杆塔的倾斜角 θ（即倾斜角真值），可以在垂直于线路走廊方向的坡面上左右选取 n 个采样点（S_1、S_2、$\cdots$、S_n），相邻点的水平间距为 d，对应的海拔分别为 h_1、h_2、$\cdots$、h_n，则地面倾角可通过式（8-6）计算，即

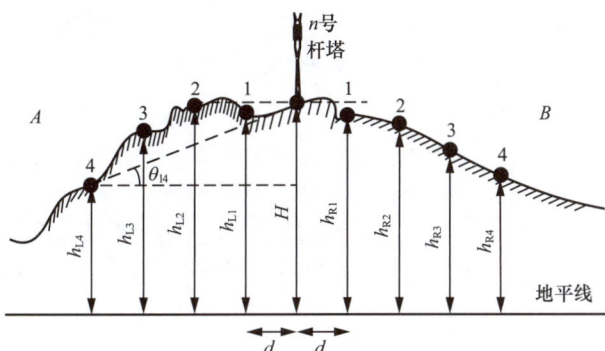

图 8-3　杆塔地形倾角示意图

$$\theta = \frac{1}{n} \sum_{i=1}^{i=n} \arctan\left(\frac{H - h_i}{id}\right) \tag{8-6}$$

获取地面倾斜角真值后，进一步分析真值的正负。地面倾角的正负定义如图 8-4 所示，其中 H、h_n 分别为杆塔及采样点处的地面海拔，θ 为杆塔相对采样点的地面倾角。进而根据地面倾角，可判断地形。划分方法如图 8-5 所示。

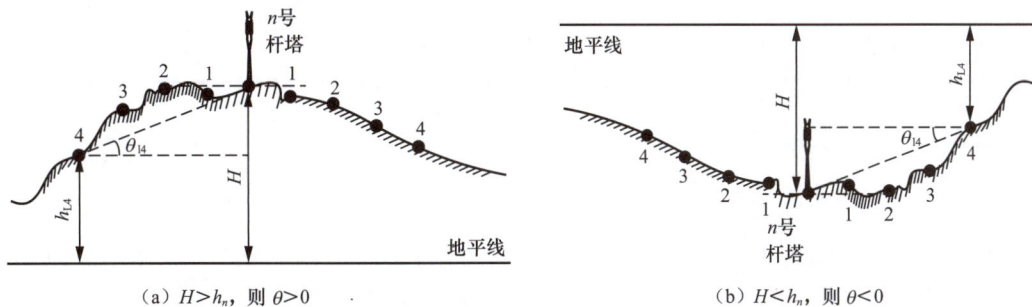

（a）$H > h_n$，则 $\theta > 0$　　　　　　　　（b）$H < h_n$，则 $\theta < 0$

图 8-4　杆塔地形倾角示意图

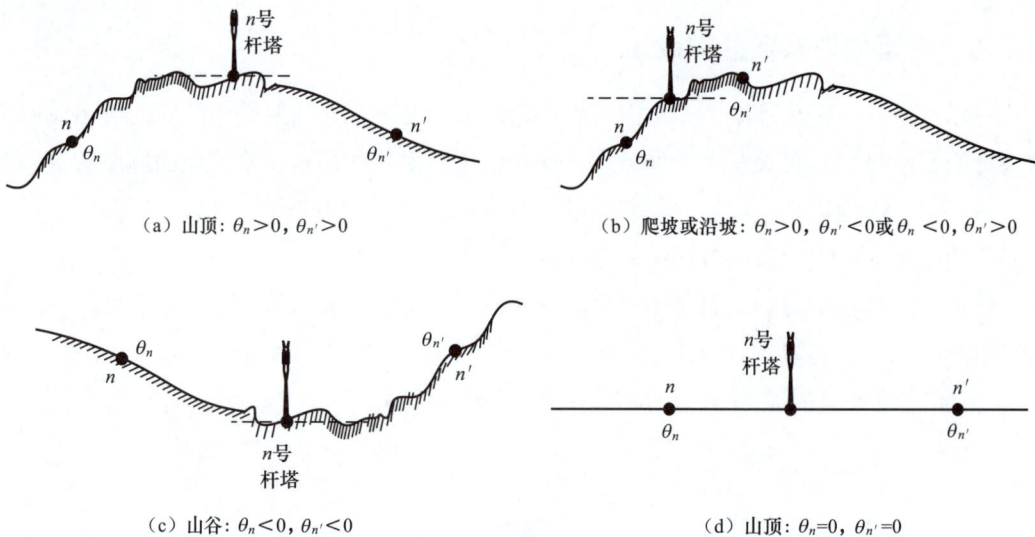

（a）山顶：$\theta_n > 0$，$\theta_{n'} > 0$ 　　　　（b）爬坡或沿坡：$\theta_n > 0$，$\theta_{n'} < 0$ 或 $\theta_n < 0$，$\theta_{n'} > 0$

（c）山谷：$\theta_n < 0$，$\theta_{n'} < 0$ 　　　　（d）山顶：$\theta_n = 0$，$\theta_{n'} = 0$

图 8-5　地形判断示意图

第三节　杆塔接地装置标准化设计

一、杆塔接地装置标准化设计概述

（一）标准化需求

由于国内外没有统一的杆塔接地装置设计标准和设计方案，因此不同的设计单位在开展设计时给出的接地装置设计方案各不相同，接地效果难以衡量，接地装置的优劣很大程度上取决于设计院的技术水平。近年来因杆塔接地装置设计不合理，高幅值雷电流下雷击同跳事故时有发生，威胁电力系统安全稳定性。为全面落实防雷精细化设计、建设及改造要求，规范化电网防雷工作，某电网公司组织开展了架空输电线路杆塔接地装置标准化设计工作。主要思路是通过计算典型杆塔反击耐雷水平和冲击接地电阻限值，统计分析回击电流作用下杆塔接地装置的冲击系数，进而提出不同电压等级、不同杆塔呼高下的杆塔接地装置典型设计方案。

（二）杆塔接地电阻的关键影响因素

杆塔反击雷耐雷水平与接地电阻、杆塔高度、绝缘配置等因素相关。由于绝缘配置受塔头间隙和规程约束，相对差别较小。杆塔接地电阻与土壤电阻率密切相关，直接影响杆塔的反击耐雷水平。此外，同一条线路杆塔的高度可能相差较大，在雷电冲击作用下，塔顶电位的暂态响应也存在差异。降低杆塔接地电阻是提高输电线路反击耐雷水平和降低输电线路雷击跳闸率的最为直接有效的方式。因此，从有效控制杆塔反击耐雷水平和雷击跳闸率来考虑，对杆塔接地电阻的制约因素至少包括土壤电阻率和杆塔高度等因素，绝缘配置作为辅助考虑因素。

对于呼高较矮的杆塔，在杆塔接地电阻不大的情况下，反击耐雷水平比较容易满足 GB/T 50064—2014《交流电气装置的过电压保护和绝缘配合设计规范》的要求；但对于呼高较高的杆塔，若杆塔接地电阻不能足够低，那么反击耐雷水平难以满足标准要求，杆塔雷击跳闸率也极有可能超过 DL/T 2209—2021《架空输电线路雷电防护导则》要求的雷击跳闸率控制值。考虑到杆塔的高度往往和电压等级、同塔架设回路数有密切联系，输电线路杆塔标准化工作应同时考虑回路形式、杆塔呼高、接地电阻及绝缘配置对防雷指标的影响。

2019～2021 年某电网 220kV 同塔双回输电线路雷击同跳 66 起，500kV 同塔双回输电线路雷击同跳 3 起，均为大幅值雷电流反击造成双回同时跳闸，部分重合闸失败后造成线路停运。上述发生雷击同跳的杆塔中，超过一半的杆塔接地电阻设计值为 25Ω 及以上，仍有一定的优化空间。220kV 线路 40m 以上杆塔发生雷电反击同跳的次数占 87.9%，60m 以上高杆塔发生的雷击同跳次数占总雷击同跳次数的比例为 36.4%，明显高于 40m 及以下的杆塔发生雷击同跳的比例（12.1%）。500kV 发生的 3 起雷电反击同跳中有 2 起杆塔高度超过 80m。因此，输电线路中高杆塔更容易发生雷电反击同跳。现行标准杆塔接地电阻设计时仅考虑土壤电阻率，未考虑杆塔高度对暂态响应的影响，难以满足电网差异化防雷的需求。

为提升杆塔地网对防雷的有效性和针对性，新的杆塔接地装置设计应引入对杆塔高度的因素，即同步考虑杆塔电压等级、回路形式及杆塔呼高。另外，由于同一电压等级不同高度杆塔绝缘配置差异较大，若对所有绝缘配置逐一考虑，将使杆塔地网标准化设计工作变得非常复杂，因此，推荐标准化方案设计杆塔地网时应按满足国家标准、行业标准及企业标准要求的最低绝缘配置要求进行控制（对高度超过 40m 的杆塔绝缘配置进行相应增加）。这样对于更高的绝缘水平，杆塔接地电阻的设计裕度也更大，符合标准化设计要求。综合上述因素，输电线路杆塔地网标准化时，应主要关联的因素为杆塔电压等级、回路形式、杆塔呼高，并按照不同土壤电阻率给出对应的杆塔设计方案，具体工作流程如图 8-6 所示。

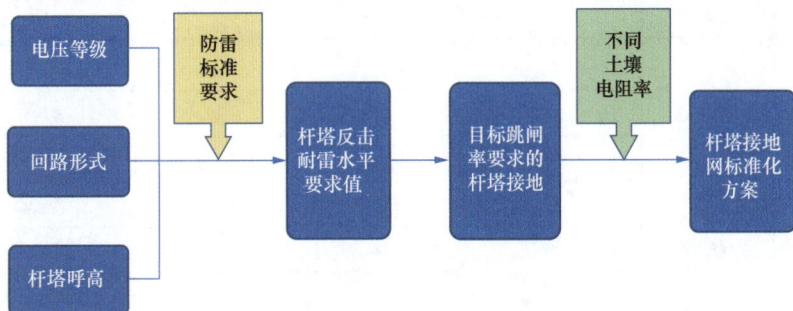

图 8-6 输电线路杆塔地网标准化主要关联因素及目标

二、杆塔接地装置标准化设计步骤

通过统计分析、仿真计算并结合现场试验的方式开展杆塔接地装置标准化设计工作，主要工作步骤如下：

（1）首先借助 EMTP 软件，计算不同电压等级、不同杆塔呼高的反击耐雷水平和冲击接地电阻的限值。

（2）其次根据人工火箭引雷的试验数据，分析杆塔接地装置的散流和地电位分布规律，得到人工引雷试验接地网非线性散流特性和冲击系数范围。

（3）最后根据反击耐雷水平和冲击接地电阻限值，借助 CDEGS 软件，通过迭代计算考虑火花效应的影响，设计不同电压等级、不同杆塔呼高下杆塔接地装置的典型设计方案。

基于前面的分析对 110～500kV 单双回线路，开展杆塔接地装置标准化设计工作形成的总体规划分类见表 8-21。

表 8-21　　　　　　　110～500kV 杆塔接地装置标准化设计规划分类

电压等级（kV）	回路数	呼高范围	标准要求的杆塔反击耐雷水平 I	目标跳闸率要求的接地电阻 Z	对应不同土壤电阻率的杆塔标准化接地装置模块
110	单回路	$\leq H_{110\text{单}1}$	$I_{110\text{单}1}$	$Z_{110\text{单}1}$	模块 1～模块 N
		$H_{110\text{单}1}\sim H_{110\text{单}2}$	$I_{110\text{单}2}$	$Z_{110\text{单}2}$	模块 1～模块 N
		$\geq H_{110\text{单}2}$	$I_{110\text{单}3}$	$Z_{110\text{单}3}$	模块 1～模块 N
	双回路	$\leq H_{110\text{双}1}$	$I_{110\text{双}1}$	$Z_{110\text{双}1}$	模块 1～模块 N
		$H_{110\text{双}1}\sim H_{110\text{双}2}$	$I_{110\text{双}2}$	$Z_{110\text{双}2}$	模块 1～模块 N
		$\geq H_{110\text{双}2}$	$I_{110\text{双}3}$	$Z_{110\text{双}3}$	模块 1～模块 N
220	单回路	$\leq H_{220\text{单}1}$	$I_{220\text{单}1}$	$Z_{220\text{单}1}$	模块 1～模块 N
		$H_{220\text{单}1}\sim H_{220\text{单}2}$	$I_{220\text{单}2}$	$Z_{220\text{单}2}$	模块 1～模块 N
		$\geq H_{220\text{单}2}$	$I_{220\text{单}3}$	$Z_{220\text{单}3}$	模块 1～模块 N
	双回路	$\leq H_{220\text{双}1}$	$I_{220\text{双}1}$	$Z_{220\text{双}1}$	模块 1～模块 N
		$H_{220\text{双}1}\sim H_{220\text{双}2}$	$I_{220\text{双}2}$	$Z_{220\text{双}2}$	模块 1～模块 N
		$\geq H_{220\text{双}2}$	$I_{220\text{双}3}$	$Z_{220\text{双}3}$	模块 1～模块 N
500	单回路	$\leq H_{500\text{单}1}$	$I_{500\text{单}1}$	$Z_{500\text{单}1}$	模块 1～模块 N
		$H_{500\text{单}1}\sim H_{500\text{单}2}$	$I_{500\text{单}2}$	$Z_{500\text{单}2}$	模块 1～模块 N
		$\geq H_{500\text{单}2}$	$I_{500\text{单}3}$	$Z_{500\text{单}3}$	模块 1～模块 N
	双回路	$\leq H_{500\text{双}1}$	$I_{500\text{双}1}$	$Z_{500\text{双}1}$	模块 1～模块 N
		$H_{500\text{双}1}\sim H_{500\text{双}2}$	$I_{500\text{双}2}$	$Z_{500\text{双}2}$	模块 1～模块 N
		$\geq H_{500\text{双}2}$	$I_{500\text{双}3}$	$Z_{500\text{双}3}$	模块 1～模块 N

三、不同电压等级典型杆塔耐雷水平和接地电阻值

（一）110kV 线路杆塔

根据某电网公司《110kV～500kV 输电线路杆塔标准设计》中不同电压等级典型塔型，确定计算用的典型 110kV 杆塔塔型、呼高。其中塔型有单回路和双回路，选取的塔型呼高应能涵盖绝大多数情况。选取 110kV 典型单回路塔型 14 种，包含直线塔 6 基、耐张塔 8 基，其中直线塔呼高 15～54m、耐张塔呼高 12～30m。选取 110kV 典型双回路塔型 14 种，包含直线塔 6 基、耐张塔 8 基，其中直线塔呼高 15～54m、耐张塔呼高 12～30m。对 110kV 单回路和双回路按呼高范围分为三个区段开展典型计算和设计，分别是第一档 $12m \leqslant H \leqslant 27m$、第二档 $27m < H \leqslant 42m$、第三档 $42m < H \leqslant 54m$。考虑到第二、第三档呼高较高，如果按最高呼高来控制接地网，对较低杆塔可能造成地网明显偏大，整个系统杆塔地网技术经济性不佳，因此建议取比最高呼高略低的高度作为典型计算值。针对不同的 110kV 典型杆塔，计算得到的杆塔反击耐雷水平和杆塔冲击接地电阻控制值结果见表 8-22。

表 8-22　110kV 典型呼高杆塔冲击接地电阻控制值计算结果

电压等级	回路数	呼高范围（m）	典型呼高（m）	典型杆塔高度（m）	干弧距离（m）	绕击跳闸率[次/（百公里·年）]	跳闸率控制值[次/（百公里·年）]	反击跳闸率控制值[次/（百公里·年）]	反击耐雷水平控制值（kA）	杆塔冲击接地电阻控制值（Ω）
110	单	12-27	27	32.6	1.2	0.3044	0.7875	0.4831	57.7	32
110	单	27-42	39	44.6	1.2	0.4236	0.7875	0.3639	72.3	21
110	单	42-54	51	56.6	1.34	0.5627	0.7875	0.2248	82.1	14
110	双	15-27	27	39	1.2	0.3239	0.7875	0.4636	52.7	30
110	双	27-42	39	51	1.2	0.4443	0.7875	0.3432	67.0	20
110	双	42-54	51	63	1.46	0.5892	0.7875	0.1983	77.2	13

（二）220kV 线路杆塔

根据某电网公司《110kV～500kV 输电线路杆塔标准设计》，220kV 典型单回路塔型有以下 16 种，分别包括直线塔、耐张塔各 8 种，其中直线塔呼高 15～72m、耐张塔呼高 15～30m。选取 220kV 典型双回路塔型 20 种，直线塔和耐张塔各 10 种，其中直线塔呼高 15～72m，耐张塔呼高 15～30m。同样将 220kV 呼高范围分为三个区段开展典型计算和设计，分别是第一档 $15m \leqslant H \leqslant 36m$、第二档 $36m < H \leqslant 51m$、第三档 $51m < H \leqslant 72m$，考虑到第二、第三档呼高较高，如果按最高呼高来控制接地网，对较低杆塔可能造成地网明显

偏大，整个系统杆塔地网技术经济性不佳，因此建议取比最高呼高略低的高度作为典型计算值。对于220kV典型杆塔，针对不同的典型呼高，计算得到的杆塔反击耐雷水平和杆塔冲击接地电阻控制值结果见表8-23。

表 8-23　　　　220kV 典型呼高杆塔冲击接地电阻控制值计算结果

电压等级	回路数	呼高范围（m）	典型呼高（m）	典型杆塔高度（m）	干弧距离（m）	绕击跳闸率［次／（百公里·年）］	跳闸率控制值［次／（百公里·年）］	反击跳闸率控制值［次／（百公里·年）］	反击耐雷水平控制值（kA）	杆塔冲击接地电阻控制值（Ω）
220	单	15-36	36	39.5	2.05	0.2053	0.4725	0.2672	87.4	30
220	单	36-51	48	51.5	2.2	0.2964	0.4725	0.1761	102.7	20
220	单	51-72	63	66.5	2.336	0.3651	0.4725	0.1074	115.8	13
220	双	15-36	36	53.4	2.2	0.2217	0.4725	0.2508	81.5	28
220	双	36-51	48	65.4	2.336	0.3274	0.4725	0.1451	96.1	19
220	双	51-72	63	80.4	2.628	0.3836	0.4725	0.0889	110.4	11

（三）500kV 线路杆塔

根据某电网公司《110kV～500kV 输电线路杆塔标准设计》，500kV 典型单回路塔型 20 种，包含直线塔、耐张塔各 10 种，其中直线塔呼高 24～78m，耐张塔呼高 21～36m。选取 500kV 典型双回路塔型 19 种，包含直线塔 10 种、耐张塔 9 种，其中直线塔呼高 24～78m、耐张塔呼高 21～36m。同样将 500kV 呼高范围分为三个区段开展典型计算和设计，分别是第一档 21m≤H≤42m、第二档 42m<H≤60m、第三档 60m<H≤78m，考虑到第二、第三档呼高较高，如果按最高呼高来控制接地网，对较低杆塔可能造成地网明显偏大，整个系统杆塔地网技术经济性不佳，因此建议取比最高呼高略低的高度作为典型计算值。对于 500kV 典型杆塔，针对不同的典型呼高，计算得到的杆塔反击耐雷水平和杆塔冲击接地电阻控制值结果见表 8-24。

表 8-24　　　　500kV 典型呼高杆塔冲击接地电阻控制值计算结果

电压等级	回路数	呼高范围（m）	典型呼高（m）	典型杆塔高度（m）	干弧距离（m）	绕击跳闸率［次／（百公里·年）］	跳闸率控制值［次／（百公里·年）］	反击跳闸率控制值［次／（百公里·年）］	反击耐雷水平控制值（kA）	杆塔冲击接地电阻控制值（Ω）
500	单	21-42	42	45.5	4.3	0.1768	0.21	0.0332	159.8	29
500	单	42-60	57	60.5	4.3	0.1891	0.21	0.0209	183.8	19
500	单	60-78	72	75.5	4.6	0.1999	0.21	0.0101	205.7	11

续表

电压等级	回路数	呼高范围（m）	典型呼高（m）	典型杆塔高度（m）	干弧距离（m）	绕击跳闸率[次/（百公里·年）]	跳闸率控制值[次/（百公里·年）]	反击跳闸率控制值[次/（百公里·年）]	反击耐雷水平控制值（kA）	杆塔冲击接地电阻控制值（Ω）
500	双	21-42	42	70.1	4.3	0.1779	0.21	0.0321	143.5	27
500	双	42-60	57	85.1	4.6	0.1903	0.21	0.0197	169.3	18
500	双	60-78	72	100.1	4.96	0.2011	0.21	0.0089	194.8	10

四、杆塔接地装置标准化设计方案

基于现行的标准规范和前面已论述的杆塔标准化思路，下面开展典型电压等级杆塔接地装置的标准化设计。标准设计接地装置采用方形或方形加射线共两种形式，具体的方案设计主要包括接地装置分类、接地装置型号命名、接地装置方框设计、接地装置射线设计、接地电阻控制等。

（一）标准化接地装置模块型号命名规则

参考某电网公司《110kV～500kV输电线路杆塔标准设计》杆塔模块命名规则，根据杆塔接地装置标准化的总体思路，给出不同分类接地装置的型号命名规则如图8-7所示。

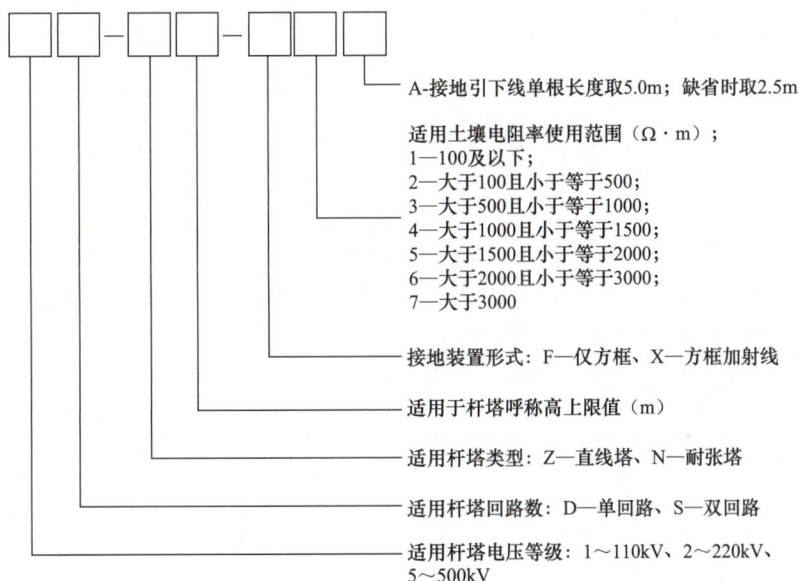

A—接地引下线单根长度取5.0m；缺省时取2.5m

适用土壤电阻率使用范围（Ω·m）：
1—100及以下；
2—大于100且小于等于500；
3—大于500且小于等于1000；
4—大于1000且小于等于1500；
5—大于1500且小于等于2000；
6—大于2000且小于等于3000；
7—大于3000

接地装置形式：F—仅方框、X—方框加射线

适用于杆塔呼称高上限值（m）

适用杆塔类型：Z—直线塔、N—耐张塔

适用杆塔回路数：D—单回路、S—双回路

适用杆塔电压等级：1～110kV、2～220kV、5～500kV

图 8-7　杆塔接地装置模块命名规则

以 2D-Z36-X3（2S-Z36-X3A）为例：适用于220kV单回路直线塔呼称高小于等于36m铁塔的方形加射线型接地装置，土壤电阻率大于500Ω·m且小于等于1000Ω·m，

接地引下线单根长度2.5m，括号内适用于220kV双回路直线塔呼称高小于等于36m铁塔的方形加射线型接地装置，土壤电阻率大于500Ω·m且小于等于1000Ω·m，接地引下线单根长度5.0m。

（二）标准化接地装置模块的尺寸规格

根据某电网公司《110kV～500kV输电线路杆塔标准设计》中的杆塔类型，通过选取每个类型的典型杆塔，将标准化接地装置设计分类，并进一步给出各类型的接地装置方框尺寸，见表8-25。

表8-25　110～500kV典型杆塔模块不同呼高根开范围和对应推荐接地网方框尺寸

类型	呼称高范围	典型计算呼称高	典型呼称高直线塔最大铁塔根开（m）	对应接地装置型号	接地装置方框边长（m）	框-根开差值（m）	备注
110kV单回路杆塔1D1W8模块	12～27	27	5.9	1D-Z27-F（X）	10	4.1	直线塔
	12～30	27	9.1	1D-N30-F（X）	12	2.9	耐张塔
	27～42	39	7.8	1D-Z42-F（X）	10	2.2	直线塔
	42～54	51	9.7	1D-Z54-F（X）	12	2.3	直线塔
110kV双回路杆塔1C2W8模块	15～27	27	5.9	1S-Z27-F（X）	10	4.2	直线塔
	15～30	27	10.0	1S-N30-F（X）	12	2.1	耐张塔
	27～42	39	7.8	1S-Z42-F（X）	10	2.2	直线塔
	42～54	51	9.7	1S-Z54-F（X）	12	2.3	直线塔
220kV单回路杆塔2F1W8模块	15～36	36	8.4	2D-Z36-F（X）	12	3.6	直线塔
	15～36	36	12.4	2D-N36-F（X）	16	3.6	耐张塔
	36～51	48	10.8	2D-Z51-F（X）	14	3.2	直线塔
	51～72	63	13.8	2D-Z72-F（X）	18	4.2	直线塔
220kV双回路杆塔2F2W8模块	15～36	36	9.7	2S-Z36-F（X）	12	2.3	直线塔
	15～36	30	15.9	2S-N36-F（X）	20	4.1	耐张塔
	36～51	48	12.3	2S-Z51-F（X）	16	3.7	直线塔
	51～72	63	15.6	2S-Z72-F（X）	20	4.4	直线塔
500kV单回路杆塔5D1W5模块	21～42	42	9.9	5D-Z42-F（X）	14	4.1	直线塔
	21～40	40	16.3	5D-N40-F（X）	20	3.7	耐张塔
	42～60	57	12.9	5D-Z60-F（X）	16	3.1	直线塔
	60～78	72	15.9	5D-Z78-F（X）	20	4.1	直线塔

续表

类型	呼称高范围	典型计算呼称高	典型呼称高直线塔最大铁塔根开（m）	对应接地装置型号	接地装置方框边长（m）	框-根开差值（m）	备注
500kV 双回路杆塔 5F2W8 模块	21～42	42	13.6	5S-Z42-F（X）	18	4.4	直线塔
	21～40	40	19.0	5S-N40-F（X）	22	3.0	耐张塔
	42～60	57	17.2	5S-Z60-F（X）	22	4.8	直线塔
	60～78	72	20.8	5S-Z78-F（X）	24	3.2	直线塔

（三）典型 500kV 单回路杆塔接地装置标准化设计案例

1. 第一档呼高范围

对于第一档呼高范围的 500kV 线路单回路杆塔，根据前面计算可知，推荐杆塔冲击接地电阻目标值为 29Ω，呼高 42m 的 5D1W5 模块直线塔根开最大取为 9.9m，杆塔接地装置的方框取为 14m；呼高 40m 的 5D1W5 模块耐张塔根开最大取为 16.3m，杆塔接地装置的方框取为 20m。根据计算，直线塔和耐张塔接地装置的接地方案如图 8-8 和表 8-26 所示，不同型式的接地网参数 L 计算结果如图 8-9 和表 8-27 所示。接地网材料为 ϕ12 镀锌圆钢，埋深 0.6m，圆圈为接地引下线电流注入点，4 点注入雷电流。

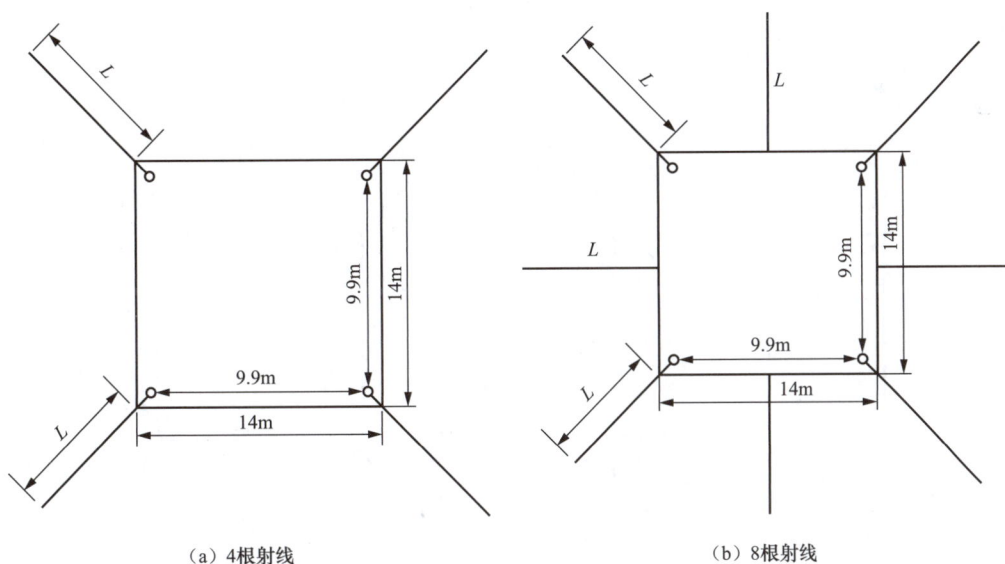

（a）4根射线　　　　　　　　　　　　（b）8根射线

图 8-8　500kV 单回路第一档呼高范围直线塔接地装置的设计方案

表 8-26   **500kV 单回路第一档呼高范围直线塔接地装置参数计算结果**

接地装置模块型号	5D-Z40-F1	5D-Z42-X2	5D-Z42-X3	5D-Z42-X4	5D-Z42-X5	5D-Z42-X6	5D-Z42-X7
土壤电阻率 ρ（$\Omega \cdot m$）	$\leqslant 100$	$100 < \rho \leqslant 500$	$500 < \rho \leqslant 1000$	$1000 < \rho \leqslant 1500$	$1500 < \rho \leqslant 2000$	$2000 < \rho \leqslant 3000$	$\rho > 3000$
接地方框边长 a	14	14	14	14	14	14	14
射线根数	0	4	4	8	8	8	8
单根射线长度 L（m）	0	20	32	25	38	47	55
接地体总长度（m）	56	136	184	256	360	432	496
计算工频接地电阻（Ω）	3.98	9.78	14.90	19.66	19.52	24.96	29.43[①]
计算冲击接地电阻（Ω）	3.62	8.62	12.81	17.10	16.98	22.21	26.49
标准要求工频接地电阻（Ω）	7	10	15	20	20	25	25[①]
雷击跳闸率要求冲击接地电阻（Ω）	29						

注   1. 接地装置的方框边长为典型值，工程中可结合实际情况适当调整，调整后的接地体总长度不得减少。

       2. 当土壤电阻率大于 3000Ω·m 时，按土壤电阻率 4000Ω·m 计算。

       3. 当接地体总长度达到 500m 及以上，杆塔接地电阻仍难以限制，可采取其他技术经济性更优的防雷措施等。

       4. 一般地区的接地装置采用 ϕ12 镀锌圆钢，腐蚀严重区域可采用 ϕ14 镀锌圆钢。

① 表示当土壤电阻率大于 2000Ω·m 时，如果已采用 6～8 根总长度达到 500m 的放射形接地体，接地电阻不限制。

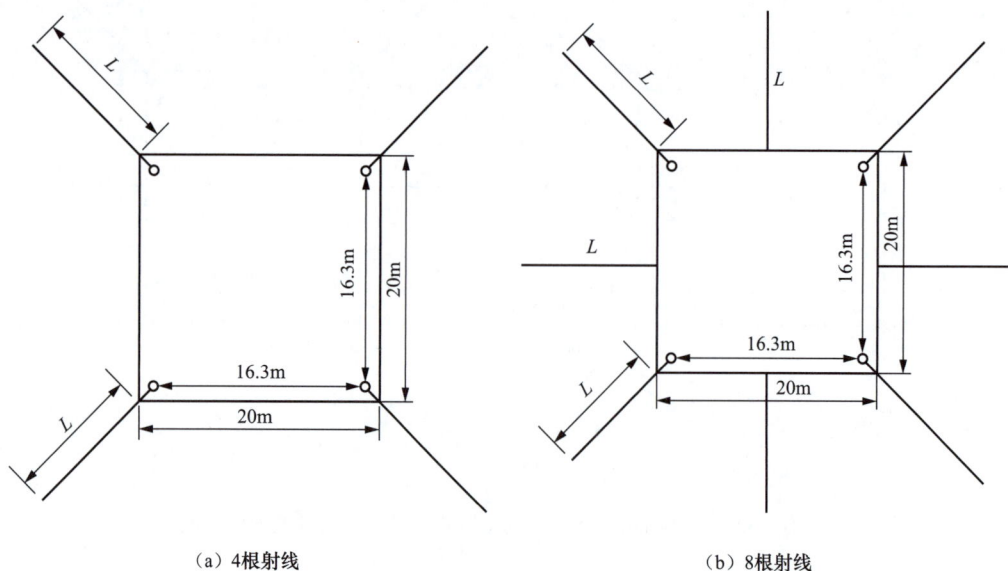

（a）4根射线   （b）8根射线

图 8-9   **500kV 单回路第一档呼高范围耐张杆塔接地装置的设计方案**

表 8-27　　**500kV 单回路第一档呼高范围耐张杆塔接地装置参数计算结果**

接地装置模块型号	5D-N42-F1	5D-N42-X2	5D-N42-X3	5D-N42-X4	5D-N42-X5	5D-N42-X6	5D-N42-X7
土壤电阻率 ρ（$\Omega \cdot m$）	≤ 100	$100 < \rho \leq 500$	$500 < \rho \leq 1000$	$1000 < \rho \leq 1500$	$1500 < \rho \leq 2000$	$2000 < \rho \leq 3000$	$\rho > 3000$
接地方框边长 a	20	20	20	20	20	20	20
射线根数	0	4	4	8	8	8	8
单根射线长度 L（m）	0	15	27	21	34	44	55
接地体总长度（m）	80	140	188	248	352	432	520
计算工频接地电阻（Ω）	2.93	9.59	14.75	19.85	19.67	24.70	28.01[①]
计算冲击接地电阻（Ω）	2.67	8.44	12.69	17.27	17.11	21.98	25.21
标准要求工频接地电阻（Ω）	7	10	15	20	20	25	25[①]
雷击跳闸率要求冲击接地电阻（Ω）	29						

注　1. 接地装置的方框边长为典型值，工程中可结合实际情况适当调整，调整后的接地体总长度不得减少。

2. 当土壤电阻率大于 $3000\Omega \cdot m$ 时，按土壤电阻率 $4000\Omega \cdot m$ 计算。

3. 当接地体总长度达到 500m 及以上，杆塔接地电阻仍难以限制，可采取其他技术经济性更优的防雷措施等。

4. 一般地区的接地装置采用 $\phi 12$ 镀锌圆钢，腐蚀严重区域可采用 $\phi 14$ 镀锌圆钢。

① 表示当土壤电阻率大于 $2000\Omega \cdot m$ 时，如果已采用 $6 \sim 8$ 根总长度达到 500m 的放射型接地体，接地电阻不限制。

2. 第二档呼高范围

对于第二档呼高范围的 500kV 线路单回路杆塔，前面计算分析可知，推荐杆塔冲击接地电阻目标值为 19Ω，呼高 60m 的 5D1W5 模块系列杆塔根开最大取为 12.9m，则杆塔接地装置的方框可取为 16m。根据计算，不同土壤电阻率的杆塔接地装置的接地方案如图 8-10 所示，不同型式的接地网参数 L 计算结果见表 8-28。接地网材料为 $\phi 12$ 镀锌圆钢，埋深 0.6m，圆圈为接地引下线电流注入点，4 点注入雷电流。

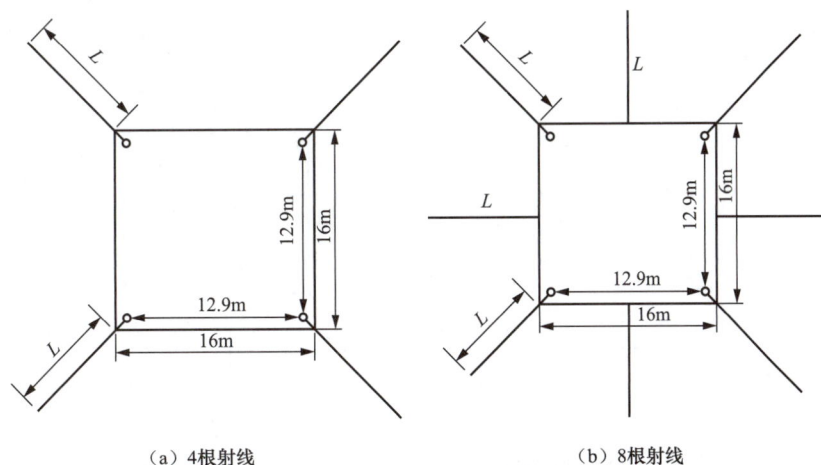

（a）4根射线　　　　　　　　　（b）8根射线

图 8-10　**500kV 单回路第二档呼高范围杆塔接地装置的设计方案**

表 8-28　　　　500kV 单回路第二档呼高范围杆塔接地装置参数计算结果

接地装置模块型号	5D-Z60-F1	5D-Z60-X2	5D-Z60-X3	5D-Z60-X4	5D-Z60-X5	5D-Z60-X6	5D-Z60-X7
土壤电阻率 ρ（$\Omega \cdot m$）	≤100	100 <ρ≤500	500 <ρ≤1000	1000 <ρ≤1500	1500 <ρ≤2000	2000 <ρ≤3000	ρ>3000
接地方框边长 a	16	16	16	16	16	16	16
射线根数	0	4	4	8	8	8	8
单根射线长度 L（m）	0	18	30	24	36	57	57
接地体总长度（m）	64	136	184	256	352	520	520
计算工频接地电阻（Ω）	3.55	9.83	14.96	19.55	19.83	21.13	28.17[①]
计算冲击接地电阻（Ω）	3.23	8.65	12.87	17.01	17.25	18.81	24.16[①]
标准要求工频接地电阻（Ω）	7	10	15	20	20	25	25[①]
雷击跳闸率要求冲击接地电阻（Ω）	19[①]						

注　1. 接地装置的方框边长为典型值，工程中可结合实际情况适当调整，调整后的接地体总长度不得减少。

　　2. 当土壤电阻率大于 3000$\Omega \cdot m$ 时，按土壤电阻率 4000$\Omega \cdot m$ 计算。

　　3. 当接地体总长度达到 500m 及以上，杆塔接地电阻仍难以限制，可采取其他技术经济性更优的防雷措施等。

　　4. 一般地区的接地装置采用 ϕ12 镀锌圆钢，腐蚀严重区域可采用 ϕ14 镀锌圆钢。

① 表示当土壤电阻率大于 2000$\Omega \cdot m$ 时，如果已采用 6～8 根总长度达到 500m 的放射型接地体，接地电阻不限制。

3. 第三档呼高范围

对于第三档呼高范围的 500kV 线路单回路杆塔，由前面的计算分析可知，推荐杆塔冲击接地电阻目标值为 11Ω，呼高 78m 的 5D1W5 模块系列杆塔根开最大取为 15.9m，则杆塔接地装置的方框可取为 20m。根据计算，不同土壤电阻率的杆塔接地装置的接地方案如图 8-11 所示，不同型式的接地网参数 L 计算结果见表 8-29。接地网材料为 ϕ12 镀锌圆钢，埋深 0.6m，圆圈为接地引下线电流注入点，4 点注入雷电流。

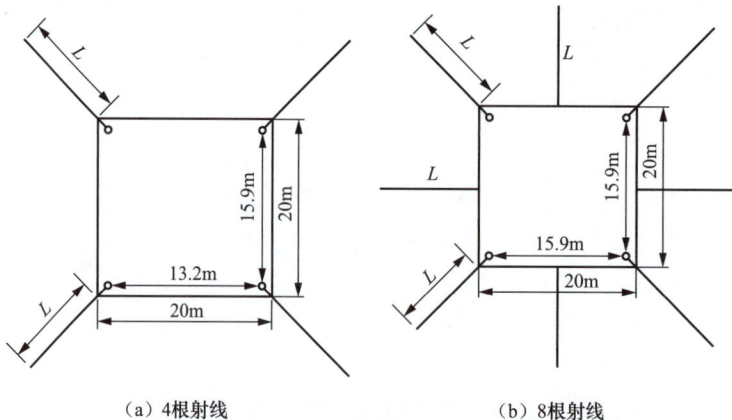

（a）4 根射线　　　　　　　　　（b）8 根射线

图 8-11　500kV 单回路第三档呼高范围杆塔接地装置的设计方案

表 8-29　　　　**500kV 单回路第三档呼高范围杆塔接地装置参数计算结果**

接地装置模块型号	5D-Z78-F1	5D-Z78-X2	5D-Z78-X3	5D-Z78-X4	5D-Z78-X5	5D-Z78-X6	5D-Z78-X7
土壤电阻率 ρ（Ω·m）	≤100	100<ρ≤500	500<ρ≤1000	1000<ρ≤1500	1500<ρ≤2000	2000<ρ≤3000	ρ>3000
接地方框边长 a	20	20	20	20	20	20	20
射线根数	0	4	4	8	8	8	8
单根射线长度 L（m）	0	15	36	43	55	55	55
接地体总长度（m）	80	140	224	424	520	520	520
计算工频接地电阻（Ω）	2.93	9.59	12.59	12.56	14.01	21.01	28.01[①]
计算冲击接地电阻（Ω）	2.67	8.44	10.83	10.93	12.19[①]	18.70[①]	25.21[①]
标准要求工频接地电阻（Ω）	7	10	15	20	20	25	25[①]
雷击跳闸率要求冲击接地电阻（Ω）	11[①]						

注　1. 接地装置的方框边长为典型值，工程中可结合实际情况适当调整，调整后的接地体总长度不得减少。
　　2. 当土壤电阻率大于 3000Ω·m 时，按土壤电阻率 4000Ω·m 计算。
①表示当土壤电阻率大于 2000Ω·m 时，如果已采用 6～8 根总长度达到 500m 的放射型接地体，接地电阻不限制。

五、标准化接地装置技术经济性分析

（一）标准化前后技术经济性对比

从接地网工程量、经济性、接地电阻值等方面对标准化前后的典型杆塔接地装置进行对比。以 500kV 单回路杆塔的接地装置为例，由于目前没有标准化的设计模块，因此不同的单位在设计方案上存在一定的差别，根据前期的调研收资并结合 CDEGS 仿真计算，两家不同的单位的接地装置分别为 A 设计方案和 B 设计方案。按不同土壤电阻率出现概率基本相同的条件分析如下：

A 方案接地网相对较小，不同土壤电阻率下杆塔的平均接地体总长为 276m，工程量和造价较为节省，但存在土壤电阻率较高时工频接地电阻值满足国家标准而略有超出防雷技术企业标准要求的情况。

B 方案接地网相对较大，不同土壤电阻率下杆塔的平均接地体总长为 336m，工程量和造价有所偏高，杆塔接地电阻值较小，相对于国家标准和企业标准要求均有一定的裕度。

标准化后的三档方案接地电阻值均能满足企业标准要求，同时为了适应不同呼高范围的杆塔，第一档方案接地网最小，不同土壤电阻率下杆塔的平均接地体总长为 274m，平均接地体总长与 A 方案十分接近；第二档方案平均接地体总长大于 A 方案而小于 B 方案，不同土壤电阻率下杆塔的平均接地体总长为 290m，第三档方案为提升高塔的反击耐雷性能，接地网最大，不同土壤电阻率下的平均接地体总长为 350m，如图 8-12 所示。

若考虑一般 500kV 单回路线路中第一档高度的杆塔约占 40%（较矮的直线塔和耐张塔）、第二档高度的杆塔约占 40%（多数直线杆塔）、第三档高度的杆塔约占 20%（少数高直线塔），对三档杆塔接地网加权平均得综合平均值为 296m，相比 A 方案增加约 9.3%，相比 B 方案减少约 13.5%。

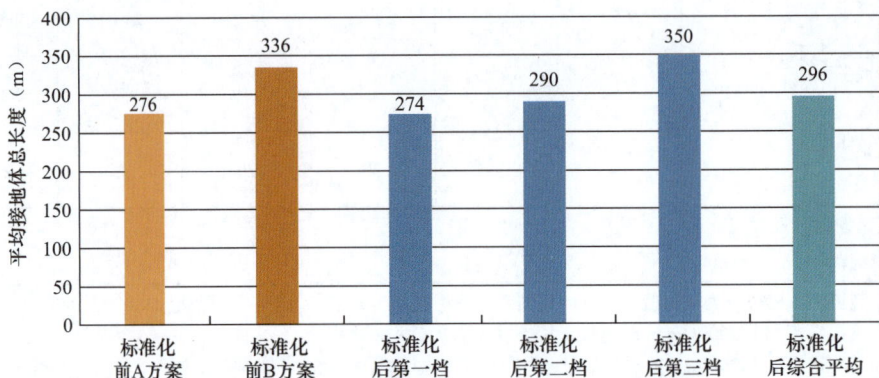

图 8-12　500kV 单回路标准化前后不同方案平均接地体总长对比

综合对比分析可见，标准化后的方案相比标准化前不同单位的地网设计方案主要有以下特点：

（1）标准化前不同单位设计的接地网存在一定的差别，部分设计方案在某些较高土壤电阻率下，接地装置的工频接地电阻和冲击接地电阻存在不满足标准要求，或相比标准要求预留裕度偏大的情况。

（2）标准化后，在土壤电阻率较小的情况下接地体总长度相对较小，在土壤电阻率较大的情况下接地体总长度相对较大，该趋势相比标准化前更为明显。

（3）通过 500kV 单回路一个系列杆塔不同土壤电阻率接地装置的综合对比，总体上标准化后的接地装置平均总长度相比另外两个方案的工程量变化为 −13.5%～+9.3%，因此标准化后的方案经济性是可接受的。

（4）标准化后的方案对较矮的杆塔在满足防雷标准要求上尽量控制地网规模以节约投资，同时重点为解决高杆塔的雷击概率高、反击耐雷性能较差的问题，适当增大了高杆塔的接地网长度，提升杆塔反击耐雷水平，从而有效提升线路的综合防雷水平。

（二）标准化接地装置模块典型造价计算

对标准化杆塔接地装置造价进行测算，主要计算条件为：土壤电阻率较小的 F1A、X2A 模块按普土、埋深 0.8m、人力运距按 0.1km 计算；土壤电阻率中等的 X3A、X4A、X5A 模块按坚土、埋深 0.6m、人力运距按 0.2km 计算；土壤电阻率较高的 X6A、X7A 模块按砂砾、埋深 0.3m、人力运距按 0.5km 计算；所有模块的汽车运距按 10km 计算。计算得到 110～500kV 三个电压等级标准化接地装置的初步典型造价见表 8-30～表 8-32。

表 8-30　　　　　　　110kV 标准化接地装置模块初步典型造价表

110kV 标准接地装置造价表							单位：万元
序号	接地装置模块	系列编号					
		F1A	X2A	X3A	X4A	X5A	X6A	X7A
1	1D-Z27	0.13	0.27	0.36	0.52	0.69	0.85	0.96
2	1D-N30	0.14	0.28	0.39	0.52	0.67	0.85	0.96
3	1D-Z42	0.14	0.27	0.36	0.52	0.69	0.90	0.96
4	1D-Z54	0.14	0.28	0.36	0.63	0.86	0.96	0.96
5	1S-Z27	0.13	0.27	0.36	0.52	0.69	0.85	0.96
6	1S-N30	0.14	0.28	0.36	0.52	0.67	0.85	0.96
7	1S-Z42	0.13	0.27	0.36	0.52	0.69	0.96	0.96
8	1S-Z54	0.14	0.28	0.35	0.69	0.90	1.00	1.00

注　不含接地开挖青赔费用。

表 8-31　　　　　　　220kV 标准化接地装置模块初步典型造价表

220kV 标准接地装置造价表							单位：万元
序号	接地装置系列	系列编号					
		F1A	X2A	X3A	X4A	X5A	X6A	X7A
1	2D-Z36	0.14	0.28	0.40	0.52	0.70	0.86	0.96
2	2D-N36	0.16	0.28	0.39	0.52	0.67	0.84	0.96
3	2D-Z51	0.15	0.28	0.39	0.52	0.69	0.95	0.96
4	2D-Z72	0.17	0.28	0.40	0.67	0.89	0.97	0.97
5	2S-Z36	0.14	0.28	0.40	0.52	0.70	0.86	0.96
6	2S-N36	0.19	0.28	0.40	0.51	0.67	0.84	0.98
7	2S-Z51	0.16	0.28	0.39	0.52	0.67	0.98	0.98
8	2S-Z72	0.19	0.28	0.46	0.79	0.95	0.98	0.98

注　不含接地开挖青赔费用。

表 8-32　　　　　　　**500kV 标准化接地装置模块初步典型造价表**

		系列编号						
序号	接地装置模块	F1A	X2A	X3A	X4A	X5A	X6A	X7A
1	5D-Z42	0.15	0.28	0.39	0.48	0.69	0.83	0.95
2	5D-N40	0.19	0.28	0.40	0.48	0.66	0.83	0.98
3	5D-Z60	0.16	0.28	0.39	0.48	0.66	0.98	0.98
4	5D-Z78	0.19	0.28	0.46	0.79	0.95	0.98	1.05
5	5S-Z42	0.17	0.28	0.40	0.51	0.66	0.83	0.97
6	5S-N40	0.20	0.28	0.34	0.51	0.66	0.83	1.00
7	5S-Z60	0.20	0.28	0.40	0.51	0.96	1.00	1.00
8	5S-Z78	0.22	0.28	0.51	0.87	0.97	1.01	1.01

表头：500kV 标准接地装置造价表　　　　单位：万元

注　不含接地开挖青赔费用。

（三）增大接地装置与安装避雷器经济性对比分析

根据某电网 2021 年框招物资信息价，110kV 线路避雷器约 0.3 万元 / 只，220kV 线路避雷器约 0.6 万元 / 只，500kV 线路避雷器约 3 万元 / 只。按照 GB/T 50064《交流电气装置的过电压保护和绝缘配合设计规范》和 Q/CSG 1107002《架空输电线路防雷技术导则》，110kV 和 220kV 线路安装避雷器时宜每回三相安装，500kV 线路安装避雷器时宜优先选取跳闸率较高的 1～2 相安装，据此测算 110kV 线路单回安装线路避雷器的投资约 1 万元每基杆塔，220kV 线路单回安装线路避雷器的投资约 1.9 万元每基杆塔，500kV 线路单回安装线路避雷器为 3 万～6 万元每基杆塔。可见与杆塔接地装置的费用相比，除 110kV 安装避雷器的投资与接地装置总长做到 500m 的投资比较接近外，220kV 和 500kV 杆塔安装避雷器的投资均明显大于建设接地装置的投资。因此从经济性择优选择的角度出发，应优先适当增大接地装置。

此外，接地装置的接地体总长做到 500m 以后，继续增大接地网对降低冲击接地电阻的效果明显下降。这也是国家标准、行业标准及电网防雷标准对高土壤电阻率接地电阻难以限制时，杆塔接地装置只要求做到接地体总长 500m 即可的重要原因。因此当接地装置的接地体总长达到 500m 时，可适当小范围增加接地体长度（如总长增加几十米），但不应采用过长的放射线。另一方面，降低接地电阻只能提升反击耐雷水平，无法解决线路绕击的问题，因此对于接地装置的接地体总长达到 500m 及以上，仍无法将杆塔的雷击跳闸率控制到标准要求的限值范围时，建议对绕击跳闸率高的相位安装线路避雷器。

（四）综合技术经济性说明

通过典型杆塔标准化前后方案的技术经济性分析，可知标准化后的方案相比标准化之

前的方案，工程总体变化量为 −13.5%～+9.3%，其中对较矮的杆塔在满足防雷标准要求上尽量控制地网规模以节约投资，对雷击概率高、反击耐雷性能较差的高杆塔，适当增大了接地网长度，提升杆塔反击耐雷水平。

通过典型土壤、运距等参数计算 110～500kV 三个电压等级标准化接地装置的初步典型造价为 0.13 万～1.05 万元 / 基，土壤电阻率越高，杆塔高度越高，地网越大，接地装置造价越高，但总体看来经济性是可接受的。

通过对增大接地装置与安装避雷器经济性分析，可见安装避雷器的投资较大，且电压等级越高越明显，但是考虑到接地装置的接地体总长做到 500m 以后，继续增大接地网对降低冲击接地电阻的效果不明显，因此当接地装置的接地体总长达到 500m 时，可适当小范围增加接地体长度（如总长增加几十米），但不应采用过长的放射线。此外，当接地装置的接地体总长达到 500m 及以上，仍无法将杆塔的雷击跳闸率控制到标准要求的限值范围时，建议对绕击跳闸率高的相位安装线路避雷器。

第四节　基于逐塔评估的防雷优化设计

一、典型防雷参数分析

（一）地闪密度

某 500kV 架空输电线路全长 68.268km，共 148 基杆塔，通过雷电定位系统对该线路近 10 年的平均地闪密度进行统计可知，该线路最大地闪密度为 9.49 次 /（km² · a），平均地闪密度为 6.87 次 /（km² · a），按照 DL/T 1533—2016《电力系统雷区分布图绘制方法》中的雷区等级划分原则（见表 3-4），该线路全线地闪密度绝大部分属于强雷区和多雷区，雷害风险较高。图 8-13 为全线待评估杆塔的地闪密度值及对应的地闪密度图。

（二）杆塔高度与引雷次数

杆塔引雷次数与杆塔高度密切相关，高度越高，引雷能力越强。对该线路杆塔高度及其在 40 个雷暴日下的引雷次数进行统计分析可知，全线平均塔高 83.78m，平均引雷次数为 102.86 次 /（百公里 · 年），结果如图 8-14 所示。

（三）杆塔接地电阻

杆塔接地电阻是影响反击跳闸率的重要因素，接地电阻越小，反击耐雷性能越好，该线路杆塔工频接地电阻设计值如图 8-15 所示。

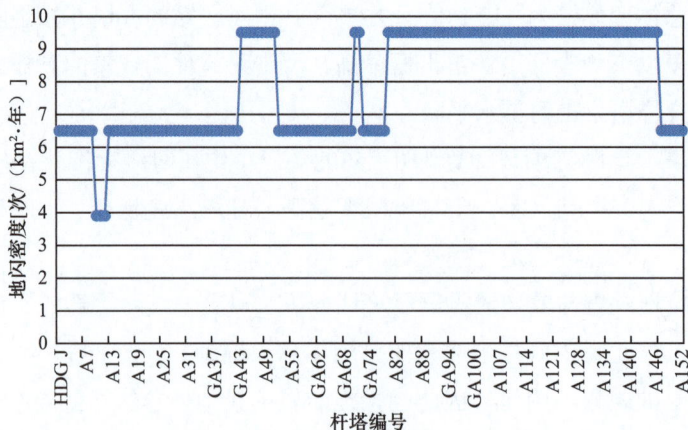

（a）地闪密度值

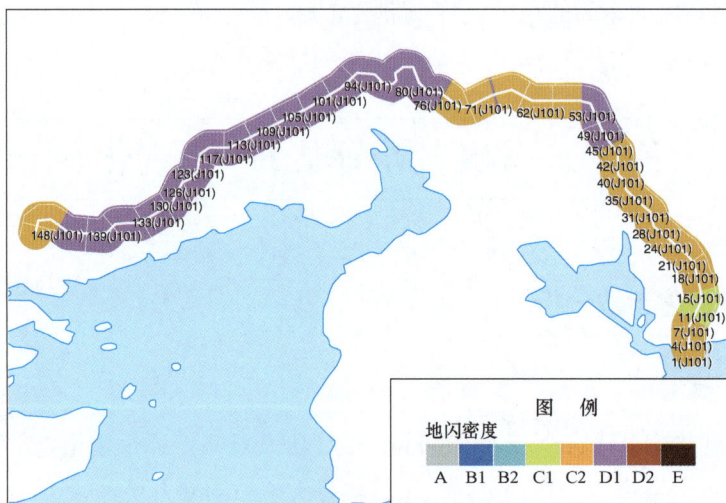

（b）沿线地闪密度分布图

图 8-13　待评估线路地闪密度分布情况

（四）地面倾角

杆塔左右两侧地面倾角是影响其绕击跳闸率的重要因素，杆塔高度较高、地面倾角较大时，若线路暴露面较大则更容易遭受雷击，风险较高。参照 DL/T 2209—2021《架空输电线路雷电防护导则》中推荐的基于地面倾角的线路地形参数提取方法，得到全线杆塔左右两侧的地面倾角如图 8-16 所示，图中左、右两侧倾角是指从小号侧向大号侧看过去的沿线左右两侧地面倾角，定义正倾角为下坡方向，负倾角为上坡方向。可见下坡侧居多，地面屏蔽较弱，雷电绕击可能性较大。

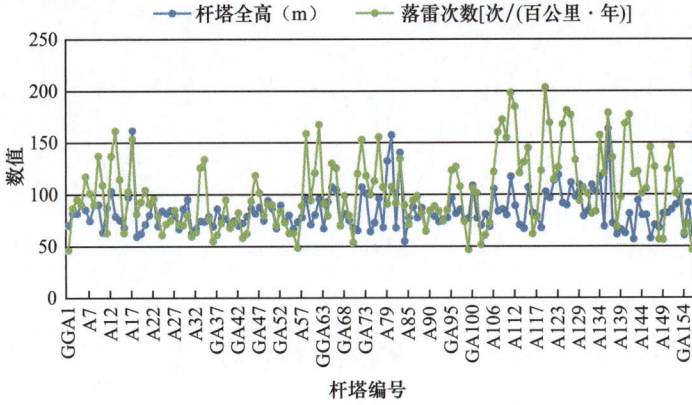

图 8-14　某 500kV 线路杆塔呼高与引雷次数分布情况

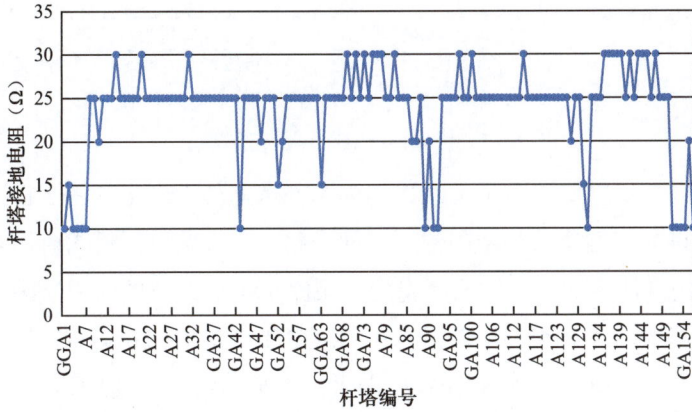

图 8-15　待评估线路杆塔工频接地电阻设计值

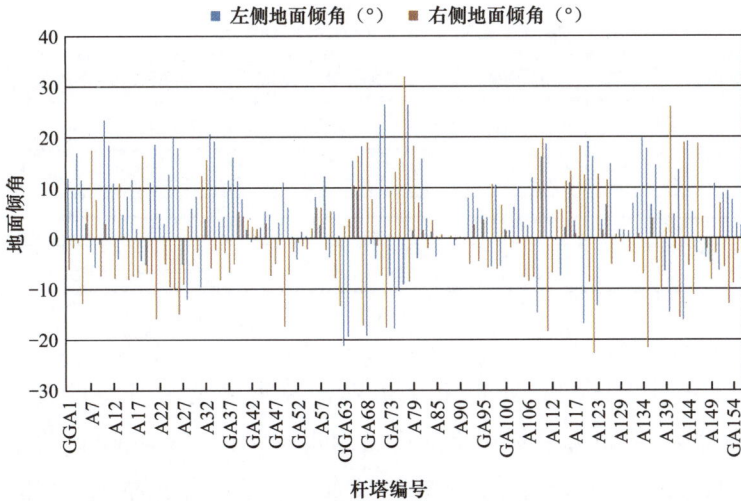

图 8-16　待评估线路杆塔左右两侧地面倾角

（五）耐雷水平

1. 反击耐雷水平

通过对待评估线路建立批量化雷击电磁暂态模型，仿真计算得到逐基杆塔的反击耐雷水平如图 8-17 所示。

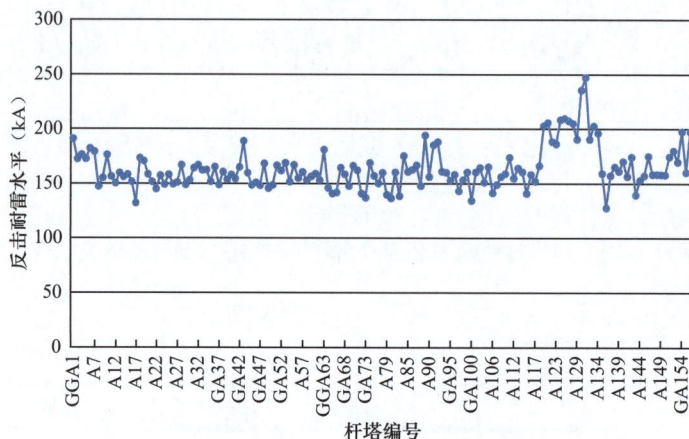

图 8-17　待评估线路杆塔反击耐雷水平

可见该线路各杆塔平均反击耐雷水平约为 165kA，其中由于杆塔 A119～A134 区段为 500kV 交流与 110kV 双回交流构成的混压四回线路，当线路发生反击时，110kV 线路先于 500kV 线路发生闪络泄放雷电流能量，起到了保护 500kV 线路的作用，因此该区段 500kV 反击耐雷水平明显高于其他杆塔。进一步对照 GB/T 50064—2014《交流电气装置的过电压保护和绝缘配合设计规范》对 500kV 反击耐雷水平的要求，发现共有 12 基杆塔反击耐雷水平低于 142kA，具体见表 8-33，其中 A17、GA136 杆塔全高分别达到 161、163m，所以反击耐雷水平相对较低。

表 8-33　　　　　　　　　　反击耐雷水平低于 142kA 杆塔一览表

杆塔编号	反击耐雷水平（kA）	杆塔编号	反击耐雷水平（kA）	杆塔编号	反击耐雷水平（kA）
A17	132.64	A79	140.23	A106	141.79
GA65	141.27	GA81	136.99	A115	141.34
GA72	141.27	A83	139.02	GA136	128.12
GA73	137.45	GA100	134.82	A143	139.86

2. 绕击耐雷水平

同样地，通过对待评估线路批量化仿真计算得到逐基杆塔的绕击耐雷水平如图 8-18 所示。可知该线路大多数杆塔的绕击耐雷水平在 19～20kA，其中 A111 由于采取了加强绝缘设计，其干弧距离较其他线路高 20%，因此该塔的绕击耐雷水平高于其他杆塔。

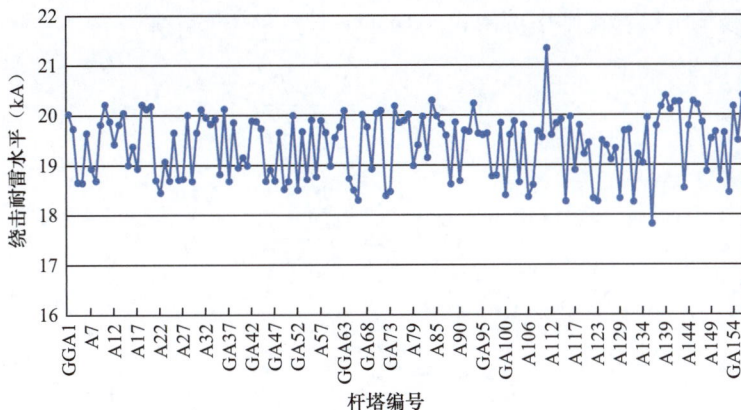

图 8-18　待评估线路杆塔绕击耐雷水平

二、雷击跳闸率及风险评估结果

考虑到标准在对杆塔雷击风险等级进行划分时依据的是 40 个雷暴日下的雷击跳闸率，因此可将杆塔在实际地闪密度下的雷击跳闸率按照式（8-7）统一折算至 40 个标准雷暴日下，下文未作特别说明时雷击跳闸率均指折算到 40 个雷暴日下的值。图 8-19 为待评估的甲乙线 40 基杆塔折算到 40 个雷暴日下的雷击跳闸率。

$$R_z = R_s \times \frac{2.78}{N_g} \tag{8-7}$$

式中：R_s 为实际线路或单基杆塔雷击跳闸率，次/（百公里·年）；R_z 为折算至年 40 雷暴日下的线路或单基杆塔雷击跳闸率，次/（百公里·年）；N_g 为实际地闪密度，次/（km^2·a）。

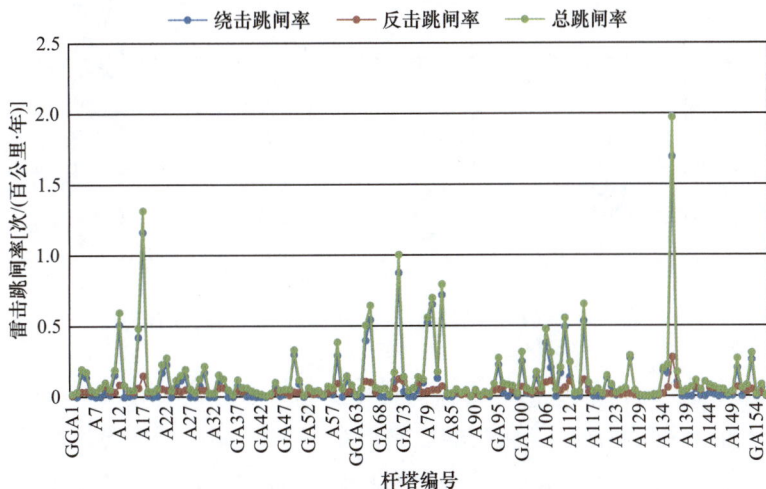

图 8-19　待评估线路在 40 个雷暴日下的雷击跳闸率

此时，全线雷击综合跳闸率可由式（8-8）～式（8-10）计算，即

$$R = R_f + R_r = \sum_{i=1}^{M} \frac{L_i R_i}{L} \tag{8-8}$$

$$R_f = \sum_{i=1}^{M} \frac{L_i R_{fi}}{L} \tag{8-9}$$

$$R_r = \sum_{i=1}^{M} \frac{L_i R_{ri}}{L} \tag{8-10}$$

式中：R 为全线折算至每百公里每年的雷击综合跳闸率，次 /（百公里·年）；R_f 为全线折算至每百公里每年的平均反击跳闸率，次 /（百公里·年）；R_r 为全线折算至每百公里每年的平均绕击跳闸率，次 /（百公里·年）；L_i 为第 i 基杆塔的水平档距，km；L 为全线路径长度，km；M 为全线路径杆塔数量，基。

计算得到采取防护措施前全线平均绕击跳闸率为 0.1169 次 /（百公里·年），平均反击跳闸率为 0.0499 次 /（百公里·年），雷击总跳闸率为 0.1668 次 /（百公里·年），全线总的雷击风险等级为 Ⅱ 级。

按照 DL/T 2209—2021《架空输电线路雷电防护导则》划定的雷击风险等级依据，全线共有 Ⅳ 级风险杆塔 13 基、Ⅲ 级风险杆塔 13 基、Ⅱ 级风险杆塔 16 基、Ⅰ 级风险杆塔 106 基，如图 8-20 所示。

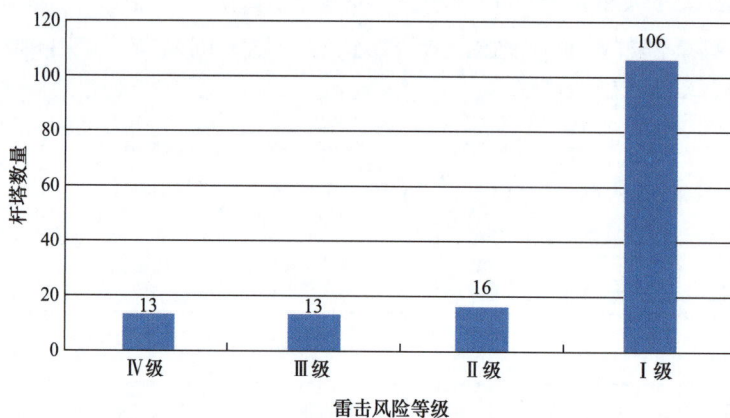

图 8-20　线路不同雷击风险等级的杆塔数量分布情况

表 8-34 为该评估线路雷击风险等级达到 Ⅲ 级及以上的杆塔跳闸率及雷击风险等级划分结果。经分析，这些雷击风险较高的塔平均全高 107.5m，平均接地电阻 25Ω，平均最大单侧地面倾角 10.75°，地线和大地无法将导线良好屏蔽，因此绕击跳闸率较高，导致杆塔雷击跳闸率超出标准控制值。

表 8-34 　　　　　　　　500kV 甲乙线雷击风险等级在Ⅲ级及以上杆塔的评估结果

杆塔编号	塔型 - 呼高	杆塔全高（m）	杆塔接地电阻（Ω）	单侧最大地面倾角（°）	绕击跳闸率	反击跳闸率	总跳闸率	风险等级
A12	41SZ5-70	102.8	25	10.89	0.5114	0.0875	0.5989	Ⅳ
A16	41SJ1-65	97	25	11.58	0.4236	0.0642	0.4877	Ⅳ
A17	41SZ6-123	161	25	1.84	1.1652	0.1528	1.318	Ⅳ
A21	41SZ2-48	79.8	25	18.49	0.1745	0.0587	0.2332	Ⅲ
A22	41SZ4-62	95.3	25	4.84	0.2307	0.0485	0.2792	Ⅲ
A30	41SZ4-62	94.8	25	8.29	0.1714	0.0476	0.219	Ⅲ
A49	41SZ4-61	93.8	25	11.03	0.2995	0.0339	0.3334	Ⅲ
A58	41SZ5-62	95.3	25	12.17	0.2925	0.0952	0.3878	Ⅲ
GA65	41SZ5-74	106.8	25	15.31	0.398	0.1091	0.5071	Ⅳ
GA66	41SZ5-71	103.8	25	16.22	0.5448	0.1025	0.6472	Ⅳ
GA72	41SZ5-74	106.8	25	26.39	0.8764	0.1281	1.0045	Ⅳ
A79	41SJ5-98	132	25	18.17	0.5253	0.0374	0.5628	Ⅳ
GA81	41SZ6-119	157	25	6.97	0.6532	0.047	0.7002	Ⅳ
A83	41SZ6-102	140	25	3.78	0.72	0.0759	0.7959	Ⅳ
GA95	39SZ4-64	96.3	25	4.38	0.2263	0.0497	0.276	Ⅲ
GA100	39SZ4-76	108.3	30	1.67	0.2482	0.0698	0.3179	Ⅲ
A106	39SZ4-73	105.3	25	2.46	0.3785	0.1009	0.4794	Ⅳ
A107	39SZ3-51	83.6	25	11.95	0.2029	0.1106	0.3135	Ⅲ
A111	41SZ6-79	117	25	18.62	0.4928	0.0653	0.5581	Ⅳ
A112	41SJ1-57	89	25	4.1	0.1386	0.1075	0.2461	Ⅲ
A115	39SZ5-74	106.6	25	11.21	0.5351	0.1213	0.6564	Ⅳ
A127	52G4W9-JFG-50	111.3	20	14.68	0.2735	0.0178	0.2913	Ⅲ
A135	41SJ2-37	69	30	17.74	0.1647	0.0632	0.2279	Ⅲ
GA136	41SZ6-125	163	30	6.54	1.6968	0.2789	1.9757	Ⅳ
A150	41SJ1-50	82	25	10.78	0.2044	0.0672	0.2716	Ⅲ
A153	41SZ4-64	97.3	20	9.35	0.262	0.049	0.311	Ⅲ
平均	—	107.5	25	10.75	0.4542	0.0842	0.5385	—

三、防雷优化流程

输电线路防雷措施选择应根据杆塔雷击风险等级评估结果制定，按照 DL/T 2209—2021《架空输电线路雷电防护导则》和电网公司相关要求，推荐的防雷优化流程如图 8-21 所示。

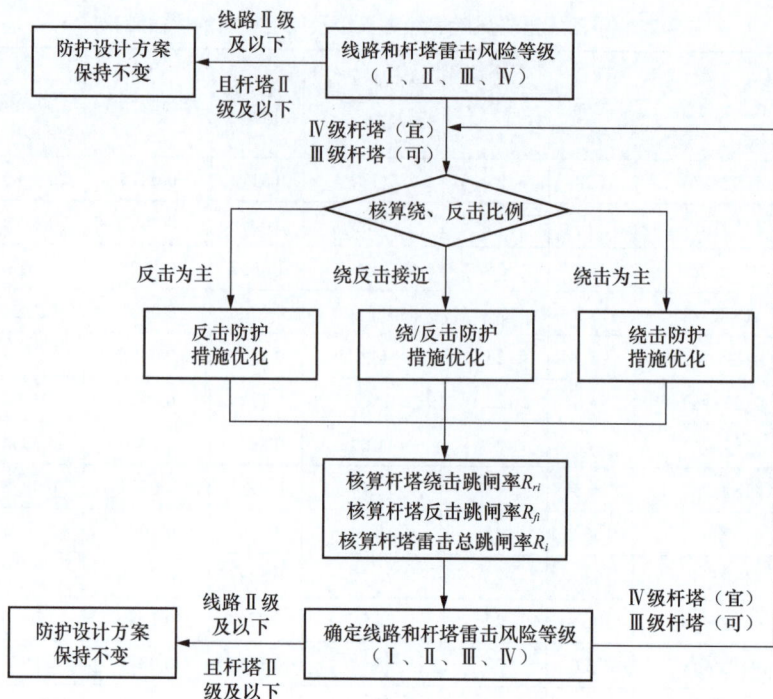

图 8-21　防雷措施选择流程

四、防雷措施优化结果

根据图 8-21 的流程，计算得到对于上述雷击风险在Ⅳ级和反击耐雷水平低于 142kA 的杆塔需采取的防护措施。通过对杆塔接地电阻、绝缘配置和安装线路避雷器进行综合优化，得到的防雷优化防护方案见表 8-35～表8-37，采取优化措施后高风险杆塔的雷击跳闸率和风险等级变化见表 8-38。

表 8-35　　　　　　全线需新改造接地装置的杆塔及前后接地电阻汇总

序号	杆塔编号	风险等级（优化前／优化后）	原工频接地电阻（Ω）	优化后工频接地电阻（Ω）
1	A21	（1 回）Ⅲ／Ⅱ	25	13
2	A22	（1 回）Ⅲ／Ⅱ	25	13
3	A30	（1 回）Ⅲ／Ⅱ	25	18
4	GA73	（1 回）Ⅱ[①]／Ⅰ	30	24
5	GA95	（1 回）Ⅲ／Ⅱ	25	13
6	A107	（1 回）Ⅲ／Ⅱ	25	13
7	A112	（1 回）Ⅲ／Ⅱ	25	13
8	A127	（1 回）Ⅲ／Ⅱ	20	10
9	A135	（1 回）Ⅲ／Ⅱ	30	17

续表

序号	杆塔编号	风险等级 （优化前 / 优化后）	原工频接地电阻（Ω）	优化后工频接地电阻（Ω）
10	A143	（1 回）Ⅰ[①] / Ⅰ	30	24
11	A150	（1 回）Ⅲ / Ⅱ	25	13

注　优化接地电阻按不超过 50% 计算。
① 表示优化前反击耐雷水平不满足要求。

表 8-36　　　　全线需新改造绝缘配置的杆塔及前后绝缘子串信息汇总

序号	杆塔编号	风险等级 （优化前 / 优化后）	原干弧距离（m）	优化后干弧距离（m）	新干弧距离增加倍数
1	A21	Ⅲ / Ⅱ	5.305	5.623	1.06
2	A22	Ⅲ / Ⅱ	5.305	5.676	1.07
3	GA95	Ⅲ / Ⅱ	5.585	5.92	1.06
4	A107	Ⅲ / Ⅱ	5.285	5.655	1.07
5	A112	Ⅲ / Ⅱ	5.539	5.871	1.06
6	A127	Ⅲ / Ⅱ	5.539	5.982	1.08
7	A150	Ⅲ / Ⅱ	5.539	5.871	1.06

注　受限于杆塔间隙，优化绝缘配置按不超过 10% 计算。

表 8-37　　　　全线需新安装避雷器的杆塔及相位信息汇总

序号	杆塔编号	风险等级（优化前 / 优化后）	安装相位 1	安装相位 2	安装相位 3
1	A12	Ⅳ / Ⅱ	A	B	
2	A16	Ⅳ / Ⅰ	A	C	
3	A17	Ⅳ[①] / Ⅰ	A	C	
4	A49	Ⅲ / Ⅰ	C		
5	A58	Ⅲ / Ⅱ	C		
6	GA65	Ⅳ[①] / Ⅰ	C	A	
7	GA66	Ⅳ / Ⅰ	A	C	
8	GA72	Ⅳ[①] / Ⅱ	A	C	
9	A79	Ⅳ[①] / Ⅱ	A		
10	GA81	Ⅳ[①] / Ⅰ	A	C	
11	A83	Ⅳ[①] / Ⅰ	A	C	
12	GA100	Ⅲ[①] / Ⅰ	C		
13	A106	Ⅳ[①] / Ⅱ	C		
14	A111	Ⅳ / Ⅱ	A	C	
15	A115	Ⅳ[①] / Ⅰ	A	C	
16	GA136	Ⅳ[①] / Ⅰ	A	C	B
17	A153	Ⅲ / Ⅰ	C		

① 表示优化前反击耐雷水平不满足要求。

表 8-38　　　　　雷击风险等级在Ⅲ级及以上杆塔采取措施前后风险等级对比

杆塔编号	接地电阻（优化前/优化后）	干弧距离（增加比例）	避雷器安装回路及相位	雷击跳闸率（优化前/优化后）	风险等级（优化前/优化后）
A12	25	—	1A 1B	0.5989/0.1493	Ⅳ/Ⅱ
A16	25	—	1A 1C	0.4877/0.0289	Ⅳ/Ⅰ
A17	25	—	1A 1C	1.3180/0.0823	Ⅳ/Ⅰ
A21	25/13	（1回+6%）	—	0.2332/0.1648	Ⅲ/Ⅱ
A22	25/13	（1回+7%）	—	0.2792/0.2050	Ⅲ/Ⅱ
A30	25/18	—	—	0.2190/0.2100	Ⅲ/Ⅱ
A49	25	—	1C	0.3334/0.1097	Ⅲ/Ⅰ
A58	25	—	1C	0.3878/0.1846	Ⅲ/Ⅱ
GA65	25	—	1C 1A	0.5071/0.0822	Ⅳ/Ⅰ
GA66	25	—	1A 1C	0.6472/0.0829	Ⅳ/Ⅰ
GA72	25	—	1A 1C	1.0045/0.2001	Ⅳ/Ⅱ
A79	25	—	1A	0.5628/0.1967	Ⅳ/Ⅱ
GA81	25	—	1A 1C	0.7002/0.0023	Ⅳ/Ⅰ
A83	25	—	1A 1C	0.7959/0.0511	Ⅳ/Ⅰ
GA95	25/13	（1回+6%）	—	0.2760/0.2046	Ⅲ/Ⅱ
GA100	30	—	1C	0.3179/0.1249	Ⅲ/Ⅰ
A106	25	—	1C	0.4794/0.1967	Ⅳ/Ⅱ
A107	25/13	（1回+7%）	—	0.3135/0.2096	Ⅲ/Ⅱ
A111	25	—	1A 1C	0.5581/0.1638	Ⅳ/Ⅱ
A112	25/13	（1回+6%）	—	0.2461/0.1624	Ⅲ/Ⅱ
A115	25	—	1A 1C	0.6564/0.0658	Ⅳ/Ⅰ
A127	20/10	（1回+8%）	—	0.2913/0.2059	Ⅲ/Ⅱ
A135	30/17	—	—	0.2279/0.2088	Ⅲ/Ⅱ
GA136	30	—	1A 1C 1B	1.9757/0.0013	Ⅳ/Ⅰ
A150	25/13	（1回+6%）	—	0.2716/0.1976	Ⅲ/Ⅱ
A153	10	—	1C	0.3110/0.1216	Ⅲ/Ⅰ

采取降低接地电阻、适当提高绝缘配置和安装避雷器后，该 500kV 线路各风险等级的杆塔数量对比情况如图 8-22 所示，可以看到防雷措施优化后的杆塔雷击风险均降至Ⅱ级及以下。

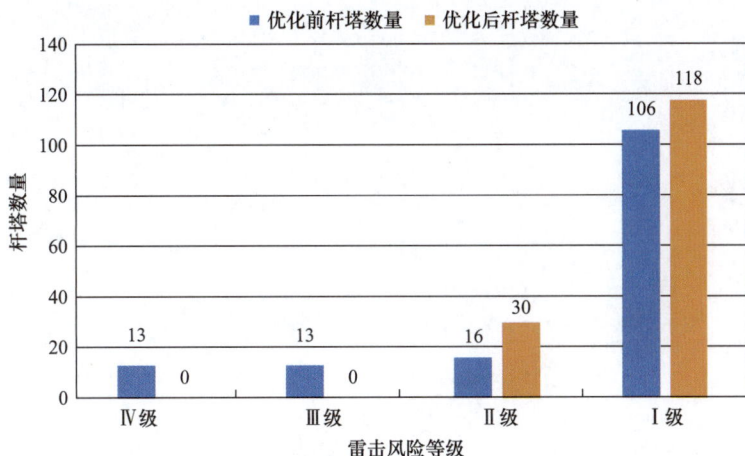

图 8-22　安装避雷器前后不同雷击风险杆塔数量变化情况

进一步计算得到，采取针对性防雷优化措施后线路平均绕击跳闸率为 0.0502 次 /（百公里·年），平均反击跳闸率为 0.0354 次 /（百公里·年），雷击综合跳闸率为 0.0855 次 /（百公里·年），全线雷击风险等级达到 I 级，雷击跳闸率相比优化前有明显的下降，这样也就实现了该 500kV 线路的逐塔防雷评估与优化分析。

五、逐塔防雷评估有效性分析

由于逐塔防雷评估技术是近年来利用数字化手段开展的一项防雷分析和优化技术，大部分新建线路投运时间还不是太长，因此选择某 220kV 典型线路进行防雷评估和实际跳闸对比分析。该线路自 2007 年建成投运已近 15 年，全线共 125 基杆塔，大部分处于山地，且两侧为下坡居多，全线海拔主要在 1200～1600m，防雷计算需考虑海拔修正。根据地闪密度统计可知，大部分杆塔处于多雷区，具体如图 8-23 和图 8-24 所示。

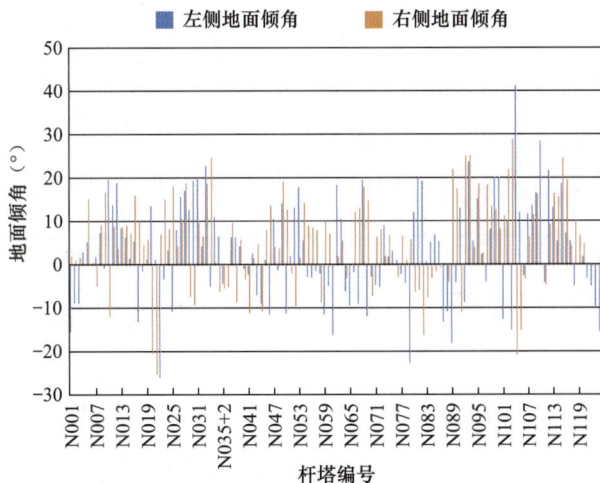

图 8-23　线路沿线地面倾角情况

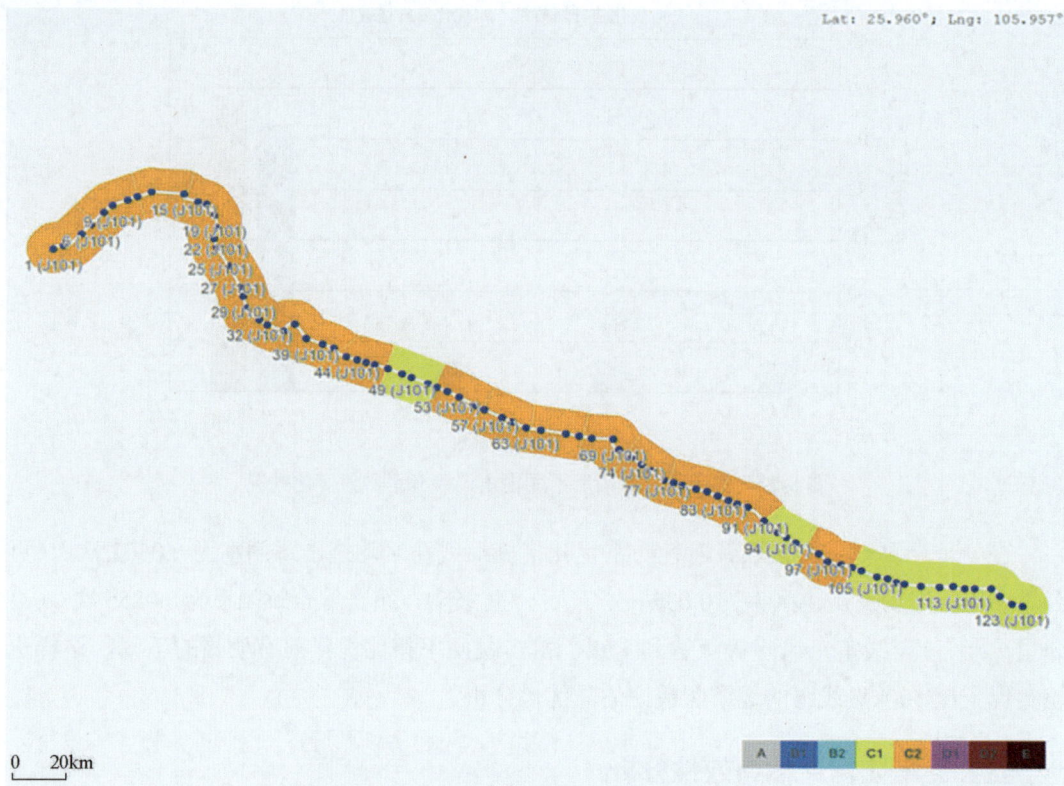

Lat: 25.960°; Lng: 105.957°

0 20km

图 8-24 线路沿线地闪密度分布情况

对全线逐杆塔接地电阻、绝缘水平、地线保护角等进行分析，并对反击耐雷水平和绕击耐雷水平进行计算发现，杆塔接地电阻对反击耐雷水平影响较大，而绝缘配置则直接影响线路的绕击耐雷水平，如图 8-25～图 8-28 所示。

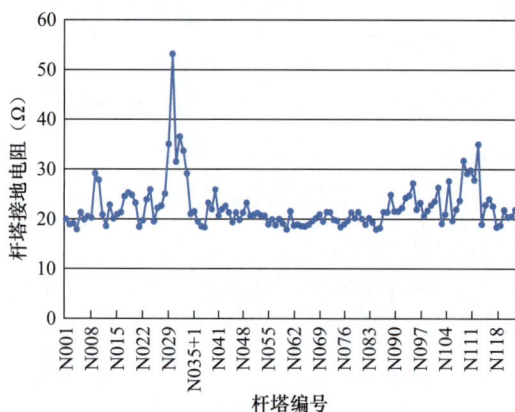

图 8-25 线路沿线杆塔接地电阻

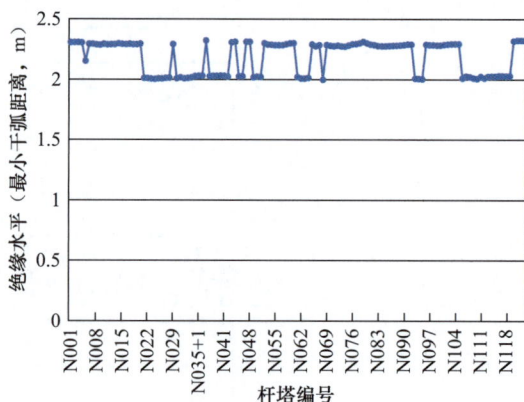

图 8-26 线路沿线杆塔最小干弧距离

通过逐塔雷击跳闸率和风险等级评估，得到全线Ⅰ、Ⅱ级低风险杆塔 85 基、Ⅲ级风险杆塔 28 级，Ⅳ级风险杆塔 12 基，对比实际运行发生跳闸的杆塔（见红 × 杆塔），可见发生过雷击跳闸的杆塔大部分属于Ⅲ级或Ⅳ级风险杆塔（占比超过 80%），仅有少部分属于Ⅱ级风险杆塔，同时评估为Ⅲ、Ⅳ级高风险的杆塔，近 15 年来发生雷击跳闸的约 50%，如图 8-29 所示。可见逐塔雷击风险评估的结果具有较高的置信度，对针对性制定有效的防雷措施、节约投资具有良好的指导作用，建议在新建工程（特别是重要线路和经过强雷区的线路）推广应用。

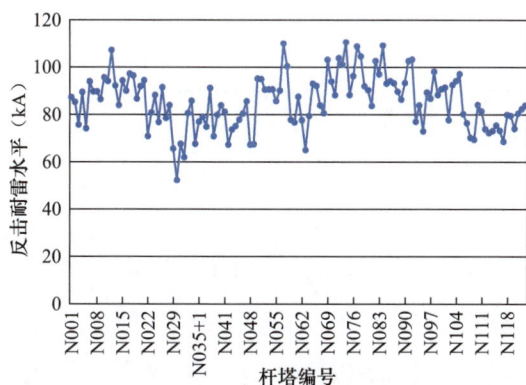

图 8-27　线路沿线杆塔反击耐雷水平

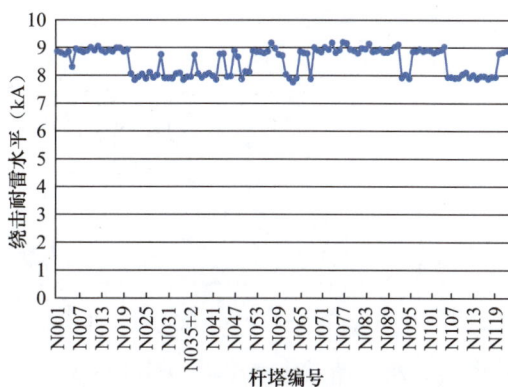

图 8-28　线路沿线杆塔绕击耐雷水平

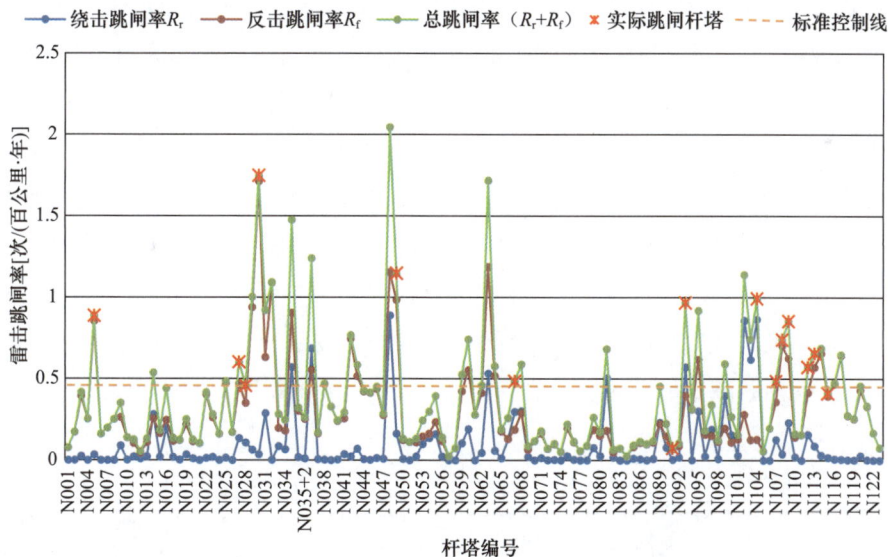

图 8-29　线路沿线杆塔评估雷击跳闸率和实际雷击跳闸杆塔分布

第九章

同塔多回输电线路雷击同跳防治技术

第一节　输电线路雷击同跳特征分析

　　某电网公司 2019～2021 年 220kV 及以上电压等级同塔双回输电线路共发生雷击同跳 69 起，其中 220kV 为 66 起、500kV 为 3 起，均为大幅值雷电流反击造成双回同时跳闸，部分重合闸失败后造成线路停运。220kV 发生同跳的 69 起反击同跳故障中，其中 8 起杆塔高度（记为 H）分布范围为 $27m<H\leqslant40m$，34 起杆塔高度分布范围为 $40m<H\leqslant60m$，27 起杆塔分布范围为 $60m<H\leqslant84m$。500kV 发生反击同跳的 3 起故障杆塔高度分别为 62、80.5m 和 100m，如图 9-1（a）所示。可以看出，220kV 线路 40m 以上杆塔发生雷电反击同跳的次数占 87.9%，60m 以上高杆塔发生的雷击同跳次数占总雷击同跳次数的比例为 36.4%，明显高于 40m 及以下的杆塔发生雷击同跳的比例（12.1%）。500kV 发生的 3 起雷电反击同跳中有 2 起杆塔高度超过 80m。因此，输电线路中高杆塔更容易发生雷电反击同跳。根据雷击跳闸后的重合闸成功率统计发现，雷击同跳重合闸成功率（近三年 220kV 雷击同跳重合闸成功率为 78.3%）明显低于雷击单相跳闸重合成功率（一般 90% 以上），易造成线路双回停运，对系统产生较大冲击，而且高塔一旦发生雷击绝缘子串、金具及导线等情况，并造成其受损时，抢修难度更大。因此，提高输电线路雷击同跳防护能力，能够有效防范雷电反击同跳对电力系统造成的安全风险和减少高塔故障巡检抢修压力，从而有效提升电网的安全稳定性。

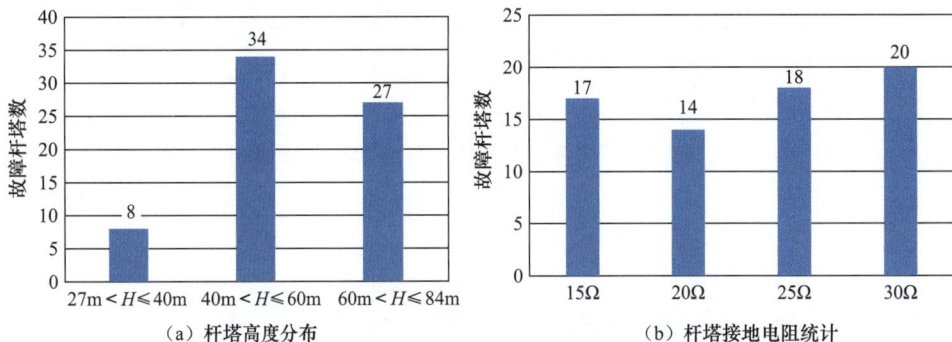

（a）杆塔高度分布　　　　　　　（b）杆塔接地电阻统计

图 9-1　某电网 2019～2021 年 220kV 及以上雷击同跳杆塔高度及接地电阻分布

第二节　回路间差绝缘防同跳技术

实际运行经验表明，雷击可造成同塔多回输电线路同时跳闸。雷电反击是同塔线路同跳的主要原因，强雷暴过程中连续雷电绕击也会导致同跳。目前输电线路回路间差绝缘防雷击同跳技术主要采取不平衡绝缘的方式，包括部分回路加强绝缘配置、部分回路安装并联间隙等常见方式 ❶。

一、部分回路加强绝缘配置

1. 同塔双回线路

对于 110kV 同塔双回线路，典型差绝缘配置方式为将其中一回各相增加 2 片绝缘子，另一回绝缘水平不变；运行线路条件受限的，则将其中一回各相增加 1 片绝缘子，另一回绝缘水平不变。对于 220kV 同塔双回线路，典型差绝缘配置方式为将其中一回各相增加 3 片绝缘子，另一回绝缘水平不变；运行线路条件受限的，则将其中一回各相增加 2 片绝缘子，另一回绝缘水平不变。对于 500kV 同塔双回线路，典型差绝缘配置方式应采用平衡高绝缘配置，每回线路各相正常情况下不宜小于 31 片绝缘子（单片绝缘子高 155mm）。

2. 同塔四回线路

对于 110kV 同塔四回线路，典型差绝缘配置方式为保持上层一回绝缘不变，其他三回各相增加 2 片绝缘子；运行线路条件受限的，则保持上层一回绝缘不变，其他三回各相增加 1 片绝缘子。对于 220kV 同塔四回线路，典型差绝缘配置方式为保持上层一回绝缘不变，其他三回各相均增加 3 片绝缘子；运行线路条件受限的，则保持上层一回绝缘不变，其他三回各相增加 2 片绝缘子。对于 500kV 同塔四回线路应采用平衡高绝缘配置，线路设计时进行防雷专题研究后确定绝缘配置方式。

3. 混压四回线路

对于 220kV/110kV 混压四回线路，典型差绝缘配置方式为下层 110kV 一回绝缘不变，另一回各相增加 2 片绝缘子，上方两回 220kV 线路绝缘不变；运行线路条件受限的，则下层 110kV 一回绝缘不变，另一回各相增加 1 片绝缘子，上方两回 220kV 线路绝缘不变。对于 500kV/220kV 混压四回线路，典型差绝缘配置方式为下层 220kV 一回绝缘不变，另一回各相增加 3 片绝缘子，上方两回 500kV 线路绝缘不变；运行线路条件受限的，则下层 220kV 一回绝缘不变，另一回各相增加 2 片绝缘子，上方两回 500kV 线路绝缘不变。

---

❶ DL/T 1784—2017《多雷区 110kV～500kV 交流同塔多回输电线路防雷技术导则》中给出差绝缘的推荐配置方式。

按照上述原则，基于增加绝缘子片数的同塔线路不平衡绝缘配置方法见表 9-1。

表 9-1　　　　　　　　　基于增加绝缘子片数的同塔线路不平衡绝缘配置

同塔多回线路	绝缘子配置（片）			
同塔双回	回路Ⅰ		回路Ⅱ	
110kV 同塔双回	N_1		N_1+2（N_1+1）	
220kV 同塔双回	N_2		N_2+3（N_2+2）	
500kV 同塔双回	N_5		N_5	
同塔四回（垂直布置）	回路Ⅰ	回路Ⅱ	回路Ⅲ	回路Ⅳ
110kV 同塔四回	N_1	N_1+2（N_1+1）	N_1+2（N_1+1）	N_1+2（N_1+1）
220kV 同塔四回	N_2	N_2+3（N_2+2）	N_2+3（N_2+2）	N_2+3（N_2+2）
220kV/110kV 混压四回	N_2	N_2	N_1	N_1+2（N_1+1）
500kV/220kV 混压四回	N_5	N_5	N_2	N_2+3（N_2+2）
同塔四回（水平布置）	回路Ⅰ	回路Ⅱ	回路Ⅲ	回路Ⅳ
110kV 同塔四回	N_1	N_1+2（N_1+1）	N_1+2（N_1+1）	N_1+2（N_1+1）
220kV 同塔四回	N_2	N_2+3（N_2+2）	N_2+3（N_2+2）	N_2+3（N_2+2）
同塔四回（三角形布置）	回路Ⅰ	回路Ⅱ	回路Ⅲ	回路Ⅳ
220kV/110kV 混压四回	N_2	N_2	N_1	N_1+2（N_1+1）
500kV/220kV 混压四回	N_5	N_5	N_2	N_2+3（N_2+2）

注　1. N_1、N_2、N_5 分别为 110、220、500kV 线路每相绝缘子片数。
　　2. 同压四回线路主要布置方式为回路垂直布置方式，也存在回路水平布置方式。
　　3. 220kV/110kV、500kV/220kV 混压四回线路，采用垂直或三角形布置方式时，上层回路Ⅰ和Ⅱ为高电压回路，下层回路Ⅲ和Ⅳ为低电压回路。混压四回线路一般不采用水平布置方式。
　　4. 括弧内数据为条件受限时的不平衡绝缘配置方案。
　　5. 对特高杆塔、绝缘子片数较多以及同塔六回等线路，可参照以上原则执行。

采用部分回路加强绝缘的回路间差绝缘方式，对防治同塔多回输电线路雷击同跳具有明显的效果。根据某电网典型 110～500kV 同塔双回、多回线路和绝缘配置工况，同塔双回、四回及混压多回线路的部分回路增加绝缘子片数后，其反击耐雷水平与反击跳闸率变化情况见表 9-2～表 9-4。

在常规绝缘配置基础上，改变一侧绝缘子片数时，同塔双回线路单回闪络耐雷水平保持不变，双回闪络耐雷水平明显提高。以 110kV 同塔双回线路为例，两侧绝缘子片数差从 0 变化至 2 时，单回闪络耐雷水平保持在 66kA，而双回闪络耐雷水平从 85kA 增加至 128kA，单回雷击跳闸率保持为 0.536 次 /（百公里·年），双回同跳率从 0.295 次 /（百公

里·年）降低为 0.106 次 /（百公里·年）。

表 9-2　　　　　　　　同塔双回线路反击耐雷水平及反击跳闸率计算结果

杆塔型式	电压等级	导线布置方式	绝缘子片数（正常 / 高绝缘）	耐雷水平（kA）		跳闸率［次 /（百公里·年）］	
				单回闪络	双回闪络	单回跳闸	双回同跳
1D2W6	110kV	垂直排列	8/8	66	85	0.536	0.295
			8/9	66	104	0.536	0.180
			8/10	66	128	0.536	0.106
2D2W2	220kV	垂直排列	14/14	114	130	0.214	0.154
			14/16	114	154	0.214	0.100
			14/17	114	163	0.214	0.086
5D2W2	500kV	垂直排列	28/28	188	235	0.098	0.055
			31/31	218	265	0.061	0.037

表 9-3　　　　　　　同塔四回线路反击耐雷水平及反击跳闸率计算结果

杆塔型式	电压等级	回路布置方式	绝缘子片数（正常绝缘 / 高绝缘）	耐雷水平（kA）				跳闸率［次 /（百公里·年）］			
				单回闪络	双回闪络	三回闪络	四回闪络	单回跳闸	双回同跳	三回同跳	四回同跳
1D4W3	110kV	垂直排列	8/8	60	63	70	93	0.945	0.847	0.666	0.337
			8/9	60	78	85	114	0.945	0.516	0.420	0.203
			8/10	60	96	113	137	0.945	0.312	0.208	0.128
2D4W3	220kV	垂直排列	14/14	88	93	119	196	0.649	0.567	0.307	0.086
			14/16	88	122	156	242	0.649	0.288	0.154	0.050
			14/17	88	136	190	266	0.649	0.219	0.093	0.039
2F4W8	220kV	水平排列	14/14	91	112	123	158	0.462	0.276	0.218	0.115
			14/16	91	141	156	199	0.462	0.154	0.119	0.064
			14/17	91	155	172	218	0.462	0.121	0.092	0.050

表 9-4　　　　　　　混压四回线路反击耐雷水平及反击跳闸率计算结果

杆塔型式	电压等级	回路电压	导线布置方式	绝缘子片数（正常 / 高绝缘）	耐雷水平（kA）		跳闸率［次 /（百公里·年）］	
					单回闪络	双回闪络	单回跳闸	双回同跳
2/1 I3	220kV /110kV	220kV	垂直排列	14/14	130	179	0.185	0.081
		110kV	垂直排列	8/8	80	85	0.547	0.473
		220kV	垂直排列	14/14	128	187	0.192	0.073
		110kV	垂直排列	8/9	80	110	0.547	0.250
		220kV	垂直排列	14/14	127	194	0.196	0.066
		110kV	垂直排列	8/10	80	139	0.547	0.138

杆塔型式	电压等级	回路电压	导线布置方式	绝缘子片数（正常/高绝缘）	耐雷水平（kA）		跳闸率[次/（百公里·年）]	
					单回闪络	双回闪络	单回跳闸	双回同跳
ZS3732	500kV/220kV	500kV	垂直排列	31/31	205	303	0.088	0.032
		220kV	蝶形排列	14/14	109	129	0.454	0.297
		500kV	垂直排列	31/31	203	302	0.090	0.032
		220kV	蝶形排列	14/16	112	175	0.425	0.136
		500kV	垂直排列	31/31	202	301	0.091	0.033
		220kV	蝶形排列	14/17	117	192	0.380	0.107

二、部分回路安装并联间隙

1. 同塔双回线路

对于 110kV 同塔双回线路，典型并联间隙安装方式为将两回各相增加 2 片绝缘子，并在其中一回各相安装并联间隙；运行线路条件受限的，则两回各相增加 1 片绝缘子，并在其中一回各相安装并联间隙。对于 220kV 同塔双回线路，典型并联间隙安装方式为将两回各相增加 3 片绝缘子，并在其中一回各相安装并联间隙；运行线路条件受限的，则两回各相增加 2 片绝缘子，并在其中一回各相安装并联间隙。

2. 同塔四回线路

对于 110kV 同塔四回线路，典型并联间隙安装方式为将四回各相增加 2 片绝缘子，并在上层一回各相安装并联间隙；运行线路条件受限的，则四回各相增加 1 片绝缘子，并在上层一回各相安装并联间隙。对于 220kV 同塔四回线路，典型并联间隙安装方式为将四回各相增加 3 片绝缘子，并在上层一回各相安装并联间隙；运行线路条件受限的，则四回各相增加 2 片绝缘子，并在上层一回各相安装并联间隙。对于 220kV/110kV 混压四回线路，典型并联间隙安装方式为下层 110kV 两回各相增加 2 片绝缘子，并在其中一回各相安装并联间隙；运行线路条件受限的，则下层 110kV 两回各相增加 1 片绝缘子，并在其中一回各相安装并联间隙。对于 500kV/220kV 混压四回线路，典型并联间隙安装方式为将下层 220kV 两回各相增加 3 片绝缘子，并在其中一回各相安装并联间隙；运行线路条件受限的，则下层 220kV 两回各相增加 2 片绝缘子，并在其中一回各相安装并联间隙。

并联间隙用于不平衡绝缘配置时，110kV 线路间隙距离 Z 应取绝缘子电弧距离 Z_0 的 80%，220kV 线路间隙距离 Z 应取绝缘子电弧距离 Z_0 的 85%。按照以上原则，基于绝缘子并联间隙的同塔线路不平衡绝缘配置方法见表 9-5。

表 9-5　　　　　　　　　　基于绝缘子并联间隙的同塔线路不平衡绝缘配置

同塔多回线路	绝缘子配置（片）				并联间隙安装回路
同塔双回	回路 Ⅰ		回路 Ⅱ		回路 Ⅰ
110kV 同塔双回	N_1+2（N_1+1）		N_1+2（N_1+1）		$Z/Z_0=0.80$
220kV 同塔双回	N_2+3（N_2+2）		N_2+3（N_2+2）		$Z/Z_0=0.85$
500kV 同塔双回	N_5		N_5		不装间隙
同塔四回（垂直布置）	回路 Ⅰ	回路 Ⅱ	回路 Ⅲ	回路 Ⅳ	回路 Ⅰ（同压）；回路 Ⅲ（混压）
110kV 同塔四回	N_1+2（N_1+1）	N_1+2（N_1+1）	N_1+2（N_1+1）	N_1+2（N_1+1）	$Z/Z_0=0.80$
220kV 同塔四回	N_2+3（N_2+2）	N_2+3（N_2+2）	N_2+3（N_2+2）	N_2+3（N_2+2）	$Z/Z_0=0.85$
220kV/110kV 混压四回	N_2	N_2	N_1+2（N_1+1）	N_1+2（N_1+1）	$Z/Z_0=0.80$
500kV/220kV 混压四回	N_5	N_5	N_2+3（N_2+2）	N_2+3（N_2+2）	$Z/Z_0=0.85$
同塔四回（水平布置）	回路 Ⅰ	回路 Ⅱ	回路 Ⅲ	回路 Ⅳ	回路 Ⅰ
110kV 同塔四回	N_1+2（N_1+1）	N_1+2（N_1+1）	N_1+2（N_1+1）	N_1+2（N_1+1）	$Z/Z_0=0.80$
220kV 同塔四回	N_2+3（N_2+2）	N_2+3（N_2+2）	N_2+3（N_2+2）	N_2+3（N_2+2）	$Z/Z_0=0.85$
同塔四回（三角形布置）	回路 Ⅰ	回路 Ⅱ	回路 Ⅲ	回路 Ⅳ	回路 Ⅲ
220kV/110kV 混压四回	N_2	N_2	N_1+2（N_1+1）	N_1+2（N_1+1）	$Z/Z_0=0.80$
500kV/220kV 混压四回	N_5	N_5	N_2+3（N_2+2）	N_2+3（N_2+2）	$Z/Z_0=0.85$

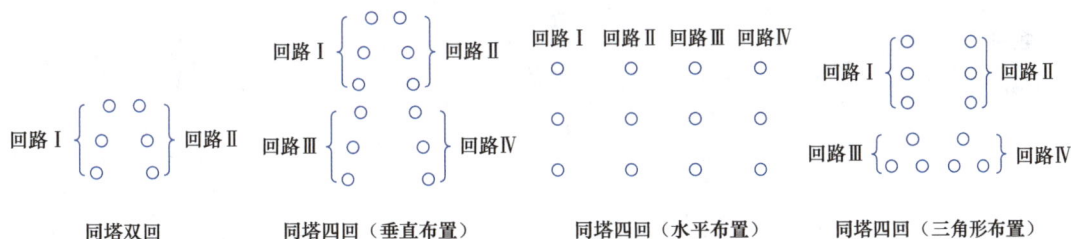

同塔双回　　　　　同塔四回（垂直布置）　　　　同塔四回（水平布置）　　　　同塔四回（三角形布置）

注　1. N_1、N_2、N_5 分别为 110、220、500kV 线路每相绝缘子片数。
　　2. 同压四回线路主要布置方式为回路垂直布置方式，也存在回路水平布置方式。
　　3. 220kV/110kV、500kV/220kV 混压四回线路，采用垂直或三角形布置方式时，上层回路 Ⅰ 和 Ⅱ 为高电压回路，下层回路 Ⅲ 和 Ⅳ 为低电压回路。混压四回线路一般不采用水平布置方式。
　　4. 括弧内数据为条件受限时的不平衡绝缘配置方案。
　　5. 对特高杆塔、绝缘子片数较多以及同塔六回等线路，可参照以上原则执行。
　　6. Z/Z_0 为间隙距离与绝缘子电弧距离比值，110kV 线路取 0.80、220kV 线路取 0.85。

　　采用部分回路安装并联间隙方式后，有利于防治同塔多回输电线路雷击同跳事故。根据某电网典型 110～500kV 同塔双回、多回线路和绝缘配置工况，同塔双回、四回及混压四回线路的部分回路安装并联间隙后的反击耐雷水平与反击跳闸率变化情况见表 9-6～表 9-8。

在常规绝缘配置基础上，一侧安装并联间隙，线路单回闪络耐雷水平降低，双回闪络耐雷水平提高。因为安装并联间隙后部分绝缘子串长度被短接，所以导致单回闪络耐雷水平降低。因此，采用并联间隙时，应首先加强绝缘。在高绝缘单侧安装并联间隙时，相比常规绝缘配置，单回耐雷水平基本没有变化，但双回闪络耐雷水平有提高。

表 9-6　　　　　　　　同塔双回线路反击耐雷水平及反击跳闸率计算结果

杆塔型式	电压等级	导线布置方式	绝缘子片数（正常/高绝缘）	耐雷水平（kA）		跳闸率［次/（百公里·年）］	
				单回闪络	双回闪络	单回跳闸	双回同跳
1D2W6	110kV	垂直排列	8/8	66	85	0.536	0.295
			9（0.80）/9	60	106	0.663	0.171
			10（0.80）/10	67	119	0.466	0.115
2D2W2	220kV	垂直排列	14/14	114	130	0.214	0.154
			16（0.85）/16	108	174	0.218	0.065
			17（0.85）/17	121	179	0.155	0.057
5D2W2	500kV	垂直排列	28/28	188	235	0.098	0.055
			28（0.85）/28	167	256	0.133	0.044
			31/31	218	265	0.061	0.037
			31（0.85）/31	174	283	0.110	0.031

注　括弧内数据为并联间隙距离与绝缘子电弧距离的比值 Z/Z_0。

表 9-7　　　　　　　　同塔四回线路反击耐雷水平及反击跳闸率计算结果

杆塔型式	电压等级	回路布置方式	绝缘子片数（正常/高绝缘）	耐雷水平（kA）				跳闸率［次/（百公里·年）］			
				单回闪络	双回闪络	三回闪络	四回闪络	单回跳闸	双回同跳	三回同跳	四回同跳
1D4W3	110kV	垂直排列	8/8	60	63	70	93	0.945	0.847	0.666	0.337
			9（0.80）/9	48	82	89	124	1.356	0.412	0.338	0.148
			10（0.80）/10	61	103	119	145	0.745	0.214	0.149	0.090
2D4W3	220kV	垂直排列	14/14	88	93	119	196	0.649	0.567	0.307	0.086
			16（0.85）/16	80	129	168	248	0.727	0.222	0.113	0.041
			17（0.85）/17	92	146	201	278	0.490	0.154	0.068	0.029
2F4W8	220kV	水平排列	14/14	91	112	123	158	0.462	0.276	0.218	0.115
			16（0.85）/16	75	151	164	208	0.654	0.115	0.093	0.050
			17（0.85）/17	84	163	172	200	0.473	0.089	0.078	0.053

注　括弧内数据为并联间隙距离与绝缘子电弧距离的比值 Z/Z_0。

表 9-8　　　　　　　　混压四回线路反击耐雷水平及反击跳闸率计算结果

杆塔型式	电压等级	回路电压	导线布置方式	绝缘子片数（正常绝缘/高绝缘）	耐雷水平（kA）		跳闸率[次/（百公里·年）]	
					单回闪络	双回闪络	单回跳闸	双回同跳
2/1 I3	220kV /110kV	220kV	垂直排列	14/14	130	179	0.185	0.081
		110kV	垂直排列	8/8	80	85	0.547	0.473
		220kV	垂直排列	14/14	130	179	0.185	0.081
		110kV	垂直排列	9（0.80）/9	73	98	0.612	0.300
		220kV	垂直排列	14/14	130	205	0.185	0.057
		110kV	垂直排列	10（0.80）/10	82	111	0.422	0.200
ZS3732	500kV /220kV	500kV	垂直排列	31/31	205	303	0.088	0.032
		220kV	蝶形排列	14/14	109	129	0.454	0.297
		500kV	垂直排列	31/31	234	327	0.063	0.026
		220kV	蝶形排列	16（0.85）/16	91	153	0.632	0.171
		500kV	垂直排列	31/31	245	339	0.056	0.024
		220kV	蝶形排列	17（0.85）/17	118	166	0.314	0.131

注　括弧内数据为并联间隙距离与绝缘子电弧距离的比值 Z/Z_0。

第三节　避雷器防同跳技术

一、避雷器的安装形式

线路避雷器分为线路中间避雷器和线路终端避雷器，主要用于运行线路的防雷改造，新建线路防雷设计一般在必要时采用。线路避雷器应遵循安全可靠、技术经济性优、便于运行维护的配置原则。

线路避雷器除了第八章第二节所述的典型安装配置方式外，对侧重于防治雷击同跳的500kV 同塔双回线路，避雷器安装不应少于 2 相。对侧重于防治雷击同跳的 110、220kV 同压同塔四回线路，杆塔有六层导线横担时，应在一侧的一回到两回安装避雷器；杆塔仅有三层导线横担时，应在一侧及上层 2～4 相安装避雷器；每基杆塔安装避雷器相数应取 4～6相。图 9-2 为侧重防治雷击同跳下 110、220kV 同压同塔四回路避雷器典型安装方式示意图。

在线路部分相安装避雷器，有利于防治同塔多回输电线路雷击同跳事故。根据某电网典型 110～500kV 同塔双回、多回线路和绝缘配置工况，同塔双回、四回及混压四回线路部分相安装避雷器后的反击耐雷水平与反击跳闸率变化情况见表 9-9～表 9-11。

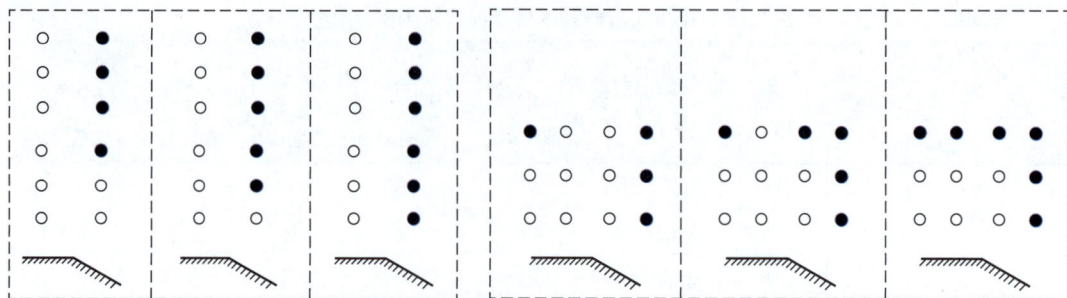

图 9-2　110、220kV 同压同塔四回路避雷器典型安装方式示意图（侧重防治雷击同跳）

表 9-9　　　　　　　　同塔双回线路反击耐雷水平及反击跳闸率计算结果

杆塔型式	电压等级	导线布置方式	绝缘子片数	避雷器安装方式	耐雷水平（kA）		跳闸率［次／（百公里·年）］	
					单回闪络	双回闪络	单回跳闸	双回同跳
1D2W6	110kV	垂直排列	8	无安装	66	85	0.536	0.295
					73	98	0.424	0.208
					80	125	0.341	0.113
					89	—	0.264	—
2D2W2	220kV	垂直排列	14	无安装	114	130	0.214	0.154
					121	156	0.184	0.096
					127	170	0.163	0.077
					132	—	0.148	—

注　图中实点表示线路避雷器的安装位置。

表 9-10　　　　　　　　同塔四回线路反击耐雷水平及反击跳闸率计算结果

杆塔型式	电压等级	回路布置方式	绝缘子片数	避雷器安装方式	耐雷水平（kA）				跳闸率［次／（百公里·年）］			
					单回闪络	双回闪络	三回闪络	四回闪络	单回跳闸	双回同跳	三回同跳	四回同跳
1D4W3	110kV	垂直排列	8	无安装	60	63	70	93	0.945	0.847	0.666	0.337
					66	78	96	—	0.763	0.516	0.312	—
					66	85	129	—	0.763	0.420	0.149	—
					66	92	131	—	0.763	0.346	0.143	—

续表

杆塔型式	电压等级	回路布置方式	绝缘子片数	避雷器安装方式	耐雷水平（kA）				跳闸率［次／（百公里·年）］			
					单回闪络	双回闪络	三回闪络	四回闪络	单回跳闸	双回同跳	三回同跳	四回同跳
2D4W3	220kV	垂直排列	14	无安装	88	93	119	196	0.649	0.567	0.307	0.086
				（避雷器安装方式示意图）	100	121	198	—	0.474	0.294	0.083	—
				（避雷器安装方式示意图）	100	135	223	—	0.474	0.223	0.061	—
				（避雷器安装方式示意图）	100	144	226	—	0.474	0.189	0.059	—

注　图中实点表示线路避雷器的安装位置。

表 9-11　　混压四回线路反击耐雷水平及反击跳闸率计算结果

杆塔型式	电压等级	回路电压	导线布置方式	绝缘子片数	避雷器安装方式	耐雷水平（kA）		跳闸率［次／（百公里·年）］	
						单回闪络	双回闪络	单回跳闸	双回同跳
2/1 I3	220kV /110kV	220kV	垂直排列	14	无安装	130	179	0.185	0.081
		110kV	垂直排列	8	无安装	80	85	0.547	0.473
		220kV	垂直排列	14	（避雷器安装方式示意图）	130	184	0.185	0.076
		110kV	垂直排列	8	（避雷器安装方式示意图）	96	—	0.351	—
		220kV	垂直排列	14	（避雷器安装方式示意图）	132	202	0.178	0.060
		110kV	垂直排列	8	（避雷器安装方式示意图）	96	—	0.351	—
		220kV	垂直排列	14	（避雷器安装方式示意图）	138	205	0.159	0.057
		110kV	垂直排列	8	（避雷器安装方式示意图）	96	—	0.351	—
ZS3732	500kV /220kV	500kV	垂直排列	31	无安装	205	303	0.088	0.032
		220kV	蝶形排列	14	无安装	109	129	0.454	0.297
ZS3732	500kV /220kV	500kV	垂直排列	31	（避雷器安装方式示意图）	205	303	0.088	0.032
		220kV	蝶形排列	14	（避雷器安装方式示意图）	111	145	0.434	0.221
		500kV	垂直排列	31	（避雷器安装方式示意图）	208	305	0.085	0.031
		220kV	蝶形排列	14	（避雷器安装方式示意图）	114	162	0.406	0.166
		500kV	垂直排列	31	（避雷器安装方式示意图）	210	306	0.083	0.031
		220kV	蝶形排列	14	（避雷器安装方式示意图）	123	—	0.335	—

注　图中实点表示线路避雷器的安装位置。

从上表可以看出，通过安装线路避雷器可以同时提高线路单回和双回耐雷水平。在一回线路上相安装避雷器可明显提高双回闪络耐雷水平，在上、中、下相同时安装避雷器时，没有同跳事件发生。虽然安装避雷器成本较高，但防治雷击同跳效果明显，因此在雷害严重地区可以考虑采用在其中一回安装避雷器方式提升双回闪络耐雷水平。

二、安装避雷器的经济性

对输电线路安装线路避雷器，理论上避雷器安装相在遭受雷击时避雷器会先动作，从而保护绝缘子串不发生闪络。但是同时也存在保护的局限性，即避雷器只能保护安装相，当相邻塔和相未安装避雷器时，如果遭受雷电绕击或反击仍可能发生绝缘子闪络。因此，避雷器的安装数量较多才能保证防雷效果好，所需的经济性成本也较高。

对典型 110～500kV 线路安装线路避雷器的经济性测算见表 9-12，其中 110kV 和 220kV 杆塔安装三相、500kV 线路杆塔安装一相。可以看到，500kV 线路安装避雷器的经济成本较高，220kV 线路安装避雷器的成本相比 500kV 线路降低较多，110kV 线路安装线路避雷器的成本相对比较经济。

表 9-12　　　　　　　　　　　　输电线路安装线路避雷器造价估算

电压等级	避雷器价格（元/支）	设计费用（元）	安装费用（元/支）	合计费用（元）	安装相数
110kV	3000	1000	1000	13000	3 相
220kV	7000	2000	2000	29000	3 相
500kV	30000	5000	5000	40000	1 相

考虑到技术经济性，线路避雷器应根据线路重要性、地闪密度、雷击跳闸信息、雷击风险等级等实际情况进行合理配置。某电网公司防雷技术标准提出了以下线路避雷器典型应用原则：

（1）易击线路的变电站（发电厂）进线段或山区线路易击段，接地电阻不满足要求的杆塔，如改善接地电阻困难且不经济时，可安装线路避雷器。

（2）重要线路和单电源供电线路投运后发生过雷击闪络的杆塔，可安装线路避雷器。

（3）中雷区及以上地区全高 100m 及以上的高杆塔，经评估雷击高风险，可安装线路避雷器。

（4）投运后发生过两次雷击闪络故障的杆塔，可安装线路避雷器。

（5）强雷区新建重要线路的山区段，如果已采取技术经济合理的降低接地电阻措施，经雷击风险评估仍为 Ⅲ 级的杆塔可安装线路避雷器，雷击风险评估仍为 Ⅳ 级的杆塔可安装线路避雷器。

（6）除电缆终端塔外，线路避雷器可选择带串联间隙的金属氧化物避雷器。

该标准同时也对线路避雷器的安装原则提出了相关要求，具体见第八章第二节内容，

这里不再赘述。一般通过安装线路避雷器来防止线路雷击同跳时，应通过仿真计算确定其防护效果，并结合技术经济性分析确定合理的安装方式。

第四节　改造接地防同跳技术

一、改造接地对防同跳的作用

杆塔接地电阻对杆塔反击耐雷水平和反击跳闸率有着最为直接的影响。降低接地电阻可以有效提升线路的反击耐雷水平，从而降低反击跳闸率。如图 9-3 所示为某 220kV 同塔多回线路反击耐雷水平和反击跳闸率与闪络回路数和接地电阻之间的关系。

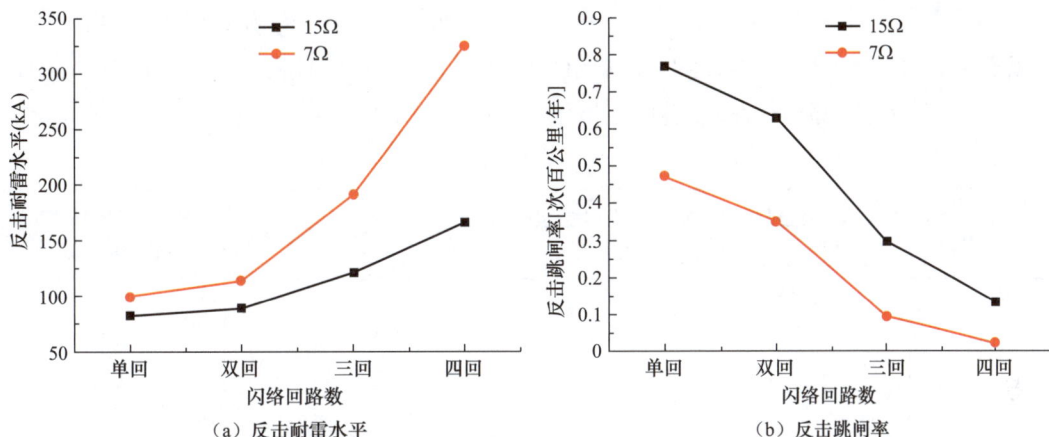

（a）反击耐雷水平　（b）反击跳闸率

图 9-3　杆塔接地电阻对某 220kV 同塔四回线路反击耐雷水平和雷击跳闸率的影响

杆塔接地电阻由 15Ω 降低至 7Ω 时，线路各回耐雷水平均有所提升，且增幅随着闪络回路数的增加而增大。其原因在于随着接地电阻的增大，雷电流在接地电阻上产生的压降越大，进一步提高了杆塔塔头各横担处电位，使绝缘子两端电压上升，进而线路更容易发生闪络。线路反击跳闸率变化规律与线路耐雷水平变化规律相反。

因此，改造接地对防同跳是具有积极作用的，降低线路杆塔接地电阻可以有效提高多回线路同跳雷电流耐受阈值，降低杆塔反击跳闸故障风险。

二、改造接地的经济性

考虑到杆塔接地电阻与电压等级并无太大的直接联系，主要与地网规模、土壤电阻率等环境因素相关（国标中给出的推荐值也主要是和土壤电阻率有关），因此本节选取塔高较高、遭受雷击概率较大的典型 220kV 双回路杆塔进行计算分析，杆塔型号为 2F2W6-Z2，呼高取 30m，绝缘配置为 15 片结构高 146mm 玻璃绝缘子，分别计算其不同杆塔接地电阻下的反击耐雷水平（杆塔接地电阻对绕击耐雷水平影响较小），见表 9-13。

表 9-13　GB 50545—2010《110kV ～ 750kV 架空输电线路设计规范》和 GB 50064—2014《交流电气装置的过电压保护和绝缘配合设计》中推荐的杆塔接地电阻值

杆塔接地电阻	10Ω	20Ω	30Ω
反击耐雷水平（kA）	92	86	78
雷击跳闸率［次 /（百公里·年），折算至 100km 年 40 雷暴日］	山区：0.29。 平原：0.19	山区：0.35。 平原：0.23	山区：0.49。 平原：0.33

由表 9-13 可见，降低杆塔接地电阻对于提高线路反击耐雷水平、减少雷击跳闸率具有明显的效果。接地电阻 10Ω 时比 20Ω 时跳闸率降低约 20%，比 30Ω 时降低约 40%。

降低杆塔接地电阻常见的方案有四种：一是传统材料 + 降阻剂；二是增加物理型接地模块；三是采用离子接地体；四是采用柔性石墨接地体（绳）。现假定 110kV 杆塔土壤电阻率取 1000Ω·m，实测杆塔地网接地电阻 R=30Ω，要求该基杆塔的接地电阻降至 10Ω，针对该杆塔进行接地降阻改造，各降阻措施的对比见表 9-14。

表 9-14　　　　　　　　　　　不同降阻方案经济对比表

名称		方案 1：传统材料 + 降阻剂	方案 2：增加物理型接 地模块	方案 3：采用离子接地装置	方案 4：采用柔性石墨 接地体（绳）
计算依据		用量约 20kg/m	$R=\dfrac{0.22\rho}{n\eta}$ 式中：R 为多块模块的接地电阻，Ω；ρ 为土壤电阻率，1000Ω·m；η 为接地模块之间的屏蔽系数	$R=\dfrac{\dfrac{0.16\cdot\xi\cdot\rho}{l}\ln(200\cdot l)}{n\eta}$ 式中：R 为多套离子接地极的接地电阻，Ω；ξ 为离子接地极降阻系数；ρ 为土壤电阻率，Ω·m；l 为单套离子接地极的长度，取值 1.5m；n 为离子接地极的数量，组；η 为离子接地极之间的屏蔽系数	$R=\dfrac{\rho}{2\pi L}\left(\ln\dfrac{L}{hd}+B\right)$ 式中：R 为水平接地体的接地电阻，Ω；ρ 为土壤电阻率，取值 1000Ω·m；L 为水平接地体长度，取值 140m；d 为水平接地体直径，取值 0.028m；h 为埋深，取值 0.6m；B 为水平接地体形状系数
材料对比	降阻材料	Φ12 热镀锌圆钢：120m。降阻剂：2t	Φ12 热镀锌圆钢：80m。 YF-M 物理型接地模块：16 个	Φ12 热镀锌圆钢：80m。 YF-L 离子接地装置：4 套	YF-SMX-28 柔性石墨绳：160m
	材料成本	圆钢 6 元 /m；降阻剂 2280 元 /t	圆钢 6 元 /m；模块 310 元 / 块	圆钢 6 元 /m；YF-L-ST54A15：2800 元 / 套	YF-SMX-28 柔性石墨绳：70 元 /m
		5280 元	5440 元	11680 元	11200
	总重	2106kg	约 280kg	350kg	80kg

续表

名称		方案1：传统材料+降阻剂	方案2：增加物理型接地模块	方案3：采用离子接地装置	方案4：采用柔性石墨接地体（绳）
工程对比	工程量	水平挖填方量：47.6m³	水平挖填方量：30.8m³	水平挖填方量：31.3m³	水平挖填方量：43.2m³
		焊接：23处	焊接：16处	焊接：12处	夹具连接：8处
	工程造价	挖填：2380元	挖填：1540元	挖填：1565元	挖填：2160元
		焊接：450元	焊接：320元	焊接：240元	夹具连接：80元
		材料及焊机搬运：1500元	材料及焊机搬运：350元	材料及焊机搬运：350元	材料搬运：200元
总价		9610元	7650元	13835元	13640元

　　同理可推导不同土壤环境下，四种降阻方案的费用，统计见表9-15。从材料和工程造价上分析，土壤电阻率不是很高的环境（$\rho \leqslant 2000\Omega \cdot m$），采用方案1和方案2经济性优势明显，比方案3和方案4低30%～40%，但当土壤电阻率较高时（$\rho > 2000\Omega \cdot m$），方案1和方案2经济性优势减弱，从施工的方便性和降阻稳定性来说，方案3离子接地极和方案4柔性石墨绳具有优势，造价略高，高20%～30%。另一方面，通过造价计算对比也可以发现，适当降低杆塔接地电阻的经济性是可以接受的，但如果要求杆塔接地电阻降幅较大则比较难以实现，经济成本也非常高。

表9-15　　　　　　　　　　不同土壤环境下降阻方案经济对比表

工程总价（元）	土壤电阻率（$\Omega \cdot m$）		
	$\rho=1000$	$\rho=2000$	$\rho=3000$
方案1：环保型降阻剂	9610	12472	18060
方案2：物理型接地模块	7650	9360	15880
方案3：离子接地装置	13835	16568	20280
方案4：柔性石墨绳	13640	17340	23314

第十章

输电线路地线（OPGW）防雷击断线技术

第一节 架空地线选型

一、地线选型的影响因素

我国 110kV 及以上输电线路架空地线通常有普通地线和光纤复合地线（OPGW）两种。架空地线的选型主要考虑机械性能、电气性能及防腐蚀性能等因素。机械荷载主要考虑满足杆塔地线支架的承受荷载能力，同时地线弧垂应与导线弧垂相配合；电气方面主要考虑地线的短路热稳定、耐雷性能等指标，确保地线在短路和雷击工况时安全运行；防腐性能主要考虑线路穿越腐蚀和污秽地区时确保其能够长期稳定运行。本章节主要从地线的电气性能方面讨论选型方法和防断线措施。

二、地线短路热稳定计算方法

当输电线路发生接地故障时，地线应能承受通过的返回电流，其温升不应超过允许值，以免机械强度明显下降。各种材料的地线验算短路热稳定时，允许温度应满足 GB 50545—2010《110kV～750kV 架空输电线路设计规范》的相关要求，其中钢芯铝绞线和钢芯铝合金绞线可采用 200℃，钢芯铝包钢绞线和铝包钢绞线可采用 300℃，镀锌钢绞线可采用 400℃，光纤复合架空地线的允许温度应采用产品试验保证值。地线初始温度采用最高气温月每日最高温度的月平均值，计算短路热稳定的时间和相应的短路电流值应根据系统情况决定。当短路发生在靠近变电站（发电厂）附近的线路段时，返回电流较大，对地线短路热稳定要求比较高。根据电网实际运行经验，地线短路热稳定可按以下几个步骤开展计算。

（一）允许短路电流的选取

线路靠近变电站（发电厂）的进线段架空地线需承担的短路电流，相比线路中段地线需承担的短路电流更大，根据运行经验建议最小短路热稳定允许电流应符合式（10-1）的要求，即

$$I_{\mathrm{d}} \geqslant \frac{I_{\mathrm{k}} \times m}{n} \tag{10-1}$$

式中：I_{d} 为地线的短路热稳定允许电流，kA；I_{k} 为进线段线路发生接地故障时的最大短路故障电流有效值，kA，一般按系统最大运行方式确定；m 为地线承受短路电流的位置分配系数，对于靠近变电站（发电厂）的区段可取 0.9，对于距离变电站（发电厂）较远的线路中段可取 0.5～0.7；n 为地线的分流系数，单地线时取 1，双地线时按两根地线的阻抗值反比例分配，如果两根地线直径和阻抗十分接近可取 2。

（二）推荐计算公式

地线短路热稳定与地线的材质、截面及运行环境的多种因素密切相关，根据 DL/T 5092—1999《110kV～500kV 架空送电线路设计技术规程》，架空地线短路热稳定允许电流可按式（10-2）和式（10-3）计算，具体如下

$$I_{\mathrm{d}} = \sqrt{\frac{C}{\alpha_0 R_0 T} \ln \frac{\alpha_0 (t_2 - 20) + 1}{\alpha_0 (t_1 - 20) + 1}} \times 10^{-3} \tag{10-2}$$

$$C = \sum_{i=1}^{n} M_i \times C_i \times S_i \times 10^3 \tag{10-3}$$

式中：α_0 为地线载流部 20℃时的电阻温度系数，℃$^{-1}$；R_0 为地线载流部 20℃时的电阻，Ω/km；t_1 为地线初始温度，℃，可取 40℃；t_2 为地线短路热稳定允许温度，℃；T 为计算短路热稳定的时间，s；C 为地线的热容量，J/（km·℃），多种材料绞合地线的热容量可按式（10-3）计算；M_i 为材料 i 的单位质量，g/cm^3；C_i 为材料 i 的热容量，J/（g·℃）；S_i 为材料 i 的截面积，mm^2。

常见地线材料参数见表 10-1。

表 10-1　　　　　　　　　　　　常见地线材料参数

材料	密度（g/cm³）	热容量 [J/（g·℃）]
铝	2.7	0.926
钢	7.8	0.487
镀锌钢	7.78	0.505

（三）热稳定校验用的时间

变电站的继电保护装置配有两套速动主保护、近接地后备保护、断路器失灵保护和自动重合闸时，热稳定校验用的时间 T 可按式（10-4）取值，即

$$T \geqslant t_{\mathrm{m}} + t_{\mathrm{f}} + t_{\mathrm{o}} \tag{10-4}$$

式中：t_{m} 为主保护动作时间，s；t_{f} 为断路器失灵保护动作时间，s；t_{o} 为断路器开断时间，s。

配有一套速动主保护、近或远（或远近结合的）后备保护和自动重合闸，有或无断路器失灵保护时，热稳定校验用的时间 T 可按式（10-5）取值，即

$$T \geqslant t_o + t_r \qquad (10\text{-}5)$$

式中：t_r 为第一级后备保护的动作时间，s。

对于不明确的系统，工程验算可参考下列取值：220kV 及以上架空线路取 0.1s（非光纤保护取 0.12s），35～110kV 架空线路取 0.3s。

三、典型地线的热稳定允许电流参考值

根据上面介绍的计算方法，以靠近变电站（发电厂）的线路段为例，部分常用钢绞线、钢芯铝绞线、铝包钢绞线作为架空地线时，其短路热稳定允许电流可参考表 10-2 和表 10-3 所列数值。

表 10-2　　　　　　　　常用钢绞线热稳定允许电流参考值

地线型号	短路电流容量（kA²·s）	地线热稳定允许电流值 I_d（kA）		
		0.1s	0.12s	0.3s
GJ-35	6	7.75	7.07	4.47
GJ-50	12.25	11.07	10.10	6.39
GJ-70	24.01	15.50	14.15	8.95
GJ-80	31.36	17.71	16.17	10.22
GJ-100	49	22.14	20.21	12.78

表 10-3　　　　　常用钢芯铝绞线、铝包钢绞线热稳定允许电流参考值

线材型号	单位长度质量（kg/km）	计算截面积（mm²）		20℃直流电阻（Ω/km）	电阻温度系数（℃⁻¹）	给定校验时间下的地线允许短路电流 I_d（kA）		
		铝	钢			0.1s	0.12s	0.3s
JL/G1A-70/40	510.2	69.73	40.67	0.4141	0.00429	21.93	20.02	12.66
JL/G1A-95/55	706.1	96.51	56.3	0.2992	0.00429	30.35	27.71	17.52
JL/G1A-150/35	675.0	147.26	34.36	0.1962	0.00429	46.3	42.26	26.73
JLB20A-80	528.4	19.85	59.54	1.0788	0.0036	21.15	19.31	12.21
JLB40-80	372.1	49.22	30.17	0.5483	0.0040	26.95	24.6	15.56
JLB20A-100	674.1	25.22	75.66	0.8524	0.0036	26.82	24.49	15.49
JLB40-100	474.6	62.55	38.33	0.4332	0.0040	34.17	31.19	19..73
JLB20A-120	810.0	30.30	90.91	0.7094	0.0036	32.23	29.42	18.61
JLB40-120	570.3	75.15	46.06	0.3606	0.0040	41.05	37.48	23.7
JLB20A-150	989.4	37.02	111.05	0.5807	0.0036	39.37	35.94	2.73
JLB40-150	696.7	91.8	56.27	0.2952	0.0040	50.15	45.78	28.95

第二节　普通地线雷击断线分析和整改措施

一、典型故障基本情况

2016 年 7 月 5 日 1 时 32 分 4 秒 620 毫秒，220kV 电压等级 HQ 线路 B 相故障跳闸重合成功；1 时 32 分 6 秒 223 毫秒，A 相故障跳闸重合闸未动作；1 时 51 分，线路强送复电成功；3 时 38 分，通过当地铁路局和供电局巡视发现，HQ 线 4～5 号塔、5～6 号塔右侧（面向大号侧）架空地线掉落挂搭在铁路接触网上，并造成铁路接触网跳闸；4 时 35 分，清理完两处接触网搭挂地线，铁路接触网恢复供电。线路故障发生及处理期间，铁路没有营运车次，且故障全部及时处理完毕，未对铁路运营造成影响。HQ 线路发生地线断线前后与铁路的关系示意如图 10-1 所示。

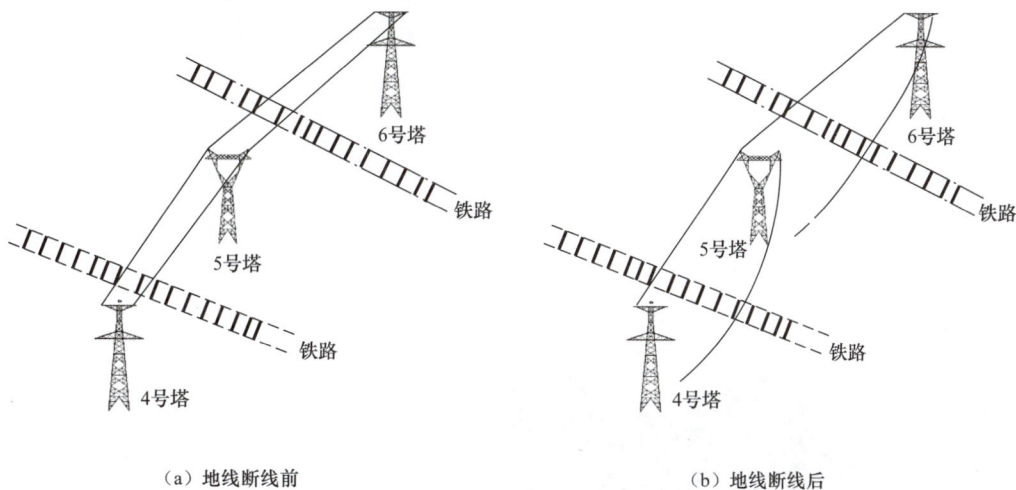

（a）地线断线前　　　　　　　　　　　　（b）地线断线后

图 10-1　HQ 线路发生地线断线前后与铁路的关系示意图

二、现场排查情况

经现场查看，HQ 线路 4 号塔面向大号方向右侧地线断线搭落在地，4 号塔地线耐张金具发生明显放电烧伤痕迹，如图 10-2（a）、图 10-2（b）所示，4 号塔地线绑扎处主线断口呈现明显烧灼痕迹，如图 10-2（c）所示，主线引出的多余地线也因高温烧伤，只剩 2 股未断悬挂在线夹处，如图 10-2（d）所示，其断股地线末端和地线跳线中间位置均有明显烧伤痕迹。4 号塔 B 相跳线悬垂串有放电烧伤痕迹，如图 10-2（e）所示，距离 B 相导线近区的部分绝缘子串有明显的放电痕迹，B 相跳线悬垂串绝缘子上端大部分绝缘子未发现烧蚀痕迹，且 B 相跳线悬垂串在 4 号杆塔挂点位置也未发现放电痕迹；4 号塔地线跳线中间有放电烧灼痕迹，如图 10-2（f）所示。4 号塔塔身未发现放电痕迹，3 号塔地线及地线线夹未发现有放电痕迹。

（a）大号侧地线金具

（b）小号侧地线金具

（c）地线断股

（d）地线断口

（e）跳线悬垂串放电痕迹

（f）地线跳线烧灼痕迹

图 10-2　HQ 线 4 号塔现场排查图

HQ 线路 5 号塔面向大号方向右侧地线大号侧断线搭落在地，且地线有向大号侧划移，小号侧防振锤已拉扯至悬垂线夹处。5 号塔地线金具发生明显放电烧伤痕迹，线夹船体因高温和应力出现明显凹坑，如图 10-3（a）所示。5 号塔大号侧地线断口有烧灼痕迹，其断口出现缩颈现象，如图 10-3（b）所示。5 号杆塔地线另外一个断口，距离高温熔断的断点约 20cm 处，其断口基本为斜向剪切断口，无缩颈现象，断口处无烧灼痕迹，如图 10-3（c）、图 10-3（d）所示。

（a）5号塔地线断线现场

（b）5号塔地线断口

（c）5号塔地线两断口之间地线

（d）5号塔地线大号侧另一处断口

图 10-3　HQ 线 5 号塔现场排查图

三、雷击跳闸分析

查询雷电定位系统发现，2016 年 7 月 5 日 1 时 32 分，HQ 线路 4 号塔附近有多次落雷，其中在跳闸时刻同一秒内的最大雷电流幅值为 −143kA，距离 4 号塔约 300m。采用 ATP/EMTP 电磁暂态程序对 HQ 线故障进行建模和仿真计算，主要计算条件如下：线路三相导线采用钢芯铝绞线，型号为 2×LGJ-300/40，地线采用 2 根镀锌钢绞线，型号为 GJ-55；线路故障段杆塔主要情况见表 10-4；绝缘配置及相序布置见表 10-5；杆塔塔头尺寸如图 10-4 所示；此外根据 HQ 线的设计参数，分别考虑雷击点为塔头地线、4～5 号塔档中 1/4 位置、4～5 号塔档中 1/2 位置 3 种情况，根据塔头尺寸、绝缘子串长度及档中导地线弧垂估算得到这三个位置地导线间的空气间隙距离约为 3、4.75、6.5m。

表 10-4 　　　　　　　　　　线路故障段杆塔主要情况

杆号	杆塔型号	档距	土壤电阻率（Ω·m）	实测工频接地电阻平均值（Ω）	备注
构架	变电站站构架	—	—	—	—
1 号	FSGU301-23	35	187	10	
2 号	GJ301-26	84	1221	10.5	
3 号	ZB2B-30	120	1425	22	
4 号	GJ101-30	239	1085	15.5	
5 号	ZB2B-33	246	1312	13	跨越铁路
6 号	GJ101-23	517	1063	12	跨越铁路
7 号	GJ101-23	479	142	14.25	
8 号	GJ101-23	234	565	17.75	
9 号	ZB2B-30	370	769	15	
10 号	GJ101-23	483	973	21	
11 号	ZB2B-36	127	927	17.25	

表 10-5 　　　　　　　　　　故障段线路绝缘配置和相序情况

杆号	绝缘子型号	片数	导线排列	相序（面向大号侧方向）	绝缘子串干弧距离（mm）
2 号	U100BLP	14	三角	左 C 中 B 右 A	2044
3 号	U70BLP	13	水平	左 C 中 B 右 A	1898
4 号	U100BLP	14	三角	左 C 中 B 右 A	2044
5 号	U70BLP	13	水平	左 C 中 B 右 A	1898
6 号	U100BLP	15	三角	左 C 中 B 右 A	2190
7 号	U100BLP	14	三角	左 C 中 B 右 A	2044

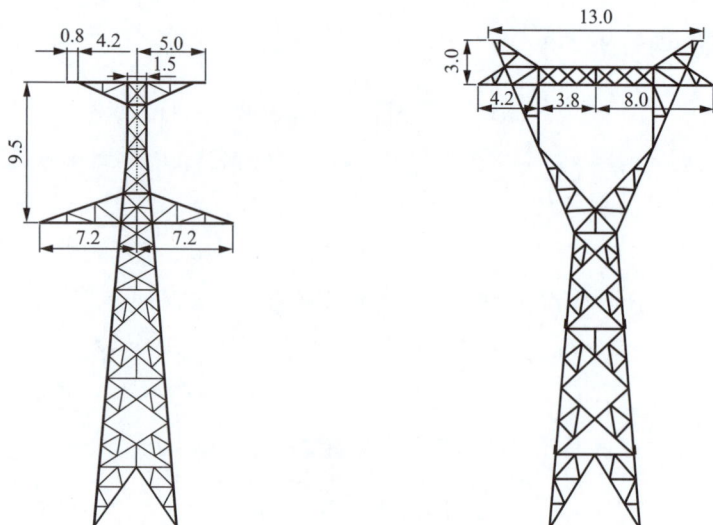

（a）GJ101型耐张塔结构尺寸图　　　　（b）ZB2B型直线塔结构尺寸图

图 10-4　故障段线路主要杆塔结构尺寸图

对两种雷击情况进行仿真计算：一是雷击地线引起绝缘子串闪络；二是雷击档中地线时引起导地线间空气间隙击穿发生放电。主要仿真条件为：雷电流波形采用 2.6/50μs 的 Heidler 模型，雷电流幅值取 −143kA；雷电通道波阻抗取 300Ω；线路采用 J. Marti 频域模型，杆塔采用多波阻抗模型；闪络判据采用 CIGRE 推荐的先导放电模型；在计算地线和导线间空气间隙被击穿放电情况时，为得到其耐雷水平，不考虑绝缘子串闪络，具体结果见表 10-6。

表 10-6　雷击地线不同位置时绝缘子串闪络和导地线间空气间隙击穿的耐雷水平

雷击位置	雷击点与4号塔距离（m）	绝缘子串闪络情况		导地线间空气间隙被击穿放电情况（不考虑绝缘子串闪络）	
		干弧距离（m）	耐雷水平（kA）	导地线空气间隙距离（m）	耐雷水平（kA）
雷击塔头地线	0	4号塔2.044	114	3.0	198
雷击4~5号塔档中1/4位置	62	4号塔2.044	161	4.75	310
雷击4~5号塔档中1/2位置	123	4号塔2.044 5号塔1.898	194	6.5	422

注　雷击4~5号塔档中1/2位置时需考虑4号塔和5号塔均可能反击。

进一步分析可知，雷击 4 号塔头或档中，导地线间空气间隙被击穿放电的耐雷水平远高于绝缘子串闪络的耐雷水平，因此当雷电流击中地线时，将会使绝缘子串发生闪络，而不会出现导地线间空气间隙击穿放电。根据仿真结果，4 号塔头处的耐雷水平为 114kA，因此 143kA 的雷电流若击中塔头地线，绝缘子串必然发生闪络，同时根据对 4~5 号塔档中不同位置仿真计算的结果推算，143kA 雷电流击中 4 号塔前后约 50m 范围，绝缘子串都会发生闪络；而若 143kA 雷电流击中档中较远位置（距离 4 号塔 50m 以外位置），则 4

号塔绝缘子串较难发生闪络。

四、断线原因分析

（一）4 号塔地线断线原因

对 4 号塔断口金相分析发现地线的 7 根钢丝完全断裂，断口均呈灰黑色，较平整，表面存在小气孔，无肉眼可见塑性变形，有明显高温氧化烧损痕迹。从宏观形貌判定断线属高温烧损断裂，断口处与远离断口处显微组织及硬度差异不大。根据雷击地线断股相关研究，如杜天苍在《OPGW 雷击断股的机理及对策》中提道，一般当雷击电量大于 50C 时，就可能发生地线断股；Liuis-R Sales、Josep Martin 等在《光纤复合架空地线（OPGW）雷击试验及分析》中提到在雷击电荷转移量由 50C 上升至 213C 时，虽然可能发生断股的情况，但雷击不一定使地线完全断线，其剩余抗拉强度为 50%RTS～60%RTS。根据雷电流幅值和标准推荐波形估算本次雷击时电荷转移量约为 71.3C，可以推断在该水平的雷击电量下导致雷击断线的可能性非常小。同时参考中国电科院相关研究结果，雷击地线时，落雷点往往只发生在一根或数根单丝的某一小段上。脉冲冲击电流持续时间短，电弧很快就会熄灭。虽然雷电弧的落雷点可能会达到很高温度，但是在雷电脉冲冲击电流作用很短的时间内，热量来不及深入到金属材料内部，不会使内部金属材料熔化。因此纯雷击脉冲冲击电流难以将整根地线熔断。

根据以上分析，推断本次 4 号塔地线断线原因如下：在 143kA 雷电流雷击地线时，导致地线部分断股，并引起 B 相跳线绝缘子串对地线跳线闪络，大幅值的工频短路电流（有效值 36.4kA）流经地线，导致断股处地线温升过高，并在张力作用下地线断线。地线下落过程受大号侧张力作用在空中发生舞动，靠近 A 相导线时引发 A 相对地线放电，造成 A 相短路故障。地线掉落至地面时，搭挂在铁路接触网上，引发铁路接触网短路。

（二）5 号塔地线断线原因

进一步分析 5 号杆塔地线断线的原因可能受 4 号塔影响，4 号杆塔地线断线后下落过程中 A 相对地线放电的全部短路电流通过地线流至 5 号塔，大部分通过悬垂线夹经杆塔流至另一侧地线回流。短路电流造成地线线夹过热 [见图 10-5（a）、图 10-5（b）]，过热的线夹引起地线烧损，同时在地线张力作用下形成无规则的断线，且断线端单线的断口存在明显的缩颈。5 号杆塔地线另外一个断口，距离高温熔断的断点约 20cm 处，其断口基本为斜向剪切断口，无缩颈现象，断口处无烧灼痕迹 [见图 10-5（c）]。根据地线滑移长度推断断口原位置应为悬垂线夹压紧鞘端口处。其原因可能为：4～5 号段地线断线后，受 5～6 号段地线冲击力，以及流过 A 相短路电流产生的热效应影响，在持续的应力和高温作用下最终导致地线断裂。此外，地线断口较齐也可能因为该处的地线在运行期间受微风振动等应力作用，使该处地线存在机械疲劳。

(a) 断线悬垂线夹烧损情况　　(b) 未断线侧悬垂线夹烧损　　(c) 地线断口情况

图 10-5　HQ 线 5 号塔悬垂线夹及地线断口图片

（三）设计、施工及运维原因

1. 地线选型

HQ 线于 2009 年建成投产，线路设计执行 DL/T 5092—1999《110kV～500kV 架空送电线路设计技术规程》，其中架空地线的选型的要求应满足 DL/T 5092—1999《110kV～500kV 架空送电线路设计技术规程》中 7.0.4 的规定："地线应满足电气和机械使用条件要求，可选用镀锌钢绞线或复合型绞线。验算短路热稳定时，地线的允许温度：钢芯铝绞线和钢芯铝合金绞线可采用 +200℃；钢芯铝包钢绞线（包括铝包钢绞线）可采用 +300℃；镀锌钢绞线可采用 +400℃。计算时间和相应的短路电流应根据系统情况决定。地线选用镀锌钢绞线时与导线的配合不应小于表 10-7 的规定"。该设计规程的条文说明中还给出了地线热稳定的计算方法及公式。

表 10-7　DL/T 5092—1999 规程给出的地线采用镀锌钢绞线时与导线配合表

导线型号	LGJ-185/30 及以下	LGJ-185/45～LGJ-400/50	LGJ-400/65 及以上
镀锌钢绞线最小标称截面积（mm²）	35	50	70

GB 50545—2010《110kV～750kV 架空输电线路设计规范》也给出了与 DL/T 5092—1999《110kV～500kV 架空送电线路设计技术规程》规程上述内容一样的要求，此外还提出"5.0.11 光纤复合地线的结构选型应考虑耐雷击性能，短路电流值和相应计算时间应根据系统情况确定"。因此，设计阶段除了地线的最小标称截面积不应小于表 10-7 外，还应开展地线短路热稳定校核。对 HQ 线的地线型号 GJ-55 镀锌钢绞线按规程允许温度 400℃。依据本次事故录波文件，B 相故障时间为 0.067s，A 相故障时间为 0.069s，因此本次故障短路校核时间可按 0.07s 进行验算。根据规程推荐公式计算出每根地线短路热稳定允许电流值为 13.23kA。在本次故障中，B 相和 A 相发生单相接地时，其接地故障不对称电流有效值分别为 36.4kA 和 26.2kA。考虑到此次故障点距离变电站较近，两次短路每根地线上需承担的短路电流最大值约为（36.4kA×0.9）/2 ＝ 16.38kA、（26.2kA×0.9）/2 ＝ 11.79kA。计算结果表明 B 相故障的短路电流超过了 GJ-55 钢绞线短路热稳定允许电流值。因此在通过地线允许电流值时，地线温升过高，也是导致本线路地线断线的深层次原因之一。核查 HQ 线路的初步设计说明书和竣工图说明书发现，在原设计阶段，地线选型依据表 10-7 配

合要求进行选取，但没有对地线的短路热稳定进行校验，因此在线路出现较大短路故障电流时，存在地线断线风险。

2. 地线耐张串设计问题

HQ 线地线耐张线夹原设计是采用楔形线夹固定，设计图如图 10-6 所示，不满足电网公司反措要求。据当地供电局反映，原计划已将 HQ 线列入 2016 年第一批修理项目，拟对 1~50 号塔更换架空地线和耐张线夹，且 5 月份之前已将 1~4 号、6~50 号塔段地形型号更换为 JLB20A-50，耐张线夹改为预绞丝线夹。4~6 号塔段跨越铁路因暂未取得铁路部门同意，尚未进行改造。在对 4 号塔地线恢复过程中，考虑到大小号侧架空地线连接能够可靠减小电阻值，在落雷时能经相邻杆塔地线泄流，施工人员在施工时将 4 号塔两侧地线采用跳线连接在一起。图 10-7 为杆塔地线恢复安装后图片，地线采用楔形线夹固定，再采用两条镀锌钢丝绑扎，地线与杆塔之间依靠金具实现电气连接，此种安装方式导致接触电阻较大。在较大雷电流或系统短路电流流过时地线局部温度过高。另外，地线的跳线从地线横担下方穿过，在施工时跳线弧垂可能没有严格控制，在雷击闪络时，造成地线跳线对 B 相跳线首先放电。本次发生故障的 4~6 号塔段于 7 月 8 日结合故障抢修完成耐张线夹更换。

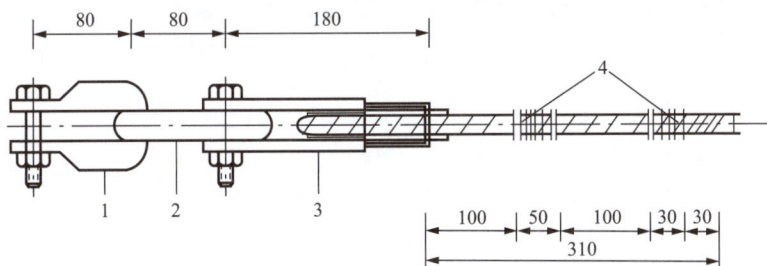

材料表

序号	名称	型号及规格	图号	单位	数量	单件重量（kg）	每组重量（kg）
1	U型挂环	U-7	330101	个	1	0.50	2.70
2	延长环	PH-7	330301	个	1	0.37	
3	楔型线夹	NX-2	230102	套	1	1.76	
4	镀锌铁线	14号		m	3	0.0245	

图 10-6　HQ 线地线耐张楔形线夹设计图

3. 悬垂线夹施工安装问题

根据本线路施工图，悬垂线夹选用 XGU-2 型，该悬垂线夹为固定型悬垂线夹。但根据现场情况，5 号塔悬垂线夹处地线出现滑移。推测可能为施工安装时线路握紧力不满足地线张力荷载要求。

4. 地线防振配置不足问题

5~6 号塔段档距为 517m，6~7 号塔段档距为 479m，根据施工设计图纸的杆塔明细表和规范要求，5～7号塔段地线每端应加装2个防振锤，但现场发现只装了1个防振锤，缺少1个防振锤，导致地线防振效果变差，在悬垂线夹处地线的振动疲劳导致地线结构性能下降，在高温和张力作用下容易产生疲劳断线。

5. 运维问题

HQ线4～6号塔跨越电气化铁路，属于重要交叉跨越，但其地线采用楔形线夹安装形式不满足电网公司反措要求，在进行线路

图10-7　HQ线地线耐张楔形线夹实物图

改造时没有积极主动与铁路部门协商完成处理，对存在的问题不够重视。

五、整改措施与建议

整改措施与建议内容如下：

（1）更换大截面地线或良导体地线。具体更换地线截面积大小根据系统短路电流进行核算，地线短路热稳计算应满足标准规范的要求。对于距离变电站（发电厂）5km以内的新增交叉跨越档，应对架空地线的短路热稳定进行校核，避免雷击闪络等故障引起的较大工频续流造成地线断股或断线。

（2）优化耐张金具安装方式。地线耐张金具使用预绞丝或者液压型线夹安装，避免采用钢丝绑扎。在变电站进线段的地线建议采用引流线将地线与杆塔进行电气连接，降低挂线串处地线接触电阻，避免连接金具严重发热。

（3）进一步核查地线防振锤运行情况。避免防振措施不到位或防振锤掉落，引起地线疲劳受损。

（4）对于跨越高铁或铁路等其他重要跨越的架空线路，建议地线悬垂线夹选用固定型，施工安装时应确保线夹的握紧力满足要求，避免相邻档断线时地线在悬垂线夹内滑动导致临近档地线断线或落地。

（5）针对存在重要的交叉跨越，且处于强雷暴区的架空线路，讨论安装线路避雷器的必要性。

第三节　OPGW雷击断线分析和整改措施

一、典型故障基本情况

2021年9月21日17时22分27秒，500kV电压等级LW线A相跳闸，重合不成功，主一、主二、主三保护动作，首端变电站至相连中继站ASON网、B网光路中断。经检查

发现 LW 线 453~454 号右侧 OPGW 光缆被雷击断坠落后，悬挂在 A 相导线上，导致线路及通信业务中断。本次故障影响通信光路 1002 条（其中 ASON 网 376 条，B 网 626 条），其中中断实时业务 0 条，中断光路 16 条，导致 LW 线非计划停运 39 小时 36 分，对局部电网运行造成了一定的冲击。

二、现场排查情况

2021 年 9 月 21 日下午，LW 线路故障区段出现大范围雷电、大风大雨强对流天气，当地气象部门报告 16 时至 18 时报道有强雷阵雨天气，7 级阵风。通过查询雷电定位系统发现 2021 年 9 月 21 日 17 时 22 分 24 秒 446 毫秒有一次 138.8kA 的落雷记录，定位的雷击点距离 LW 线路 455~456 号塔约 309m，线路 453~454 号右侧 OPGW 光缆断落现场如图 10-8 所示。同时运维班组人员咨询故障点沿线村民，当天下午该村区域有多次雷击。另一方面查询了变电站内的手动双端行波测距为 45.19km，对应杆塔区段为 453~454 号；主一保护测距为 36.3km，对应杆塔区段为 469~470 号；主二保护测距为 37.18km，对应杆塔区段为 466~467 号。

当地供电局护线员第一时间到达现场，初步确认 500kV 电压等级的 LW 线 453~454 号右侧 OPGW 光缆断落，造成线路跳闸。21 时 49 分，输电专业运维人员到达 LW 线 453~454 号现场，发现 454 号小号侧第 2~3 间隔棒疑似断线点，距离乡村公路边约 12m，现场布置了警戒线并设置驻守人员。输电专业运维人员用无人机开展现场勘察确认，光缆断线点位于 454 号小号侧 2~3 间隔棒间，断线一侧搭在一条 35kV 线路上，另一侧挂在 A 相（右相）导线上。供电局迅速组织抢修人员施工队伍按照工作流程赶赴现场开展抢修准备工作，同时派出专人跟踪交叉跨越配电线路停电措施执行情况。9 月 23 日 10 时 50 分 LW 线完成抢修，OPGW 光缆恢复正常，线路转回运行状态。

（a）453~454 号档 OPGW 掉落现场　　　（b）454 号塔头小号侧 OPGW 掉落

（c）OPGW 光缆搭落在 A 相导线上　　　（d）断落的 OPGW 光缆断口图片

图 10-8　线路 453~454 号右侧 OPGW 光缆断落现场

三、雷击跳闸分析

现场排查 LW 线的 453 号塔和 454 号塔的所有绝缘子串及其金具均为良好，未发现闪络或受损痕迹，因此可排除雷击造成绝缘子串闪络接地的可能性。对现场光缆断口检查发现，断口处外层 15 根铝包钢线均有明显熔断痕迹，综合故障时刻雷电信息、光缆断口痕迹、运维信息，初步分析为光缆被雷电击中，雷电流在光缆层间空隙产生电弧并引起高温，造成光缆外层铝包钢线熔断，导致光缆抗拉强度不足发生断裂后坠落悬挂在 A 相导线，造成线路永久接地跳闸，重合不成功。从时间线上分析 138kA 雷击发生时间为 17 时 22 分 24 秒，早于线路跳闸时间 17 时 22 分 27 秒，早约 3s 时间，与雷击造成 OPGW 断线后掉落至 A 相导线引起跳闸的时间差刚好相符，因此综合判断本次故障由雷电引起的 OPGW 断线造成。

四、断线原因分析

（一）金相试验

1. 光缆断裂宏观分析

本次故障的光缆型号为 OPGW51F66Z，光纤芯数 40 芯，截面积为 179mm^2，外层为 15 股单丝直径 2.55mm 的铝包钢绞线，生产厂家为国外某光缆生产厂家断裂光纤样品的芯部是一根铝管，外部缠绕铝包钢绞线，试验样品的主要图片如图 10-9 所示。从样品初步可见光缆断裂的主要宏观特征：断裂铝包钢绞线长短不一，断口位置铝管与铝包钢绞线分离；光缆中 15 根铝包钢绞线中有 5 根呈现拉伸过载断裂特征，10 根未呈现；未呈现拉伸过载断裂特征的铝包钢绞线呈现熔融弧坑；铝管断口位置变细，说明受到一定拉力；选取两个典型铝包钢绞线断口，观察宏观形貌发现一件表面凹坑较多，另一件表面凹坑很少。

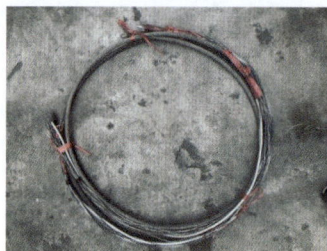

（a）样品拆箱时图片　　　　　　（b）样品断口位置侧视图

（c）样品断口位置侧正视图　　　（d）样品未断线位置截面

图 10-9　金相试验样品图片

选取两件样品分别编号 A、B 外观形貌如图 10-10 所示，可见两件样品均呈现出脆性断口形貌，边缘看不到剪切唇与辐射线。B 样品断面上有多个台阶，A 样部分区域发生锈蚀，部分区域是基本垂直轴线、具有结晶小平面的脆断区域。在两个样品断裂面某些边缘区域，可见小的球形颗粒。这种断口形貌不具备拉伸过载或疲劳断裂的断口形貌特征，说明有其他因素影响造成脆性断裂。

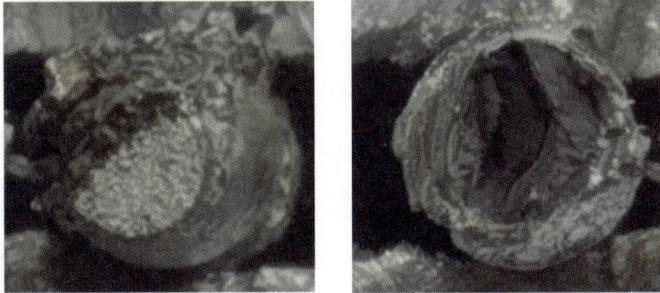

（a）A样断口宏观形貌　　　　　（b）B样断口宏观形貌

图 10-10　铝包钢绞线典型样品断口宏观形貌图片

2. 金相组织分析

从有凹坑的铝包钢绞线（编号 2 号）及远离断口的末端分别截取铝包钢绞线样品（编号 1 号）进行铝包钢绞线横截面及纵界面金相组织分析。

如图 10-11 所示，1 号样品是铝包钢绞线正常的金相组织（珠光体组织），由于拉拔成型，纵向组织呈带状分布，边缘可见明显镀层。相比之下，2 号样品组织更加细化，表面很多区域镀层消失。断口附近凹坑区域观察到组织细化区及白块组织如图 10-11（c）、（d）所示。显微硬度测定白块硬度 HV650-750 基体显微硬度为 470～500。结合形貌分析认为白块是马氏体组织。根据金相组织观察结果可认为：铝包钢绞线曾经被加热到高温，部分区域镀层熔化消失，然后沿铝包钢绞线冷却。金属材料的导热性非常好冷却速度很快。珠光体组织的粗细主要取决于冷却速度，因此表面形成非常细小的珠光体组织区域及部分马氏体组织，心部形成相对较细小的珠光体组织。

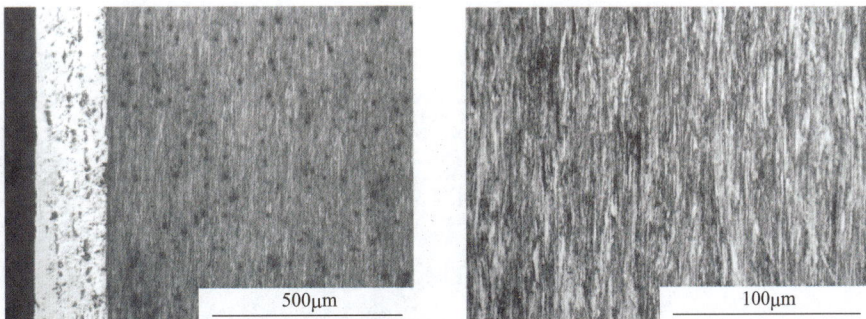

500μm　　　　　　　　100μm

（a）1号样品纵向金相组织

图 10-11　典型样品纵向金相组织图片（一）

（b）2号样品纵向接近芯部金相组织（比1号组织细化）

（c）2号样品纵向断口附近表面金相组织

（d）2号样品横向金相组织图片

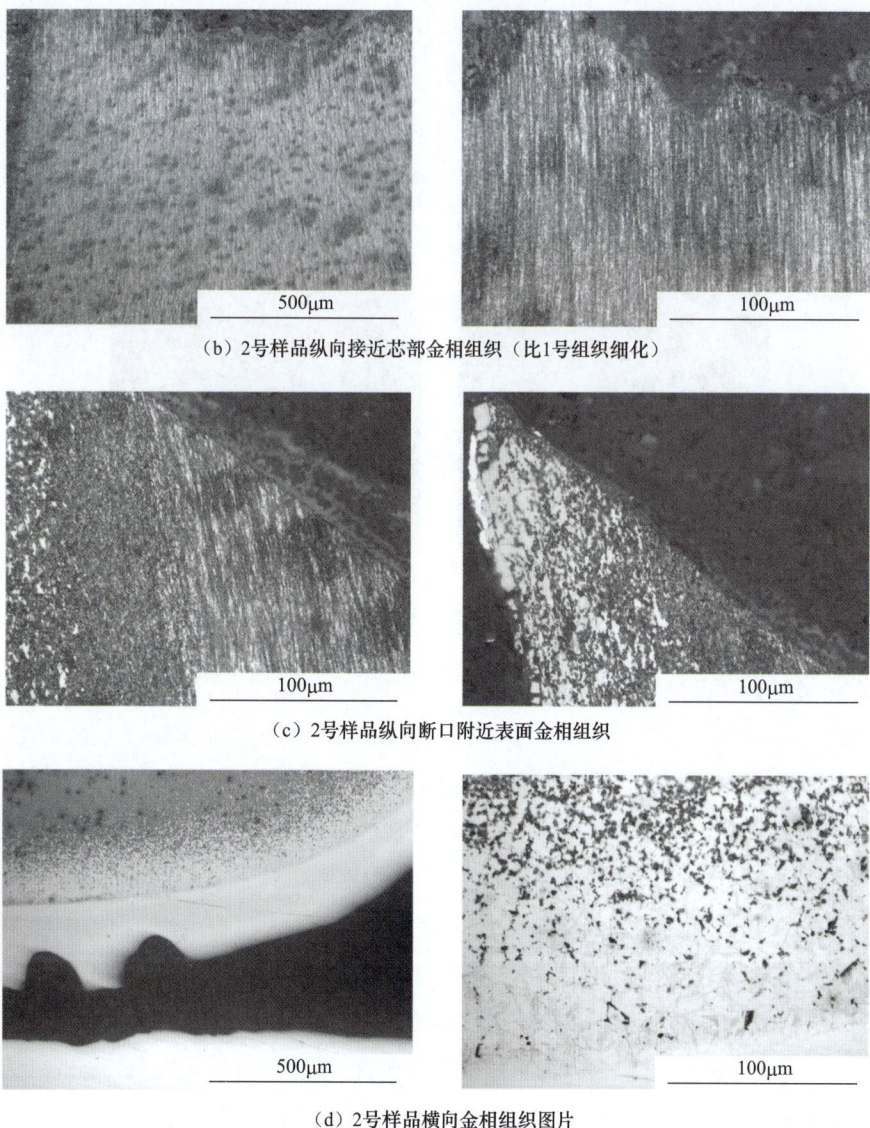

图 10-11　典型样品纵向金相组织图片（二）

3. 断口扫描电镜 SEM 分析

扫描电镜（SEM）也可以观察到金属高分子材料老化、疲劳、拉伸以及扭转过程中断口断裂与扩散过程，从而有助于对其断裂原因、模式及机制进行分析。因此对断口宏观形貌典型区域，进行扫描电镜观察如图 10-12 所示，观察结果如图 10-13 与图 10-14 所示。

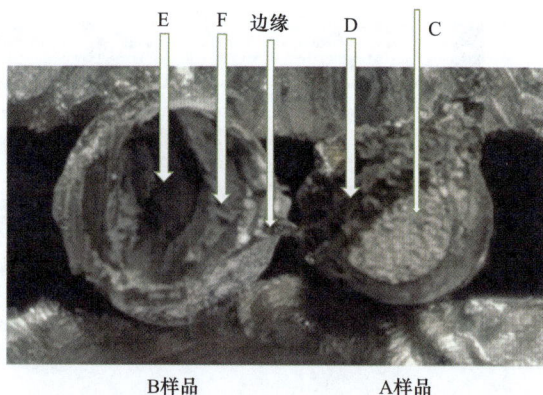

图 10-12　SEM 观察断口的位置（左侧 B 样品右侧 A 样品）

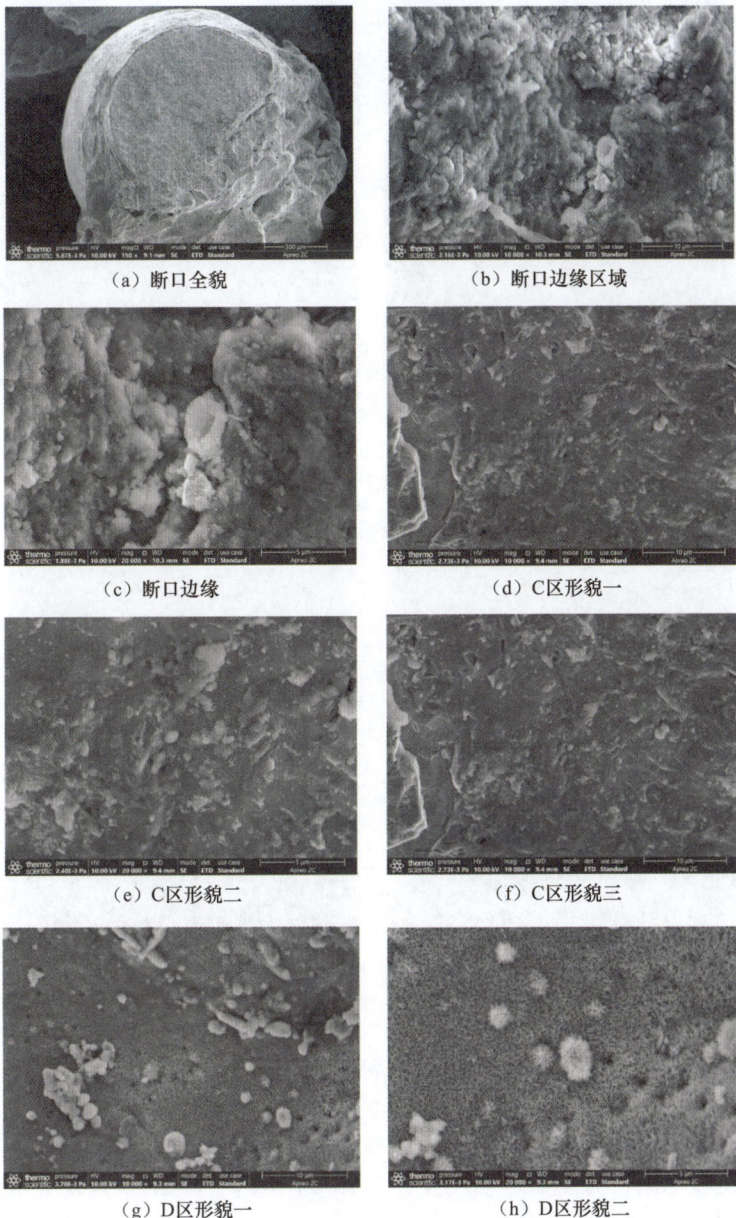

（a）断口全貌

（b）断口边缘区域

（c）断口边缘

（d）C区形貌一

（e）C区形貌二

（f）C区形貌三

（g）D区形貌一

（h）D区形貌二

图 10-13 A 号样品断口围观形貌图片

从图 10-13、图 10-14 可见：①A、B 样品边缘均不具备拉伸过载、疲劳断裂等断口微观形貌特征，均可以观察到一些小球形颗粒，这是雷击后局部熔化，然后结晶产生的形貌。②B 样品 E、F 区域均有拉伸断裂后韧窝状断口特征。说明雷击对该铝包钢绞线表面损伤后，在运行应力作用下拉伸断裂。③A 样品形貌与 B 样品不同，未观察到拉伸过载断裂形貌特征。A 样品的 C 区域属于脆性断口形貌，断口可以观察到一些小球形颗粒，判断是局部熔化后又结晶留下的形貌。D 区域可见孔洞、细网状形貌及针状团容物等特殊形貌，图 10-13（h）说明雷击对该区域损伤极大。表明这些孔洞、细网状、晶须状团容物是雷击使得铝包钢绞线断裂后，表面锌熔化溅射到断口表面，然后快速冷却在空气氧化后形成的特殊的形貌。

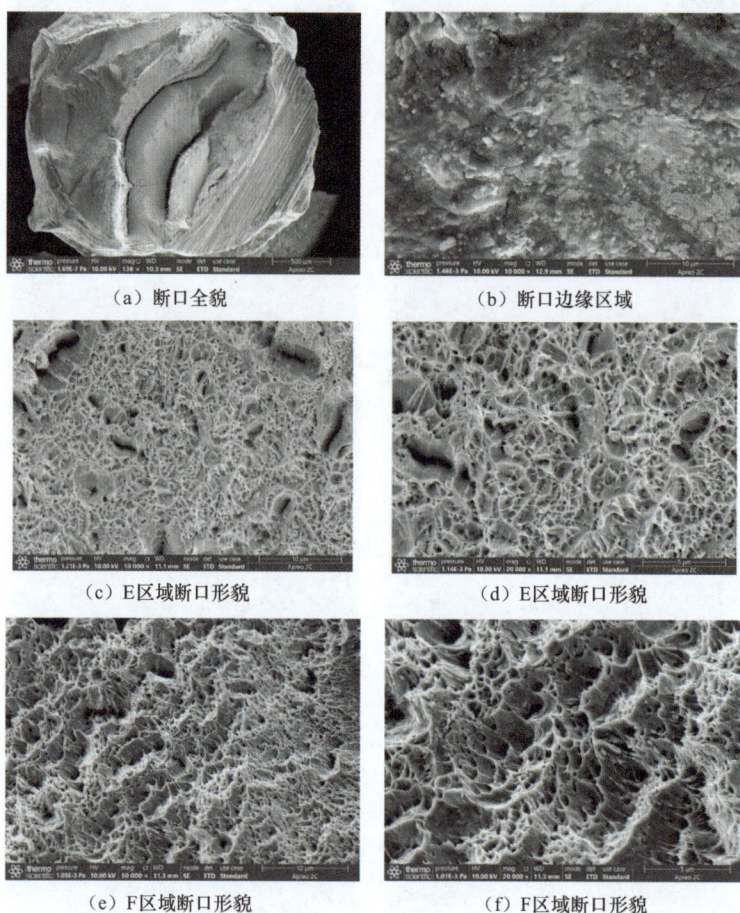

（a）断口全貌

（b）断口边缘区域

（c）E区域断口形貌

（d）E区域断口形貌

（e）F区域断口形貌

（f）F区域断口形貌

图 10-14　B 号样品断口围观形貌图片

4. 断裂机理与原因分析

根据上述试验结果，光缆断裂机理是：在雷击作用下铝包钢绞线表面电弧熔烧形成较多凹坑（部分铝包钢绞线直接熔断）导致铝包钢绞线强度大幅度降低。在运行拉力作用下发生断裂。依据如下：

（1）测定光缆本身强度值与短路电流容量满足标准要求。

（2）宏观分析观察到：多数铝包钢绞线表面有不同程度凹坑，判断是雷电流过高表面熔化的结果，其中 15 根铝包钢绞线中有 10 根有烧熔凹坑。断口形貌并非拉伸过载断口或疲劳断口形貌。

（3）金相分析表明断裂铝包钢绞线表面有细化珠光体及马氏体组织。说明铝包钢绞线曾被加热到高温然后快速冷却。雷击铝包钢绞线后使得铝包钢绞线熔化温度升高，温度沿钢绞线传播冷速很快，因此形成细化的珠光体及马氏体。

（4）SEM 断口微观形貌分析表明：A、B 边缘均可以观察到一些小球形颗粒，判断是雷击后局部熔化后又结晶形成的小颗粒，判断均受到雷击的损伤。A 样品各典型区域均不具备拉伸过载断裂形貌特征，C、D 区域均观察到小球形颗粒说明受到雷击损伤严重，C 区域形貌也是雷击留下的特殊形貌。

5. 金相试验结论

综合判断光纤断裂的原因是雷击作用下造成铝包钢绞线表面打弧熔烧形成凹坑，铝包钢绞线强度大幅度降低，在运行应力作用下光缆发生断裂，导致 10 股铝包钢绞线直接熔断。

（二）雷击试验

1. 试验方案

按 DL/ T 832—2016《光纤复合架空地线》的要求对 OPGW 光缆开展雷击试验，该试验用以评定 OPGW 承受规定雷电冲击时机械性能和光纤的光学特性，典型雷击试验装置如图 10-15 所示 ❶，试验的光缆实物及结构如图 10-16 所示。

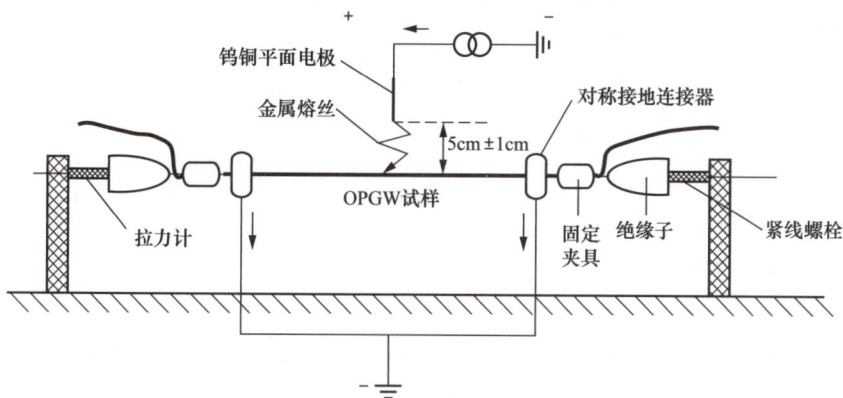

（a）雷击试验接线图

（b）雷击试验现场装置图

图 10-15　光缆雷击试验装置图

---

❶　目前国内武汉大学、西安交通大学等单位具有完整的 OPGW 光缆雷击试验装置。

图 10-16　试验光缆的实物及结构示意图

试验时施加在 OPGW 试样上的拉力为 15%RTS～20%RTS。试样应能承受引起熔化效应的模拟雷击。连续电流除符合 IEC 61312-1 的规定外，还需加上 0 级条件。OPGW 雷击试验等级见表 10-8，试验时各级别转移电荷量的容差为 ±10%，OPGW 初始温度应设置在 23℃ ±5℃，在同一试样的不同点上应模拟重复试验 5 次。根据 OPGW 结构特性不同，雷击试验等级应在 0～3 级选择，试验后 OPGW 残余抗拉力的计算值不应小于 83%RTS。

表 10-8　　　　　　　　　　OPGW 光缆雷击试验等级

试验等级	0 级	1 级	2 级	3 级
电流（A）	100	200	300	400
持续时间（s）	0.5	0.5	0.5	0.5
转移电荷（C）	50	100	150	200

2. 150C 雷击试验

开展 150C 雷击试验后光纤附加衰减最大为 0.04dB，无任何单丝断裂（残余计算拉力为 100%RTS），雷击试验通过，试验数据见表 10-9，典型 150C 雷击 OPGW 试验效果和波形如图 10-17 所示。

表 10-9　　　　　　　　　　雷击试验数据

序号	张力（kN）	雷击参数			断股数	残余张力（%RTS）	试验后衰减变化（dB）
		电流（A）	持续时间（ms）	电荷转移（C）			
1	14.43	308	500	154.00	0	100	0.04
2	14.34	308	504	155.23	0	100	0.01
3	14.42	300	508	152.40	0	100	0.00
4	14.40	312	514	160.37	0	100	0.00
5	14.43	316	508	160.53	0	100	0.00

3. 175C 雷击试验

开展 175C 雷击试验后光纤附加衰减最大为 0.02dB，残余计算拉力最小为 64%RTS，

雷击试验未通过，试验数据见表 10-10，试验图片如图 10-18 所示。

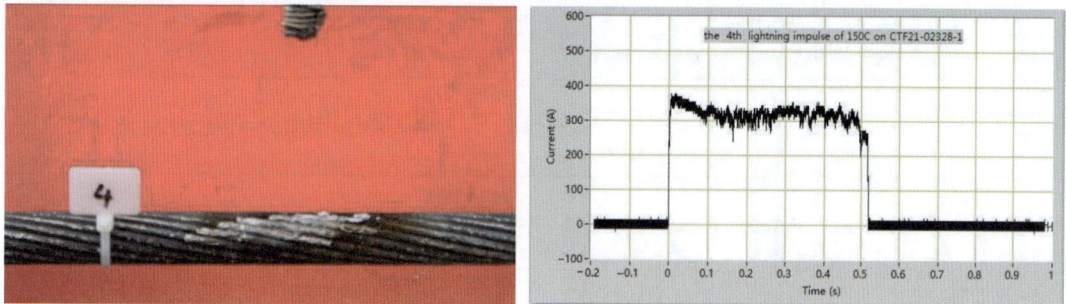

图 10-17　典型 150C 雷击 OPGW 试验效果和波形图

表 10-10　　　　　　　　　　　　雷击试验数据

序号	张力（kN）	雷击参数			断股数	残余张力（%RTS）	试验后衰减变化（dB）
		电流（A）	持续时（ms）	电荷转（C）			
1	14.47	324	516	167.18	1	93	0.02
2	14.46	348	510	177.48	2	86	0.01
3	14.46	348	518	180.26	5	64	0.00
4	14.40	348	504	175.39	2	86	0.00
5	14.45	344	504	175.44	2	86	0.02

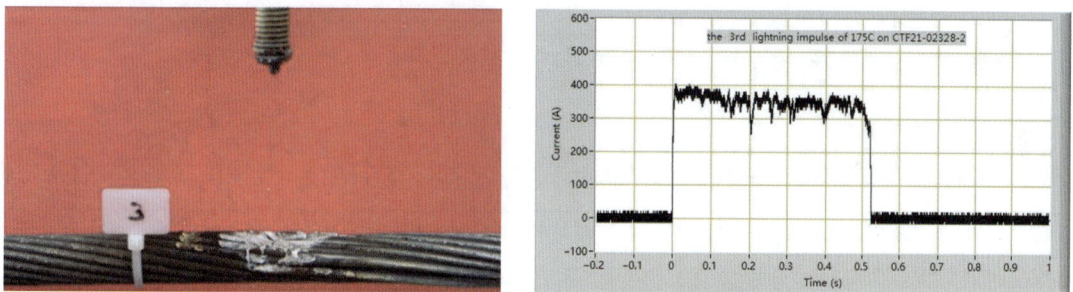

图 10-18　典型 175C 雷击 OPGW 试验效果和波形图

4. 200C 雷击试验

开展 200C 雷击试验后光纤附加衰减最大为 0.02dB，残余计算拉力最小为 79%RTS，雷击试验未通过，试验数据见表 10-11，试验图片如图 10-19 所示。

表 10-11　　　　　　　　　　　　雷击试验数据

序号	张力（kN）	雷击参数			断股数	残余张力（%RTS）	试验后衰减变化（dB）
		电流（A）	持续时间（ms）	电荷转移（C）			
1	14.41	404	508	205.23	3	79	0.00
2	14.37	404	508	205.23	3	79	0.02
3	14.39	404	508	205.23	2	86	0.01

续表

序号	张力（kN）	雷击参数			断股数	残余张力（%RTS）	试验后衰减变化（dB）
		电流（A）	持续时间（ms）	电荷转移（C）			
4	14.48	404	508	205.23	3	79	0.00
5	14.44	400	512	204.80	3	79	0.02

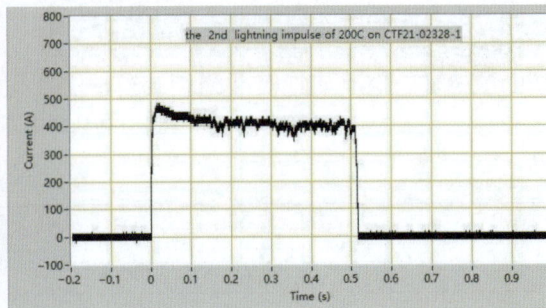

图 10-19　典型 200C 雷击 OPGW 试验效果和波形图

5. 250C 雷击试验

开展 250C 雷击试验后光纤附加衰减最大为 0.02dB，残余计算拉力最小为 64%RTS，雷击试验未通过，试验数据见表 10-12，试验图片如图 10-20 所示。

表 10-12　雷击试验数据

序号	张力（kN）	雷击参数			断股数	残余张力（%RTS）	试验后衰减变化（dB）
		电流（A）	持续时间（ms）	电荷转移（C）			
1	14.37	452	514	232.33	3	79	0.00
2	14.46	476	514	244.66	3	79	0.00
3	14.51	476	526	250.38	5	64	0.02

注　因试品长度有限，仅开展 3 次模拟试验，且前面 175～200C 试验已取得预期效果。

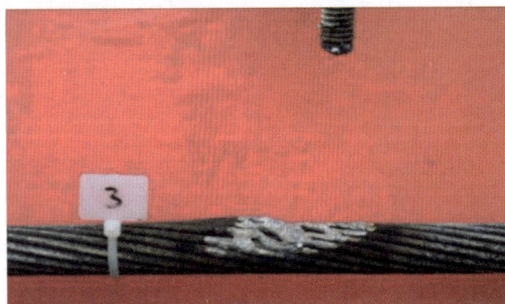

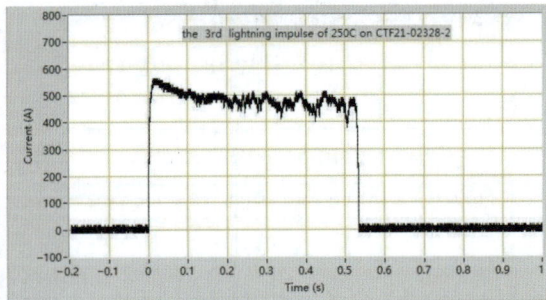

图 10-20　典型 250C 雷击 OPGW 试验效果和波形图

6. 雷击试验结论

样品光缆雷击试验表明，虽然光缆截面积达到 179mm²，但由于采用特殊的单层结构设计，其实际外层只有 15 股直径 2.55mm 的铝包钢绞线，铝包钢截面积只有约 77mm²，因此该型号光缆单丝直径和铝包钢截面积均偏小，耐受雷电冲击能力不足。根据雷击试验

数据，虽然光缆通过了 150C 转移电荷的雷电冲击试验，但 175、200、250C 转移电荷的雷电冲击试验均未通过，所以本次故障雷电定位系统查询到的 138kA 雷击及其后续电流的电荷量很可能超过了 150C，造成了光缆多股断裂，进而在高温和张力作用下发生了光缆断线。可见目前标准规范中对 500kV 线路光缆雷击试验指标 150C 的要求，在应对大幅值雷电流和长持续雷电流时，尤其是雷电流的电荷量超过 150C 时仍存在较大的断线风险，因此有必要试点提升 500kV 重要线路及重要交叉跨越线路光缆雷击耐受水平。

（三）力学性能试验

对 OPGW 光缆开展的力学性能试验有抗拉试验和拉伸试验，其中抗拉试验要求试样长度不小于 10m，在承受不低于 100%RTS 时而无任何绞合单线破断，试验结果为在承受 106.6kN 时出现绞合单线断裂，符合标准要求；拉伸试验要求试样长度不小于 10m，光纤长度不小于 100m，在承受 40%RTS 光纤无应变无附加衰减，在承受 60%RTS 时光纤应变不大于 0.25%、光纤附加衰减不大于 0.05dB，该拉力取消后光纤无明显残余附加衰减，符合标准要求。力学试验结果表明，该光缆符合标准和技术规范的力学性能要求。

五、整改措施与建议

整改措施与建议内容如下：

（1）短期措施方面，结合停电更换断落 OPGW 光缆及检查 A 相导线，同时尽快组织对 LW 线全线的 OPGW 光缆开展无人机精飞检查，排查是否存在其他位置的 OPGW 断股现象，如发现 OPGW 断股或受损应及时修复和补强。

（2）中长期措施方面，考虑到 LW 线的 OPGW51F66Z 型光缆仅一层铝包钢绞线，实际铝包钢单丝直径和截面积偏小，耐受雷击能力不足，建议对 LW 线的全线 OPGW 光缆进行更换，选择铝包钢单丝直径更大（总截面相近）的 OPGW 光缆，提升其耐雷性能。

（3）对于存量在运的工程，为确保 OPGW 光缆安全运行，对雷害严重的线路及区段应加强巡视检查，建议对于重要输电线路和重要交叉跨越，每年自 1 月 1 日起累计落雷次数达到 15.5 次 /km² 的区段（相当于地闪密度已达到超强雷区的严重程度），应在 1 个月内利用无人机对地线（含 OPGW）进行检查，发现断股等受损情况及时处理，防雷实施阶段（4 月至 9 月）应每月动态跟踪。线路走廊地闪密度的统计范围及网格划分可参考 DL/T 2209—2021《架空输电线路雷电防护导则》。

（4）在新建工程 OPGW 光缆技术参数和选型方面，建议 OPGW 应采用铝包钢线，最外层单丝直径应不小于 3.0mm，雷击试验指标应不低于 150C，对于 500kV 及以上重要输电线路、重要交叉跨越区段，OPGW 雷击试验指标应不低于 200C，雷击试验应满足 DL/T 832—2016《光纤复合架空地线》的要求。在满足短路热稳定的条件下，应选择强度高的铝包钢线。

第十一章

输电线路雷击故障分析与处理

第一节 雷击故障定位

一、雷击故障定位需求

自然雷电的发生主要受到气象和环境等多种因素的影响，发生的时间和位置难以准确预测，而输电线路具有远距离、宽走廊、尺寸大的特点，沿线地形地貌及气候条件常存在较大差异。我国国家电网最长的昌吉—古泉 ±1100kV 特高压直流输电线路长度超过 3000km，南方电网西电东送的多条 ±500、±800kV 主干通道线路长度达到 1000～2000km，大部分 110～500kV 线路长度也至少有数十公里至数百公里。由于输电线路往往穿越高山大岭，长期运行在易遭受雷击的环境中，发生雷击跳闸的故障率一直居高不下，这也给电网公司的运行和检修带来极大的挑战。

根据国家电网和南方电网近年来的运行统计数据，雷击是造成输电线路跳闸以及故障重启的首要因素。DL/T 741—2019《架空输电线路运行规程》要求"线路运维应做好被雷击线路的检查，损坏的设备应及时更换、修补，发生闪络的绝缘子串的导线、地线线夹必须打开检查，必要时还须检查相邻档线夹及接地装置"。输电线路作为电力网络输送电力的主干网，雷击跳闸故障处理不及时会造成较为严重的停电事件，因此每到雷雨季节，输电线路运行单位的运行压力和工作量极大，每次雷击跳闸后需快速响应，并尽快在长距离和穿越各种复杂地形的线路中找到故障点。某电网公司《输电线路防雷工作导则（2022版）》中要求"线路雷击跳闸后，在满足现场安全的条件下，自动重合 / 重启成功的应在 12h 内开展现场故障排查，自动重合 / 重启不成功的应在 2h 内开展现场故障排查，原则上 72h 内应查找出故障点并开展故障分析"。因此，快速找到线路雷击故障点并高效完成抢修是电网公司的重要需求。

随着信息技术、数字化技术、传感器技术及无人机技术等软硬件技术的发展，以及雷电定位系统、分布式故障精确定位系统的建设完善，输电线路设备雷击实时在线监测和快速定位成为可能。利用雷击故障定位技术，快速准确地获取输电线路雷击故障位置，有助

于提高检修人员的工作效率，以便快速恢复供电，提高电力系统稳定性和可靠性。因此，如何检测雷电活动、快速准确地查找并定位故障点位置，及时进行故障处置并快速恢复供电，对降低国民经济损失和保证人民生活质量具有重要现实意义。

二、雷击故障定位的步骤

当输电线路发生雷击跳闸故障后，检修人员需要第一时间根据故障发生时的跳闸信息、天气状况、输电线路运行状况等特征，开展雷电定位系统和分布式故障定位系统等检测系统查询，对故障类型和故障可能发生区域进行初步判断，确定故障大致区域范围后马上组织输电运维班组前往对应杆塔区段开展详细巡视和检查，收集现场故障详细信息，从而确定故障的实际杆塔、相位及受损设备，为故障的原因分析和后续制定处理措施提供依据。

（一）雷击故障点初步判定

雷击跳闸故障发生时，首先根据气象信息、雷电定位信息、输电运行部门及已有经验开展雷击故障点预判，主要流程如下：

（1）查看输电线路范围内的天气状况，若出现雷雨或雷电天气，则有可能发生雷击线路故障。

（2）查询雷电定位系统掌握线路落雷信息。通过线路名称、线路运行单位、线路走廊半径、跳闸时间区段等信息，使用雷电定位系统进行雷电活动查询，如图 11-1 所示，从而判断故障发生的时段在线路走廊附近是否有相应的落雷。雷电定位系统查询的时间范围应以故障录波显示的跳闸时间为中心，时间范围以前后 5min 为宜，查询线路走廊半径应取 3km 以内。如果雷电定位系统正常运行但未查询到落雷，则可初步排除雷击可能性。如果线路区段有较多落雷，则发生雷击线路的可能性极大。

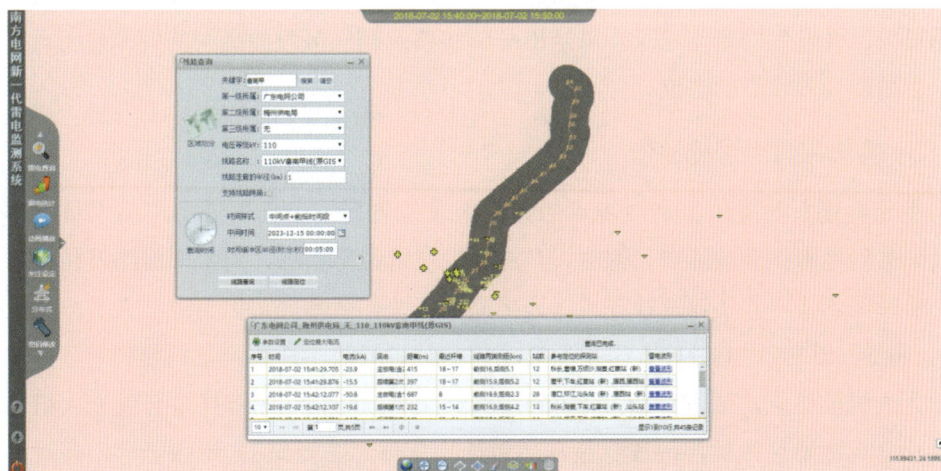

图 11-1　雷电定位系统查询线路落雷情况示意图

（3）查询故障线路的保护装置信息。线路运行人员应尽快与调度部门沟通协调，了解故障线路继电保护装置动作和故障测距等信息。一方面保护装置的故障测距可为故障点位置判断提供参考；另一方面若故障发生在线路首末端近区范围内，容易出现电流速断保护或电流Ⅰ段保护动作；若在线路中间区段范围内发生故障，一般会出现过电流Ⅱ、Ⅲ段保护；若出现零序保护动作，说明线路发生单相或多相接地故障；若未出现零序电流，说明可能是发生了相间短路故障且非接地。

（4）如果线路安装了分布式故障精确定位装置，应及时查询该系统的故障录波和测量信息情况，如图 11-2 所示。分布式故障定位装置基于线路上安装的监测终端采集行波电流波形，以单端定位及双端定位方式诊断故障点位置。由于监测终端分布式安装在输电线路上，减小了线路档距、波速传播、波头畸变等误差影响；采用行波直接耦合方式提高了行波采集灵敏度，可以比较准确地实现对雷击故障杆塔的定位。

图 11-2　分布式故障定位系统监测线路雷击示意图

（5）故障点预判还应参考跳闸线路及邻近线路的历史故障情况，通过梳理该线路和邻近线路过去已经发生的跳闸记录，总结出故障线路及相应区段的跳闸的规律及特点，有利于下一步对现场故障点的定位。

（二）雷击故障点现场巡查

初步分析判断明确了雷击故障点的大致区段位置后，应合理安排巡线人员及巡检车辆，及时准确地查找到故障点。巡线人员应事先了解故障数据，对故障线路及位置有一定了解，熟悉现场情况并了解巡视要点。为提高巡线工作效率，可以将巡线人员分成两个小组，从预计的故障点中心开始，采用二分法向两端进行故障巡线。首先应到达预先选择的可释放无人机的位置，通过释放并遥控无人机对最临近的 3～5 基杆塔开展无人机精飞巡视，重点检查故障区段的导地线、金具（包括均压环、防振锤）、绝缘子等，并对其进行多角度检测，查看是否有放电闪络痕迹，并拍照记录。若不具备无人机条件或拍照模糊不

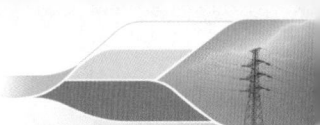

清的情况，则巡线人员应登杆确认发生雷击跳闸故障的绝缘子和金具等处的闪络痕迹。通过对预判区段和重点地段进行巡视，对重点地段定位故障点。若未成功定位故障点，则可采取扩大巡线范围、全线巡视、内部交叉巡视等措施继续进行故障定位工作，直到定位故障点。

开展线路雷击故障点现场排查时，还应对周围的环境，如交跨情况、植被状况、沿线施工情况、建筑物和临时障碍物布局等同步巡视并做好记录，为接下来的故障分析提供支撑材料。现场应注意留意观察杆塔下方和周围 50m 范围内有无断落的线股、损坏的绝缘子或金具、断落烧损的树枝、鸟兽尸体等，收集这些可能导致故障的证据，并做好相关拍照记录工作。

在明确找到雷击故障点位置后，应对雷击故障杆塔进行详细检查和现场初步分析，主要包括放电痕迹检查、接地装置检查、防雷辅助设施检查、地形及线路断面图分析等。放电痕迹检查主要包括对引下线痕迹、塔身痕迹、导线痕迹等进行检查，同时需要检查接地引下线的接触情况以及接地螺栓的紧固程度。由于雷击杆塔时塔顶电位的抬升情况与接地装置电阻值的大小有关，并且冲击接地电阻与接地装置型式的不同也有关，因此需要进行接地装置检查，主要包括测量混凝土杆导通性能、测量接地体散流电阻、对接地体开挖检查等。一般建议同步对故障杆塔的前后相邻杆塔复测接地电阻，必要时应复测土壤电阻率。对于线路避雷器和线路避雷针等防雷设施，为确认其满足运行条件的要求下，应进行防雷辅助设施检查，如查看并记录避雷器的动作计数器情况、避雷器和避雷针本体有无受损情况等，如果发现缺陷应立刻结合停电窗口对相关防雷辅助设施拆解下来进行试验测试，确保防雷辅助设施正常无误方可重新安装。

（三）雷击故障性质判定

在完成故障点现场排查后，要对故障性质进行判断。雷雨季节线路发生雷击故障的概率较高，发生山火故障的概率相对较小，此外输电线路仍存在多种故障原因，常见的故障类型主要有雷击故障、风偏闪络、外力破坏（施工误碰、漂浮物短接等）、绝缘子缺陷故障、树障或鸟害故障等，具体输电线路雷雨季节的典型故障类型及特点如下：

（1）雷击故障通常发生在雷电或雷雨天气，是一种金属性接地故障，大多为单相故障，少部分为多相故障。通过雷电定位系统的信息可以监测到线路跳闸前后 5min 以及线路走廊 3～5km 范围内的落雷记录，保护装置跳闸时间一般与雷电定位系统查询到的个别落雷时间十分接近。

（2）风偏故障也是雷雨季节常见的一种故障，特别是在沿海地区，夏季和秋季台风登陆时往往带来很强的阵风，可能超过线路的设计风速，这时绝缘子可能因风偏过大造成对塔身闪络。风偏故障的特点是一般在较短时间内连续发生多次闪络跳闸，且一般多发生在耐张塔的跳线和直线杆塔水平档距大于垂直档距的情况。

（3）外力破坏故障通常为单相故障，大部分为下相，往往出现在天气良好的白天，该种故障由于属于金属性接地故障，有较大的故障电流，重合闸动作不易成功，因此需要对线路附近的施工情况进行详尽的记录与备案。漂浮物造成导线短接导致的故障也是常见的外力破坏故障之一，金属性物体、塑料布、绳子等异物在浓雾或者小雨天气时可能会发生金属性接地故障，该类故障能否重合闸成功取决于异物的情况，如果异物在造成短接故障时被瞬间烧毁则可能重合成功，否则往往重合不成功，因此要求巡线人员对导线及下方是否存在异物做好记录。

（4）绝缘子闪络一般由绝缘子串中存在零值绝缘子，或者绝缘子存在缺陷造成绝缘水平下降，导致当线路在运行电压较高、工频过电压及操作过电压时发生绝缘击穿短路，该类故障由于绝缘子仍存在一定的绝缘水平，因此属于非金属性接地故障，重合闸可能成功，但也可能因绝缘不足多次闪络跳闸后导致保护闭锁，因此要求巡线人员日常要做好绝缘子的巡视和检查。

（5）树障和鸟害导致的线路故障也常常发生在雷雨季节，夏季树木生长迅速，一些早期建设较矮的杆塔容易因树木生长造成间隙不足而放电。另外夏季也是鸟类活动频密的季节，鸟类在输电线路及绝缘子上的活动，以及鸟类排泄的粪便也会造成线路短路，这种情况一般会在线路下方发现鸟类的羽毛或遗留物。

通过对雷电定位系统、保护动作信息、分布式故障定位系统等信息查询，再结合现场巡视和检查的情况，可以对雷击、山火、风偏、外力破坏、绝缘子闪络、树障、鸟害等几种可能性进行逐一排查，最后确定故障的属性是否为雷击。一般来说，如果在故障发生时间段未见到火痕迹，可排除山火原因；对现场故障段落通道内排查，未发现危及线路安全运行的植物，导线对地安全距离符合规程规范要求，排除交叉跨越物、树障及风偏放电原因；现场检查发现绝缘子表面干净，未发现污秽物，排除污闪可能性；现场检查未发现漂浮物或漂浮物烧蚀残留物，可排除漂浮物引起跳闸可能性；最终结合查询落雷信息与跳闸信息吻合度高则基本确定为雷击引起。一旦确定线路跳闸是由于雷击引起，则可以进一步分析雷击故障的形式是雷电绕击还是反击，进而制定针对性的线路防绕击和防反击措施。

第二节　基于分布式行波定位的雷击故障诊断

一、基本情况

尽管雷电定位系统具有探测效率高、覆盖范围广等优点，但是其以"面"为监测对象，存在一定的雷电定位误差，无法确定雷电是击中输电线路还是击中输电线路附近的大地上。因此，该系统只能对输电线路走廊的雷击频率进行统计。输电线路在遭受雷击时，会在雷击点产生行波并通过线路传播，因此利用线路上的分布式监测设备采集与辨识雷击行波，可以做到对输电线路雷击点的精确定位监测。此外，通过提取雷击行波中包含的关键特征量，对不同类型的雷击进行分类，还能区分直击雷与感应雷，并辨识输电线路不同雷击位置。综合考虑线路特征和雷电参数，研究输电线路雷击定位和雷击故障诊断技术，是实现差异化防雷保护工作中亟需解决的关键问题。结合实际经验，并参照GB/T 35721—2017《输电线路分布式故障诊断系统》标准，归纳出基于分布式行波定位的雷击诊断方法。该方法可快速、准确地查找输电线路雷击故障点，减小人员工作量，缩短修复和排除电力故障时间，减少停电损失。

二、输电线路分布式雷击故障定位方法

输电线路分布式雷击故障测距方法，是通过在输电线路上安装多个检测点，利用各个检测点故障行波及其折反射行波之间的时间差，并结合线路实际长度，综合计算出故障点位置。根据故障行波获取方式的不同，输电线路行波测距方法可分为双端法和单端法，双端法是根据GPS等授时模块确定行波到达不同监测点的时间差进行故障定位；单端法是根据行波到达同一个监测点的时间差与波速、距离之间的对应关系进行求解。输电线路分布式行波监测装置如图11-3所示。

图11-3　分布式监测装置实物图

（一）双端法

如图11-4所示，行波检测装置分别安装在线路左侧变电站M和右侧变电站N内的母线上，分别记录故障点F产生的初始行波到达变电站M的时刻t_M和初始行波到达变电站N的时刻t_N，并根据线路全长LL，利用式（11-1）求得故障点F位置。

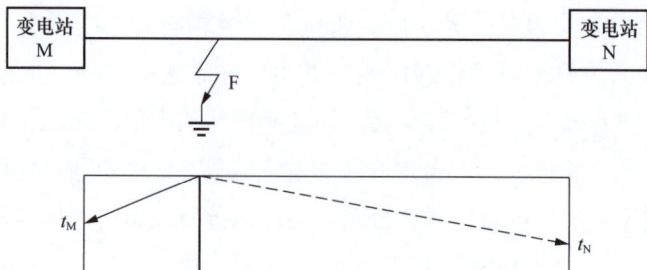

图 11-4　双端法测距原理示意图

$$\begin{cases} L_\mathrm{M} = \dfrac{v(t_\mathrm{M} - t_\mathrm{N})}{2} + \dfrac{LL}{2} \\[3mm] L_\mathrm{N} = \dfrac{v(t_\mathrm{N} - t_\mathrm{M})}{2} + \dfrac{LL}{2} \end{cases} \tag{11-1}$$

式中：v 为波速；L_M 和 L_N 分别为短路点 F 与变电站 M 和 N 之间的距离。

（二）单端法

单端法是将行波检测装置安装在线路首端或末端，通过计算行波及其反射波到达检测点时间差进行故障定位。如图 11-5 所示，行波检测装置安装在线路左侧变电站 M 内的母线上。首先记录故障点 F 产生的行波第一次到达检测点时刻 t_M1，该行波称为初始行波。该初始行波将在测量端母线处发生反射，反射波回到故障点 F 处发生二次反射，称该反射波为故障点反射波，记录该反射波再次回到检测点处时刻 t_M2。若初始行波传播至右侧变电站 N 第一次发生反射，称该反射波为对端母线反射波，记录该反射波到达检测点时刻 t_M3。根据线路全长 LL 和初始行波、故障点反射波和对端母线反射波到达检测点的不同时刻，可以得到式（11-2），即

$$\begin{cases} L_\mathrm{F} = \dfrac{v(t_\mathrm{M2} - t_\mathrm{M1})}{2} \\[3mm] L_\mathrm{F} = LL - \dfrac{v(t_\mathrm{M3} - t_\mathrm{M1})}{2} \end{cases} \tag{11-2}$$

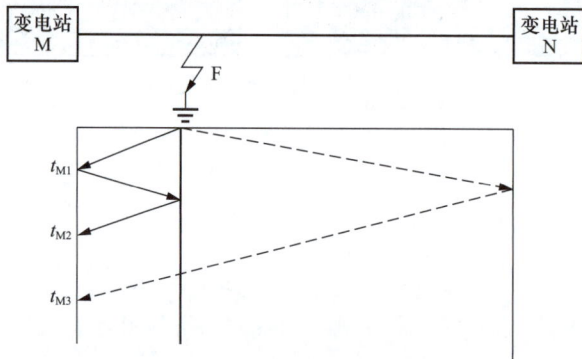

图 11-5　单端法测距原理示意图

根据式（11-2），可通过 t_{M1}、t_{M2} 计算求得故障点 F 与左侧变电站的距离。当线路故障过渡电阻较大时，故障点反射波较为微弱难以有效检测，这时可利用 t_{M1} 和 t_{M3} 计算 L_F。

三、输电线路雷击故障诊断方法

（一）雷击与非雷击故障辨识技术

雷击故障分为绕击与反击两种。对于雷击故障，流经线路的故障行波电流主要由两部分叠加而成：一是雷电流分流后直接进入线路；二是雷电流经杆塔入地反射后进入线路。这两部分极性相反、两者叠加后使初始雷电流波尾快速衰减，实测雷击故障行波半峰值时间一般在 20μs 以内。而对于树障、山火等其他接地故障，流经线路的故障行波电流为接地瞬间工频电压产生的阶跃响应，其峰值缓慢衰减，波尾较长，实测行波半峰值时间一般大于 20μs。雷击故障与非雷击故障的典型波形如图 11-6 所示。

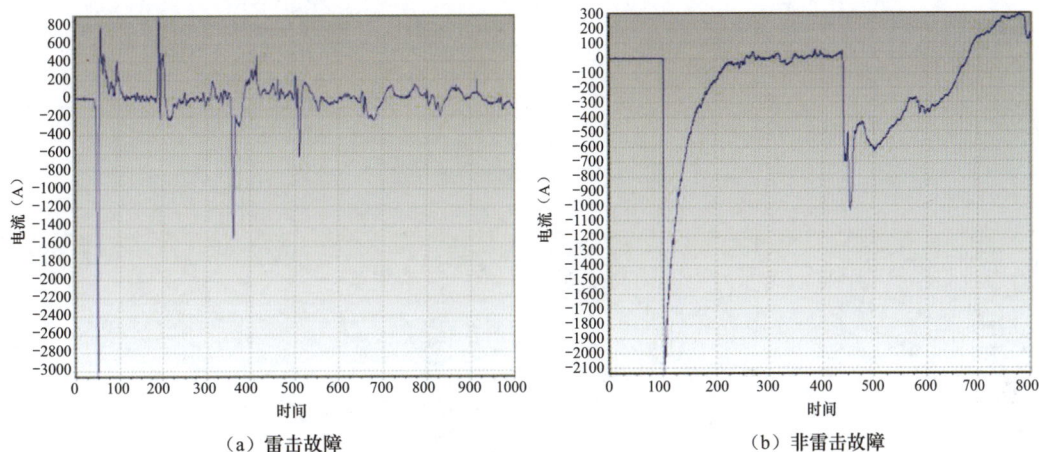

（a）雷击故障　　　　　　　　　　　（b）非雷击故障

图 11-6　雷击与非雷击典型波形对照图

（二）绕击与反击故障辨识技术

输电线路雷电反击与绕击的波形区别，来自两者波过程的不同，经过对雷击闪络故障的波过程研究发现，绕击与反击情况下，闪络前故障相线路上流过的电流性质不同。反击故障时，雷击塔顶致使绝缘子串闪络前，雷电流先流过避雷线，并在输电线路各相上感应出多个与雷电流极性相反的脉冲。闪络后，雷电流流过故障相，且非故障相上继续受到雷电流的感应作用。因此，故障相行波电流波形包含闪络时刻前感应出的反极性脉冲、闪络时刻后的雷电流前行波，非故障相行波电流波形仅包含与雷电流极性相反的感应电流。绕击故障时，故障相行波电流为闪络前流过故障相的雷电流，闪络后流过经故障点杆塔入地的那部分雷电流的反射波，二者极性相同，叠加后不会出现反极性脉冲。反击和绕击故障过程如图 11-7 所示。输电线路遭受反击、绕击故障的典型电流行波波形如图 11-8 所示。

（三）直击雷与感应雷辨识技术

在输电线路遭受雷电直击时，大量雷云电荷通过回击通道注入输电线路，并产生雷击行波，同时当雷击输电线路周围大地时，由于回击通道产生的电磁场被输电线路所接收，也会在输电线路上产生雷击行波。为了实现对输电线路本体雷击事件的监测，需首先区别直击雷和感应雷。感应雷和直击雷的典型电流行波波形如图 11-9 所示。

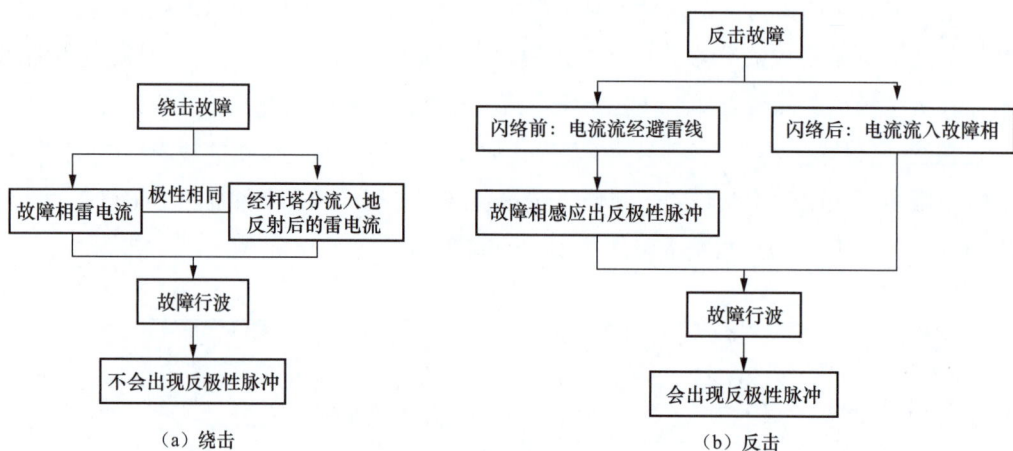

图 11-7　雷击故障行波特征

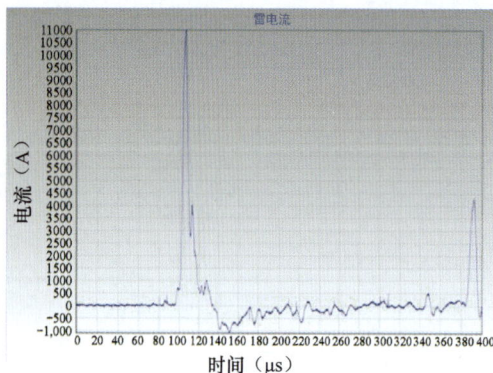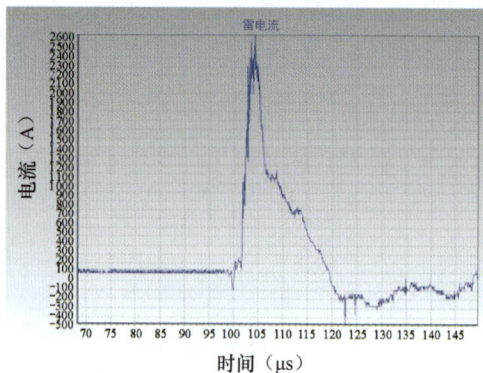

图 11-8　输电线路遭受反击、绕击故障的典型电流行波波形

根据输电线路行波电流的形成过程，输电线路感应电压的形成主要与回击通道产生的电磁场有关。对于感应雷，由于回击通道与输电线路大致垂直，磁场对感应电压的影响较小，主要以入射电场为主。入射电场由回击通道电荷产生，故输电线路电压行波直接受回击通道电荷移动产生的回击电流 I 的影响。对于雷击避雷线，除了回击通道产生的电场影响电压行波的形成外，由于雷电流注入避雷线，而避雷线与导线近似平行，故导线电压行波一部分受电场的影响，另一部分与磁场的变化（$\mathrm{d}B/\mathrm{d}t$）有关。因为磁感应强度与电流成正比，所以当雷击避雷线时，电压行波与回击电流的变化率有关（$\mathrm{d}I/\mathrm{d}t$）。相对于回击

电流 I 本身，dI/dt 的高频分量的比例略有增加，因此相比于雷电感应过电压，雷击避雷线产生的电压行波中，高频分量的比例较高。

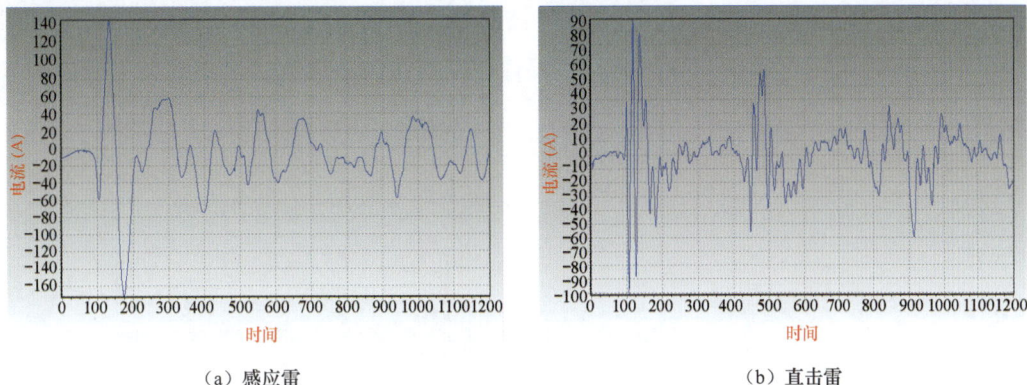

（a）感应雷　　　　　　　　　　（b）直击雷

图 11-9　感应雷和直击雷的典型电流行波波形

综上所述，通过对电流行波进行频谱分析，研究其高频分量与低频分量的分布，从而实现对感应雷和雷击避雷线情况的辨识。感应雷和直击雷的频域分析结果如图 11-10 所示。

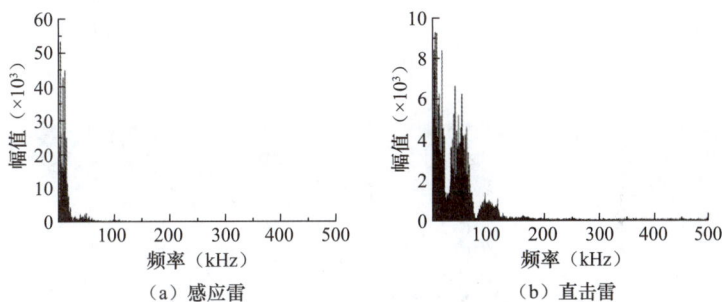

（a）感应雷　　　　　　　　　（b）直击雷

图 11-10　感应雷和直击雷的频域分析结果

根据频域分析结果，计算各个频率对应模量的分布概率，如图 11-10 所示。统计结果表明，对于感应雷，电流行波中 30 kHz 以下的模量占总模量的比例大于 70%；而对于雷击避雷线的情况，电流行波中 30 kHz 以下的模量占总模量的比例小于 50%。因此，能够以 30 kHz 以下模量占总模量的比例高于 / 低于 60% 作为判断感应雷 / 直击雷的依据。

（四）输电线路雷击位置辨识技术

对于输电线路而言，雷击避雷线、杆塔和雷击导线所采取的雷电防护措施截然不同。因此，根据雷击行波特征，辨别输电线路的雷击位置，实现对线路不同位置雷击次数的分别统计，对于防雷性能评估和防雷技术改造均有重要意义。结合雷击线路的电磁暂态仿真计算结果和实测波形，提出输电线路雷击位置的行波特征，进而建立雷击位置的辨识方法。

（1）雷击避雷线。仿真结果表明，雷击避雷线后在输电线路上感应出的行波电流主波和第一个反射波幅值大小近似，极性相反，第一个反射波不同向。雷击避雷线仿真结果如图11-11所示。雷击避雷线实测结果如图11-12所示，其所呈现的波形特征与仿真结果类似。

（2）雷击杆塔。仿真结果表明，雷击杆塔的行波主波不会在正负极性间震荡，而以单极性为主，其波形脉宽较窄，主波后跟随幅值逐渐衰减的高频震荡。仿真结果如图11-13所示。

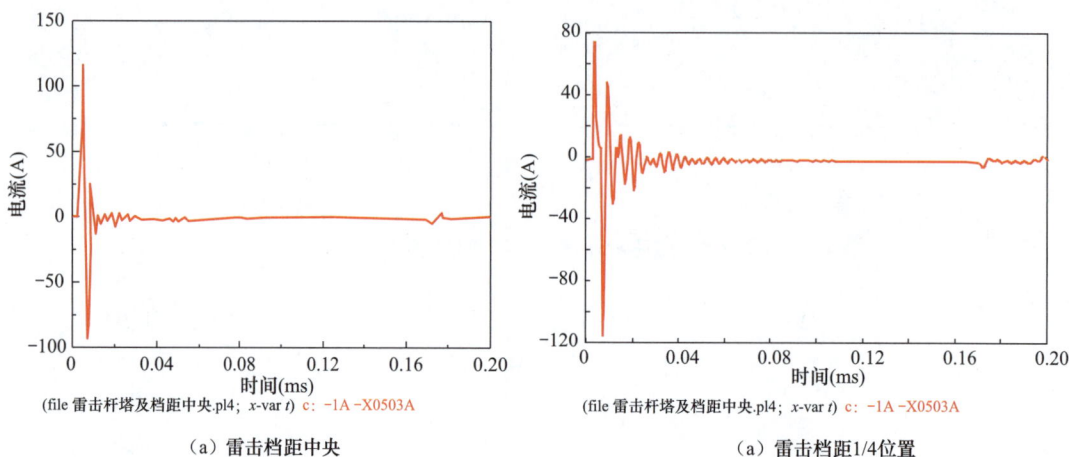

(file 雷击杆塔及档距中央.pl4; *x-var t*) c: -1A -X0503A

（a）雷击档距中央

(file 雷击杆塔及档距中央.pl4; *x-var t*) c: -1A -X0503A

（a）雷击档距1/4位置

图 11-11　雷击避雷线仿真结果

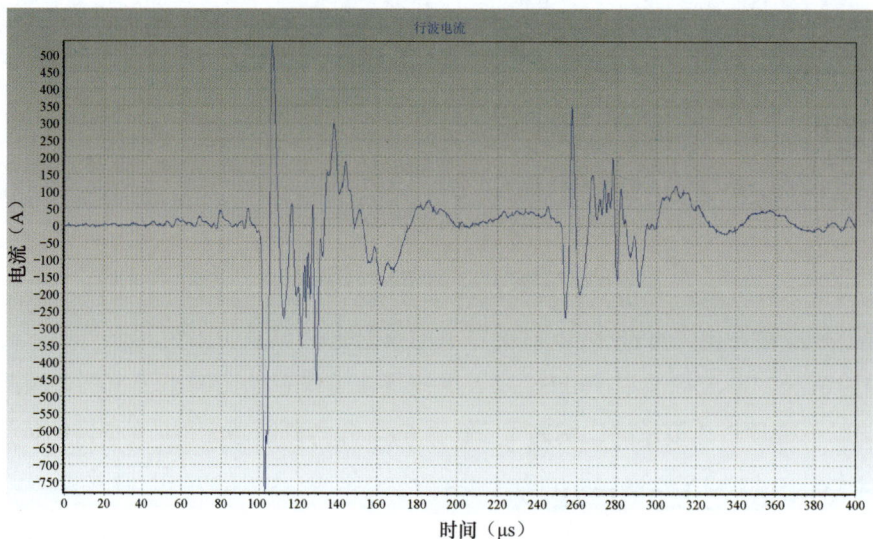

图 11-12　雷击避雷线实测波形

图 11-14 为雷击杆塔的行波实测结果，雷击杆塔后在输电线路上感应出的行波电流主波较大，反射波很快变小，可能出现同向的反射波。

综上所述，根据故障行波的半峰值时间来判断是否为雷击故障的判据包括：半峰值时间小于 20μs 的故障为雷击故障，半峰值时间大于 20μs 的故障为非雷击故障。确定故障为雷击故障后，对电流行波进行频谱分析，30kHz 以下模量占总模量的比例高于 60% 的波形判断为感应雷，低于 60% 的判断为直击雷。确定为直击雷故障后，可以根据故障行波是否存在反极性脉冲来判断故障为反击故障还是绕击故障：若故障行波存在反极性脉冲，则为反击故障；若故障行波没有存在反极性脉冲，则为绕击故障。确定为反击故障时，可以根据输电线路上感应出的行波电流主波和第一个反射波幅值大小关系来判断雷击杆塔还是雷击避雷线，如果输电线路上感应出的行波电流主波和第一个反射波幅值大小近似，则雷击位置为避雷线；如果输电线路上感应出的行波电流主波幅值远小于第一个反射波幅值，则雷击位置为杆塔。输电线路故障诊断流程如图 11-15 所示。

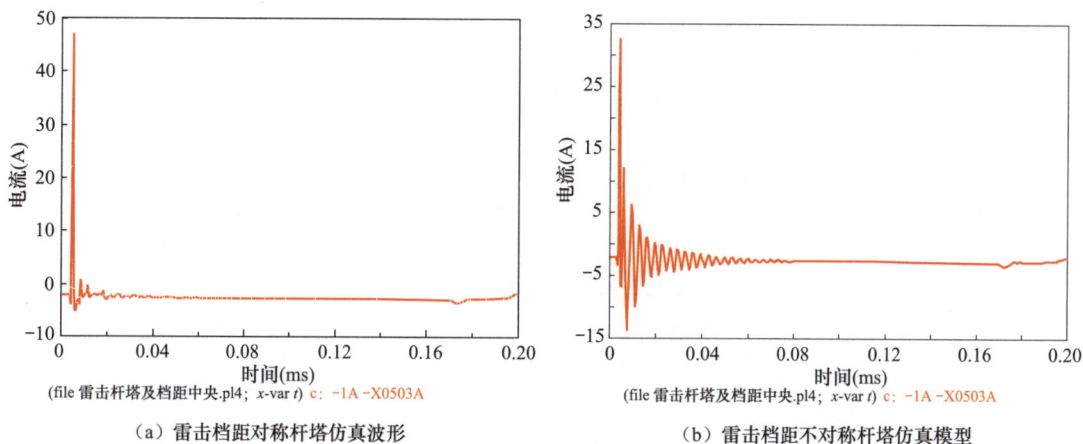

（a）雷击档距对称杆塔仿真波形　　　　　　　（b）雷击档距不对称杆塔仿真模型

图 11-13　雷击杆塔仿真结果

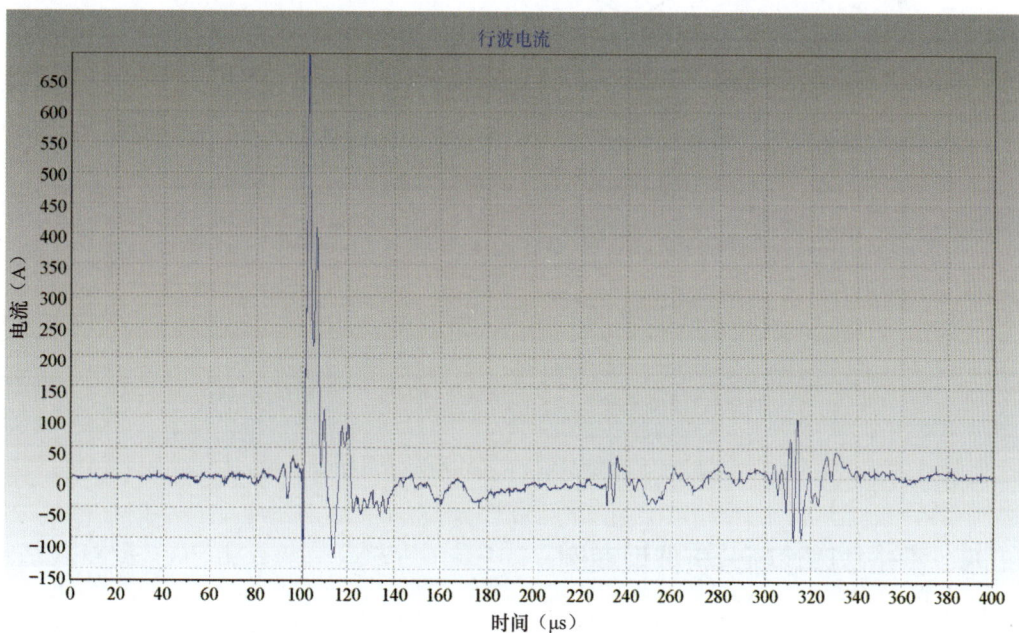

图 11-14　雷击杆塔实测波形

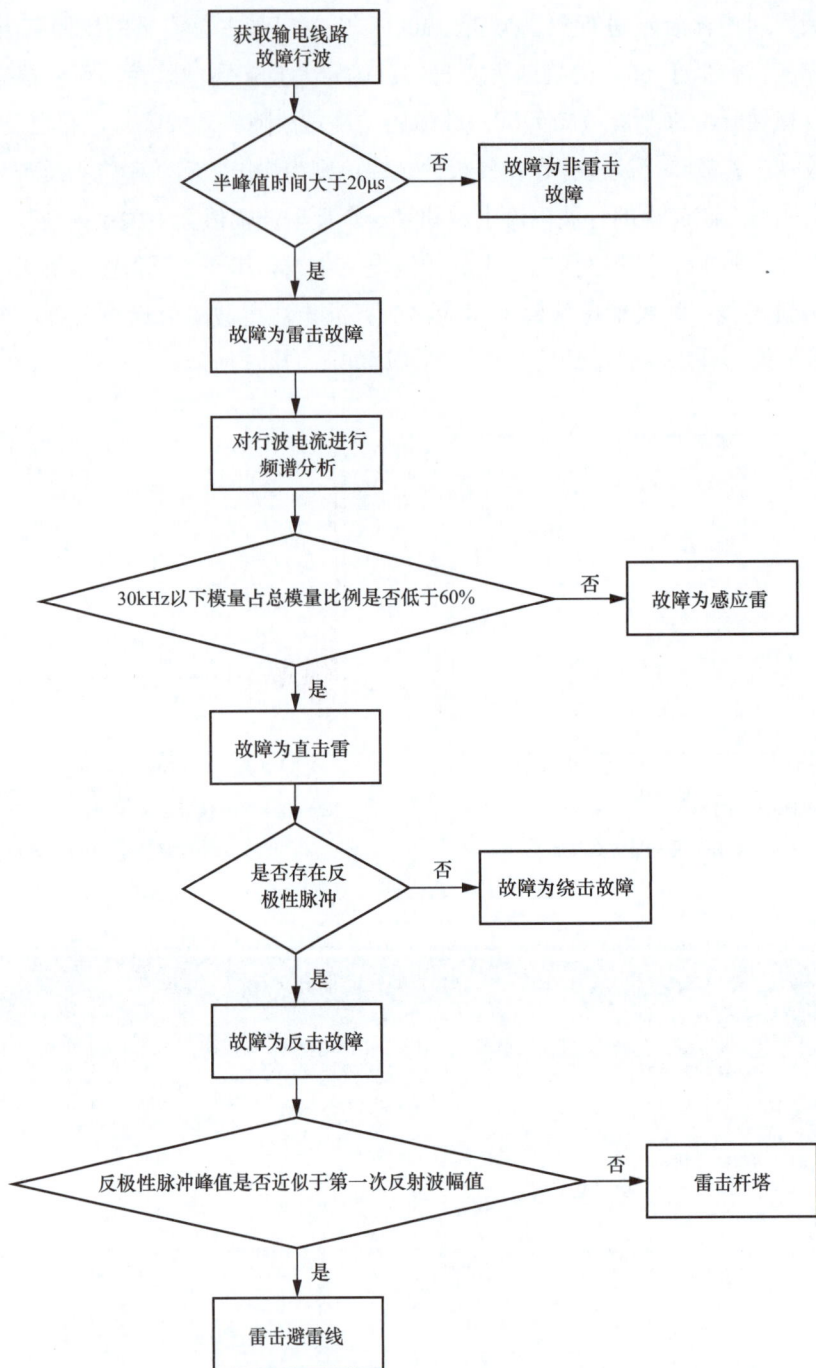

图 11-15　输电线路故障诊断方法流程图

四、雷击故障诊断分析典型案例

对某电网公司的某条输电线路 2021 年的行波数据进行统计分析。输电线路分布式故障监测系统收集到的波形包括雷击故障、非雷击故障以及一些小扰动，因此行波数据量庞

大。该线路 2021 年全年的行波数据共有 237924 条，因此需要结合雷电定位系统对行波数据进行筛选，选出雷击故障行波，再进行故障类型诊断。

首先根据雷电定位系统的落雷信息，筛选出输电线路走廊 3km 范围内的落雷信息，并记录距离落雷最近的杆塔，该线路在 2021 年 4 月的落雷情况以及筛选结果如图 11-16 所示。

然后，以每条落雷时刻为中心，筛选出落雷时刻前后 4min 范围内的行波数据。根据这些行波数据的波形特征，排除非雷击故障引起的行波信号，最终筛选出 24d 当中共 105 条与雷击故障相关的行波数据。再次运用上述方法，根据行波数据的波形特征对雷击故障类型进行诊断。根据结果分析，绕击故障共有 55 处，反击故障有 50 处，部分结果见表 11-1。

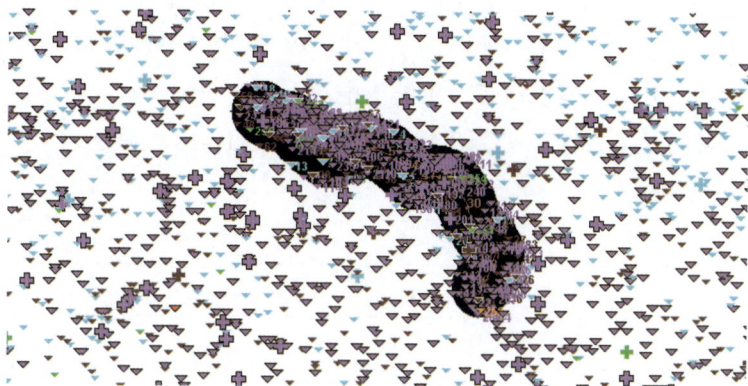

图 11-16 雷电定位系统落雷情况图

表 11-1 输电线路雷击故障诊断结果（部分）

雷电时间	雷电流幅值（kA）	最近杆塔	距离（m）	行波总数	故障类型
2021-07-27 22:28:57	−25.1	1	2497.38	1	反击
2021-06-07 22:01:18	−4.8	9	2687.74	3	绕击
2021-08-28 17:49:48	−6.4	17	2265.28	5	反击
2021-07-11 17:08:17	−8.9	19	1029.33	1	绕击
2021-05-18 19:53:08	−11.4	21	2799.87	8	绕击
2021-07-11 17:10:38	−4.2	25	1026.38	1	绕击
2021-08-28 19:28:59	−4.2	25	2667.01	1	反击
2021-07-01 18:14:53	−16.9	26	2890.37	1	绕击
2021-07-11 17:17:50	26.5	27	1102.21	1	反击
2021-07-01 18:16:52	−16.6	29	516.67	1	反击
2021-06-30 17:08:58	−7.3	30	271.62	5	反击

最后，统计输电线路每基杆塔附近的雷击行波数量，共有 87 基杆塔附近出现过雷击故障行波，统计结果如图 11-17 所示。

由图 11-17 可知，21 号杆塔、56 号杆塔等 6 基杆塔附近的行波数量达到了 8，说明这6 基杆塔附近的线路容易遭受雷击，在进行防雷改造的时候需要重点考虑。其中 56 号杆塔的地闪密度达到了 8.686 次 /（km² · a），属于强雷区，受雷击的概率大。其余行波数量较少的杆塔也需要结合其他影响因素进行雷害风险评估，对风险高的杆塔采取相应的防雷改造措施。通过对该输电线路进行多源数据融合雷害风险评估，发现监测到的三次及以上的雷击次数的杆塔基本均分布在风险等级前 50 的杆塔范围内，本次统计结果的正确性得到了验证。

再以 2023 年某电网公司两条 500kV 线路跳闸故障为例进行说明。其中，500kV 电压等级 YB 线发生电流差动跳闸，并重合成功。现场检查发现，故障相复合绝缘子串上下均压环均有明显放电痕迹，与落雷点较近，其余线段经排查未发现异常。通过分布式故障定位装置波形判断，故障时刻电流行波主波头电流上升比较陡，波尾持续时间小于 20μs，符合雷击跳闸故障特征，主波头处无反极性脉冲（如图 11-18 红圈所示），故系统判定此次故障为雷电绕击跳闸。

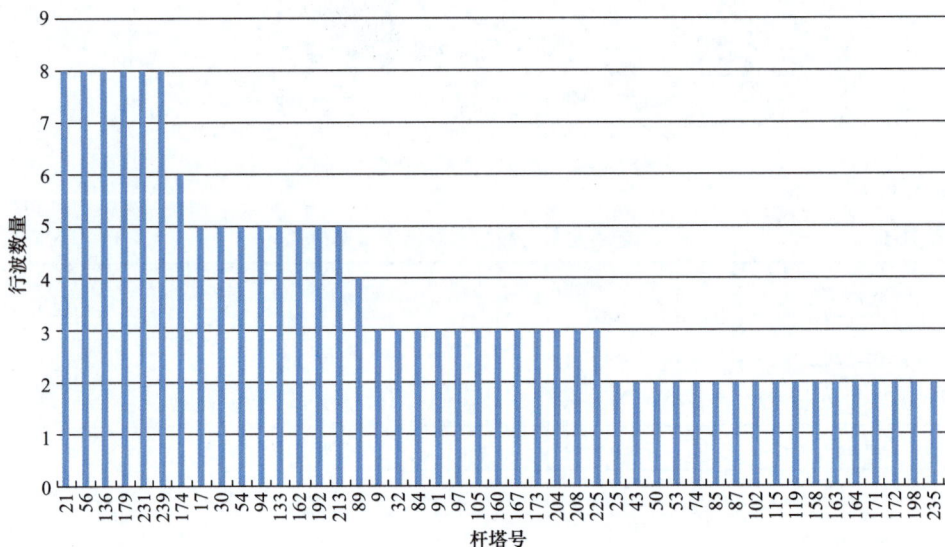

图 11-17　杆塔附近行波统计结果

另一条 500kV 电压等级 LK 线路则是发生雷电反击故障。通过分布式故障定位装置波形判断，通过故障时刻电流行波主波头电流上升比较陡，波尾持续时间小于 20μs，符合雷击跳闸故障特征，主波头有反极性脉冲，故系统判定此次故障为雷电反击故障。杆塔故障分闸高频电流波形如图 11-19 所示。

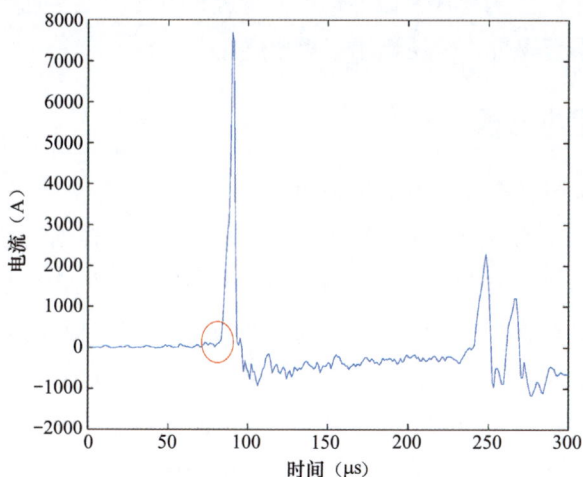

图 11-18 故障分闸高频电流波形（绕击）

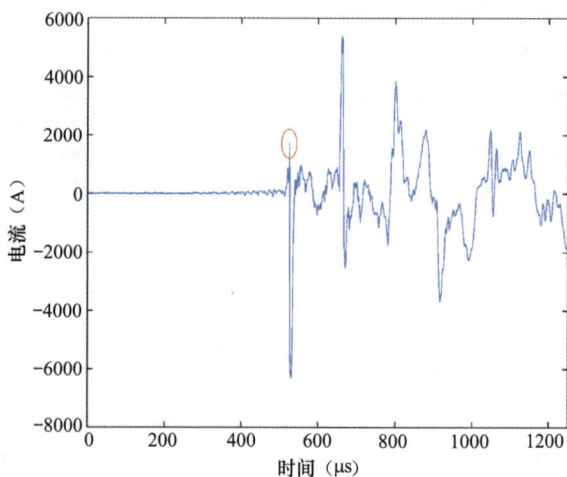

图 11-19 故障分闸高频电流波形（反击）

第三节 雷击故障分析与处理

在线路巡视和故障定位工作完成之后，需要针对故障进行深入分析与处理，提出针对性的整改措施和意见。雷击故障的分析方法主要分为两种：基本分析方法和深层复现分析方法。只针对雷击特征，通过辨识经验来判断雷击特征，从而对雷击进行定性分析的方法，称为基本分析方法。在相关经验判断的基础上，结合相关理论对整个雷击过程进行分析的方法称之为深层复现分析方法。深层复现分析方法需校验线路的耐雷性能。对于不同的线路工况,应根据实际情况选择合适的雷击故障分析方法。通常情况下,基本分析方法运用于一般线路,深层复现分析方法运用于重要线路。

一、雷击故障基本分析

一般来说,雷击故障基本分析方法步骤如下:

首先,收集雷击跳闸的故障线路、杆塔信息、巡线结果等详细信息。

其次,通过雷电定位系统查询雷电流幅值和极性等可能引起雷击故障的雷电活动信息,安装了分布式故障精确定位系统的线路同步查询线路发生跳闸时的行波记录信息。

最后,考虑雷电活动特征参数,并综合考虑故障痕迹、故障相别、故障塔数、杆塔地形地貌、接地电阻、防护措施等因素,判断雷击故障的性质。

通常来说,雷电反击(雷击杆塔或避雷线)或雷电绕击(雷击导线)是高压架空输电线路雷击跳闸的原因。雷电反击跳闸一般具有雷电流幅值较大的特点,而雷电绕击现象主要发生在超高压线路以及山区线路,雷电流幅值相对较小。不同输电等级下雷电绕击和雷电反击的典型耐雷水平和特点见表 11-2。

表 11-2 不同输电等级下雷电绕击和雷电反击的典型耐雷水平和特点

雷击形式	输电等级	耐雷水平	特点
雷电反击	110kV	40~75 kA	1)可能引起多相故障; 2)引起水平排列的中相或上三角排列的上相故障; 3)引起档中导地线之间雷击放电; 4)引起雷电定位系统探测雷电流幅值明显超过杆塔反击耐雷水平的故障; 5)一次跳闸造成连续多杆塔闪络的,有可能由雷电反击引起,也有可能由雷电绕击引起
	220kV	75~110 kA	
	500kV	125~175 kA	
雷电绕击	110kV	3~6 kA	1)一般为引起单相故障; 2)引起导线上非线夹部位有烧融痕迹(有斑点或结瘤现象或导线雷击断股); 3)水平排列和三角形排列一般边相易遭受绕击,中相难以发生绕击; 4)双回路垂直排列的中相遭受雷电绕击的可能性较大,上相和下相也存在绕击可能性,但相对较小; 5)雷电定位系统探测的故障雷击电流一般较小(小于杆塔反击耐雷水平); 6)雷电绕击电流与导线保护角和杆塔高度有关,当雷电流幅值较大时,绕击的可能性较小
	220kV	7~11 kA	
	500kV	16~22 kA	

目前电网公司对输电线路发生雷击跳闸且重合成功的故障,都会收集完整的线路跳闸信息、雷电定位查询信息、故障杆塔信息、雷击故障性质初步判断情况,形成输电线路雷击跳闸信息报表见表 11-3,在信息报表中明确输电线路雷击故障基本原因和性质,为下一步开展防护处理和制定防雷改造方案提供依据。

表 11-3　　　　　　　　　**输电线路一般雷击跳闸信息报表示例**

线路名称	500kV 某线路	投产时间	2012 年 11 月
所属单位	某供电局	跳闸时间	2019 年 7 月 21 日 17 时 28 分 31 秒 55 毫秒
故障塔号	N91	跳闸相别（A/B/C/正/负）	B 相
同杆架设情况	同塔双回	故障相位置（上/中/下、左/中/右）	中相
杆塔类别	直线塔	杆塔型号	5G2W8-Z3-54
杆塔全高（m）	82	地线保护角（°）	0
导线型号	JL/G1A-720/50	地线/OPGW 型号	JLB40-150/OPGW-150
绝缘子型号	FXBW4-500/420-E	绝缘子片数（片）/干弧距离（mm）	4300mm
土壤电阻率（Ω·m）	1500	是否安装有线路避雷器或其他防雷装置	否
设计接地电阻（Ω）	20	复测接地电阻（Ω）	15.8
重合闸情况	成功	查询雷电最近杆塔	N90～N91
对应落雷时间（精确到毫秒）	2019 年 7 月 21 日 17 时 28 分 31 秒 54 毫秒	查询雷电幅值（kA）	26.3
对应落雷距离（m）	350	分布式故障精确定位杆塔	N91
分布式故障定位装置记录时间	2019 年 7 月 21 日 17 时 28 分 31 秒 55 毫秒	分布式故障精确定位装置判断雷击形式	绕击
保护测距距离（km）	47～49	继电保护测距杆塔	N90～N93
历史雷击情况（5km 范围内）	N96 塔 B 相曾发生雷击跳闸	是否存在重大紧急缺陷	否
故障点巡视情况描述	现场发现线路 N91 杆塔中相（B 相）绝缘子上有电弧灼烧斑点，下端均压环有小孔和闪络痕迹		
故障杆塔地形及地面倾角	高山大岭□　一般山地☑　丘陵□　泥沼□　平地□　特殊地形□（　　）地面倾角：15°		
耐雷水平（kA）	绕击耐雷水平：20　　反击耐雷水平：172		
综合雷击判断	绕击☑　反击□　其他□（　　　）		

二、雷击故障深层次复现分析

　　完成雷击故障基本分析后，需通过输电线路雷击故障复现技术对雷击故障进行深层次复现分析。综合现场调研、雷电定位系统的监测信息、故障杆塔与线路参数信息等资料，利用三维 GIS 扫描提取故障杆塔前后档距精细地形地貌数据，并通过防雷计算分析方法复现输电线路雷击故障实际情况，深入分析雷击跳闸的具体原因，寻找到输电线路雷击跳闸的主要影响因素，总结输电线路雷击跳闸的故障特点和规律。输电线路雷击故障深层次复现分析步骤如图 11-20 所示：

（1）搜集和整理由输电线路运行单位提供的线路雷击跳闸详细信息以及完备巡线资料，主要包含线路雷击跳闸的故障信息、线路结构特征信息、线路地理特征信息、通过三维 GIS 技术扫描提取的故障杆塔前后档距精细地形地貌数据等。

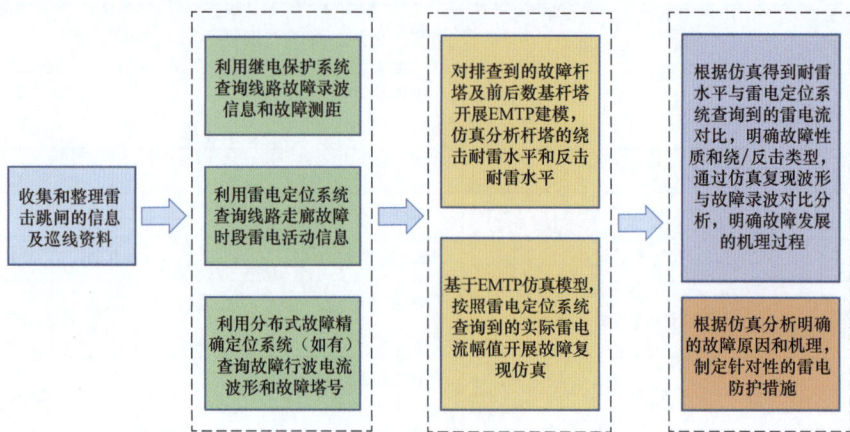

图 11-20　输电线路雷击故障复现分析流程图

（2）利用继电保护系统查询线路的故障录波信息和测距信息，利用雷电定位查询系统对雷击跳闸时间段内跳闸线路走廊的雷电活动情况进行查询，并明确与跳闸时刻最接近的雷击事件的电流幅值，如有安装分布式故障精确定位系统的线路可查询故障行波电流波形和预判故障杆塔情况。

（3）根据排查到故障杆塔信息，利用 EMTP 等仿真软件开展建模，仿真分析杆塔的绕击和反击耐雷水平。同时基于 EMTP 仿真模型，按照雷电定位系统查询到的实际雷电流幅值开展故障复现仿真分析，获取仿真复现波形。

（4）根据仿真得到的杆塔绕/反击耐雷水平，对比雷电定位系统查询到的落雷幅值，判断雷击形式为绕击或反击，对于绕击形式的还应结合电气几何模型等判断雷电可能的入射角和入射相位。对于雷击多相故障或相间不接地故障还可以根据仿真复现波形和实际故障录波进行对比，判断故障的过程和形态，明确故障机理。

（5）根据收集到的故障跳闸信息、现场排查资料、仿真计算的绕/反击耐雷水平、故障复现波形综合明确雷击故障的原因、性质、形式和机理过程，从而可以针对性地提出故障杆塔的雷电防护措施。

通过以上几个步骤进行雷击故障深层次复现分析，对结果进行统计对比分析，对雷击跳闸与雷击入射点范围、杆塔结构、地形地貌以及接地情况的相关性等信息进行归纳总结，以便提出针对性的防雷措施。

三、雷击特殊故障情况分析

实际输电线路运行中除了常规的单次雷电绕击或反击故障外，有时还会遇到一些特殊

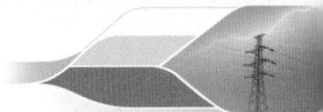

雷击故障的情况，比如较小的雷电流造成线路跳闸、雷击仅造成差动保护动作跳闸、雷击造成相邻杆塔同时闪络跳闸等，对于这些特殊的雷击故障，本书结合相关典型案例，分析其中的主要机理及特征。

（一）小雷电流造成线路跳闸分析

在 GB/T 50064—2014《交流电气装置的过电压保护和绝缘配合设计规范》中，给出了典型杆塔的反击耐雷水平推荐控制值，虽然未给出绕击耐雷水平控制值，但给出了绕击耐雷水平计算公式如式（11-3）所示。

$$I_{min} = \left(U_{-50\%} + \frac{2Z_0}{2Z_0 + Z_C} U_{ph} \right) \frac{2Z_0 + Z_C}{Z_0 Z_C}$$ （11-3）

式中：I_{min} 为第 k 相导线绕击耐雷水平，kA；$U_{-50\%}$ 为绝缘子负极性 50% 闪络电压绝对值，kV；U_{ph} 为导线工作电压瞬时值，kV；Z_C 为第 k 相导线波阻抗，Ω；Z_0 为雷电通道波阻抗，Ω，详见第 6 章图 6-4"雷电通道波阻抗与雷电流幅值的关系"。

本书表 11-2 结合典型参数计算给出了一般线路的绕击耐雷水平范围，但是实际运行中，有时会遇到低于表 11-2 中绕击耐雷水平的雷电流造成线路跳闸的情况，此时需要考虑线路的具体情况及雷电定位系统的数据进行特殊分析。如某电网 500kV 电压等级 MQ 线于 2022 年 4 月 6 日 14 时 20 分 10 秒 492 毫秒 C 相故障跳闸（根据故障录波，跳闸时刻 C 相电压接近过零点），重合闸动作成功。现场巡视发现故障的 46 号杆塔位于山区，海拔 1802m，杆塔全高 34m，故障相的绝缘子串干弧距离为 4.805m。查询雷电定位系统，有一次 −15.2kA 的落雷发生时间与故障录波的跳闸时间为同一毫秒，故障定位位置吻合，初步判断此次跳闸是由于这起 −15.2kA 雷电绕击导致线路 46 号塔发生的雷击故障。但由于雷电流幅值较小，小于一般 500kV 线路绕击耐雷水平（16~22kA），因此需进一步分析。

首先按照 GB/T 50064—2104 附录 F 推荐的公式，计算 46 号塔绝缘子串负极性 50% 闪络电压 $U_{-50\%}$=530×4.805+35=2581.7kV，由于塔位海拔超过 1000m，因此可按 GB/T 50064—2104 附录 A 推荐公式对海拔 2000m 以内外绝缘放电电压进行海拔修正，修正后的 $U_{-50\%}$=2581.7/$e^{1×(1802/8150)}$=2069.5kV。

进而按照式（11-1）计算绕击耐雷水平，考虑跳闸时刻 U_{ph} 瞬时值接近为零，若按常规经验，一般绕击计算雷电通道波阻抗取 800Ω，导线波阻抗取 300Ω，计算得到绝缘子串的绕击耐雷水平为 16.38kA，此时可见雷电定位系统探测的 −15.2kA 雷电流不足以造成绕击跳闸；但考虑到实际自然界的雷电通道波阻抗、导线波阻抗与常规经验值可能存在差异，若假定实际雷电通道波阻抗较大取 2000Ω，导线波阻抗取 350Ω，计算得到绝缘子串的绕击耐雷水平为 12.86kA，此时 −15.2kA 雷电流是可以造成线路绕击跳闸的。

综合上述情况，在分析小雷电流造成线路跳闸时，计算绝缘子串的绕击耐雷水平需要合理考虑雷电通道波阻抗、导线波阻抗的取值，同时还应考虑海拔因素对 $U_{-50\%}$ 的影响，此外必要时还应结合第四章中"雷电定位系统误差"进行综合判断。

图 11-21　500kV 电压等级 MQ 线 46 号故障杆塔现场图片

（二）雷击仅差动保护动作跳闸分析

输电线路遭受雷击，一般发生单相或多相故障，此时两侧变电站的线路主一保护和主二保护基本都会发生动作，其中主一保护通常是差动保护。但是近年来电网实际运行中有时会遇到线路遭受雷击后仅主一差动保护动作，而主二保护不动作的情况，此时线路遭受雷击的工况可能与常规的雷击工况有所不同，下面以某实际线路此类跳闸为例进行分析解释。

2017 年 6 月 6 日 11 时 30 分 34 秒，500kV 电压等级 LS 甲线发生 A 相故障，两侧主一保护（差动）动作，主二保护未动作，重合闸动作成功。故障录波发现跳闸时刻出现较大的零序电流并呈衰减趋势，而三相电压幅值正常，零序电压接近为零直至主一保护跳开，说明故障电流主要为直流衰减分量，且并未造成线路接地故障。

根据 LS 甲线两侧变电站（ST 站、LT 站）录波可知，2017-06-06 11:30:34.2357 该线路发生故障，2017-06-06 11:30:34.2535 该线路第一套线路保护 A 相跳闸，经过 127.4ms 线路 ST 站侧 A 相断路器熄弧，53.6ms 后触头间隙重燃，并于 7.6ms 后再次熄灭；LT 站侧 A 相断路器并未发生触头间隙击穿的情况。此外，主一保护跳开后，两侧站端零序电压均出现了电压拍频现象。

查询雷电定位系统，在故障电流启动时间的同一毫秒 LS 甲线 283～284 号杆塔附近有一次落雷记录，雷电流幅值为 −4.8kA，此后又有多次连续回击。根据录波电流波形来看，由于叠加在运行电流上的直流分量持续时间约为 100ms，属于脉宽较大的雷电流。根据 Rakow 和 Uman 编著的《雷电（Lightning：Physics and Effects）》、郄秀书和张其林等编著的《雷电物理学》及相关参考文献，以及中国气象局雷电野外科学试验基地测量得到的长持续时间雷电流波形，自然界也存在持续电流时间长达几十到几百毫秒并有多次回击的雷电流，因此仿真中采用了图 11-23 所示的具有两次回击的雷电流波形。

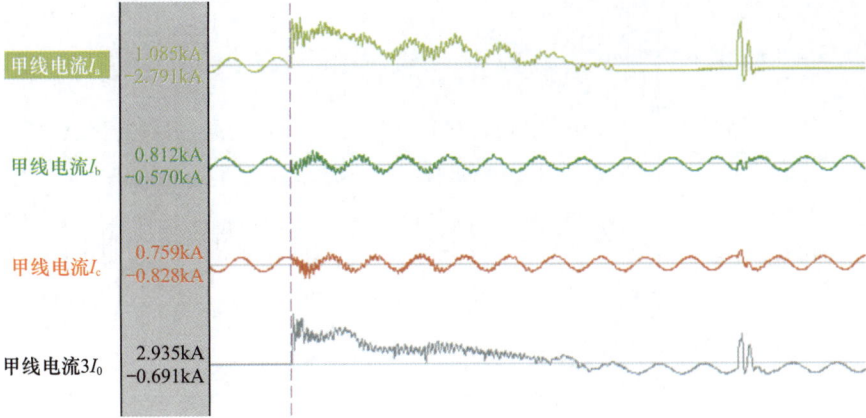

（a）ST站侧

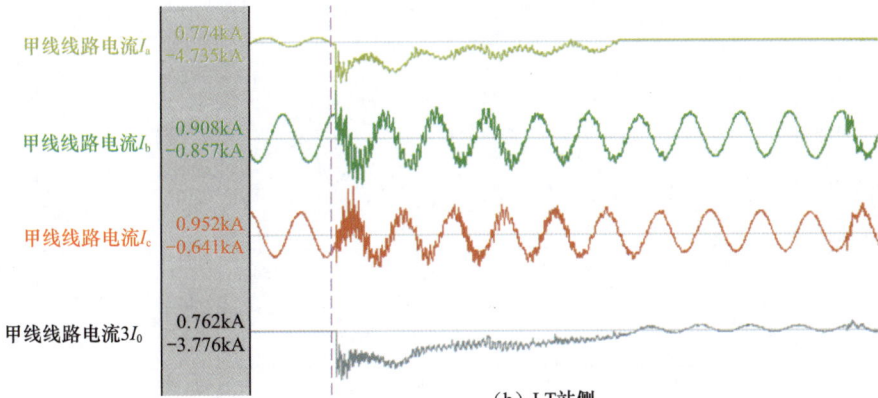

（b）LT站侧

图 11-22　LS 甲线两侧站故障录波相电流和零序电流

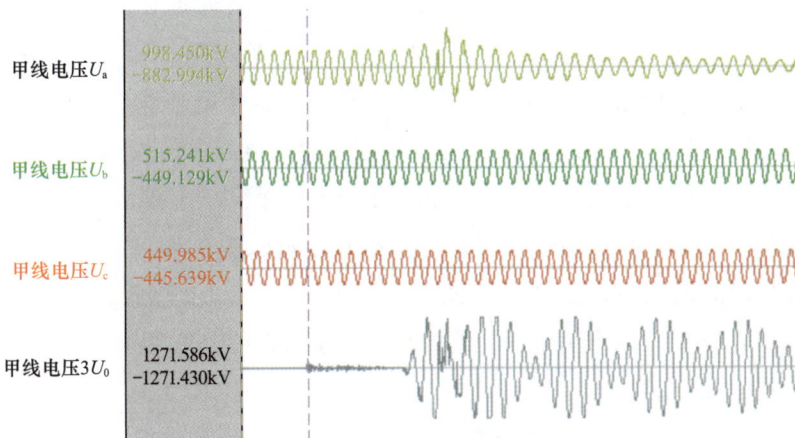

（a）ST站侧

图 11-22　LS 甲线两侧站故障录波相电压和零序电压（一）

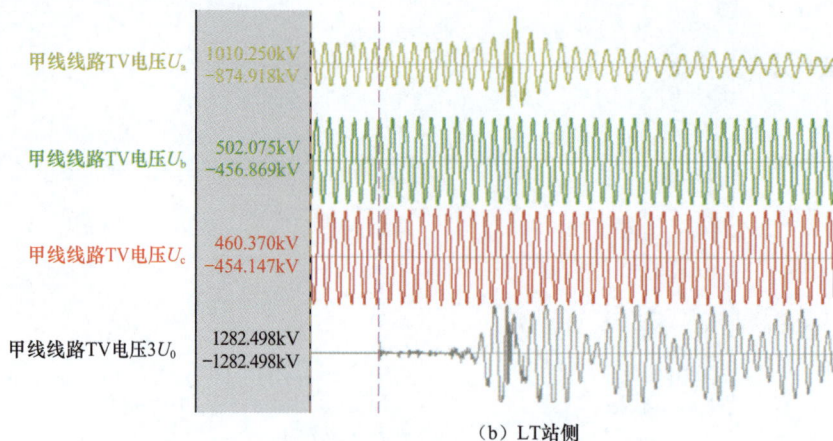

（b）LT站侧

图 11-22　LS 甲线两侧站故障录波相电压和零序电压（二）

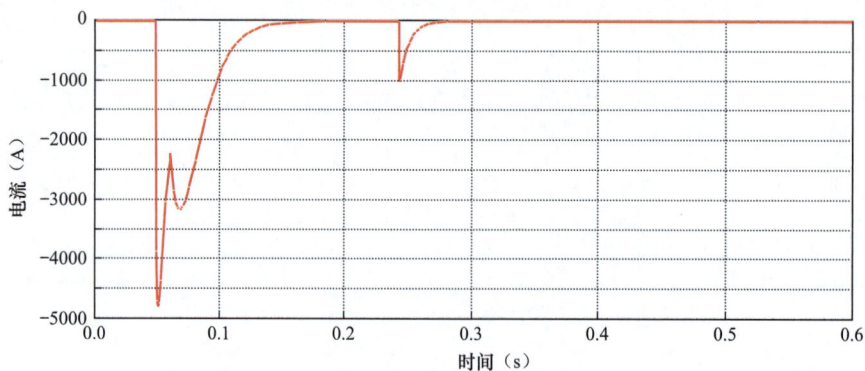

图 11-23　仿真使用的长持续时间雷电流波形

仿真计算得到 LS 甲线的 ST 站侧和 LT 站侧 A 相电流分别如图 11-24 所示，其中图 11-24（a）表明，在第一次雷电回击过程中，ST 站侧 A 相电流的仿真结果的峰值为 2.7kA、持续时间为 121ms，相应地，该电流的录波结果峰值为 2.8kA、持续时间为 129ms，仿真计算结果与录波结果比较吻合；在第二次雷电回击过程中，若 ST 站侧 A 相线路断路器由于气体绝缘未恢复等因素发生了断开后的重燃，仿真得到 ST 站侧 A 相电流峰值为 2.6kA、持续时间为 10ms，对应地，故障电流录波的峰值为 2.3kA、持续时间为 8ms，仿真与录波两者也比较吻合。图 11-24（b）表明，LT 站侧 A 相故障仿真电流的幅值为 −3.9kA，持续时间为 121ms，相应地，录波结果的幅值为 −4.7kA，持续时间为 123ms，仿真与录波也比较吻合。

从录波波形可以看出，当保护动作后，A 相线路电压呈现拍频振荡特性，这主要是开关开断后线路电容和并联电抗器中储存的能量在电抗器和线路组成的正序、零序两个回路中产生两个不同频率的自由振荡叠加而成的。通过仿真断路器开断后的回路电压，零序波形如图 11-25 所示，每个拍频的周期为 135ms，$3U_0$ 的幅值为 1100kV，相应地，录波结果的拍频周期为 125ms，$3U_0$ 的幅值为 1270kV，仿真与录波比较吻合。其中，仿真结果表明在雷击线路的初始时刻，零序电压振荡的幅值为 876kV，而录波测得电压振荡的幅值为 482kV，这是由于雷电流的上升沿较陡，录波仪的采样率不足使得测量结果偏低。

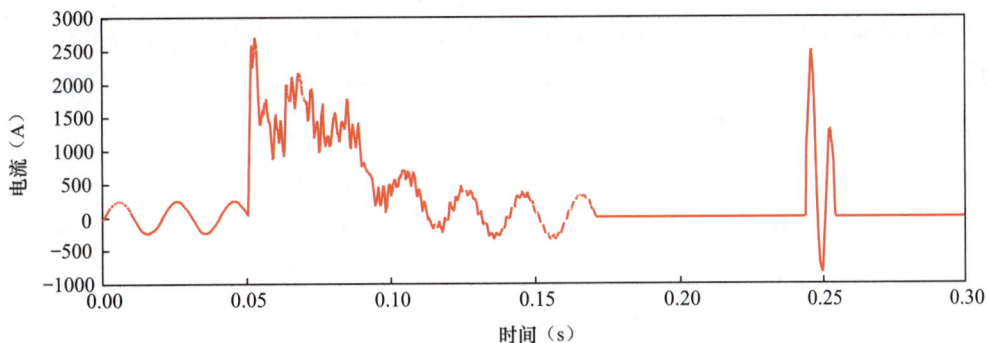

（a）ST站侧A相电流

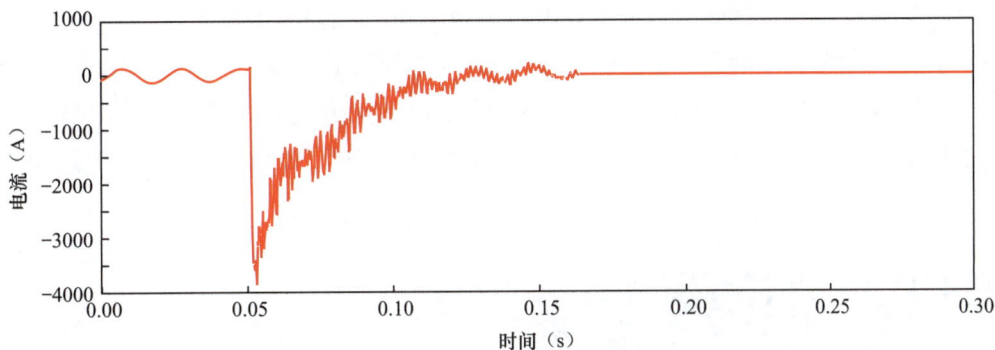

（b）LT站侧A相电流

图 11-24　仿真雷电流波形

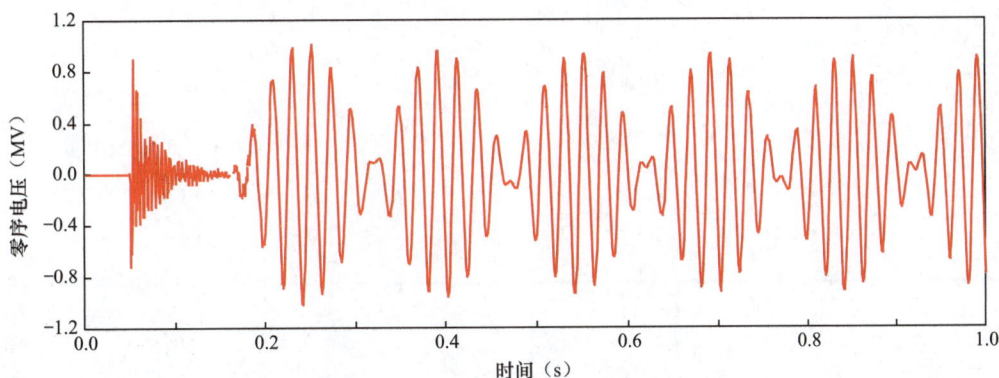

图 11-25　零序电压拍频振荡仿真波形

　　根据上面的分析可知，基于 LS 甲线故障波形，采用具有两次回击的长持续时间雷电流波形模拟线路遭受雷击的情况，完整重现了录波中的直流电流分量和故障形态，并合理解释了雷击故障录波波形阐明了故障原因和机理。零序电压拍频振荡是开断后线路残余能量在零序和正序回路能量转换所造成的。此外，故障断路器触头分开后，由于气体绝缘未恢复，出现了一次雷击导致的重燃现象，建议对断路器绝缘开展进一步检测工作。

（三）雷击造成相邻杆塔同时闪络跳闸分析

通常线路运行中遇到的雷击闪络发生在一基杆塔上的一相或多相，但也有少数情况下出现一次雷击跳闸后，巡视发现相邻两基杆塔上的不同相位绝缘子串均出现了闪络痕迹。这种情况下开展雷击故障分析主要考虑两种情况：一种情况是本书第二章中介绍的多接地点落雷造成，这种情况一般雷电流幅值较小，一般为几 kA 至几十 kA，总体上属于小概率事件，极少发生，在此不再赘述；另一种情况是雷电流幅值较大，此时很可能由雷电反击造成，需对雷击的位置及故障相位进行详细分析，下面以某 220kV 同塔双回路的一次雷击后相邻两基杆塔同时发生闪络为例进行介绍。

2023 年 10 月 1 日 6 时 3 分 0 秒，220kV 电压等级 TP 甲线、TP 乙线（同塔双回路）同时故障跳闸，TP 甲线故障相为 A 相，重合成功；TP 乙线故障相为 A 相，重合成功。根据故障录波，故障时刻双回 A 相电压均接近正半周波峰值附近，B 相和 C 相电压均为负值。

现场巡视发现 TP 甲线 N32 耐张塔 A 相（中相）跳线绝缘子串有明显闪络痕迹，TP 乙线 N33 直线塔 A 相（下相）绝缘子串上有明显闪络痕迹，现场绝缘子闪络痕迹图片如图 11-26 所示。

图 11-26　TP 甲乙线 N32、N33 塔及故障相场图片

查询雷电定位系统跳闸时刻前后 3min 内、线行周边 2km 范围内的雷电活动情况，共查询到 3 次落雷记录。其中 N32～N33 附近有一次 −128kA 落雷时间与线路跳闸时间完全吻合（毫秒级偏差，均为 2023-10-01 06:03:00.776 毫秒），并且定位位置与现场故障巡线结果相吻合。

故障跳闸后，现场巡视发现闪络点分别位于 N32 塔甲线 A 相跳线串和 N33 塔乙线 A 相悬垂串，因此该故障可能是由以下四种雷击情况之一引起的：①雷击 N32 塔顶；②雷击 N33 塔顶；③雷击 N32～N33 档中地线；④雷击 N32～N33 档中 OPGW，具体如图 11-27 所示。

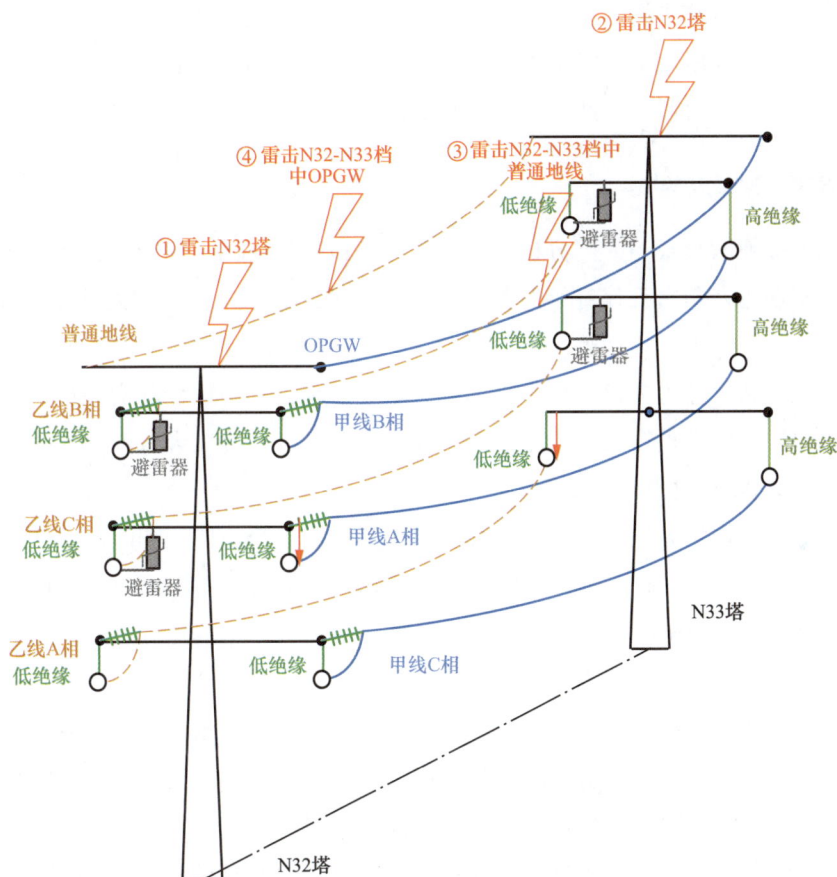

图 11-27　雷击 TP 甲乙线 N32～N33 可能的四种方式

通过对四种雷击情况进行详细仿真表明，当雷击 N32～N33 档中普通地线（左侧、甲线上方）会发生 N32 塔甲线 A 相和 N33 塔乙线 A 相同时跳闸形态，而其他三种雷击形式并未出现，因此判断是 −128kA 雷击 N32～N33 档中普通地线造成了同跳故障。

进一步分析 TP 甲乙线虽然采取了差绝缘设计，但只对直线塔的悬垂串和耐张塔的耐张串采用了差绝缘，对耐张塔的跳线串并未采用差绝缘，实际跳线串均采用同型号绝缘子跳线串，且绝缘水平较弱，干弧距离仅 2050mm，双回耐雷水平均偏低，导致耐张塔差异化绝缘失效。此外，TP 甲乙线虽然已采取了防雷安装避雷器措施，但由于经济性等考虑，只对乙线 B、C 两相安装了线路避雷器，A 相未安装避雷器，按照 GB/T 50064—2014《交流电气装置的过电压保护和绝缘配合设计规范》和某电网公司《架空输电线路防雷技术导则》均推荐 110～220kV 避雷器宜一回三相同时安装，本线路 A 相缺少避雷器保护，且雷击时刻 A 相接近正电压峰值，幅值超过 100kA 的负极性大雷电流在塔身上产生极高负电位，此时塔身与 A 相电位差最大（比 B、C 相高出数百 kV），因此更易发生雷电反击 A 相闪络跳闸。

下一步建议，根据耐张塔跳线空气间隙校核情况，结合停电计划，更换 TP 甲线耐张塔跳线串为更高绝缘水平的绝缘子串，实现耐张塔的有效差绝缘。同时建议根据线路运行跳闸情况，必要时开展逐基杆塔雷害风险评估，根据评估结果对防雷薄弱杆塔及相位开展进一步差异化防同跳治理，包括补充安装避雷器和杆塔接地电阻改造等。

四、雷击故障处理

完成雷击故障的查找与故障分析后，应按照 DL/T 741《架空输电线路运行规程》、电网的检修试验规程及防雷工作导则对雷击故障进行处理。雷击故障的处理主要通过以下 5 个步骤进行：

（1）首先是结合停电窗口对雷击受损的绝缘子、金具和防振锤等进行更换，对表面有灼烧斑点的导线可采取预绞丝进行加固，条件允许时应打开线夹查看内部导线线股是否受损，并结合现场情况进行修复。

（2）完成故障现场处置后，应当加强对雷害易击段的雷电监测和防治工作，通过对故障线路的雷害风险评估，找出故障线路的雷害易击段、易击杆塔等，对发生跳闸的杆塔及邻近的易击高风险杆塔采取防雷加强措施。

（3）建议综合雷击故障原因以及雷害风险评估结果，提出针对性的雷害防治措施及其依据。对于存在多种雷害防治措施方案，应结合各方案经济性比较，给出故障线路的推荐雷害防治措施。对于已进行过防雷改造和治理工作但仍发生雷击故障的故障段，应分析说明已采取措施失效的原因，分析其雷害故障是否存在普遍性，并提出后续雷害防治方案。

（4）对于同类故障隐患，应制定相应的排查计划。比如对存在家族性缺陷的设备进行同类设备缺陷排查，同时加强设备质量入网检测等，给出相应的处理措施和建议。

（5）对于雷击闪络痕迹不明显的绝缘子串，应在停电检修期间对故障绝缘子进行检测，同时及时更换不合格的绝缘子。

（6）对于影响线路安全运行的故障点，应采取带电作业的方式进行消缺；对于因故不能进行带电作业且近期系统安排停电困难的线路，应采取相应的临时措施确保安全；对于线路安全运行影响不大（是指一般缺陷）的故障点，按相应的缺陷处理流程在一个检修周期内进行处理。

第四节　雷击多相同跳典型案例分析

一、典型线路基本情况

某电网公司 500kV 电压等级 NYL 线路是电厂送出至变电站的线路，2010 年 8 月建成投运，全线全长 31km 共计 108 基铁塔，全线单回双地线架设。设计气象条件的最大设计风速 27m/s、设计冰厚 15mm、年均雷暴日数 70 天。线路导线采用 4×A3/S1A-465/60 钢芯铝合金绞线，地线左右两侧均为 OPGW-185 光缆。根据雷电定位系统和现场排查，发现有闪络痕迹的杆塔为 49 号塔（见图 11-28），该塔实际海拔 1840m，绝缘配置为双联 2×26 片绝缘子，型号为 U300BLP，单片结构高度 195mm，盘径 320mm，爬距 550mm，塔位土壤电阻率 ρ>2000Ω·m，设计接地型式为 TM6，设计时按规程为采取相应接地措施后接地电阻值不限制，经复测杆塔接地电阻为 28Ω。49 号塔型 ZB442B，呼高 36m，全高 44.2m，杆塔地线保护角为 13.85°。防雷装置方面 49 号杆塔未加装线路避雷器和并联间隙。线路运维方面，NYL 线路重要度为一般，线路健康度为正常，线路管控线路为Ⅳ级，全年开展 2 次无人机与 1 次人工正常巡视。本次跳闸当月运维单位已对全线完成了正常巡视，未发现隐患和缺陷。此外，NYL 线路 49 号塔历史上未发生过雷击跳闸故障。

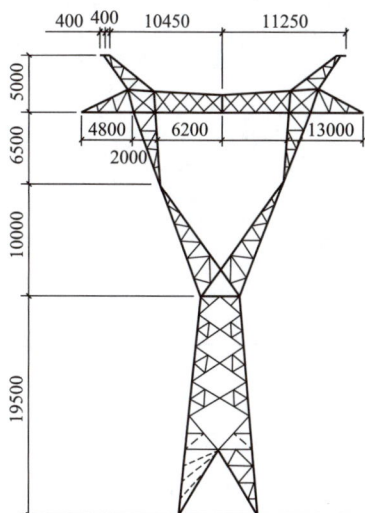

图 11-28　500kV 电压等级 NYL 线 49 号杆塔结构示意图及现场图

二、雷电定位系统查询情况

通过雷电定位系统查询到，NYL 线路跳闸时线路附近有多起较大落雷，其中 2019 年 3 月 23 日 22 时 54 分 15 秒 146 毫秒最大雷电流为 396.3kA，如图 11-29 所示，此次落雷的时间与变电站内该线保护装置保护记录的跳闸启动时间偏差仅毫秒级。

图 11-29　雷电定位系统查询截图

三、线路故障跳闸及录波情况

2019 年 3 月 23 日 22 时 54 分 15 秒，NYL 线路发生 A、B、C 三相同时故障，相间故障不重合，开关跳三相。保护动作及测距情况如下：电厂侧主保护 11.662ms 动作跳三相，开关 40ms 断弧，行波测距距离电厂 19.75km。变电站侧主保护 15.8ms 动作跳三相，开关 37.8ms 断弧，行波测距距离变电站 12.05km。经一、二次设备详细检查正常，确认具备复电条件后，3 月 24 日 16:34 对 NYL 线路强送成功。变电站侧取到的 NYL 线三相电压和电流录波如图 11-30 所示。

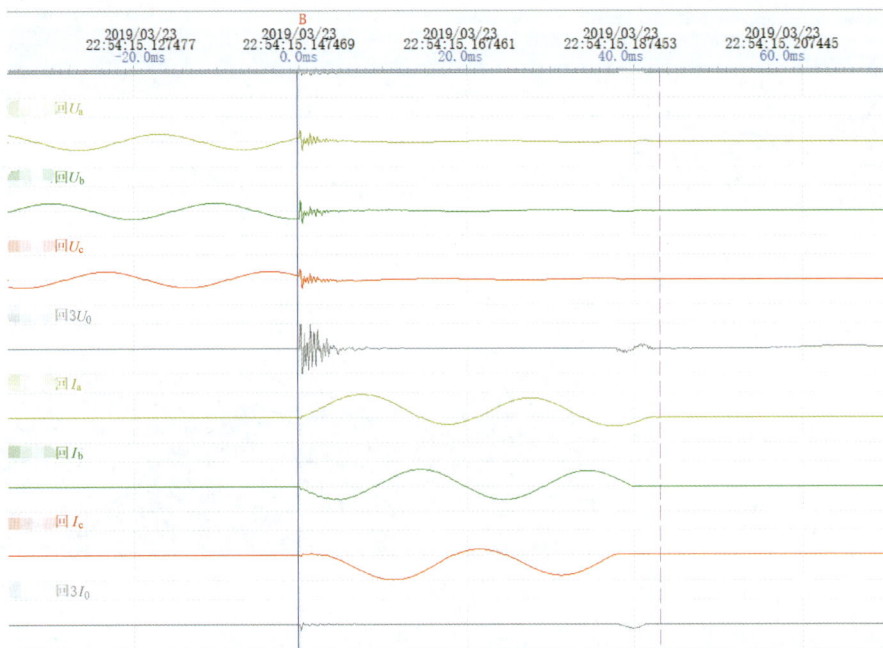

图 11-30　线路故障时的三相及零序电压和电流录波截图

四、线路现场巡视排查情况

2019 年 3 月 24 日～26 日，电网公司运检部门组织线路班组人员利用无人机精飞加人员登塔方式对 NYL 线路故障区段进行故障特巡，发现 49 号塔 A、B、C 三相绝缘子串有明显闪络痕迹，绝缘受损形式裂纹等与雷击受损形式相符，现场绝缘子闪络痕迹图片如图 11-31 所示。

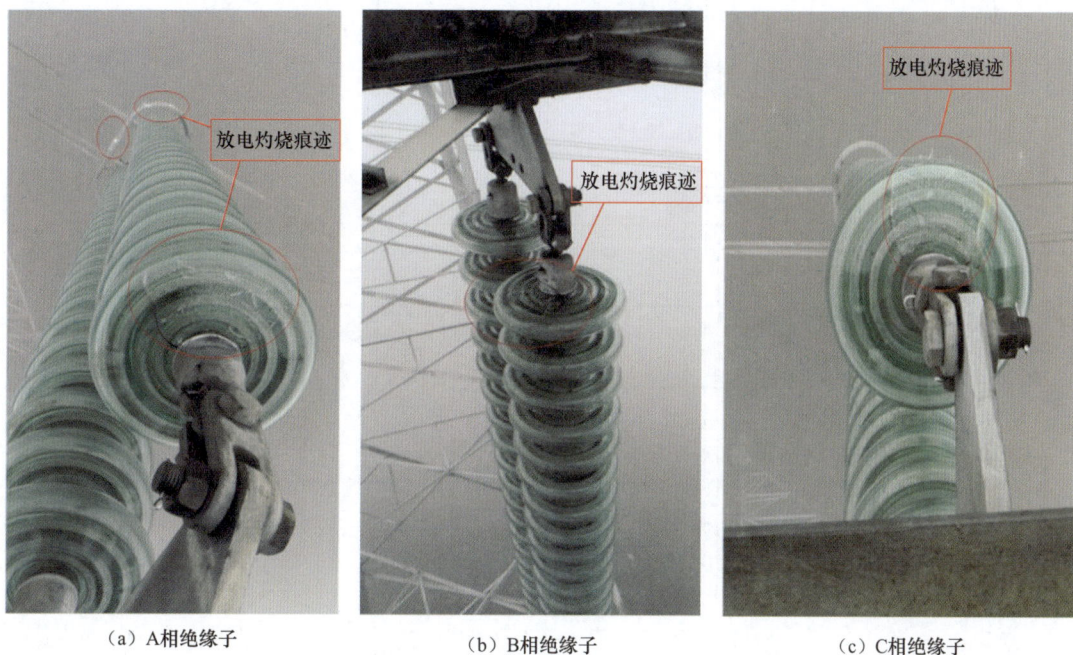

（a）A相绝缘子　　　　　　　（b）B相绝缘子　　　　　　　（c）C相绝缘子

图 11-31　NYL 线 49 号塔三相绝缘子串上的雷击放电痕迹

巡线人员对现场进行了详细排查，发现在故障发生时间段未见过火痕迹，排除山火故障；未见动物遗留物，排除动物影响；故障区段落通道内未发现危及线路安全运行的植物，导线对地安全距离符合规程规范要求，排除风偏对边坡和树竹放电；现场检查发现绝缘子表面干净，未发现污秽物，排除污闪可能性；现场检查未发现漂浮物或漂浮物烧蚀残留物，排除漂浮物引起跳闸可能性。巡线过程咨询当地居民表示，跳闸时段线路区域为雷雨天气并听到几次巨大的雷声，因此推测故障很可能由雷击造成。

五、线路故障复现分析

（一）耐雷性能计算

根据收集到的线路资料（杆塔结构尺寸、导地线参数、绝缘子参数、接地电阻数据等），采用 EMTP 建模计算，主要模型如图 11-32 所示，仿真波形如图 11-33 所示。

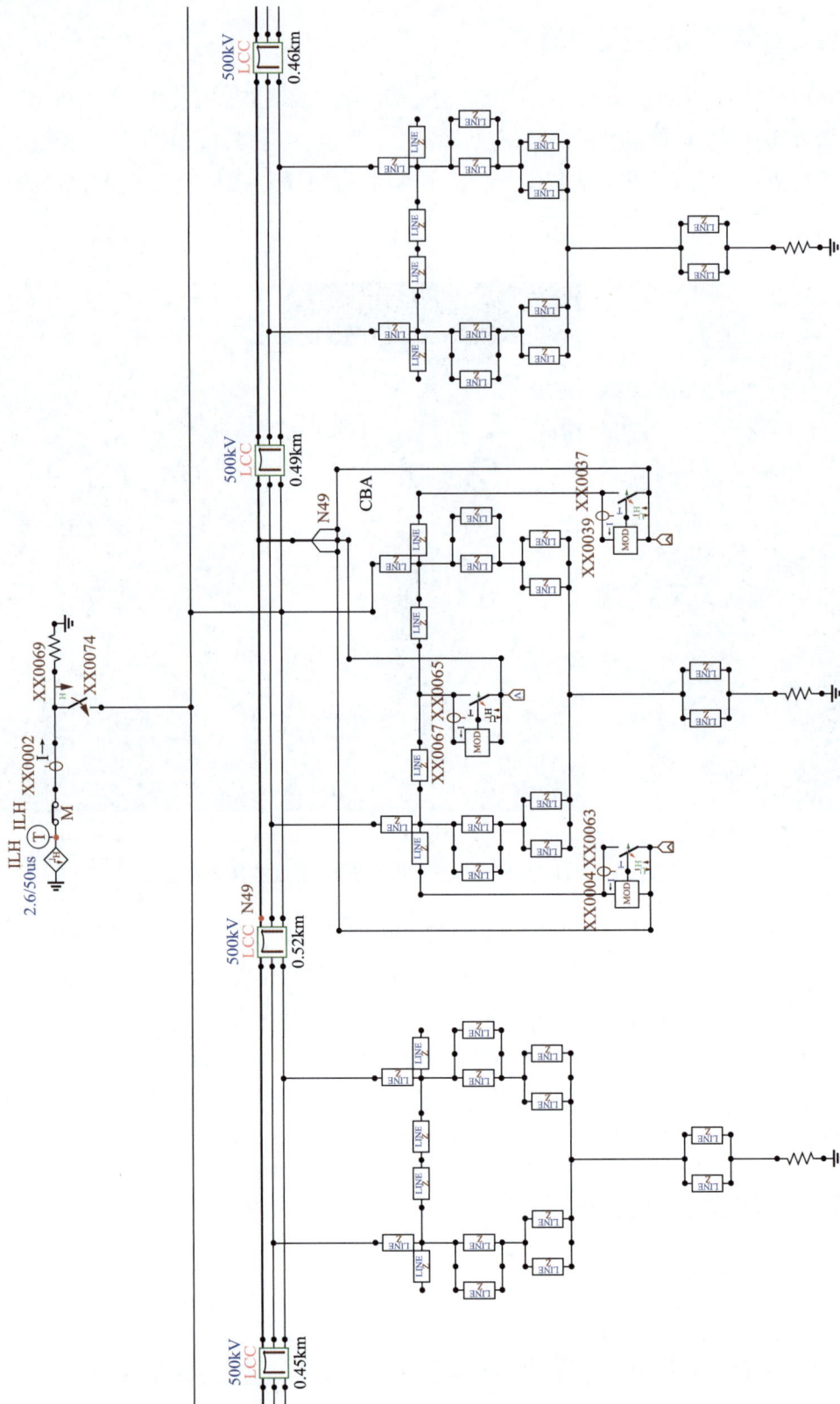

图 11-32　线路故障区段雷击仿真模型部分截图

按接地电阻 28Ω 仿真计算得到，NYL 线路 49 号塔反击单相闪络的耐雷水平为 152kA、反击两相同时闪络的耐雷水平为 238kA，反击三相同时闪络的耐雷水平 376kA，绕击单相闪络的耐雷水平为 21kA。

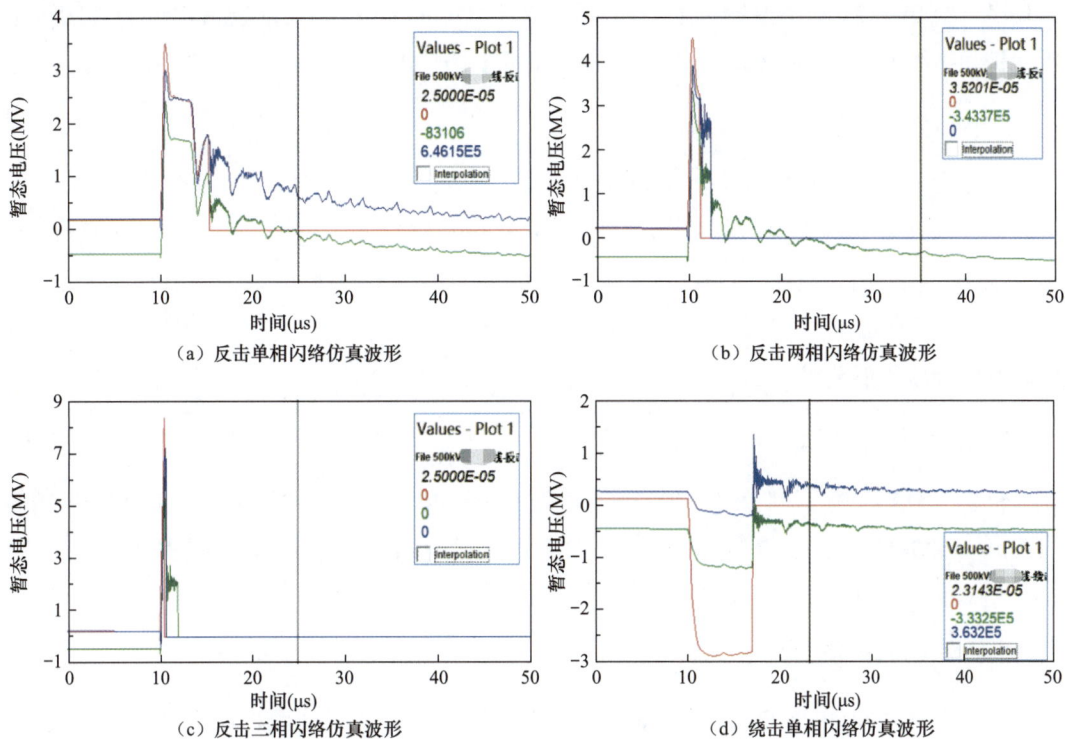

（a）反击单相闪络仿真波形　　　　　　（b）反击两相闪络仿真波形

（c）反击三相闪络仿真波形　　　　　　（d）绕击单相闪络仿真波形

图 11-33　故障线路 49 号塔反击和绕击暂态电压仿真波形

（二）实际雷击复现

根据雷电定位系统查询到时间和位置最接近的为 +396kA 正极性落雷，因此在 EMTP 中模拟该雷电流击中 NYL 线路 49 号塔头地线，仿真计算表明三相绝缘子串被击穿电压降为 0，如图 11-34 所示，仿真结果与实际雷击跳闸情况相符，进一步考虑到继电保护装置记录的故障启动时间和雷电定位系统记录落雷时间高度吻合，从而证明了此次 NYL 线路三相同时跳闸是由 +396kA 正极性落雷击中 49 塔反击造成。

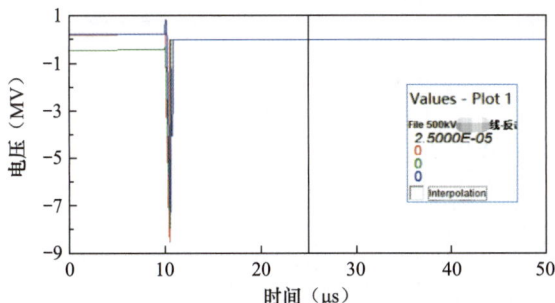

图 11-34　按照实际 +396kA 雷击塔头地线时仿真的电压波形

六、线路防雷指标分析

本次故障的 NYL 线路为 2009 年设计、2010 年投产，主要执行 DL/T 5092—1999《110kV～500kV 架空送电线路设计技术规程》和 DL/T 620—1997《交流电气装置的过电压保护和绝缘配合》两份标准，其防雷技术指标对照情况如下。

（一）绝缘配置

经核实 49 号塔全高 44.2m，塔位海拔 1840m，按设计规程规定，如在 1000m 海拔以下盘形绝缘子串应配置为 25+1=26 片 155mm 结构高绝缘子，考虑海拔修正后应配置 29 片 155mm 绝缘子，实际配置为 26 片 195mm 绝缘子，总绝缘长度为 26×195=5070mm＞29×155mm=4495mm，满足 DL/T 5092—1999《110kV～500kV 架空送电线路设计技术规程》对绝缘配置的要求。

（二）地线保护角

根据杆塔结构尺寸计算 49 号塔地线保护角为 13.85°，满足 DL/T 5092—1999《110kV～500kV 架空送电线路设计技术规程》对 500kV 单回线路地线保护角应采用 10°～15°的技术要求。

（三）接地电阻

查询设计资料 49 号塔采用 TM6 接地装置，设计资料中说明因杆塔土壤电阻率太高，按规程要求采用 6～8 根总长不超过 500m 的放射形接地体或采用连续伸长接地体，其接地电阻不受限制，实际复测杆塔接地电阻为 28Ω，因此接地电阻设计满足技术标准要求。

（四）耐雷水平

该线路 49 号塔单回跳闸反击耐雷水平为 152kA，满足当时 DL/T 620—1997《交流电气装置的过电压保护和绝缘配合》对 500kV 单回线路反击耐雷水平应达到 125～177kA 的要求。

（五）标准对照结果

从线路设计规程和过电压配合标准对照来看，本次故障 500kV 电压等级 NYL 线路 49 号塔满足当时线路设计标准 DL/T 5092—1999 的要求，同时其耐雷水平也满足当时过电压与绝缘配合 DL/T 620—1997 的要求。

七、防雷改造措施分析

（一）防雷改造思路

根据前面的分析，本次故障为大雷电流反击造成的 49 号塔三相同时闪络跳闸，因此对该塔防雷改造措施侧重于防范反击。500kV 架空输电线路防反击主要可采用的措施有：降

低杆塔接地电阻、安装线路避雷器、增加绝缘配置、安装耦合地线等，具体选择思路如下：

（1）由于本线路及杆塔实际情况不具备安装耦合地线的条件，因此不考虑安装耦合地线，同时考虑到塔头避雷针及侧针的主动引雷效果可能会导致雷击杆塔反击跳闸率增高，也不考虑安装避雷针措施。

（2）对于并联间隙主要是借助适当减小绝缘距离，使电弧通过并联间隙击穿以避免绝缘子发生灼烧，造成绝缘水平下降，导致雷击跳闸率增加，适用于避免多回同时跳闸的发生，然而可能会导致单相跳闸，因此也不建议采用安装并联间隙的方式。

（3）针对此次 500kV NYL 线超大雷电流造成三相同时跳闸且不自动重合故障，建议采用安装线路避雷器和降低杆塔接地电阻的措施，以防止类似的两相或三相跳闸故障再次发生，同时还可以增加绝缘配置以提高绝缘水平。不同防雷措施对杆塔反击耐雷性能的提升情况见表 11-4，效果对比如图 11-35 和图 11-36 所示。

表 11-4　　　　不同防雷措施反击耐雷水平和反击跳闸率对比分析

防雷措施		反击单相跳闸		反击两相跳闸		反击三相跳闸	
		耐雷水平（kA）	跳闸率［次/（百公里·年）］	耐雷水平（kA）	跳闸率［次/（百公里·年）］	耐雷水平（kA）	跳闸率［次/（百公里·年）］
杆塔现状（无措施）		152	0.0383	238	0.0077	376	0.0015
降低杆塔接地电阻（降低至20Ω）		178	0.0217	299	0.0034	416	0.0010
提高绝缘水平（增加2片绝缘子）		164	0.0291	256	0.0059	380	0.0013
安装线路避雷器	一侧边相导线安装	172	0.0246	394	0.0013	—	0.0
	两侧边相导线安装	395	0.0012	—	0.0	—	0.0

注　对于一侧安装线路避雷器的方式，由于雷击左侧或右侧避雷线时的线路耐雷水平不一样，本表中给出的是雷击严重的情况，即雷击时耐雷水平低的一侧的结果。

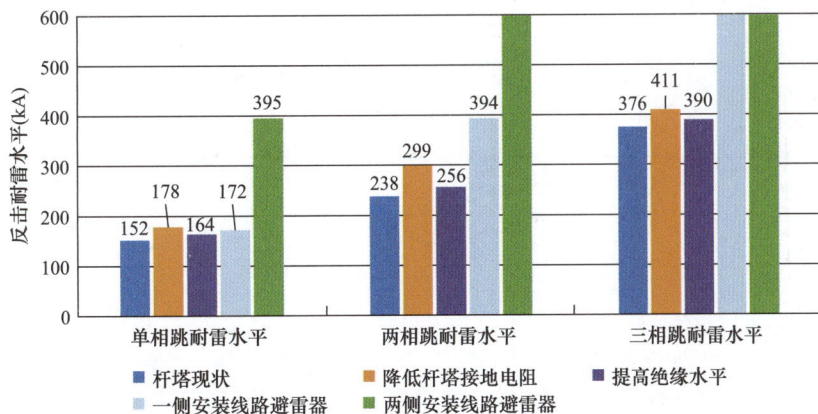

图 11-35　49 号塔不同防雷措施反击耐雷水平对比图

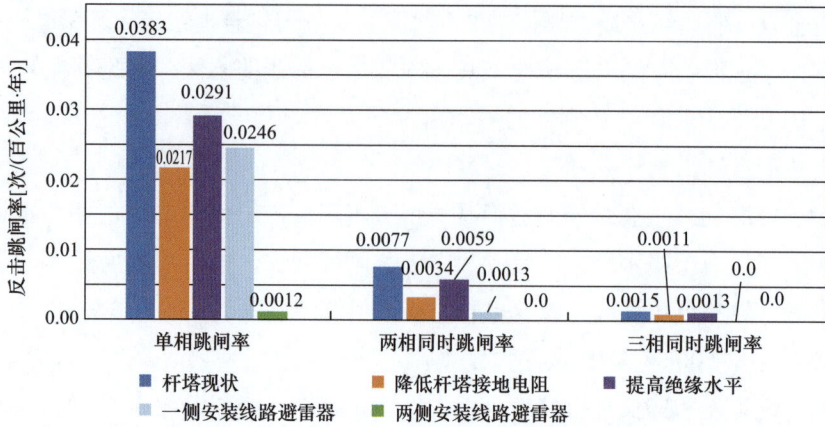

图 11-36　49 号塔不同防雷措施反击跳闸率对比图

　　进一步给出 49 号塔单侧边相安装避雷器和两侧边相安装避雷器的仿真波形如图 11-37 和图 11-38 所示，可见单侧安装避雷器仍存在一定的反击单相闪络和两相闪络概率。

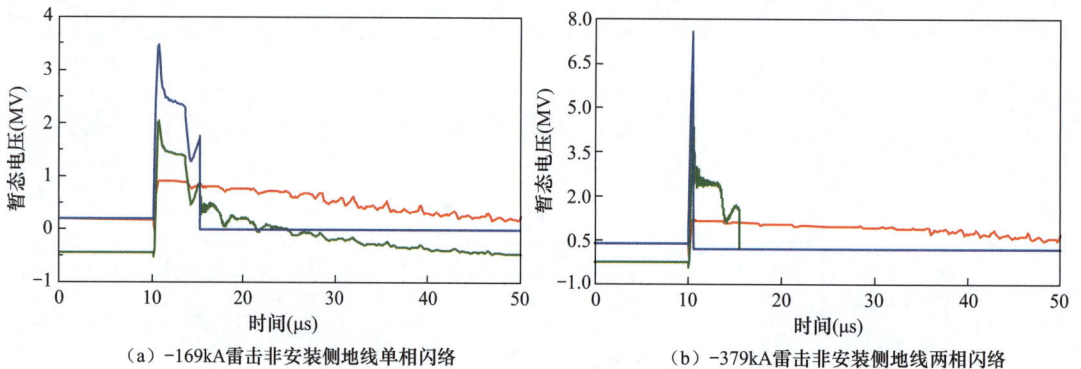

（a）−169kA雷击非安装侧地线单相闪络　　　　　（b）−379kA雷击非安装侧地线两相闪络

图 11-37　49 号塔一侧边相安装避雷器在大雷电流反击时三相电压波形

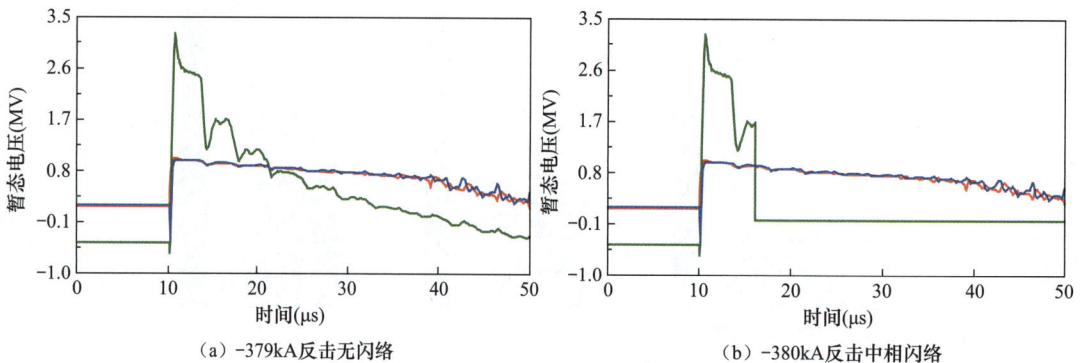

（a）−379kA反击无闪络　　　　　　　（b）−380kA反击中相闪络

图 11-38　49 号塔两侧边相安装避雷器在大雷电流反击时三相电压波形

（二）防雷措施建议

综合分析可以看出，两侧边相安装线路避雷器具有最好的效果，可以避免两相及三相同时跳闸；一侧边相安装线路避雷器能够对两相同时跳闸的反击耐雷水平产生大幅度的提升，使之达到约 379kA 以上，效果次之；降低杆塔接地电阻的单相跳闸耐雷水平提升仅比两侧装避雷器弱，同时能够较大提升两相同跳和三相同跳的耐雷水平，降阻效果再次之。

由于大多数防雷措施需要停电，而降低杆塔接地电阻不需要停电，因此降低杆塔接地电阻的技术实施难度最小。对于经济性来说，增加绝缘子片数具有较低的成本，但需要对塔头间隙进行校核；安装 500kV 线路避雷器的成本为 3 万～4 万元 / 相；降低接地电阻的成本一般在数千到数万元 / 基，具体成本应结合当地实际地质情况进行分析确定。

第五节　多重雷击线路避雷器故障分析

一、典型线路基本情况

2016 年 5 月 15 日 16 时 27 分 6 秒 132 毫秒，某 500kV 线路甲线 B 相故障跳闸，重合不成功，17 时 54 分强送成功。5 月 16 日运维单位组织巡线人员对 132～154 号区段开展故障登检及无人机巡视。16 日 15 时 8 分，经无人机巡视，发现线路 138 号 B 相（中相）避雷器断裂，避雷器导线侧合成绝缘子及残余避雷器下垂至下相横担，B 相横担雷电计数器安装处塔材及雷电计数器上、导线侧绝缘子均压环、避雷器均压环上有放电痕迹，如图 11-39 所示。故障线路跳闸当日为雷雨天气，附近落雷强烈。

图 11-39　138 号中相（B 相）断裂的避雷器绝缘子与均压环放电点

138 号塔为直线塔，呼高 39.0m，全高 67m；接地型式为 TS8A，测得接地电阻 12Ω（乘季节系数 1.6）；绝缘子配置为双联 I 串陶瓷绝缘子，型号为 CA-596EZ，共 24 片；该段导线型号为 ACSR-720/50。

二、雷电定位系统查询情况

该线路故障时刻雷电定位系统查询结果见表 11-5。从雷电定位系统查询结果可知，在 16:27:06.0288-16:27:06.6133 时刻内 138～140 号杆塔周围共有 7 次落雷记录，由同一个雷电过程的主放电和 6 次后续回击组成。

表 11-5　　　　　　　　　　　　雷电定位系统查询结果

序号	时间	电流（kA）	回击	站数	最近距离（m）	最近杆塔
1	2016-05-15 16:26:07.3807	−25.1	4	10	1640	138～139
2	2016-05-15 16:26:07.5394	−22.5	−1	7	970	138～139
3	2016-05-15 16:26:07.6215	−18.4	−2	10	1570	138～139
4	2016-05-15 16:26:07.6653	−13.1	−3	5	15	138～139
5	2016-05-15 16:27:06.0288	−25.2	7	14	916	139～140
6	2016-05-15 16:27:06.1333	−34.6	−1	16	736	138～139
7	2016-05-15 16:27:06.2061	−23.8	−2	10	219	138～139
8	2016-05-15 16:27:06.3554	−41.5	−3	19	1161	139～140
9	2016-05-15 16:27:06.4187	−15.5	−4	7	535	138～139
10	2016-05-15 16:27:06.5049	−21.8	−5	8	364	138～139
11	2016-05-15 16:27:06.6133	−21.4	−6	10	811	138～139

三、线路故障录波情况

整个故障过程中，线路一侧的故障录波如图 11-40 所示。对录波文件和雷电定位数据进行分析，图 11-40 给出了该 500kV 线路 B 相 2016-05-15 16:27:06.0288 后 600 毫秒内的电压波形和雷电定位数据对照情况。可见，录波图中 B 相电压第 1 次出现故障波形的时刻（16:27:06.1334）与雷电定位查询到的 16:27:06.0288 主放电后第 1 次回击（16:27:06.1333）时刻高度吻合，雷击位置也在 138 号塔附近，从而说明了此次故障与雷击密切相关。

此次故障过程中 138 号塔 B 相在 16:26～16:27 时段内至少遭受了两起多重雷击的作用，该避雷器首先承受住了第一起 16:26:07.3807 开始的主放电及后续 3 次多重雷击，并在约 1min 后又承受住了第二起多重雷击 16:27:06.0288 的主放电作用，未发生损坏，但在随后的第 1 次回击过程中发生了故障（即 16:27:06.1334 时刻 B 相电压波形开始出现畸变），并且在后续第 2～第 6 次连续回击中故障持续并扩大。

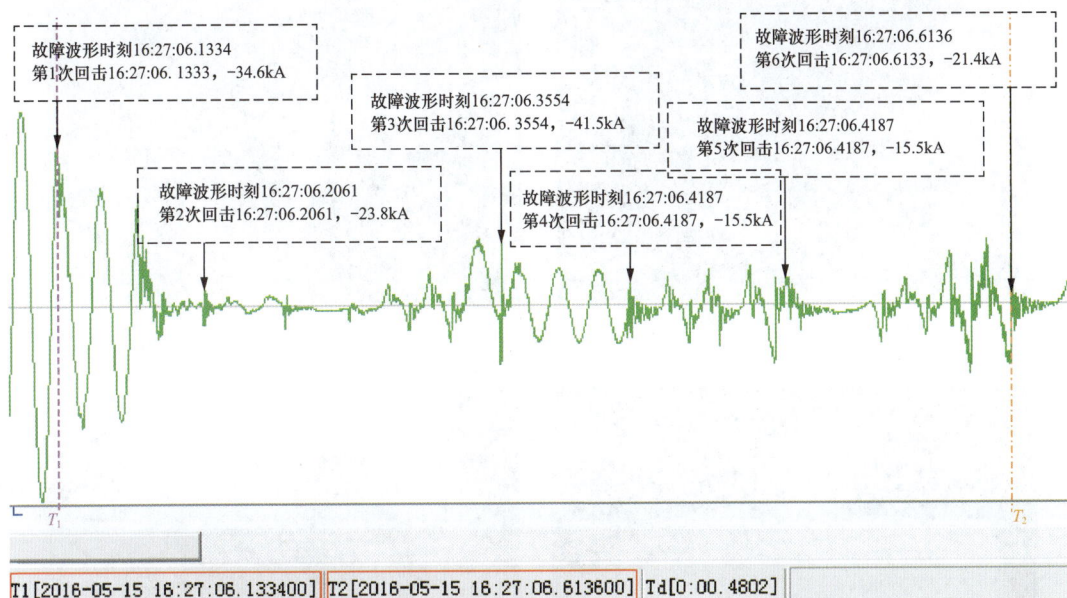

故障波形时刻16:27:06.1334
第1次回击16:27:06.1333，-34.6kA

故障波形时刻16:27:06.2061
第2次回击16:27:06.2061，-23.8kA

故障波形时刻16:27:06.3554
第3次回击16:27:06.3554，-41.5kA

故障波形时刻16:27:06.4187
第4次回击16:27:06.4187，-15.5kA

故障波形时刻16:27:06.4187
第5次回击16:27:06.4187，-15.5kA

故障波形时刻16:27:06.6136
第6次回击16:27:06.6133，-21.4kA

T1[2016-05-15 16:27:06.133400]　T2[2016-05-15 16:27:06.613600]　Td[0:00.4802]

图 11-40　故障相雷击后电压录波波形和雷电定位数据对照情况

四、避雷器解体情况

对故障避雷器进行返厂解体发现，避雷器低压端部分残存较完好，测量低压端底座上放电计数器引流线螺栓和接地金具之间的绝缘电阻为零，表明内部底座已丧失绝缘性能，如图 11-41 所示。对低压端残存较完好部分的外部橡胶进行解剖，硅橡胶与芯体环氧之间粘接完好，如图 11-42 所示；接地螺栓处密封完好，无漏水痕迹，如图 11-43 所示；外部硅橡胶厚度为 7mm 左右，如图 11-44 所示。将低压端残存较完好部分的环氧进行解剖，观察内部放电路径，可见内部清晰放电痕迹，瓷盘周围环氧已碳化，如图 11-45 所示。将低压端残存部分电阻片完好部分解剖，可见电阻片侧面有烧熔痕迹，如图 11-46 所示。

图 11-41　放电计数器引流线螺栓

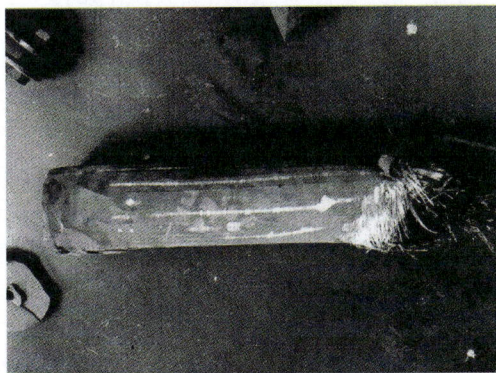

图 11-42　硅橡胶与芯体环氧粘接面

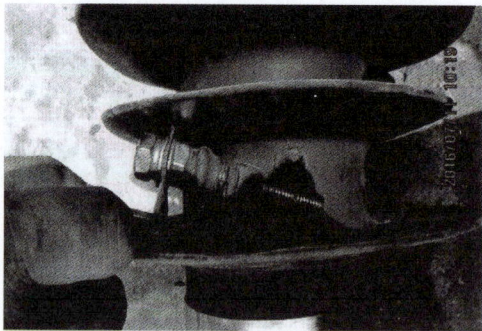

图 11-43　接地螺栓密封

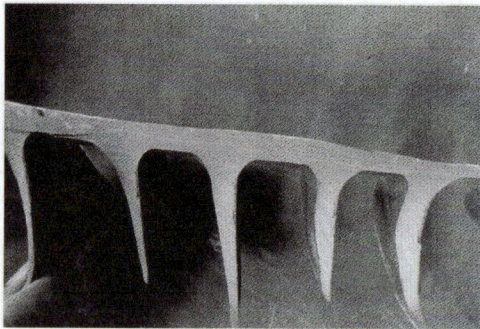

图 11-44　硅橡胶厚度

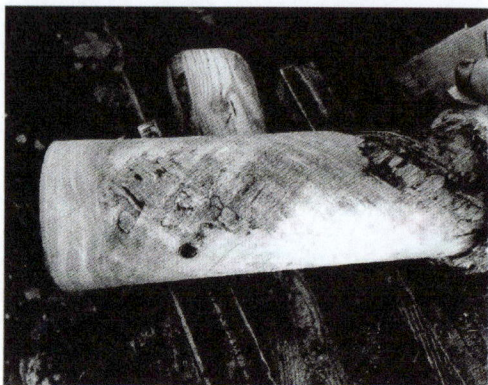

图 11-45　低压端残存较完好部分的环氧解剖

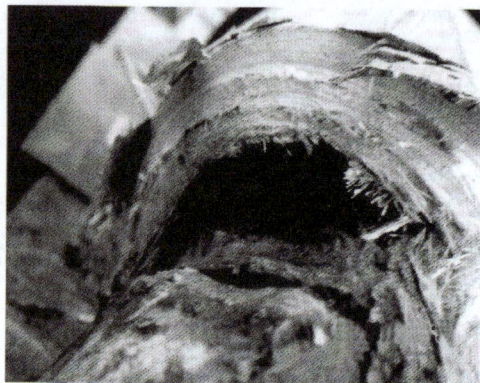

图 11-46　电阻片侧面烧熔痕迹

五、故障分析结论

利用 EMTP 建立计算模型，计算了避雷器故障前遭受上述多重雷击过程中吸收的能量，如图 11-47 所示。

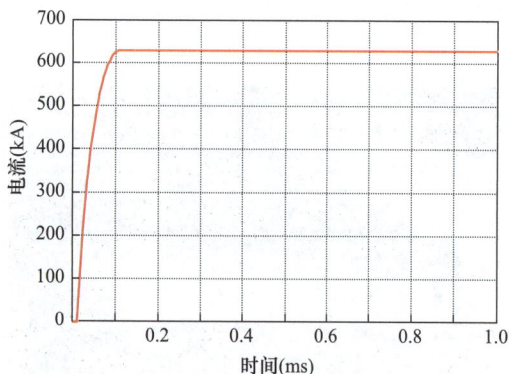

（a）第一次-25.1kA避雷器吸收能量（631kJ）

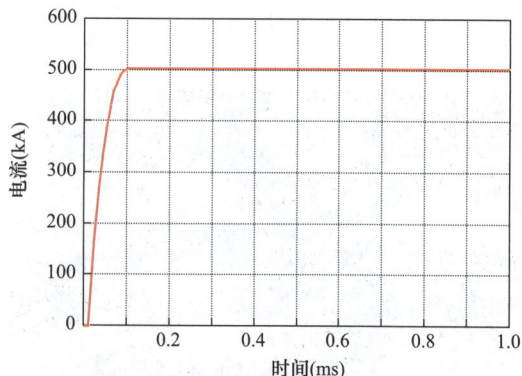

（b）第二次-22.5kA避雷器吸收能量（503kJ）

图 11-47　线路 138 号杆塔 B 相避雷器在多重雷击下吸收能量计算结果（一）

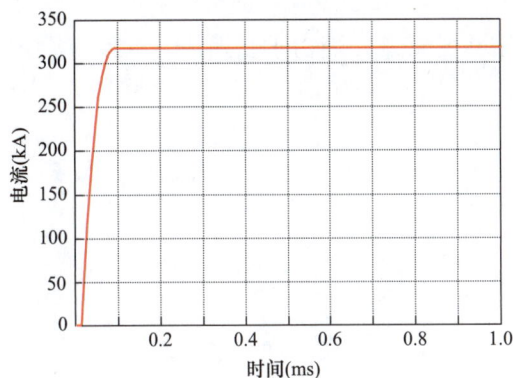

（c）第三次-18.4kA避雷器吸收能量（319kJ）

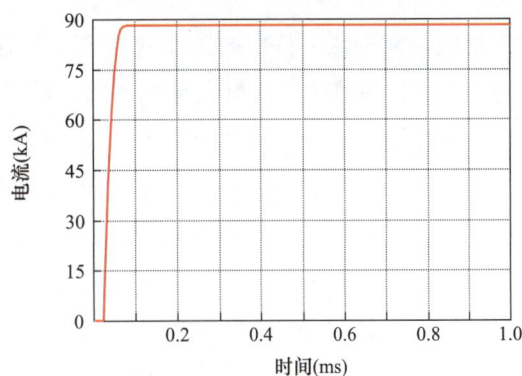

（d）第四次-13.1kA避雷器吸收能量（88kJ）

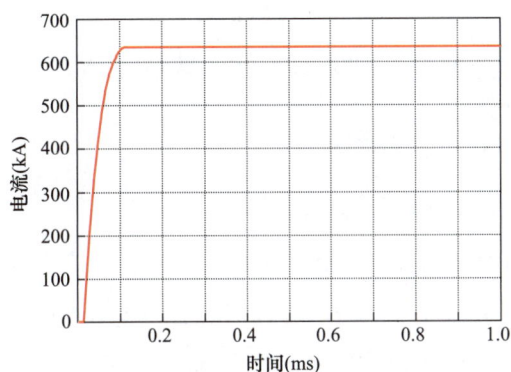

(file 玉砚甲线线路避雷器故障.pl4；*x*-var *t*) c：XX0027–X0002B

（e）第五次-25.2kA避雷器吸收能量（636kJ）

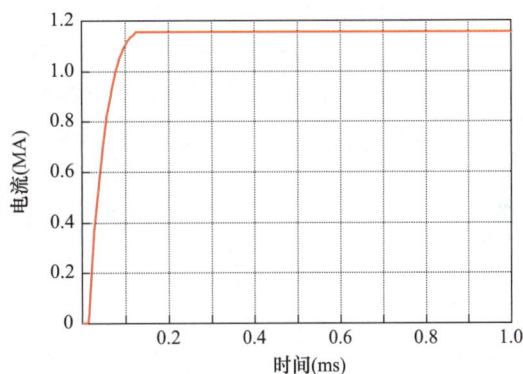

（f）第六次-34.6kA避雷器吸收能量（1157kJ）

图 11-47　线路 138 号杆塔 B 相避雷器在多重雷击下吸收能量计算结果（二）

根据计算结果，本线路 138 号杆塔 B 相避雷器故障前共计吸收能量 3334kJ，大幅超出一般 500kV 线路避雷器 2ms 方波耐受能量（2520kJ）。在约 1min 的时间内如此高能量值注入避雷器，极有可能造成其内部温度急速上升，过高的温度导致避雷器阀片沿面绝缘下降，在雷击作用下发生沿面闪络放电，加之故障后仍然连续遭受多重雷击，且雷电流较大，最终造成避雷器崩溃而发生严重损毁。

六、多重雷特征及其对避雷器冲击分析 [1]

通过对大量输电线路沿线落雷数据统计分析，进一步研究了线路遭受多重雷击的情况，基于某电网公司雷电定位系统，对 2014～2016 年五省 75 条 110～500kV 架空输电线路沿线两侧各 1km 范围内的 12763 次落雷进行统计和分析，主要情况如下。

（一）多重雷击时间间隔

根据现有的技术手段，判断连续落雷是否为多重雷击的两个最主要参数：一个是连续

---

[1] 本节来源于廖民传等人的《多重雷击对线路避雷器的冲击影响研究》，详见参考文献［173］。

落雷的时间间隔；另一个是连续落雷的位置距离。考虑到已建成投运的雷电定位系统探测站的精度为微秒级，探测时间上完全满足判断多重雷需求，而由于受地形、气象等因素影响，探测位置难免会有数百米的误差。因此，初步认为雷电定位系统探测到的时间间隔足够小、距离不超过 1km 的连续落雷很有可能是多重雷。基于此分析，对线路两侧 1km 范围内落雷时间间隔从小于 0.05s 到大于 0.5s 的各种情况进行统计，如图 11-48 所示。可见，大部分落雷时间间隔超过 0.5s，但也有不少落雷时间间隔非常小。若按多重雷击的单次雷击时间间隔不超过 0.1s 统计（间隔时间足够小才能维持多重雷击经同一放电通道），则约有 28.33% 的落雷

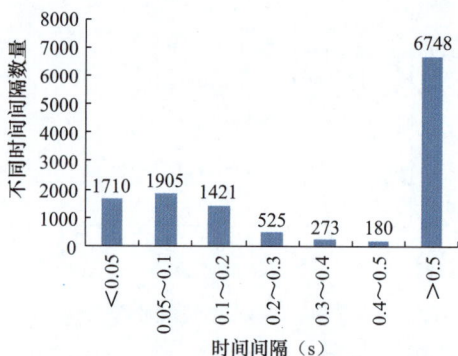

图 11-48　不同时间间隔的多重雷击数据统计图

时间间隔小于 0.1s，说明多次雷击是自然界中比较常见的现象。

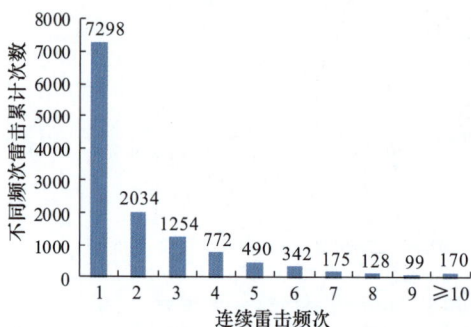

图 11-49　单次雷击和多重雷击频次统计图

（二）多重雷击频次

根据前面分析，这里只对时间间隔小于 0.1s 连续落雷按多重雷击统计，时间间隔大于 0.1s 的落雷按单次落雷统计，结果如图 11-49 所示。可见多数为单次落雷，而多重雷中连续雷击频次 2～6 次的占绝大部分（约占所有多重雷的 89.53%），连续频次 6 次以上的多重雷较少，最多连续频次可超过 10 次。

（三）多重雷电流幅值

再对时间间隔小于 0.1s 的多重雷的雷电极性和幅值进行统计，5464 次多重雷击中负极性雷 5262 次（占 96.30%）。负极性雷电流幅值方面，最小为 −2.2kA，最大为 −321.2kA（某起多重雷的首次主放电），平均为 −29.3kA。正极性雷电流幅值方面，最小为 3.7kA，最大为 163.9kA，平均为 14.6kA。对多重雷的雷电流幅值统计如图 11-50 所示，其中小于 50kA 的雷电流占 87.30%，绝大部分为 5～50kA。

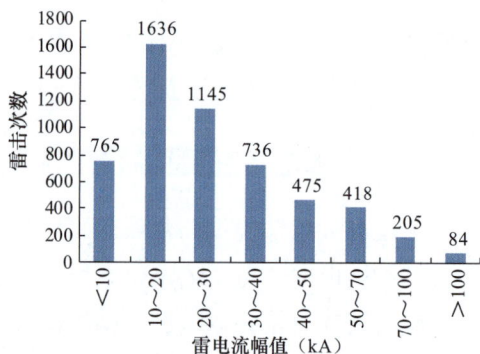

图 11-50　多重雷击雷电流幅值统计图

（四）多重雷绕击下线路避雷器吸收能量分析

进一步选取 110～500kV 典型线路避雷器作为研究对象（YH10CX1-102/296、YH10CX1-204/592、YH20CX1-396/1050），计算其遭受多重雷绕击时吸收能量情况见表 11-6～表 11-8，表中也给出了避雷器 2ms 方波通流能量限值。其中避雷器耐受 2ms 方波冲击电流峰值按照规程推荐值（110kV 线路避雷器为 600A、220kV 线路避雷器为 600A，500kV 线路避雷器为 1200A），避雷器的方波通流能量近似按式（11-4）计算，即

$$E_a = U_{res} \times I_m \times T \tag{11-4}$$

式中：E_a 为避雷器方波冲击吸收能量，kJ；U_{res} 为方波冲击下避雷器残压，kV；I_m 为方波冲击电流峰值，A；T 为方波冲击持续时间，s。

表 11-6　典型 110kV 线路避雷器在多重雷绕击下吸收能量情况

雷电流幅值（kA）		-10	-20	-30
不同频次多重雷击下避雷器吸收能量（kJ）	1	85	226	377
	2	170	451	753
	3	254	677	1130
	4	339	902	1507
	5	424	1128	1884
	6	509	1353	2260
2ms 方波耐受能量（kJ）		355.2		

注　表中数据带下划线表示避雷器吸收能量超出其 2ms 方波耐受能量，下同。

表 11-7　典型 220kV 线路避雷器在多重雷绕击下吸收能量情况

雷电流幅值（kA）		-10	-20	-30	-40
不同频次多重雷击下避雷器吸收能量（kJ）	1	122	314	702	1031
	2	244	628	1404	2062
	3	366	942	2106	3093
	4	488	1256	2808	4124
	5	610	1570	3510	5155
	6	732	1884	4212	6186
2ms 方波耐受能量（kJ）		710.4			

表 11-8　　　　　典型 500kV 线路避雷器在多重雷绕击下吸收能量情况

雷电流幅值（kA）		−10	−20	−30	−40	−50
不同重数雷击下避雷器吸收能量（kJ）	1	191	414	875	1389	1932
	2	382	828	1750	<u>2778</u>	<u>3864</u>
	3	573	1242	<u>2625</u>	<u>4167</u>	<u>5796</u>
	4	764	1656	<u>3500</u>	<u>5556</u>	<u>7728</u>
	5	955	2070	<u>4375</u>	<u>6945</u>	<u>9660</u>
	6	1146	2484	<u>5250</u>	<u>8334</u>	<u>11592</u>
2ms 方波耐受能量（kJ）		2520.0				

　　由计算结果可见，对于 110kV 和 220kV 线路型避雷器遭受 −10kA 多重雷直接绕击时，可承受的连续雷击频次为 4～5 次，当遭受 20kA 及以上多重雷击直接绕击时，连续雷击频次 2～3 次及以上则可能造成避雷器能量过载；对于 500kV 线路型避雷器，遭受 −20kA 多重雷直接绕击时，一般不会能量过载，当遭受 30kA 及以上连续 3 次及以上多重雷击时，很可能发生能量过载。避雷器出现能量过载时，易造成电阻片劣化或损伤，当多次发生或能量严重过载时极可能造成整只避雷器故障。

第十二章

架空配电线路的防雷技术与应用

第一节　架空配电线路雷击形式

据统计，配电线路中由于雷害造成的停电故障率大于 20%。配电线路雷击停电故障大都是由于雷电引起线路绝缘子闪络引发工频续流而烧断相导线。雷电造成配电线路闪络原因包括：①雷电直击配电线路；②配电线路附近落雷；③雷击与配电线路相连的建筑物而导致的所谓"逆流雷"。

开阔地区配电线路容易遭受雷电直击，加之配电线路绝缘水平较低，因此，直击雷成为导致开阔地区架空配电线路雷害故障的主要原因。对于城区架空配电线路一般会受到附近建筑物及树木的屏蔽，雷电直击线路的概率较小，而雷击附近物体产生的空间电磁场在配电线路上耦合产生的感应过电压成为配电线路雷害故障的主要原因。由于高物体更易吸引雷电，因此建筑物、树等屏蔽物高度、接闪位置与线路的距离会影响架空配电线路的防雷性能。

第二节　架空配电线路直击雷特点

一、架空配电线路直击引雷特性

架空配电线路直击引雷特性与其结构高度、宽度以及雷电活动频度、地形地貌有关，根据《IEEE 配电线路雷电防护导则》推荐，开阔地形条件下每个雷暴日每百公里配电线路雷击次数 N_1 可用式（12-1）估算，即

$$N_1 = \gamma \left(\frac{28h_t^{0.6} + b}{10} \right) \tag{12-1}$$

式中：N_1 为雷击概率，次 /（百公里·年）；γ 为地面落雷密度，次 /（百公里·年）；h_t 为

杆塔高度，m；b 为结构宽度因子，对于单杆配电线路，$b=0$。

根据式（12-1），若配电杆塔高度增加 20%，配电线路雷击概率将增加 12%。

据 GB/T 50064—2014《交流电气装置的过电压保护和绝缘配合设计规范》，线路的引雷宽度为

$$w = 28h_t^{0.6} + b \qquad (12\text{-}2)$$

式中：h_t 为杆塔高度，m；b 为地线之间距离，对于绝大多数配电线路无地线或者单根地线，$b=0$。

在平均每年 40 个雷暴日时，每年每百公里配电线路落雷总数 N_L 为

$$N_L = 0.28(28h_t^{0.6} + b) \qquad (12\text{-}3)$$

可见，配电线路的直击引雷特性取决于架空配电线路高度及自身结构。

二、线路附近建筑物及树木的屏蔽作用

由于配电线路架设高度低，架空配电线路沿线跨越城区、树林等能够屏蔽部分雷击线路。采用屏蔽系数 S_f 表征单位长度配电线路的雷击次数被周围物体屏蔽掉的比例。考虑线路附近建筑物及树的屏蔽作用后，配电线路雷电直击次数 N_s 可用式（12-4）计算，即

$$N_s = N(1 - S_f) \qquad (12\text{-}4)$$

式中：N_s 为考虑屏蔽作用后配电线路雷击次数，次／（百公里·年）；N 为开阔地形配电线路雷击次数，次／（百公里·年）；S_f 为周围物体对配电线路雷电屏蔽系数，取值范围 0～1。当屏蔽系数 $S_f=0$ 时，表示配电线路处于开阔地区；$S_f=1$，表示配电线路不会遭受雷击，适用于高层建筑物很多的城区架空配电线路。

图 12-1 给出了典型配电线路（高度为 10m）屏蔽系数与屏蔽物高度及距离的关系，其中假设这些屏蔽物与线路平行均匀架设于线路同侧，例如一排平行于配电线路的树木或建筑物。

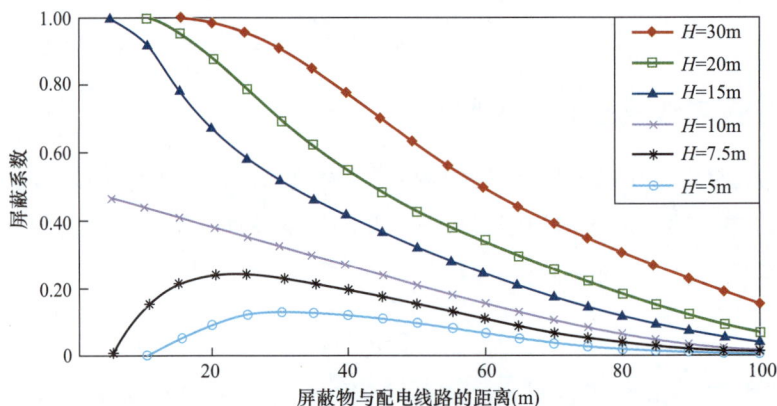

图 12-1　配电线路屏蔽系数与屏蔽物高度及间距的关系

当配电线路两侧都有屏蔽物时，应将左屏蔽系数 S_{fL} 与右侧屏蔽系数 S_{fR} 相加。总屏蔽系数 S_f 计算公式为

$$S_f = S_{fL} + S_{fR} \qquad (12-5)$$

式中：S_{fL} 为左侧屏蔽系数；S_{fR} 为右侧屏蔽系数；S_f 为总屏蔽系数，取值范围 $0\sim1$，如果 $S_f > 1$，则 $S_f = 1$。

第三节　配电线路雷电感应过电压形成机理及计算

一、配电线路雷电感应过电压形成机理

地闪放电过程中，在附近线路的导线上会产生雷电感应过电压。配电线路雷电感应过电压包括静电感应和电磁感应两个分量。以负地闪放电为例，分析配电线路上雷电感应过电压的形成过程。

在下行负极性先导发展时，配电线路处于雷云、下行先导通道和大地三者之间形成的空间电场中。由于静电感应作用，配电线路上形成极性为正的束缚电荷，如图 12-2 所示。线路上的负电荷则被排斥到导线的远端，经系统泄漏电阻及中性点入地。在下行负极性先导放电过程中，在接近通道处的束缚电荷与电场和先导通道的负电荷抵消，使导线保持地电位。

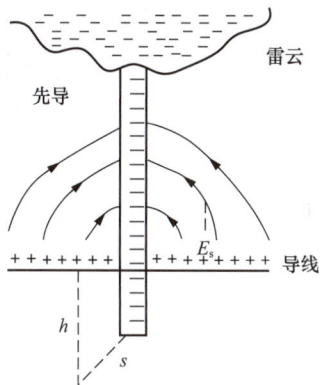

图 12-2　雷电感应过电压静电分量形成时的先导阶段

E_s—空间电场；h—导线对地高度；S—落雷点至导线距离

在下行负极性先导发展过程中，下行负极性先导与迎面先导相遇或到达地面以后，会导致负电荷与正电荷发生放电并中和，此现象为主放电过程，又称回击过程。

主放电阶段，下行负极性先导通道中的电荷与正极性迎面先导中的电荷迅速中和，导致接近先导通道的正束缚电荷迅速释放，形成电压波向线路两侧快速传播，如图 12-3 所示。由于束缚电荷释放速度很快，形成雷电感应过电压的幅值可能很高，这种过电压被称为雷电感应过电压的静电分量。

雷电流冲击波在主放电过程中，会在放电通道周围空间产生强烈的脉冲磁场，如图 12-4 所示。其中部分磁力线穿过了导线－大地回路，产生感应电动势，这种过电压为感应过电压的电磁感应分量。

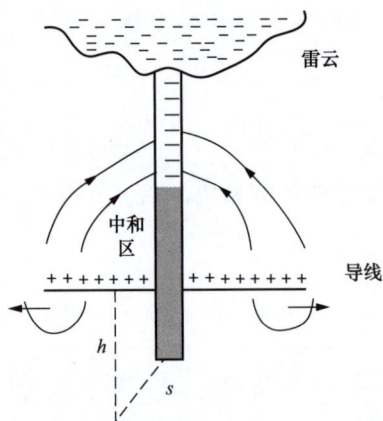

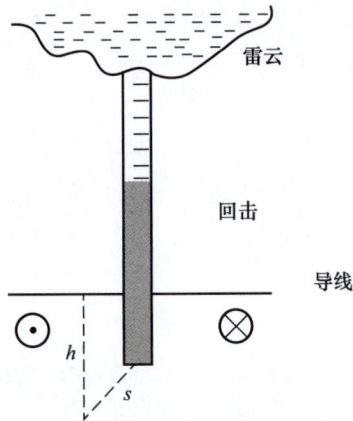

图 12-3　雷电感应过电压静电分量形成时的主放电阶段　　图 12-4　雷电感应过电压的电磁分量的形成

雷电感应过电压的静电分量和电磁感应分量都是在主放电过程中，由统一的电磁场突变而同时产生的。由于主放电的速度较慢，且主放电通道与配电线路基本呈垂直状态，电磁感应现象较弱，电磁感应分量要比静电感应分量小很多。因此，在配电线路雷电感应过电压中，静电分量将起主要作用。

与直击雷相比，雷电感应过电压波形较平缓，波头时间由几微秒到几十微秒，而波长可达数百微秒。图 12-5 为自然雷电条件下云南省某 10kV 配电线路雷电感应过电压实测波形。

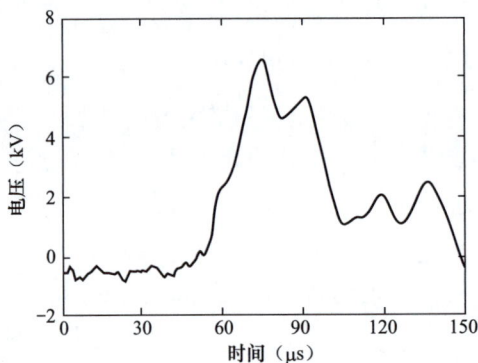

图 12-5　10kV 配电线路雷电感应过电压实测波形 ❶

二、配电线路雷电感应过电压数值计算

本节以某电网典型 10 kV 配网为例，开展配电线路雷电感应过电压计算分析。在 EMTP 软件建立雷电通道模型，考虑有损地面的感应效应，计算有架空地线的配网线路雷电感应过电压，获得线路的耐雷水平，实现复杂网络感应电压计算模型化。本节还分析了不同参数对计算结果的影响，验证了配电线路架设地线对雷电感应过电压的降低作用，可

---

❶　云南省丽江市华坪县某 10kV 配电线路上测量到 42 次雷感应过电压数据，详见文献 [165]。

供配电网建设和运行参考。

1. 雷电感应过电压计算模型

（1）雷电回击通道模型。假设雷电通道是垂直于地面并且没有分支的，可以采用传输线模型（TL）模拟雷电通道。TL 模型的特征是假定雷电流的波形是线性的，并以固定的速度无衰减地向上传播。土壤介质是均匀的，且具有单一的介电常数和传导率。在模型中，闪电通道中电流 $I(z',t)$ 的空间分布和时间变化用解析公式描述如下 [❶]：

$$I(z',t) = u\left(t - \frac{z'}{v_f}\right)p(z')I\left(0, t - \frac{z'}{v}\right)$$

（12-6）

其中 $u(t-z'/v_f)$ 是阶跃函数，$p(z')$ 是随高度变化的电流衰减系数，在 TL 模型中取值为 1。v_f 是上行波前沿的速度，也称为回程速度。v 是电流波的传播速度，在 TL 模型中取值为 v_f [❷]。TL 模型在计算距离通道几十米到 5km 之间的电场具有较高的精度。

（2）雷电流引起的电磁场。在架空线路感应电压计算中，闪电产生的电磁场可以用下面的公式计算 [❸]，即

$$E(r,t) = \frac{1}{4\pi\varepsilon}\int\left\{\int_0^t \frac{2([J(r',\tau)]\boldsymbol{\cdot}\hat{r})\hat{r} + ([J[r',\tau]]\times\hat{r})\times\hat{r}}{R^3}d\tau + \right.$$
$$\left. \frac{2([J(r',\tau)]\boldsymbol{\cdot}\hat{r})\hat{r} + ([J[r',\tau]]\times\hat{r})\times\hat{r}}{cR^2} + \frac{1}{c^2R}\left(\frac{\partial[J]}{\partial t}\times\hat{r}\right)\times\hat{r}\right\}d^3r'$$

（12-7）

$$B(r,t) = \frac{\mu_0}{4\pi}\int\left[\frac{J(r'\,t')}{|r-r'|^3} + \frac{1}{|r-r'|^2}\frac{J(r'\,t')}{c}\frac{\partial}{\partial t}\right]\times(r-r')d^3r'$$

（12-8）

式中：J 为源的电流密度。

如图 12-6 所示，考虑沿理想导电地面上的 z 轴的垂直直射闪电通道。在单位矢量 $\hat{r}$，$\hat{\theta}$，$\hat{\varphi}$ 的球面坐标系中，dz' 的电场 E 的时域表达式如下

$$dE(r,t) = \frac{1}{4\pi\varepsilon}\left\{\int_0^t\int_0^t \frac{I(z',\tau')(2\cos\theta\hat{r} + \sin\theta\hat{\theta})}{R^3}d\tau + \right.$$
$$\left. \frac{I(z',\tau')(2\cos\theta\hat{r} + \sin\theta\hat{\theta})}{cR^2} + \frac{\partial I(z',t')}{c^2R\partial t'}\sin\theta\hat{\theta}\right\}dz'$$

（12-9）

将电场和磁场分解可以得到：

[❶] 闪电通道中电流模型，详见文献［222-224］。
[❷] 传输线模型中上行波前沿的速度取值，详见文献［222-225］。
[❸] 架空导线表面由雷电通道产生电磁场计算模型，详见文献［226-227］。

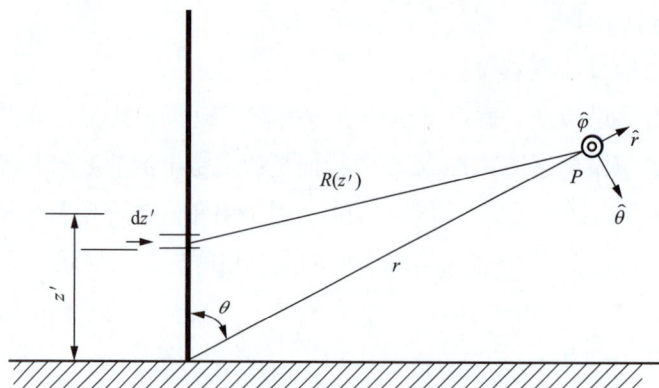

图 12-6 雷电通道感应电磁场数学模型

$$dE_r(r,\phi,z,t) = \frac{3r(z-z')}{R^5}\int_0^t I\left(z',\tau-\frac{R}{c}\right)d\tau + \frac{3r(z-z')}{cR^4}I\left(z',\tau-\frac{R}{c}\right) +$$

$$\frac{r(z-z')}{c^2R^3}\frac{\partial I\left(z',\tau-\frac{R}{c}\right)}{\partial t} \qquad (12\text{-}10)$$

$$dE_z(r,\phi,z,t) = \frac{dz'}{4\pi\varepsilon_0}\left\{\frac{2(z-z')^2-r^2}{R^5}\int_0^t I\left(z',\tau-\frac{R}{c}\right)d\tau + \frac{2(z-z')^2-r^2}{cR^4}\right.$$

$$\left. I\left(z',\tau-\frac{R}{c}\right) + \frac{r^2}{c^2R^3}\frac{\partial I\left(z',\tau-\frac{R}{c}\right)}{\partial t}\right\} \qquad (12\text{-}11)$$

$$dB_\phi(r,\phi,z,t) = \frac{\mu_0 dz'}{4\pi}\left[\frac{r}{R^3}I\left(z',\tau-\frac{R}{c}\right) + \frac{r}{cR^2}\frac{\partial I\left(z',\tau-\frac{R}{c}\right)}{\partial t}\right] \qquad (12\text{-}12)$$

式中：$E_r(r,\phi,z,t)$、$E_z(r,\phi,z,t)$ 和 $B_\phi(r,\phi,z,t)$ 分别为水平电场、垂直电场和角向磁场；ε_0、μ_0 和 c 分别为介电常数、磁导率及光速；r、ϕ 和 z 分别为径向坐标、方位角和轴向坐标；z' 为雷电通道某一点的轴向坐标，如图 12-6 所示。

有损大地对于地面上水平电场有影响，因此式（12-9）可以被分解为两个方面，其中一部分代表有限地面电导率影响效应。根据这种方法，水平电场在远处 T 和高度 z 处的值可以表示为 ❶

$$E_r(r,z,j\omega) = E_{rp}(r,z,j\omega) - H_{rp}(r,0,j\omega)\frac{1+j}{\sigma_g\delta_g} \qquad (12\text{-}13)$$

$E_{rp}(r,z,j\omega)$ 和 $H_{rp}(r,0,j\omega)$ 是高度 z 下的电场水平分量和磁动势方位角分量的傅里叶变换，它们都由假设理想大地情况计算得到。σ_g 是大地的集肤深度。当 σ_g 不满足条件 $\sigma_g \gg$

---

❶ 有损大地上，水平电场分量表达式，详见文献［225］。

$\omega\varepsilon_0\varepsilon_{rg}^2$ 时，式（12-13）可以被写为 Cooray-Rubinstein 方程：

$$E_r(r,z,\mathrm{j}\omega) = E_{rp}(r,z,\mathrm{j}\omega) - H_{rp}(r,0,\mathrm{j}\omega)\frac{c\mu_0}{\sqrt{\varepsilon_{rg} + \dfrac{\sigma_g}{\mathrm{j}\omega\varepsilon_0}}} \tag{12-14}$$

有损大地对垂直电场和磁场的影响可以忽略。

（3）架空线的电磁耦合模型。将架空导线等效为均匀的传输线，导线上的雷电感应过电压可根据传输线理论推导电场方程来求解。由于在系统中，导线的横向尺寸远小于入射波的最小波长，导线平行与地面且多导线间相互平行，电磁场为横电磁模式（TEM 模式）或准横电磁模式（quasi-TEM 模式）的场，因此采用 Agrawal 的场 - 传输线耦合模型计算导线感应电压。

基础单元系统的结构如图 12-7 所示。A 和 B 两端可以连接导线、变压器或者负载等。雷击点在导线附近的地面上。架空导线长 L，距离地面高度 h。

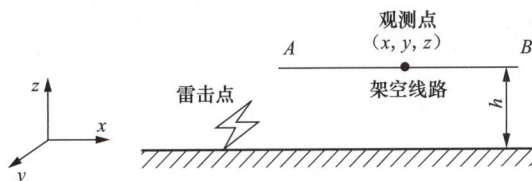

图 12-7　架空线系统示意图

根据麦克斯韦方程可以得到导线上入射电场为通道辐射场和地面反射场之和，线路感应的总场等于入射电场加线路响应的散射场。因此架空导线上感应电压 u 是散射电压 u^s 和入射电压 u^i 之和，即

$$\begin{cases} u(x,t) = u^s(x,t) + u^i(x,t) \\ u^i(x,t) = -\int_0^h E_z^i(x,z,t)\mathrm{d}z \approx -hE_z^i(x,0,t) \\ u^s(x,t) = -\int_0^h E_z^s(x,z,t)\mathrm{d}z \end{cases} \tag{12-15}$$

式中：H 为导体的高度；$E_z^i(x,z,t)$ 为入射垂直电场；$E_z^s(x,z,t)$ 为散射垂直电场。

通过将麦克斯韦方程沿路径积分引入两个传输线方程，并用散射电压表示为

$$\begin{cases} \dfrac{\partial u^s(x,t)}{\partial x} + Z'\dfrac{\partial i(x,t)}{\partial t} = E_x^i(x,h,t) \\ \dfrac{\partial i(x,t)}{\partial x} + Y'\dfrac{\partial u^s(x,t)}{\partial t} = 0 \end{cases} \tag{12-16}$$

式中：Z' 为架空线路的特性阻抗；Y' 为架空线路的导纳。

解方程可以得到图 12-7 中导线端口处的感应电压在频域上的解 $U_{ind}(x_A,\omega)$，即

$$U_{ind}(x_A,\omega) = U_0(x_A,\omega) - g_0(j\omega) \cdot U_g(x_A,\omega) \tag{12-17}$$

其中，无损分量 $U_0(x_A,\omega)$ 由两端水平场和垂直场的积分组成，即

$$U_0(x_A,\omega) = \int_{x_B}^{x_A} E_x(\lambda,y,h,\omega) \cdot e^{-(x-\lambda)\gamma} d\lambda$$
$$-hE_z(x_A,y,0,\omega) + h \cdot E_z(x_B,y,0,\omega) \cdot e^{-L\gamma} \tag{12-18}$$

$U_g(x_A,\omega)$ 为有损分量，即

$$U_g(x_A,\omega) = \int_{x_B}^{x_A} B_{y0}(\lambda,y,0,\omega) \cdot e^{-(x-\lambda)\gamma} d\lambda \tag{12-19}$$

（4）模型搭建。为了能够在模型中实现感应电压的计算，假设架空导线是无损的，因此模型适用于短线路（<2km）的情况。在这种无损线的假设下，式（12-16）中的积分实际上可以在时域中解析求解。然后，可以采用经典的 Bergeron 模型模拟架空线路，如图 12-8 所示。

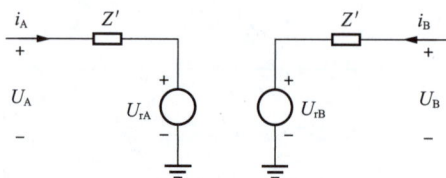

图 12-8 架空导线的 Bergeron 模型 ❶

线路一端的电源 $U_{rA}(t)$ 由本端感应电压 $U_{ind}(x,\omega)$，线路压降，以及另一端延时 τ（$\tau = L/c$）后传来的反射电压三部分组成。

$$U_{rA}(t) = U_{ind}(x_A,t) + U_B(t-\tau) + Z' \cdot i_B(t-\tau)$$
$$U_{rB}(t) = U_{ind}(-x_B,t) + U_A(t-\tau) + Z' \cdot i_A(t-\tau) \tag{12-20}$$

考虑有耗地面上方传播对电场的损耗影响，回击产生的入射场可以通过两个等效源代替，也就是将式（12-14）代入式（12-17），结合式（12-16）、式（12-18）和式（12-19），可以得到

$$U_{rA}^j(t) = U_{indA}^j(t) + 2U_B^j(t-\tau) - U_{rB}^j(t-\tau)$$
$$U_{rB}^j(t) = U_{indB}^j(t) + 2U_A^j(t-\tau) - U_{rA}^j(t-\tau) \tag{12-21}$$

其中 j 为相数，这里忽略导线的相间距离。

---

❶ 架空导线的 Bergeron 模型，详见文献［228-230］。

（5）MODELS 语言建模求解。架空线路两端的电压源 U_{rA} 和 U_{rB} 的计算通过在 EMTP 中编写 MODELS 语言实现。架空线路的雷电感应过电压的计算模型在 ATPDraw 中如图 12-9 所示。开发的模型可以处理多个相线电路。由于零序系统是最常见的，通常两个相位就足够了。因此，相导体可以合并看作为一根导体，而接地导体或中性导体可以作为另一根导体，也可以拆分为多相线的导线。

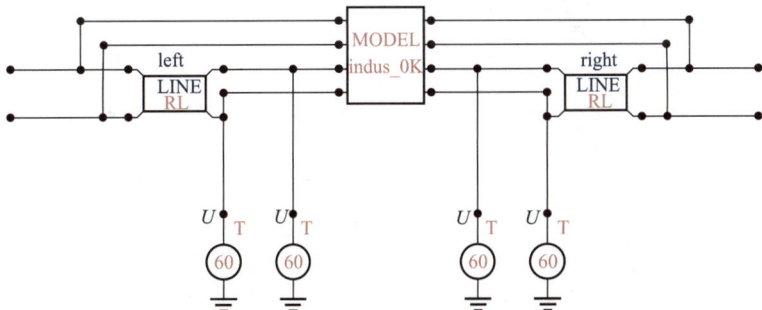

图 12-9 架空导线在 ATPDraw 中的建模

图 12-9 所示的电路可以连接到 ATP 中的任何部件，可以连接负载，并且允许多个线段连接。

2. 模型验证

利用本模型计算简单架空线路上产生的雷电感应过电压，并与 FDTD 仿真软件计算结果以及传统的雷电感应过电压近似公式计算结果相比较。其中，在 FDTD 中，雷电流采用 Heidler 模型，雷电通道也使用传输线模型。

图 12-10 显示了架空长线在没有安装架空地线，雷电幅值 20kA，波形 2/50μs 时，雷击线路 100m 外地面，三种雷电感应过电压计算方法的结果。结果表明，ATP 模型和 FDTD 仿真模型的计算结果吻合较好。传统近似公式中雷电流用 Heidler 函数生成，但感应电压幅值计算结果差异较大。

图 12-11 为架空长线在安装架空地线时，20kA 雷击线路 100m 外地面，上述三种雷电感应过电压计算方法的结果。其中 ATP 模型和 FDTD 仿真模型的计算结果相似。而传统近似公式只能计算感应电压的最大值，无法还原感应电压波形，并且数值差异较大。

考虑到 FDTD 模型搭建时与 ATP 模型数据有微量差异，计算结果证明了传统公式在计算雷电感应过电压的局限性和偏差。同时验证了本模型在计算有架空地线和没有架空地线时的结果准确性，后续将会应用在实际长线路中验证架空地线的防雷效果。

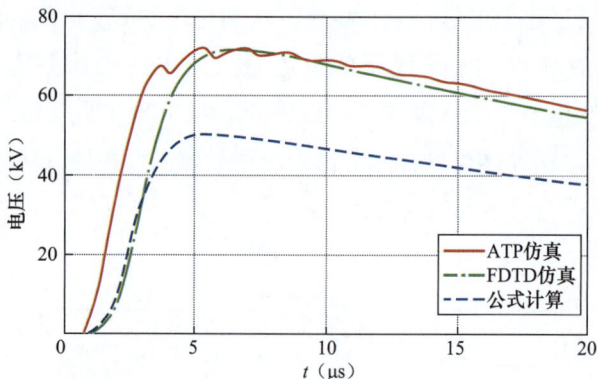

图 12-10　长线路无架空地线模型中雷电感应过电压计算结果比较

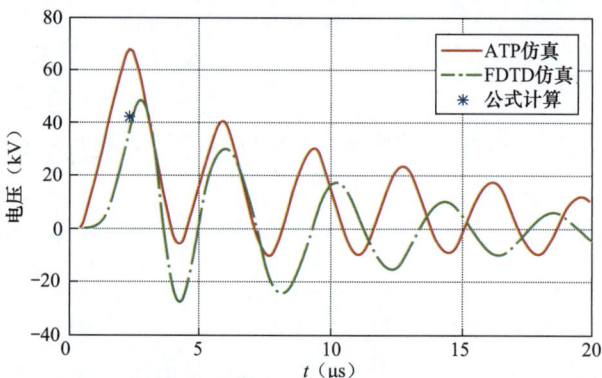

图 12-11　长线路有架空地线模型中雷电感应过电压计算结果比较

3. 配网架空地线对感应雷的防雷效果计算

上述用作示例的简单配网架空长线的配置如图 12-12 所示。该线路是一段长为 2.5km、档距为 30m 的 10kV 单回架空配电线路，采用 ATP 建立了多基杆塔模型。在计算感应电压时假定所有线的高度在所有情况下均为 10m。假定所有三相导体中感应电压相同，它们合并由一根特性阻抗为 300Ω 的导体表示。架空地线特性阻抗为 500Ω，等效相导体与中性导体之间的互阻抗为 200Ω。荷载在线路末端 B 处附加，A 端为变压器。

配电变压器采用 Z_T=10μH 的零序电感对三相支路配电变压器进行建模，其接地阻抗为 5Ω。负载采用低压电力装置（LVPI）系统，本书采用小型 IT 系统搭建 RLC 集中参数电路，参数 L=10μH，C=50nF，接地阻抗为 50Ω。计算模型取配电线路典型参数为水泥杆 12m，杆塔接地电阻 30Ω、横担绝缘子（型号 SC-185）。单位元系统在 ATPDraw 中如图 12-13 所示。

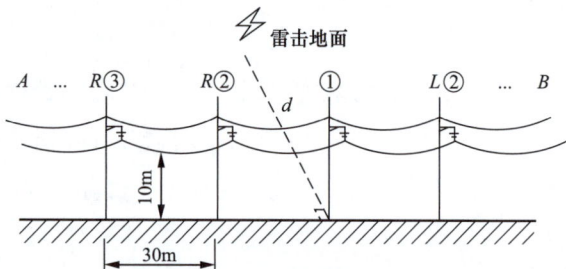

图 12-12　架空线路的配置示意图

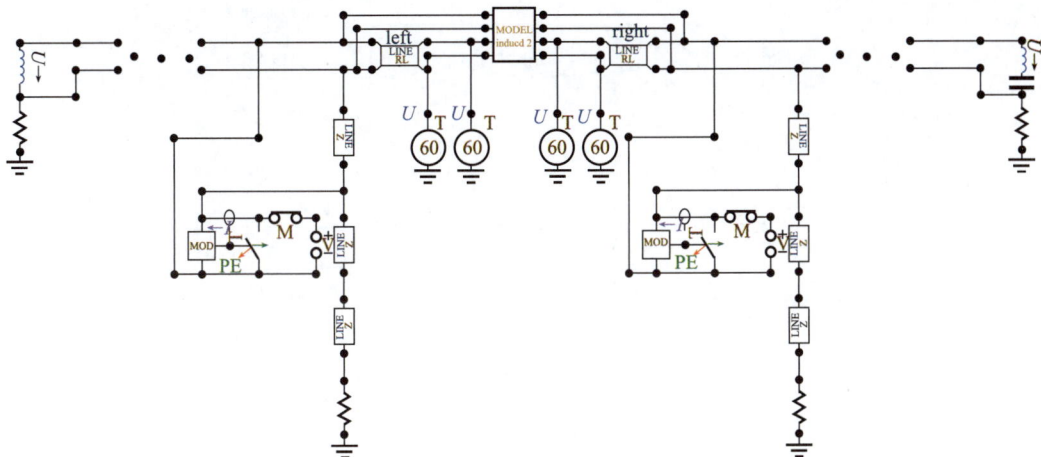

图 12-13　架空线路在 **ATPDraw** 中的单位元建模

（1）雷电感应过电压。以雷击距离 100m 为例，图 12-14 分别计算不同雷电流大小下 1 号杆塔处的线路雷电感应过电压。其中 30kA 的雷电感应过电压没有击穿架空线路绝缘子，相间感应电压约为 120kV；52.4kA 为雷电感应过电压击穿线路绝缘子的最小雷电流，此时绝缘子在约 6μs 时被击穿，线路中最大雷电感应过电压达到 200kV 以上；100kA 的感应雷发生时，绝缘子在约 3μs 时就被击穿，线路中最大雷电感应过电压达到 350kV 以上。

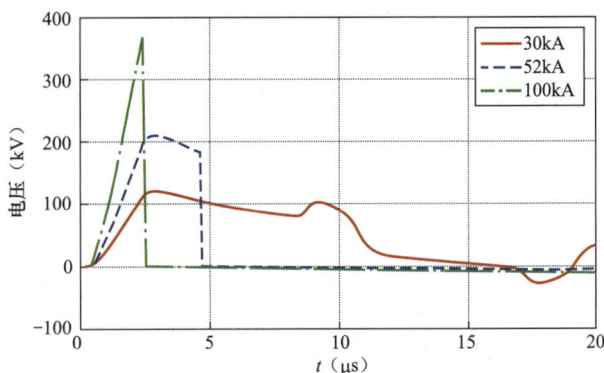

图 12-14　不同雷电流下 **1** 号杆塔处的雷电感应过电压

当雷电流为 30kA 时，绝缘子还没有发生闪络。距离雷击点最近的 1 号杆塔处的雷电感应过电压幅值最高，两侧杆塔上的电压呈对称分布。此时，感应雷造成的线路电磁干扰在线路的末端，也就是变压器二次侧以及负载输入端，会造成近 5kV 的脉冲电压干扰，如图 12-15 所示。

当雷电流高达 80kA 时，线路各处雷电感应过电压如图 12-16 所示。线路绝缘子发生闪络。距离雷击点最近的 1 号杆塔处的感应电压幅值最高，两侧相邻连续 2 基杆塔处的绝缘子都被击穿，击穿影响范围达 100～200m。此时，感应雷会造成 100kV 的脉冲电压干扰，极大地影响配网供电质量，甚至会威胁其他相连线路和设备。

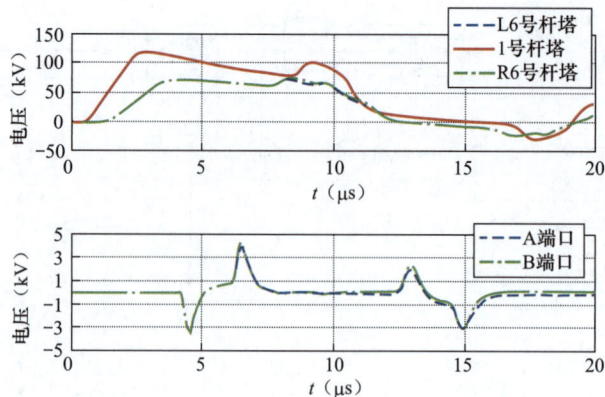

图 12-15　30kA 雷电流下线路各处的雷电感应过电压

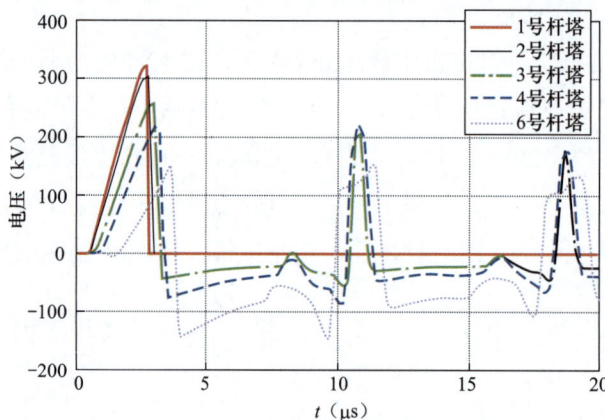

（a）杆塔雷电感应过电压幅值图

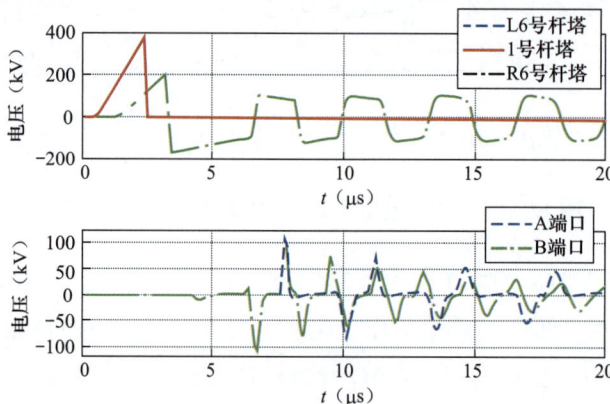

（b）杆塔雷电感应过电压幅值图

图 12-16　80kA 雷电流下线路各处的雷电感应过电压

（2）感应电流分布。下面分析线路绝缘子击穿后，线路中的感应电流分布情况，讨论感应雷在线路中产生的电流干扰。图 12-17 为当 80 kA 雷击在架空线路附近 50m 处，架空线路中感应的雷电流和经过杆塔入地的雷电流波形。此时，约 1.8kA 的雷电流经过杆塔流入大地，约 0.75kA 的感应电流沿着线路向两侧传播。

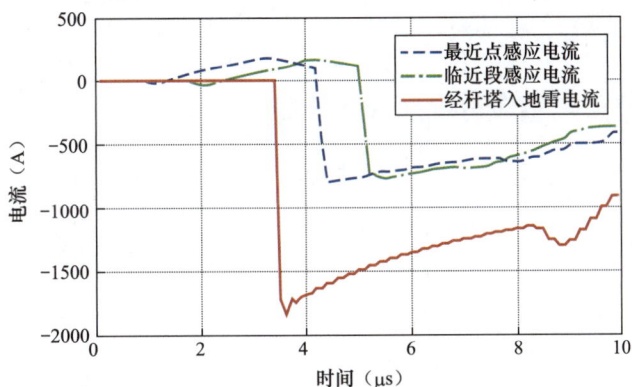

图 12-17　雷击有地线 10kV 配电线路时雷电流分布曲线

（3）耐雷水平。雷击点与线路间距为 50、100、200m 条件下，10 kV 单回架空配电线路在有、无架空地线条件下的感应雷耐雷水平计算结果，见表 12-1 和表 12-2。表 12-1 中大地相对介电常数 $\varepsilon=10$ 和电导率 $\sigma=0.001S/m$；表 12-2 中大地相对介电常数 $\varepsilon=1$ 和电导率 $\sigma=0.01S/m$。

表 12-1　不同距离雷击附近地面形式下 10 kV 线路耐雷水平（$\varepsilon=10$、$\sigma=0.001S/m$）

雷击点相对距离	耐雷水平	
	无架空地线	有架空地线
50m	21.3kA	32.9kA
100m	27.4kA	52.4kA
200m	50.2kA	83.3kA

表 12-2　不同距离雷击附近地面形式下 10 kV 线路耐雷水平（$\varepsilon=1$、$\sigma=0.01S/m$）

雷击点相对距离	耐雷水平	
	无架空地线	有架空地线
50m	33.6kA	55.1kA
100m	48.3kA	81.7kA
200m	72.8kA	133.7kA

结合雷电幅值概率分布曲线可知，在土地参数为 $\varepsilon=10$、$\sigma=0.001S/m$ 的条件下，距离雷击点 50m 时，线路的耐雷水平由无地线时的 21.3 kA 提升 54.5% 至 32.9 kA，感应雷导致线路的闪络概率从 81% 降为 47%。距离雷击点 100m 时，线路的耐雷水平由无地线时的 27.4 kA 提升 91.2% 至 52.5 kA，闪络概率从 53% 降为 13%。距离雷击点 200m 时，线

路的耐雷水平提升了 65.9%，闪络概率从 15% 降为 7%。在土地参数 $\varepsilon=10$、$\sigma=0.001S/m$ 的条件下，加装架空地线的防护效果是相似的。

因此，加装架空地线能够有效地提高配电架空线路的耐雷水平，降低线路的闪络率，其防护效果对中距离的感应雷尤其明显。

三、配电线路雷电感应过电压简化计算

配电线路雷电感应过电压与雷电流波形、主放电速度、线路高度及雷击点位置相关。为了计算雷电感应过电压静电分量极限值，假设如下：设 λ 为先导通道电荷密度，且通道中电荷处于均匀状态；在放电初始，先导通道内电荷完全中和且瞬时完成；主放电通道垂直向上且没有任何分支。

根据图 12-18，将雷击点 O 点与 C 点在水平面上的最近距离设为 S，导线高度设为 h_d，dC 长度上 A 点处的电场强度垂直分量设为 E_{yA}，则该场强与电荷之间的关系为

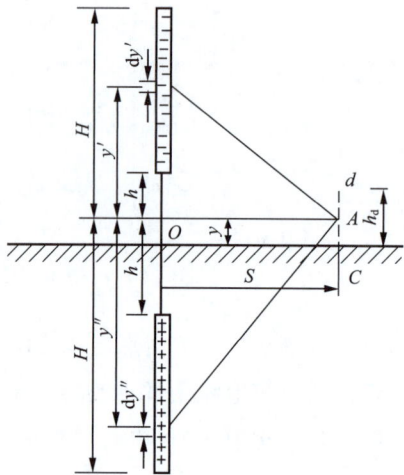

图 12-18　配电线路雷电感应过电压计算原理图

$$E_{yA} = \frac{\lambda}{4\pi\varepsilon_0}\int_{h-y}^{H-y}\frac{y'\mathrm{d}y'}{\left(y'^2+S^2\right)^{\frac{3}{2}}} + \frac{\lambda}{4\pi\varepsilon_0}\int_{h+y}^{H+y}\frac{y''\mathrm{d}y''}{\left(y''^2+S^2\right)^{\frac{3}{2}}}$$

$$= \frac{\lambda}{4\pi\varepsilon_0}\left[-\frac{1}{\sqrt{(H-y)^2+S^2}} + \frac{1}{\sqrt{(h-y)^2+S^2}}\right.$$

$$\left.-\frac{1}{\sqrt{(H+y)^2+S^2}} + \frac{1}{\sqrt{(h+y)^2+S^2}}\right] \tag{12-22}$$

式中：H、h 分别为雷云高度、迎面先导高度；S 为雷击点与线路间距；y、y' 分别为 A 点、下行先导 $\lambda \mathrm{d}y'$ 段对地高度，y' 与 y'' 互相对称；ε_0 为空气介电常数。

雷击点与配电线路间距 S 超过一定距离时，可假定线路上没有迎面先导产生，此时 $h=0$。考虑到 $H \gg S$，$H \gg h_d$，当 $0 \leqslant y \leqslant h_d$ 时，式（12-22）可简化为

$$E_{y_1} = \frac{\lambda}{2\pi\varepsilon_0}\frac{1}{\sqrt{y^2+S^2}} \tag{12-23}$$

此时，导线的静电感应过电压 U_E 为

$$U_E = \int_0^h E_{yA}\mathrm{d}y = \frac{\lambda}{2\pi\varepsilon_0}\ln\left[\frac{h_d}{S} + \sqrt{\left(\frac{h_d}{S}\right)^2+1}\right] \tag{12-24}$$

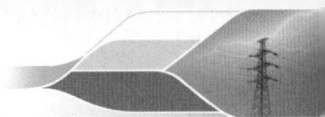

对于常规配电线路杆塔，若雷击点与线路间距 $S \geqslant 65\mathrm{m}$，则 $S \gg h_\mathrm{d}$。式（12-24）可简化为

$$U_\mathrm{E} = \frac{\lambda}{2\pi\varepsilon_0}\ln(\frac{h_\mathrm{d}}{S}+1) \approx \frac{\lambda}{2\pi\varepsilon_0}\frac{h_\mathrm{d}}{S} \tag{12-25}$$

将分子与分母同时乘以主放电实际速度 v，由于雷电主放电电流满足关系式 $I = \lambda v$，于是有

$$U_\mathrm{E} = \frac{1}{2\pi\varepsilon_0 v}\frac{Ih_\mathrm{d}}{S} = k\frac{Ih_\mathrm{d}}{S} \tag{12-26}$$

值得注意的是，式（12-26）是在假定主放电速度无穷大的前提下得到的，它是感应过电压静电分量的极限值，所计算出的雷电感应过电压幅值是被夸大的。但该式中雷电感应过电压静电分量与雷电流幅值、导线高度及雷击点与线路间距的关系与理论分析及实验结果一致。

考虑到实际雷电主放电不是瞬间完成的，因此线路上的束缚电荷也无法瞬时释放完毕。因此，为计算线路上实际雷电感应过电压的静电分量，采用修正系数 k_1 对式（12-26）进行修正，即

$$U_\mathrm{E}{}' = k_1 k\frac{Ih_\mathrm{d}}{S} \tag{12-27}$$

式中，修正系数 k_1 与雷电主放电速度相关。

根据电磁场理论，导线距离雷击点最近点处的雷电感应过电压电磁分量的最大值 U_M 为

$$U_\mathrm{M} = k_\mathrm{m}\frac{Ih_\mathrm{d}}{S} \tag{12-28}$$

式中，系数 k_m 与雷电主放电速度相关。

考虑到配电线路雷电感应过电压包含静电分量和电磁分量两部分，雷电感应过电压幅值可按式（12-29）计算，即

$$U_\mathrm{m} = U_\mathrm{E}{}' + U_\mathrm{M} = \left(k_1 k + k_\mathrm{m}\right)\frac{Ih_\mathrm{d}}{S} = K\frac{Ih_\mathrm{d}}{S} \tag{12-29}$$

式中：K 为由实际线路实测数据及模型试验数据确定的雷电感应过电压系数，我国规程中取 25Ω。

因此，当雷击点与线路间距 $S \gg h_\mathrm{d}$，雷电感应过电压幅值可按式（12-30）计算，即

$$U_\mathrm{m} = 25\frac{Ih_\mathrm{d}}{S} \tag{12-30}$$

而当雷击点与线路间距不满足 $S \gg h_d$，但 $S > 65\text{m}$ 时，雷电感应过电压幅值可按式（12-31）计算，即

$$U_m = 12.5 I \ln\left[\frac{h_d}{S} + \sqrt{\left(\frac{h_d}{S}\right)^2 + 1}\right]$$ （12-31）

根据 Rusck 的研究，IEEE 推荐对于无限长、理想大地条件下单根导线上距离雷击点最近处的雷电感应过电压最大值可按式（12-32）估计，即

$$U_{max} = 38.8\frac{Ih_d}{S}$$ （12-32）

对于架设地线的配电线路，要考虑地线对相导线的耦合作用，按照修正系数修正绝缘子两端承受的雷电感应过电压。

第四节 不同雷击形式下配电线路耐雷水平及雷击跳闸率分析

一、配电线路耐雷水平

1. 直击雷耐雷水平

配电线路的直击雷耐雷水平是线路杆塔或相导线遭受雷击时绝缘子闪络的最小雷电流幅值。雷击位置及中性点运行方式不同时，耐雷水平估算方法不同。

（1）中性点经消弧线圈接地。雷击杆塔时，经消弧线圈接地配电线路的耐雷水平估算一般可按照综合等值法，可采用式（12-33）计算，即

$$I = \frac{U_{50\%}}{(1-k)\left(R_{ch} + \dfrac{L_{gt}}{2.6} + \dfrac{h_d}{2.6}\right)}$$ （12-33）

式中：k 为耦合系数；$U_{50\%}$ 为绝缘子 50% 雷电放电电压，kV；R_{ch} 为杆塔冲击接地电阻，Ω；h_d 为导线悬挂平均高度，m；L_{gt} 为杆塔电感，μH。

对于无地线配电线路，单相闪络耦合系数 k 取 1，两相闪络耦合系数 k 为两导线间耦合系数，三相闪络耦合系数 k 为三导线间耦合系数。对于有地线配电线路，单相闪络耦合系数为地线与单相导线耦合系数，多相闪络为地线与多相导线耦合系数。

如图 12-19 所示，配电线路地线与相导线间的耦合系数 K_{12} 可按式（12-34）计算，即

$$K_{12}=\frac{\ln(D/d)}{\ln(H_b/r_b)} \qquad (12\text{-}34)$$

式中：r_b 为导线半径；H_b 为导线与其镜像的距离；D 为地线与导线镜像的距离；d 为地线与导线的距离。

（2）中性点经小电阻接地。雷击杆塔时，常规配电线路耐雷水平可按式（12-35）计算，即

$$I_2=\frac{U_{50\%}}{\left(R_{ch}+\dfrac{L_{gt}}{2.6}+\dfrac{h_d}{2.6}\right)} \qquad (12\text{-}35)$$

式中：I_2 为雷击杆塔耐雷水平，kA；$U_{50\%}$ 为绝缘子 50% 雷电放电电压，kV；R_{ch} 为杆塔的冲击接地电阻，Ω；L_{gt} 为杆塔等效电感，μH；h_d 为导线平均悬挂点高度，m。

图 12-19　耦合系数的计算

对于带地线的配电线路，雷击杆塔直击雷耐雷水平可按式（12-36）计算，即

$$I_2=\frac{U_{50\%}}{(1-k)\beta R_{ch}+\left(\dfrac{h_a}{h_t}-k\right)\beta\dfrac{L_t}{2.6}+\left(1-\dfrac{h_g}{h_c}k_0\right)\dfrac{h_d}{2.6}} \qquad (12\text{-}36)$$

式中：I_2 为雷击杆塔耐雷水平，kA；$U_{50\%}$ 为绝缘子 50% 雷电放电电压，kV；k 为地线与导线间的耦合系数；k_0 为地线与导线间的几何耦合系数，在不考虑冲击电晕的情况下 $k=k_0=Z_{21}/Z_{11}$（其中线路 1 为地线，线路 2 为导线）；β 为杆塔分流系数；R_{ch} 为杆塔冲击接地电阻；L_t 为杆塔等效电感，μH；h_a 为横担对地高度，m；h_t 为杆塔高度，m；h_g 为地线悬挂点高度，m；h_c 为导线悬挂点高度，m；h_d 为导线平均悬挂点高度，m。

在雷暴活动频繁地区，常采用避雷器提高配电线路防雷性能。对于无配电避雷器杆塔的耐雷水平，可采用式（12-33）计算。对于装设避雷器的配电杆塔，若全线均装设避雷器，将会显著提高线路耐雷水平。若采用隔基装设避雷器方式，雷击杆塔时线路耐雷水平可按式（12-37）计算，即

$$I_3=\frac{aU_{50\%}-U_{IR}}{R_{ch}} \qquad (12\text{-}37)$$

式中：R_{ch} 为杆塔冲击接地电阻，Ω；U_{IR} 为避雷器雷电冲击残压水平，kV；$U_{50\%}$ 为绝缘子 50% 雷电放电电压，kV；a 为绝缘子考虑伏秒特性的估计系数，可取 1.5。

未配置避雷器杆塔的耐雷水平可按式（12-38）计算，即

$$I_2=\frac{1.5U_{50\%}}{\left(R_{ch}+\dfrac{L_t}{2.6}+\dfrac{h_d}{2.6}\right)} \qquad (12\text{-}38)$$

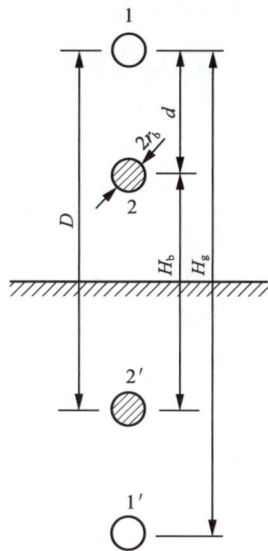

式中：R_{ch} 为杆塔冲击接地电阻，Ω；L_t 为杆塔等值电感；h_d 为三相导线平均高度，m。

隔基装设避雷器时，雷击配电线路导线的耐雷水平可按式（12-39）计算，即

$$I_3 = \frac{2cT_f(1.5U_{50\%} - U_{IR})}{LZ_0} \tag{12-39}$$

式中：L 为雷击点到装设避雷器杆塔的距离，m；U_{IR} 为避雷器雷电冲击残压水平，kV；c 为波的传播速度，m/s；T_f 为波头时间，μs；Z_0 为导线波阻抗，Ω；$U_{50\%}$ 为绝缘子 50% 雷电放电电压，kV。

2. 感应雷耐雷水平

根据 DL/T 1674—2016《35kV 及以下配网防雷技术导则》，雷击配电线路附近地面时，导致绝缘闪络的最小雷电流幅值可用式（12-40）简化计算，即

$$I = \frac{U_{50\%}S}{Kh_c}(S \geq 65\text{m}, S \gg h_c) \tag{12-40}$$

式中：I 为雷电流幅值，kA；$U_{50\%}$ 为绝缘子 50% 雷电放电电压，kV；S 为雷击点与线路最近距离，m；K 为感应过电压系数，与主放电速度有关，Ω；h_c 为导线平均对地高度，m。

二、配电线路雷击跳闸率

配电网架空线路雷击跳闸一般应具备以下条件：①雷击时线路上的雷电过电压超过线路绝缘水平引起绝缘冲击闪络；②雷击造成两相或三相绝缘闪络，或小电阻接地系统单相绝缘闪络等；③冲击闪络转为稳定的工频电弧。

（1）雷击综合跳闸率。架空配电线路雷击综合跳闸包括雷电直击线路或杆塔引起的直击雷跳闸和雷击于附近地面在导线上产生雷电感应过电压而造成的感应雷跳闸，可按式（12-41）计算，即

$$n = n_d + n_{in} \tag{12-41}$$

式中：n 为架空配电线路总的雷击跳闸率，次／（百公里·年）；n_d 为直击雷跳闸率，次／（百公里·年）；n_{in} 为感应雷跳闸率，次／（百公里·年）。

（2）直击雷跳闸率。直击雷跳闸率为雷击杆塔引起的反击跳闸率 n_1 与雷击导线引起的直击跳闸率 n_2 之和，即

$$n_d = n_1 + n_2 \tag{12-42}$$

式中：n_1 为雷击杆塔引起的反击跳闸率，次／（百公里·年）；n_2 为雷击导线引起的直击跳闸率，次／（百公里·年）。

计算雷击杆塔引起的反击跳闸率时，因线路绝缘水平低，一般雷击都会引起其中一相绝缘闪络，此后该相功能可视为一根架空地线。第二相及第三相绝缘闪络概率可按有一根

或二根地线保护的架空线路绝缘闪络概率的计算方法。

配电线路的反击跳闸率可按式（12-43）计算，即

$$n_1 = N_1\left[\left(P_{12} - P_{123}\right) + P_{123}\left(2 - \eta_{12}\right)\right]\eta_{12} \tag{12-43}$$

式中：N_1 为雷击杆塔次数；P_{12}、P_{123} 分别为对应于二相、三相闪络时雷电流幅值概率。

无地线时，雷电击中杆塔和档中导线的概率几乎相同，即

$$N_1 = N_2 = 0.5N \tag{12-44}$$

单地线时，雷电击中杆塔、档中导线的次数为

$$N_1 = 0.25N, \qquad N_2 = 0.75N \tag{12-45}$$

式中：N_1 为雷击杆塔次数；N_2 为雷击档中导线次数；N 为雷击线路总次数。

每年 40 个雷暴日条件下，每 100km 线路雷击总次数 N 按式（12-3）计算。雷电流幅值概率按下式计算，即

$$P(I > I_0) = \frac{1}{1 + \left(\dfrac{I_0}{31}\right)^{2.6}} \tag{12-46}$$

当雷击杆塔引起的冲击电压 $U_{\text{im}}(t)$ 与导线上工作电压 $u_{\text{op}}(\phi)$ 之和达到线路绝缘放电电压 $U_{50\%}$ 时，该相发生闪络。

η_{12} 指由冲击闪络过渡到二相工频电弧的概率，η_{12} 取决于电弧通道的电离程度、长度和工作电压瞬时值。对于绝缘子串和绝缘横担，二相绝缘冲击闪络后发生短路的概率按下式计算，即

$$\eta_{1,2} = \left(1.6 \cdot \frac{U_{\text{N}}}{l_{\text{dis}}}\right) \cdot 10^{-2} \tag{12-47}$$

式中：U_{N} 为系统标称（线）电压，kV；l_{dis} 为二相导线之间放电路径总长度，m。

对有金属横担的混凝土杆和金属杆，其电弧总长度等于绝缘子串（或针式绝缘子）弧长的两倍，绝缘子串弧长等于绝缘子串绝缘部分设计高度加上绝缘子直径；针式绝缘子弧长可取从绝缘子针脚到伞裙边的距离和从绝缘子伞裙边到施加电压的带电部分距离的总和；对于组合绝缘杆塔，电弧弧长会增大，增大的弧长部分可认为等于发生放电电弧的木横担或复合横担长度。

对于三相闪络，引起工频电流短路的概率为

$$\eta_{1,2,3} = \eta_{1,2}(2 - \eta_{1,2}) \tag{12-48}$$

（3）雷击档中导线引起的直击跳闸率。雷击档中导线时，过电压行波沿导线传播到杆塔，绝缘子两端电位差超过 $U_{50\%}$ 时绝缘子闪络。当两相或三相绝缘子发生闪络，形成稳

定工频续流后，有可能引发线路跳闸。当雷击导线造成第一相绝缘子闪络后，此相导线相当于地线，对其他两相导线具有耦合作用。第二相和第三相绝缘子闪络情形类似于雷击杆塔。因此，雷击导线导致的直击跳闸率可按式（12-49）计算，即

$$\eta_2 = N_2\left[(P'_{1,2}-P'_{1,2,3}) + P'_{1,2,3}(2-\eta_{1,2})\right]\eta_{1,2} \tag{12-49}$$

式中：N_2 为雷击档中导线次数；$P'_{1,2}$，$P'_{1,2,3}$ 分别为对应于两相和三相闪络时的雷电流幅值概率。

（4）感应雷跳闸率。感应过电压闪络次数的计算方法及步骤如下：

1）雷电流幅值 I_m 的取值范围为 1～200kA，以 1kA 为一个区间，分为 200 个区间；

2）雷击是随机事件，雷电流幅值 I_m 的概率分布采用式（12-50）、式（12-51）进行计算：

$$P(I_m \geq I_i) = \frac{1}{1+(I_i/31)^{2.6}} \tag{12-50}$$

$$P_i = P(I_m \in [i, i+1]) = P(I_m \geq I_i) - P(I_m \geq I_{i+1}) \tag{12-51}$$

3）对于任何一个区间 i，有两个距离需要计算：$y_{max,i}$ 和 $y_{min,i}$。如图 12-20 所示，最小距离 $y_{min,i}$ 为雷击导线的临界距离，小于该距离雷电将直击导线，大于该距离雷电将击中大地在线路上产生感应过电压而可能导致绝缘闪络。

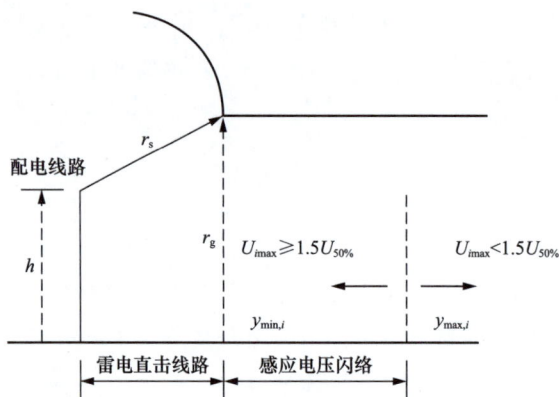

图 12-20　雷电感应过电压导致线路闪络的区域

$$y_{min,i} = \sqrt{r_{s,i}^2 - (r_{g,i}-h)^2} \tag{12-52}$$

式中：$r_{s,i}$ 为雷电对导线的击距。

$r_{s,i}$ 采用 IEEE 标准推荐公式计算，即

$$r_{s,i} = 10I_{m,i}^{0.65} \tag{12-53}$$

$r_{g,i}$ 为雷电对大地的击距，采用 IEEE 标准推荐公式计算：

$$r_{g,i} = K_g r_{s,i} \qquad (12\text{-}54)$$

其中 $K_g = 0.36 + 0.17\ln(43 - h)$，当雷击点和导线距离小于最大距离 $y_{\max,i}$ 时绝缘闪络，此时感应过电压超过 1.5 倍绝缘子 50% 击穿电压，考虑到绝缘子的伏秒特性，取 1.5 为配合系数。感应过电压计算系数 K 值取 25，即

$$1.5U_{50\%} = 25\frac{I_{m,i}h}{y_{\max,i}} \qquad (12\text{-}55)$$

4）每年每百公里线路闪络次数 N 为

$$N = 0.2\sum_{i=1}^{200}\left(y_{\max,i} - y_{\min,i}\right)N_g P_i \qquad (12\text{-}56)$$

第五节　配电线路防雷措施和技术要求

一、基本原则

配电网防雷应从实际情况出发，根据负荷重要程度、雷区等级、设备参数、地形地貌及地质情况等，因地制宜采取差异化防雷措施，综合提升配电网防雷水平。防雷设计和改造应以降低雷击跳闸率、提高供电可靠性为首要目标，防雷策略和措施应侧重保障关键及重要设备安全运行，避免配电变压器、开关站、环网单元等主设备雷击损坏，着力防范雷击电缆故障、绝缘导线断线，以及多回线路同时跳闸等严重故障。应充分发挥继电保护装置在配电网雷击故障时的保供电作用，坚持一、二次设备协调配合的原则，通过继电保护装置合理的配置整定，提高重合闸成功率，减少雷击停电时间。在确保配电网安全、环境友好的前提下，可积极试点采用防雷新技术、新材料、新设备，原则上试点应优先选择一般设备。经挂网运行并充分验证成熟、有效、经济、环保的先进防雷技术和防雷产品可逐步推广至重要设备及关键设备。

二、雷电防护等级选择

为了提高配电网防雷水平，减少雷害造成配网设备故障和跳闸停电，并同时考虑到新建工程和改造工程中防雷措施的投资效益，应根据设备重要等级、属地雷区分级标准、地形地貌特征等开展差异化防雷工作。配电网雷电防护等级由高到低分为Ⅰ级、Ⅱ级、Ⅲ级，具体见表 12-3。

表 12-3 配电线路雷电防护等级推荐划分标准

雷电防护等级	防护要求	设备重要等级	雷区等级	说明
Ⅰ级	高	关键、重要设备	强雷区、多雷区	1）Ⅰ级设备宜全面加强防护，Ⅱ级和Ⅲ级设备宜对重点区域（区段）加强防护； 2）供电可靠性有特殊要求或运行经验表明雷害特别严重的Ⅱ级和Ⅲ级设备，经评估后可将雷电防护等级提升一级
Ⅱ级	较高	关键、重要设备	中雷区	
		一般设备	强雷区、多雷区	
Ⅲ级	一般	关键、重要设备	少雷区	
		一般设备	中雷区、少雷区	

三、加强线路绝缘

配电线路加强线路绝缘只需一次性投资，绝缘子成本较低、易维护，设计时应积极合理采用。架空线路绝缘配置要求海拔 1000m 以下的清洁地区，交流配电线路悬垂绝缘子片数、考虑风偏后导线对杆塔构件最小空气间隙应满足表 12-4 的规定。高海拔地区绝缘配置应满足 GB 50061—2010《66kV 及以下架空电力线路设计规范》的规定，海拔 1000～3500m 的地区，绝缘子串的片数修正公式见式（12-57），海拔超过 3500m 的地区，绝缘子串的片数可根据运行经验适当增加。

表 12-4 交流配电线路悬垂绝缘子片数及最小空气间隙距离

系统标称电压 U（kV）	10	20	35
系统最高电压 U_m（kV）	12	24	40.5
悬垂绝缘子串的片数（片）	2	2	3
考虑风偏后的雷电过电压最小空气间隙（cm）	20	35	45

注 1. 20～35kV 耐张绝缘子串应比悬垂绝缘子串多一片同型绝缘子，10kV 耐张绝缘子串必要时可比悬垂绝缘子串多一片同型绝缘子；对于全高超过 40m 有地线的杆塔，高度每增加 10m，应增加一片绝缘子。

  2. 对柱式绝缘子、瓷横担绝缘子或复合绝缘子，其雷电冲击耐受水平宜与本表中采用悬式绝缘子片数的效果相当。

$$n_h \geq n\left[1+0.1\left(H-1\right)\right] \qquad (12\text{-}57)$$

式中：n_h 为海拔为 1000～3500m 地区的绝缘子数量，片；n 为海拔为 1000m 以下地区的绝缘子数量，片；H 为海拔，km。

为提高线路防雷性能，10～20kV 直线塔可采用柱式绝缘子或瓷横担绝缘子，35kV 直线塔可采用复合绝缘子，耐张塔可采用盘形绝缘子。防雷改造宜逐步淘汰针式绝缘子。雷电防护等级Ⅰ级、Ⅱ级的新建线路和改造运行线路，可在表 12-4 基础上加强绝缘（如增加 1 片绝缘子或选择雷电冲击耐受水平更高等级的绝缘子）。增加绝缘配置时应校核塔头间隙和对地及交叉跨越距离，满足要求方为可行。对于架空绝缘导线，绝缘层配置要求主要需注意以下几个方面：

（1）雷电防护等级Ⅰ级、Ⅱ级的绝缘线路应优先选择绝缘层较厚的绝缘导线，其中一般线路绝缘厚度任意一点测量值应在 3.4mm 及以上，大跨越档线路应结合导线及杆塔荷

载综合确定。

（2）雷害频发地区，可将绝缘子附近（如两侧各 2m 范围内）导线的绝缘层进行局部加强，减少雷电击穿和断线概率。

（3）10kV 普通架空绝缘导线（成盘）浸于水中不少于 1h 后施加电压维持 1min 的绝缘耐受水平不低于 18kV。架空绝缘导线的其他电气性能应满足 10kV 架空绝缘线缆的相关技术标准要求。

对于雷害严重地区、污秽地区及紧凑型线路可选用复合横担提高绝缘。复合横担一般用于无冰区和轻冰区的悬垂型杆塔，对重冰区、强风区以及大跨越等重要位置，复合横担塔应经论证后使用。还需注意的是，线路加强绝缘配置时，相应柱上设备和进线段部分杆塔应采取防侵入波保护措施，如安装配电型无间隙避雷器。

此外，对于 ±10kV 柔性直流配电网高压极间和高压极对地的操作冲击耐受电压不低于 50kV、雷电冲击耐受电压不低于 90kV，其他绝缘配置应满足 T/CEC 349—2020《柔性互联交直流配电系统过电压与绝缘配合技术规范》的相关规定。

四、安装线路避雷器

避雷器选型和布点时，应根据雷电防护等级、技术经济性和安全易维护等原则，因地制宜制定安装方案。按标称放电电流、电荷转移能力可将配电网避雷器分为高、中两类，见表 12-5。

表 12-5　　　　　　　　　　　配电避雷器的分类

设计类型[①]	高 /DH	中 /DM
标称放电电流（kA）	10	5
Q_{rs} 重复转移电荷[②]（C）	≥ 0.4	≥ 0.2
Q_{th} 热转移电荷[③]（C）	≥ 1.1	≥ 0.7
大电流冲击耐受（kA）	100	65

① 避雷器设计类型"高"和"中"分别与 GB/T 11032 中配电类避雷器等级"DH"和"DM"相对应。
② 为配电网避雷器设计能够承受的电荷转移能力，对配电网避雷器，用 20 次 8/20μs 雷电冲击电流进行考核，该试验可在电阻片上进行，不必考虑热耗散性能，表中的数据为单次 8/20μs 雷电冲击电流积分电荷值。以 10kA 标称电流最低要求单次 0.4C 为例，需对该避雷器用电阻片进行 20 次约 25kA 雷电冲击电流试验，其生命周期重复电荷转移能力应不低于 8C。
③ 为避雷器或热比例单元在热恢复试验中 3min 内能承受的热电荷转移能力，对配电网避雷器，同样使用 8/20μs 雷电冲击电流注入热电荷。

线路避雷器优先选择的安装塔位主要包括配电线路易击段的杆塔、发生过雷击故障的杆塔及前后各 1～3 基杆塔、发电厂、变电站进出线段的前两基杆塔（含终端塔）、架空线路与电缆线路连接的杆塔、架空线路主干线与分支线的 T 接杆塔、大跨越杆塔或全高 25m 及以上的杆塔、雷害频发地区接地电阻 30Ω 及以上且改善接地电阻困难也不经济的杆塔、处于土壤电阻率明显分界地段（如水田和山坡交界处）的杆塔等。

线路避雷器优先选择安装相位的主要原则：单回路杆塔设置避雷器三相安装；同塔双回路杆塔设置避雷器，应至少一回三相安装；雷电防护等级Ⅰ级、Ⅱ级的同塔双回路杆塔，双回逐相安装；同塔四回路杆塔应优先对重要等级高的回路逐相安装。雷击高风险类型的杆塔应逐相安装避雷器。

线路避雷器型式选择的主要原则有：安装于厂站进线段终端塔、电缆与架空连接塔的避雷器应选择无间隙避雷器；安装于线路中间杆塔的线路避雷器选用固定外串联间隙避雷器。间隙距离应小于绝缘子干弧距离并留有裕度，间隙出厂固定且在运行过程中不应出现位移，并确保避雷器在雷电过电压下动作、在工频及操作过电压下不动作，可采用固定空气间隙、带穿刺电极间隙及带支撑绝缘子间隙等；雷电活动强烈和避雷器易发生故障的线路，条件允许时可优先选择带有故障识别或故障脱离的线路避雷器装置，便于运维排查；供电可靠性要求高、停电难度大的线路，条件允许时可优先选择跌落式避雷器便于带电作业。

线路避雷器技术参数选择的主要原则有：①防护等级为Ⅰ级的线路选择表12-5的"高"类型配电网避雷器；防护等级为Ⅱ级的线路可选择表12-5的"中"类型配电网避雷器，运行经验表明易遭受雷击的区段宜选择表12-5的"高"类型配电网避雷器；防护等级为Ⅲ级的线路根据实际运行经验选取。②有地线时，流经避雷器的雷电流较小，选择表12-5的"中"类型配电网避雷器；无地线时，雷害严重或避雷器频繁故障的线路，选择表3的"高"类型配电网避雷器。③对安装穿刺电极外串联间隙的避雷器，穿刺电极中心线与被保护绝缘子轴线距离控制在200～400mm范围内，以确保雷电冲击放电均发生在串联间隙上。

此外，避雷器连接导线的引线采用绝缘线且截面积不宜过小，引线及避雷器接地线应合理布置并尽量缩短，安装时应对引线及接地线进行固定，杜绝松弛悬挂造成间隙放电或其他危险。

五、改善杆塔接地装置

配电线路应充分利用钢筋混凝土杆的自然接地作用，提高接地技术经济性。对于接地电阻过高的易击杆塔、部分架设地线杆塔以及特殊杆塔（如终端塔、大跨越塔、重要T接杆塔）等采取人工接地。钢筋混凝土杆线路的导线横担、绝缘子固定部分及地线支架之间，应有可靠的电气连接。对于自然接地方式可利用杆塔导电部分（如钢筋混凝土杆的钢筋）引下至杆塔自然接地体；对于人工接地方式应单独设置接地引下线，并引下与人工地网可靠电气连接。带承力线的紧凑型架空绝缘线路的承力线两端应接地，接地电阻不应大于30Ω。

有地线的配电线路，每基杆塔不连地线的工频接地电阻，雷雨季干燥时不超过表12-6的数值；变电站进线段杆塔接地电阻不高于10Ω。

表 12-6　　　　　　　　　杆塔工频接地电阻

土壤电阻率（Ω·m）	≤100	100~500	500~1000	1000~2000	>2000
接地电阻（Ω）	10	15	20	25	30

六、设置架空地线

配电线路架空地线的使用应遵循技术经济性原则，综合考虑重要用户供电、可靠性等要求合理设置。一般仅在雷害严重、重要程度和供电可靠性要求高的线路分区段架设。

架空地线架设在导线上方，如导线上方安装难度大且下方条件允许，也可安装在导线下方作为耦合地线。安装地线时可适当加强绝缘配置、降低杆塔接地电阻。为提高架空地线的技术经济性，优先在新建线路设计时考虑，运行线路加装架空地线应通过综合评估确定。安装架空地线应校核杆塔荷载、基础受力、配套金具强度以及导地线间距离满足 GB 50061—2010《66kV 及以下架空电力线路设计规范》的要求，安装在导线下方时还应校核对地和交叉跨越距离。架空地线选用铝包钢绞线，c 级及以下污区也可采用镀锌钢绞线，地线截面积不应小于 35mm²。对已规划设置架空地线的新建线路，以及计划架设地线防雷改造的运行线路，应结合通信需求优先采用外层为铝包钢线的光纤复合架空地线（OPGW）。

配电线路设置架空地线的线路区段选择主要原则及技术要求如下：

（1）雷害严重的 10kV 配电线路可在变电站进线段架设地线（架设长度一般为 1.0~1.5km）；雷电防护等级Ⅰ级的线路易击段架设地线。

（2）雷电防护等级Ⅰ级和Ⅱ级的 10~20kV 线路，在主干线、重要支线及易击段可架设地线。

（3）一般线路的地线对边相导线保护角采用 20°~30°，山区单根地线保护角可采用 25°。

（4）大跨越段线路和同塔三回及以上线路的地线保护角可适当减小。

（5）重冰区和Ⅰ类风区一般不设置架空地线，中冰区和Ⅱ类风区的地线保护角可适当加大，并对地线支架及金具安全系数适当留有裕度。

（6）安装架空地线的线路区段，对部分水泥杆塔增设人工接地装置，增设位置应根据线路实际情况确定，对于一般线路增设密度建议取每 4~6 基杆增设 1 处，对于重要等级高或雷电活动频繁的线路建议取每 2~4 基杆增设 1 处。

为确保架空地线取得良好的防雷效果，安装地线时，安装区段线路的雷电冲击绝缘水平和杆塔接地电阻宜满足以下要求：

（1）绝缘子 50% 雷电冲击放电电压 $U_{50\%}$ 一般不低于 200kV。

（2）$U_{50\%}$ 低于 200kV 时，杆塔接地电阻不高于 10Ω。

（3）$U_{50\%}$ 高于 300kV 时，杆塔接地电阻可放宽至 30Ω。

有地线的架空线路，应防止雷击地线档距中央时反击导线。在档距中央，气温 +15℃及无风条件下，导线与地线间的垂直距离应满足式（12-58）的要求，即

$$S \geq 0.012L + 1 \tag{12-58}$$

式中：S 为导线与地线间的垂直距离，m；L 为档距长度，m。

此外，杆塔上两根地线间的距离不应超过导线与地线间垂直距离的 5 倍。当地线保护角较小或采用负保护角时，导线与地线间的垂直距离适当增大。对雷电防护等级Ⅰ级、Ⅱ级的线路，如雷害特别严重或单一防雷措施效果不理想时，可考虑架空地线和避雷器配合使用。

七、绝缘导线防雷击断线措施

绝缘导线相比裸导线更易发生雷击断线问题，在人员活动较少、无树线矛盾、安全距离不紧张的偏远空旷地区，条件允许时可采用裸导线。若必须采用绝缘导线，采用带钢芯的绝缘导线，并根据雷电防护等级采取相应的防雷击断线措施。防止架空绝缘线路雷击断线的主要可选择的防护措施如下：

（1）加强绝缘配置（如增加 1 片绝缘子、采用绝缘水平更高的柱式绝缘子或瓷横担绝缘子）。

（2）安装防雷击断线装置，主要包括线路避雷器、防弧金具（剥线型、穿刺型）、放电钳位绝缘子（剥线型、穿刺型）、长闪络路径熄弧装置（多腔串联熄弧装置）等有效熄弧或疏导电弧装置。

（3）设置架空地线（一般装设在导线上方）。

（4）对雷电防护等级Ⅰ级及易遭受雷击的Ⅱ级线路，可选择上述 2～3 种措施组合使用。

针对不同的防止架空绝缘线路雷击断线采取防护措施，为了使其达到良好的效果，主要技术要求如下：

（1）发电厂及变电站 1km 进线段、大跨越段、雷电防护等级Ⅰ级、Ⅱ级的主干线，以及向重要用户供电线路，采用固定外串联间隙线路避雷器。

（2）雷电防护等级Ⅰ级的易击段和发生过雷击断线的区段，防雷击断线装置宜逐基逐相安装；雷电防护等级Ⅱ级的易击段，防雷击断线装置隔基逐相安装。

（3）雷电防护等级Ⅰ级的新建线路，在易击段架设地线并对部分（易击）杆塔安装固定外串联间隙线路避雷器；雷电防护等级Ⅱ级的新建线路，可在易击段架设地线并对部分（易击）杆塔安装固定外串联间隙线路避雷器；架空地线应逐基良好接地。

（4）其他绝缘线路，考虑经济成本因素，可选用穿刺型放电钳位绝缘子或穿刺型防弧金具，但不应用于居民区和人、畜活动频繁地区。防弧金具、放电钳位绝缘子及外串联间隙避雷器的放电间隙，应在雷电过电压下可靠动作，工频过电压、操作过电压下不动作。

（5）配电设备（变压器、电缆头、线路开关等）附近采取雷击断线防护措施的，其相邻杆塔应采用固定外串联间隙线路避雷器并确保有效接地。

（6）新建线路每基杆塔应良好接地，运行线路除第（5）项外不强制设置人工接地。

此外，防断线装置的技术参数、试验检验方法、施工安装和运行维护要求应满足 DL/T 1292—2013《配电网架空绝缘线路雷击断线防护导则》的规定。

八、台架变压器防雷措施

配电线路台架变压器高、低压侧均应装设无间隙避雷器保护，避雷器应尽量靠近变压器安装，避雷器与变压器高压侧进线端接线长度不应大于 3m（条件允许时宜控制在 2m 以内），高、低压侧避雷器接地端和低压绕组中性点均应接至变压器外壳后一点接地。柱上变压器设置闭合环形的统一接地装置，高、低压侧不应单独设置分离的接地装置。低压侧中性点直接接地的零线除在电源点接地外，在干线和分支线终端处应重复接地。容量 100kVA 及以上变压器接地电阻不应大于 4Ω、容量 100kVA 以下变压器接地电阻不应大于 10Ω。台架变压器一点接地示意如图 12-21 所示。

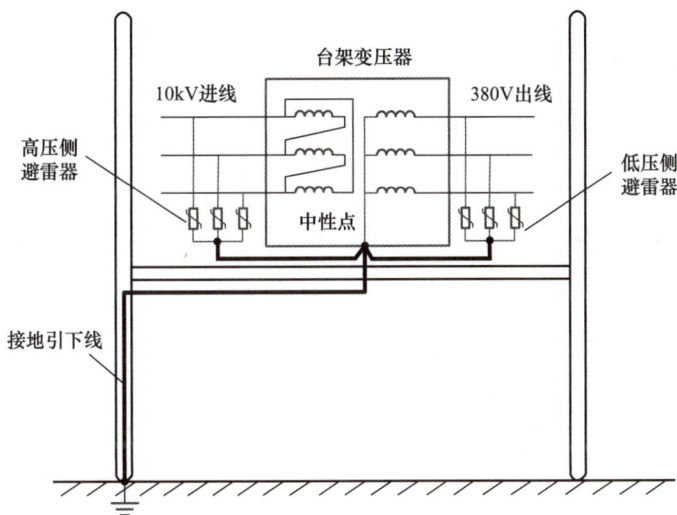

图 12-21 台架变压器一点接地示意图

对雷电防护等级Ⅰ级或位于线路末端且易遭受雷击的台架变压器，在相邻的杆塔增设一组串联间隙避雷器加强防护。雷电防护等级Ⅰ级的 10kV 台架变压器保护采用表 12-7 中"高"类型的无间隙避雷器，对发生过雷击变压器受损的地区，必要时可选用标称放电电流下雷电冲击残压不大于 45kV 的"高"类型无间隙避雷器。配电变压器高压侧避雷器的选型应充分考虑运维人员作业的便利性和安全性，条件允许时选择可带电更换的避雷器，必要时可选择带脱离器的避雷器。

10kV 台架变压器低压侧避雷器分类见表 12-8，对雷电防护等级Ⅰ级的台架变压器选用类型为"DH"的无间隙避雷器，其他雷电防护等级的台架变压器可选择类型为"DM"

的无间隙避雷器。台架变压器低压侧的 N 线出口处设置无间隙避雷器进行保护。台架变压器低压侧避雷器在靠近变压器的支架上安装，避雷器与变压器低压出线端的距离不宜超过 1m。

表 12-7　　　　　　　　10kV 台架变压器高压侧用避雷器典型技术参数

序号	避雷器分类	高/DH-1	高/DH-2	高/DH-3	中/DM-1	中/DM-2
1	额定电压（kV）	17	17	12	17	17
2	持续运行电压（kV）	13.6	13.6	9.6	13.6	13.6
3	标称放电电流（kA）	10	10	10	5	5
4	直流 1mA 参考电压（不小于）(kV)	25	24	17.4	25	24
5	0.75 倍直流 1mA 参考电压下的漏电流（不大于）(μA)	50	50	50	50	50
6	工频参考电压（不小于）(kV)	17	17	12	17	17
7	操作冲击残压（峰值，不大于）(kV)	42.5	38.3	27.6	42.5	38.3
8	雷电冲击残压（峰值，不大于）(kV)	50	45	32.4	50	45
9	陡波冲击残压（峰值，不大于）(kV)	57.5	51.8	37.2	57.5	51.8
10	大电流冲击耐受（kA）	100	100	100	65	65
11	Q_{rs} 重复转移电荷（C）	≥0.4	≥0.4	≥0.4	≥0.2	≥0.2
12	系统接地方式	中性点高电阻接地[①]		中性点低电阻接地[②]	中性点高电阻接地[①]	

① 按照 GB/T 50064—2014《交流电气装置的过电压保护和绝缘配合设计规范》中 2.0.1 规定。
② 按照 GB/T 50064—2014《交流电气装置的过电压保护和绝缘配合设计规范》中 2.0.2 规定。

表 12-8　　　　　　　　10kV 台架变压器低压侧用避雷器典型技术参数

序号	避雷器分类[①]	DH	DM
1	额定电压[②]（kV）	0.28	0.28
2	持续运行电压（kV）	0.24	0.24
3	标称放电电流（kA）	10	5
4	直流 1mA 参考电压（不小于）(kV)	0.6	0.6
5	0.75 倍直流 1mA 参考电压下的漏电流（不大于）(μA)	50	50
6	标称放电电流下残压（峰值，不大于）(kV)	1.3	1.3
7	大电流冲击耐受（kA）	100	65
8	Q_{rs} 重复转移电荷（C）	≥0.4	≥0.2

① 对于雷电防护等级 Ⅲ 级的台架变压器低压侧用避雷器，必要时可按照 GB/T 11032—2020《交流无间隙金属氧化物避雷器》规定选择 DL 类型。
② 0.28kV 用于 220V/380V 系统的相对地保护。

　　台架变压器低压侧计量箱、配电箱等加装浪涌保护器（SPD）保护，箱体接地应与变压器地网相连接，如图 12-22 所示。

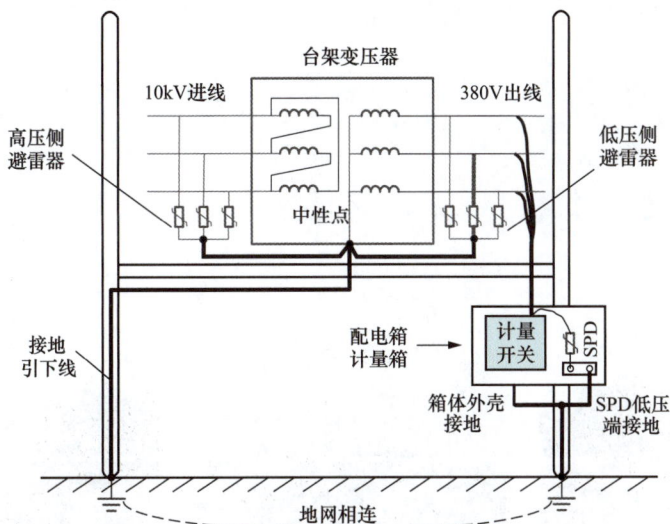

图 12-22　台架变压器电力计量箱接地示意图

　　台架变压器低压配电箱浪涌保护器保护水平 $U_{p/f}$ 应低于被保护设备额定冲击耐受电压 U_w，且保护水平不应高于 2500V，浪涌保护器的最大持续工作电压 U_c 不应低于表 12-9 的要求，台架变压器低压配电箱体内浪涌保护器连接导体应采用铜导线，浪涌保护器连接相线铜导线截面积应大于 $6mm^2$，浪涌保护器接地端连接铜导线截面积应大于 $10mm^2$。浪涌保护器其他性能应符合 GB/T 18802.12—2024《低压电涌保护器（SPD）　第 12 部分：低压电源系统的电涌保护器　选择和使用导则》的规定。

表 12-9　　　　　　　　　　　　　浪涌保护器的最小 U_c 值

安装位置	最大持续工作电压
相线与中性线间	$1.15U_0$
相线与 PE 线间	$\sqrt{3}\,U_0$
中性线与 PE 线间	U_0

注　U_0 指交流系统相线对中性线的标称电压。

第六节　配网架空地线应用现状及技术分析

一、国外配网架空地线应用现状

20 世纪五六十年代，日本开始研究和应用配网架空地线，其 6.6kV 及以上配电线路除少雷区外及部分中雷区外，普遍安装了地线，不少线路同时安装地线和避雷器，以降低避雷器的雷害损坏率。此外，近年来日本部分配电线路安装的架空地线还具有兼顾信息传输的功能。图 12-23 给出了日本配网架空地线图片。

图 12-23　日本配网架空地线图片

韩国配电线路全部采用绝缘导线（包括郊区和小城镇及乡村），90% 以上的中压线路架设了地线，地线自水泥杆的中部穿线在内壁通过钢筋接地。据了解韩国部分配网架空地线兼具通信功能，即类似主网 OPGW，对提升配网供电可靠性和通信自动化水平发挥了重要作用。图 12-24 给出了韩国部分配网架空线图片。

图 12-24　韩国配网架空地线图片

泰国处于热带雷雨地区，近年来陆续在部分中压配电线路中开始采用架空地线，一般应用在铁塔上。地线支架呈现不同样式，架空地线的接地线通过杆塔内部引线，再通过引下线接地。图 12-25 给出了泰国中压配电线路安装架空地线及接地图片。

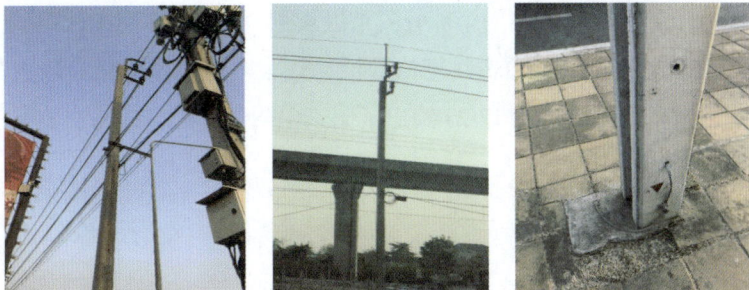

图 12-25　泰国中压配电线路安装架空地线及接地图片

欧美地区城市中压配电线路一般都入地电缆化，尤其欧洲电缆化率相当高，美国许多小城市及郊区架空线路仍较多，但一般都不架设架空地线，这与欧美地区雷电活动强度相对较弱有一定关系。

此外，IEEE 在 Std 1410-2010《IEEE Guide for Improving the Lightning Performance of Electric Power Overhead Distribution Lines》中也建议了在雷害严重地区采用架空地线作为防雷措施，同时给出了应用架空地线的相关技术原则，如地线保护角一般推荐 30°左右，对于较矮的杆塔（12m 及以下），在满足导地线间安全距离的前提下可采用 45°保护角。

二、国内配网架空地线应用现状

台湾省作为我国配电网供电可靠性较高的省份，其中压配电网以 22.8kV 和 11.4kV 为主，广泛采用架空地线与绝缘导线配置。台湾的架空地线支架头形式较多，地线与杆塔并非逐基连接，大多采用低压绝缘子固定，一般 3～5 基杆塔设置一个接地点，通过引流线接杆塔后再接地，如图 12-26 所示。

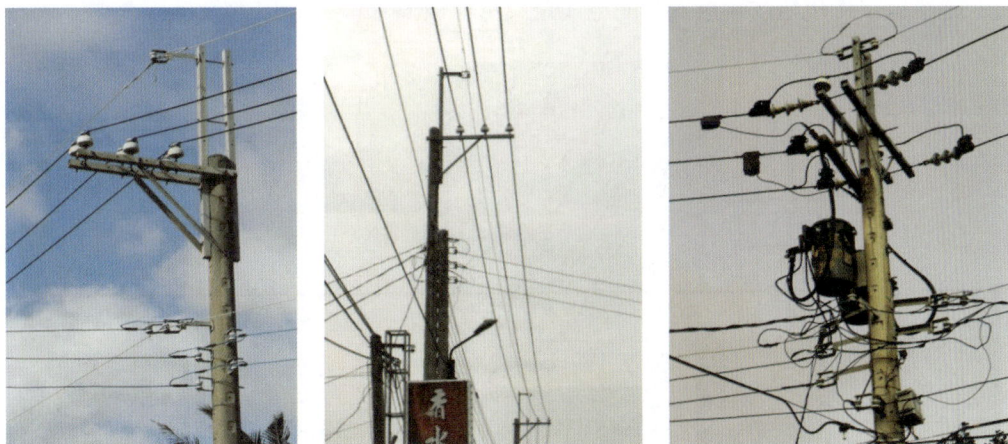

图 12-26　我国台湾省内部分配电线路安装架空地线图片

国家电网绝大部分配电线路未安装架空地线，主要由于北方雷害并不严重，另外由于历史和经济性原因，早期相关规程标准中将架设地线作为非首选措施，局部雷害严重地区相关实践应用还处于起步阶段。如华东部分省市近年来少量 10kV 配电线路试点应用了架空地线，试点线路架设地线后统计雷击跳闸次数波动较大，与气象因素有较大关系，但总体趋势上雷击跳闸次数有所下降。图 12-27 给出了国家电网部分配电线路安装架空地线图片。

图 12-27　国家电网部分配电线路安装架空地线图片

南方电网范围内，近年来陆续有多个地市单位通过技改等方式试点应用了 10kV 线路架空地线和 OPGW（光纤复合架空地线），主要有广州、佛山、清远、肇庆、阳江、钦州、遵义、曲靖等地区。广州地区佛朗支线的架空地线在 2017 年加装完毕，加装前一个年度内，由雷击引起的故障为 2 次，加装地线后未出现雷击跳闸故障。大部分线路为改造线路，地线均是在原杆塔上加装，同时水泥杆塔每隔 4～5 基新增了接地装置，接地装置与同基杆塔挂接的地线上支架直接连接。安装架空地线一般通过技改项目或修理项目实施，主要针对年雷击跳闸次数 3～5 次以上的线路，一般根据历史故障位置分区段选择实施。图 12-28 给出了广州地区试点安装配电线路架空地线图片。

图 12-28　广州地区试点安装配电线路架空地线图片

清远试点架设地线由 2016 年底开始，总长度已达到近百公里。经过架设地线等防雷措施改造后，改造线路的雷击跳闸次数下降效果显著。但是需要注意的是，清远地区在防雷改造中，不仅采取了架设地线措施，还采取了包括改造接地网、更换绝缘子、增加避雷器等多种改造措施。与广州类似，清远地区的架空地线试点线路也均为改造线路，架空地线均是在原杆塔上加装。水泥杆塔上加装了架设地线的金属槽钢或角钢支架，地线与该金属支架是直接金属连接。同时水泥杆塔每基新增了垂直接地装置，接地装置与同基杆塔挂接的地线上支架直接连接。图 12-29 给出了清远地区试点安装配电线路架空地线图片。

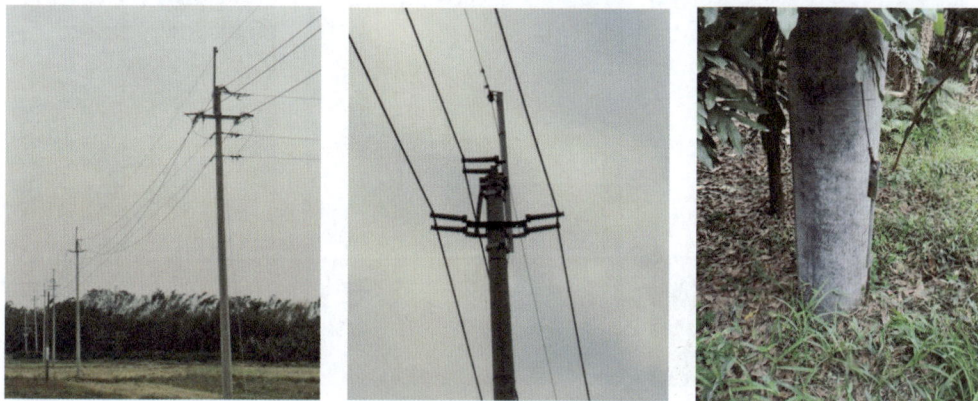

图 12-29　清远地区试点安装配电线路架空地线图片

　　佛山供电局辖区内主要有南海局、高明局和三水局配电线路架设了地线。改造工作由 2013 年开始，改造线路总长度达到近百公里。经过架设地线等防雷措施改造后，配电线路的雷击跳闸次数均呈现一定程度的下降。现场调研发现地线均是在原杆塔上加装。水泥杆塔上加装了架设地线的金属上框架，地线与该金属上框架直接金属连接，同时水泥杆塔每基新增了接地装置，接地装置与同基杆塔挂接的地线上框架直接连接。图 12-30 给出了佛山地区试点安装配电线路架空地线图片。

图 12-30　佛山地区试点安装配电线路架空地线图片

　　近年来，南方电网大力推动数字化转型和数字电网建设，开展配网 OPGW 防雷兼通信试点应用，统筹考虑配网数字化转型升级中通信支撑、防雷减灾的需要，进一步通过技术手段提升供电可靠性和客户满意度。一方面结合近年来的架空地线试点经验，在标准设计与典型造价 V3.0（智能配电）中增加了配网 OPGW 标准化设计；另一方面在肇庆地区开展基于标准化的配网 OPGW 试点应用，涵盖单回路、双回路、四回路等多种杆塔形式，并开展了基于 OPGW 的智能通信、实时在线视频监测等业务，现场部分图片如图 12-31 所示。

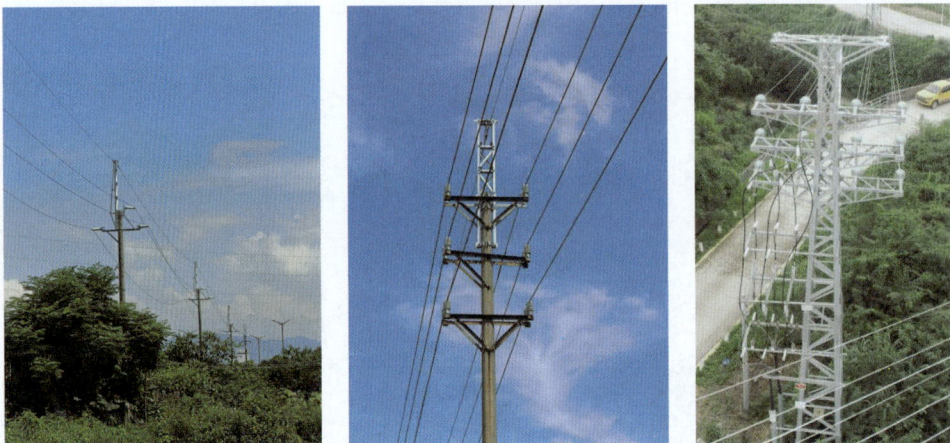

图 12-31　肇庆地区试点安装配电线路 OPGW 现场图片

三、配网地线防雷效果仿真分析

（一）配电线路无地线耐雷性能

配电线路遭受雷击主要有三种情况：一是雷击杆塔（反击），冲击电流使得塔顶电位迅速上升至远高于导线电位，从而引起绝缘子串发生反击闪络；二是雷电直击导线（直击），导线上会形成很高的冲击过电压，使导线电位与杆塔间的电位差急剧增大，造成线路绝缘子闪络；三是雷击在配电线路临近的地物上时（感应雷），大雷电流在导线上感应出较高的过电压，从而可能造成绝缘子闪络。三种雷击故障形式如图 12-32 所示。

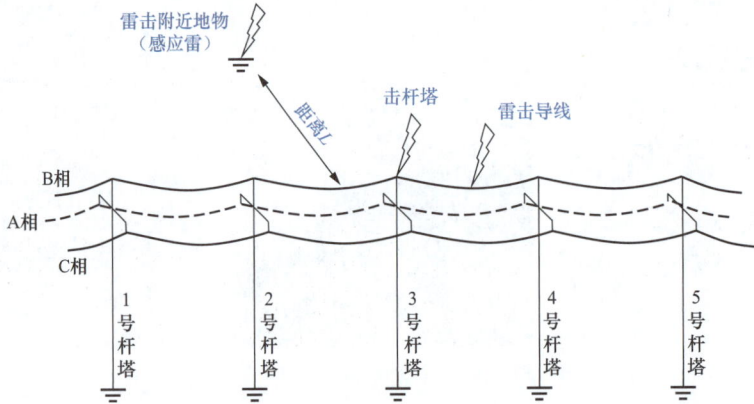

图 12-32　雷击无地线 10kV 线路杆塔和导线示意图

对 10kV 单回架空配电线路三种雷击形式进行仿真计算分析，计算模型取配电线路典型参数为水泥杆 12m，杆塔接地电阻 30Ω、导线为钢芯铝绞线 JL/G1A-120-25，瓷横担绝缘子（型号 SC-185），计算结果见表 12-10。雷击无地线 10kV 线路杆塔反击绝缘子串过电压波形如图 12-33 所示。

表 12-10　　　　　　不同雷击形式下无地线 10kV 线路耐雷水平

雷击形式		无地线耐雷水平（kA） （自然接地 R=30Ω）
雷击杆塔（反击）		6.8
雷击导线（直击）		1.6
感应雷击距离	50m	35.8
	100m	76.2

（二）配电线路加装地线后耐雷性能

当配电线路加装地线后，三种雷击形式会有所变化且各有不同。

（1）雷击塔顶或地线时（反击），雷电流除了经杆塔入地还有一部分经地线向两侧传播（通过相邻杆塔入地），同时地线对导线的耦合作用有利于降低导线与绝缘子间的电压差，因此反击闪络电压和耐雷水平有明显的提升，仿真计算表明提升约一倍。

图 12-33　雷击无地线 10kV 线路杆塔反击绝缘子串过电压波形

（2）雷电流直击导线时，虽然地线也有一定耦合作用，但由于绝缘水平低，绝缘子基本无法承受雷电压，因此耐雷水平变化不大。

（3）感应雷情况下，由于地线耦合作用和感应分流的影响，可一定程度提升耐受感应雷水平，计算表明可提升为 25%～30%。

雷击有地线 10kV 线路杆塔和地线及导线示意如图 12-34 所示，不同雷击形式下有地线 10kV 线路耐雷水平见表 12-11。雷击杆塔塔顶有地线时反击电压和电流仿真波形如图 12-35 所示。

表 12-11　　　　不同雷击形式下有地线 10kV 线路耐雷水平

雷击形式		有地线耐雷水平 自然接地（kA）	有地线耐雷水平 增设人工接地（kA）
雷击杆塔（反击）		13.4	15.9
雷击导线（直击）		1.7	1.7
感应雷击	距离 50m	46.3	47.1
	距离 100m	98.6	99.5

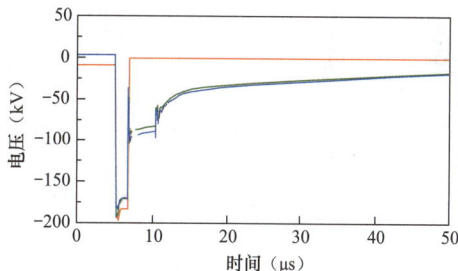

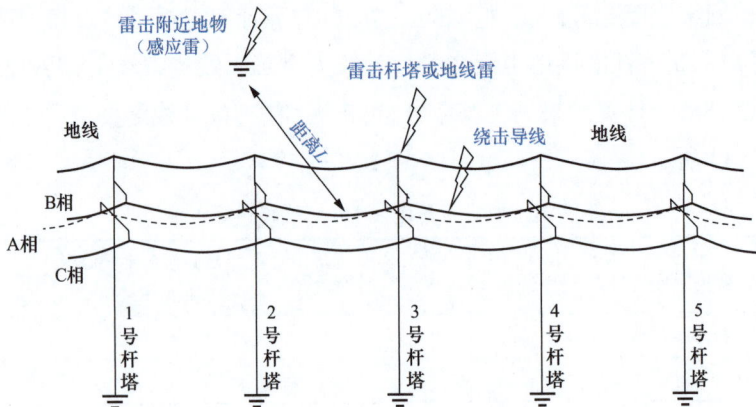

图 12-34　雷击有地线 10kV 线路杆塔和地线及导线示意图

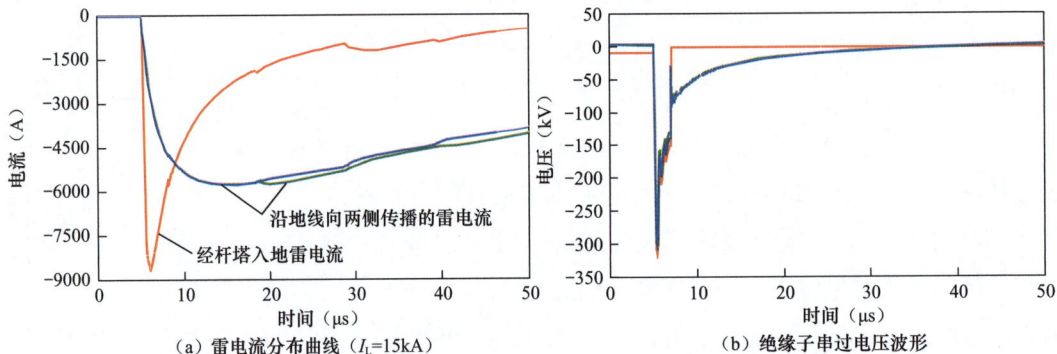

（a）雷电流分布曲线（I_L=15kA）　　　（b）绝缘子串过电压波形

图 12-35　雷击杆塔塔顶有地线时反击电压和电流仿真波形

（三）配电线路加装地线后雷击概率

配电线路未安装地线时，三相导线完全处于暴露弧区域，当雷电先导发展至配电线路引雷范围之内，则导线就可能直接遭受雷击。加装地线之后，根据电气几何模型（EGM），地线在一定范围内具有屏蔽雷电流直击的作用，当雷电先导发展至地线屏蔽弧区域，则雷击地线，当雷电先导发展至导线暴露弧区域，则雷击导线。10kV 单回路和双回路加地线后遭受雷击的电气几何模型示意如图 12-36 所示。

根据电气几何模型的绕击计算结果可知，对单回路加装地线后，雷电直击导线的概率可以降低 90% 及以上，对于双回路加装地线，雷电直击导线的概率可以降低 80% 及以上。雷电流击中地线虽然仍可能造成线路跳闸，但由于反击耐雷水平大幅提升，因此可以大幅降低线路雷击跳闸率。 10kV 单回路和双回路加地线前后导线被雷击概率变化情况见表 12-12。

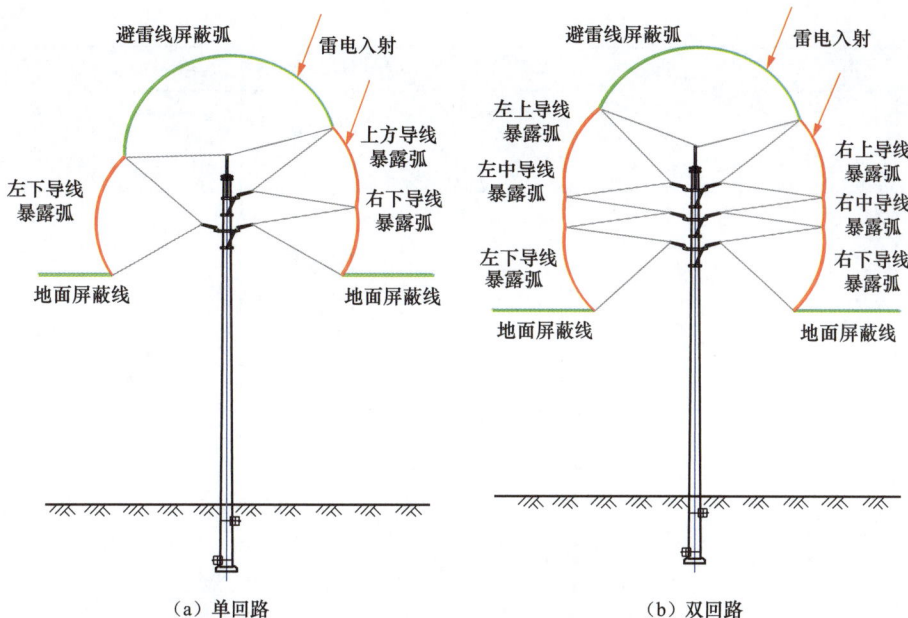

（a）单回路　　　　　　　　　　　（b）双回路

图 12-36　10kV 单回路和双回路加地线后遭受雷击的电气几何模型示意图

表 12-12　　　10kV 单回路和双回路加地线前后导线被雷击概率变化情况

类型	平地		丘陵	
	无地线	有地线	无地线	有地线
单回路	100%	3.5%	100%	10.1%
双回路	100%	6.1%	100%	18.8%

（四）配电线路加装地线前后跳闸率

根据电力行业过电压与绝缘配合标准的相关规定，计算一般 10kV 配电线路（杆高 12～15m）引雷宽度为 $b+4h=48～60m$，因此单侧引雷宽度为 24～30m，再考虑到较远距离如 100m 外的超大感应雷为极小概率事件，因此按线路两侧 0～25m 为直击雷、25～100m 为感应雷计算，同时根据 DL/T 620—1997《交流电气装置的过电压保护和绝缘配合》，直击雷按击杆率取 1/4，年雷暴日数 40 天计算，结果见表 12-13。年 40 雷暴日下 10kV 配电线路安装地线前后雷击跳闸率对比如图 12-37 所示。

表 12-13　　10kV 配电线路安装地线前后雷击跳闸率测算情况（年 40 雷电日）

项目	直击雷			感应雷		总跳闸率 [次/（百公里·年）]
	年雷击 （次/百公里）	反击跳闸率 [次/（百公里·年）]	绕击跳闸率 [次/（百公里·年）]	年雷击 （次/百公里）	跳闸率 [次/（百公里·年）]	
无地线 自然接地 $R=30\Omega$	13.91	3.46	10.43	41.73	11.84	25.73

续表

项目	直击雷			感应雷		总跳闸率 [次/（百公里·年）]
	年雷击 （次/百公里）	反击跳闸率 [次/（百公里·年）]	绕击跳闸率 [次/（百公里·年）]	年雷击 （次/百公里）	跳闸率 [次/（百公里·年）]	
有地线 自然接地 $R=30\Omega$	13.91	11.05	1.39	41.73	5.39	17.83
有地线 人工接地 $R=15\Omega$	13.91	8.92	1.39	41.73	5.16	15.47

图 12-37　年 40 雷暴日下 10kV 配电线路安装地线前后雷击跳闸率对比图

根据计算结果可见，配电线路安装架空地线后，雷电直击导线的概率大幅降低，感应雷击跳闸率有所降低，而雷击地线时若超过反击耐雷水平仍会跳闸。综合来看配电线路安装地线相比无地线时跳闸率降低 31%～39%。

四、实际配电线路应用架空地线防雷效果分析

近年来广州地区通过加装架空地线、线路避雷器、多腔室长闪络避雷器、避雷针、故障识别绝缘子等技术手段，积极提升线路防雷、耐雷水平，其中以架空地线加改造绝缘子、线路避雷器的组合式防雷效果显著，效果优于单一装置的防雷效果，具体情况如图 12-38 所示。

近年来清远局在防雷改造中应用配网架空地线、更换绝缘子等措施对防雷防护起了积极的效果，对清远地区近年试点的配网架空地线安装前后三年运行情况统计分析如图 12-39 所示。

佛山近年来在部分地区应用了配网架空地线、同时采取了改造绝缘子、改造接地电阻等措施，通过改造后配电线路的雷击跳闸次数呈现较为明显的下降，下降最为明显的线路一般为架空地线、避雷器及改造绝缘同步进行，因此效果优于单一架空地线改造。佛山近年配网架空地线安装运行情况分析如图 12-40 所示。

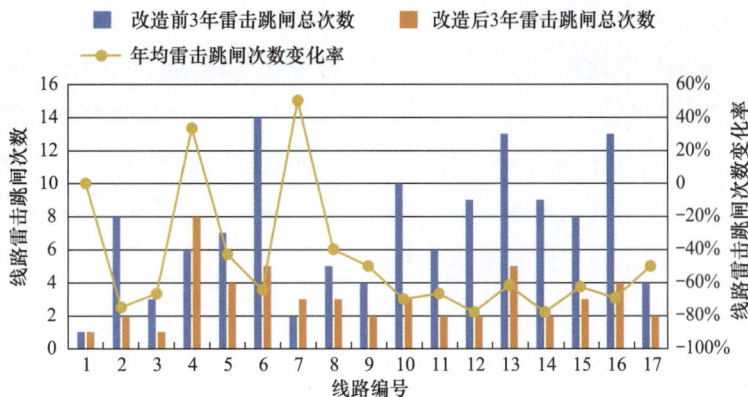

图 12-38　广州近年配网架空地线安装运行情况分析

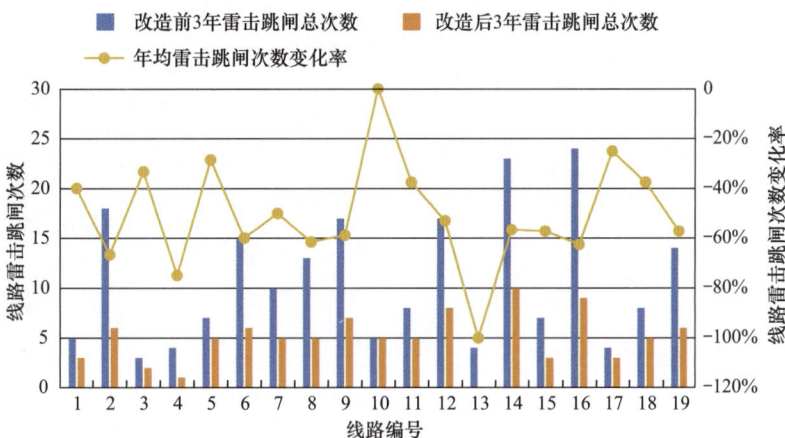

图 12-39　清远近年配网架空地线安装运行情况分析

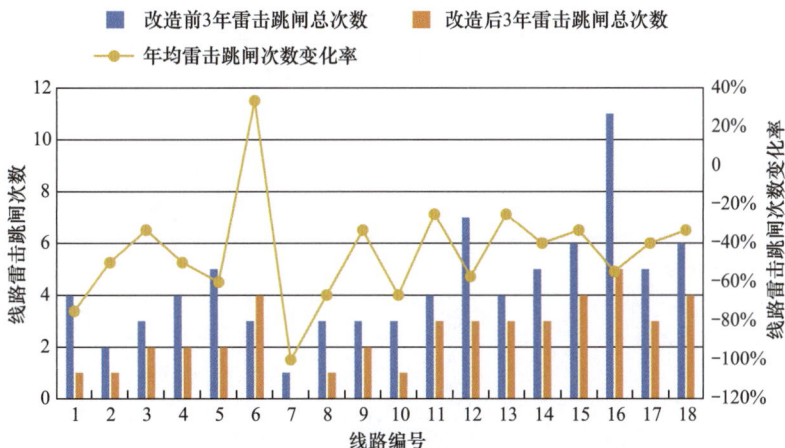

图 12-40　佛山近年配网架空地线安装运行情况分析

　　综合统计分析了广州局 17 条线路、清远局 19 条线路、佛山局 18 条线路，累计试点长度近 200km，安装架空地线前后三年，大部分线路雷击跳闸次数下降 30%～60%。实际运行效果优于仿真计算结果，主要原因是部分线路安装地线的同时也更换了绝缘子，或者同步进行了接地改造或者加装了线路避雷器等，雷击跳闸次数下降指标优于单纯安装地线的防雷效果理论值。个别线路也存在雷击跳闸次数下降不明显甚至增加的情况，可能与微地形气象条件、环境因素、统计周期等有关。

第十三章

变电站的雷电侵入波防护

第一节　雷电侵入波过电压形成机理

一、概述

变电站是电力系统的枢纽，一旦发生雷击故障，停电影响范围大，因此要求有可靠的防雷措施。一般来说，变电站雷害来源有两种：一是雷直击变电站；二是雷击线路产生雷电波沿线侵入变电站。

变电站防直击雷一般采用避雷针（线），安装避雷针（线）后雷直击变电站故障率较低。输电线路落雷时，因为绝缘水平比发电厂、变电站设备绝缘水平高，所以沿线路侵入的雷电过电压波幅值较高，变电站必须对雷电侵入波加以限制。主要措施为在变电站内装设避雷器，并在离变电站1~2km内的进线段架设。考虑到架空输电线路都安装有避雷线，站内也有线路避雷器，这里重点分析雷电侵入波过电压的形成机理、避雷器的防护原理、站内设备雷电过电压仿真计算方法及防护方法。

二、雷电侵入方式

架空输电线路主要遭受雷击塔顶的反击跳闸、雷击导线的绕击跳闸等威胁，而感应雷对于110kV及以上线路和变电站设备绝缘影响不大，因此110kV及以上变电站的雷电侵入波主要考虑变电站附近架空输电线路遭受雷电反击和绕击的情况，如图13-1所示。

变电站附近或远处线路遭受雷电反击后，雷电流一部分经杆塔和避雷线流入大地，另一部分沿线形成雷电侵入波传入变电站，对站内设备造成威胁。

变电站附近线路遭受绕击时，如果绝缘子未闪络，雷电波经线路传入站内，威胁设备安全。相反，如果绝缘子闪络，部分雷电流会经杆塔和避雷线流入大地，减少对站内设备的影响。此外，虽然进线段线路的最大绕击电流幅值远远小于反击雷电流，但是相比于反击时有一部分电流通过杆塔和避雷线泄放，所有的绕击雷电流可能全部侵入站内，因此雷电绕击侵入波对站内设备安全威胁更大。

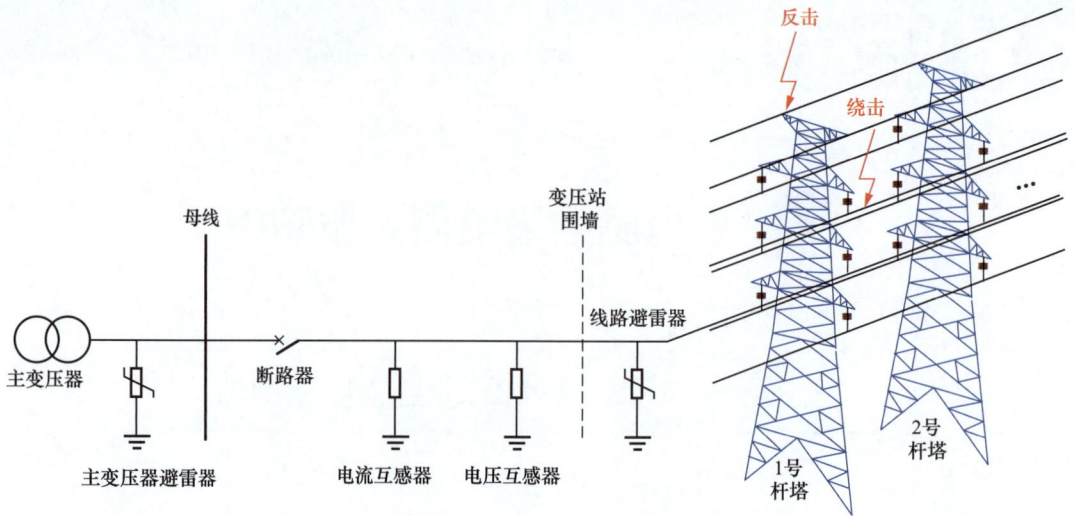

图 13-1　雷电绕击、反击变电站附近线路的示意图

反击或绕击侵入波由线路传到变电站时，由于线路的阻尼和电晕作用，会使雷电波发生衰减和畸变，经过进线段到达变电站入口的雷电侵入波幅值和陡度都大幅度地降低，因此一般变电站近区线路雷击对变电站内设备的危害要远大于远区线路雷击。

一般采用线路避雷器配合良好的接地来抑制雷电侵入波，保护站内设备安全。其次，进线段保护是限制雷电侵入波幅值和陡度、站内避雷器冲击电流的重要措施。对于全线架设避雷线的架空输电线路，提高线路的反击耐雷水平可以限制雷电侵入波过电压，但也可能增加绕击侵入波幅值，因此需要综合考虑。

三、雷电侵入波的防护原理

1. 避雷器的保护作用

首先分析金属氧化物避雷器直接装设在变压器出线端的简单接线情况，如图 13-2（a）所示，图中 F 代表避雷器。为简化分析，不计变压器的对地入口电容，并假定避雷器伏安特性 $u_b=f(i_b)$ 已知。

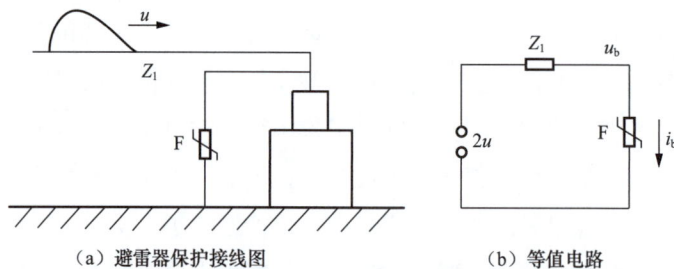

（a）避雷器保护接线图　　　　（b）等值电路

图 13-2　避雷器接在变压器端的接线和等值电路

设侵入波 u 沿波阻抗为 Z_1 的线路入侵，根据彼得逊法则，侵入波 u 到达变压器时，相当于末端开路，避雷器上电压上升为 $2u$，其电压源等值电路如图 13-2（b）所示。结合避雷器的伏安特性曲线，可得

$$2u=u_b+i_bZ_1$$
$$u_b=f(i_b)$$

（13-1）

式（13-1）为包含非线性变量的方程组，可用图解法求解。如图 13-3 所示，纵坐标取电压 u，横坐标分别取时间 t 和电流 i。在 u–i 坐标平面内，画出曲线 $u_b+i_bZ_1$，然后自侵入波 $2u$ 的幅值处作一水平线与曲线 $u_b+i_bZ_1$ 相交，交点的横坐标就是流过避雷器的最大雷电流 I_{bm}，由 I_{bm} 对应的曲线上的电压 U_{bm} 就是避雷器的最高电压。其他时刻避雷器上的电压 u_b 可按此方法用图解法逐点求得。

避雷器的残压值与流过的电流大小有关，但因氧化锌阀片优良的非线性特性，在较大的雷电流变化范围内，其残压近乎不变。在具有正常防雷接线的 110～220kV 变电站中，流经避雷器的雷电流一般不超过 5kA（对 330kV 及以上系统为 10kA），故按 5kA 雷电流条件确定残压的最大值。在分析时，可以将避雷器上的残压 u_b 视为一斜角平顶波，其幅值为避雷器雷电冲击残压 U_b，波头时间则取决于侵入波的陡度。若侵入波为斜角波 $u=at$，则避雷器的作用相当于在避雷器动作时刻 t_f 在装设避雷器处产生一个负电压波 $-a(t-t_f)$，其后电压值保持在残压 U_b，如图 13-4 所示。

因为避雷器直接接在变压器旁，故变压器上的过电压波形与避雷器上的电压完全相同，只要避雷器的残压低于变压器的冲击耐压，则变压器将得到可靠的保护。

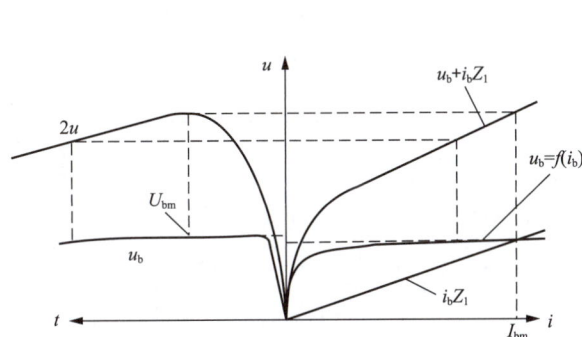

图 13-3　避雷器电压的图解法

图 13-4　侵入的斜角波及避雷器上电压

u—侵入波；$u_b=f(i_b)$—避雷器伏安特性；u_b—避雷器上电压

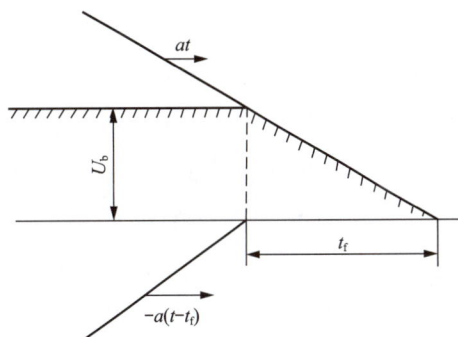

2. 被保护设备的电压

变电站中有很多电气设备，在工程实际中不可能在每个设备旁装设一组避雷器加以保护。因为变压器是最重要的设备，因此避雷器应尽量靠近变压器，装在变压器出口或其附近的母线上。这样，避雷器离变压器和各电气设备都有一段长度不等的距离。当雷电波入侵时，由于波的反射，被保护的电气设备上的电压将不同于避雷器上的残压。

以如图 13-5（a）所示的典型保护接线为例。由于一般电气设备的等值入口电容都不大，因此可以忽略其影响，被保护设备处可以认为是开路，故得到等效接线如图 13-5（b）所示。图中变压器 T 在避雷器 B 后面 l_2 距离处，开关 L 在避雷器 B 前 l_1 距离处。

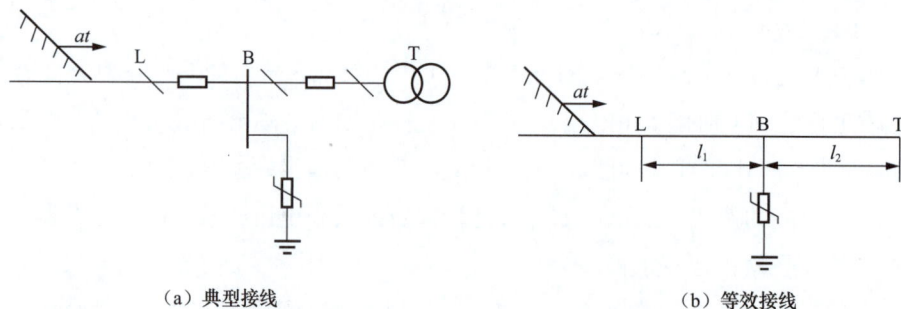

（a）典型接线   （b）等效接线

图 13-5　分析雷电波侵入变电站的典型接线

如果被保护设备位于避雷器后一段距离 l，则设备上所受冲击电压的最大值必然高于避雷器的残压，其差值为

$$\Delta U = 2a\frac{l}{v} \tag{13-2}$$

位于避雷器后线路终端的变压器上的电压具有振荡性质，其振荡轴为避雷器雷电冲击残压 U_b，这是由避雷器动作后产生的负电压波在 B 点与 T 点之间多次反射引起的。变压器上典型的实际过电压波形如图 13-6 所示，受侵入波波形、冲击电晕、避雷器非线性电阻的影响，过电压为具有余弦性质的振荡衰减波。这种波形和冲击全波有很大区别，它对变压器绝缘的作用与截波相近，因此常以变压器绝缘承受截波的能力来说明在运行中该变压器承受雷电波的能力。

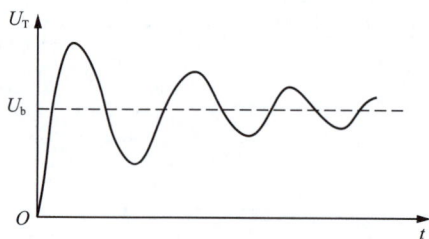

图 13-6　雷电波侵入变电站时变压器上典型的实际过电压波形

3. 避雷器与被保护设备的允许距离

从前面的分析及式（13-2）可知，当侵入波陡度一定时，避雷器与被保护设备之间的电气距离 l 越大，设备上电压与避雷器残压的差值 ΔU 也就越大。因此，要使避雷器起到良好的保护作用，它与被保护设备之间的电气距离就不能超过一定的值，即存在一个最大电气距离 l_{max}。超过最大电气距离 l_{max} 后，设备上所受的冲击电压 U_s 将超过其冲击耐压（多次截波耐压值）U_j，保护失效。在变电站设计中，应使所有设备到避雷器的电气距离都在保护范围内，满足

$$U_s \leqslant U_j \text{ 即 } U_b + 2a\frac{l}{v}k \leqslant U_j \qquad (13\text{-}3)$$

对于一定陡度的侵入波，最大允许电气距离 l_{max} 为

$$l_{max} = \frac{U_j - U_b}{2\dfrac{a}{v}k} \qquad (13\text{-}4)$$

变电站内其他电气设备的冲击耐压值较变压器高，它们与避雷器间的电气距离可相应增大 35%。

对于 220kV 及以下变电站，由于设备重要性不如更高电压等级设备，且设备造价相对较低，为便于设计给出了上述统一的规定。当母线避雷器不满足要求时，可以在变压器出口增设避雷器；而对于 330kV 及以上电压等级的变电站，一般单独进行雷电侵入波过电压仿真计算，从而确定避雷器的安装数量和位置，其中在变压器出口装设一组避雷器是常用的方法。

第二节　雷电侵入波过电压的建模与分析方法

一、概述

对于雷电侵入波的防护分析，过电压的理论计算往往基于一些简单的假设，而实际电磁暂态过程较为复杂，因此目前主要采用电磁暂态软件进行雷电侵入波过电压的仿真计算，以制定合理的绝缘配合方案。雷电侵入波的建模首先需要考虑最严苛的运行方式，比如单进线、单母线和单变。然后建立包含架空输电线路雷电过电压仿真分析的模型、站内设备的高频电磁暂态模型等，分别模拟变电站相连的典型架空输电线路遭受反击、绕击等情况下站内设备的最大雷电过电压及避雷器电气应力。

二、建模方法

雷电侵入波仿真分析中需要建立架空输电线路仿真模型，前面第六章已经给出了雷电流源模型、输电线路模型、杆塔模型、绝缘子闪络模型等，本章不再赘述，这里雷电侵入波需要特殊考虑的是雷击点的选取以及站内设备的高频电磁暂态模型的建立。

1. 雷击点选取

在美国、西欧和日本以及 CIGRE（国际大电网会议）工作组，均以近区雷击作为变电站侵入波的重点考察对象。近区雷击的侵入波过电压一般均高于远区雷击的侵入波过电压，问题是近区雷击第几基杆塔时过电压幅值最高。通常雷击点选为进线段的杆塔，并对比分析最严重的情况。

大量研究表明，1 号塔和变电站的终端门型构架（也称 0 号塔）距离一般较近，再加上门型构架的冲击接地电阻比较小，雷击 1 号塔塔顶时，经地线由 0 号塔返回的负反射波很快返回 1 号塔，降低了 1 号塔顶电位，使侵入波过电压减小。而 2 号塔、3 号塔离 0 号塔较远，受负反射波的影响较小，过电压较高。所以仅计算雷击 1 号塔侵入波过电压不全面。进线段各杆塔的塔型、高度、绝缘子串的伏秒特性、杆塔接地电阻不同，也影响着雷击进线段各塔时的侵入波过电压。根据经验，一般为雷击 2 号或 3 号塔时的过电压较高，或者对进线段及附近杆塔反击绕击逐一进行仿真评估。

2. 站内设备电气模型

由于雷电侵入波等值频率高，变电站站内设备如变压器、电容式电压互感器、电磁式电压互感器、断路器、隔离开关、电流互感器等在雷电波作用下，均可等值为冲击入口电容，它们之间由分布参数线路相隔。变电站各电压等级的设备等值入口电容见表 13-1。

表 13-1　　　不同电压等级下变电站内各电气设备推荐的对地等效电容　　　单位：pF

电压等级（kV）	变压器 T	电容式电压互感器 CVT	电磁式电压互感器 TV	断路器 QF	隔离开关 QS	电流互感器
35	1000	—	100	200	50	50
110	2500	10000	120	500	100	200
220	3000	5000	500	600	200	500
500	5000	5000	800	800	300	1000

此外，变电站内还包括一个重要的设备——避雷器，当加于阀片的电压低于某一临界值时，阀片相当于极高阻值的电阻，即在正常电压范围内伏安特性曲线的斜率几乎为无限大。而在较高电压时，阀片在过电压保护范围内的伏安特性曲线斜率几乎是零。电磁暂态仿真中，一般可以采用非线性电阻模型，通过分段线性化方法来拟合其伏安特性。在高频陡波电流下，建立其高频等效电路时可将其阀片看作一个极高阻值的非线性电阻与电容器的并联，同时还应考虑杂散电感的影响。以 500kV 交流母线避雷器为例，伏安特性曲线如图 13-7 所示 ❶，在仿真中需要设置准确的雷电冲击下的伏安特性曲线。

---

❶　2010 年，西门子公司提供的避雷器伏安特性曲线，详见参考文献［175-176］。

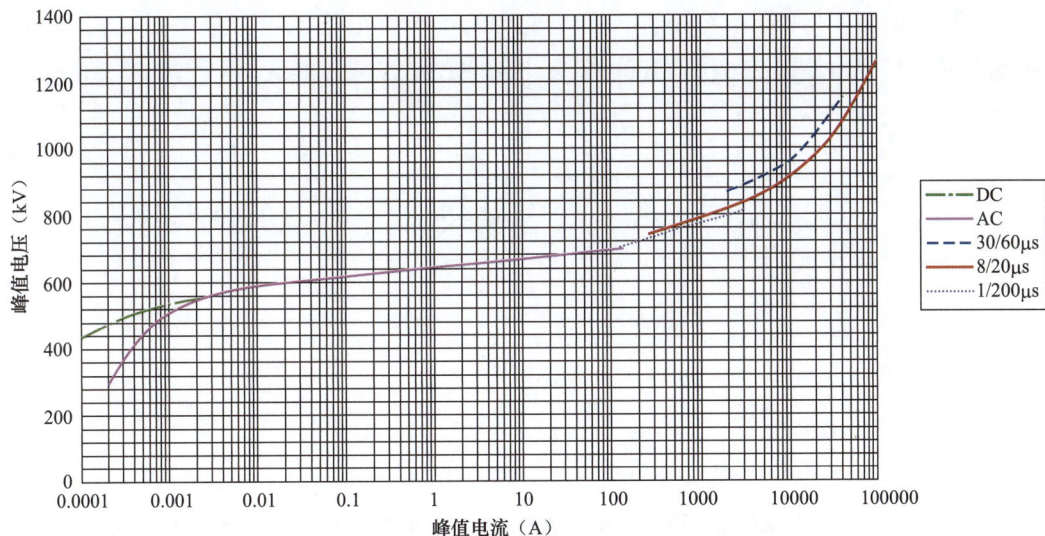

图 13-7　交流母线避雷器伏安特性曲线

三、仿真分析方法

1. 绕击雷电侵入波

变电站附近线路遭受绕击时，站内设备最大电气应力需要综合考虑进线段内所有杆塔情况。雷电流幅值较小时，导线电压较小，侵入站内对站内设备影响也较小。随着雷电流幅值增加，站内设备雷电过电压也增加，但是当雷电流幅值大于线路绕击耐雷水平 I_s 时，绝缘子闪络，大部分雷电流会经过杆塔流入大地，反而降低站内设备雷电过电压。

结合电气几何模型的基本原理可知，雷电流幅值大到一定程度时，雷电会击中避雷线或者大地，也就是存在能够绕击到导线上的最大绕击电流 I_{max}。如果最大绕击电流 I_{max} 小于线路绕击耐雷水平 I_s，则绕击侵入波计算中可以采用 I_{max} 作为最大绕击过电压计算的边界。如果相反，需要同时考虑 I_{max} 和 I_s。

此外，可能存在每一基杆塔的绕击耐雷水平和最大绕击电流都不一样的情况，因此需要对进线段各基杆塔遭受绕击时的雷电侵入波都进行计算并对比分析，找出最严苛的工况。

一般情况下，绕击侵入波对站内设备的电气应力影响最大。

2. 反击雷电侵入波

变电站附近线路遭受反击时，如果雷电流幅值低于线路反击耐雷水平，线路上仅有雷电感应过电压，对站内设备没有威胁。但是当雷电流幅值超过反击耐雷水平后，雷电流会注入到导线上，沿线传入站内，考虑到杆塔、避雷线的分流，反击雷电过电压对站内设备影响相对较小。

但是需要考虑雷电流幅值选取的问题，雷电流幅值越高，反击雷电侵入波过电压也越高，那么应该考虑的最严苛工况，即选取最大雷电流幅值。GB/T 311.2—2013《绝缘

配合　第 2 部分：使用导则》推荐 330kV 变电站反击雷电侵入波中最大雷电流幅值取 185kA，500kV 变电站取 216kA，1000kV 变电站取 230kA 或 250kA 等。

第三节　多重雷击下变电站侵入波典型案例与防护

一、概述

多回击地闪可能会造成同一输电线路连续遭受多次雷电冲击，进而引起线路跳闸难以重合成功，并引起变电站内断路器和避雷器损坏。2010～2018 年某电网内发生 8 起与多回击地闪相关的 220kV 线路侧断路器故障，以及 1 起 500kV 断路器、1 起 110kV 线路侧断路器的 TA 故障。此外，近年来某电网还发生了 6 起 500kV 线路侧无间隙避雷器故障，以及 1 起 500kV 高压并联电抗器中性点避雷器故障。总的来说，对于 220kV 线路，线路侧断路器断口绝缘击穿故障较为常见，如图 13-8 所示；对于 500kV 线路，由于线路避雷器能量过载热崩溃的故障较为常见，如图 13-9 所示。由此可见多回击地闪下的雷电侵入波对于变电站内的设备会有较大的影响，有必要针对多回击地闪下的雷电侵入波进行仿真分析。

图 13-8　220kV 断路器故障现场图

（a）故障避雷器　　（b）放电计数器引线烧断　　（c）避雷器爆炸场面

图 13-9　500kV 避雷器故障现场图

二、典型故障案例一

（一）基本情况

某 220kV 变电站进线段线路和站内电气接线如图 13-10 所示，进线段全长 1.977km，共包含 7 基进线段杆塔，编号顺序为 1～7 号，其中 CVT 为电容式电压互感器，DS1、DS2 为隔离开关，TA 为电流互感器，CB 为断路器，TR 为主变压器，MOA1 为线路避雷器，MOA2 为主变压器避雷器，数字为杆塔档距和站内电气设备间的电气连接距离。线路避雷器安装在 1 号终端杆塔上，型号为 YH10WX-216/562，主变压器避雷器安装在距离主变压器 15.5m 位置处，型号为 Y10W5-200/496W。

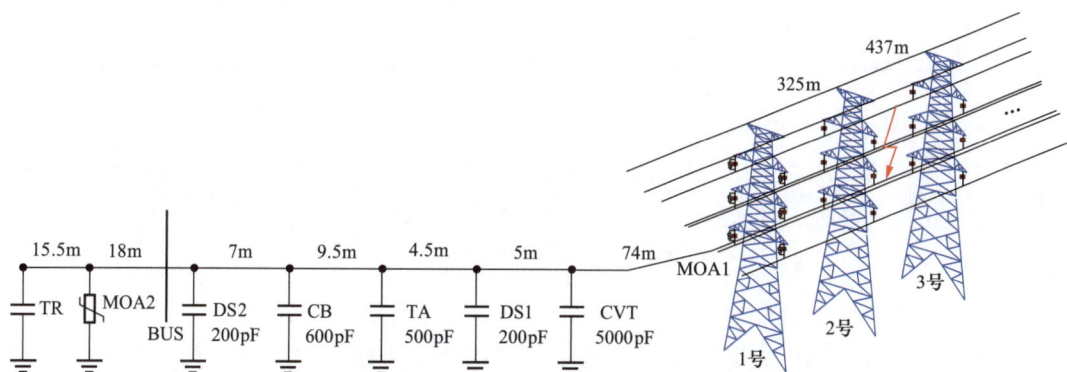

图 13-10　多重雷击线路时的雷电侵入波仿真模型

实际工程经验表明，相较于雷电反击，雷电绕击相对站内电气设备和避雷器危害更大，因此本书只针对连续雷电绕击开展仿真分析。相邻继后回击的时间间隔一般为数百毫秒，考虑到单次雷击持续时间较继后回击时间间隔差了三个数量级，两次雷击之间的相互影响可忽略不计，因而将首次回击与后续回击当成独立过程进行仿真，对避雷器的能量进行累积。1 号终端杆塔由于绝缘子与线路避雷器并联，不容易发生绝缘子闪络导致线路跳闸，其他杆塔中 2 号杆塔离变电站最为接近，当遭受多重雷击时对站内电气设备和避雷器危害更大，因此选取 2 号杆塔作为雷击点。

（二）仿真计算分析

多回击地闪在短时间内连续击中同一输电线路，可能会导致首次回击绕击造成线路跳闸、断路器断开，后续回击又再次侵入断路器，造成更严重的二次损伤，因此需要区分不同工况，选择其中较为严重的工况，以提出变电站雷电侵入波的防护方案。

1. 典型工况

根据上面的建模方法在电磁暂态仿真中建立某 220kV 变电站多重雷击下雷电侵入波仿真模型。通过仿真计算得到 2 号杆塔在 1/200μs 波形下的绕击耐雷水平为 10kA，在 0.25/100μs 波形下为 9kA，而根据电气几何模型计算 2 号杆塔的最大绕击电流为 13kA。

根据雷电流幅值首次回击是否超过耐雷水平、后续回击是否超过耐雷水平两种情况将多回击地闪下雷电侵入波的仿真分为 4 个工况，见表 13-2。当雷电流幅值超过绕击耐雷水平时，仿真雷电流幅值取最大绕击电流；当雷电流幅值未超过绕击耐雷水平时，仿真雷电流幅值取绕击耐雷水平，后续的雷电流幅值也是按照该方法取值。

表 13-2　　　　　　　　　　　多重雷击（回击）绕击线路仿真工况

工况序号	首次回击	后续回击
	雷电流幅值是否超过耐雷水平 / 断路器状态	雷电流幅值是否超过耐雷水平
1	否 / 闭合	否
2	否 / 闭合	是
3	是 / 断开	否
4	是 / 断开	是

2. 典型工况的仿真分析

当 2 号杆塔遭受连续两次 IEC 推荐波形绕击时，即首次回击为 1/200μs，后续回击为 0.25/100μs 时，各工况下站内电气设备最大过电压和避雷器最大电气应力见表 13-3 和表 13-4。图 13-11～图 13-13 分别为站内电气设备最大过电压波形、线路避雷器最大电气应力波形以及主变压器避雷器最大电气应力波形。

由表 13-3 和图 13-11 可知，站内电气设备过电压最大值为工况 3 下断路器断口电压 1308kV，该值出现在后续回击雷电波侵入后的 4μs，这是由于首次回击雷电流幅值超过耐雷水平且线路跳闸、后续回击时杆塔处绝缘恢复且雷电流幅值未超过耐雷水平。此时，后续回击雷电侵入波在断路器断口线路侧发生行波全反射，同时断口母线侧工频电压达到了正峰值，二者叠加在断路器断口上产生了较大的过电压，即使不考虑绝缘配合系数，也远超过设备额定雷电冲击耐受电压 950kV，因此需要考虑在断路器线路侧加装避雷器。

表 13-3　　　　　　　　　　各工况下站内电气设备最大过电压

工况序号	回击次序	雷电流幅值（kA）	站内电气设备最大过电压（kV）				
			电容式电压互感器	电流互感器	断路器对地	断路器断口	主变压器
1	首次	10	503	488	485	—	466
	后续	9	504	502	509	—	459
2	首次	10	503	488	485	—	466
	后续	13	465	452	486	—	486
3	首次	13	511	501	497	—	501
	后续	9	937	958	981	**1308**	—
4	首次	13	511	501	497	—	501
	后续	13	836	872	901	**1211**	—

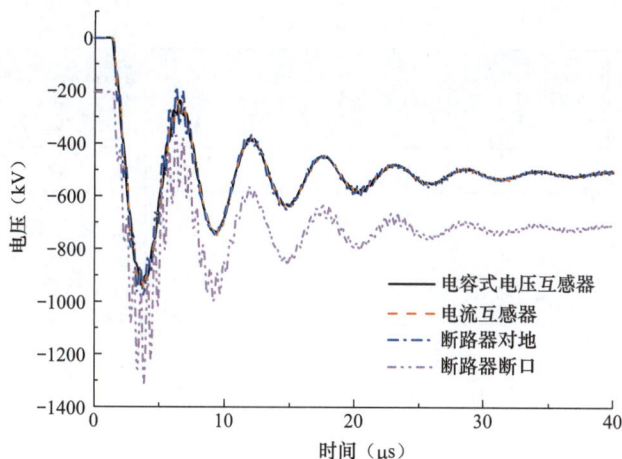

图 13-11　站内电气设备最大过电压

由表 13-4、图 13-12 以及图 13-13 可知，线路避雷器最大电气应力同样出现在工况 3 中，在此工况下，后续回击时只有线路侧存在避雷器承受雷电冲击，其最大应力为 553kV/9.06kA/286kJ（能量为两次回击之和 279kJ+7.21kJ，下同），在避雷器保护范围内；主变压器避雷器最大电气应力出现在工况 1 中，在此工况下由于首次回击和后续回击的雷电流幅值均未超过耐雷水平，主变压器避雷器连续两次承受雷电冲击，其最大电气应力为 466kV/6.37kA/885kJ，流过避雷器电流未超过标称放电电流 10kA，但吸收能量已超过了其最大吸收能量限值 595kJ。

表 13-4　　　　　　　　　　各工况下避雷器最大电气应力

工况序号	避雷器位置	回击次序	雷电流幅值（kA）	避雷器最大电气应力		
				电压（kV）	电流（kA）	能量（kJ）
1	线路	首次	10	499	3.89	123
		后续	9	511	4.72	61
	主变压器	首次	10	**466**	**6.37**	**599**
		后续	9	459	5.61	286
2	线路	首次	10	499	3.89	123
		后续	13	538	7.46	7.77
	主变压器	首次	10	466	6.37	599
		后续	13	435	3.45	1.89
3	线路	首次	13	518	5.37	7.21
		后续	9	**553**	**9.06**	**279**
	主变压器	首次	13	454	4.98	5.04
		后续	9	—	—	—

续表

工况序号	避雷器位置	回击次序	雷电流幅值（kA）	避雷器最大电气应力		
				电压（kV）	电流（kA）	能量（kJ）
4	线路	首次	13	518	5.37	7.21
		后续	13	542	7.95	11.3
	主变压器	首次	13	454	4.98	5.04
		后续	13	—	—	—

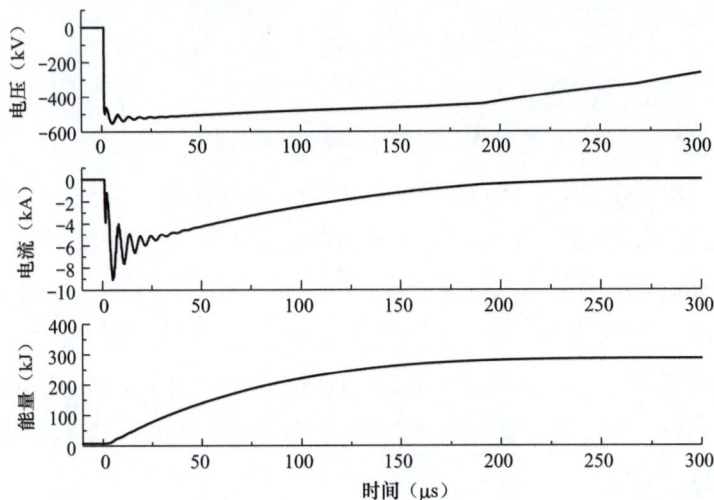

图 13-12　线路避雷器最大电气应力

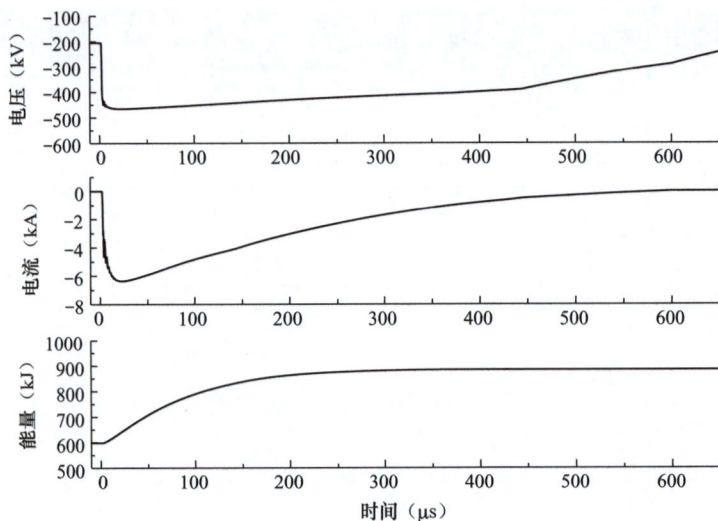

图 13-13　主变压器避雷器最大电气应力

3. 雷电流波形的影响

当 2 号杆塔遭受连续两次 2.6/50μs 波形绕击时，通过仿真计算得到 2 号杆塔在 2.6/50μs

波形下的绕击耐雷水平为 11kA，比 1/200μs 波形下的 10kA、0.25/100μs 波形下的 9kA 略高，但还是低于 2 号杆塔的最大绕击电流为 13kA。

工况 1 中首次回击下的主变压器避雷器最大电气应力，工况 3 中后续回击下的线路避雷器最大电气应力，见表 13-5 和表 13-6。通过对比可知，2.6/50μs 连续雷电流波形的绕击耐雷水平比 IEC 推荐多回击地闪雷电流波形高，且站内电气设备过电压最大值和避雷器吸收最大能量均小于 IEC 推荐波形。这主要是由于 IEC 推荐波形波前时间更短，陡度较大，则电气设备过电压更高；同时波尾时间更长，雷电流对时间积分更大，从而避雷器吸收能量更大。因此，在多回击地闪雷电侵入波仿真计算中，采用 IEC 推荐波形较 2.6/50μs 波形对站内电气设备过电压和避雷器电气应力校核都更加严苛。

表 13-5　　　　　　　　多回击地闪最严苛工况下站内电气设备最大过电压

工况序号	波形参数（μs）	回击次序	雷电流幅值（kA）	站内电气设备最大过电压（kV）				
				电容式电压互感器	电流互感器	断路器对地	断路器断口	主变压器
3	2.6/50	首次	13	525	527	519	—	470
	2.6/50	后续	11	951	964	974	**1206**	—
	1/200	首次	13	511	501	497	—	501
	0.25/100	后续	9	937	958	981	**1308**	—

表 13-6　　　　　　　　多回击地闪最严苛工况下避雷器最大电气应力

工况序号	避雷器位置	波形参数（μs）	回击次序	雷电流幅值（kA）	避雷器最大电气应力		
					电压（kV）	电流（kA）	能量（kJ）
1	主变压器	2.6/50	首次	11	**466**	**6.47**	**175**
		2.6/50	后续	11	466	6.47	175
		1/200	首次	10	**466**	**6.37**	**599**
		0.25/100	后续	9	459	5.61	286
3	线路	2.6/50	首次	13	517	5.28	6.48
		2.6/50	后续	11	**569**	**10.8**	**189**
		1/200	首次	13	518	5.37	7.21
		0.25/100	后续	9	**553**	**9.06**	**279**

（三）防护方案分析

由上述对多重雷击侵入波仿真分析可知，在连续雷击最严苛工况下，可能发生断路器断口绝缘击穿或避雷器能量过载而热崩溃爆炸故障，以下提出几种针对多回击地闪侵入变电站，尤其是造成断路器故障的雷电防护措施。

（1）提高线路绕击防护能力。实际工程经验表明，雷电绕击相对于雷电反击对站内电气设备和避雷器危害更大，因此可以通过降低雷电绕击率、降低最大绕击电流幅值来降低多回击地闪下变电站雷电侵入波的危害，具体措施例如适当延长进线段、减小最大保护角等。

（2）增设断路器避雷器。实际工程中，一般会配置线路避雷器、主变压器避雷器，但是在断路器侧一般不配置避雷器。结合上述多回击地闪雷电侵入波仿真分析可知，工况 1 的主变压器避雷器能量容易超标，工况 3 的断路器断口过电压容易超标，因此考虑在断路器侧配置避雷器，既可以减小主变压器避雷器的压力，又能减小断口过电压。本书针对三种位置的避雷器吸收能量进行了仿真计算，结果见表 13-7，可以发现主变压器避雷器的能量有明显的减小。

表 13-7　　　　　　　　增设断路器避雷器对各位置避雷器吸收能量的影响

工况序号	是否增设断路器避雷器	吸收能量（kJ）		
		线路避雷器	断路器避雷器	主变压器避雷器
1	否	184	—	885
	是	117	465	465

（3）增加线路避雷器并联柱数。当变电站已经投产使用后，不便于较大规模增减、移动电气设备，此时增加线路避雷器并联柱数就成为较方便的变电站侵入波的防护方案。

据统计多回击地闪频次绝大多数为 2～6 次，约占多回击地闪的 89.53%，然而本书在多回击地闪雷电侵入波仿真计算中只考虑频次为 2 的情况，对多回击地闪下避雷器吸收能量仿真计算结果偏宽松。因此，在断路器线路侧 4m 处配置避雷器情况下，考虑多回击地闪频次 2～6 次，针对多回击地闪下工况 1 下主变压器避雷器能量容易超标的问题，增设了断路器避雷器，继续对各位置单柱避雷器吸收能量进行仿真计算，仿真结果见表 13-8。结果表明，当多回击地闪频次为 3 次时，单柱断路器避雷器和主变压器避雷器的吸收能量已超过了其最大吸收能量限值 595kJ，断路器避雷器和主变压器避雷器的并联柱数应至少为两柱，才能在严苛的工况 1 下承受 6 次地闪回击时而能量未过载。

表 13-8　　　　　　　　不同雷击频次下各位置单柱避雷器吸收能量

工况序号	频次（次）	吸收能量（kJ）		
		线路避雷器	断路器避雷器	主变压器避雷器
1	2	117	465	465
	3	157	615	615
	4	198	765	766
	5	239	916	917
	6	280	1066	1067

（4）减小最大电气距离。针对工况 3 中断路器断口在承受线路侧行波全反射和工频电压峰值的共同作用时易造成绝缘击穿的严苛情形，采取在断路器线路侧配置避雷器的抑制措施。GB/T 50064—2014《交流电气装置的过电压保护和绝缘配合设计规范》中给出了避雷器与主变压器之间的最大电气距离，但对避雷器与断路器之间的最大电气距离未作出规定。对断路器与避雷器之间不同电气距离下的断路器断口最大过电压进行计算，仿真结果如图 13-14 所示。

仿真结果表明，避雷器离断路器电气距离越远，断路器断口电压越高，因此可以考虑减小最大电气距离来减小断路器最大过电压，然而当电气距离小于 12m 时，断路器断口最大电压的降幅不再明显，因此需要结合变电站的空间布局及位置设置最大电气距离。根据设备额定雷电冲击耐受电压 950kV，考虑到避雷器紧靠电气设备时绝缘配合系数取 1.25，断路器断口电压最大值应小于 760kV，因此该变电站避雷器与断路器之间最大电气距离为 12m。结合该变电站的空间布局及位置，将避雷器安装在断路器线路侧 4m 处。

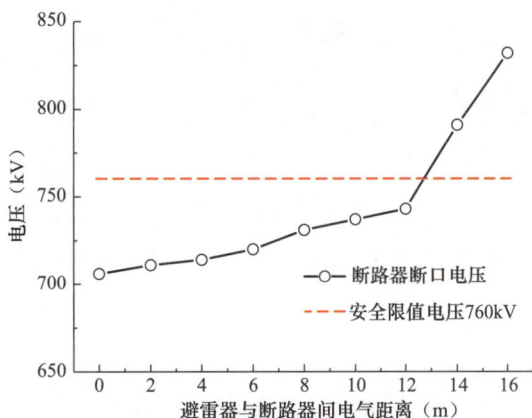

图 13-14　不同电气距离下断路器断口最大过电压

三、典型故障案例二

（一）基本情况

2021 年 9 月 9 日 18:18，某电网 500kV 电压等级 RY 甲线 A 相跳闸，重合闸动作成功。18:21，RY 甲线 A 相再次跳闸，重合闸动作不成功。经现场检查，发现 RH 变电站 500kV 线路出线的 A 相避雷器防爆膜动作，避雷器击穿，同时放电计数器损坏，故障避雷器型号为 Y20W1-444/1063W。

从视频监控系统查看 RH 变电站视频监控录像回放，发现故障发生时变电站及附近正处于雷雨天气，且在故障前变电站附近线路有多次雷击的闪光。

从保护动作情况和故障录波来看，主一、主二两套线路保护动作，保护动作正确，线路开关跳闸。在线路保护动作后，500kV RY 甲线 A 相在开关断开后有明显的多次电压波动，疑似为跳闸后线路遭受多次雷电波入侵。RY 甲线线路电压和电流录波波形如图 13-15 所示。

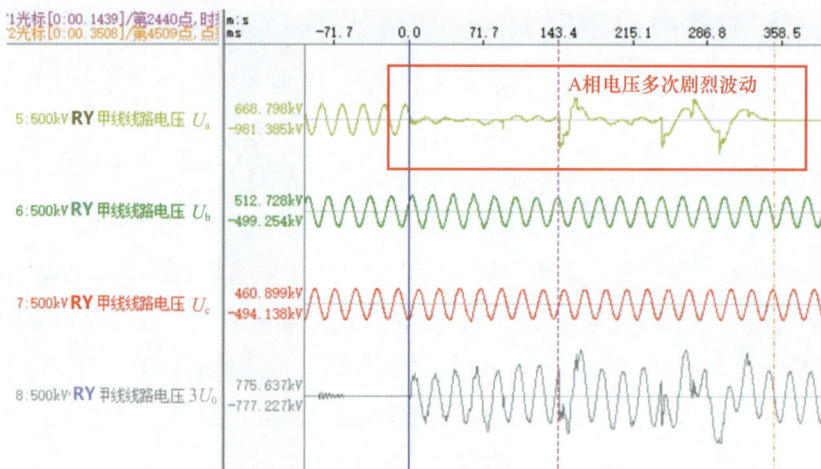

图 13-15　RY 甲线线路电压和电流录波波形

查询雷电定位系统数据，在 2021 年 9 月 9 日 18:18 分故障附近期间落雷数据见表 13-9，其中在 18:18:11 秒（第一次跳闸同一秒内）雷电定位系统共有 10 次落雷。18:21:10（第二次跳闸同一秒内）雷电定位系统无落雷。运维单位组织对线路 1~11 号杆塔开展故障巡视，检查发现 7 号塔 A（右）相雷击跳闸，与第一次跳闸测距、雷电定位区段一致。

表 13-9　　　　　　　　RY 甲线第一次跳闸时雷电定位系统查询结果

序号	时间	电流（kA）	回击	距离（m）	最近杆塔
1	2021-09-09 18:18:11.319	-47.3	主放电（含 9 次后续回击）	148	6~7
2	2021-09-09 18:18:11.335	-19.1	后续第 1 次回击	110	6~7
3	2021-09-09 18:18:11.383	-45.0	后续第 2 次回击	305	6~7
4	2021-09-09 18:18:11.407	-11.2	后续第 3 次回击	1262	4~5
5	2021-09-09 18:18:11.446	-14.0	后续第 4 次回击	623	5~6
6	2021-09-09 18:18:11.494	-27.0	后续第 5 次回击	341	6~7
7	2021-09-09 18:18:11.584	-68.8	后续第 6 次回击	945	6~7
8	2021-09-09 18:18:11.708	-29.9	后续第 7 次回击	21	6~7
9	2021-09-09 18:18:11.736	-9.6	后续第 8 次回击	1607	5~6
10	2021-09-09 18:18:11.765	-26.9	后续第 9 次回击	56	6~7

检查故障避雷器，发现避雷器压力释放阀口填满破碎的阀片，说明避雷器阀片已经破碎，打开端部法兰，可见内部阀片破碎，如图 13-16 所示。

图 13-16 避雷器解体阀口图片

检查密封面干净光洁，密封胶圈无变形，弹性良好，内部检查未发现锈蚀痕迹，推断避雷器密封良好，如图 13-17 所示。

图 13-17 避雷器解体密封面图片

抽出避雷器芯体，发现三节避雷器大部分阀片碎裂，破碎阀片呈现不规则形状，如图 13-18 所示。

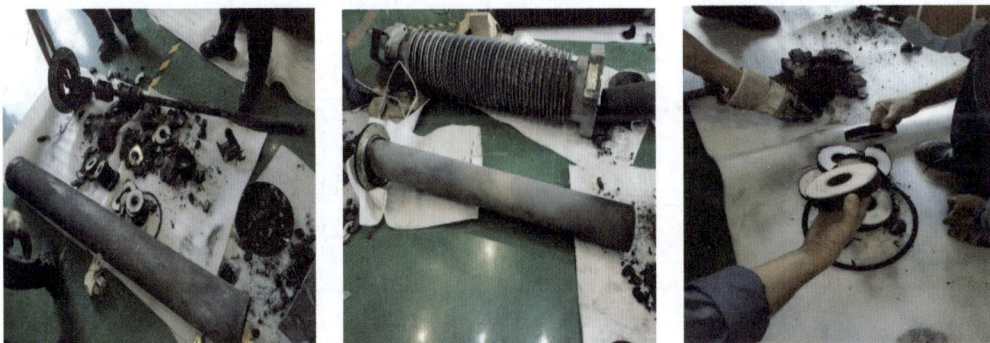

图 13-18 避雷器解体芯体图片

（二）仿真计算分析

根据 RY 甲线故障区段线路资料和 RH 变电站内主接线资料，利用 ATP-EMTP 建立线路故障区段和变电站雷电侵入波仿真模型如图 13-19 所示。

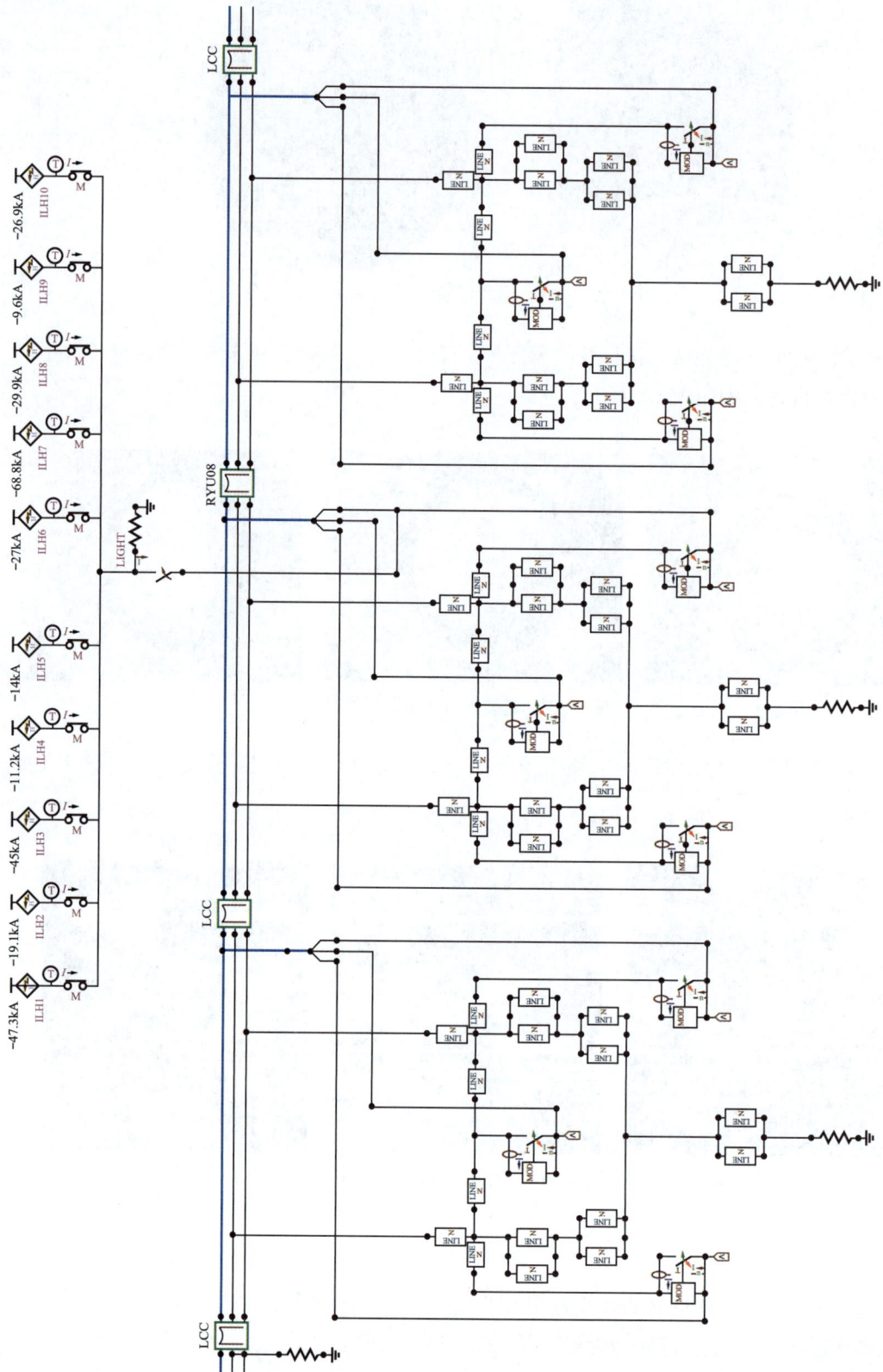

(a) RY甲线故障区段及多重雷电流源模型

图 13-19 线路故障区段和变电站雷电侵入波仿真模型（一）

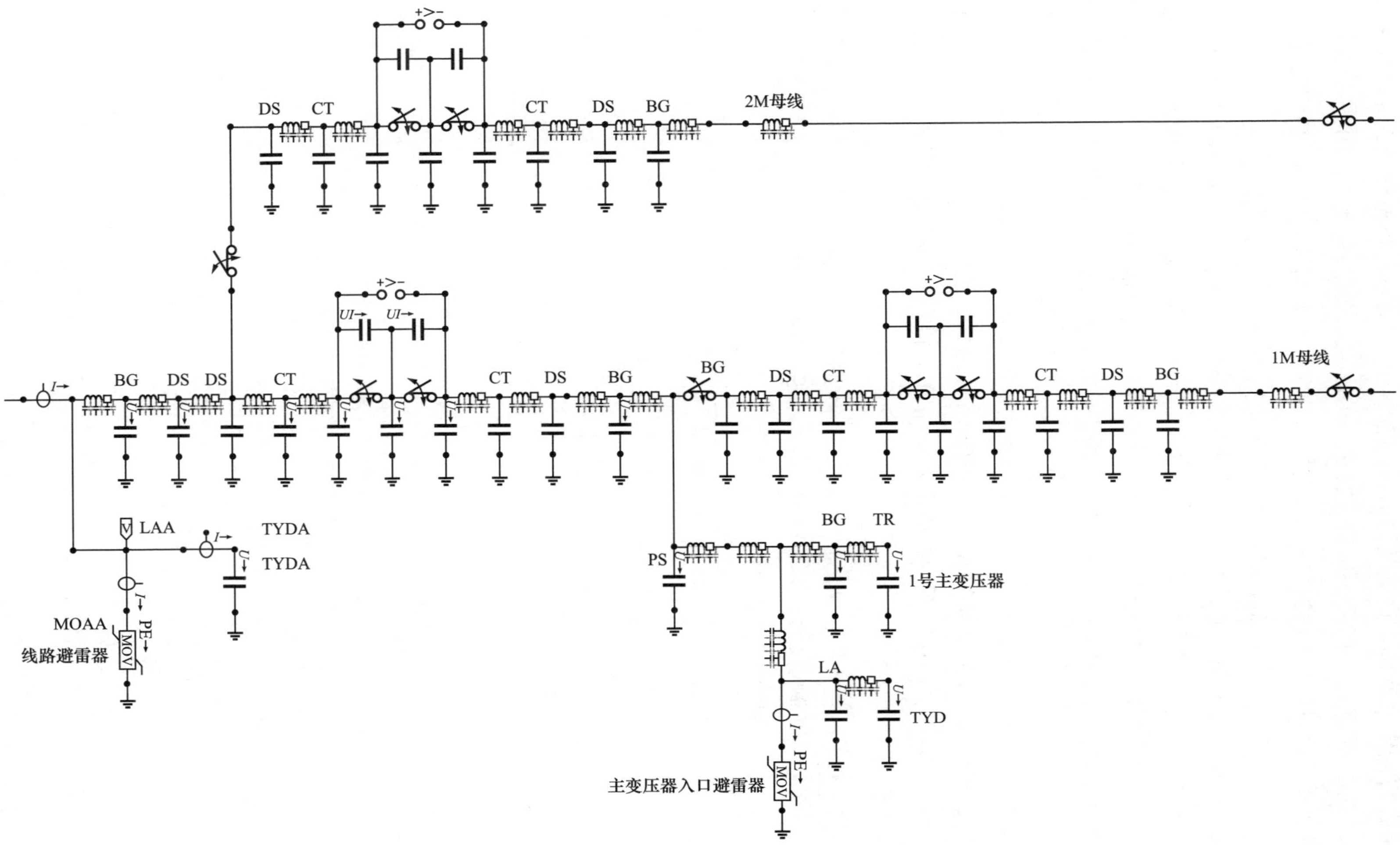

(b) RH 变电站内部分模型

图 13-19　线路故障区段和变电站雷电侵入波仿真模型（二）

根据雷电定位系统查询到故障时刻为连续 10 次雷击，幅值分别为 −47.3、−19.1、−45.0、−11.2、−14.0、−27.0、−68.8、−29.9、−9.6、−26.9kA，采用 GB 50057—2010《建筑物防雷设计规范》推荐的多重雷击波形（首次负极性雷波形 1/200μs、后续雷电流波形 1/100μs）进行仿真，其雷电流波形如图 13-20 所示。

仿真计算发现 500kV 电压等级 RY 甲线 7 号塔的绕击耐雷水平为 23kA，10 次连续雷击中有 6 次超过其耐雷水平，这 6 次雷电流大部分经杆塔入地，只有小部分侵入变电站，另有 4 次雷电流幅值小于绕击耐雷水平，雷电流沿导线向两端传播侵入变电站。仿真计算了 10 次连续雷击下 RH 站 RY 甲线 A 相避雷器的动作电流波形和避雷器残压波形及避雷器吸收能量情况，得到避雷器 10 次动作泄放电流最大接近 50kA，最大残压约 1120kV，10 次连续雷击下的吸收能量约 5.36MJ。可见避雷器放电电流、残压、吸收能量均超出避雷器额定参数要求（RY 甲线 Y20W1-444/1063W 型避雷器的标称放电电流为 20kA、标称放电电流对应残压 1063kV、额定热能量为 4.44MJ）。RY 甲线避雷器连续雷电侵入波下吸收能量波形如图 13-21 所示。

另外，若 RY 甲线遭受 10 次雷击波形均采用极小概率的 10/350μs，则仿真计算此时雷电侵入波下避雷器吸收能量高达 14.5MJ，远超避雷器吸收能量耐受能力。

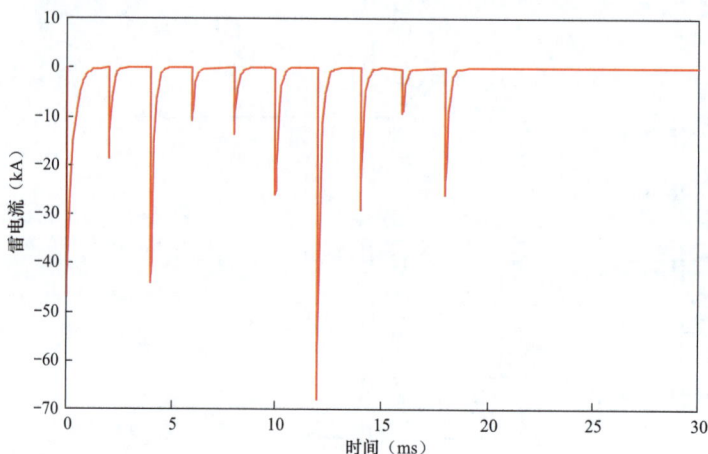

图 13-20　RY 甲线连续 10 重雷击仿真雷电波形

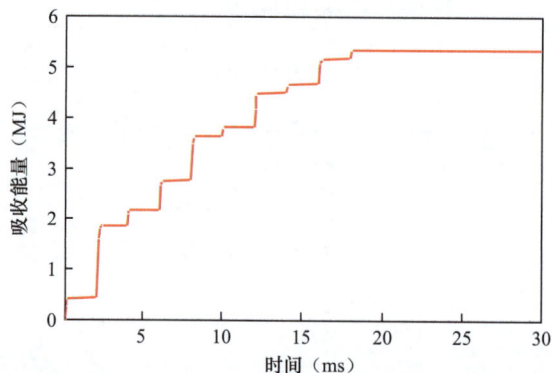

图 13-21　RY 甲线避雷器连续雷电侵入波下吸收能量波形
（按首次雷波形 1/200μs+ 后续雷电流波形 1/100μs 仿真）

（三）故障机理分析

（1）GB/T 11032—2020《交流无间隙金属氧化物避雷器》中要求的两次冲击电流间隔时间为 50～60s，未考虑到线路避雷器遭受到间隔仅毫秒级的多重雷击连续冲击的严苛工况。本次故障查询雷电定位系统，发现 RY 甲线故障同一秒内连续遭受了 10 次雷击，故障录波图在线路第一次跳闸后也记录了多次电压明显波动，可见在此恶劣工况下，变电站入口线路避雷器承受了严重雷电冲击。

（2）根据线路跳闸时序，结合雷击和解体情况，初步分析避雷器在 18:18 第一轮多重雷电冲击下，内部温度已急剧上升，三节避雷器的阀片均出现了不同程度劣化，在线路自动重合闸后，由于避雷器持续承受系统运行电压，避雷器内部温度无法下降而继续上升，氧化锌阀片劣化继续加剧，最终导致在重合后的 3min 内发生热崩溃损坏。解体发现上中下三节阀片大部分碎裂严重，与能量超载后的避雷器阀片崩溃现象一致。

（3）通过 EMTP 仿真可见，第一次跳闸同一秒内的 10 次连续雷击中有 6 次超过杆塔耐雷水平，这 6 次雷电流大部分经杆塔入地，只有小部分侵入变电站，但仍有 4 次雷电流幅值小于绕击耐雷水平，未经杆塔入地，雷电流沿导线侵入变电站。仿真表明若按 GB 50057—2010《建筑物防雷设计规范》推荐的首次负极性雷击的雷电流波形为 1/200μs、后续雷击的雷电流波形为 1/100μs 仿真，则避雷器累计吸收能量达到 5.36MJ，已超出避雷器吸收能量额定参数要求。若考虑极小概率的三次 10/350μs 雷电流冲击，避雷器吸收能量高达 14.5MJ，远超避雷器吸收能量耐受能力。

（4）综合判断故障原因为避雷器在短时间内遭受到间隔时间为毫秒级的多重雷连续冲击，该工况超出国标两次冲击电流间隔时间要求，大量能量注入超过避雷器承受能力，导致避雷器在此严苛工况下发生热崩溃，造成上中下三节大量阀片炸裂损坏故障。

四、多重雷击下变电站侵入波防护措施及建议

（一）短期措施

一是建议各电网公司针对近年来发生的多重雷击下 500kV 变电站线路避雷器热崩溃损坏及其带来的带电检测人身安全风险隐患，制定风险管控措施，发布设备风险预警通知单，主要建议措施包括：

（1）500kV 线路跳闸后，运行单位应及时查看线路单相跳闸至自动重合闸、线路三相跳闸至线路申请复电期间录波波形，分析判断线路是否遭受多重雷击，必要时可参考线路附近雷电活动情况（通过雷电定位系统查询）加以辅助分析判断。

（2）500kV 线路跳闸后，无论自动重合闸是否成功，运行单位均应尽快通过视频监控、无人机、机器人、望远镜等远程手段，检查避雷器放电计数器、泄漏电流、温升、防爆口状态、整体外观状态等情况，避免人员近距离检查作业。若 500kV 线路单相跳闸自

动重合闸成功，运行过程中发现避雷器泄漏电流持续增加、温度持续上升、防爆口异常、整体外观异常等相关情况，运行单位应立即申请线路停运，待异常排查处理完毕后方可申请复电。

（3）若500kV线路单相跳闸、自动重合闸不成功，且经分析判断认为在线路单相跳闸至自动重合闸或线路三相跳闸至线路申请复电期间遭受多重雷击的，运行单位应在线路恢复送电前通过远程手段详细检查避雷器放电计数器、泄漏电流、温升、防爆口状态、整体外观状态等情况，横向对比三相避雷器红外测温数据，待避雷器冷却至常温，必要时在做好线路可靠接地等安全措施下开展直流1mA参考电压 U_{1mA} 和 $0.75U_{1mA}$ 下泄漏电流检测，检查/检测无异常后方可申请复电。在复电后应持续跟踪避雷器运行状态，发现异常应立即申请停运，待异常排查处理完毕后方可再次申请复电。

（4）运行单位应严格落实《电力设备检修试验规程》的要求，加强线路避雷器预试定检，对放电计数器年动作次数明显高于平均值的避雷器，应适时安排停电检测，及时排查设备隐患并制定防范措施。

建议修编《电力设备检修试验规程》，进一步细化避雷器底座的检查周期要求和避雷器泄漏电流变化管控要求。具体修编建议为：500kV变电站线路停电时，运行单位应及时开展避雷器底座检查，检查避雷器底座是否存在积水和锈蚀等现象；目前GB/T 11032—2020《交流无间隙金属氧化物避雷器》在考核避雷器密封性能的水煮试验中，对试验前后0.75倍直流参考电压下泄漏电流变化要求不应大于20μA，这是检查避雷器密封性能的关键指标，因此建议将"避雷器0.75倍直流参考电压下的泄漏电流，在检测周期内变化不超过20μA"的要求纳入《电力设备检修试验规程》，加强对历次测试数据的纵向比对，提升避雷器运检状态管控。

（二）中长期措施

针对近年来发生的多重雷击下500kV变电站线路避雷器损坏及其原因分析过程中碰到的避雷器短时间内遭受多重雷击能量冲击考核标准未明确、避雷器短时间内遭受多重雷击下吸收能量较高甚至超标、避雷器放电电流/泄漏电流/吸收能量等状态参量远程监测缺乏等问题，深化开展避雷器防范多重雷击技术研究，主要措施建议如下：

一是优化变电站线路避雷器防范多重雷击策略。探索研究500kV大通流能力金属氧化物避雷器；探索研究在变电站内、变电站门型构架、变电站线路出线终端塔等位置加装站用型线路避雷器或带串联短间隙避雷器，具体应根据变电站重要程度等级以及变电站、线路实际情况，专题研究确定。该方面国内部分电力科学研究院已申报多重雷击下设备故障防治关键技术研究等项目，陆续开展连续雷击机理和特征、连续雷击下断路器断口击穿机理、避雷器劣化机理和高能量吸收能力避雷器研制，以及差异化绝缘配合策略的系统性研究，计划提出连续雷击下变电设备耐受能力校核标准、防护技术和绝缘配合优化策略，建议各电网公司总

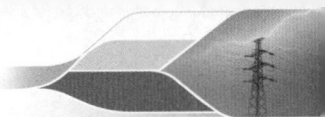

结研究成果，逐步落实到工程设计、设备选型、日常运维和检修检测等各个环节。

二是加强避雷器放电电流、泄漏电流、吸收能量等状态参数监测技术研究。常规避雷器监测器通过内部避雷器阀片获得驱动放电计数器动作的能量，在避雷器遭受多重雷击损坏时，避雷器监测器也同样存在损坏风险，且现有监测器无法记录多重雷击动作记录。目前南方电网科学研究院等单位前期已经通过基础性前瞻性科技项目研制了可记录多重雷击下避雷器动作次数的避雷器放电计数器，实现了可记录多重雷击次数的功能，但暂未实现避雷器放电电流、吸收能量等状态参数监测及远传功能。由于目前缺少避雷器遭受多重雷击下的放电电流和吸收能量等状态参数监测手段，难以对多重雷击下避雷器运行风险进行预警，因此，有必要针对开展避雷器放电电流、残压电压等参数监测和远传监控，获取多重雷击下流经避雷器的动作电流基础数据，为支撑变电站差异化防雷或者提出耐受多重雷击的避雷器技术参数提供基础数据，同时提高智能化安全运行水平。

第十四章

变电站的直击雷防护

第一节　变电站直击雷保护范围

一、概述

变电站的雷电危害主要有以下三点：①雷电冲击电流流过被击物体形成幅值很高的冲击电压波，使电气设备绝缘破坏；②冲击电流的电动力作用，使被击物体炸裂；③冲击电流使导线等金属物体温度突然升高，以致熔断炸裂。因此，为了保护变电站设备和人身安全，提高变电站供电可靠性，为变电站设计合理的直击雷防护方案显得尤为重要。防避直击雷通常都是采用避雷针、避雷带、避雷线、避雷网或金属物件作为接闪器，将雷电流接收下来，并通过引下线的金属导体导引至埋于大地起散流作用的接地装置再泄散入地。

二、折线法基本原理及保护范围计算方法

"折线法"（polygon method）在电力行业中又称"规程法"，即单支避雷针的保护范围是以避雷针为轴的折线圆锥体。

GB/T 50064—2014《交流电气装置的过电压保护和绝缘配合设计规范》中就规定了单支避雷针的保护范围，参数定义如图 14-1 所示。

避雷针在地面上的保护半径如式（14-1）所示，即

$$R_p = 1.5hP \qquad\qquad (14\text{-}1)$$

式中：R_p 为保护半径；h 为避雷针的高度；P 为高度影响因子。

当 $h \leqslant 30\text{m}$ 时，$P=1$；当 $30\text{m} < h \leqslant 120\text{m}$ 时，$P = \dfrac{5.5}{\sqrt{h}}$；当 $h > 120\text{m}$ 时，取 $h=120\text{m}$。

当 $h_p \geqslant 0.5h$ 时，在被保护物体高度 h_p 水平面上的保护半径如式（14-2）所示，即

$$R_p = \left(h - h_p\right)P = h_a P \qquad\qquad (14\text{-}2)$$

式中：h_p 为被保护物的高度；h_a 为避雷针的有效高度；R_p 为避雷针在 h_p 水平面上的保护

半径。

当 $h_p < 0.5h$ 时，在被保护物体高度 h_p 水平面上的保护半径如式（14-3）所示，即

$$R_p = \left(1.5h - 2h_p\right)P \qquad (14\text{-}3)$$

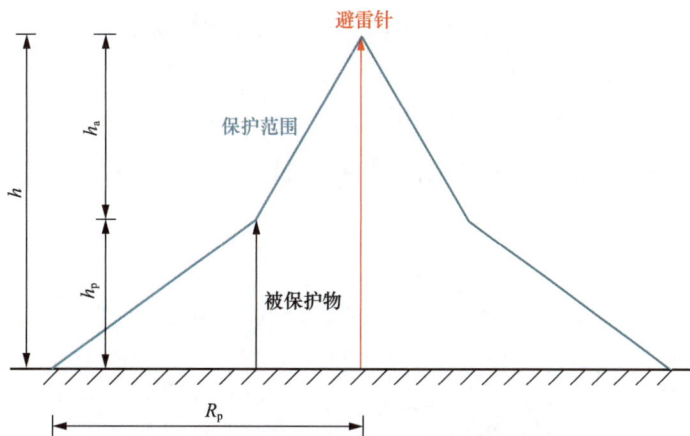

图 14-1　折线法中单支避雷针保护范围示意图

随着所要求保护范围的增大，若采用单根避雷针，其高度需要不断升高，但如果要求的保护范围较为狭长（如长方形），就不应采用高度太高的单支避雷针，此时可以采用两支较矮的避雷针联合作用。

两支等高的避雷针联合作用的保护范围如图 14-2 所示，避雷针外侧的保护范围与单针保护范围的确定方法相同，避雷针内侧部分的确认方法为：令 D 为两针距离，$2b_x$ 等于高度在 h_x 水平面上保护范围的最小宽度，位于两针连接线的中点，即距每针的距离为 $D/2$，联合作用的条件是 $D < 3h$。

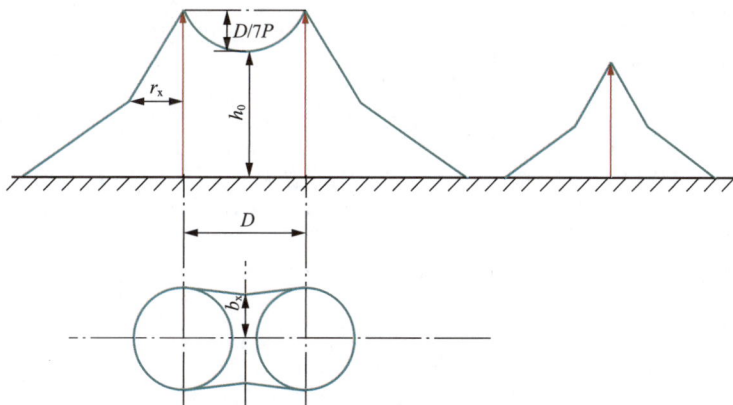

图 14-2　折线法中两支等高避雷针保护范围示意图

两针间保护范围上部边缘最低点的高度 h_0 的计算公式如式（14-4）所示，即

$$h_0 = h - D / (7P) \tag{14-4}$$

最小宽度 b_x 的计算公式如式（14-5）所示，即

$$b_x = 1.5(h_0 - h_x) \tag{14-5}$$

两支不等高避雷针保护范围如图 14-3 所示，此时保护范围与等高两针联合作用区域略有不同，两针外侧的保护范围仍按单针的方法确定，两针内侧的保护范围确定方法如下：先作出较高针 3 的保护范围边界，之后由较低针 1 的针顶部作一条地面平行线，这两者的交点对地面作垂线，将此垂线看作一假想避雷针 2，再作出较低避雷针的保护范围，这样 1 和 2 就是相当于两根等高避雷针的保护范围。

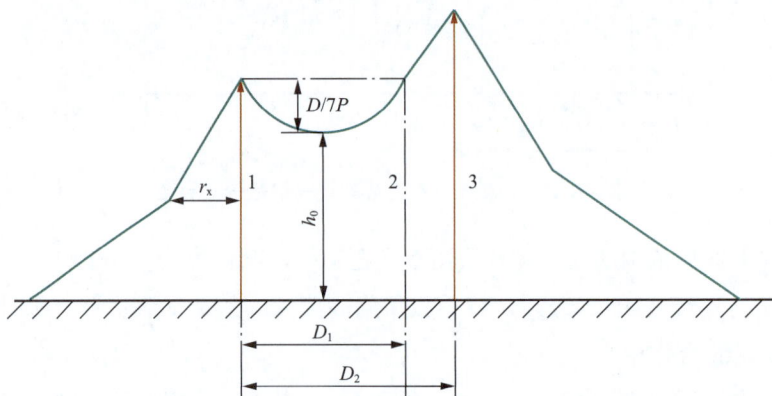

图 14-3　折线法中两支不等高避雷针保护范围示意图

三、滚球法基本原理及保护范围计算方法

"滚球法"（rolling ball method）是国际电工委员会（IEC）推荐的避雷针保护范围计算方法之一，我国 GB 50057—2010《建筑物防雷设计规范》也把"滚球法"强制作为计算避雷针保护范围的方法。

滚球法是以 h_r 为半径的一个球体沿着被保护物滚动，当球体触及避雷针，或触及避雷针和地面而不触及被保护物时，该部分就受到避雷针的保护。按照建筑物防雷类别的不同，滚球半径也不同，如图 14-4 所示。

避雷针在 h_x 高度处，保护半径 r_x 的计算公式如式（14-6）所示，即

$$r_x = \sqrt{h(2h_r - h)} - \sqrt{h_x(2h_r - h_x)} \tag{14-6}$$

式中：h_r 为滚球半径，建筑物防雷类别和滚球半径取值关系见表 14-1；h_x 为被保护物的高度。

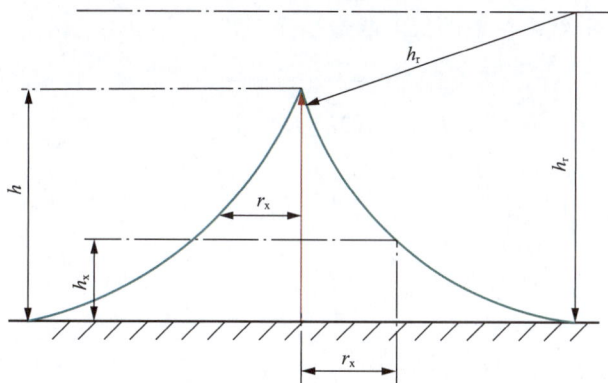

图 14-4　滚球法中单支避雷针保护范围示意图

表 14-1　　　　　　　　　建筑物防雷类别和滚球半径之间的关系

建筑物防雷类别	滚球半径 h_r（m）
第一类防雷建筑物	30
第二类防雷建筑物	45
第三类防雷建筑物	60

两支等高的避雷针高度小于或等于 h_r 时，两支避雷针的距离为 D，避雷针在地面的保护半径为 $r_0 = \sqrt{h(2h_r - h)}$，当 $D \geq 2r_0$ 时，保护范围应当各自按照单支避雷针的方法确定。当 $D < 2r_0$ 时，保护范围如图 14-5 所示。

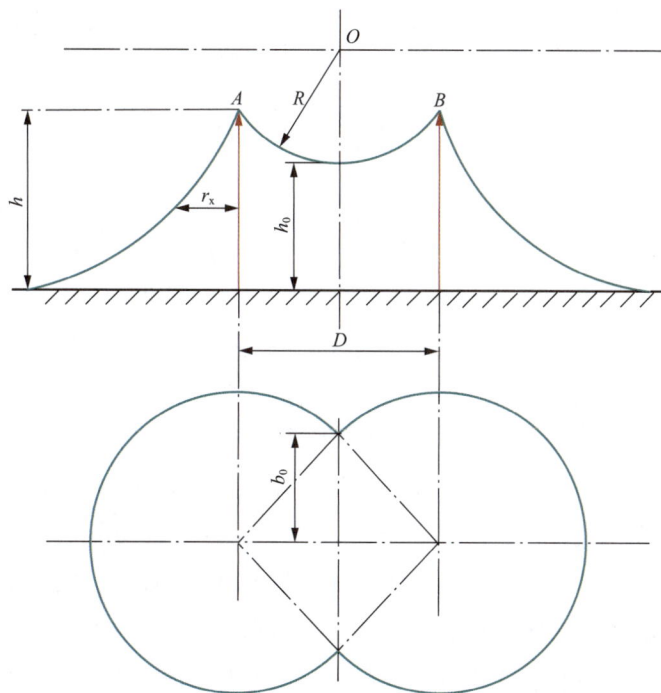

图 14-5　滚球法中两支等高避雷针保护范围示意图

两针间的垂直平分线上，地面每侧的最小保护宽度 b_0 如式（14-7）所示，即

$$b_0 = \sqrt{h(2h_r - h) - \left(\frac{D}{2}\right)^2} \tag{14-7}$$

两针内部联合作用区域，是以中心线距离地面 h_r 处，两支针垂直平分线的交点 O 处，以半径 $R = \sqrt{(h_r - h)^2 + (\frac{D}{2})^2}$ 所作的圆弧 AB。

两支不等高的避雷针，当两针间距离 $D \geqslant \sqrt{h_1(2h_r - h_1)} + \sqrt{h_2(2h_r - h_2)}$ 时，按照单根避雷针的计算方法计算保护范围。当 $D < \sqrt{h_1(2h_r - h_1)} + \sqrt{h_2(2h_r - h_2)}$ 时，两针联合作用保护范围如图 14-6 所示。

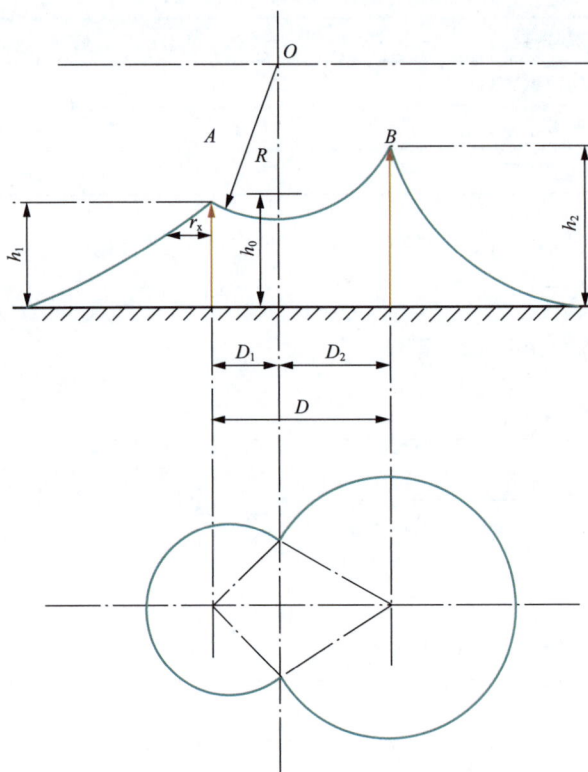

图 14-6　滚球法中两支不等高雷针保护范围示意图

虽然滚球法是 IEC 标准中规定的变电站防雷计算方法，但对于变电站的室内外高低压设备分散配置的复杂结构，滚球法很难兼顾；而折线法对于复杂结构兼顾较好，因此可以考虑融合兼顾滚球法和折线法的优点，兼顾雷电防护性能和经济效益，提出一种 3D 变电站 / 换流站直击雷防护性能分析方法，如图 14-7 所示。在进线端和靠近变压器的区域使用滚球法设计，获得最高的保护性能，而在房屋、空旷的厂坪使用折线法设计，获得最大的保护范围，两者重合部分取并集。

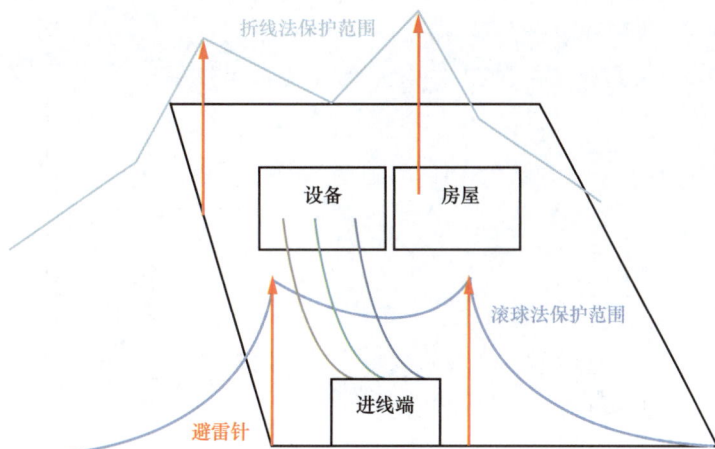

图 14-7　变电站中综合折线法和滚球法设计的示意图

第二节　变电站一次设备防雷

一、站内建筑防雷

变电站内部的建筑是变电站防雷的重要一环，同时高度较高的建筑也是变电站内其他用电设备免遭雷击的第一道防线。一定程度上讲，变电站内建筑的防雷水平直接影响了变电站的安全性和可靠性。现代变电站建筑全部采用钢筋混凝土结构，如果建筑物内的钢结构之间具有良好的连接，同时在保护小室、主控楼等建筑物上安装避雷带或避雷网以及在地下敷设标准的接地网络，那么建筑物本身就会形成金属屏蔽罩的效果，形成"法拉第笼"式的避雷模式。这种模式的建筑物一来可以有效防止直击雷对室内电气设备的危害，二来可以一定程度上减轻感应雷的影响。根据国外经验，上述模式的建筑物不仅具有很好的防雷击效果，而且还兼顾了良好的经济性。

二、室外设备防雷

室外设备防雷装设的避雷针可分为独立避雷针和构架避雷针两种。

（1）独立避雷针。独立避雷针是指具有专用支座和接地装置的避雷针，其接地电阻一般不超过 10Ω，通常布置在变电站边缘地区，当独立避雷针遭受雷击，雷电流流过避雷针和其接地装置时，避雷针及其接地体上将会产生电位升高，如图 14-8 所示。为防止避雷针对被保护物发生反击，避雷针与被保护物之间的空气间隙 S_k 应有足够的距离，同时为防止避雷针接地装置与被保护物接地装置之间发生反击，两者之间的地中距离 S_d 也应足够大。在一般情况下，S_k 不得小于 5m，S_d 不得小于 3m。

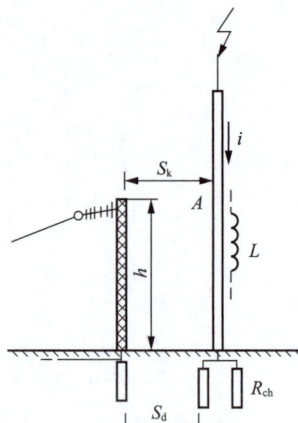

（a）现场布置   （b）原理示意图

图 14-8 独立避雷针结构

（2）构架避雷针。构架避雷针直接安装在构架上，其接地与变电站地网相连。110kV 及以上的配电装置绝缘水平较高，可以将避雷针装设在其构架上。装设避雷针的构架应就近装设辅助接地装置，该装置与变电站接地网连接点离主变压器接地线入地点、沿接地体的地中距离应大于 15m，使雷击时在避雷针接地装置上产生的高电位沿地网向变压器接地点传播过程中逐渐衰减，以避免对变压器造成反击。由于变压器是变电站中最重要的设备，且绝缘较弱，其门型构架上不应装设避雷针。构架避雷针结构如图 14-9 所示。

35kV 及以下的变电站绝缘水平较低，不允许将避雷针装设在配电构架上，应架设独立避雷针，以免发生反击事故。当有困难时，可将避雷针的接地装置与主接地网连接，但避雷针与主接地网的地下连接点至 35kV 及以下设备与主接地网的地下连接点之间，沿接地体的长度不得小于 15m。

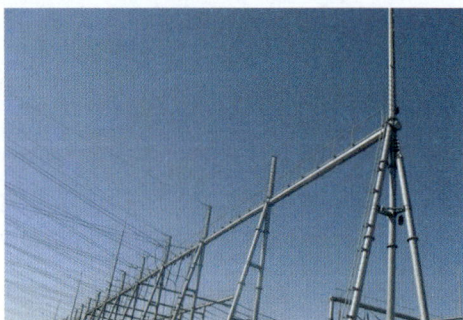

图 14-9 构架避雷针结构

安装避雷针时还应注意如下事项：

1）严禁将照明线、电话线、广播线及天线等装在避雷针或其构架上。

2）如在避雷针的构架上设置照明灯，灯的电源线必须用铅护套电缆或装在金属管内，并将引下的电缆或金属管直接埋入地中，长度 10m 以上，才允许与屋内低压配电装置相连，以免当雷击中构架上的避雷针时，威胁人身和设备的安全。

3）110kV 及以上的配电装置，可以将输电线路的避雷线引到出线门型构架上，在土壤电阻率大于 1000Ω·m 的地区，应装设集中接地装置。35～60kV 配电装置的绝缘水平较低，为防止反击事故，在土壤电阻率不大于 500Ω·m 的地区，才允许将避雷线引到出线门型构架上，但应装设集中接地装置；当土壤电阻率大于 500Ω·m 时，避雷线应在终

端杆上终止，最后一档线路的保护可采用独立避雷针，也可在终端杆上加装避雷针。

三、变压器防雷

（1）避雷器直击雷保护。变电站主变压器是变电站最核心的设备，变压器的防雷保护主要是第十三章提及的雷电侵入波防护和直击雷防护。针对直击雷，通常采用架设避雷器，这是最直接也是效果最好的保护措施。避雷器可以有效地将雷电流引入接地系统，避免变压器遭受直击雷。

（2）变压器中性点保护。在110kV的中性点接地系统中，为了减小单相接地时的短路电流，部分变压器的中性点采用不接地方式运行，需要考虑其中性点绝缘的保护问题。

1）全绝缘。电源若为星形连接，中性点的绝缘水平若与相线的绝缘能力相当，此时中性点无需加装防雷保护措施，我国中压系统电压水平一般为3~66kV，为了保证供电可靠性，采用中性点不接地方式，这就是全绝缘。对于110kV以上的高压系统，应在中性点位置上加装避雷器实施防雷保护。

2）分级绝缘。对于高压系统，中性点需要接地，采用分级绝缘。110kV系统中性点绝缘水平为35kV。中性点绝缘水平低，需要加装避雷器来进行保护。中性点避雷器的冲击电压应该比中性点的要低一些，否则起不到保护中性点的作用。对于35kV及以下的中性点非有效接地系统，变压器的中性点都采用全绝缘，一般不装设保护装置。

第三节 变电站二次设备防雷

一、二次设备及回路概述

变电站的二次回路是指用来对一次系统进行监测、测量、控制和保护的系统，由各种二次设备和电缆组成。几乎所有的电气量都是通过电缆引入二次设备，这些电缆处于一次设备的高压电磁场中，工况复杂，要经受系统故障时各种暂态环境和各种气候条件下的考验。各种保护装置和信息处理系统，均由计算机、通信设备等敏感电子元器件构成，对各种干扰诸如雷电过电压、电力系统操作过电压、静电放电和电磁辐射等非常敏感。

互感器是一、二次系统的分界点，能实现电气检测与电气隔离。一般互感器的二次回路和外壳都应接地，这既是回路工作的需要，也是安全的要求。如果二次回路没有接地点，一次侧高电压将通过互感器一、二次线圈间的分布电容和二次回路对地电容的分压，将高压引入二次回路。如果互感器二次回路有接地点，二次回路对地电容就会变为零，从而达到保证安全的目的。

变电站的接地网并非实际的等电位面，当接地电流注入地网时，各点间可能有较大的电位差，因此变电站中互感器的二次回路只能通过一点接于接地网，以防止地网上电位差窜入回路，造成分流。高压电流互感器的二次回路为一独立回路时，通常采取二次回路的"−"端（K2）或"+"端（K1）接地方式，如图 14-10（a）、（b）所示。如果二次回路上有两点接地，将会形成分流或短路，影响二次回路的正常工作，如图 14-10（c）所示。

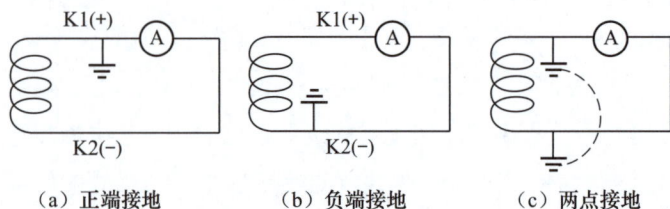

（a）正端接地　　　　　（b）负端接地　　　　　（c）两点接地

图 14-10　TA 二次回路接地方式

二、二次设备雷电入侵原理

二次设备通过电压、电流互感器与一次设备、输电线路相连，受雷面积巨大。线路、变电站落雷时，沿线路入侵的雷电波和雷电空间电磁辐射波将会作用到二次设备，损坏二次设备。雷电入侵二次设备的途径如下：

（1）雷击线路时沿架空线通过电压、电流互感器作用到二次设备接口；

（2）雷击线路时沿站用电源入侵到二次设备电源；

（3）雷击变电站避雷针时，地网中的雷电流通过电缆沟中的地线耦合到电缆沟中的所有电缆中；

（4）变电站上空的雷云电场，通过静电感应耦合到电缆沟中所有电缆中；

（5）雷击变电站避雷针时，会出现地网电位高于线路电压的情况，雷电会通过所有避雷器接地端"倒灌"到相应的导线中，在绝缘薄弱处还会发生"反击"；

（6）通信线路也是雷电入侵的路径。

三、二次设备等电位连接

现实中，变电站二次系统中的各控制屏柜和集成自动化设备之间可能相距甚远，若它们各自就近接地，当雷电冲击电流经避雷设施泄放导至地网时，强大的接地电流很可能在一、二次设备的两个接地点间产生较大电位差，干扰系统工作，严重时甚至会损坏控制电路元件。为防止不同信号回路接地线上的电位差引起交叉干扰，应严格按"一点接地"原则进行设计和施工。二次系统中信号分系统要将内部地线接通，然后各自用规定截面积的导线统一引到某一点，再由该点接到接地铜排上，从而实现一点接地。对于控制柜和保护柜，利用一点接地保证其在同一个接地等电位面上，以保证自动控制系统安全可靠运行。

构造等电位面有两种方式：一是将微机保护柜底部已有的接地铜排焊接连通，在尽头处用专用100mm²铜线连通形成一个铜网格，此网格与电缆沟引来的粗铜导线连通；另一种做法是在保护柜底部构造一专用铜网格，各控制保护柜的专用接地端子经一定截面的铜线连接到此铜网格。

实现等电位连接的主体为：设备位于建筑物的主要金属构件和进入建筑物的金属管道、供电线路（含外漏可导电部分）、防雷装置以及由电子设备构成的信息系统。应采用连接导线和线夹在连接排处做等电位连接，必要时采用浪涌保护器（SPD）做等电位连接，如图14-11所示。

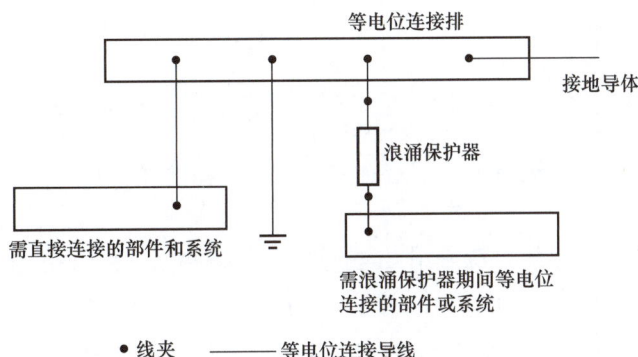

图 14-11　导电部件或二次系统与等电位连接排的连接

大型接地网上的二次系统两端之间存在地电位差。若差值过大，会影响二次系统安全，干扰二次系统运行，因此应优化接地以减小地电位差。地电位差不仅与地电位升有关，还与主接地网材料有关。铜接地材料可有效减小电位差，因此变电站控制室和保护小室应独立敷设与主接地网单点连接的二次等电位接地网，材料均采用铜排和铜缆。在保护室屏柜下层的电缆室（或电缆沟道）内，沿屏柜布置的方向逐排敷设截面积不小于100mm²的铜排（缆）。将铜排（缆）的首端、末端分别连接，形成保护室内的等电位地网。该等电位地网应与变电站主地网一点相连，连接点设置在保护室的电缆沟道入口处。为保证可靠连接，等电位地网与主地网的连接应使用4根及以上（每根截面积不小于50mm²）铜排（缆）。

二次系统等电位连接应做到以下几点：

（1）各个外露可导电部件建立等电位连接网络且均应可靠接地。

（2）二次系统的金属部件如箱体、外壳、机架等与共用接地系统的等电位连接，主要有两种方式，如图14-12所示。

（3）相对较小的、局部封闭的二次系统，应采用S型连接网络。所有设施及电缆均一点进入该系统。当采用S型连接网络时，弱电系统所有金属部件，除在接地点外，应与共用接地系统部件有足够的绝缘。

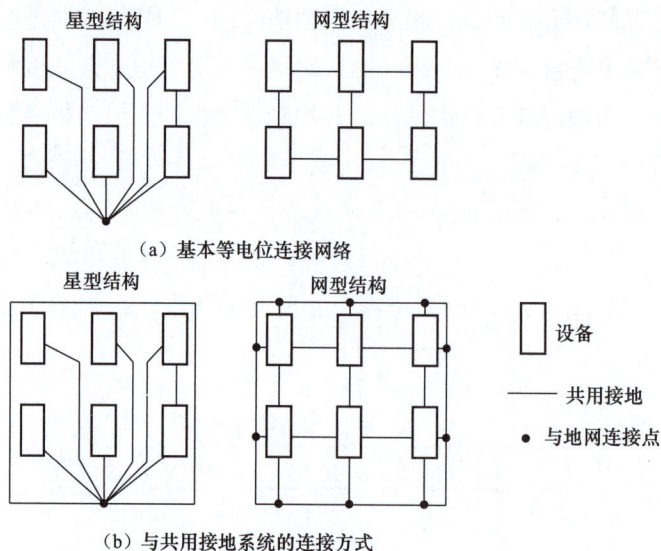

（a）基本等位连接网络

（b）与共用接地系统的连接方式

图 14-12 二次系统等电位连接基本方式

（4）延伸较大的开放系统，应采用 M 型等电位连接网络。当采用 M 型等电位连接网络时，系统中的金属部件不应与共用接地系统各组件绝缘。M 型等电位连接网络应通过多点接地方式并入共用接地系统中，形成 Mm 型等电位连接网络，如图 14-12（b）所示。

（5）等电位连接网中通过的是高频电流，有明显的趋肤效应，所以构成等电位连接网的材料既要满足截面积要求，又要满足表面要求。连接导体的最小截面积应符合表 14-2 的规定。钢或镀锌钢等电位连接排的截面积不应小于 $50mm^2$。

表 14-2　　　　等电位接地材料的最小截面积要求

等电位连接类型	铜材	钢材
机房等电位网络与接地装置连接干线	$50mm^2$	$160mm^2$
防雷等电位联结端子板	$100mm^2$	—
等电位网络线	$25mm^2$	$100mm^2$
机柜接地线	$16mm^2$	
一级电源保护装置地线	$25mm^2$	—
后级电源保护装置地线	$10mm^2$	—
信号保护器接地线	$1.5mm^2$	—

四、二次设备雷电防护措施

变电站二次设备的防雷保护要从两个方面入手：一是在电源系统和通信系统中加装防雷保护设备，防护雷电过电压的侵入；二是各二次回路、屏蔽电缆和盘柜外壳选择合理的

方式接入等电位面，且等电位面也必须合理接入地网。

1. 加装防雷保护设备

（1）电源防雷。电源部分通过多级防雷措施将侵入设备的过电压限制在一个合理的水平。

第一级：设备楼层总配电箱的电源引入端配置箱式电源避雷器和三相四线制防雷器，以实现直击雷防护；在总电源交流配电屏输入端的三根相线及零、地线之间接防雷器，三根相线前串接小型断路器，预防感应雷击或操作过电压。

第二级：设备机房配电箱输入端三根相线及零、地线之间配置电源防雷器，直流电源输出端三根相线前串接小型断路器。

第三级：机房的重要网络机柜或设备如服务器、小型机、路由器和交换机等输入端采用模块式电源避雷器。

（2）信号防雷。通信接口过电压保护设计较为复杂，以下为几种常用的通信接口过电压保护设计方法。

1）RS-232 接口过电压保护设计。其串行通信具有同步和异步两种方式，它们工作机理不同，但从防雷的角度看两者没有本质的差异。

2）网络通信线的过电压保护器一般安装在户外网络的进线端和可能产生感应雷电脉冲的通信线路两端或安装在计算机通信接口的前端。当采用双绞线通信时，应根据信号的传输速率和工作电平选择保护器；当采用同轴电缆通信时，还要考虑通信线路的特性阻抗，使保护器的特性阻抗与之匹配。

3）电话线接口过电压保护设计。利用电话线通信的设备有 MODEM 和 DDU（digital date unit）等。

4）使用含有金属网屏蔽层的线缆作为变电站的通信线缆且屏蔽层要可靠接地。为了使防护效果达到最佳，往往采用金属管道内铺设线缆的方式。

2. 二次设备的可靠接地

（1）电流互感器二次回路接线方式。对电流回路的接地点，传统的设计一般都是在互感器根部或就地端子箱中接地，但总结安装和运行经验后发现，这种接地方式存在以下弊端：

1）一次系统发生接地故障或雷电流流过地网时，会在不同的接地点产生不同的电位，这个电位通过二次回路传导至保护装置，会对保护装置产生不良的影响。

2）对于变电站和电厂的升压站，多数的互感器均在室外，就地的回路接地所处的环境复杂，容易造成接地点的松动和腐蚀，时间久后甚至会失去接地点。

3）接地点分散在就地，不便于日常维护和对回路接地进行检查。

（2）电压互感器二次回路接线方式。电压互感器二次绕组接地方式有 B 相接地和中性点接地两种，与二次侧中性点接地方式、测量和保护电压回路供电以及电压互感器的二次绕组有关。对于大电流接地系统，电压互感器的主二次绕组采用中性点直接接地方式；对于小电流接地系统，主二次绕组采用 B 相接地方式。

（3）等电位铜排敷设方式。电站通信和控制系统中的二次设备所处机房的六面都应敷设金属屏蔽网，屏蔽网与机房内环形接地母线间采用多点连接，接地点应均匀布置并采用短线技术，以减小导线上的雷电感应电压幅值，严格按照等电位方式连接以防止雷电流干扰二次设备。

（4）屏蔽电缆屏蔽层接地方式。屏蔽电缆是指使用金属网状编织层把信号线包裹起来的传输线，可将电场干扰源到器件或设备间的传输路径切断，消除或减弱干扰源对其他器件和设备造成的不良影响。现阶段，电力系统和测控领域所用的控制电缆和信号电缆均为屏蔽电缆，屏蔽层接地方法直接影响到屏蔽效果的好坏，正确地进行干扰屏蔽，是电子设备和微机测控系统正常工作的必需条件。

屏蔽电缆屏蔽层的接地方式基本上分为单端接地和双端接地两种：

1）单端接地。电缆一端在被控设备处悬浮，在计算机控制器或其他二次设备处接地。当大电流进入地网时，接地网的高阻抗特性使入地电流衰减速度很快，到达屏蔽电缆接地点的感应电压不大，经电缆外皮感应耦合到电缆芯线的感应电压也就不大。

2）双端接地。在尽可能改善地网电位分布的基础上，严格用等电位连接的方式限制屏蔽电缆两接地端的电位差，防止屏蔽电缆两接地端之间产生较大电位差造成干扰。

第四节 变电站接地网设计

一、变电站接地系统

1. 变电站接地系统分类

变电站接地形式包括工作接地、保护接地、防雷接地和防静电接地。不合理的接地方式可能威胁站内人员和设备安全，甚至影响电网稳定运行。

（1）工作接地。在 TN-C 系统和 TN-C-S 系统中，为使电路或设备的接地达到运行要求，如变压器中性点接地，应采取措施保障工作接地的电力系统电位稳定性，即降低低压系统中由高压系统窜入低压系统而产生过电压的危害性。

（2）保护接地。保护接地是为防止变电站带电设备危害人和设备的安全而采取的接地方式。保护接地是将正常条件下不带电，但在设备绝缘发生损坏情况或其他特殊情况下可能会带电的电气设备的金属部分用导线与接地导体连接的一种保护接线方式。

（3）雷电保护接地。雷电保护接地是防雷避雷措施非常重要的环节，不论是哪种类型

的雷击，最终目的都是把雷击电流导入地面。有效防雷需要可靠合理且应用良好的接地装置，所以设计合理、施工水平高的防雷接地系统是整个电力系统防雷措施最重要的环节。

（4）防静电接地。为防止静电给电气设备等造成危害，将带静电物体或有可能产生静电的物体（非绝缘体）通过导体与大地构成电气回路的接地叫静电接地。静电接地电阻一般要求不大于 10Ω。

2. 接地系统基本要求

接地系统的设计主要是对接地网结构方面的设计，使其能够满足接地电阻的要求。接地网结构的合理设计，能够有效降低接地电阻，是满足系统安全性的必要条件。如果系统接地电阻值过高，势必造成故障电压的升高，导致系统保护装置的误动作，带来经济上的损失，甚至导致人身伤亡。

变电站接地网的接地电阻设计应该符合以下几个原则：

（1）尽量用自然接地体或者建筑物钢筋作为接地网设计，符合节约原则。

（2）以自然接地体为基础，当接地电阻满足不了要求的时候，辅助人工接地体，两者结合以满足接地系统的要求。

（3）要一点接地。为了保证电力系统正常运行、确保人身安全、防止静电干扰，变电所必须设置接地系统 - 接地网。

3. 接地装置的选择范围

（1）应接地的部分：

1）电机、变压器、电器、携带式及移动式用电器具的底座和外壳。

2）电气设备传动装置。

3）互感器的二次绕组，但继电保护方面另有规定者除外。

4）配电屏与控制屏的框架。

5）屋外配电装置的金属和钢筋混凝土的构架以及靠近带电部分的金属栅栏和金属门。

6）交直流电力电缆盒的金属外壳和电缆的金属外皮、布线的钢管等。

7）铠装控制电缆的外皮、非铠装或非金属护套电缆的 1、2 根屏蔽芯线。

（2）不接地的部分：

1）在不良导电地面（木制的或沥青地面等）的试验室、办公室和民用的干燥房间内，当交流额定电压在 380V 或直流额定电压在 440V 及以下时，电气设备不需接地。但当维护人员有可能同时触及电气设备和已接触的其他物件时，则仍应接地。

2）在干燥场所，当交流额定电压为 127V 或直流额定电压为 110V 时，电气设备外壳不需接地，但爆炸场所除外。

3）安装在控制屏、配电屏、开关柜及配电装置间隔墙壁上的电气测量仪表、继电器和其他低压电器等的外壳，以及当发生绝缘损坏时，在支撑物上不会引起危险电压的绝缘子金属附件。

4）安装在已接地的金属构架上的设备及金属外皮两端已接地的电力电缆的构架。

5）电压为220V及以下的蓄电池室内的金属框架。

6）除另有规定外，发电厂和变电站区域内的运输轨道不需接地。

7）在已接地的金属构架上和配电装置间隔上可以拆下和打开的部分。

8）如电气设备与机床的机座之间能保证可靠地接触，可将机床的机座接地，机床上的电动机和电器便不必接地。

（3）接地装置的布置形式：

1）变电站除下列部分采用专门敷设的接地线接地外，其他电气设备的接地利用金属构件、普通钢筋混凝土构件的钢筋、穿线钢管等，但不得使用蛇皮管、保温管的金属网或外皮以及低压照明网络的导线铅皮作接地线。

2）接地装置应充分利用直接埋入地中的自然接地体接地（可燃或有爆炸介质的管道除外），并要求同一自然接地体应采用不少于两点的不同地点与主接地网相连。所区内不同用途和不同电压的电气装置、设施均使用全站同一个总的接地网。

3）电气设备每个接地部分应采用单独的接地线与接地干线连接，严禁在一根接地线中串接多个需要接地的部分。

4）构架避雷针的接地装置均与站内主接地网相连接，且在其附近装设集中接地装置，避雷针与主接地网的地下连接点至主变压器与主接地网的地下连接点之间，沿接地体的长度不得小于15m。

5）电缆沟通道内利用焊接电缆支架用的通长埋件做接地线，应保证其全长为完好的电气通路，并在与主接地网相交处及首末两端与主接地网可靠连接。

6）干式电抗器的基座之间接地连接线和引下线采用铜排，且电抗器的接地引线不得连成闭合回路。

7）避雷器接地引线应以最短的距离连至地下接地干线，并应避免弯曲。

8）水平接地极的埋设深度为0.8m，建筑物周围的水平接地极与建筑物之间的距离应符合有关规范要求，一般不小于1.5m，垂直接地极之间的间距不应小于其长度的2倍（一般为5m）。

二、接地网材料选取

1. 基本要求

规程规定，接地网的材料应从电、热、机械、腐蚀等多方面进行校验选择，基本要求如下：

（1）接地电阻值应符合电气装置保护和功能上的要求，并要求长期有效。

（2）能承受接地故障电流和对地泄漏电流，特别是能承受热、热的机械应力和电的机械应力而无危险。

（3）足够坚固或有附加机械保护。

（4）必须采取保护措施防止由于电蚀作用而引起对其他金属部分的危害。

2. 基本型式

圆钢、扁钢和角钢是人工接地体普遍采用的金属材料，在施工过程中经常采用埋于基础内的接地极、非钢筋混凝土中的钢筋、征得供水部门同意的金属水管系统、征得电缆部门同意的铅包皮和其他金属外皮电缆，任何一种接地极的功效取决于当地的土壤条件，应选定适合于当地土壤条件的一种或几种接地极。

变电站接地网常用材料包括镀锌钢、铜、铜覆钢，近年来还采用了不锈钢复合材料。接地体材料的选择应考虑土壤腐蚀性、变电站布置形式以及全寿命周期的经济性。在碱性地区，铜和铜覆钢的一次性寿命为 40 年，热镀锌钢为 15 年。镀锌钢使用 10～15 年后需要开挖检修或重新铺设。因此，户外布置的变电站通常采用镀锌钢，而全户内布置的变电站则存在维护、更换不便的问题，一般采用铜或铜覆钢材料。铜覆钢的全寿命周期经济性好，是一种理想的资源节约型材料。在酸性地区，铜或铜覆钢组成的接地网会与地下的钢结构、钢管和电缆的铅护套形成腐蚀原电池，加速地下其他金属材料的腐蚀，因此不宜作为接地材料。不锈钢复合材料则适用于中性、碱性、酸性、盐渍及滨海盐土性土壤条件下的接地。

3. 热稳定校验

故障电流流过金属导体时将产生热应力。由于在很短的故障周期内，导体来不及散发热量，稳态电流的校验规则不再适用。接地导体的截面积应保证任何导体和它的接头能耐受整个接地故障电流而不超过某一特定温度。

根据 GB/T 50065《交流电气装置的接地设计规范》中的规定，接地导体（线）的最小截面积应符合式（14-8）的要求，即

$$S_g \geqslant \frac{I_g}{c}\sqrt{t_e} \qquad (14\text{-}8)$$

式中：S_g 为接地导体（线）的最小截面积，mm^2；I_g 为流经接地导体（线）的最大接地故障不对称电流有效值，A，按工程设计水平年系统最大运行方式确定；t_e 为接地故障的等效持续时间，与 t_s 相同，s；c 为接地导体（线）材料的热稳系数，根据材料的种类、性能及最大允许温度和接地故障前接地导体（线）的初始温度确定。

埋入土壤内的接地极其截面积应符合表 14-3 的要求。

表 14-3　　埋入土壤内的接地极截面积

类别	有机械方法保护	无机械方法保护
有腐蚀保护	满足 $S_g \geqslant \frac{I_g}{c}\sqrt{t_e}$ 要求	铜：$16mm^2$。 钢：$16mm^2$
无腐蚀保护	铜 $25\ mm^2$；钢 $50\ mm^2$	

对钢和铝材的最大允许温度分别取 400℃和 300℃。钢和铝材的热稳定系数 c 值分别取 70 和 120。铜和铜覆钢采用放热焊接方式时的最大允许温度，应根据土壤腐蚀的严重程度经验算分别取 900、800℃或 700℃。爆炸危险场所，应按专用规定选取。校验铜和铜覆钢材接地导体（线）热稳定用的 c 值，见表 14-4。

表 14-4 校验铜和铜覆钢材接地导体（线）热稳定用的 c 值

最大允许温度（℃）	铜	电导率 40% 铜镀钢绞线	电导率 30% 铜镀钢绞线	电导率 20% 铜镀钢棒
700	249	167	144	119
800	259	173	150	124
900	268	179	155	128

三、接地网降阻措施

对高土壤电阻率变电站，应根据接地电阻目标值，采取有效的降阻措施。根据相关标准，变电站的工频接地电阻应小于 4Ω。根据土壤电阻率初步计算的接地电阻，校核变电站内的接触电位差和跨步电位差是否满足要求。若不满足要求，除采取降阻措施外，还能采用铺设高阻层、加密接地网、使用四边不等间距接地网等措施。

降阻措施应在保障全站安全的前提下，根据实际情况，综合考虑方案实施难度、经济性及后期运行维护是否方便进行选择，各降阻方法的使用情况大致如下：

（1）长垂直接地极法降阻。增加接地网纵向跨越深度，适用于站址土壤电阻率地下浅层比常规接地网埋深表层低的情况，其他情况都不适用。此时深层土壤电阻率更低，加长的垂直接地极可钻入低电阻率层以降低接地电阻，接地网面积较大时降阻效果差。

（2）扩大接地网面积、外引接地法降阻。这种方式降阻效果较好，适用于站址附近有可供外引的大面积低土壤电阻率场地。需要增大征地面积，不适用征地困难且费用高的地区，且围墙外不确定因素多，接地网的维护较困难。

（3）换土法降阻。只有换土层达到相当厚度，换土法才能明显降低接地电阻。若工程周边无可供换填的低电阻率土壤，需另外购买低电阻率土壤，费时费力，概率小，成本高，大面积换土不现实。为减小接地导体与土壤的接触电阻，施工时可沿主接地导体回填少量低电阻率土壤或缓释剂进行局部换土。

（4）增加接地网的埋深深度法降阻。这种方式在冻土地区使用时降阻效果较好，一般地区效果不明显。少量的增加深度，降阻效果作用不明显，会增加接触电压、减小跨步电压，应用时应根据工程实际情况平衡考虑。

（5）离子接地极或接地模块。站址受限条件较多，不易开挖或周边难以找到低电阻率土壤时，可敷设离子接地极改变土壤电阻率进行降阻，经济性相对较好，可配合其他降阻方法使用（常与深井配合）。考虑到时效性，推荐沿主接地网外沿敷设，如图 14-13 所示。

（6）深井法降阻。这种方式适用于深层有低电阻率或者有含水层的地方。因水蒸发可改善上层的土壤电阻率，降阻效果好，能在站内进行且利于管理维护。对于下层无低电阻率的地方，深井的深度要超过地网对角线长度，否则常规地网会屏蔽深井的降阻效果。深井之间也互相存在屏蔽作用，数量越多，降阻效果越趋于饱和，如图 14-14 所示。

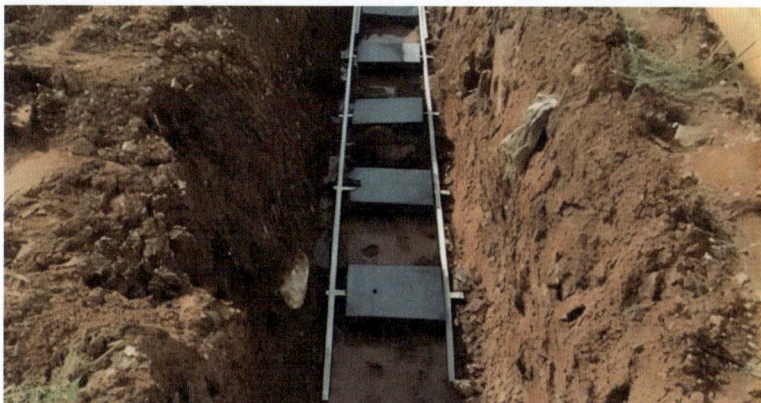

图 14-13　降阻模块敷设

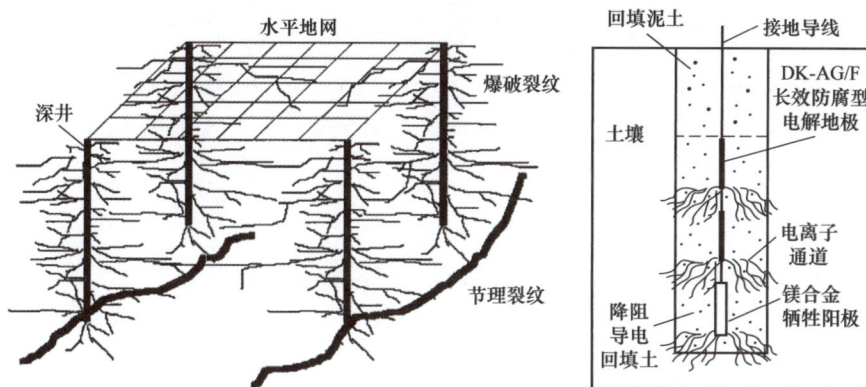

图 14-14　深井与离子接地极配合降阻

（7）斜井法降阻。兼顾扩网和长垂直接地极的特点，在变电站接地网面积受限时采用可起到很好的降阻效果，费用相比深井略高。需要注意，在地下管网分布不确定时不能使用。

（8）深井后爆破法。在深井底部进行爆破后，灌注低电阻率的降阻粉末剂材料至爆破后的裂缝中，以达到改善接地极周围的电阻率的效果进行降阻，适于常规方法降阻困难的地区，尤其在高土壤电阻地区，效果明显。爆破对地基有影响，且费用很高。

（9）降阻剂。可作为降阻辅助手段，主要通过降低接地体周围土壤的电阻率、增大接地体的有效散流面积、消除接地体与土壤的接触电阻，以及渗透改善接地体周围土壤电阻率，从而达到减小接地装置接地电阻的目的，推荐在地网边沿和垂直接地极处采用。

四、设备与人身安全

1. 一次设备

电站接地网设计是电站设计中的重要组成部分，接地网运行状态的好坏与电网安全运行、事故状态下站内设备安全、工作人员的人身安全息息相关。接地网地电位升高（ground potential rise，GPR）指系统发生接地故障时，接地装置与参考地之间的电位差，即地电位升。

GPR 限值的设定需确保二次设备、10kV 避雷器和电缆护层保护器等一次设备的安全，以及满足人身安全要求。在接触电压、跨步电压较高的区域，加密接地网和增设均压带可有效限制。10kV 避雷器的耐压水平通常参考工频过电压，过高的 GPR 可能导致避雷器被击穿甚至爆炸。110kV 电缆护层保护器在 GPR 过高时可能承受较高电压，导致热崩溃。目前，GPR 防护设计仍存在不足，如中压系统站用避雷器 GPR 安全限值差异大，护层保护器缺少冲击耐压参数，电站引外金属消防水管暂未有相应高电位隔离防护措施。2003 年和 2006 年的雷击事件，以及 2010 年某火电厂的风机接地网 GPR 反击事件，均造成了设备损坏和经济损失。

目前对 10kV 避雷器在故障过程中吸收能量的校核多以 10kV 系统不接地为例。随着电站容量的增大和电缆的广泛使用，10kV 系统中性点还会采用电阻接地和谐振接地的方式，因此目前有关 10kV 避雷器的校核存在缺陷，有关规程研究不适用于当前多变的工况，应考虑不同中性点接地方式的影响。

10kV 系统中，不同中性点接地方式下，避雷器 GPR 安全限值差异大。中性点不接地时，GPR 反击可能导致避雷器爆炸，需计算站用避雷器耐受裕度。中性点经消弧线圈接地时，GPR 反击问题更加严重，应合理选择消弧线圈参数。中性点经电阻接地时，一般无 GPR 反击风险。GPR 反击避雷器原理如图 14-15 所示。

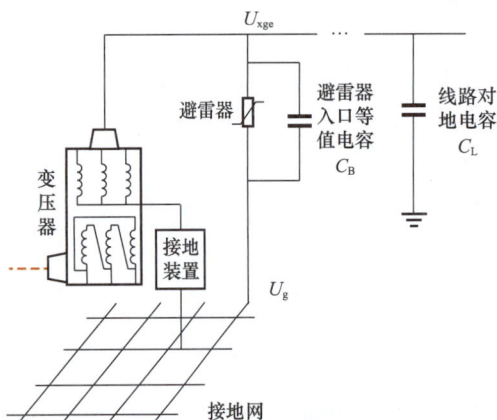

图 14-15　GPR 反击避雷器原理图

不同中性点接地方式下避雷器耐受 GPR 安全限值及影响因素见表 14-5。

常用护层保护器的额定电压为 2.8kV 和 4kV，在高阻地区，GPR 远高于额定电压，且它的选型一般根据护层过电压，未考虑 GPR；护层保护器跨接在两接地网间如图 14-16 所示，其承受电压随不同影响因素的变化规律不明确，故护层保护器技术规范和研究不适用于当前工况，若忽略 GPR，护层保护器可能会出现爆炸事故。

表 14-5　　　　　　　　不同中性点接地方式下避雷器耐受 GPR 安全限值

10kV 系统中性点接地方式	线路对地电容变化范围	避雷器耐受 GPR 安全限值范围	避雷器受 GPR 反击特性
中性点不接地	0.1～20μF	10～23kV	避雷器承受最大电压为 GPR 与母线相电压之和；GPR 安全限值随线路对地电容变大而减小
中性点经消弧线圈接地（脱谐度 −10%、阻尼率 12%）	1.5～30μF	8～9.5kV	GPR 在消弧线圈电感和线路对地电容的 L-C_L 回路上产生振荡，避雷器两端出现较大振荡电压，高于 U_{xge}+GPR；GPR 安全限值主要由脱谐度和阻尼率决定
中性点小电阻接地	15～50μF	＞25kV	GPR 可通过中性点电阻大部分地耦合至母线电压，避雷器两端电位相互抵消；GPR 安全限值随线路对地电容和中性点电阻的增大而减小
中性点大电阻接地	0.1～10μF	＞15kV	同中性点小电阻接地工况下反击特点

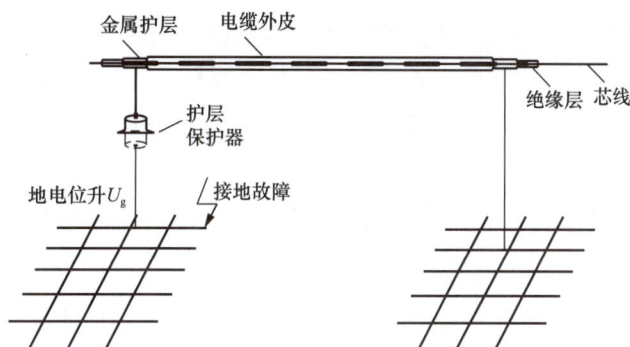

图 14-16　电缆护层保护器受反击原理图

2. 二次设备

系统故障时，故障电流将在地网接地阻抗上产生压降，地电位开始升高，从而威胁设备绝缘。以往的变电站通过二次电缆同站外设备进行金属性连接，地电位升都施加在二次设备上。现很多电站的通信方式为光纤，二次设备金属性连接都位于站内，不会将站外地电位引入站内，其承受的电压变成设备接地点之间的电位差。

二次设备的耐压强度一般比一次设备低，所以其耐压值对于电站的地网安全设计原则的制定至关重要。各设备的工频耐压强度见表 14-6。

表 14-6　　　　　　　　　各种电气工频耐压强度

设备名称		工频耐压强度
一次设备	10kV 一次设备	通常为 40kV 左右
	0.4kV 一次设备	通常大于 3kV

续表

设备名称		工频耐压强度
二次设备	二次电缆	5～20kV
	继电器	2.2～12.1kV
	微机保护装置	约 2kV
	弱电设备电气连接线	9.2～20.1kV
	环氧电路底板	10～14kV
	仪用变压器	约 5.8kV
	电源滤波器	约 6.1kV

由表 14-6 可知，微机保护装置的绝缘耐受电压是最弱的，为 2kV 左右，设计时应严格控制接地网的网内电位差，按照地电位升对其反击过电压不超过 2kV 来控制。

我国某电网电站二次设备烧毁事件可能原因包括：① DCS 底座电容器长期受高频电流导致绝缘老化、电容值改变；②调相机等设备运行方式改变引发瞬态空间电磁干扰，导致 DCS 供电回路瞬时大干扰、板卡底座损坏；③ DCS 供电回路存在特定频率干扰分量，引发 DCS 板卡谐振产生大干扰信号。变电站接地网设计需考虑雷电、高频干扰电流及电磁干扰影响。解决方案是参考二次设备雷电防护，采用并联大电容和 SPD 保护。

3. 人身安全

电站中雷电对人体主要危害在于接触电压和跨步电压。接触电压指雷电击中高大物体后，导体上产生的数万至数十万伏电压，人体触摸后易发生触电。跨步电压则是雷电流通过大地产生的电位场，人体两脚间电位差导致电流通过下肢，跨步距离越大，电压越大，易造成电流伤害。雷电对人体最危险后果是导致呼吸停止或心室纤维性颤动，触电时间短，严重时可引发心律失常和死亡。

Panescu 提出了基于电荷量的心室颤动阈值模型（VFT），如图 14-17 所示，可应用于短时冲击电流对人身安全的评估。由冲击电流引起的网内电位差，其持续时间通常在 100μs 左右，因此心室颤动的电荷阈值可取 1mC。Ossypka 认为，伤害关键在于放电电荷量，临界放电电荷 Q_{cr} 要小于 1mC。

Dalziel 采用心室不颤动电流为限制，即

$$I_{cr} \leqslant Kt^{0.5} \tag{14-9}$$

式中：I_{cr} 为临界电流值，A；K 取 0.065～0.165 A·s$^{-0.5}$；t 为时间，s。

临界电流值或电荷无法用简单函数描述，Dalziel 和 Ossypka 基于 50 Hz 交流电源给出的临界条件不适用于雷电电流脉冲。现在一般用电击能量代替临界电流值或电荷作为判断标准，认为 10～50J 的能量可导致心室纤维性颤动。人体电阻为 800Ω（400～1200Ω），平均雷电危害能量 30J（10～50J），导致心室纤维性颤动的比能量为 0.0375J/Ω，人体承受的极限比能量 0.125J/Ω。

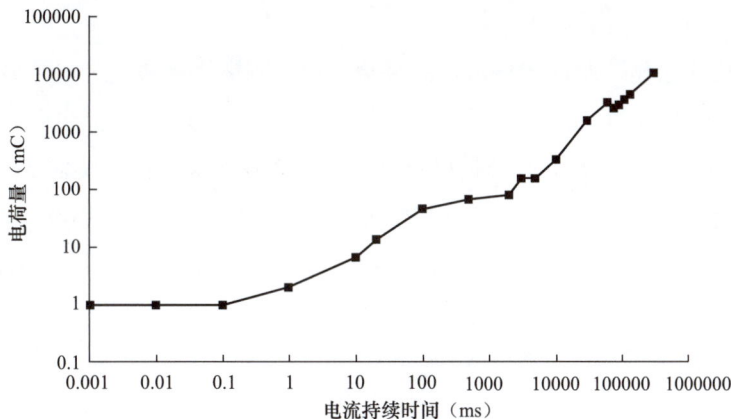

图 14-17　VFT 电荷量与电流持续时间的关系 ❶

不同工况下，雷电冲击电位差对人体安全的影响略有不同：① 1.2/50μs 电流波下的网内电位差波形峰值大但积分面积小，10/350μs 电流波对人体安全影响更大；②最大网内电位差波形峰值随土壤电阻率增大而明显增大，同时波尾部分随时间的积分面积减小；③接地导体为铜时，网内电位差对人身安全的影响明显小于接地导体为钢的情况，可通过增大接地导体的半径降低网内电位差对人身安全的影响。

4. 周边设施安全

地电位升通过各类连接导体（如电缆金属护层、管道、轨道等）转移到地电位较低的地方，或通过连接导体将较低的地电位转移到地电位较高的地方，从而导致连接导体与周围大地之间的电位差，即转移电位。引外金属水管转移电位风险示意如图 14-18 所示。如果变电站内布置有电源线或低压线路，那么参考电位可能取自接地网某一个点，当跨接一定的距离后，就有站内转移电位问题。若电位差较高，则带来一定的绝缘、信号干扰、火灾、设备烧毁等风险。理论上，转移电位对设备和人身安全影响的问题，可从以下 3 方面来解决：

（1）限制地电位升。地电位升属于散流范畴。着眼于促进接地网的散流将涉及降阻，成本较高，技术经济性欠优。当然，如果水泥出线构架换成金属构架，那么故障电流注入接地网从集中趋于分散，有利于降低地电位升，同时改善电位分布。

（2）完善均压。网内电位差属于均压范畴。应重视地电位差的影响，通过加密接地网网格、增加地网连通性、选择铜材质导体

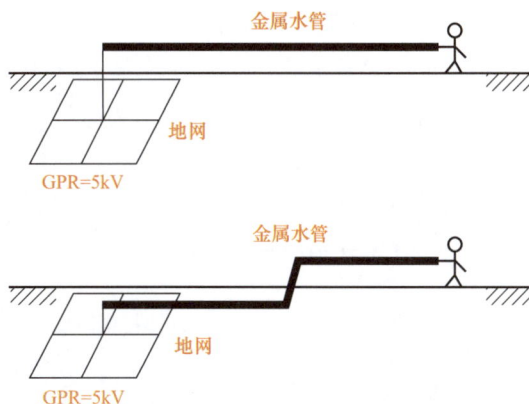

图 14-18　引外金属水管转移电位风险示意图

---

❶　2018 年，Kroll M，Panescu D. 基于研究提出了基于电荷量的心室颤动阈值模型，详见参考文献［185］。

等使电位分布均匀，更为重要。

（3）加装隔离措施。站内转移电位的风险可通过隔离措施解决，这是最经济、有效的方法。对于转移电位的危害，需按照有关标准（如 GB/T 50065《交流电气装置的接地设计规范》）做好变电站内外隔离，具体措施包括：①管理好电源线和视频监控线等低压线，消除火花放电风险；②保持接地引下线与草坪的距离，消除着火隐患；③选择金属出线构架，分散故障电流入地，改善电位分布；④关注整改站内高压设备和避雷线接地引下线等高风险点。

规程要求站内金属管道必须接地，而引外消防水管为保证安全性一般用金属管材，因此接地网在故障情况下，引外金属管道存在高电位的风险。规程仅对埋地金属管道（管内绝缘气液体）提出防护措施，且电站容量变大，部分电站 GPR 远超规程要求。GPR 过高和管内水体导电均会使防护措施失效，仍套用规程中的防护措施极易出现触电事故。搭建电站引外金属水管的模型，计算得到了 GPR=5kV 时的转移电位风险范围，

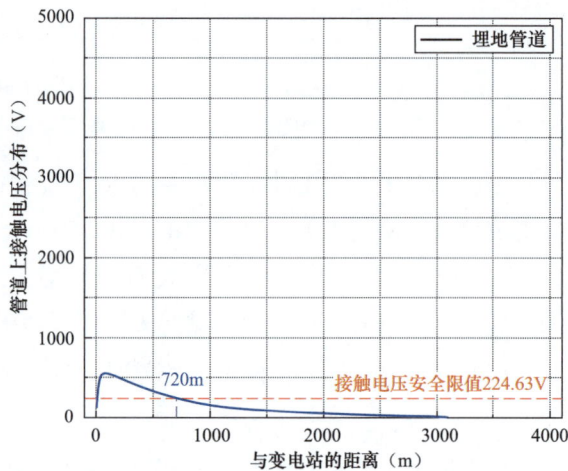

图 14-19　埋地金属水管转移电位风险计算结果

由图 14-19 可知，管道全线埋地时，720m 范围内接触电压均超标，管道全线架空时，采用 50m 的绝缘管段即可有效隔离高电位。

五、接地网接地性能影响因素

1. 接地材料对地电位分布的影响

不同的金属有不同的电阻率和磁导率，导致它们的散流能力和互相之间的屏蔽效果存在差异。对具有不同的电阻率和磁导率金属的同一接地网的电位分布不均匀性计算见表 14-7。由此可知，电位变化百分比随着电阻率和磁导率的增大而增大，而且电阻率的变化是引起电位变化百分比的主要原因。接地体的材料一般采用铜、铜包钢或镀锌扁钢，三者的均压效果依次降低。

表 14-7　　　　　　　　导体材料对地电位分布不均匀性的影响

相对磁导率	电阻率（Ω/m）		
	1	100	500
5	19.36%	19.72%	20.51%
10	19.76%	20.07%	21.20%
15	20.16%	20.41%	21.75%

2. 布置方式对地电位分布的影响

接地体间屏蔽导致单位长度接地体散流能力减弱，大部分电流从接地网边缘流入大地，造成电站边缘电位差大。为减少电位差，应校验接地体数量及间距。

导体布置越密集，地电位分布越均匀。尽管单位长度散流量减少，但整体散流量增加，接地网边缘散流量减少，提高地电位分布均匀性。地电位变化百分比随接地体数量增加而减小，但接地体数量足够多时均压特性不明显。故应结合土壤条件、接地网面积校验接地体数量，以最小化地电位变化百分比为目标。

短路电流通常从中心地带流入大地，中心地带接地体布置最密。中心网孔接地体间屏蔽作用大，电位分布均匀；边缘网孔因无接地体限制散流，会泄放大量电流，导致电位差大。为减少中心接地体间屏蔽作用，应以不等间距布置接地导体，增大中心网孔距离，减小边缘网孔距离，使散流更均匀。

3. 土壤电阻率

经计算发现，土壤电阻率越大接地网的均压性越好。对同一接地网在不同土壤电阻率条件下的电位分布进行计算，结果如图 14-20 所示。虽然高土壤电阻率有一定的均压效果，但是会相应地提高地电位升，导致接地网中最大地电位升和最小地电位升差值增大。因此，在做接地设计中应从降阻与均压两方面入手来提高接地网的安全性能。

根据 GB/T 50065《交流电气装置接地设计规范》，接地网的接地电阻应符合 $R \leqslant 2000/I_g$。此式的意义是要求接地网的最大地电位升不大于 2kV。这是因为变电站内的二次设备及电缆外皮最高耐受电压为 2kV。另外，在工程验收中，普遍要求变电站接地网的接地电阻小于 0.5Ω。随着电力系统的发展，短路电流不断增大，加之变电站位置多处于土壤条件不好的地

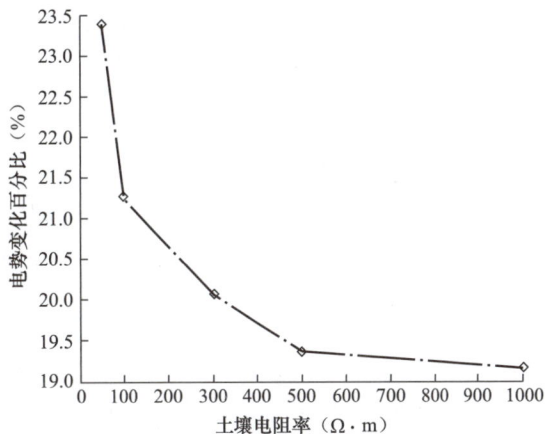

图 14-20　土壤电阻率对地电位分布的影响

区，地电位升往往远大于 2kV，接地电阻也很难达到 0.5Ω。因此，为了保证接地网的可靠性，有必要对其地电位分布进行研究，尽可能均衡地电位分布，使其尽可能成为一个等势体，从而保证站内设备及人员的安全。

第十五章

⚙ 电网防雷数字化技术

第一节 基于大数据挖掘的雷害风险评估

一、雷害风险评估特征数据库

传统雷害风险评估方法均存在前提假设或模型简化，难免存在一定的局限性。因此，基于大数据挖掘的雷害风险评估方法被逐渐发展出来。这种方法是一种通过数据挖掘算法，在历史故障数据、气象数据、雷电定位数据等多源数据中找到潜在联系并构建智能雷害风险评估模型的一种方法。为了全面评估电网输配电线路的雷害风险，通常需要考虑不同类型的多源数据，包括：

（1）气象观测数据。气象观测数据可以提供有关雷暴环境的详细信息，如气压、温度、湿度、风速和风向等。这些数据可以影响雷电的形成、维持和衰减过程，因为它们控制着空气的物理和化学性质。气象站的观测数据可以从中国气象局、中国科学院资源环境科学与数据中心等机构获取。

（2）地理信息数据。地形对雷电活动有很大的影响。地形的高度、坡度、坡向、土壤电导率等因素都会影响雷电活动的发生和分布。例如，山区的雷电活动比平原更频繁，因为山区的地形高度和坡度较大，容易产生强烈的对流运动，从而促进雷电的发生。海拔、坡度、地形地貌等数据可以通过地理信息软件对数字高程数据进行提取获得。

（3）雷电活动数据。对雷电活动进行监测是应对雷电危害的一个重要手段。20世纪70年代末，美国学者率先提出雷电遥测定位技术，而我国则于20世纪80年代末开始着手雷电定位相关技术的研究。20世纪80年代末，我国电网率先在国内开展利用雷电定位系统（lightning location system，LLS）对雷电活动进行监测的工作。目前我国已建立了覆盖全国的广域雷电监测网，雷电探测效率超过90%，定位精度优于500m，能够实时遥测并显示云对地回击的时间、位置、雷电流峰值和极性、回击次数以及每次回击的参数等。

（4）历史故障数据。历史故障数据是在基于大数据挖掘的雷害风险评估中非常重要的特征参数。电网中输配电线路的故障监测系统会记录下雷击跳闸发生的时刻，杆塔号等。

通过关联性规则算法等数据挖掘算法可以找到雷击跳闸数据与其他数据的内在联系，找到雷击跳闸发生的典型场景。

（5）线路参数。线路参数如呼高、电压等级、绝缘子串长、档距等均影响着其遭受雷击的风险。例如电压等级越高、呼高较高的杆塔往往越容易遭受雷击。这些数据往往通过设计图纸、台账或人工收资等方式获取。而近年来倾斜摄影，机载激光雷达等技术的发展也丰富了线路几何参数的获取方式，并节省了人力，提高了参数提取精度。

综上所述，由气象数据、地理信息数据、雷电活动数据、历史故障数据和线路参数共同形成了雷害风险评估的特征数据库。这些数据的规律往往较难通过简单的数据处理得到，因此需要通过数据挖掘算法找到各个特征数据间的内在联系，这也是进行雷害风险评估的关键之一。其次，海量的多源数据与雷击跳闸率之间存在复杂的非线性映射关系，最终还要通过人工智能算法等方式实现这种多源数据的融合与映射，得到电网线路的雷击跳闸率并确定风险等级。

二、基于聚类分析的雷电地闪活动轨迹提取

雷电活动在一定区域内具有时空丛聚特性，即雷电活动在时间上和空间上表现出很强的聚集性。深度挖掘雷电活动在时间和空间上的规律有助于电网输配电线路的建设与防雷工作的展开。目前，在数据挖掘学科领域中常用的聚类算法有基于划分的方法、基于层次的方法、基于密度的方法和基于网络的方法等，它们各自的实现原理及特点分析见表 15-1。

表 15-1　　　　　　　　　　　　常用的聚类算法的对比

方法	概述	特点	代表算法
基于划分法	给定一个数据集，该方法将构造 L 个聚类，每组至少包含一个记录；每一个记录只属于一个组	简单高效，时间复杂度、空间复杂度低，参数 L 需要预先设定，对聚类形状有要求	K-MEANS K-MEDOIDS
基于层次法	按某种条件层次性的分解数据，可分为"自底向上"和"自顶向下"两种	不需要预先制定聚类数，时间复杂度高，奇异值也能产生很大影响	BIRCH CURE CHAMELEON
基于密度法	根据样本数据的分布情况进行聚类，通过计算分析样本周围密度来确定聚类数目	对输入顺序不敏感，能够识别各种形状的聚类及噪声点，对两个参数的设置敏感	DBSCAN OPTICS DENCLUE
基于网格法	将数据空间划分为有限个单元的网格结构，所有的处理都是以单个的单元为对象	速度快，无法处理不规则分布的数据，一定程度上降低了聚类质量和准确性	STING CLQUE

基于密度的聚类算法如 DBSCAN（density-based spatial clustering of applications with noise）算法和 OPTICS（ordering points to identify the clustering structure）算法，其核心思想是判断任意一点在固定阈值下相应范围内的数据点的个数是否满足预设值。2022 年经

多个单位合作，结合两种聚类算法对云南地区自 2010～2019 年的雷电活动数据进行了聚类分析，以探究对雷电轨迹与地形在空间上的相对位置关系。其聚类流程如下：

（1）雷电聚类分析数据预处理。在进行聚类分析前，首先要对地闪活动数据进行预处理。针对所研究的对象，首先将所有地闪数据按照时间先后进行排序，其次对所研究的区域范围和时间范围进行限制，在地闪数据中截取所研究的空间范围和时间跨度，最后准备开展聚类分析。

（2）雷电聚类分析方法。雷电活动的聚集性表现在时间和空间两方面，在时间上，数据预处理后，可以计算相邻雷电地闪的时间间隔 $\Delta t = t_i - t_{i-1}$，将时间间隔 Δt 小于或等于时间间隔阈值 $t_0 = 30\text{min}$ 的雷电数据合并为连续的雷电地闪时区数据集合，时空聚类的流程如图 15-1 所示。

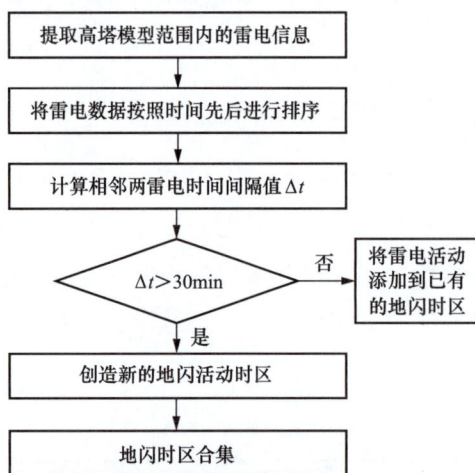

图 15-1　雷电活动时间丛聚性算法

在空间上，根据获取的引雷塔临近区域的强雷暴过程的雷电数据集，利用 DBSCAN 算法和 OPTICS 算法相结合的方法对每个数据集进行聚类分析，可以得到单次强雷暴活动在地面的活动轨迹。由于雷电活动在时间和空间上的聚集性，且雷云在一个区域内持续性放电的时间较长，其核心点较为稳定，在分析过程中一般用聚类簇的质心坐标来代替整个簇的位置。

（3）雷电聚类分析可视化。在式（15-1）中，n 是该聚类簇里面的落雷个数，b_i、l_i、t_i 分别代表一个聚类簇里面第 i 个落雷点的纬度、经度和雷电发生时刻，对应的（B_{ave}，L_{ave}）表示该聚类簇质心在地面的相应坐标位置，T_{ave} 表示聚类簇质心点的时间值属性。

将聚类簇的质心按照时间的先后顺序连接起来，所得曲线即为雷电地闪活动的运动轨迹，如图 15-2 所示。图 15-2 展示了输电杆塔附近区域雷电活动轨迹。其中，彩色点代表聚类簇的分类，聚类图中细小的黑点为不符合聚类条件的噪声点。黑色的大实点代表输电杆塔，聚类质心编号的大小表示聚类质点发生的时间先后顺序，由小的编号到大编号表示雷电地闪的运行方向，最小的数字代表一次雷暴活动的起始点，最大的数字代表一次雷暴活动的终止点。

$$\begin{cases} B_{ave} = \dfrac{1}{n}\sum_{i=1}^{n} b_i \\[2mm] L_{ave} = \dfrac{1}{n}\sum_{i=1}^{n} l_i \\[2mm] T_{ave} = \dfrac{1}{n}\sum_{i=1}^{n} t_i \end{cases} \tag{15-1}$$

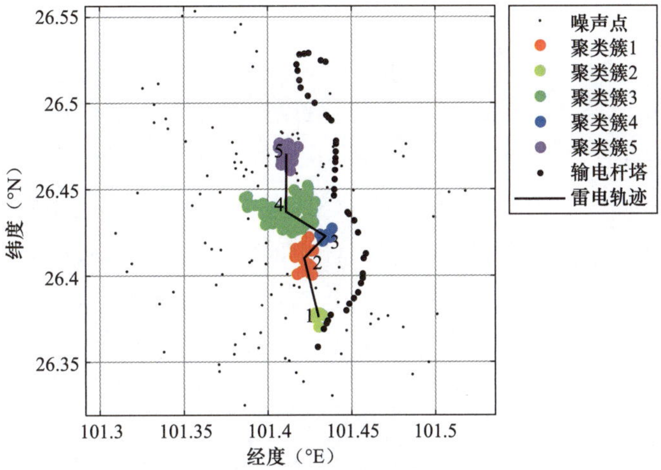

图 15-2　输电杆塔邻近区域雷电活动运动轨迹

三、基于关联分析的雷电地闪特征数据挖掘

实际情景中，不同因素的共同影响最终导致了该区域地闪活动的结果，考虑不同影响因素之间的耦合影响并归纳出典型的地闪较为频繁的场景是十分必要的。而关联规则算法能够处理足够多的样本数据，并得到明确的关联规则。2022 年云南电力科学研究院、南方电网科学研究院与武汉大学合作，利用 Apriori 算法对云南全省的典型雷害场景进行了挖掘，并构建落雷孕灾环境敏感度指标。研究内容如下：

（1）雷电关联挖掘数据预处理。Apriori 算法要求输入的数据为离散化数据，离散化的数据虽会有一定的细节丢失，但概化后的数据更具有实际意义，可以得到有效的布尔型关联规则。对云南省各个地形地貌参数与雷电活动参数进行离散化处理，选取海拔、坡度、坡向、地形类型、地表覆盖类型和地闪密度作为关联规则挖掘的特征参数，将它们分别用字母 H、S、A、T、P、N 来代替。可以将海拔分为 $H1\sim H5$ 共 5 个区间，坡度分为 $S1\sim S5$ 共 5 个区间，坡向分为 $A1\sim A8$ 共 8 个区间，地形分为 $T1\sim T5$ 共 5 个区间，地表覆盖类型分为 $P1\sim P10$ 共 10 个区间，地闪密度分为 $N1\sim N4$ 共 4 个区间。以海拔为例，其离散化结果见表 15-2。类似地可对其他数据进行处理。

表 15-2　　　　　　　　　　　　　海拔数据概化

区间编号	海拔范围
$H1$	500～1247m
$H2$	1247～1532m
$H3$	1532～1824m
$H4$	1824～2031m
$H5$	2031～2925m

（2）地闪密度与地形地貌关联性挖掘。在云南省随机选取 20000 个样本点，利用关联分析模型开展关联规则挖掘，将结果按规则的置信度大小进行排序，筛选的结果见表 15-3。选取置信度大于 60% 的 6 条强规则进一步分析并归纳，将规则 1 归纳为地闪活动频繁的地形特征 1，即处于 1247～1532m 较低海拔区域内，靠近山脊的东向山坡；由规则 2 和规则 3 归纳为地形特征 2 为低海拔丘陵山地中，南向及西南向爬坡林地；规则 4 对应的地形特征 3 为城市建设用地；规则 5 和规则 6 包含的地形地貌区间属性集合可以归纳为地形特征 4，即高海拔区域，开垦于陡坡或山顶山脊位置的农田耕地。

表 15-3　　　　　　　　　　　　　关联规则结果

序号	规则前件	规则后件	支持度	置信度
1	$A3$，$H2$，$T1$	$N4$	1.02%	70.63%
2	$A5$，$H1$，$P2$	$N4$	1.22%	64.57%
3	$A6$，$H1$，$P2$	$N4$	1.05%	64.45%
4	$P8$	$N4$	2.19%	63.45%
5	$H5$，$P1$，$T1$	$N4$	1.78%	61.63%
6	$H5$，$P1$，$S4$	$N4$	1.05%	61.41%

（3）落雷孕灾敏感性分析与可视化。由关联规则分析出的典型地形场景可以看出实际情况下各种因素对地闪活动的影响不是孤立的，因此从整体出发，利用熵权法计算以上 5 种落雷孕灾环境影响指标的权重，构建落雷孕灾环境敏感度综合指标。

考虑到各地形因素与地闪密度间为非线性关系，而熵权法在构建模型时要求指标为线性，所以首先需拟合各地形因素与地闪密度的关系。考虑到云南省地形特点，将其分为东西两区，以海拔为例，以 100m 为间隔划分区间拟合海拔与地闪密度 N_g 间的关系，如图 15-3 所示。

（a）海拔拟合曲线（西区）　　　　　（b）海拔拟合曲线（东区）

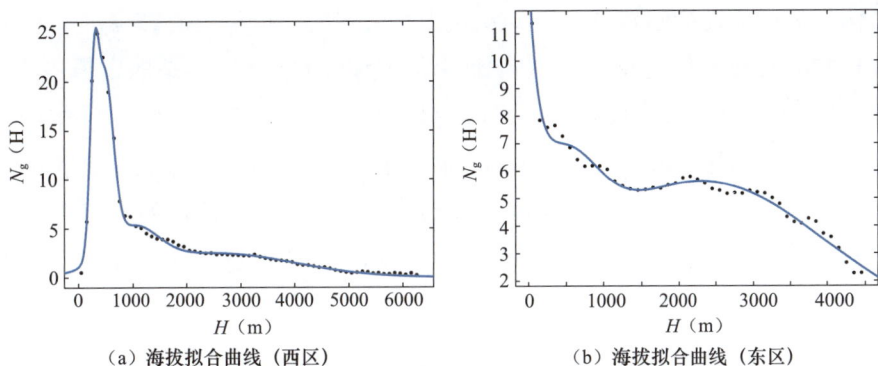

图 15-3　云南省海拔与地闪密度拟合曲线

类似地可对其他地形因素进行处理，将拟合后的地闪密度作为新的值赋给地形参数，得到 H'、S'、A'、T'、P'，部分地形地貌参数重新赋值结果示例见表 15-4。

表 15-4　　　　　　　　　　　地形地貌参数重新赋值结果示例

样本位置编号	H'	S'	A'	T'	P'
1	5.5366	5.6453	5.5140	5.4559	5.2589
2	5.0434	5.3513	5.6966	5.5143	5.8253
3	4.6036	5.3279	5.7076	5.5311	5.8253
4	5.3397	5.5284	5.4547	5.4757	5.8253
5	5.1162	5.5253	5.6907	5.4984	5.8253

随后利用熵权法构建落雷孕灾环境敏感度的综合指标。熵权法是一种综合评价方法，用于确定指标的权重。计算得到云南省东西区与全省的海拔、坡度、坡向、地形类型、地表覆盖类型熵权值。进一步利用求得的熵权构建考虑地形地貌的落雷孕灾环境敏感度综合指标，得到的落雷孕灾环境敏感度计算公式如式（15-2）所示。式中：D 为落雷孕灾环境敏感性综合评价指标；D_H 为重新赋值且标准化后的海拔指标值，D_S 为重新赋值且标准化后的坡度指标值，D_A 为重新赋值且标准化后的坡向指标值，D_P 为重新赋值且标准化后的地表覆盖类型指标值，D_T 为重新赋值且标准化后的地形位置指数指标值。

东：　$D_1 = 0.1247D_{H1} + 0.0311D_{S1} + 0.0130D_{A1} + 0.7040D_{T1} + 0.1272D_{P1}$

西：　$D_2 = 0.8695D_{H2} + 0.0392D_{S2} + 0.0030D_{A2} + 0.0125D_{T2} + 0.0758D_{P2}$　　（15-2）

全省：$D_3 = 0.5061D_{H3} + 0.0346D_{S3} + 0.0062D_{A3} + 0.3518D_{T3} + 0.1013D_{P3}$

在云南省西区，地势起伏与海拔变化较大，故海拔指数的影响权重明显大于其他几个因素，地表覆盖类型指数的影响权重次之，然后是坡度指数、地形位置指数，其中坡向的影响权重最小。

在云南省东区，地势起伏与海拔变化较为平缓，故海拔指数的影响权重明显小于西区，为0.1247。其地形位置指数权重占比最大，为0.7040，然后是地表覆盖类型指数、坡度指数，其中坡向的影响权重最小。因各坡向地闪密度变化较小，不论东区还是西区，其影响权重都为最小值。在云南省范围内随机选取2000个样本点，提取每个样本点的地闪密度值，根据样本在不同地闪密度等级中的占比，以相同比例将落雷孕灾环境敏感度从低到高划分为低敏感区、中敏感区、高敏感区和强敏感区4个等级，具体范围见表15-5。

表 15-5　　　　　　　　　　落雷孕灾环境敏感度等级划分

地闪密度等级	敏感度等级范围
少雷区［0～0.78 次/(km² · a)］	低敏感区（$0 \leqslant D < 6.17 \times 10^{-4}$）
中雷区［0.78～2.78 次/(km² · a)］	中敏感区（$6.17 \times 10^{-4} \leqslant D < 7.83 \times 10^{-4}$）
多雷区［2.78～7.98 次/(km² · a)］	高敏感区（$7.83 \times 10^{-4} \leqslant D < 10.44 \times 10^{-4}$）
强雷区［≥7.98 次/(km² · a)］	强敏感区（$D \geqslant 10.44 \times 10^{-4}$）

最后选取云南省某区域进行落雷孕灾环境敏感度的有效性验证和可视化展示。该区域包含大片山区、林地、城镇等地形地貌，地形复杂度较高。以改进网格法统计该区域2010～2019年这十年的地闪密度情况，其中统计区域取半径1km的圆形区域，核心区域取200m×200m的矩形网格，并绘制该区域的地闪密度分布如图15-4所示。

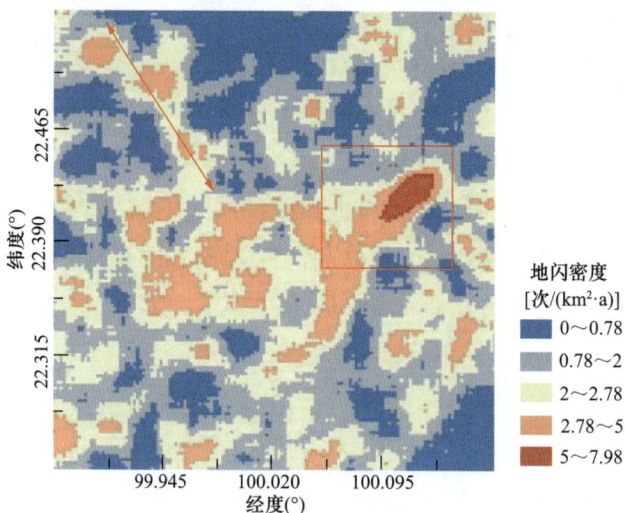

图 15-4　云南省某区域地闪密度分布

以200m×200m的网格将典型区域划分为22500个均匀网格，计算并绘制落雷孕灾环境敏感度分布如图15-5所示。

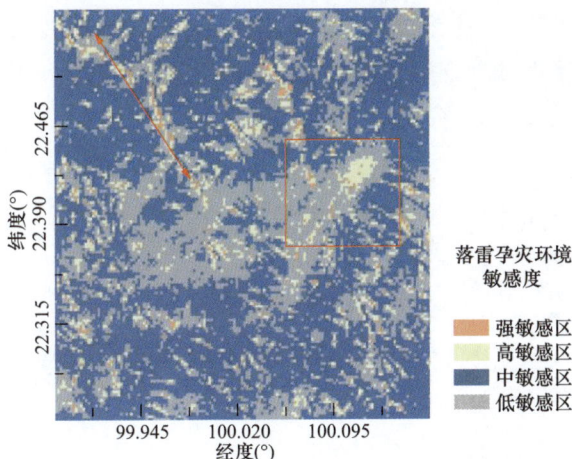

图 15-5　云南省某区域落雷孕灾环境敏感度分布

四、多源数据驱动的线路雷击跳闸率计算方法

工程中常用的雷击跳闸率计算方法因考虑雷害风险评估参数不全，导致结果与实际线路的雷击跳闸率存在较大偏差。因此，多种多源数据融合方法，如神经网络、决策树等，在雷害风险评估中被广泛应用，仍以武汉大学等的工作为例，简单介绍一种利用 BP 神经网络进行雷击跳闸率修正的方法。

首先构造 BP 神经网络模型，如图 15-6 所示，分为输入层、隐藏层、输出层 3 层。输入特征参数包括：

（1）地形参数。海拔、坡向、坡度、水域密度、地形类型、地表覆盖类型等。

（2）杆塔参数。电压等级、左侧地面倾角、右侧地面倾角、杆塔呼高、绝缘子串长等。

（3）雷电活动参数。地闪密度值，雷电流幅值均值等。

（4）基于电气几何模型法和规程法计算得到的雷击跳闸率初始值。

注意在构建数据集时，因历史雷击跳闸数据的单位是次 / 年，所以要与跳闸率的单位为次 /（百公里·年）进行折算。此后可以选取合适的神经元个数。开始训练前，需要对 BP 神经网络进行优化，优化方式主要包括两个方面：一方面，输入参数需要进行归一化，为解决输入参数尺度不同导致的训练权重分配问题，需要通过归一化的方法对输入参数进行尺度统一。另一方面，BP 神经网络梯度下降过程存在容易陷入局部极小值的问题，需要用一些 BP 神经网络优化器对其进行优化。构建完成的神经网络结构如图 15-6 所示。

构建完成的 BP 神经网络即可进行训练，训练的目标函数为均方根误差函数。模型以损失函数最小为目的逐步调整网络权重直至训练完成。训练结束后利用测试集验证训练效果。BP 神经网络对雷击跳闸率计算初始仿真值进行修正后的对比效果如图 15-7 所示。修正后，在不同地表覆盖类型或地形类型下，平均相对误差为 0.167，方差为 0.131。修正值与历史故障数据中的实际值较为接近。

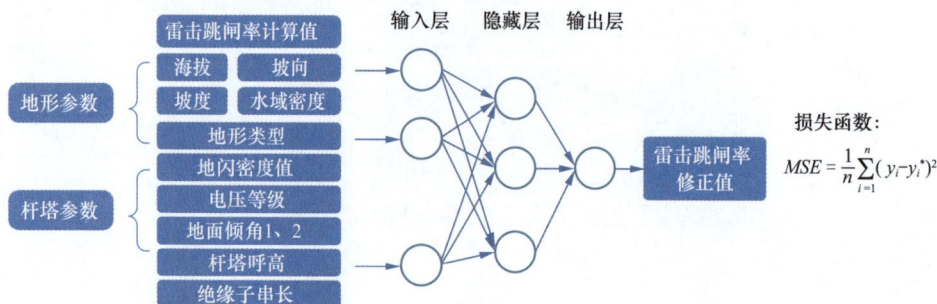

图 15-6　雷击跳闸率修正效果示例

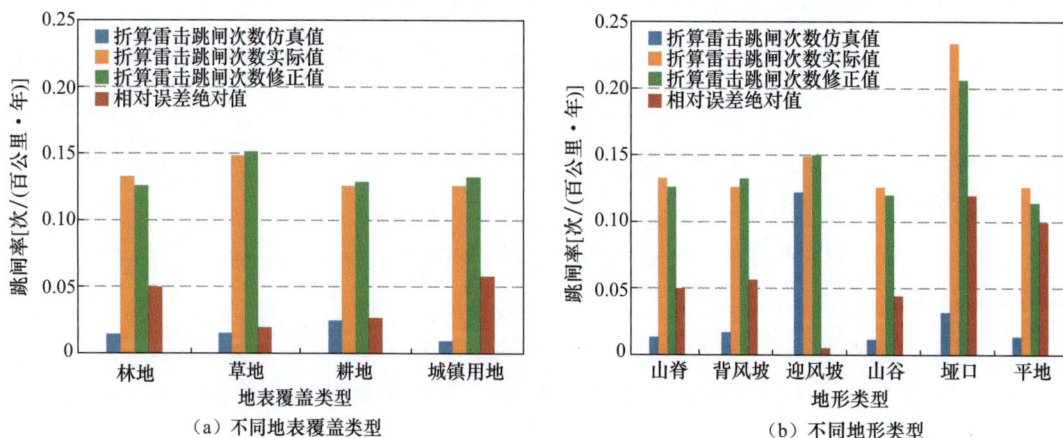

（a）不同地表覆盖类型　　（b）不同地形类型

图 15-7　雷击跳闸率修正效果示例

第二节　基于机器学习的线路耐雷水平预测

　　线路耐雷水平预测的传统方法，通常是基于工程经验和专家知识，建立一套固定的公式或规则直接计算耐雷水平，或是设计一个等效的计算模型，通过计算机仿真来分析耐雷水平。这些方法可以统称为模型驱动的方法，模型驱动的方法对于模型的正确性和完备性具有很高的要求。在实际应用场景中，影响线路耐雷水平的因素非常多，并且相互影响，很难设计完全贴合客观世界的准确的计算模型，特别是当雷电过程的物理机理还存在诸多未知因素时，该类方法在准确性上将面临极大的挑战。

相比之下，数据驱动的机器学习方法可以直接从大量数据中"学习"耐雷水平和各种因素的映射关系，无需或很少需要人工介入，即可对耐雷水平进行快速和准确的预测，具有很高的应用价值。

一、机器学习技术的优势和特点

机器学习是基于已有的数据来建立模型，从而利用未知的数据对未知的结果进行预测，为了使得机器学习模型的预测结果尽可能贴近真实情况，往往需要在前期引入大量的数据，这一措施实际是为了使未知数据尽可能是已知数据的一种下采样，从而保证模型的泛化性。

机器学习的优势在于能够在一定程度上基于已知信息来预测未来，对数据驱动的机器学习模型来说，它不需要明白样本属性与样本值之间的关联机理是如何的，它仅仅需要将样本属性与样本值之间利用某种手段进行连接，这种连接可能是解析的也可能不是，若这种连接合理且符合真实，那么其预测的结果便是可靠的。典型的机器学习的系统如图 15-8 所示，其重点在于利用已有的样本去对输入输出间的关系进行逼近，利用这种近似预测最终结果，逼近过程中往往需要数据对这种近似进行评估，从而达到优化模型以尽可能接近最终的真实值的目的。

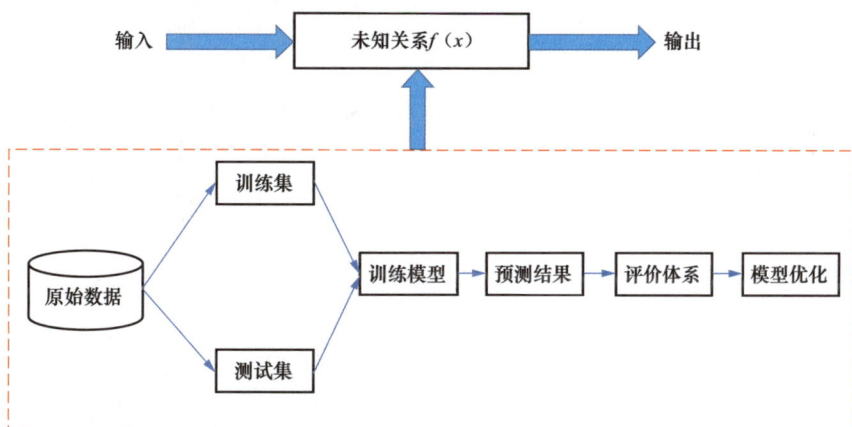

图 15-8　利用机器学习预测未知关系

数据驱动的机器学习方法与模型驱动的方法不同，它不需要精准的还原物理场景，只需要足够多的样本数据即可完成对未知目标的预测，特别适用于耐雷水平预测这样的复杂物理问题。

二、线路耐雷水平预测模型的设计

对线路耐雷水平进行预测需要已知输电线路和杆塔的各种特征，这些特征被送入机器学习模型，机器学习模型通过推理过程输出耐雷水平。因为其输出结果是一系列数值而非确定的若干属性标签，因此该问题属于机器学习中的回归问题。

线路耐雷水平预测模型设计的整体技术方案如图 15-9 所示，对线路和杆塔原始数据进行数据清洗，保证数据正常后对数据进行按比例划分，得到训练集与测试集，利用训练集训练模型后利用测试集进行模型的评估与优化，最后得到样本预测值，即线路耐雷水平。

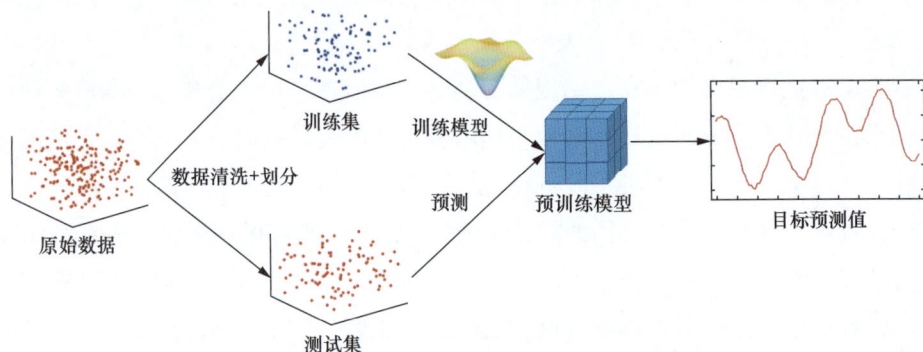

图 15-9　方案流程示意

数据清洗是为了减少数据收集阶段给数据本身带来的损坏或异常，从而保证后续模型能尽可能接近真实案例，从而进一步保证其预测的准确性。在选取杆塔特征并获得杆塔特征参数后，由于各个特征的数据分布范围均有所不同，因而需要对数据进行归一化处理，归一化方式如下：

设原始特征矩阵为 $\boldsymbol{A}$，其每一列为 A_j，则有

$$A_j' = \frac{A_j - \min\left(A_j\right)}{\max\left(A_j\right) - \min\left(A_j\right)} \tag{15-3}$$

得到的归一化特征矩阵为

$$\boldsymbol{A}' = \left\lceil A_1', A_2', \cdots, A_N' \right\rceil \tag{15-4}$$

此外，部分特征之间存在较高的相关系数，可以将相关系数高于某一阈值的特征舍弃从而将原始特征矩阵去冗余。相关系数为

$$\rho_{ij} = \frac{\mathrm{Cov}\left(A_i, A_j\right)}{\sqrt{D\left(A_i\right)D\left(A_j\right)}} = \frac{\sum_{k=1}^{m}\left(A_{ik} - \overline{A}_i\right)\left(A_{jk} - \overline{A}_j\right)}{\sqrt{\sum_{k=1}^{m}\left(A_{ik} - \overline{A}_i\right)^2}\sqrt{\sum_{k=1}^{m}\left(A_{jk} - \overline{A}_j\right)^2}} \tag{15-5}$$

其中，$\text{Cov}(A_i, A_j)$ 为 A_i 与 A_j 的协方差，即

$$\text{Cov}\left(A_i, A_j\right) = \frac{1}{m-1} \sum_{k=1}^{m} \left(A_{ik} - \overline{A}_i\right)\left(A_{jk} - \overline{A}_j\right) \tag{15-6}$$

其中，$\hat{X}$ 为 X 的样本均值。

$D(X)$ 为样本 X 的样本方差，即

$$D\left(A_i\right) = \frac{1}{m-1} \sum_{k=1}^{m} \left(A_{ik} - \overline{A}_i\right)^2 \tag{15-7}$$

$$D\left(A_j\right) = \frac{1}{m-1} \sum_{k=1}^{m} \left(A_{jk} - \overline{A}_j\right)^2 \tag{15-8}$$

去冗余的流程如图 15-10 所示，对于每一种特征，均遍历其他未筛选过的特征，计算两种特征之间的相关系数，对于相关系数绝对值较大的特征进行去重，从而得到最终的特征矩阵。

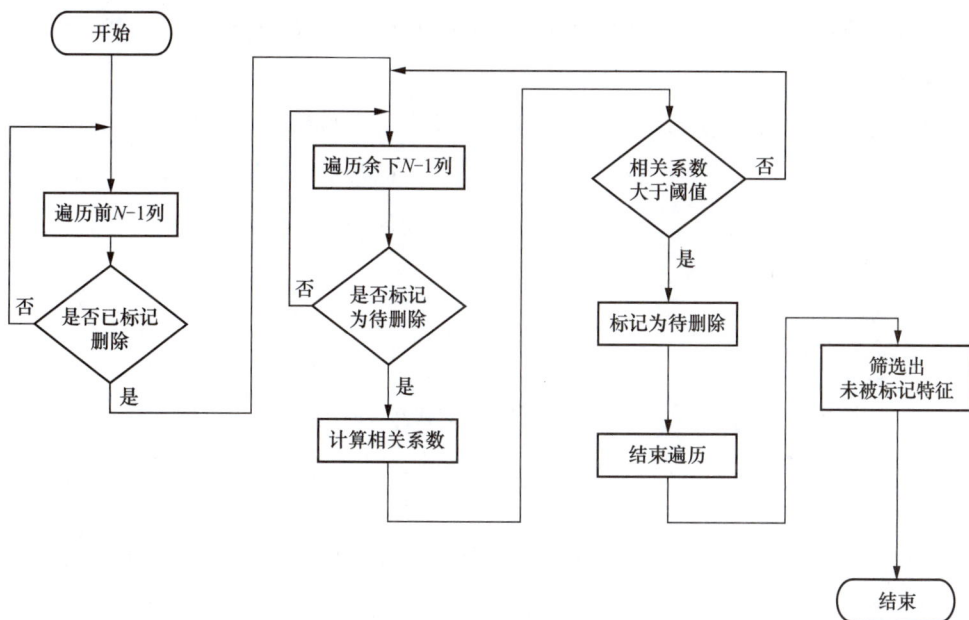

图 15-10　特征矩阵去冗余流程

完成数据的预处理后，需要对模型进行训练，模型训练阶段流程如下：

（1）多次随机选取样本作为训练集训练模型；

（2）利用（1）得到的模型对测试样本进行预测并计算评价指标；

（3）储存每次的模型及对应评价指标；

（4）挑选指标最佳的模型作为最终结果。

训练阶段流程如图 15-11 所示。

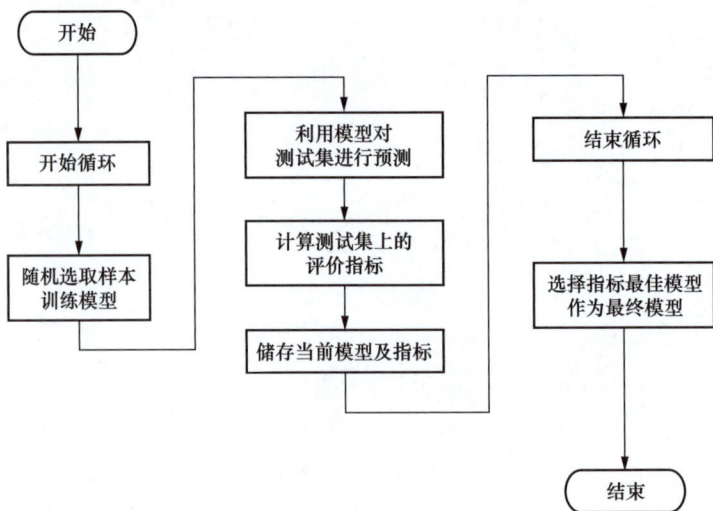

图 15-11 训练阶段流程

一旦模型训练完成，就可以向模型中输入线路和杆塔数据，通过模型对线路耐雷水平进行快速预测。

机器学习方法只需要已有的经验数据便可自动学习线路和杆塔数据与耐雷水平之间的映射关系，是解决耐雷水平预测的有效途径。不过，机器学习方法的性能与机器学习模型本身以及训练数据的规模和质量有很大关系，收集和提供高质量的训练数据是在进行解决耐雷水平预测问题过程中要重点考虑的问题。

第三节　基于激光点云的输电防雷技术开发

数字电网的建设对输电线路防雷的自动化和智能化提出了更高要求。为了实现自动化和智能化防雷，需要首先对输电线路和杆塔进行数字化建模，这一过程通常需要耗费大量人力、物力，显著降低了防雷分析的工作效率。一方面，现有的防雷分析程序多为单机软件，通常需要人工输入大量线路参数才能开展防雷性能评估，这给工作人员带来巨大的工作量；另一方面，由于大量现有输电线路的 CAD 设计文件未能得到妥善保存，防雷所需的关键参数无法通过程序自动获取，同样需要大量专业人员进行人工量测和录入。为了解决这一问题，研究人员尝试利用机载激光雷达获取输电线路的点云数据，再通过图像处理和人工智能算法从激光点云数据中自动化的提取线路和杆塔结构参数，进而实现输电线路的数字化建模，从而从根本上解决了传统建模方式效率低下的问题。

一、激光点云数据的获取

激光点云是由三维激光雷达设备扫描得到的空间点的数据集，每一个点云都包含了三维坐标和激光反射强度。激光雷达设备通过发射和接收激光信号，根据光速和飞行时间来测量目标物的距离，然后结合自身的运动信息和角度信息，计算出目标物的三维坐标。激光雷达设备可以按照一定的轨迹和频率进行扫描，从而获得大量的点云数据，形成对环境的三维重建。利用激光点云来进行目标和场景建模具有以下几个优势：

（1）精度高。激光点云可以反映目标物体的细节和形状，精度可以达到毫米级别。

（2）范围广。激光点云可以覆盖大面积的地形和建筑物，适用于多种场景和应用。

（3）速度快。激光点云可以在短时间内采集大量的数据，节省了传统测量的时间和成本。

（4）直观性强。激光点云可以呈现出真实的颜色和反射率，增强了数据的可视化和可分析性。

随着激光雷达技术的不断发展，激光点云已被广泛应用于建筑测量、三维建模、自动驾驶、遥感测绘等高新产业中，并发挥重要作用。在输电线路防雷分析领域，同样可以利用激光雷达设备获取输电线路的点云数据，并通过图像处理和人工智能算法对点云数据进行处理和分析，实现对线路和杆塔的全自动化建模，从而大大提高防雷分析的自动化和智能化水平。图 15-12 是一组通过机载激光雷达采集得到的某输电线路点云数据示例。

图 15-12　通过机载激光雷达采集得到的某输电线路点云数据

二、基于激光点云的输电防雷系统设计

基于激光点云的输电防雷系统的主要技术路线如图 15-13 所示。首先，需要对原始获取的激光点云数据进行去噪、分段、杆塔定位和语义分割等预处理。完成预处理之后的单杆塔点云数据将仅保留一个输电杆塔（含绝缘子串、跳线等）及其前后两侧的导线、地

线，而噪声点、地面点等与防雷分析无关的点云数据将被剔除。然后，需要对输电杆塔进行塔型识别，以便根据不同的塔型设计不同的参数提取算法。接下来，则是分别处理杆塔主体、绝缘子串、导线、地线等结构部件，提取防雷所需的关键结构参数。最后，这些关键结构参数连同其他电气参数、地理环境参数等一起被送入防雷分析模块，计算输电线路的耐雷水平、跳闸率等耐雷性能和风险等指标。

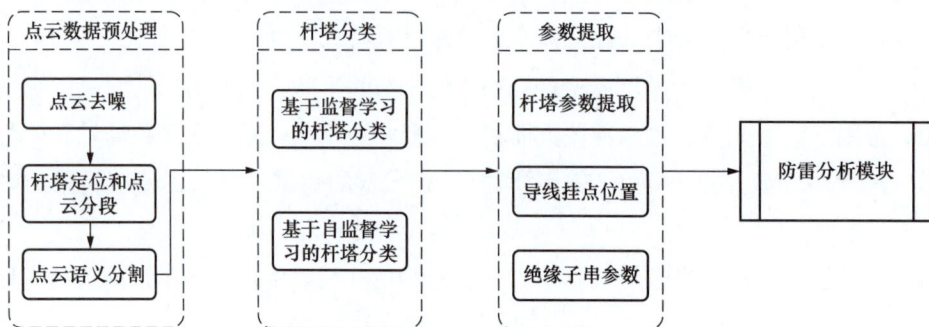

图 15-13　基于输电线路激光点云的参数提取流程

三、激光点云数据的预处理方法

1. 点云去噪

由于激光雷达扫描场景下噪点（飞鸟、沙尘、高大树木遮挡等）、硬件成像质量、抖动、光线等因素影响，原始的杆塔点云往往存在着大量噪声，极大地影响了点云质量，增大了后续点云处理的难度，因此需要对点云进行去噪处理。根据噪声的空间分布，可以将其分为三类：远离点云主体的噪声；距离点云主体较近的噪声；由于树木等遮挡、点云采集设备硬件缺陷等导致的点云数据缺失。其中，对于第一类噪声，通常可采用统计滤波、半径滤波、格网去噪和基于点密度去噪等算法进行去除。第二类噪声则可采用移动主成分分析 MRPCA 算法、基于偏微分方程的曲面逼近算法和双边滤波算法及其改进后的衍生算法等进行去除。而对于第三类噪声，基于数据先验的人工智能方法是一个有潜力的解决途径。

2. 点云分段和杆塔定位

激光雷达在单次电力巡线过程中扫描得到的线路长度往往在数十公里及以上，点云数据文件通常达到数 G 字节到数 T 字节。为了减轻内存压力和计算压力，一般需要首先对点云进行分段，以便于后续点云处理更加高效。

输电走廊点云通常沿电力线呈线性分布，每档点云结构相似，由两个杆塔及其之间的电力线点、地面点和植被点等组成。同时，导线在杆塔之间，呈连续分布，曲率平滑，而杆塔处为导线吊悬处，为导线曲率间断点。因此，可以基于杆塔位置对点云进行分段处理。输电杆塔的定位主要可以分为两种方式：一种是基于点云特征，如局部高程差、点云密度、形态学等，对杆塔进行定位；另一种则是先对输电线路点云进行语义分割，提取出只含杆塔的点云数据，然后采用机器学习方法，通过聚类提取出单个杆塔点云，从而实现输电杆塔的定位。常用的聚类方法主要有 DBSCAN、K 均值、层次聚类、双向聚类、近邻传播等方法。由于输电杆塔呈现单个杆塔内部点云密集、不同杆塔之间距离很大的特性，而 DBSCAN 算法无需指定类别数量，因而在杆塔分割和定位上表现优异。基于 DBSCAN 算法的输电杆塔定位效果如图 15-14 所示。

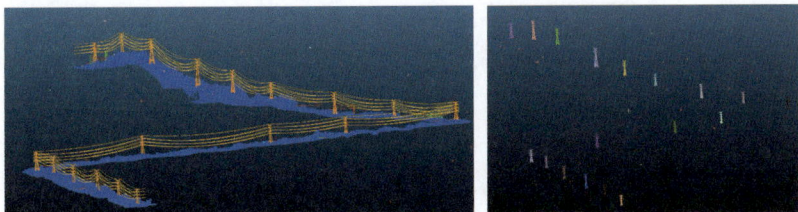

图 15-14　基于 DBSCAN 算法的输电杆塔定位效果图

3. 点云语义分割

输电走廊点云语义分割主要是分割出地面点植被点、建筑物点、电力线点和杆塔点等。当前点云语义分割方法可以概括为两种类型：基于传统方法的点云语义分割方法和基于深度学习的点云语义分割方法。

基于传统方法的点云语义分割方法通常首先采用滤波算法（如形态学滤波、渐进加密三角网滤波、布料模拟滤波和移动曲面滤波等）分离地面点和非地面点，再结合输电走廊分类要素的结构特征，在非地面点中分别提取电力线点和杆塔点等，然后利用线性特征检测来提取电力线，如霍夫变换（hough transform，HT）、随机采样一致性（random sample and consensus，RANSAC）线性拟合、基于体素的线检测方法等。

基于深度学习的点云语义分割方法主要分为三种技术路线：基于二维投影视图的深度模型；基于三维体素的深度模型；基于单点的深度模型。

受卷积神经网络（convolutional neural networks，CNN）模型在图像分割识别应用中的启发，研究人员提出了多视图卷积神经网络（multi-view convolutionalneural networks，MVCNN）模型，将点云进行多视角投影形成二维图像，再应用 CNN 提取图像特征并输入 CNN 模型获取语义分割结果。因为采用投影法会导致点云部分空间结构信息丢失，进而影响语义分割结果，为了保留点云更多的空间信息，研究人员又基于 3DCNN 和体素化点云提出了 VoxNet 模型。但此类方法也存在点云结构信息丢失、训练时间长等缺点。为了充分利用三维点云的结构信息，其他研究人员也提出了基于单点的深度模型，如 PointNet、PointNet++、PointCNN 等。与前两种深度学习模型相比，这些方法直接基于点云数据自身特征而无需预先转换的点云分类、语义分割模型，解决了点云稀疏性和刚性变换问题，取得了良好的分类效果。此外，DGCNN 在 PointNet 的基础上创造性地引入了动态图神经网络应用于点云分割和分类，并在特定数据集中取得了更好的性能。图 15-15 展示了 DGCNN 与 PointNet++ 在杆塔点云语义分割任务上的性能对比。可以看出，在相同的杆塔点云数据集上，基于 PointNet 的点云语义分割模型表现欠佳，而基于 DGCNN 的云语义分割模型的类平均准确度则达到 75% 以上，具备良好的点云分割性能。

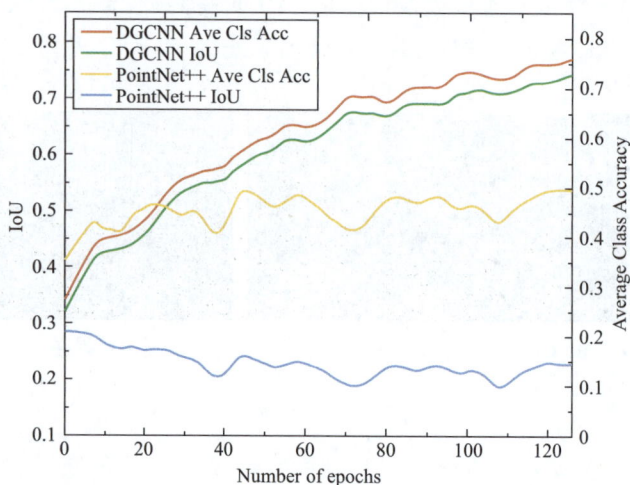

图 15-15　DGCNN 与 PointNet++ 在杆塔点云语义分割任务上的性能对比

图 15-16 展示了基于 DGCNN 的杆塔点云语义分割效果。从图中可以看出，杆塔、导线和地面点已经基本被分割出来，但是杆塔和导线连接处还存在部分误分的点，而地面点中，也有部分点被误分为杆塔类别。这些研究结果表明，现有的基于 DGCNN 的杆塔点云语义分割模型已经能够较好地实现对杆塔、导线和地面点的语义分割，但是在精准度等方面还有待进一步地研究和提高。

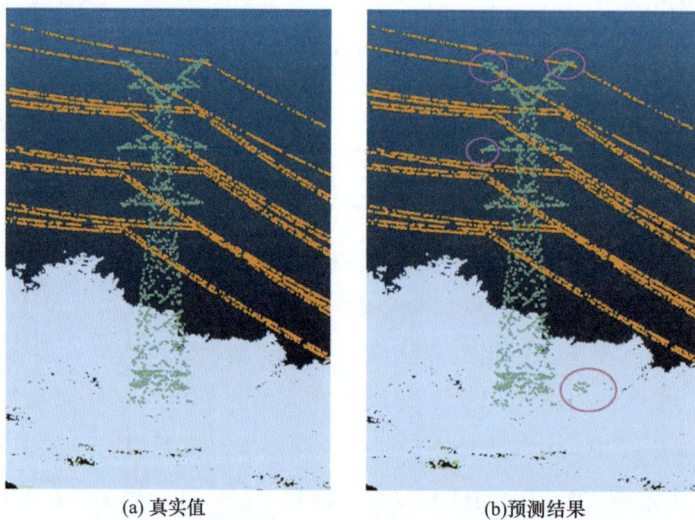

(a) 真实值　　　　　　(b)预测结果

图 15-16　基于 DGCNN 的杆塔点云语义分割结果

四、输电线路和杆塔的参数提取方法

为了对输电线路和杆塔进行防雷分析，需要获取输电线路和杆塔的多个关键结构参数，包括杆塔呼高、杆塔根开、弧垂、档距、导线及地线的挂点位置等。这些参数可以利用图像处理和人工智能算法从点云数据中进行自动化的分析和提取。这一参数提取过程主要可分为塔形分类、点云降维、参数提取、挂点位置提取、绝缘子串参数提取等五个步骤。

1. 塔形分类

输电线路的杆塔种类繁多、结构形式多样，杆塔几何形态特征、绝缘子串组合、导线挂点位置等均存在较大差异，难以采用一种通用的方法来对所有种类的杆塔点云进行关键参数的提取和分析。因此，首先需要设计一种杆塔类型识别算法，能够识别杆塔的种类，如干字塔、猫头塔、酒杯塔，然后才能对每种不同塔型的杆塔点云分别进行处理。

杆塔分类本质上是一个 3D 点云形状识别问题，而 3D 点云形状识别是三维数据分析的一个基本任务，旨在从三维点云数据中识别出不同的物体或场景的类别。受益于近年来深度学习技术的发展，2D 图像识别问题已经有了较为成熟的解决方案。但 3D 点云形状识别问题则不同，3D 点云作为一种新型的数据形式，具有稀疏、无序、不规则等特征，与 2D 图像数据存在显著的差异。特别是在数据标注方面，3D 点云数据的高维度和复杂性使得人工标注非常困难和耗时。因此，相比 2D 图像识别，3D 点云形状识别更具挑战性和研究价值，开发不依赖于大量标注的 3D 点云形状识别算法尤为关键。

为了降低 3D 点云识别算法的标注需求，跳出监督学习框架，研究人员提出采取新型的自监督学习范式来训练 3D 点云识别模型。这种自监督学习通过构建代理任务的方式，省去了人工标注的环节，自动化地从数据本身获得标注信息指导模型学习。通过这种无监督的方式预训练出的模型能够较好地迁移到各种下游任务上，大大减少了在下游任务中对标注数据的需求。

点云自监督学习框架主要通过掩码自编码器方案得到实现。如图 15-17 所示，点云掩码自编码器主要由点云掩蔽和嵌入模块以及一个自编码器组成。输入点云被分割成不规则的点块，这些点云块被施以高比例随机遮挡，以减少数据冗余。然后通过自编码器从未遮挡的点云块中学习高级潜在特征，旨在重建被遮挡点云块的坐标。其中自编码器的主干网络完全由标准 Transformer 块构建，并采用非对称编码器 - 解码器结构，编码器只处理未遮挡的点云，掩码标记交予后续解码器处理。轻量化的解码器将以编码器的输出和掩码标记作为输入，重建被遮挡的点云。

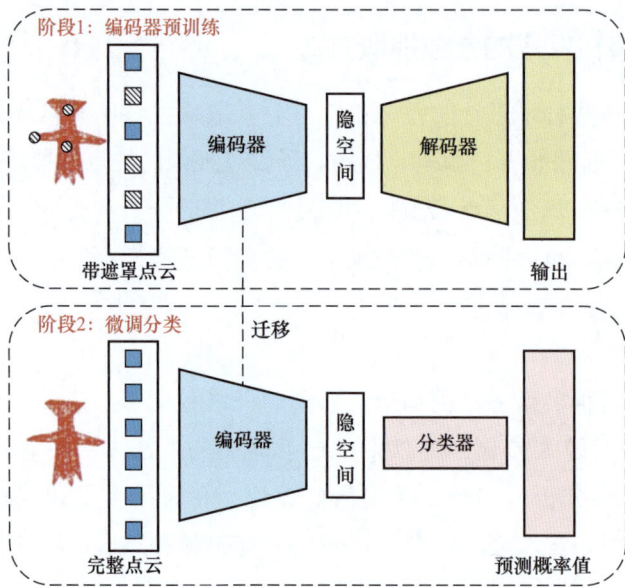

图 15-17　基于自监督学习的点云分类模型框架

2. 点云降维

要对杆塔和线路进行防雷分析，需要对单个杆塔，以对称轴为 y 轴，以横担方向为 x 轴建立直角坐标系。因此，首先需要知道单个杆塔的主视图方向和线路方向，另外，得到了杆塔的各视图方向，也有利于通过投影的方法，从二维的角度分析和计算输电杆塔的几何参数。

PCA 主成分分析算法是一种常用于数据降维和特征提取的数据分析方法。该算法的主要思想是：将高维向量从原始空间投影到一个低维的向量空间，这种转换可以通过一个特殊的特征向量矩阵实现。这种转换也能实现由转换结果重构原始高维向量。由于大部分输电杆塔往往具有一定的对称性，因此，可以先利用 PCA 算法找到输电杆塔的对称主轴，然后将三维点云投影到二维平面上进行降维处理，从而将三维点云转化为二维图像。

然而，直接采用 PCA 算法对杆塔点云进行降维，偶尔会出现角度偏差的问题，部分塔型的角度偏差甚至达到 30° 以上。因此，在进行降维时，需首先通过设定阈值的方式，将容易造成干扰的塔头部分和塔脚部分进行去除，减小干扰，然后再利用 PCA 算法获取处理后的点云主轴，然后应用于原始的杆塔点云，从而更好地实现了杆塔点云的降维处理。对比结果如图 15-18 所示，其中，图 15-18（a）为改进前的杆塔主视图投影图，可见杆塔主轴存在明显偏差，主要原因可能是其塔脚明显的不对称性。图 15-18（b）为去除塔脚之后的结果图，杆塔主轴的计算准确度得到了大幅提升。

此外，在使用 PCA 算法进行降维的过程中，还需注意杆塔朝向问题。一般情况下，前后相邻两级杆塔之间的旋转角 $\Delta\theta$ 属于 $[-\pi/2, \pi/2]$，因此，可结合前后两基杆塔的偏角，确定杆塔的朝向，避免出现投影之后，左右方向相反的问题。

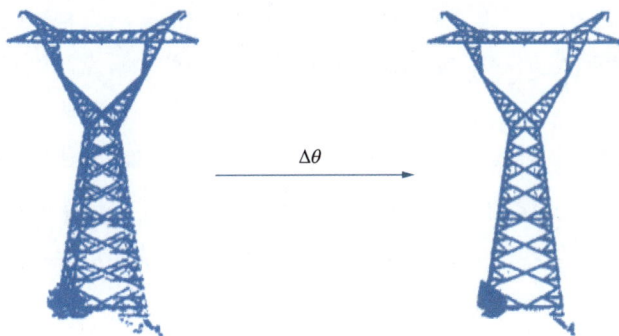

(a) 改进前　　　　　　　　　　　　　　(b) 改进后

图 15-18　改进前后的杆塔主视图投影对比

3. 参数提取

完成杆塔降维之后，即可以在杆塔二维视图上对输电杆塔进行参数提取。以酒杯塔为例，横担是酒杯塔宽度最大的位置，因此可以首先确定杆塔横担位置，然后以横担位置为 x 轴，以杆塔对称轴为 y 轴，建立直角坐标系。直角坐标系将整个空间划分为四个象限，p_1、p_2、p_3、p_4 分别为四个象限离原点最远点，可根据城区距离找出。其中，由于塔脚位置往往会由于遮挡等问题采集不全，需要根据杆塔对称性，对结果进行调整。如图 15-19（a）所示，由于附近点云遮挡严重，位置不准确，因此用对称点代替。其他复杂塔型总体可以采取相似的步骤，但是由于结构更多，如多回路的干字塔，类似横担的结构较多。处理这类杆塔，可以通过图像中的边缘检测算法，提取轮廓边缘。然后采用直线拟合算法，拟合各段直线，通过寻找斜率为 0 或接近 0 的直线，找到横担结构位置，从而提取关键参数。

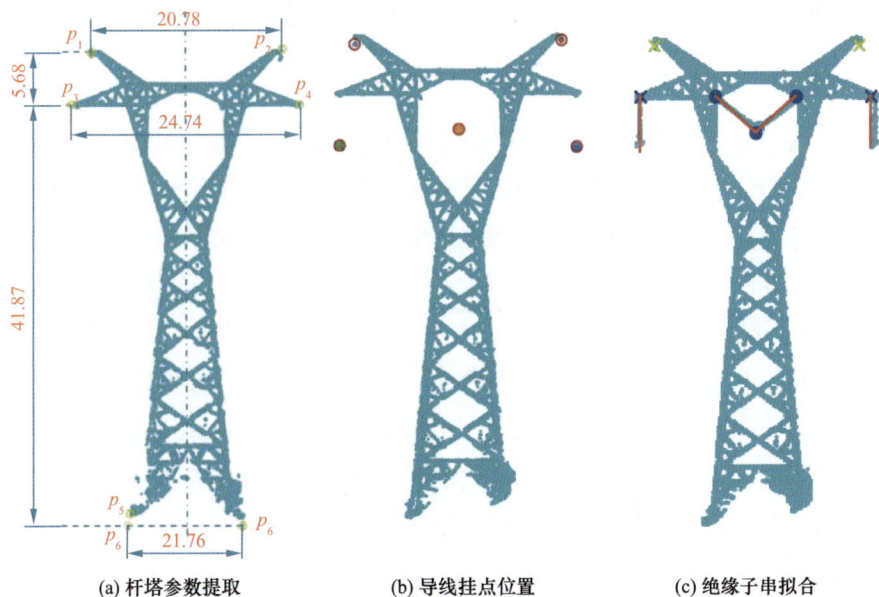

(a) 杆塔参数提取　　　　　　(b) 导线挂点位置　　　　　　(c) 绝缘子串拟合

图 15-19　基于点云的输电杆塔进行参数提取和拟合

4. 导线挂点位置提取

导线挂点位置同时也是导线在杆塔附近的曲率变化的间断点，因此可以通过分析杆塔附近的导线，确定导线挂点位置。以典型的单回酒杯塔为例，首先以横担为 x 轴，过重心的铅直线为 y 轴，建立坐标系。然后以坐标系中点为中心，截取前后一段范围内的导线点云，然后对这簇导线点云使用 DBSCAN 算法进行聚类分析，从而分离出每一根导线对应的点云数据。此时地线和两侧导线分别分布在四个象限，从而可以根据每根导线点云的坐标位置，标记出不同导线点云对应的相位。

空间三维曲线可以看作两个平面二维曲线的组合，要拟合一段空间三维曲线，可以首先将该曲线分别投影到两个垂直的平面上，分别拟合投影得到的曲线。这两个曲线对应到三维空间中即为两个相交的曲面，相交的曲线即目标的三维曲线。考虑到一般情况下，导线整体在同一个平面内，而在与该平面垂直的分量较少。因此可以将步骤进一步简化，即首先拟合出导线所在的平面，然后将导线点云均投影到该平面上，然后进行曲线拟合。通过分析导线的曲率变化，即可得到导线的间断点，亦即所求的挂点位置，示例如图 15-19（b）所示。

5. 绝缘子串参数提取

绝缘子串按几何形态主要可分为"I"型串、"V"型串和"L"型串三类，几何结果相对简单。对于"I"型串，主要需要提取绝缘子串长度、挂点位置；而"V"型串还需提取两臂长度和夹角；"L"型串则需进一步提取两臂挂点的高度差。因此，需对单个绝缘子串进行类型识别，以分类提取所需参数，示例如图 15-19（c）所示。

通过以上五个关键步骤，便可从点云数据中以完全自动化的方式提取防雷分析所需的各个关键结构参数。图 15-20 是综合这些所有方法之后得到的杆塔关键参数提取结果。

五、基于激光点云的防雷性能分析

除了输电线路和杆塔的关键结构参数外，要对输电线路进行全面的防雷分析，还需要输电线路和杆塔的环境参数和电气参数。其中环境参数可以通过 GIS 获得，电气参数则可以通过生产管理系统获得。一旦获得了所有这些数据，就可以利用多种成熟方法对输电线路进行防雷分析。图 15-21 是基于激光点云的防雷分析系统的功能框图。

当需要对输电线路进行防雷分析时，首先通过其线路的基础信息，从 GIS 数据库中提取其海拔数据，并进而分析得到倾角和地形信息；然后从台账数据库中提取杆塔的接地电阻、土壤电阻率等数据，最后利用上文介绍的方法对点云数据进行处理和分析，提取根开、呼高、弧垂、挂点高度等结构信息。这些信息被送入防雷计算和分析模块，计算输电线路的耐雷水平和跳闸率等关键指标。利用这一技术，便可实现对杆塔和线路的自动化建模和智能化防雷分析，从而大大提高防雷分析的效率和自动化水平。

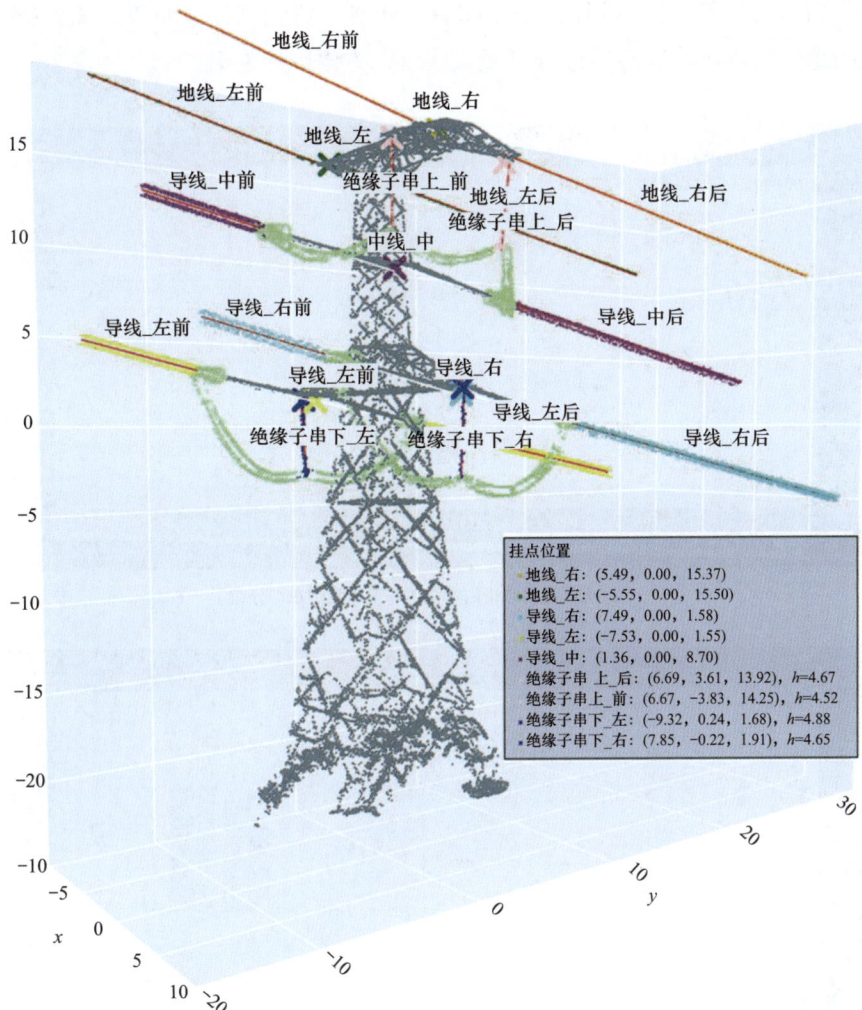

图 15-20　杆塔关键结构参数自动化提取效果图

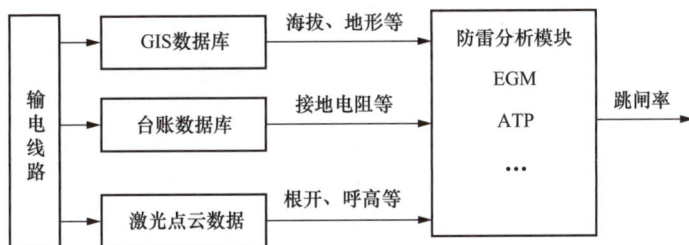

图 15-21　基于激光点云的防雷性能分析系统

　　某电网公司于 2023 年成功开发上线了一款基于输电线路激光点云数据的防雷分析系统，系统主要界面如图 15-22 所示。该系统支持输电线路选取、防雷分析关键参数配置、点云参数提取、基于点云参数的防雷计算分析等功能。当线路计算分析完成后，点云参数提取和防雷计算分析的结果会以表格形式展示在前端界面，并支持用户将计算结果导出为

Excel 结果文件。此外，该系统还支持以图表形式对一些关键计算结果，如保护角、耐雷水平、跳闸率、雷击风险等级等进行可视化展示，方便用户使用。

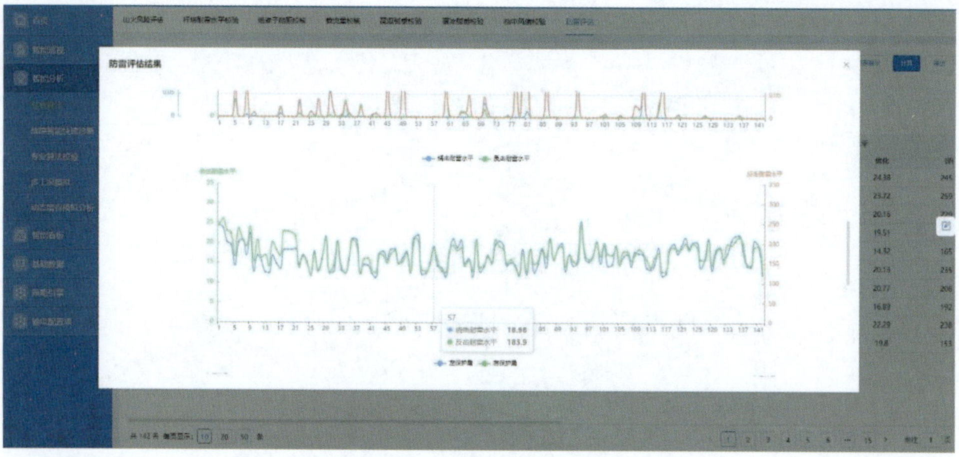

（a）全线逐塔绕击耐雷水平和反击耐雷水平分布

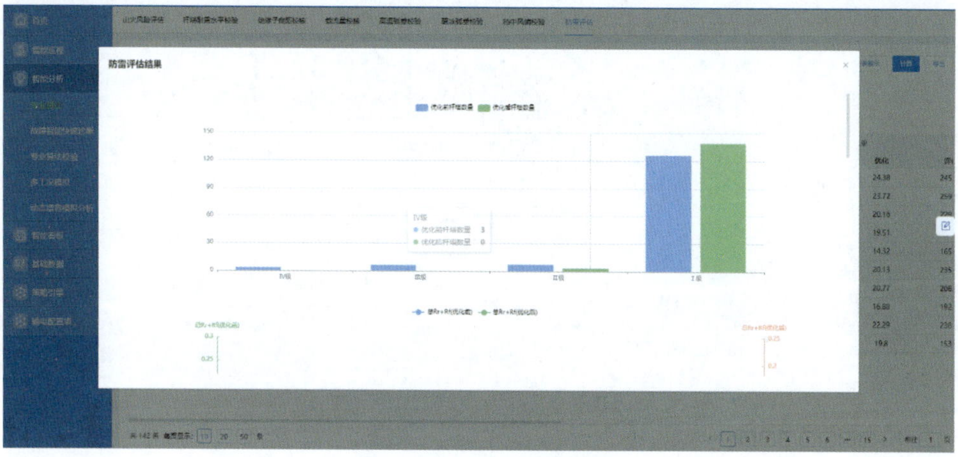

（b）全线不同雷击风险等级杆塔数量

图 15-22　基于激光点云的防雷性能分析软件界面

第十六章

电网防雷新材料及装置

第一节 新型接地材料

电力系统接地网一般采用扁钢、锌包钢、铜包钢、铜等金属材料。除了价格较为昂贵的铜接地材料耐腐蚀性能较好之外，一般金属接地网容易遭受土壤的腐蚀，而土壤腐蚀问题作为金属接地体难以避免的自然破坏因素，一直是电力系统接地领域的瓶颈问题。电力接地网常用的镀锌钢、低碳钢材料在运行 3～5 年后部分接地金属已经发生严重的表面腐蚀，8～10 年碳钢腐蚀量可达 1/3 甚至更多，局部点腐蚀发展成面腐蚀直至结构断裂。

在土壤电阻率较高区域，一些施工单位采用降阻剂、降阻模块等辅助降阻材料进行接地降阻，而绝大部分辅助降阻材料对金属接地体都具有腐蚀作用。一些新涌现的铜镀层、导电胶等措施也存在涂层易损坏、局部点腐蚀加剧和施工修复困难的问题。常见杆塔金属接地网的腐蚀情况如图 16-1 所示。

图 16-1　常见杆塔金属接地网的腐蚀情况

考虑到传统金属接地材料的上述局限性，目前行业内尝试利用一种非金属材料——柔性石墨复合材料，以突破现有技术瓶颈，提升接地装置性能。

柔性石墨复合接地材料的主体为石墨、有机或无机纤维、粘合剂等原材料。将鳞片石墨通过酸化、膨化等预处理得到膨胀石墨，将膨胀石墨和浸渍过粘合剂的一种或者多种化学纤维辊压成复合石墨带。将复合石墨带进行单向捻制构成单根石墨线。采用若干根石墨线构成内层芯线与外层编织线进行编织，最终制备成实心或者扩径柔性石墨复合接地材料。

构成石墨复合接地材料的原材料的理化特性直接决定着最终复合材料的特性。原材料的选择应以在保证其柔性可弯曲的前提下，尽可能地提高石墨复合接地材料的导电性能、力学性能并控制制造成本为原则。柔性石墨复合接地材料采用加强纤维作为骨架，以高纯膨胀石墨作为主体，辅以粘合剂包覆后进行压制，通过多次编织成型，最终得到高密度、高导电性的柔性石墨复合接地体。可以将该柔性石墨复合接地体进行形象比喻成人体结构：加强纤维构成人体骨骼，起到支撑接地体、增强接地体力学性能的作用；膨胀石墨构成人体的肌肉组织，是整个复合接地体的主体结构，起到主要的导电作用；粘合剂作为"血液"连接纤维及膨胀石墨，加强两者之间的结合，提高致密性及力学结构性能。柔性石墨复合接地材料在原材料选型与配比上应遵循以下要求：

首先，优良导电性、柔性易成型以及低原料成本是选择石墨原材料的首要条件。石墨纯度越高，其导电性能越好。石墨是构成石墨复合接地材料的主要原材料，为保证鳞片石墨具有较好的导电率，选用的高纯鳞片石墨含碳量为95%，但由于鳞片石墨表面比较光滑，直接使用高纯度的鳞片石墨原料进行辊压成型仍有困难，需要对石墨进行氧化及膨化处理，得到易于成型的膨胀石墨后再进行下一步的压制成型。膨胀石墨在膨化过程中形成的独特的蠕虫状孔隙使其具有较大的比表面积，施加轻微压力即可成型，可塑性良好，可以满足石墨复合接地材料的压制成型条件。柔性石墨复合接地材料的制备和产品如图 16-2 所示。

其次，玻璃纤维是一种性能优异的无机非金属材料。玻璃纤维作为接地复合材料的优点是耐热性强、抗腐蚀性好、不易老化、抗拉强度较高、耐热性好（一般温度 380℃ 以下玻璃纤维强度稳定）、原料成本低。但缺点是耐磨性较差，因此在玻璃纤维的物理与化学特性基础上利用合成纤维组成加强式组合纤维结构，以提高复合接地体的整体力学性能。

(a) 石墨线材的制备过程

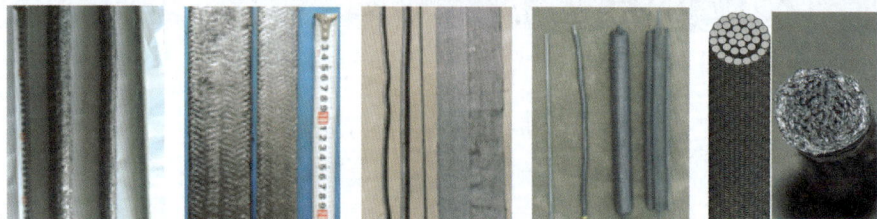

(b) 不同外观和形状的柔性石墨复合接地材料

图 16-2　柔性石墨复合接地材料的制备和产品图 ❶

2014 年，我国首次研制成功柔性石墨复合接地材料，并涌现出一系列的缆状、带状、面状等多种形状的柔性石墨复合接地材料。

---

❶　柔性石墨接地绳于 2014 年研制成功，在电力杆塔接地工程中应用广泛，详见文献［207］。

一、石墨基柔性非金属接地材料技术特点

相比于传统金属接地材料，石墨基柔性非金属接地材料的具有以下特点：

（1）石墨是导电性良好的非金属材料，具有 $10^{-5}\Omega\cdot m$ 级别的电阻率，作为构成石墨复合接地材料的最主要的原料成分，保证了复合材料有较好的导电性。

（2）石墨复合接地材料具有可靠的抗腐蚀性能，这是由其组分构成所决定的，石墨在常温下化学性质稳定，不受任何强酸、强碱及有机溶剂的侵蚀。

（3）新型接地材料与土壤贴合度高。当土壤受含水量、土壤温度的改变以及外力的作用而发生形态上的改变时，柔性复合接地体承受相近的形变，减小接地体与土壤之间的空气间隙，保证两者有效地贴合，减小接地体与土壤内空气间隙对接地电阻的影响。

（4）柔性石墨复合接地材料在运输与施工上更为方便、灵活。柔性石墨复合接地材料比重较轻，便于运输。可根据地形特点灵活布置现场施工，降低施工难度和施工成本。

（5）连接方便，可采用专用的非金属接续件快速压接，避免金属接地材料的焊接以及焊点的复杂防腐处理过程。

（6）柔性石墨接地体由于其特定的使用用途，二次利用价值较小，可以有效地预防输电线路杆塔接地体偷盗及人为破坏问题。

（7）广泛充足的原材料供应使得柔性石墨复合接地体的原材料成本可控，且生产工艺简单，适合批量生产，目前常见的直径 $\phi 28mm$ 的缆状石墨接地材料已经与镀锌扁钢的成本接近，这使得新型非金属接地材料全面替代传统金属接地材料成为可能。

接地材料的电阻率与磁导率是影响接地电阻的主要电磁参数。当忽略接地网电容效应的影响时，影响接地阻抗幅值的因素包括接地网的电感效应和冲击火花放电效应。相对于石墨复合接地材料，钢材质接地材料作为顺磁材料，其磁导率很大。接地材料磁导率的增大，不仅使接地阻抗的阻性分量因趋肤效应而增大，而且使感抗值也相应增大，从而抑制了电流向接地体远端的散流。相对磁导率越大，在邻近效应作用下接地体之间的屏蔽效应越强，从而使接地装置不同导体段上的电流越不均匀，相邻导体段之间存在较大的互阻抗，进而影响接地阻抗值。以 220kV 杆塔典型接地网方框加边角射线（FK10/10m）为例，石墨复合接地材料与金属接地材料在不同频率作用下的工频和冲击接地电阻对比情况如图 16-3 所示。虽然石墨复合接地材料工频接地电阻略高于圆钢接地材料，但在高频电流作用下，因为石墨复合接地材料较低的趋肤效应与电感效应，使得其冲击接地电阻小于圆钢。

二、新型接地材料的测试与应用

石墨复合接地材料的材料参数测试是实际工程应用的前提。杆塔接地网在泄放雷电流或短路故障电流时，由于冲击电流幅值在几十甚至上百千安。短时间内冲击电流散发的热量除一部分通过土壤散热外，其他热量全部作用于接地体，使得接地体温度急剧升高。当接地体温度超过一定值并在土壤中自然冷却后，接地体机械特性会受到影响。同时，接地体连接点机械特性相对薄弱，相对于接地体本体更容易受冲击电流影响。因此，石墨复合接地材料及接续件的冲击耐受水平是评价其实际应用的重要指标，一般要求柔性石墨复合接地材料的 2.6/50μs 雷电冲击耐受幅值不小于 50kA，工频短路电流耐受幅值不小于 2kA。

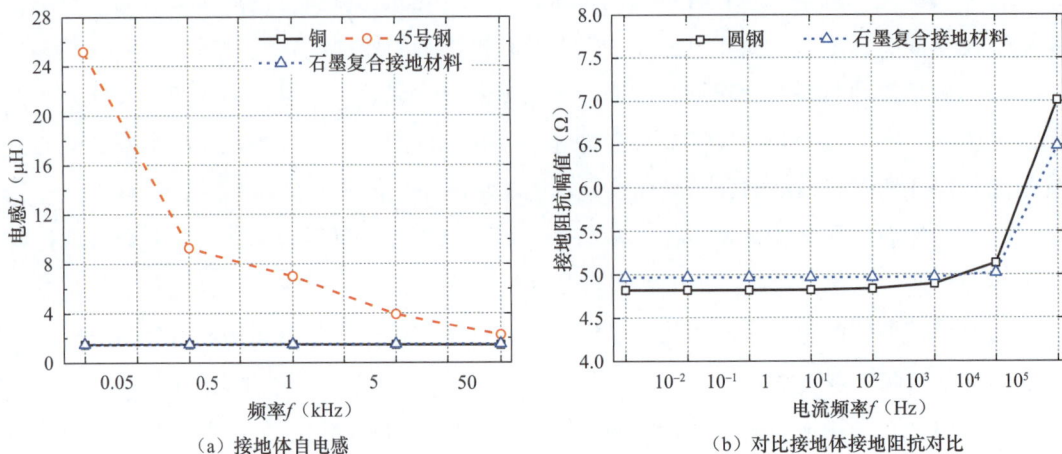

(a) 接地体自电感

(b) 对比接地体接地阻抗对比

图 16-3　典型接地材料的接地特性对比

　　石墨复合接地体的连接方式以及与接续件的结构稳定性测量是实际工程中重点关注的问题。高频雷电流及工频电流幅值大，短时间内释放的热能要求石墨复合接地材料具有较好的动、热稳定性，因此开展雷电流冲击及工频短路电流作用下的石墨复合接地体耐受试验尤为必要。由于金属接续件与柔性石墨接地材料的热膨胀系数不同，当环境温度上升或降低时，采用压接方式连接的接续件与接地体的连接强度是否会受到影响，这也是实际工程中面临的问题，工程一般要求石墨复合接地材料的高低温耐受范围为 −40～+200℃。此外，石墨复合接地材料在实际使用中往往面临着弯曲、扭转以及拉力作用，接续件在外力作用下的连接强度也是实际工程需要关注的问题，因此开展石墨复合接地材料的力学特性试验尤为必要，一般要求石墨复合接地材料的最小抗拉强度不小于 2kN，以保证新型非金属接地材料的可靠应用。柔性石墨复合接地材料的引下线与连接如图 16-4 所示。

图 16-4　柔性石墨复合接地材料的引下线与连接

第二节　新型避雷器电阻片材料

随着输电电压等级的不断提高，电气设备对过电压的防护提出了更高的要求，推动了避雷器的发展。如图 16-5 所示，避雷器从最初的 20 世纪初单一的保护间隙，经过管型避雷器、阀型避雷器的阶段，保护性能不断得到稳步提升，现如今已进入金属氧化物避雷器时代。目前，对于避雷器的性能要求越来越高，不仅要求安全应用于特高压交直流线路，更希望其更加小型化、轻量化和 GIS 罐式化。氧化锌电阻片具有高电位梯度、高能量吸收能力、低残压、交直流通用等特点，并因其优异的非线性特性已成为避雷器电阻片主流材料。

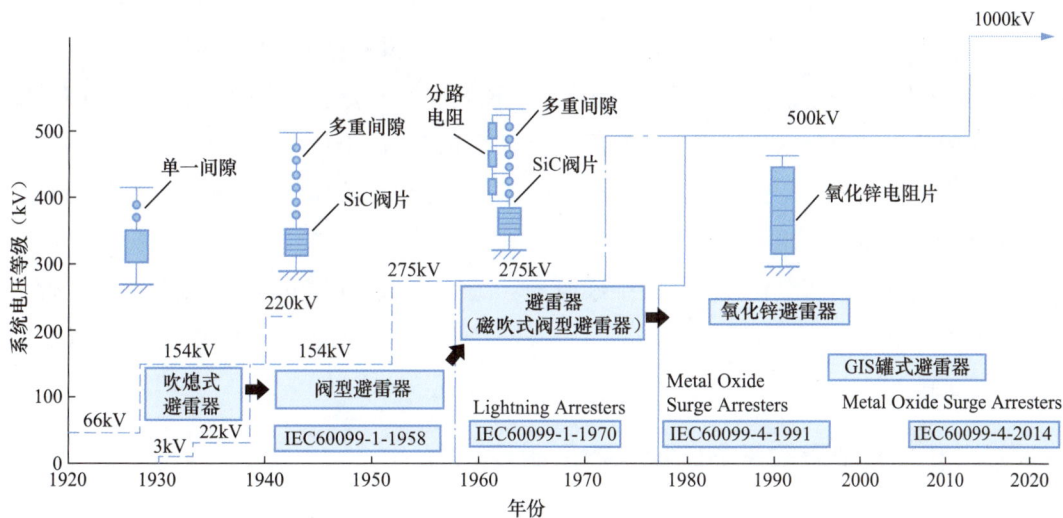

图 16-5　避雷器的发展历程

一、交流新型避雷器电阻片的电位梯度

对于氧化锌电阻片，提高电位梯度，将更加有利于避雷器的小型化与轻型化。氧化锌电阻片的电位梯度与显微结构的关系式为

$$E_{1mA}=U_{gb}N_g \tag{16-1}$$

式中：E_{1mA} 为电位梯度；U_{gb} 为单个晶界的击穿电压；N_g 为单位厚度的晶界数。

由式（16-1）可知，电位梯度与晶界击穿电压和单位厚度的晶界数成正比，因此，可以通过提升晶界的击穿电压和单位厚度的晶界数两方面提高电位梯度。如图 16-6 所示，目前由试验证明可以缩小晶粒尺寸的有效措施是在氧化锌电阻片中掺杂一定的稀土元素来抑制晶粒的生长，使得电阻片的电位梯度升高。

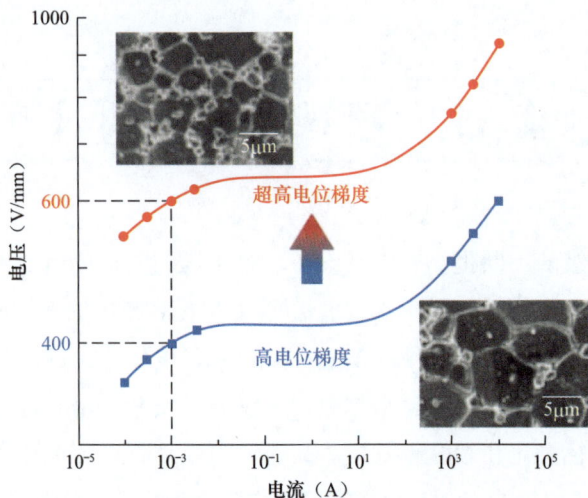

图 16-6　电位梯度提升对比 ❶

在电阻片的配方中增加抑制晶粒生长的 Sb_2O_3 和 SiO_2 的量，减少促进晶粒生长的 Bi_2O_3 的量，有助于提高电阻片的电位梯度。这种处理方式会使得电阻片出现"软心"现象，即电阻片内部电位梯度远远低于表层。而随着电阻片的电位梯度提高，对其结构的均匀性提出了更高的要求。因此在工艺上，可以直接采用纳米粉体作为原料，同时利用热处理的方式消除软心现象。

除以上措施外，在氧化锌电阻片中添加 2%（质量分数） $Bi_3Zn_2Sb_3O_{14}$ 可以有效地抑制氧化锌晶粒生长，且可以减小晶粒粒径，提高击穿电压，与无添加样品相比可以使 U_{gb} 由 1.58V 增加到 1.98V。

二、交流新型避雷器电阻片的能量耐受能力

提高电阻片晶粒尺寸的均匀程度、减小氧化锌晶粒的平均尺寸可以显著降低陶瓷内部的温度差异和热应力，从而提高电阻片的冲击能量吸收能力。提高电阻片的通流容量的方法主要有 3 种：一是提高电阻片化学成分和微观结构的均匀性；二是优化电极结构；三是在配方中添加热缓冲材料。

方法一：提高电阻片化学成分和微观结构的均匀性。任何不均匀性都会导致压敏电阻性能的降低。均匀性对于氧化锌电阻片的能量吸收能力具有重要意义，晶粒尺寸分布均匀的压敏电阻具有更高的能量吸收能力。通过优化原料成分比率、使原料粉碎、混合过程中的原料分散均匀并减小颗粒尺寸来实现压敏陶瓷的晶粒变小和晶体结构均匀。均匀的精细结构有助于提升微观电流分布均匀性，从而抑制局部电流集中和热应力，提高电阻片的能量耐受能力和热稳定性。

提高电阻片化学成分的均匀性也可通过以下方法实现：配方上 Bi_2O_3 的量不宜过多，

---

❶　日本东芝公司在电阻片电位梯度方面的研究，推动了技术改进和提升。

避免三晶界交界处过剩的 Bi_2O_3 出现，并控制 Bi_2O_3 与 Sb_2O_3 的比例在一个合适的水平。烧结中 Bi_2O_3 的挥发可造成电阻片压敏电阻化学成分的不均匀性，使其能量耐受能力降低，因此要密封烧结或降低烧结温度以防止烧结中的氧化铋挥发。试验证明，如果压敏陶瓷中尖晶石晶粒粒径小且分布均匀，可以控制氧化锌晶粒的均匀生长。压敏陶瓷的不均匀微观结构与尖晶石晶粒的异常生长密切相关，因此要控制 Sb_2O_3 的添加量在一个合适的水平。

方法二：优化电极结构。通过控制电极边缘的电场强度，可以将直径为 76mm 的电阻片所需的相同操作冲击电流施加到直径为 60mm 的电阻片上。电极结构的改善可采用全端面电极，抑制了端面电流集中和边缘尖端放电的发生。使用等离子喷铝代替目前的电弧喷铝，可使铝电极层的致密性高及厚度均匀可控，不会在铝电极层和电阻片之间形成空气界面，从根本上解决了电极与瓷本体结合不牢固的问题，提高了电阻片的能量耐受能力。采用物理气相沉积（PVD）铝电极也可提高其结合强度和电阻片的能量耐受能力。

方法三：在配方中添加热缓冲材料。对于急剧受热或冷却的陶瓷材料，其第一热应力断裂抵抗因子 R 计算公式如下

$$R = \sigma_f(1-\mu) / \alpha E \tag{16-2}$$

式中：σ_f 为断裂强度；μ 为泊松比；α 为热膨胀系数；E 为弹性模量。

因此，可在氧化锌电阻片的配方中添加第一热应力断裂抵抗因子 R 较大的氧化物材料，如 ZrO_2，来提高电阻片的热稳定性，进而提高其通流容量。研究证明，在氧化锌电阻片的配方中添加 0.5%（质量分数）的 ZrO_2 可使电阻片的能量耐受能力提高 50%。添加的热缓冲材料主要分散在氧化锌电阻片的晶界中，由于热缓冲材料的热膨胀系数低，因此电阻片的主要成分氧化锌在受到热冲击体积膨胀时，则可以缓和晶界处的机械应力，从而使电阻片免受由热应力引起的破裂。但是需要注意，ZrO_2 掺杂会降低氧空位的缺陷浓度，而锌间隙的缺陷浓度会增加，稳定性较差的本征锌间隙是耗尽层中肖特基势垒恶化的原因，从而导致电阻片的长期稳定性差。

三、交流新型避雷器电阻片的保护水平

根据氧化锌电阻片的特性，降低电阻片残压的方法最主要的是添加 Al^{3+}、Ga^{3+} 和 In^{3+} 等三价离子来降低晶粒在大电流区的电阻率，从而降低氧化锌电阻片的残压。其次还可以提高电阻片化学成分和微观结构的均匀性；或者通过降低晶界上的击穿电压来降低残压。

一般来说通过 Ga^{3+} 离子掺杂提高势垒高度，可以抑制泄漏电流，提高电阻片的长期工作稳定性。Ga^{3+} 离子使得电阻片的伏安特性曲线右移，提高了电阻片泄放电荷的能力。Al^{3+} 离子的掺杂增强了非线性，但降低了稳定性。相反，Ag^+ 离子的掺杂减弱了非线性，但是改善了老化性能。不同 Al^{3+} 掺杂量的 MOA 的 I-U 曲线，如图 16-7 所示。

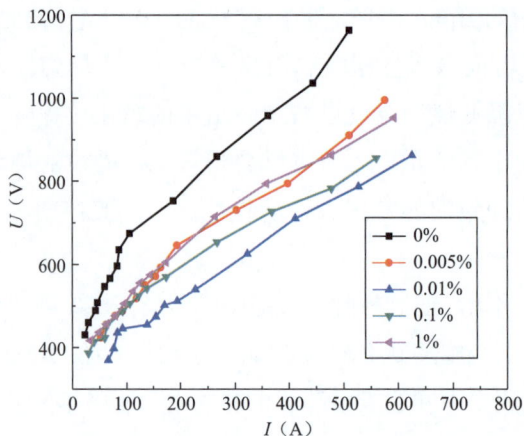

图 16-7　不同 Al^{3+} 掺杂量的 MOAI-U 曲线 ❶

晶界击穿电压所引起的残压占总残压的 90% 左右，因此降低残压应主要考虑降低晶界上的击穿电压。通过使用掺杂方法调节本征缺陷的浓度来控制晶界势垒，可以降低通过晶界上的残压，进而降低电阻片的残压比。

四、直流避雷器电阻片

高压直流避雷器是高压直流绝缘配合的关键设备，直流氧化锌电阻片是高压直流避雷器的核心部件，直流电压下电阻片的导电机理与交流电压下完全不同。由于持续运行电压波形的改变，传统的交流氧化锌电阻片在直流电压作用下很快就会老化、热崩溃，无法满足直流输电对电阻片老化性能的要求。也就是说，与交流电阻片相比，直流电阻片需要更好的老化性能。某输电线路实际安装的直流避雷器如图 16-8 所示。

图 16-8　加装避雷器的 ±800kV 直流输电线路图

电阻片的老化性能取决于其材料配方和生产工艺。NiO 是提高电阻片老化特性的有效

---

❶　2016 年，西安交通大学试验研究发现铝掺杂含量影响氧化锌压敏陶瓷电性能，详见文献［210］。

成分。目前，国内直流氧化锌电阻片的制造主要采用 R、M 和 D 配方。工艺上提高电阻片的热处理温度，使氧化锌压敏陶瓷中的 β 相氧化铋（Bi_2O_3）转化成更多的 γ 相氧化铋，阻止氧离子向外扩散，提高电阻片的耐老化特性。其中 R 配方直流电阻片的制造主要采用日本专利特开昭 56-142601 介绍的技术，即在现有电阻片烧结后，将烧结后的电阻片两端面磨片，用去离子水清洗后，在电阻片两端面涂氧化铋浆，而后需要在 900℃ 以上温度进行热处理。这种技术由于增加了涂铋及随后的热处理工序，制造工艺较为复杂。

直流电压作用下，氧化锌电阻片老化过程中存在锌离子和铋阳离子的迁移，其老化主要是由离子迁移的耗尽层引起的肖特基势垒高度的不对称降低。因此，在施加直流电压时，氧化锌电阻片的老化是不对称的，可以通过优化热处理来防止漏电流的增加。

综上，直流电阻片需要比交流电阻片具有更好的老化性能。降低填隙锌离子浓度，工艺上提高电阻片的热处理温度，使氧化锌压敏陶瓷中生成更多的 γ 相氧化铋，以阻止氧离子向外扩散，有利于提高直流电阻片的耐老化特性。

第三节　基于引雷塔的区域防雷技术

一、引雷塔与雷电流参数测量

引雷塔是一种专门设计的用来吸引雷电的装置，其目的是将雷电引导到地面，从而减少雷电对周边设备或结构的损害。引雷塔通常包括一个高导电率的金属塔身，顶部安装有避雷针或其他类型的引流装置，并且有一个良好的接地系统。它们的设计和布局旨在优化雷电的引导效果，减轻雷电冲击，并最大限度地减少潜在的副作用，如电磁干扰等影响。考虑到雷电流是雷电活动的直接产物，引雷塔的设计必须能够承受高强度的雷电流冲击，并将电流有效地导向地面，以防止电流对周围环境造成破坏。因此，引雷塔必须具备足够的电气强度和热稳定性，以应对可能的雷电流冲击。

雷电流参数一直是架空输电线路和大型电力设备防雷设计的基础参数，长期以来，国内外电网防雷技术整体水平进展缓慢，其中主要原因是缺乏雷电流等基础实测参数。而随着测量和传感技术日益发达，引雷塔的应用为获取国内外电网防雷中都十分珍贵的雷电流等基础参数提供了一个非常好的平台。通过引雷塔系统性地进行雷电测量具有十分显著的优势，也将对我国电网防雷技术水平的提升起到强有力的推动作用。

二、引雷塔的工作原理

引雷塔的工作原理基于电场和电流的物理原理。当雷云接近地面时，它会感应到建筑物上的电荷，并试图找到一个释放点。这时，接闪器作为最突出的物体，往往会被电击中。一旦接闪器被击中，雷电就会沿着引下线迅速流向地面，并通过接地装置释放到大地中，从而避免了对建筑物和人员的伤害。引雷塔主要利用"引雷而消雷"的原理，与避雷针具有相同理论，在强雷电形成之前就先引导一部分雷云电流通过本消雷装置进入大地散走，从而使雷电强度减弱或不发生雷击。只是引雷塔的塔身设计一般比普通铁塔高，可防雷的保护区域更大。

以某地区所使用的引雷塔为例，其设计使用的"引雷塔"（引雷装置），单杆高达44～46m（视具体地形而定），杆身采用加拿大 RS 公司生产的复合材料制成（风速按35m/s，经计算杆身承受的风压为2.5T，要求安全系数不小于2，则要求考虑杆身应能承受的风压为5T，力矩为100T·m），免维护寿命可达80年，顶部安装有大型专用避雷针（顶部采用螺栓连接），其下以扁铜导线焊接于导电混凝土基础上，以减免雷电反击效应。根据国外建筑行业的经验，接地基础制作成导电式的，导电混凝土基础，即在浇铸混凝土基础时掺入导电金属纤维和粉末，以振捣器捣固而后养护28天。引雷塔上除设有爬钉、爬梯外，还设有平台两个：一个为工作台（40m 处）；另一个为工人休息台（20m 处）。配备有雷电计数器，以便观察人员进行雷电参数观察记录。引雷塔的设置位置，采取了以下原则：

（1）据多年的雷害记录选出对输变电系统会造成威胁处，且立塔导电引雷。

（2）大型或枢纽变电站出线回路多的地方，而且又需防雷处。这样，通过架设引雷塔便可有效地对系统起到保护作用，同时还可探讨保护范围和雷电的地区规律，摸索导电混凝土消除反击的效果。

（3）根据应用地区的地形地貌及雷云的风向，选择制高点设立引雷塔，使雷云电荷被先行引入大地而减少雷云飘入线路区的机会。

三、引雷塔的组成

引雷塔主要由避雷针与 RS 塔（或钢管杆）组成，塔身一般由 7 段杆塔段套接形成。引雷塔配套设施包括围墙、警示牌、爬梯、休息平台等。

其中，避雷针利用尖端放电的原理，即在强雷电形成之前通过一定概率引导一部分雷云电流进入大地，从而使雷电强度减弱或不发生雷击，通过释放雷云电荷，对周围的输电线路起到保护作用，以降低附近线路雷击跳闸率。引雷塔及其避雷针有以下优点：

（1）避雷针有一个相当大的几乎不遭受绕击的保护区域。例如当绕击概率不大于0.001% 时，保护角度高达55°。

（2）高塔大型避雷针放电时间较传统小型避雷针更为迅捷。

（3）在模拟电场比较低时，高塔大型避雷针的电晕电流比传统避雷针低得多，几乎处于完全抑制状态。

四、引雷塔的试点建设效果分析

为解决山区微地形区域防雷问题，通过大数据分析，某电网公司选取雷击跳闸较为频繁，同时具备建设条件的山地区域建设引雷塔。引雷塔在强雷电形成之前先引导一部分雷云电流通过消雷装置进入大地散走，从而使雷电强度减弱或不发生雷击，同时也能使强雷电通过消雷装置进入大地，对周围的输电线路起到保护作用。目前某地区电力公司共建设了 5 基引雷塔，分别位于牛头山、凤凰山、塘朗山、阿婆髻水库、鹅颈水库，每基引雷塔保护范围在 500～1000m，线路距离引雷塔越近，防护效果越好。引雷塔建设投入使用以来，保护范围内的杆塔雷击跳闸总数降低了 87.3%。

以塘朗山引雷塔为例，在建设前的 2002～2006 年，该区域 220kV "FX" 甲乙线、110kV "FH" Ⅲ线、110kV "XT" Ⅲ线共计发生雷击跳闸 17 次；2006 年安装引雷塔之后，上述线路未发生雷击跳闸。塘朗山引雷塔和牛头山引雷塔如图 16-9 所示。

图 16-9　塘朗山引雷塔和牛头山引雷塔

五、引雷塔防雷效果分析

引雷塔塔顶安装的大型避雷针通过尖端放电等功能具有一定的引导上行或下行放电的作用，即在强雷电形成之前通过一定概率引导一部分雷云电流通过本装置进入大地散走，从而使雷电强度减弱或不发生雷击，对周围的输电线路起到保护的作用，从这一点看它比传统避雷针的效果具有更大范围的保护效果。

某地区新建 3 基引雷装置的落点位置选在历年有雷击而引起跳闸记录的线路铁塔附近并结合地形地貌选择雷云的迎风面及容易招引雷击的制高点。

以下为 3 基引雷塔所在位置周边线路在引雷塔投运前后跳闸情况的对比，见表 16-1。

表 16-1   引雷塔一览表

序号	引雷塔	安装位置	周边线路
1	Ⅰ号引雷塔	全高为 44.5m（含加高 3m 顶架），落点于某区域内 220kV 变电站附近靠水库边牛头山，龙田Ⅰ线 19 号和龙田Ⅱ线 21 号塔及龙梅甲乙线 4 号塔附近	220kV "LM" 甲乙线、"PL" 甲乙线、"PQ" 甲乙线、110kV "LT" Ⅲ线
2	Ⅱ号引雷塔	全高为 46.5m（含加高 5m 顶架），落点于某区域内 220kV 变电站至 110kV 变电站之间大茅山上，平福 32 号、平凤 33 号及平福 33 号、平凤 34 号塔的附近	110kV "PF" Ⅲ线、"PF" Ⅲ线
3	Ⅲ号引雷塔	全高为 44.5m（含加高 3m 顶架），落点于龙珠大道以北塘朗山顶最高处，海拔 425.4m	220kV "FX" 甲乙线、110kV "FH" Ⅲ线

引雷塔周边线路雷击跳闸统计情况见表 16-2。

表 16-2   引雷塔周边线路雷击跳闸统计情况

序号	线路	2002～2003 年	2004～2005 年	2006～2007 年	2008～2009 年	2010～2011 年	2012～2013 年	2014～2015 年
1	220kV "LM" 甲乙线	5	7	2	1	0	1	0
2	220kV "PL" 甲乙线	3	4	0	0	1	0	0
3	220kV "PQ" 甲乙线	6	5	1	1	0	1	3
4	220kV "FX" 甲乙线	3	3	0	0	2	1	2
5	110kV "FH" Ⅲ线	5	4	2	0	0	0	0
6	110kV "PF" Ⅲ线	6	5	1	1	0	2	1
7	110kV "PF" Ⅲ线	5	5	0	0	1	1	1
	合计	33	33	6	3	4	6	7

在上述统计数据中，2006 年安装引雷塔前，即 2003～2006 年，上述线路雷击跳闸总次数为 71 次，发生在引雷塔安装位置附近的杆塔有 63 次，2006 年安装引雷塔后，即 2007～2012 年，上述线路雷击跳闸总次数为 9 次，雷击总数降低了 87.3%，且根据故障查线结果，该 9 次雷击跳闸，均未发生在引雷塔安装附近的杆塔上，即实现引雷塔周边线路杆塔零雷击跳闸，初步可见其防雷效果有一定的作用。

考虑到雷电活动有一定的随机性，需要更长的运行时间才能得到更精准的效果分析，根据目前的局部地区和线路的统计数据尚不足以证明引雷塔的防雷有效性，无法量化评估降低雷击跳闸率水平。未来可考虑在已建引雷塔防雷效果的基础上，开展废弃线路改造引雷塔的研究，研究在目前无法新立塔的情况下，将部分废弃线路改造成引雷塔的可行性，提高资源利用效率。

第四节 配网新型避雷器

一、配网大通流避雷器

配网大通流无间隙避雷器技术主要用于解决目前配网中避雷器频繁故障、运行寿命短、更换工作量大等问题，是一种基于高性能氧化锌材料和高强度封装结构提升避雷器通流能力的技术，主要采用高性能大直径金属氧化物电阻片、高可靠性环氧树脂筒、高温硅橡胶硫化成型等方式，保证 10kV 配网避雷器具有更大通流能力、更高过载能力、更强适应能力和更长运行寿命，提升配网设备的运行可靠性，降低配网运行工作量和运维成本。10kV 大通流配网避雷器和普通 10kV 避雷器对比如图 16-10 所示。配网大通流无间隙避雷器突出优势和特点主要有以下几个方面：

（1）通流能力大，标称放电电流为 10kA，相比普通配网避雷器 5kA 提升了一倍。

（2）大电流冲击耐受能力强，整只避雷器大电流冲击耐受能力达到 100kA，重复转移电荷达到 0.6C，远高于普通配网避雷器的 65kA 和 0.2C。

（3）10kA 雷电放电电流下残压小于 45kV，过电压水平更低，保护性能更加优异。

（4）外套采用高温硅橡胶一体化成型工艺，密封性能好，运行可靠性高。

（5）紧凑型设计，机械性能高，防污能力强，安装方便，免维护。

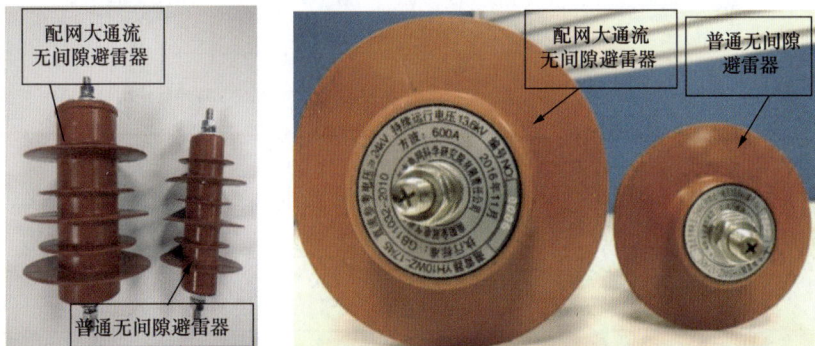

图 16-10 10kV 大通流配网避雷器和普通 10kV 避雷器对比图片

目前，不同厂家的复合外套金属氧化物避雷器产品的结构设计及制造工艺存在一定的差异，主要存在的问题如下：

（1）绝缘筒式结构。将金属氧化物电阻片串联叠装在一起，放在事先预制好的带有复合外套的玻璃纤维浸渍环氧树脂的绝缘筒内，绝缘筒两端用金属法兰（如铝或钢等）螺纹旋压或者采用胶黏剂粘接封装，这类结构存在短路电流性能差的问题。

（2）缠绕式结构。根据相关厂家公开的一些玻璃纤维缠绕式结构设计方案，分析发现这类设计需要采用树脂材料直接接触金属氧化物电阻片的工艺，树脂材料高温固化时可能损伤金属氧化物电阻片的侧面绝缘，造成避雷器耐受陡波冲击能力下降。

（3）笼状式结构。根据部分厂家公开的复合外套金属氧化物避雷器的笼状式结构设计，可见其电极两端采用内楔式紧固，需要对绝缘芯棒端部进行切割，对绝缘芯棒造成了一定的破坏。另外，部分厂家对这种复合外套金属氧化物避雷器的笼状式结构类似设计进行了改进，其电极两端采用外楔式紧固，但长期运行时外楔金属材料可能与金具材料造成"冷焊"现象，导致避雷器对电阻片的锁紧力下降，可能降低产品性能。还有一些笼状式结构类似设计存在制造工艺复杂、制造成本偏高的缺点。

为了解决上述问题，南方电网科学研究院联合金冠电气股份有限公司等单位开发了一种采用栅格式结构设计复合外套金属氧化物避雷器，避免了上述缺点，并易于实现低成本、大批量规模化生产，产品设计构思如图16-11所示。

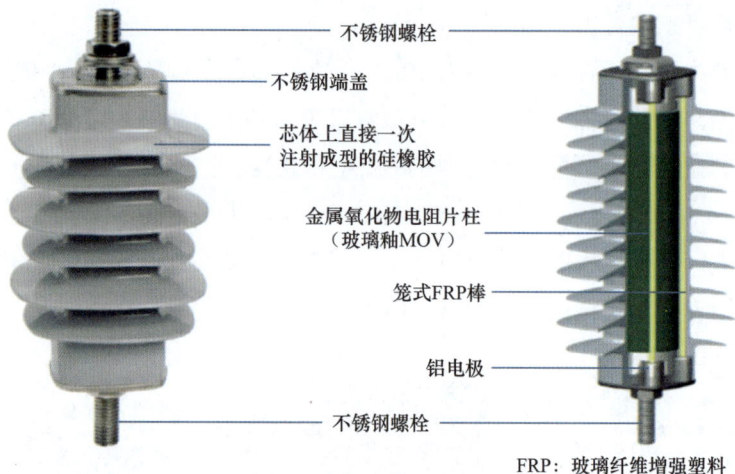

图 16-11　配网大通流无间隙避雷器结构示意图

研制的大通流避雷器 YH10W-17/45（ϕ52mm）技术参数见表16-3，相比普通配网避雷器主要性能参数提升如图16-12所示。

表 16-3　　配网大通流避雷器 YH10W-17/45（ϕ52mm）技术指标参数

序号	项目	单位	参数
1	系统电压	kV	10
2	系统最高电压	kV	12

续表

序号	项目		单位	参数
3	避雷器额定电压		kV	17
4	标称放电电流，8/20μs		kA	10
5	避雷器持续运行电压		kV	13.6
6	持续电流试验	全电流 I	μA	≤500
		阻性电流 I_x	μA	≤300
7	参考电压	直流参考电压（DC，1mA）	kV	≥24
		工频参考电压（AC，1mA，电压有效值）	kV	≥
8	长持续时间电流冲击试验	2ms 方波电流冲击耐受，18 次	kA	600
9	工频电压时间耐受特性	$1.2Ur^*$	—	1s
		$1.10Ur^*$	—	10s
		$1.00Ur^*$	—	2h
		$0.85Ur^*$	—	24h
10	1.05 倍 U_c 下局部放电量		pC	≤5
11	绝缘性能	工频湿耐受试验，1min	kV	≥34
		雷电冲击耐受，正负各 15 次	kV	≥85
12	重复转移电荷能力（整只避雷器）		C	≥0.60
13	4/10 大电流冲击耐受能力（整只避雷器）		kA/ 次	≥100/2
14	爬电比距		kV/ mm	≥25
15	短路电流	额定短路电流试验	kA	16
		降低的短路电流试验		6
		降低的短路电流试验		3
		持续时间为 1s 的低短路电流试验		0.6

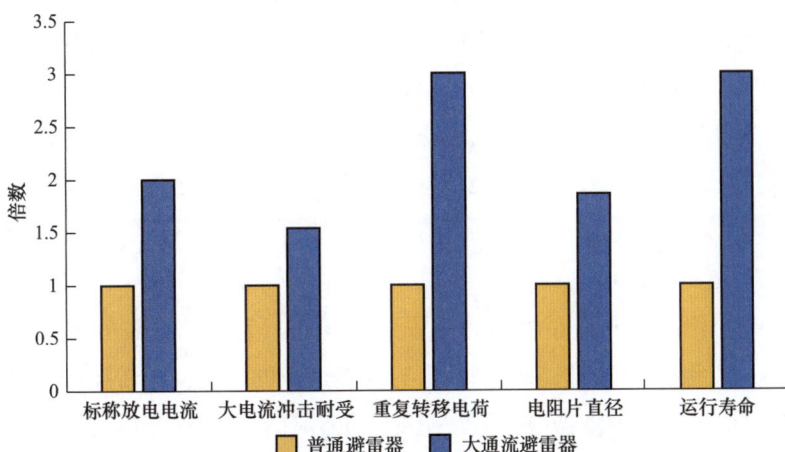

图 16-12　配网大通流避雷器相比普通避雷器主要指标提升倍数

　　为了验证大通流避雷器耐受雷电冲击的性能，某电网公司在南方雷害严重的地区，开展了 10kV 大通流配网避雷器安装和挂网应用工作。自 2017 年以来已在广东、广西、云南、贵州等频繁雷击跳闸线路和台架变压器累计安装超过一万余套，运行七年来总体防雷效果优异，雷击故障概率大幅下降，同时为了方便现场带电作业和运行维护，还进一步设计了可带电摘挂式大通流避雷器，现场照片如图 16-13 所示。

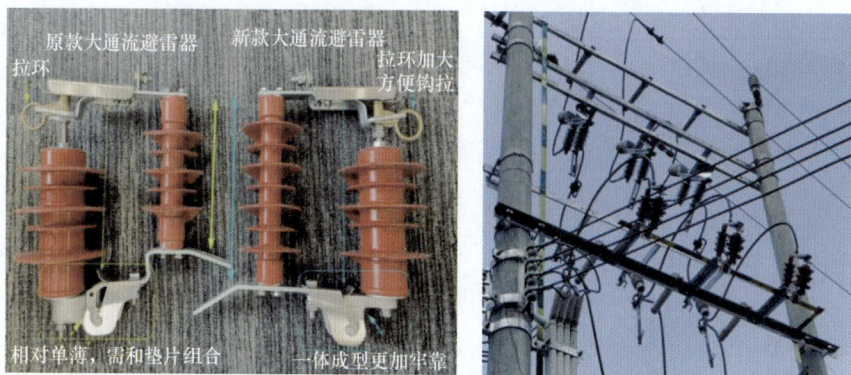

图 16-13　摘挂式配网大通流避雷器及现场应用照片

二、故障识别防雷绝缘子

　　架空配电线路受雷击而引发绝缘子闪络和架空配电线路雷击断线问题十分突出。目前，由于设计性能不满足要求、现场安装把控不到位、产品稳定性不足等原因，常规的防雷装置产品自身故障损坏率和保护失效率偏高，且自身劣化失效后外表难以观察到，需要拆卸并进行试验，大大增加了运维人员的工作量。

　　故障识别防雷绝缘子是将固定外串联间隙避雷器、绝缘子、失效指示多合一的新型产品。该产品由空腔绝缘支撑、非线性电阻片组成的避雷单元、故障状态指示器（接闪器）组成。接闪器与导线构成一个距离固定的空气外间隙，接闪器以上为绝缘部分，以下为防雷单元。因为有外间隙隔离系统电压与电阻片，所以不存在长期荷电老化问题。接闪器与瓷套内部的电极和芯体有电气连接，当雷电过电压引起外间隙发生击穿，雷电流能量通过内部非线性电阻片流经杆塔入地，并限制过电压幅值。雷电冲击过后，空气外间隙恢复绝缘，非线性电阻片等效电阻恢复高阻态，遮断工频续流，防止导线断线。故障识别防雷绝缘子的结构如图 16-14 所示。

　　该结构解决了绝缘子与避雷器需分别安装的问题，且绑扎安装方式，无需剥线和穿刺，消除了施工对绝缘导线的机械性能和密封性能造成的影响；不带连接引线，消除了连接线的附加电感电压；当避雷器故障后，绝缘子仍具有支撑导线作用，配网架空线路仍能正常运行，可以减少防雷装置本身故障对线路运行的影响；内部氧化锌故障失效后，其故障识别环可脱离，解决避雷器故障查找的难题。

如图 16-15 所示，当雷电过电压施加在配电线路的故障识别防雷绝缘子和导线的组合上时，相比接闪器与接地端的等效电容，导线与接闪器之间的电容非常小。因此，雷电过电压施加在导线对地之间，导线和接闪器之间分担大部分电压，间隙先放电，形成闪络通道后，故障识别防雷绝缘子内部氧化锌芯体段导通放电，形成雷电流泄放通道。

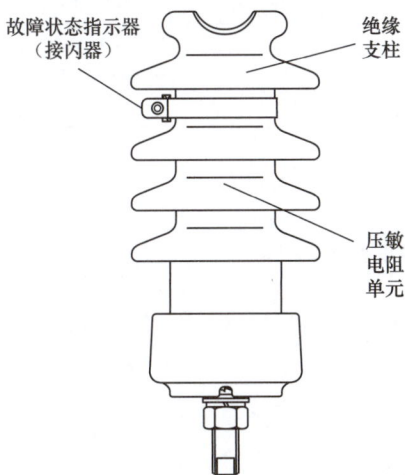

图 16-14　防雷绝缘子结构示意图

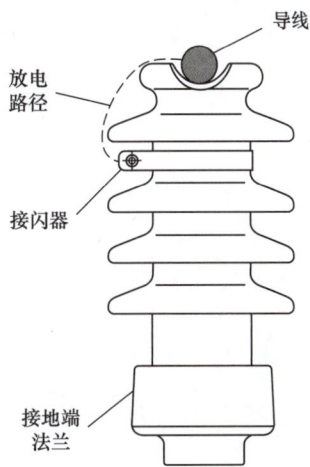

图 16-15　防雷绝缘子放电路径示意图

目前 10kV 线路主要为柱式绝缘子和横担式绝缘子。故障识别防雷绝缘子经过外部机构设计形成柱式和横担式两种形式。安装时既可作支柱型绝缘子，又可作跳线绝缘子，适合在 10kV 架空线路多种杆塔场景使用。故障识别防雷绝缘子的安装如图 16-16 所示。

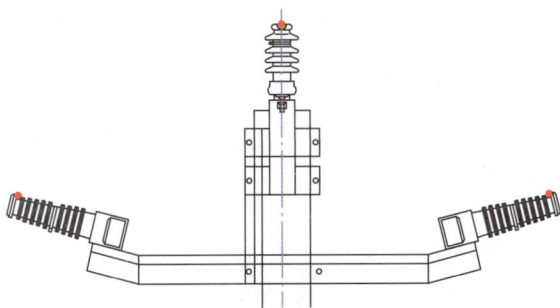

图 16-16　故障识别防雷绝缘子安装图及现场图

以限制雷电感应过电压为目标，故障识别防雷绝缘子标称放电电流为 5kA、8/20μs 雷电冲击电流作用下的残压不高于 50kV。故障识别防雷绝缘子与常规避雷器相比，除承担自重外，还要承担考虑风力和覆冰情况下的导线拉力，应使其具有高强度的机械性能。故障识别防雷绝缘子主要电气参数见表 16-4。

表 16-4　　　　　　　　　　防雷绝缘子主要电气参数表

序号	名称		技术参数	
1	型号		BLJ1-17/50	BLJ1-17/50S
2	额定电压（kV）		17	
3	持续运行电压（kV）		13.6	
4	标称放电电流（kA）		5	
5	本体直流 1mA 参考电压（kV）		≥ 25	
6	本体 0.75 倍直流 1mA 参考电压下漏电流（μA）		≤ 50	
7	本体工频参考电压（kV）		≥ 17	
8	本体 5kA 雷电冲击电流下的最大残压（kV）		≤ 50	
9	间隙放电电压	1.2/50μs、正极性（15）次雷电冲击 50% 放电电压（kV）	≤ 98	
		工频（湿）耐受电压（kV）	≥ 26	
10	机械性能	抗弯强度（kN）	≥8	≥5
11	本体大电流冲击动作负载	方波电流 250A、65kA，18 次	通过	
		4/10μs 大电流 65kA，2 次	通过	
12	故障指示器动作特性		工频电流 1A×（1 + 10%）下，动作时间不超过 100s	

三、多腔室间隙避雷器

（一）多腔室间隙灭弧机理

配网线路防雷装置可利用灭弧栅的近极压降和近阴极效应来提高介质强度的恢复速度，而为了加快电弧的去游离速度，设计了一种具有显著吹弧效果的多腔室间隙，如图 16-17 所示，主要由电极和绝缘材料组成。每个短间隙上下两端为电极，间隙左侧有用绝缘材料密封形成的空气腔室，右侧开口形成喷弧通道，整体结构称为腔室间隙。

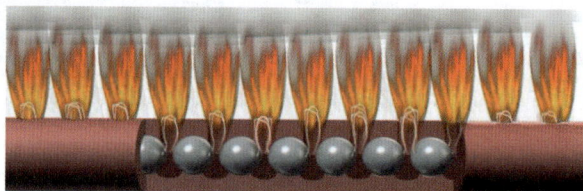

图 16-17　多腔室间隙图

当多腔室间隙被雷电过电压击穿后，电弧在每个腔室间隙的电极间产生，加在多腔室间隙上的工频电压会沿着电弧通道产生工频续流。而多腔室间隙可以看成是一个多重灭弧室系统，将一段长电弧切割成很多小段，在每个灭弧室内对这些小电弧进行灭弧。当电弧刚开始在两个电极之间产生时，电弧长度很短，而且在灭弧室内部燃烧，由此产生的高温会使灭弧室底部气体急剧膨胀，气压急剧增大，而灭弧室只是一端开口，气压会驱使电弧朝开口方向移动，而电弧起始点基本保持不变，电弧逐渐向外膨胀，直到电弧被吹到灭弧室之外，如图 16-18 所示。

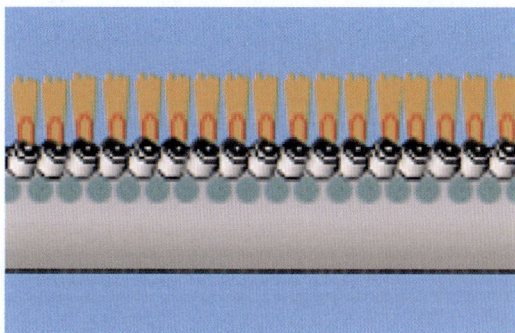

图 16-18　多腔室间隙吹弧示意图

（二）多腔室间隙避雷器参数要求

设计 10kV 多腔室间隙避雷器时，需按照 GB/T 11032—2020《交流无间隙金属氧化物避雷器》及 DL/T 815—2012《交流输电线路用复合外套金属氧化物避雷器》的要求，保证工频干（湿）耐受电压、雷电冲击动作电压、伏秒特性曲线等基本参数满足规定。

10kV 多腔室间隙避雷器在基本技术参数满足设计要求的前提下，还需要进行污秽试验等环境条件测试项目，以保证避雷器在实际的运用工况条件下能够安全、正常发挥线路雷击防护功能。考虑到多腔室间隙避雷器是利用空气间隙工作原理进行灭弧，摒弃了氧化锌电阻片压敏特性和复合外套结合的传统工艺技术。所以，传统的氧化锌避雷器部分测试标准可能不适用于新型多腔室间隙线路避雷器。

2011 年颁布的 IEC 60099-8《避雷器　第 8 部分：1kV 以上交流系统架空输配电线路带外部串联间隙的金属氧化物避雷器（EGLA）》是全球第一个针对 EGLA 的标准，它定义了试验项目和试验方法。由于具有串联间隙，EGLA 的外套和电阻片不会像标准的无间隙避雷器那样受到电压的作用。基于这种工况，以及考虑到它是用来保护处于自恢复绝缘的空气中的绝缘子，该标准省略了几个常规要求的试验项目，包括操作冲击过电压、陡波和操作冲击电流下的残压、热稳定性、长持续时间冲击电流耐受能力、避雷器工频电压与时间特性、脱离器试验及在工频电压下的老化能力。同时，该标准引入了两个全新的试验项目，第一个是最小冲击火花放电试验，这是一个验证性试验，其目的是保证避雷器间隙在一个足够低的电压水平下放电，从而确保并联的绝缘子不会首先发生闪络。第二个试验为污秽试验，该试验虽已在绝缘子行业中普遍使用，但却是首次应用在避雷器领域，该试验用来确定在污秽条件下，冲击电压结束后，避雷器各间隙中的电弧在交流电流过零点时将会熄灭。

考虑与被保护的 10kV 绝缘子进行绝缘配合，在雷电过电压作用下多重短间隙防雷装置可靠动作，保证被保护绝缘子不闪络。因此要求串联间隙距离偏小，一般要求其 50% 冲击动作电压不高于 100kV。而在系统暂态过电压和操作过电压（3.5 倍）作用下，应保证多重短间隙防雷装置不动作，同时多腔室间隙避雷器本体在异常情况下出现故障时，主间隙能可靠隔离。因此，要求串联间隙距离偏大。一般要求其 50% 冲击动作电压不低于 75kV。

综合考虑，10kV 多腔室间隙避雷器主要参数设计参考表 16-5 执行。

表 16-5　　　　　　　　　　10kV 多腔室间隙避雷器主要参数

试验类型	检测项目	标准要求	标准依据
冲击试验要求	雷电冲击放电电压试验	1.2/50μs、正极性雷电冲击 50% 动作电压不大于 100kV	DL/T 815—2012
	雷电冲击伏秒特性试验	避雷器雷电冲击伏秒特性曲线比被保护绝缘子（串）的雷电冲击伏秒特性曲线至少低 15%	DL/T 815—2012
	复合外套绝缘雷电冲击耐受试验	雷电冲击耐受水平不小于 75kV	DL/T 815—2012
	残压试验	雷电冲击残压试验不大于 40kV	DL/T 815—2012
工频试验要求	爬电比距检查	保护器本体爬电比距不小于 25.00mm/kV	DL/T 815—2012
	工频耐受电压试验	工频（湿）耐受水平 26kV，1min	DL/T 815—2012
	复合外套绝缘工频耐受试验	工频湿耐受水平 30 kV	DL/T 815—2012
	本体故障后绝缘耐受试验	工频电压（湿）20kV，1min	DL/T 815—2012
	工频续流遮断能力试验	在系统额定运行电压下能够有效遮断工频续流	IEC 60099-8
其他要求	复合外套外观检查	总缺陷面积小于外套总表面积的 0.2%	DL/T 815—2012
	机械性能试验	抗弯强度不小于 379N，10s	GB/T 11032—2020
	湿气侵入试验	复合外套部分不得有开裂和脱落现象，且能通过电气验证试验	GB/T 11032—2020

（三）多腔室间隙避雷器应用分析

基于多重串联短间隙灭弧原理的配网线路防雷技术及装置研究自 2014 年 1 月开始立项，于 2015 年 7 月完成多腔室间隙避雷器的小批量试制。同年 9 月在某供电局所辖区的 10kV 城西线、10kV 径口乙线、10kV 龙高路线等六条线路进行试点运行挂网安装施工。根据雷害风险评估计算结果，对 6 条 10kV 干线、23 条支线，合计 258 基杆塔安装了 774 支多腔室间隙避雷器，现场安装如图 16-19 所示。

图 16-19 多腔室间隙避雷器试点运行安装杆塔现场图

2016 年 10 月 28 日，供电局工程技术人员对试点运行线路进行了实地考察，工作内容主要是：①收集了六条线路近几年的故障记录及线路电气参数；②现场记录了安装放电计数器的杆塔的雷击动作次数；③利用无人机对线路进行巡查，以照片形式记录试点线路所安装的多重串联短间隙的多腔室间隙避雷器安装及运行状态；④统计城西线及径口乙线线路走廊雷电活动数据，为防雷效果评估提供参考。

在试点运行阶段对 10kV 城西线安装了 17 组雷击动作计数器，用以确认部分杆塔遭受雷击时多腔室间隙避雷器的动作次数，从侧面反映线路遭受过电压入侵的强烈程度，统计结果见表 16-6。

表 16-6　　　　　　　　　　10kV 城西线雷击动作计数器统计明细

序号	线路名称	杆塔号	出站距离（m）	杆塔类型	微地形	计数器动作次数		
						A	B	C
1	城西线干线	24 号	1778	铁塔	稻田	15	15	15
2	城西线干线	32 号	2269	铁塔	田地水塘	14	14	11
3	城西线干线	44 号	3135	铁塔	稻田	4	4	5
4	城西线干线	55 号	3721	铁塔	稻田	3	2	2
5	城西线干线	70 号	4643	铁塔	水塘	8	3	6
6	城西线干线	78 号	5281	铁塔	稻田	6	4	7
7	城西线高朗支线	11 号	4388	混凝土杆	田地	11	21	11
8	城西线里山支线	6 号	5785	混凝土杆	空旷田地	13	13	14
9	城西线民石支线	8 号	4585	混凝土杆	建筑物水塘	7	3	4
10	城西线三桠村支线	5 号	6260	混凝土杆	公路田地	14	13	9

续表

序号	线路名称	杆塔号	出站距离（m）	杆塔类型	微地形	计数器动作次数		
						A	B	C
11	城西线上仁坑支线	1 号	5276	混凝土杆	稻田	5	6	6
12	城西线上仁坑支线	8 号	5668	混凝土杆	田地	14	13	22
13	城西线巷口支线	4 号	3064	混凝土杆	稻田	4	4	5
14	城西线宵边村支线	5 号	6199	混凝土杆	水塘	13	11	11
15	城西线英屋支线	1 号	5501	混凝土杆	稻田	17	14	14
16	城西线英屋支线	10 号	6004	混凝土杆	稻田	15	16	11
17	城西线英屋支线	19 号	6518	混凝土杆	稻田	15	14	18

10kV 城西线 2014～2016 年近三年的雷击跳闸次数见表 16-7。对线路进行试点运行安装新型多腔室间隙避雷器后，截至 2016 年 12 月，经过一个完整雷雨季节的运行考核，线路没有发生由雷击造成的线路跳闸故障，验证了多腔室间隙避雷器的线路雷击防护性能。

表 16-7　　　　　　　　　10kV 城西线近三年历史跳闸记录对比

年份	2014 年	2015 年	2016 年
雷击跳闸次数	10	3	0

总体来看，10kV 多腔室间隙防雷装置作为配网防雷的一种技术手段，技术原理是可行的，且在配网防雷工作中具有一定的效果，因此建议有兴趣的电网运行单位可在雷害严重地区适当扩大挂网试运行，进一步检验其防雷效果、运行寿命及安装运维要求，积累相关经验和数据。

此外，需注意的是多腔室间隙防雷装置尚无国家标准和行业标准的支撑，现有的团体标准在部分关键技术指标、试验要求及判据等方面仍需进一步完善，建议相关研发单位尽快申报多腔室间隙防雷装置的国家标准和行业标准，推动技术进步和标准完备，为后续推广应用奠定基础。

第五节　优化小电流接地系统中性点运行方式

一、中性点运行方式选取原则及现状

10、35kV 等小电流接地系统中性点接地方式与供电可靠性、过电压与绝缘配合、继电保护等密切相关。我国 10kV 系统中性点一般采用非有效接地方式运行，包括中性点不

接地方式、中性点小电阻接地方式、中性点消弧线圈接地方式，结合电网实际情况适当优化小电流接地系统中性点运行方式，提高线路雷击接地故障后的重合闸成功率，对于提升防雷水平也有重要的意义。

在 GB/T 50064—2014《交流电气装置的过电压保护和绝缘配合设计规范》中给出了中性点接地方式的划分原则，中性点不接地方式和中性点消弧线圈接地方式应用场景主要如下：

（1）35kV 系统和不直接连接发电机的 10kV 系统，当单相接地故障电容电流不大于 10A 时，可采用中性点不接地方式。

（2）当大于 10A 又需要在接地故障条件下运行时，应采用中性点消弧线圈接地方式。

中性点小电阻接地方式：

1）6～35kV 主要由电缆线路构成的配电系统，当单相接地故障电容电流较大时，可采用中性点低电阻接地方式。

2）该方式下系统发生单相接地故障时瞬时跳闸，应考虑供电可靠性要求。

以我国南部某省级电网为例，经调查该电网 10kV 系统中性点接地方式包括不接地、经消弧接地（选线）、经小电阻接地（跳闸）、经故障相接地、不接地和消弧线圈＋小电阻 5 种方式。经消弧线圈接地和经小电阻接地是主流，见表 16-8。

表 16-8　　　　　某电网 10kV 系统中性点接地方式数量统计表

单位	接地方式					
	不接地	经故障相接地	经消弧线圈接地	消弧线圈＋小电阻	经小电阻接地	总计
CZ 供电局	43	—	43	—	—	86
DG 供电局	10	—	214	—	257	481
FS 供电局	53	6	341	—	61	461
HY 供电局	18	—	72	—	1	91
HZ 供电局	12	—	40	—	224	276
JM 供电局	31	—	211	—	3	245
JY 供电局	27	—	87	—	7	121
MM 供电局	87	—	50	—	—	137
MZ 供电局	11	2	40	—	—	53
QY 供电局	108	16	126	—	5	255
ST 供电局	1	—	62	—	57	120
SW 供电局	47	—	7	—	7	61
SG 供电局	13	24	104	—	10	151
YJ 供电局	34	—	48	1	4	87
YF 供电局	24	11	57	—	2	94
ZJ 供电局	21	—	31	3	24	79

续表

单位	接地方式					
	不接地	经故障相接地	经消弧线圈接地	消弧线圈 + 小电阻	经小电阻接地	总计
ZQ 供电局	12	—	135	—	1	148
ZS 供电局	18	—	174	3	21	216
ZH 供电局	33	—	45	—	57	135
总计	603	59	1887	7	741	3297

以该电网公司为例，现阶段仍以消弧线圈接地为主，约占 57.2%，其次是小电阻接地 22.5%，不接地 18.3%，经故障相接地 1.8%，消弧线圈 + 小电阻仅有 7 个，占比 0.2%。10kV 中性点接地装置主要用于 110kV 变电站，占全网各电压等级的 82%，其他 18% 为 35kV 和 220kV 变电站 10kV 中性点接地装置。

二、中性点接地方式技术对比

1. 中性点不接地

中性点不接地方式结构简单、投资少，是我国早期 10kV 系统应用较多的一种接地方式。当发生单相接地故障时，故障相电压降为零，非故障相电压升高到原来的 $\sqrt{3}$ 倍，但线电压保持不变，可继续运行 1～2h。在中性点不接地方式下发生单相接地短路故障，不计系统及线路阻抗，可得零序等值电路如图 16-20 所示。

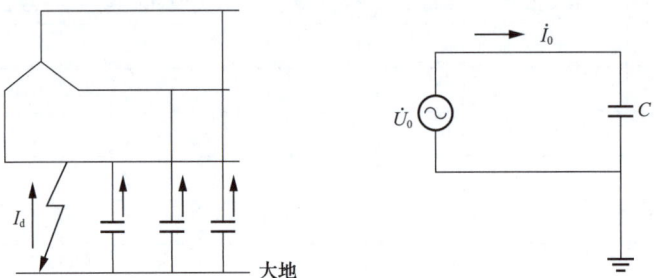

图 16-20　中性点不接地系统发生单相接地短路故障等值电路

$\dot{U}_0$ 为发生单相接地故障时接地点零序电压，C 为单相等值电容的总和，$\dot{I}_0$ 为零序电流，则有零序电流为

$$\dot{I}_0 = j\omega C\dot{U}_0 \tag{16-3}$$

接地点故障电流为

$$\dot{I}_d = 3\dot{I}_0 = 3j\omega C\dot{U}_0 \tag{16-4}$$

在中性点不接地系统中，发生单相接地故障电流为系统的等值电容电流。当故障电

流较大时，接地电弧不能自行熄灭，易导致相间短路等故障范围扩大，造成线路跳闸停电。

2. 中性点经消弧线圈接地

中性点经消弧线圈接地时，其单相接地故障电流仅为补偿后很少的残余电流，使电弧不能维持而自动熄灭，起到抑制电弧重燃作用。中性点经消弧线圈系统发生单相接地故障，不计系统自身阻抗，则系统的零序等值电路如图 16-21 所示。其中，$\dot{U}_0$ 为发生单相接地故障时接地点零序电压，L 为消弧线圈的电感值，C 为线路单相等值电容之和。

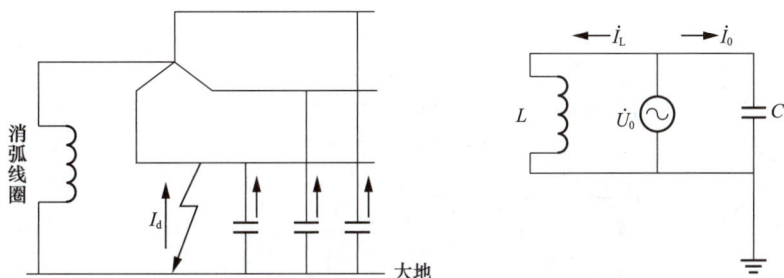

图 16-21　中性点消弧线圈系统发生单相接地短路故障等值电路

$\dot{I}_L$ 为经过消弧线圈的零序电流，$\dot{I}_0$ 是经过电容的零序电流，I_d 为经消弧线圈补偿后由接地点流回的残余电流，则故障点的接地电流为

$$\dot{I}_d = \dot{U}_0(3\mathrm{j}\omega C + \frac{1}{\mathrm{j}\omega L}) \qquad (16\text{-}5)$$

$$I_d = U_0(3\omega C - \frac{1}{\omega L}) = I_0 - I_L \qquad (16\text{-}6)$$

由式（16-6）可知，因为消弧线圈的补偿作用，使得故障处的接地电流减小，当残余电流过零时，接地电弧较易熄灭。

3. 中性点经小电阻接地

中性点经小电阻接地方式中电阻值一般在 20Ω 以下，单相接地故障电流限制在 400～1000A。依靠线路零序电流保护将单相接地故障迅速切除，同时非故障相电压不升高或升幅较小，对设备绝缘等级要求较低，其耐压水平可以按相电压来选择。

4. 故障相经电抗器接地

小电流接地系统采用故障相经电抗器接地方式有少量采用，该接地成套装置主要由电抗器、真空开关、微机控制器、电压互感器等构成，连接于系统母线，主接线如图 16-22 所示。

在系统正常运行时，装置中三只真空开关均处于分断状态，电抗器对系统无任何影响。当判定单相接地短路时，驱动故障相的开关闭合，将故障相通过电抗器接地，以钳制故障相电压，旁路故障电流实现保护。

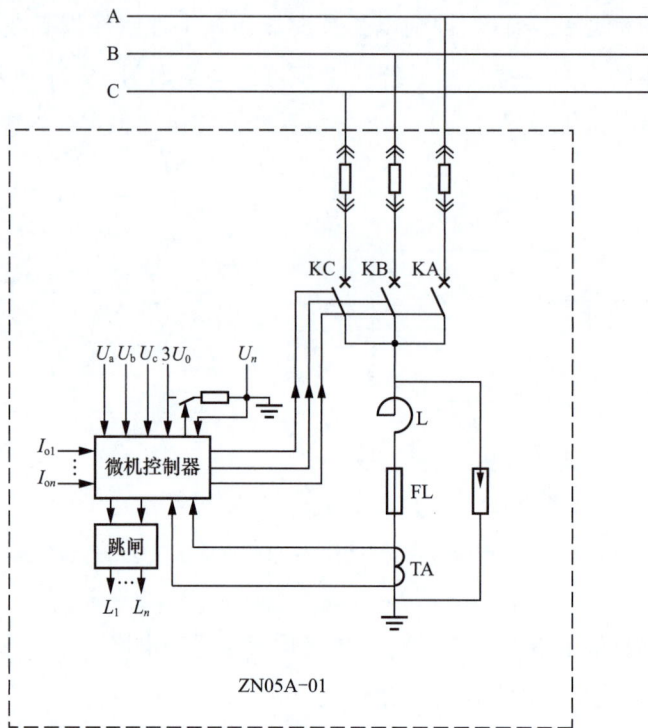

图 16-22　故障相经电抗器接地装置主接地图

5. 中性点消弧线圈并联小电阻接地

中性点经消弧线圈并联小电阻接地方式是中性点消弧线圈接地方式的"升级版"，目前国网以及南网部分 10kV 系统采用该接地方式。该方式兼具传统小电阻接地和消弧线圈接地的优点。相比单纯小电阻接地，优势是降低了单相接地引起的跳闸率。相比单纯的消弧线圈接地，优势是能够较好地选对接地线路并实现跳闸。该接地系统主要由接地变压器、消弧线圈、小电阻、高压接触器和控制屏等部件组成，如图 16-23 所示。

中性点经消弧线圈并联小电阻接地系统发生单相接地故障时，系统根据已测量的电网电容电流值计算出需要补偿的电感电流，然后控制可控电抗器输出补偿电流。瞬时性接地故障由电感电流补偿后，电弧熄灭，接地故障自动消除恢复正常状态，从而避免了小电阻接地方式中一有故障立刻跳闸，使得线路跳闸率高的情况。而对于可控电抗器补偿较长时间后（一般设定为 10s）接地故障仍然存在的情况，则认为系统发生了永久性接地故障，需停电处理。

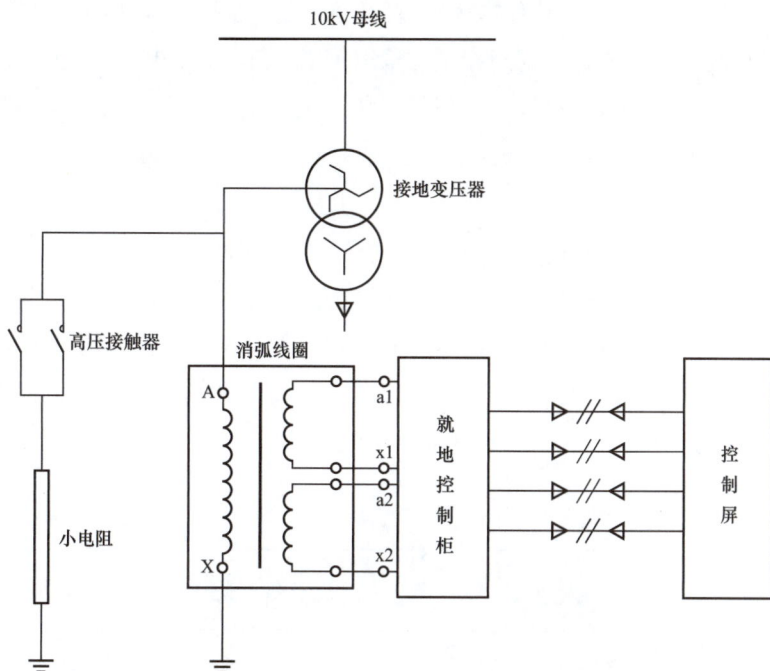

图 16-23 中性点经消弧线圈并联小电阻接地系统接线图及构成

三、中性点消弧线圈并小电阻接地系统投运情况分析

以某电网 110kV "BS" 站为例，从 2012 年 11 月 3 日投产到 2015 年 12 月 18 日，共发生 10kV 线路单相接地 159 次，其中小于 10s 的瞬时接地故障为 148 次，占比为 93%，永久性接地故障共发生 11 次，其线路零序保护记录见表 16-9。

表 16-9　　110k VBS 站 10kV 线路零序保护动作记录

序号	接地记录编号	日期	开始时刻	结束时刻	中性点电压（V）	线路零序电流动作	保护动作时刻（后台）
1	9	2013-06-22	5:34:12	5:34:22	4134	714 零序过电流 I 段动作	5:39:13
2	10	2013-06-22	5:34:54	5:35:04	2779	714 零序过电流 I 段动作	5:39:54
3	11	2013-06-22	5:35:36	5:35:47	2562	714 零序过电流 I 段动作	5:40:36
4	12	2013-06-22	5:36:18	5:36:18	1351	714 零序过电流 I 段动作	5:41:09
5	13	2013-06-22	5:36:49	5:36:50	4802	714 零序过电流 I 段动作	5:41:40
6	14	2013-06-22	6:50:19	6:50:30	4377	714 零序过电流 I 段动作	6:55:20
7	16	2013-06-22	7:43:45	7:43:56	4649	714 零序过电流 I 段动作	7:48:46
8	18	2013-06-22	7:47:27	7:47:37	3432	714 零序过电流 I 段动作	7:52:27
9	19	2013-06-22	7:48:09	7:48:20	2713	714 零序过电流 I 段动作	7:53:09
10	20	2013-06-22	7:48:47	7:48:58	2531	714 零序过电流 I 段动作	7:53:47
11	22	2013-06-22	9:59:37	9:59:48	2753	714 零序过电流 I 段动作	10:04:37

从以上数据可以看出：对所有的接地故障，中性点消弧线圈并小电阻接地系统里的消弧线圈进行了快速准确的补偿。对接地持续时间长于10s的故障，小电阻正确投入，零序保护正确动作，准确切除故障线路，使得系统恢复正常。在这11次永久性接地故障中，既有近似金属性接地（电压4802V），也有高阻接地（电压1351V），小电阻投入后，零序保护都能够正确动作，切除故障线路。

中性点经消弧线圈并联小电阻接地方式在提高供电可靠性、提高故障自愈能力和提高接地选线正确率等方面，具有较好的技术优势。因此，适当优化小电流接地系统中性点运行方式该接地方式，并在电网中合理应用，对于减少雷击跳闸的影响具有显著的效益。目前，新的中性点接地方式在国内仍在试点运行阶段，尚未大规模铺开，运行时间和运行经验的仍待进一步积累及完善。

第六节　复合绝缘横担

杆塔是架空输电线路重要的组成部分之一。钢材凭借强度高、性能稳定、易连接等优点成为输电杆塔的首选材料。铁塔已成为世界各国高压输电线路中最常见的杆塔型式。但随着电网建设的发展，在特殊环境下铁质杆塔还存在线路走廊宽、质量重、易锈蚀、施工运输和运行维护困难等问题。高性能纤维增强复合材料（fiber reinforced polymer，FRP）具有高强、轻质、耐腐蚀、加工容易、可设计性和绝缘性能良好等优点，广泛应用于航空航天、汽车制造、建筑工程以及电气工业等诸多领域。随着复合材料技术及其制造工艺的发展，将复合材料应用于输电杆塔已成为可能。将输电铁塔的横担部分用复合材料取代，开发复合横担新型塔是解决上述问题的一种途径。

耐张复合横担的结构设计主要包括芯体规格、端部金具和布置方式三个方面。其中，芯体是主要受力部位，其型式的合理选取对于横担的使用安全性和经济性意义重大。若采用上表面弧度较大的形式，在实际运行过程中容易产生积雪、鸟粪及异物的堆积，发生故障的概率会大大增加。因此，耐张横担的芯体截面应当采用上表面弧度较小的形状，此类异型截面能够充分发挥材料自身的特点，同时可避免横担表面堆积现象的发生。

复合材料具有质量轻、强度高、绝缘性好、耐疲劳等优点，可进行结构设计以适应不同应用场景的需求。复合材料横担相较于传统金属横担，一方面具有良好的绝缘性能，能够显著减少雷击造成的线路跳闸次数，降低雷击跳闸率；另一方面，其外绝缘有机材质可有效防止鸟类搭窝、筑巢，减少鸟害事故。此外，采用复合绝缘横担省去了线路绝缘子，有利于降低制造、安装、运行和维护的成本，具有良好的技术经济性。因此，采用复合材料代替原来输电线路中使用钢材的杆塔横担，充分利用复合材料绝缘性能好、比强度高、质量轻、耐腐蚀性能优异、安装方便等诸多优点，是新型复合材料在输电线路中继复合绝缘子之后的又一创新性应用，与普通输电线路杆塔相比，主要具有以下特点：

（1）复合横担杆塔自身的绝缘特性，可有效缩减线路的走廊宽度，节约土地资源，降低输电线路运营成本。

（2）利用复合材料优异的耐腐蚀性能，可以降低沿海以及重工业地区输电杆塔的腐蚀程度，延长输电线路使用寿命，降低输电维护成本。

（3）利用复合横担杆塔的强度高和质量轻的特点，降低塔高和塔重，减小输电杆塔的建设和施工难度，可以提高山区电网的建设效率。

2009 年，江苏 220kV 茅蕾线利用复合材料杆塔进行改造，该工程是复合材料横担塔第一次应用于我国输电线路改造。2012 年，上海 500kV 练塘变电站 220kV 出线工程是国内复合绝缘横担首次在新建 220kV 架空输电线路中的应用实例。该项目大大缩小了静态线路走廊宽度，同时使线路综合走廊宽度缩小 4m 多。2013 年，750kV 新疆与西北主网联网第二通道工程 7 基单回复合横担直线塔试点线路投运，在国内外均属于首次，如图 16-24（a）所示。2016 年 110kV 新疆乌鲁木齐米城线技改工程，通过取消悬垂绝缘子，将铁横担更改为复合横担，无需对塔身及基础进行处理，解决了导线对地距离不够的问题。2017 年，锡盟—胜利 1000kV 特高压交流工程，在锡林浩特市正蓝旗试点应用了 2 基单回路直线复合横担塔，投运至今，运行情况良好，如图 16-24（b）所示。同塔双回路复合横担塔也完成了研制，并通过试验验证。2018 年，四川省 220kV 丰屏线带电投运，该线路为四川省内第一条全线使用复合横担铁塔的输电线路。

(a) 750kV 复合横担塔　　　　(b) 1000kV 复合横担塔

图 16-24　实际输电线路工程中复合横担塔应用案例

第七节 激光引雷技术

为了更好地控制雷电的发生，降低雷电带来的危害，除避雷针、避雷器等被动防雷措施之外，多年来研究人员一直在尝试实现主动引雷。在1965年，Newman等人提出了火箭引雷的设想并进行实践，通过发射拖着接地长导线的小型火箭，实现了人工引发闪电放电。不同于传统防雷方法，该设想的提出是为了人工触发闪电，从而避免闪电击中重要建筑物。随着该技术的发展，在适当的时刻发射小火箭引发闪电的成功率高达90%，但该方法需要消耗火箭和导线材料，且在引雷过程中形成的材料碎片会带来危险。

除火箭引雷之外，最早由Ball等人提出了激光引雷的构想。20世纪70～80年代，科学家们主要利用大能量脉冲宽度的CO_2激光在空气中产生电离通道。当时美国和日本的科学家都开展了激光诱发自然雷的实验，但进展很不顺利。美国空军的研究组在野外将100J的CO_2激光聚焦在大气中生成等离子体，企图诱导闪电。但由于生成的等离子体处于地面与雷云中间的电绝缘状态，未能成功。后来的研究主要集中在激光引导人工高压放电过程中的一些基础物理问题。这期间比较具有代表性的实验是日本的一个研究组利用反射镜将激光分成三束在空中拼成"Z"字形的等离子体通道，在世界上首先成功地实现了自由空间的"Z"字形放电，确认放电通道可以用激光加以控制。

由于长脉冲激光在空气中聚焦后容易使空气产生雪崩电离而造成击穿，激光能量被等离子体强烈吸收而迅速衰减，难以形成空间上连续的长距离电离通道，因此利用长脉冲激光进行激光引雷的技术路线逐渐被舍弃。20世纪90年代以来随着超短超强激光技术的迅速发展，采用啁啾脉冲放大技术可以产生功率为TW级的超短超强激光脉冲，为在空气中产生长距离的电离通道提供了更有效的方法。欧洲的Teramobile研究组利用车载移动TW级飞秒激光装置，成功诱发和引导了3.2m长间隙、2MV的高压放电，并于2008年利用位于美国新墨西哥州南伯帝峰顶端的车载移动飞秒激光器向经过的雷暴云发射激光脉冲，成功制造了云中电流的小型局部放电。

我国中科院物理研究所滕浩等人于2020年研究了2TW飞秒钛宝石激光在野外环境下产生的长距离等离子通道的特性，通过优化飞秒激光压缩光栅之间的距离，预色散补偿飞秒激光在大气中的正色散，实现了长达2km以上的稳定等离子体通道，并在同一位置进行高压放电试验证实了有等离子通道可以将放电电压降低30%。色散得到良好补偿的激光束如图16-25所示。

图 16-25　色散得到良好补偿的激光束

2021 年，Aurélien Houard 和 Pierre Walch 等人在瑞士东北部 Säntis 山顶一座 124m 高的电信塔附近安装了一台 Yb:YAG 激光器，该激光器发射持续时间为皮秒、能量为 500 mJ、波长为 1030 nm、重复频率为 1 kHz 的脉冲。Säntis 山上首次实现激光引雷如图 16-26 所示。

2021 年 7 月 21 日至 9 月 30 日期间，研究人员利用该平台开展了人工引雷实验，并首次获得成功，相关研究成果发表在《Nature Photonics》上[1]。实验过程中，该塔至少被 16 道闪电击中，其中 4 次闪电发生在激光活动期间。一次闪电放电的路径如图 16-26 所示，塔顶处的先导通道最初在最初 50m 的大部分距离内都遵循激光路径。注意，放电通道与激光路径并非完全重合，这与火箭引雷实验中触发闪电的通道是类似的。原因是电离通道中的电流位移比沿着导线的电流位移复杂得多。例如，移动的电荷会产生局部屏蔽电场的空间电荷。这项工作为超短激光在大气中的新应用铺平了道路，并代表着在为机场或大型基础设施开发基于激光的防雷装置方面迈出了重要一步。

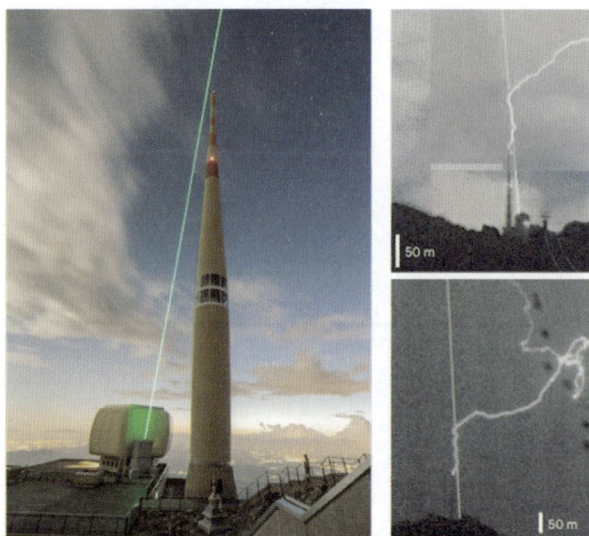

图 16-26　Säntis 山上首次实现激光引雷

[1]　Houard, A., Walch, P. 等人在《Nature Photonics》中介绍激光引雷相关技术，详见文献［240］。

基于当前的研究现状，借助 TW 级激光发射器实现人工引雷已经实现，其具有安全性高，环境友好，使用灵活等优点。但同时，其作为一项新兴发展技术，仍然存在着成本过于高昂，且成功率无法保证的客观缺陷。如何实现激光引雷的设备轻量化、低成本及高成功率是有待相关研究者解决的关键问题。

参考文献

[1] 何金良，曾嵘. 配电线路雷电防护 [M]. 北京：清华大学出版社，2013.

[2] 万启发. 输电线路雷电防护技术 [M]. 北京：中国电力出版社，2016.

[3] 郄秀书，张其林，袁铁，等. 雷电物理学 [M]. 北京：科学出版社，2013.

[4] 冈野大. 雷电之书：解密自然与生命的原始能量 [M]. 北京：人民邮电出版社，2016.

[5] 虞昊. 现代防雷技术基础 [M]. 北京：清华大学出版社，2005.

[6] 于永进，陈尔奎，赵彤. 高电压技术 [M]. 北京：北京航空航天大学出版社，2016.

[7] （美）弗拉迪米尔 A. 洛可夫 (VLADIMIRA.RAKOV)，马丁 A. 乌曼（MARTINA.UMAN）；张云峰，吴建兰，译. 雷电 [M]. 北京：机械工业出版社，2016.

[8] （英）戈尔德 R.H.. 雷电 上卷 [M]. 北京：中国电力工业出版社，1982.

[9] 赵海. 雷电危害的机理分析与防护措施 [J]. 地震地磁观测与研究，2005(02)：109-114.

[10] 尹娜. 雷电危害风险评估研究 [D]. 南京：南京信息工程大学，2006.

[11] 朱健强. 配电系统的防雷保护 [D]. 广州：华南理工大学，2010.

[12] 张宇翔. 对城市雷电灾害的认识与防护 [J]. 灾害学，2005(03)：65-67.

[13] 刘德泉，杨美云，刘健. 雷电对人体的伤害效应分析 [J]. 电瓷避雷器，2016(04)：74-77+82.

[14] 王孝波，陈绍东，邓宇翔，等. 雷电电磁脉冲对电子系统的危害及其防护 [J]. 建筑电气，2010，29(03)：36-39.

[15] 殷伟斌. 雷电对高压输电线路光纤复合架空地线（OPGW）危害的分析与研究 [D]. 杭州：浙江大学，2007.

[16] 梁江东，程文锋. 现代工程防雷技术 [M]. 北京：中国电力出版社，2016.

[17] 李景禄. 配电网防雷技术 [M]. 北京：科学出版社，2014.

[18] 吴薛红，濮天伟，廖德利. 防雷与接地技术 [M]. 北京：化学工业出版社，2008.

[19] 王春杰，祝令瑜，汲胜昌，等. 高压输电线路和变电站雷电防护的现状与发展 [J]. 电瓷避雷器，2010(03)：35-46.

[20] 谭湘海. 输电线路的防雷设计 [D]. 长沙：湖南大学，2004.

[21] 谷山强，王剑，冯万兴，等. 输电线路雷击风险评估与预警 [M]. 北京：中国电力出版社，2019.

[22] 陈琳慧. 闪电先导电荷量对回击电流及通道光辐射特性的影响 [D]. 西北师范大学，2023.

[23] 陈渭民. 雷电学原理 [M]. 北京：气象出版社，2003.

[24] 赵俊杰，虞驰，任华，等. 1000 kV 特高压输电线路特殊形式雷击故障案例分析 [J]. 电瓷避雷器，2022(01):107-112.

[25] Kannu P. D., Thomas M. J. Lightning induced voltages on multiconductor power distribution line [J]. IEE Proceedings: Generation, Transmission and Distribution, 2005,152(6): 855-863.

[26] 候强. 闪电梯级先导的光谱特性研究 [D]. 山西：山西师范大学，2019.

[27] 马骁骐. 雷电瞬态电磁脉冲的耦合效应研究 [D]. 江苏：南京信息工程大学，2019.

[28] 石艳超. 雷电电磁脉冲作用输电线的电磁耦合时域建模分析方法研究 [D]. 重庆：重庆邮电大学，2022.

[29] 石光其. 智能建筑信息系统雷击电磁脉冲 LEMP 研究与防护设计 [D]. 湖南：湖南大学，2004.

[30] 孔祥贞，郄秀书，张广庶，等. 多接地点闪电的梯级先导与回击过程的研究 [J]. 中国电机工程学报，2005，25(22)：6.

[31] Hays P B，Roble R G.A quasi‐static model of global atmospheric electricity, 1. The lower atmosphere [J]. Journal of Geophysical Research：Space Physics，1979，84(A7)：3291-3305.

[32] 郭凤霞，孙京. 雷暴云起电机制及其数值模拟的回顾与进展 [J]. 高原气象，2012，31(3)：13.

[33] 言穆弘，刘欣生，安学敏，等. 雷暴非感应起电机制的模拟研究 I. 云内因子影响 [J]. 高原气象，1996，15(4)：13.

[34] 张义军，刘欣生，P.R.Krehbiel. 雷暴中的反极性放电和电荷结构 [J]. 科学通报，2002，(15)：1192-1195+1201-1203.

[35] 刘有菊，张启航. 雷电放电电流的幅频特性 [J]. 中国科技信息，2011(13)：31-32.

[36] 周萍. 地面移动目标雷电效应分析与防护研究 [D]. 北京：北京邮电大学，2019.

[37] 赵玉林，沈琴. 高电压技术 [M]. 北京：中国电力出版社，2008.

[38] 陈水明，何金良，曾嵘. 输电线路雷电防护技术研究（一）:雷电参数 [J]. 高电压技术，2009，35(12)：2903-2909.

[39] 蔡汉生，陈喜鹏，史丹，等. 南方电网雷电定位系统及其应用 [J]. 南方电网技术，2015，9(01)：14-18.

[40] Anderson R B.Lightning parameters for engineering application [J].Electra，1980，69：65-102.

[41] 李欣，陈振明，陈荣斌. 自然雷电波形分析 [J]. 建筑电气，2021，40(09)：11-13.

[42] 樊帅. 飞机模拟雷电波形发生器测控电路电磁兼容研究 [D]. 合肥：合肥工业大学，2017.

[43] 陈成品，郄秀书，张广庶，等. 地闪参量特征的统计分析 [J]. 中国电机工程学报，1999(03)：51+53+55+52+54.

[44] 文远芳. 高电压技术 [M]. 武汉：华中科技大学出版社，2001.

[45] 陈绍东，王孝波，李斌，等. 标准雷电波形的频谱分析及其应用 [J]. 气象，2006(10)：11-19.

[46] Heidler F，Cvetic J M，Stanic B V.Calculation of lightning current parameters [J].IEEE Transactions on power delivery，1999，14(2)：399-404.

[47] 武占成，张希军，胡有志. 气体放电 [M]. 北京：国防工业出版社，2012.

[48] 肖登明. 气体放电与气体绝缘英文版 [M]. 上海：上海交通大学出版社，2017.

[49] 李景禄. 现代防雷技术 [M]. 北京：中国水利水电出版社，2009.

[50] 黄健宁，韩永霞，廖志铭，等. 多回击地闪下变电站雷电侵入波的仿真建模及防护 [J]. 广东电力，2022，35(12)：66-75.

[51] 张灿灿. 基于 HHT 和量子遗传算法的大气电场信号分析与应用研究 [D]. 南京：南京信息工程大学，2020.

[52] 陶汉涛，谷山强，王海涛，等. 输电线路雷电预警系统中心站的设计与研发 [J]. 高压电器，2016，52(10):61-68.

[53] 徐伟,夏志祥,行鸿彦. 基于集成经验模态分解和极端梯度提升的雷电预警方法 [J]. 仪器仪表学报，2020，41(08):235-243. DOI:10.19650/j.cnki.cjsi.J2006426.

[54] 中国能源报，南瑞集团：加快转型升级 推动能源变革，环球网，https://finance.huanqiu.com/article/9CaKrnKcMtn，2018.

[55] 崔燕南，刘永康，李开良，等. 基于声音传感器阵列的空间定位系统 [J]. 科技导报，2010，28(19)：46-49.

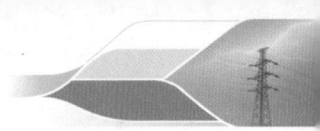

［56］ 蔡露进，李祥超，苏静文，等. 雷电低频磁场探测天线关键参数敏感性分析［J］. 电子测量技术，2021，44(05)：16-23.

［57］ 张广庶，赵玉祥，郄秀书，等. 利用无线电窄带干涉仪定位系统对地闪全过程的观测与研究［J］. 中国科学（D辑：地球科学），2008(09)：1167-1180.

［58］ 王飞，张义军，孟青，等. 地闪回击电流测量综述［J］. 气象，2006，32(8)：3-11.

［59］ 郄秀书，杨静，蒋如斌，等. 新型人工引雷专用火箭及其首次引雷实验结果［J］. 大气科学，2010，34(5)：937-946.

［60］ Willett J C，Davis D A，Laroche P.An experimental study of positive leaders initiating rocket-triggered lightning［J］. Atmospheric Research，1999，51(3-4)：189-219.

［61］ Newman M M，Stahmann J R，Robb J D，et al.Triggered lightning strokes at very close range［J］. Journal Geophysical Research，1967，72(18)：4761-4764.

［62］ Fieux R P，Gary C H，Hutzler B P，et al.Research on artificially triggered lightning in France［J］. IEEE Transactions on Power Apparatus and Systems，1978 (3)：725-733.

［63］ 雨人，肖庆复，吕永振. 人工引发雷电的试验研究［J］. 大气科学，1979，3：94-97.

［64］ Saba M M F，Pinto Jr O，Solorzano N N，et al.Lightning current observation of an altitude-triggered flash［J］. Atmospheric Research，2005，76(1-4)：402-411.

［65］ Moore C B.Characteristics of the Franch anti-hail rockets used to trigger lightning［J］.Measurement Notes，1982，27.

［66］ Wang D，Guo C.The Criterion for propagation of the positive streamer and its application［J］，Acta Meteor Sinica，1989(3)：64.

［67］ Horii K.Experiment of artificial lightning triggered with rocket［J］.Nagoya Univ. Mem.of the Fac. of Eng.，Nagoya Univ.，1982，34(1)：77-112.

［68］ MA U, VA R, TW V, et al. Triggered-lightning experiments at Camp Blanding, Florida (1993-1995)［J］. IEEJ Transactions on Power and Energy, 1997, 117(4): 446-452.

［69］ Qie X, Liu X, Soula S, et al. A preliminary study on the criterion of triggering lightning［J］. IEEJ Transactions on Power and Energy, 1998, 118(2): 176-181.

［70］ Liu X, Zhang Y. Review of artificially triggered lightning study in China［J］. IEEJ Transactions on Power and Energy, 1998, 118(2): 170-175.

［71］ Fisher R J, Schnetzer G H, Thottappillil R, et al. Parameters of triggered‐lightning flashes in Florida and Alabama［J］. Journal of Geophysical Research: Atmospheres, 1993, 98(D12): 22887-22902.

［72］ Schoene J, Uman M A, Rakov V A, et al. Characterization of return‐stroke currents in rocket‐triggered lightning［J］. Journal of Geophysical Research: Atmospheres, 2009, 114(D3).

［73］ Qie X, Jiang R, Yang J. Characteristics of current pulses in rocket-triggered lightning［J］. Atmospheric research, 2014, 135: 322-329.

［74］ Zheng D, Zhang Y, Zhang Y, et al. Characteristics of the initial stage and return stroke currents of rocket‐triggered lightning flashes in southern China［J］. Journal of Geophysical Research: Atmospheres, 2017, 122(12): 6431-6452.

［75］ Rakov V A, Uman M A, Rambo K J, et al. New insights into lightning processes gained from triggered‐lightning experiments in Florida and Alabama［J］. Journal of Geophysical Research: Atmospheres, 1998, 103(D12): 14117-14130.

［76］ Lalande P, Bondiou‐Clergerie A, Laroche P, et al. Leader properties determined with triggered lightning techniques［J］. Journal of Geophysical Research: Atmospheres, 1998, 103(D12): 14109-14115.

［77］ Berger K. Parameters of lightning flashes［J］. Electra, 1975, 80: 223-237.

［78］ Schoene J, Uman M A, Rakov V A, et al. Characterization of return‐stroke currents in rocket‐triggered lightning［J］. Journal of Geophysical Research: Atmospheres, 2009, 114(D3).

［79］ 张义军，张阳，郑栋，等. 2008—2014 年广东人工触发闪电电流特征［J］. 高电压技术，2016，42(11):3404-3414.

［80］ 李进. 人工触发闪电雷电流及电场特征研究［D］. 武汉：武汉大学，2021.

［81］ 俞小鼎，王秀明，李万莉，等. 雷暴与强对流临近预报［M］. 北京：气象出版社，2020.

［82］ 王道洪. 雷电与人工引雷［M］. 上海：上海交通大学出版社，2000.

［83］ 唐力，李海明，高晋文，等. 雷电流建模方法及其对架空线路耐雷性能分析影响的研究［J］. 电瓷避雷器，2015，(02):37-43.

［84］ 易辉，张俊兰. 超高压线路短尾波绝缘特性试验［J］. 高电压技术，2002，(06):16-17.

［85］ 谢津，吴维宁. 棒形合成绝缘子的雷电冲击放电特性［J］. 高电压技术，2004，(06):7-8.

［86］ 李培国. 500 千伏线路在雷电冲击短尾波下的防雷性能［J］. 电网技术，1990，(04):51-57+109.

［87］ 孙振，王建国，谢从珍，等. 110～500kV 复合绝缘子的雷电闪络特性［J］. 电网技术，2008，(16):43-46.

［88］ 阮耀萱. 高海拔地区 110kV 绝缘子雷击闪络特性及闪络判据研究［D］. 广州：华南理工大学，2018.

［89］ Wang X，Yu Z，He J.Breakdown Process Experiments of 110 to 500kV Insulator Strings Under Short Tail Lightning Impulse［J］.IEEE Transactions on Power Delivery，2014，29(5)：2394-2401.

［90］ Wagner C F，Hileman A R. Mechanism of Breakdown of Laboratory Gaps［J］.IEEE Transactions on Power Apparatus & Systems，1961，80(3)：604-618.

［91］ Shindo T，Suzuki T.A New Calculation Method of Breakdown Voltage-Time Characteristics of Long Air Gaps［J］.IEEE Power Engineering Review，2010，PER-5(6)：65-66.

［92］ Pigini A，Rizzi G，Garbagnati E，et al.Performance of large air gaps under lightning overvoltages:Experimental study and analysis of accuracy of predetermination methods［J］.IEEE Trans Power Deliv，1989，9(4)：1379-1392.

［93］ Motoyama H.Experimental study and analysis of breakdown characteristics of long air gaps with short tail lightning impulse［J］.Power Delivery IEEE Transactions on，1996，11(2)：972-979.

［94］ 崔涛. 输电线路防雷计算中绝缘子串闪络判据研究［D］. 武汉：华中科技大学，2009.

［95］ 唐力. 高海拔地区 ±800kV 直流 I 串和 V 串绝缘子冲击闪络特性的研究［D］. 广州：华南理工大学，2015.

［96］ Hao Y，Han Y，Tang L，et al.Leader propagation models of ultrahigh-voltage insulator strings based on voltage/time curves under negative lightning impulses at high altitude［J］.IEEE Transactions on Dielectrics & Electrical Insulation，2015，22(2)：1186-1192.

［97］ He S，Liu B，Feng R，et al.Database construction of insulator impulse test and prediction of flashover voltage based on machine learning［R］.18th International Conference on AC and DC Power Transmission (ACDC 2022)，Online Conference，China，2022：1425-1431.

［98］ 王小川，曾嵘，何金良，等. 短尾波下空气间隙的放电特性实验及仿真［J］. 高电压技术，2008(05)：925-929.

［99］ 张垭琦，韩永霞，杨杰，等. 高海拔真型塔 110kV 绝缘子雷击闪络试验及判据研究［J］. 电网技术，2019，43(01)：340-348.

［100］ DOMMEL，H.W. 电力系统电磁暂态计算理论［M］. 李永庄，林集明，译. 北京：水利电力出版社，1991.

［101］ 杨杰，韩永霞，张垭琦，等. 高海拔酒杯塔中复合绝缘子短尾波冲击闪络特性［J］. 高电压技术，

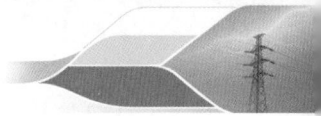

2019，45(03)：768-773.

[102] 杨杰．高海拔真型塔绝缘子和空气间隙闪络特性及电场分布研究［D］．广州：华南理工大学，2019.

[103] 郝艳捧，毛长庚，王国利，等．高海拔地区复合绝缘子先导发展法闪络判据［J］．中国电机工程学报，2012，32(34)：158-164+23.

[104] Rizk F.A.M.Modeling of Transmission Line Exposure to Direct Lightning Strokes［J］.IEEE Transactions on Power Delivery，1990，5(4)：1983-1997.

[105] 黄炜纲．对线路防雷计算中绝缘闪络判据的研讨［J］．中国电力，1999，32(11)：59-63.

[106] 张纬钹．电力系统过电压及绝缘配合［M］．北京：清华大学出版社，1988.

[107] 王秉钧．数理统计在高电压技术中的应用［M］．北京：水利电力出版社，1990.

[108] 张重诚．运用《故障树》法分析观察超高压山区线路的防雷性能［A］．过电压学术讨论会论文集［C］．北京：中国电机工程学会过电压与绝缘配合专业委员会，1997：54-57.

[109] Armstrong H R，Whitehead E R. Field and analytical studies of transmission line shielding［J］.IEEE Transactions on Power Apparatus Systems，1968(1)，270-281.

[110] Eriksson A J. An improved electrogeometric model for transmission line shielding analysis［J］.IEEE Transactions on Power Delivery，1987，2(3)：871-886.

[111] Dellera L，Garbagnati E. lightning strokes simulation by means of the leader progression model. I. Description of the model and evaluation of exposure of free-standing structures［J］.IEEE Transactions on Power Delivery，1990，5(4)：2009-2022.

[112] 钱冠军，王晓瑜，汪雁，等．输电线路雷击仿真模型［J］．中国电机工程学报，1999(08)：39-44.

[113] 何金良，曾嵘．电力系统接地技术［M］．北京：科学出版社，2007.

[114] 曾嵘，周旋，王泽众，等．国际防雷研究进展及前沿述评［J］．高电压技术，2015，41(01)：1-13.

[115] 肖微，胡元潮，阮江军，等．柔性石墨复合接地材料及其接地特性［J］．电工技术学报，2017，32(02)：85-94.

[116] 井栋，安韵竹，胡元潮，等．输电线路杆塔桩基钢筋散流及其优化技术［J］．武汉大学学报（工学版），2021，54(06)：533-540.

[117] 安韵竹，晏伟宸，胡元潮，等．输电线路混凝土基础自然接地降阻策略［J］．南方电网技术，2019，13(11):76-82.

[118] 上海铁道学院《电工原理》编写组．电工原理［M］．北京：中国铁道出版社，1983.

[119] 张波，何金良，曾嵘．电力系统接地技术现状及展望［J］．高电压技术，2015，41(08)：2569-2582.

[120] 傅宾兰．光纤复合架空地线 OPGW 运行状况和防雷［J］．中国电力，2005(10)：29-34.

[121] 沈海滨，陈维江，张少军，等．一种防止 10kV 架空绝缘导线雷击断线用新型串联间隙金属氧化物避雷器［J］．电网技术，2007(03)：64-67.

[122] 钟磊，孙泉，罗六寿，等．有关避雷重复电荷转移能力试验额定电荷量的研究［J］．电瓷避雷器，2016(02)：166-170.

[123] 李凡，施围．线路避雷器的绝缘配合［J］．高电压技术，2005(08)：18-20+23.

[124] 周龙，陈继东，文远芳．氧化锌避雷器动态伏安特性的分析［J］．电瓷避雷器，1997(01)：40-42.

[125] 马晋华．线路避雷器与绝缘子串间的绝缘配合［J］．电瓷避雷器，2000(05)：33-35.

[126] 熊泰昌．电力避雷器［M］．北京：中国水利水电出版社，2013.

[127] 王锐，金亮，彭向阳，等．不平衡绝缘配置防治同塔双回输电线路雷击同时跳闸效果仿真研究［J］．广东电力，2020，33(10)：110. 117.

［128］赵淳，许衡，赵深，等. 500kV 复合绝缘子串并联间隙结构优化研究［J］. 电瓷避雷器，2017(05): 206. 211.

［129］姜文东，王剑，张彩友，等. 500kV 线路绝缘子串并联间隙雷电冲击放电特性及其结构优化［J］. 高电压技术，2016，42(12): 3788. 3796.

［130］蔡昊晖，苏杰，任华，等. 基于雷电冲击特性的同塔多回输电线路并联间隙配置［J］. 南方电网技术，2016，10(02): 32. 37.

［131］彭向阳，任华，赵淳，等. 不平衡绝缘配置防治同塔四回输电线路雷击同时跳闸效果仿真研究［J］. 电瓷避雷器，2019(01): 95. 103.

［132］沈志恒，邓旭，周浩，等. 不平衡绝缘在 220kV 和 110kV 同塔双回线路中的应用［J］. 电网技术，2013，37(03): 765-772.

［133］连晓新. 架空输电线路差异化防雷技术研究［D］. 北京：华北电力大学，2016.

［134］杜天苍. OPGW 雷击断股的机理及对策［J］. 光纤与电缆及其应用技术，2006(03): 28-31.

［135］Sales L，Martin J，Ginocchio A. 光纤复合架空地线 (OPGW) 雷击试验及分析［J］. 电力系统通信，2004(05): 1-5.

［136］胡毅，吕建. 光纤复合地线雷击断股的试验研究［J］. 高电压技术，2002(01): 28-29.

［137］胡毅，叶廷路，王力农，等. 光纤复合架空地线的雷击断股机理与防治措施［J］. 电网技术，2006(16): 70-76.

［138］袁建生，马信山，邹军，等. 关于 OPGW 设计选型中的最大短路电流计算［J］. 电力建设，2001(10): 51-54.

［139］张纬钹，何金良，高玉明. 过电压防护及绝缘配合［M］. 北京：清华大学出版社，2002.

［140］IEEE Std.1410-1997. IEEE Guide for Improving the Lightning Performance of Electric Power Overhead Distribution Lines［S］.

［141］Eriksson，A J.The Incidence of Lightning Strikes to Power Lines［J］.Power Delivery IEEE Transactions on，1987，2(3):859-870.

［142］日本电力中央研究所，横山茂，吴国良. 配电线路雷害对策［M］. 北京：中国电力出版社，2008.

［143］Sakakibara A. Calculation of induced voltages on overhead lines caused by inclined lightning strokes［J］. IEEE Trans Power Delivery，1989，4(1):683 - 693.

［144］杨庆，张新东，孙健，等. 10kV 配电线路感应雷过电压波形特征实测分析［J］. 中国电机工程学报，2022，42(24):10.

［145］边凯，陈维江，沈海滨，等. 10kV 架空配电线路雷电防护用绝缘塔头［J］. 高电压技术，2013，39(3):6.

［146］解广润. 电力系统过电压. 2 版［M］. 北京：中国电力出版社，2018.

［147］林福昌. 高电压工程. 3 版［M］. 北京：中国电力出版社，2016，222-227.

［148］谷定燮. 500kV 输变电工程设计中雷电过电压问题［J］. 高电压技术，2000(06):60-62.

［149］Yamada T，Mochizuki A，Sawada J，et al. Experimental evaluation of a UHV tower model for lightning surge analysis［J］. IEEE Trans Power Delivery，1995，10(1): 393-402.

［150］Hara，Yamamoto. Modelling of a transmission tower for lightning-surge analysis［J］. Generation，Transmission and Distribution，IEE Proceedings，1996，143(3): 283-289.

［151］CIGRE Working Group 01 of SC 33. Guide to procedures for estimating the lightning performance of transmission lines［J］. CIGRE Brochure，1991，(138): 171.

［152］廖民传，蔡汉生，吴小可，等. 多重雷击对线路避雷器的冲击影响研究［J］. 电瓷避雷器，2019(03): 153-158.

[153] 汪彩霞，阚裕淳，许明川，等. 变电站防雷保护分析 [J]. 中国设备工程，2021(22)：42-43.

[154] 南方电网科学研究院有限责任公司. 糯扎渡工程交流滤波器性能和定值研究报告 [R]. 广州：南方电网科学研究院有限责任公司，2012.

[155] 南方电网科学研究院有限责任公司. 糯扎渡工程直流滤波器性能和定值研究报告 [R]. 广州：南方电网科学研究院有限责任公司，2012.

[156] 赵跻飞. 35kV 变电站防雷接地系统的改造研究 [D]. 北京：华北电力大学，2016.

[157] 芦浩. 1000kV 特高压变电站一次设计及继电保护 [D]. 石家庄：河北科技大学，2019.

[158] 黄建平. 折线法和滚球法防雷保护范围比较分析 [J]. 电工技术，2019(01)：26-27+41.

[159] 毛卓平. 110kV 变电站防雷接地设计 [D]. 长沙：湖南大学，2016.

[160] 蒋道环. 某 500kV 变电站防雷设计分析研究 [D]. 长春：吉林大学，2017.

[161] 宋萍. 变电站二次设备防雷接地技术研究 [D]. 长沙：长沙理工大学，2009.

[162] 杨敏. 二次设备防雷保护研究 [D]. 武汉：华中科技大学，2006.

[163] 欧剑. 电力系统二次设备防雷及二次电缆电磁感应实验研究 [D]. 南宁：广西大学，2007.

[164] Kroll M, Panescu D. Short-pulse ventricular fibrillation thresholds [J]. 2018.

[165] Effects of current on human beings and live-stock-part 2: Special Aspects [S]. 2019.

[166] 蒋理成. 接地体的选择和经济性分析 [J]. 铁路通信信号工程技术，2011，8(05)：60-62.

[167] 沈林. 500kV 宁州变电站接地网的研究分析与设计 [D]. 南宁：广西大学，2015.

[168] 文习山，蓝磊，许军，等. 三峡电站允许地电位升高试验研究（Ⅰ）——控制电缆的工频耐压特性研究 [J]. 电网技术，2003，(02)：9-12.

[169] 蓝磊，文习山，许军，等. 三峡电站允许地电位升高试验研究（Ⅱ）——继电保护设备的工频耐压特性研究 [J]. 电网技术，2003，(03)：5-7+22.

[170] 李学鹏，李庆军，赵国仲，等. ±800kV 换流站接地极对金属围栅转移电位的影响及治理方案 [J]. 南方电网技术，2021，15(08)：106-111.

[171] 陈晓欢. 浅析高层建筑防雷设计 [J]. 科技创新导报，2013(27)：36-38.

[172] IEEE Std 80-2013(IEEE Guide for Safety in AC Substation Grounding)，Marek Szczerbinski，Lightning hazards and risks to hu mans: some case studies [J]. Journal of Electrostatics，2003(59):15-23.

[173] Chai J C，Heritage H A，Wilson H Z. Lightning energy ab sorption in humans and personal safety [C]. Proceedings of the 1994 International Aerospace and Ground Conference on Lightning and Static Electricity，Mannheim，1994,483-492.

[174] Misbah N R ，Kadir M Z A A，Gomes C. Modelling and analysis of different aspect of mechanisms in lightning injury [C] //2011 4th International Conference on Modeling，Simulation and Applied Optimization，ICMSAO 2011.IEEE，2011.

[175] V. Bourscheidt，O. P. Junior，K. P. Naccarato，et al. The influence of topography on the cloud-to-ground lightning density in South Brazil [J]. Atmospheric Research，2009,91(2-4):508-513.

[176] 赵伟，童杭伟，张俊，等. 浙江省雷电时空分布特征及影响因素分析 [J]. 电网技术，2013(05)：1425-1431.

[177] 林志萍. 可解释的机器学习及应用研究 [D]. 广州：华南理工大学，2023.

[178] 肖立志. 机器学习数据驱动与机理模型融合及可解释性问题 [J]. 石油物探，2022，61(02)：205-212.

[179] 李家宁，熊睿彬，兰艳艳，等. 因果机器学习的前沿进展综述 [J]. 计算机研究与发展，2023，60(01)：59-84.

[180] 胡乙丹，姜吉祥，董霞. 基于结合聚类与 SVM 参数寻优的短期电力负荷预测方法 [J]. 电力信息与通信技术，2022，20(05)：54-60.

［181］陈敬业，时尧成. 固态激光雷达研究进展［J］. 光电工程，2019，46(07):47-57.

［182］曾敦梁. 机载 LiDAR 在电力巡线中关键技术的探讨［J］. 经纬天地，2021(01)：48-50+64.

［183］Qi C R，Su H，Mo K，et al. PointNet: Deep Learning on Point Sets for 3D Classification and Segmentation［J］.IEEE，2017.

［184］Wang Y，Sun Y，Liu Z，et al. Dynamic Graph CNN for Learning on Point Clouds［J］. ACM Transactions on Graphics，2019，38(5)：1-12.

［185］Chen S，Wang C，Dai H，et al. Power Pylon Reconstruction Based on Abstract Template Structures Using Airborne LiDAR Data［J］.Remote Sensing，2019，11(13)：1579.

［186］胡元潮. 柔性石墨复合接地材料及其在电力系统中的应用研究［D］. 武汉：武汉大学，2014.

［187］王培军，付学文，魏智娟. 新型高效降阻接地模块的研究与应用［J］. 电瓷避雷器，2012(01):70-76+81.

［188］杨小光，王洪峰，王刚. 新型材料在变电站接地系统中的应用［J］. 山西电力，2010(01):28-30+43.

［189］蔺家骏，李盛涛，何锦强，等. 铝掺杂对氧化锌压敏陶瓷电性能的影响［J］. 无机材料学报，2016，31(09):981-986.

［190］何金良，刘俊，胡军，等. 电力系统避雷器用 ZnO 压敏电阻研究进展［J］. 高电压技术，2011，37(03):634-643.

［191］王兰义，任鑫，黄海，等. 国内外避雷器用氧化锌电阻片的技术现状与发展趋势［J］. 电瓷避雷器，2021(06):30-44.

［192］谢竟成，胡军，何金良，等. 压敏陶瓷 - 硅橡胶复合材料的非线性压敏介电特性［J］. 高电压技术，2015，41(02):446-452.

［193］陈新岗，李凡，桑建平. 氧化锌压敏陶瓷伏安特性的微观解析［J］. 高电压技术，2007(04):33-37.

［194］单林森，黄建杨. 新型配电网智能防雷绝缘子的研制［J］. 浙江电力，2019，38(04):69-74.

［195］张慧莹. 输电线路绝缘子识别与故障状态检测技术研究［D］. 西安：西安工程大学，2018.

［196］万书亭，冉斌，王志欢. 基于振动响应多维联合特征的瓷支柱绝缘子故障识别方法［J］. 广东电力，2020，33(09):18-26.

［197］甘肃首次应用复合材料绝缘横担［J］. 江西建材，2022(08):11.

［198］王力，韩立奎，赵书龙，等. 35 kV 输电线路复合绝缘横担技术研究及应用［J］. 绝缘材料，2022，55(05):76-80.

［199］刘云鹏，李浩义，周松松，等. 10kV 配网耐张型复合绝缘横担研究综述［J/OL］. 华北电力大学学报（自然科学版）：1-13［2023-09-13］.

［200］刘云鹏，李乐，张铭嘉，等. 复合绝缘横担界面特性检测研究现状［J］. 电工技术学报，2020，35(02):408-424.

［201］V. A. Rakov, Lightning electromagnetic fields: Modeling and measurements, in Proc. 12th Int. Zurich Symp. Electromagn. Compat., Zurich, Switzerland, Feb. 1997, pp. 59–64.

［202］V. A. Rakov and A. A. Dulzon, A modified transmission line model for lightning return stroke field calculations, in Proc. 9th Int. Zurich. Symp. Electromagn. Compat., Zurich, Switzerland, Mar. 1991, pp. 229-235.

［203］M. A. Uman and D. K. McLain, Magnetic field of the lightning return stroke," J. Geophys. Res., vol. 74, pp. 6899-6910, 1969.

［204］Safaeinili, A., and M. Mina, On the analytical equivalence of electromagnetic fields solutions from a known source distribution, IEEE Trans. Electromagn. Comp , 3,69-7 1, 1991.

［205］Ruihan Qi. The improved peec method for grounded structures above lossy ground for lightning analysis:

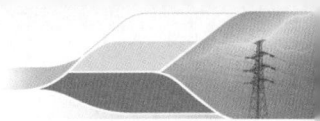

［D］. Hongkong: Univ.of PolyU, 2019.

［206］Ruihan Qi, Y. Du and Mingli Chen, Time-domain PEEC Transient Analysis for a Wire Structure above the Perfectly Conducting Ground with the Incident Field from a Distant Lightning Channel[J]. IEEE Trans. on EMC, DOI: 10.1109/TEMC.2019.2925140.

［207］Rubinstein, M. and M. A. Uman, On the radiation field turn-on term associated with travelling current discontinuities in lightning, J. Geophys. Res., 95,3711-3713, 1990.

［208］A. K. Agrawal, H. J. Price, and S. H. Gurbaxani, "Transient response of multiconductor transmission lines excited by a nonuniform electromagnetic field," IEEE Trans. Electromag. Compat., vol. EMC-22, pp. 119-129, 1980.

［209］H. K. Høidalen. Calculation of lightning induced voltages, using Models[C]. Proc. Int. Conf. on Power system Transients, pp. 359-364, Budapest June 20-24, 1999.

［210］孙华东，许涛，郭强，等. 英国"8·9"大停电事故分析及对中国电网的启示［J］. 中国电机工程学报，2019，39(21):6183-6190.

［211］Lu T, Chen M .Modelling of effect of propagation of lightning electromagnetic pulse over rough ground ［C］//Asia-pacific International Symposium on Electromagnetic Compatibility.IEEE, 2016.

［212］王宇，谷山强，孟刚，等. 雷电定位系统反演地闪回击电流的准确度受回击速度取值的影响［J］. 高电压技术，2021，47(5):8.

［213］Lu T, Chen M. Modelling of effect of propagation of lightning electromagnetic pulse over rough ground ［C］//2016 Asia-Pacific International Symposium on Electromagnetic Compatibility (APEMC). IEEE, 2016，1: 155-157.

［214］廖民传，汪晶毅，李志泰，等. 混压同塔多回输电线路绕击建模与评估［J］. 电网技术，2013, 37(9):2547-2552.

［215］Li D, Azadifar M, Rachidi F, et al. On lightning electromagnetic field propagation along an irregular terrain［J］. IEEE Transactions on Electromagnetic Compatibility, 2015，58(1): 161-171.

［216］陈明理，刘欣生. 云 - 地闪电的传输线模式及回击电流速度［J］. 高原气象，1995，(04):2-12.

［217］Rachidi F, Nucci C A, Ianoz M, et al. Influence of a lossy ground on lightning-induced voltages on overhead lines［J］. IEEE Transactions on Electromagnetic Compatibility, 1996, 38(3): 250-264.

［218］易辉，崔江流. 我国输电线路运行现状及防雷保护［J］. 高电压技术，2001(06)：44-45+50.